VERICUT数控仿真实例教程

黄雪梅 编著

化学工业出版社

·北京·

VERICUT 软件是目前国际公认的专业数控机床加工仿真软件。

本书应用 VERICUT 软件，详细说明数控虚拟加工与仿真的相关技术与方法。全书共计 11 章，内容包括：VERICUT 软件介绍，仿真元素的组织与管理方法——项目树配置，仿真环境构建——项目模板文件设计，毛坯的准备、安装与对刀，仿真结果测量以及工件加工工艺流程的实现——多工位加工，实现方式以车削与铣削分别加以说明。在以上技术基础上以循序渐进的方式说明具体实例的仿真实现。加工方式涵盖基本车削加工仿真、基本铣削加工仿真、车铣复合加工仿真、五轴 3+2 定位加工仿真以及五轴联动刀尖点跟随控制 RTCP 与 RPCP 仿真。

本书配有二维码，针对各章具体知识点及加工实例的仿真实施过程提供了详尽的视频说明文件，扫码即可观看视频，与图书内容相互配合，能够有效促进 VERICUT 数控加工仿真技术的学习与掌握。

本书可作为高等院校机械制造、数控技术、机电一体化专业的技术用书，也可作为 VERICUT 仿真技术的培训教材，还可供从事数控技术的相关技术人员参考。

图书在版编目（CIP）数据

VERICUT 数控仿真实例教程/黄雪梅编著. —北京：化学工业出版社，2019.3（2023.3 重印）

ISBN 978-7-122-33891-4

Ⅰ.①V… Ⅱ.①黄… Ⅲ.①数控机床-计算机辅助设计-应用软件-教材 Ⅳ.①TG659

中国版本图书馆 CIP 数据核字（2019）第 027970 号

责任编辑：曾　越　　　　文字编辑：陈　喆

责任校对：张雨彤　　　　装帧设计：王晓宇

出版发行：化学工业出版社(北京市东城区青年湖南街 13 号 邮政编码 100011)

印　　装：天津盛通数码科技有限公司

787mm×1092mm 1/16 印张 21¾ 字数 539 千字 2023 年 3 月北京第 1 版第 3 次印刷

购书咨询：010-64518888　　　　售后服务：010-64518899

网　　址：http://www.cip.com.cn

凡购买本书，如有缺损质量问题，本社销售中心负责调换。

定　　价：89.00 元

前言

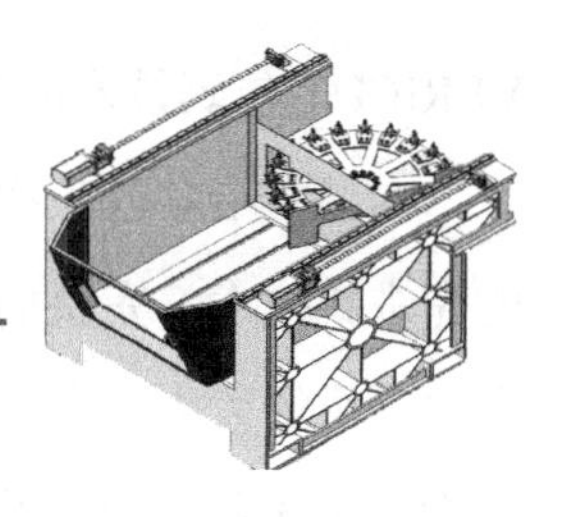

VERICUT 软件由美国 CGTECH 公司开发，是目前国际公认的专业数控机床加工仿真软件。该软件能够模拟数控加工过程中刀具的切削与机床的运动过程，实现数控加工程序的验证、机床运动过程中可能出现的干涉碰撞检验、加工后的零件分析，同时还可以优化加工程序、记录不同加工阶段零件的加工状态与数据，实现多工序加工、输出加工报表等实用功能。在实际加工过程之前，通过 VERICUT 软件对数控加工过程进行仿真校验，能够有效排除程序中存在的错误及机床干涉碰撞、过切欠切、超行程等问题，优化加工工艺。

本书应用 VERICUT 软件，详细说明数控虚拟加工与仿真的相关技术与方法。

第 1～6 章为 VERICUT 数控加工仿真基本技术的综合说明。内容包括基于项目树配置的仿真基本过程与控制方法（第 2 章），仿真环境构建——项目模板文件配置与应用（第 3 章），毛坯的准备、安装与对刀（第 4 章），仿真结果分析与测量（第 5 章），工件加工工艺流程的实现——多工位加工技术（第 6 章）。

在第 1～6 章的基础上，第 7～11 章以循序渐进的方式说明具体实例的仿真实施。加工方式涵盖基本车削加工仿真（第 7 章），基本铣削加工仿真（第 8 章），车铣复合加工仿真（第 9 章），五轴 3+2 定位加工仿真（第 10 章），以及五轴联动刀尖点跟随控制 RTCP 与 RPCP 仿真（第 11 章）。其中车铣复合加工仿真涵盖极坐标加工仿真、柱坐标加工仿真、车铣五轴定位加工仿真等技术内容。五轴 3+2 定位加工仿真则详细说明了 FANUC 控制系统的 G68.2 指令及 Sinumerik840D 控制系统的 CYCLE800 指令实现五轴定位加工的技术与方法。而 RTCP 与 RPCP 仿真则发挥了 VERICUT 软件自身的技术优势，说明五轴联动过程中刀尖点跟随控制的实际过程，对理解与学习五轴加工中的关键技术提供了有效的技术手段。

本书针对各章具体知识点及加工实例的仿真实施过程提供了详尽的视频文件，同本书的文字版相互配合，能够有效促进 VERICUT 数控加工仿真技术的学习与掌握。另外需要说明的是，本书中的仿真实例所采用的切削参数均是针对书中构建的 VERICUT 虚拟加工仿真环境，读者在实训或实际加工过程中，需要根据实际应用的机床、刀具及工件材料的具体情况，对切削参数进行适当调整与选用。

本书可作为高校、高职机械制造、数控技术、机电一体化专业的技术用书，也可作为

VERICUT 仿真技术的培训教材，还可供数控技术的相关技术人员参考。

本书由哈尔滨工程大学黄雪梅编著。由于本书中涉及的多轴数控加工技术是近几年发展的先进新技术，完整而系统的技术资料还不多见。本书在写作过程中得到了北京新吉泰软件有限公司的大力技术支持，新吉泰公司总经理王宪斌先生给予了鼓励与帮助，在此表示衷心感谢。由于技术不断向前发展，学无止境，加上个人水平、视野及精力所限，本书定存在不足之处，敬请同行与专家批评指正，个人邮箱 xmhuang@hrbeu.edu.cn，期待诸位提出宝贵意见。

黄雪梅

目录

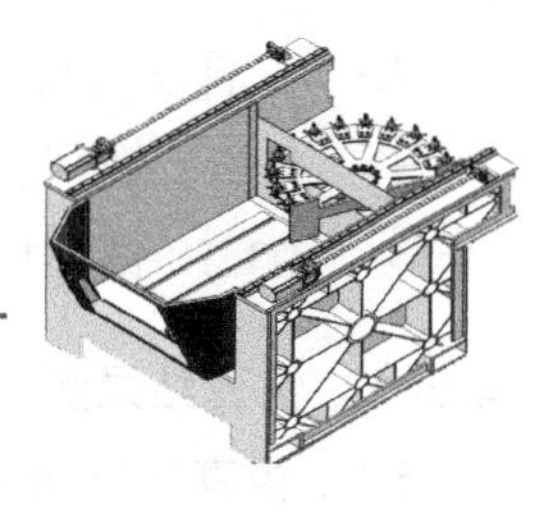

第 1 章　VERICUT 软件介绍……001

1.1　软件简介……001

1.2　软件主要功能……001

1.3　软件界面介绍……005

第 2 章　仿真基本过程与控制方法……007

2.1　基于项目树配置的 VERICUT 加工仿真基本过程 ▶……007

2.1.1　项目树介绍……007

2.1.2　基于项目树配置的基本仿真流程实施……009

2.1.3　仿真基本过程总结……019

2.2　仿真过程基本控制方法……020

第 3 章　项目模板文件……024

3.1　项目模板文件介绍……024

3.2　项目模板文件——车削篇 ▶……024

3.2.1　由现有项目生成项目模板……024

3.2.2　由空白项目生成车削项目模板文件……027

3.2.3　使用车削加工项目模板文件……030

3.3　项目模板文件——铣削篇 ▶……031

3.3.1　由空白项目生成铣削项目模板文件……031

3.3.2　使用铣削加工项目模板文件……034

第 4 章　工件的安装与对刀方法……038

4.1　工件安装与对刀方法介绍……038

4.1.1　工件的安装……038

4.1.2　工件的对刀……039

4.2　工件安装与对刀——车削篇 ▶……039

4.2.1　车削加工工件的安装……039

4.2.2　车削加工工件的对刀……043

4.3 工件安装与对刀——铣削篇 ▶ ……046
4.3.1 铣削加工工件的安装 ……046
4.3.2 铣削加工工件的对刀 ……054
第 5 章 仿真结果测量 ……058
5.1 仿真结果测量介绍 ……058
5.2 仿真结果测量基本方法——车削篇 ▶ ……058
5.3 仿真结果测量基本方法——铣削篇 ▶ ……062
第 6 章 多工位加工仿真技术 ……068
6.1 多工位（SETUP）加工仿真介绍 ……068
6.2 多工位加工仿真——车削加工篇 ▶ ……070
6.3 多工位加工仿真——铣削加工篇 ▶ ……074
第 7 章 数控车削加工实例仿真 ……083
7.1 实例零件——简单轴车削加工 ▶ ……083
7.1.1 实例零件及其加工过程 ……083
7.1.2 加工环境与刀具夹具确定 ……084
7.1.3 工件的安装与装夹定位方案确定 ……085
7.1.4 实例零件虚拟加工过程仿真与分析 ……085
7.2 实例零件——轴零件双工位车削加工 ▶ ……094
7.2.1 实例零件及其加工过程 ……094
7.2.2 加工环境与刀具夹具确定 ……095
7.2.3 工件的安装与装夹定位方案确定 ……095
7.2.4 实例零件虚拟加工过程仿真与分析 ……097
7.3 实例零件——盘零件车削加工 ▶ ……103
7.3.1 实例零件及其加工过程 ……103
7.3.2 加工环境与刀具夹具确定 ……105
7.3.3 工件的安装与装夹定位方案确定 ……106
7.3.4 实例零件虚拟加工过程仿真与分析 ……106
7.4 实例零件——套类零件双工位车削加工 ▶ ……114
7.4.1 实例零件及其加工过程 ……114
7.4.2 加工环境与刀具夹具确定 ……116
7.4.3 工件的安装与装夹定位方案确定 ……117
7.4.4 实例零件虚拟加工过程仿真与分析 ……117
第 8 章 三轴铣削加工实例仿真 ……128
8.1 实例零件 1——零件双工位铣削加工 ▶ ……128

8.1.1 实例零件及其加工过程 …… 128
8.1.2 加工环境与刀具夹具确定 …… 130
8.1.3 工件的安装与装夹定位方案确定 …… 131
8.1.4 实例零件虚拟加工过程仿真与分析 …… 132
8.2 实例零件 2——零件双工位铣削加工 ▶ …… 149
8.2.1 实例零件及其加工过程 …… 149
8.2.2 实例零件虚拟加工过程仿真与分析 …… 153
第 9 章 VERICUT 车削加工中心车铣加工仿真 …… 180
9.1 车削加工中心项目模板文件 …… 180
9.1.1 模板项目文件主要设备配置与功能 …… 180
9.1.2 动力刀架车削加工中心的基本结构 …… 181
9.1.3 切削刀具设置与功能 …… 182
9.1.4 设备基本运动方式与手动控制 …… 183
9.2 车削加工中心的基本车削与铣削加工仿真 …… 185
9.2.1 基本车削与铣削——端面加工实例 ▶ …… 185
9.2.2 基本车削与铣削——圆柱面加工实例 ▶ …… 191
9.2.3 基本车削——基于端面粗车循环 G72 指令 ▶ …… 196
9.2.4 基本车削——基于端面切断循环 G74 指令和外径切断循环 G75 指令 ▶ …… 199
9.3 车削加工中心的柱坐标插补与极坐标插补加工仿真 …… 204
9.3.1 车削加工中心的极坐标插补与柱坐标插补加工原理 …… 204
9.3.2 实例零件柱面插补加工 ▶ …… 206
9.3.3 实例零件端面极坐标插补加工 ▶ …… 212
9.4 车铣复合加工中心仿真基本环境配置 …… 217
9.4.1 模板项目文件主要内容与功能 …… 217
9.4.2 车铣复合加工中心设置与功能 …… 218
9.4.3 切削刀具设置与功能 …… 219
9.4.4 设备基本运动方式与手动控制 …… 220
9.5 车铣复合加工中心基本加工仿真 …… 222
9.6 车铣复合加工中心柱坐标插补与极坐标插补加工仿真 …… 226
9.6.1 实例零件极坐标插补加工 ▶ …… 226
9.6.2 实例零件柱面插补加工 ▶ …… 234
9.7 车铣复合加工中心五轴定向加工 ▶ …… 249
第 10 章 VERICUT 加工中心五轴定向加工仿真 …… 254
10.1 FANUC30im 控制系统加工中心五轴 3+2 定位加工 …… 254
10.1.1 G68.2 与 G53.1 命令 …… 254

10.1.2　G68.2 指令基本参数仿真 ▶ ······ 255
10.1.3　G68.2 指令坐标旋转参数设置规律仿真 ▶ ······ 261
10.1.4　G68.2 指令加工实例 ▶ ······ 269
10.2　Sinumerik840D 控制系统加工中心五轴 3+2 定位加工 ······ 282
10.2.1　CYCLE800 指令 ······ 282
10.2.2　CYCLE800 指令基本参数仿真 ▶ ······ 283
10.2.3　CYCLE800 指令坐标旋转参数设置规律仿真 ▶ ······ 288
10.2.4　CYCLE800 指令加工实例 ▶ ······ 297
第 11 章　加工中心五轴联动 RTCP 和 RPCP 仿真 ······ 317
11.1　刀尖点跟踪控制 RTCP 与 RPCP 技术说明 ······ 317
11.2　基于 G43.4 指令的刀尖点跟随控制仿真 ▶ ······ 318
11.3　基于 TRAORI 指令的刀尖点跟随控制仿真 ······ 322
11.3.1　*AC* 轴双转台加工中心刀尖点跟随仿真 ▶ ······ 322
11.3.2　*BC* 轴双转台加工中心刀尖点跟随仿真 ▶ ······ 330
参考文献 ······ 337

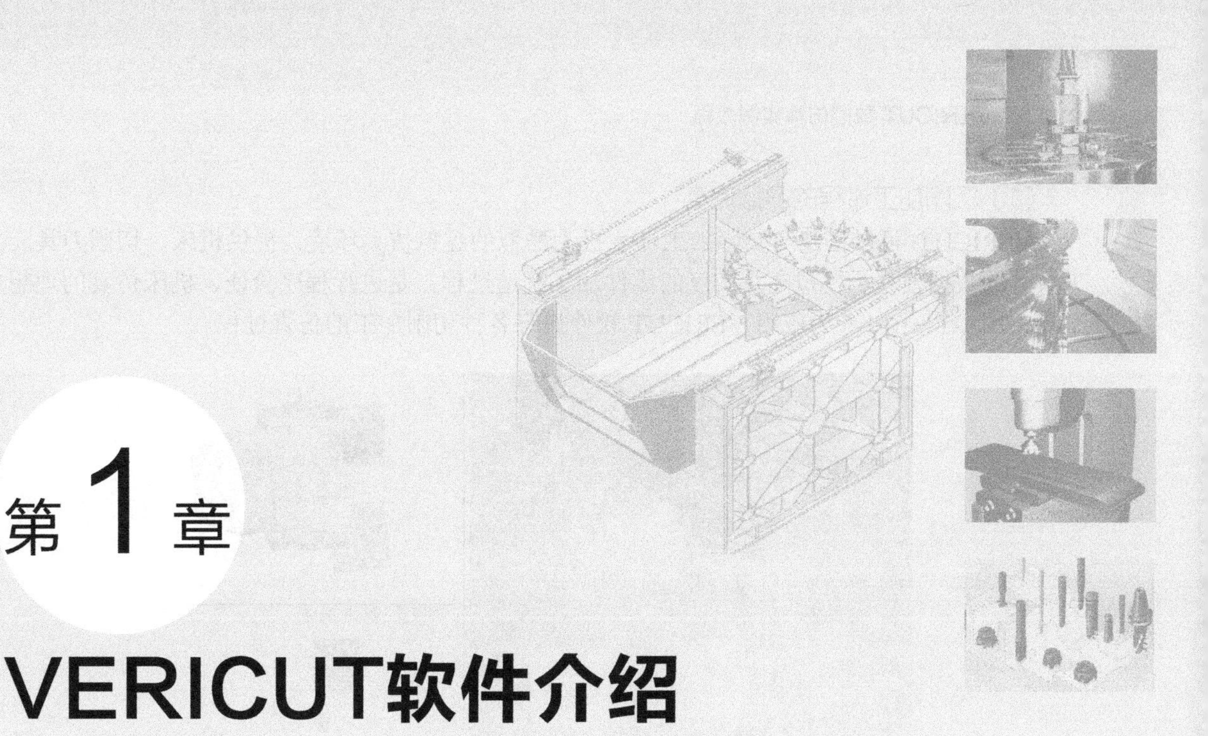

第1章 VERICUT软件介绍

1.1 软件简介

VERICUT 软件是美国 CGTECH 公司开发的专业数控机床加工仿真软件，能够模拟数控加工过程中刀具的切削与机床的运动过程，实现对数控加工程序的验证、机床运动过程中可能出现的干涉碰撞检验、加工后的零件测量与分析，同时还可以优化加工程序、记录各不同加工阶段毛坯的加工状态与数据，实现多工序加工、输出加工报表等实用功能。在实际加工过程之前，通过 VERICUT 软件对数控加工过程进行仿真校验，能够有效排除程序中存在的错误及机床干涉碰撞、过切欠切、超行程等问题，从而取代或简化传统的切削件试切方式，节省时间，降低加工成本。

VERICUT 软件能够提供高真实度的机械加工过程仿真，功能涵盖机械加工过程中的数控车、数控铣、多轴加工、车铣复合加工及多轴机器人加工等。同时软件配置了目前国内通用的控制系统，如 FANUC、SIEMENS、HEIDENHAIN、华中等。软件还对目前世界著名厂家的典型机床设备进行绘制，能够提供如 DMG、MAZAK、MORI_SEIKI、HERMLE、OKUMA、DOOSAN 等厂家的机床模型，从而在包含以上设备与系统的虚拟加工环境中真实模拟零件的加工过程。同时软件还提供个性化设备的配置定制能力，用户可以根据自有机床与控制系统的实际情况，在软件中进行个性化配置，从而实现高真实度的模拟加工。

VERICUT 软件目前已广泛应用在航空、航天、船舶、汽车、能源等行业中。

1.2 软件主要功能

软件的主要功能包括以下方面。

（1）切削加工过程的虚拟仿真

VERICUT 可以搭建与实际加工环境极为酷似的虚拟仿真环境，提供机床、切削刀具、夹具等的数据模型，模拟高真实度的零件加工制造过程，是进行程序验证、机床仿真的理想平台。图 1-1～图 1-6 为应用 VERICUT 软件进行各种切削加工的仿真过程。

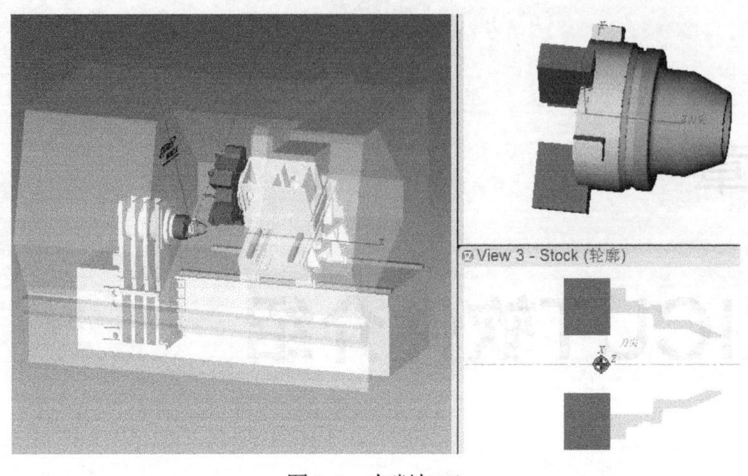

图 1-1 车削加工

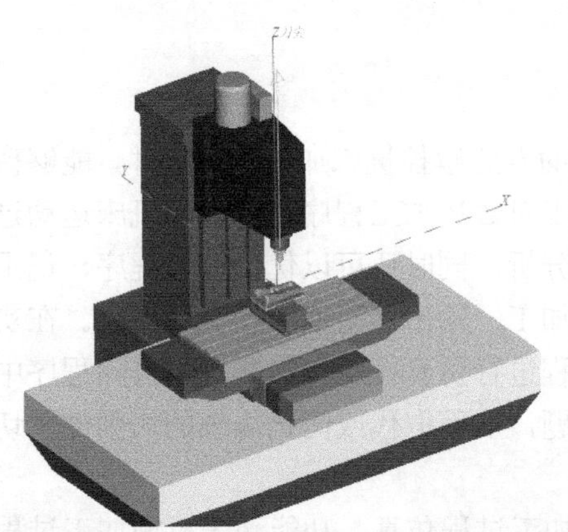

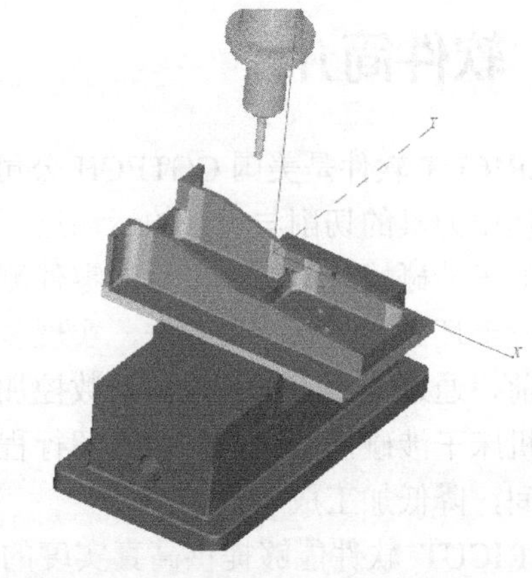

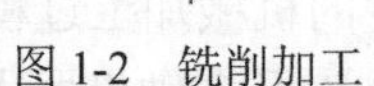

图 1-2 铣削加工

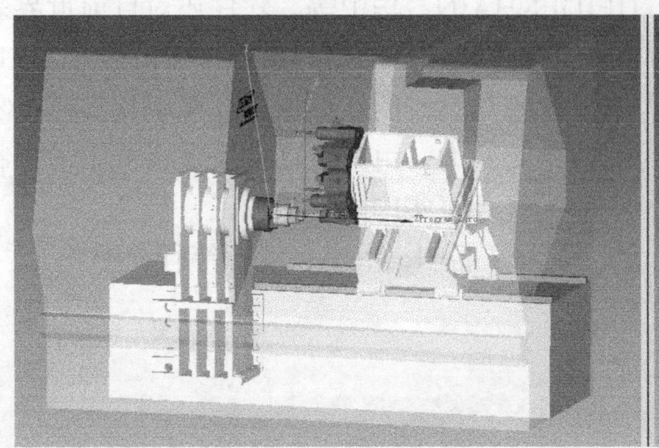

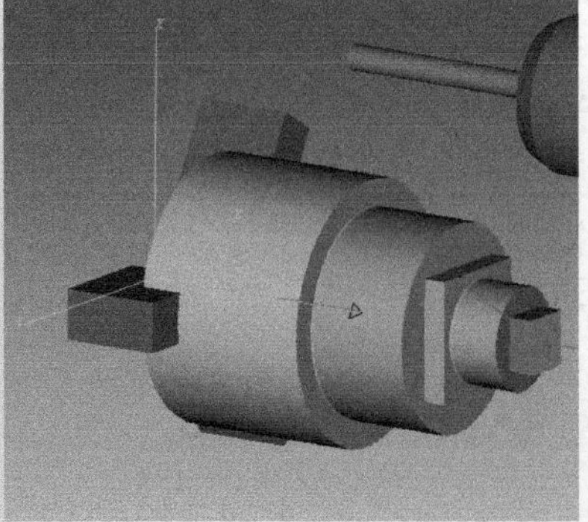

图 1-3 简单车铣加工

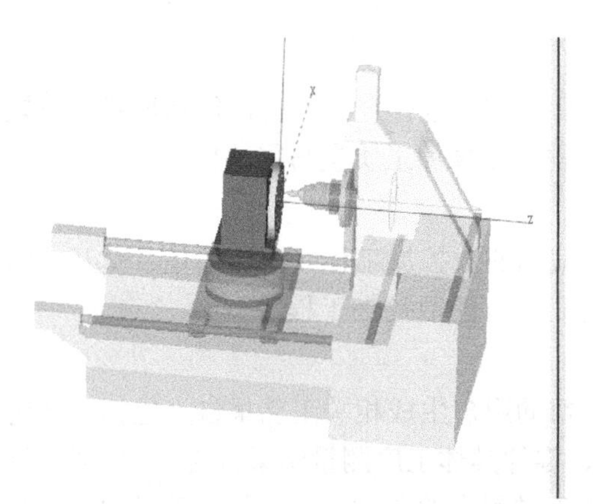

图 1-4　卧式加工中心四轴加工

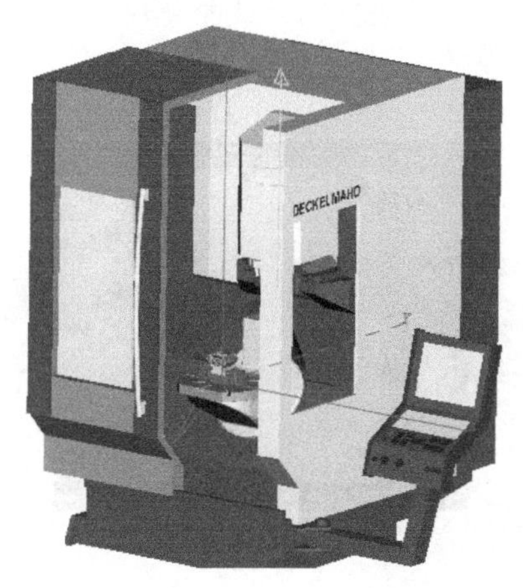

图 1-5　双转台加工中心五轴定位加工

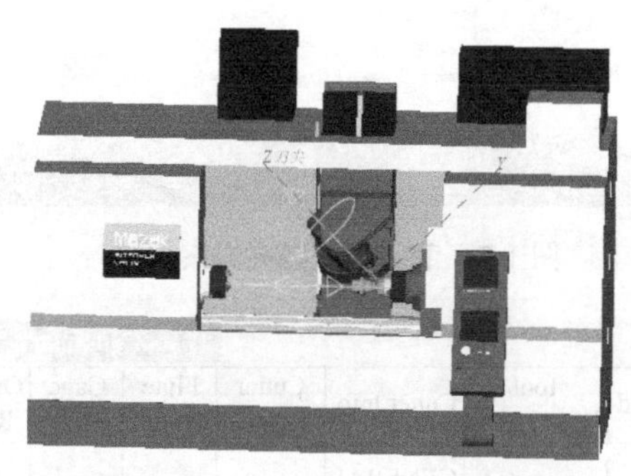
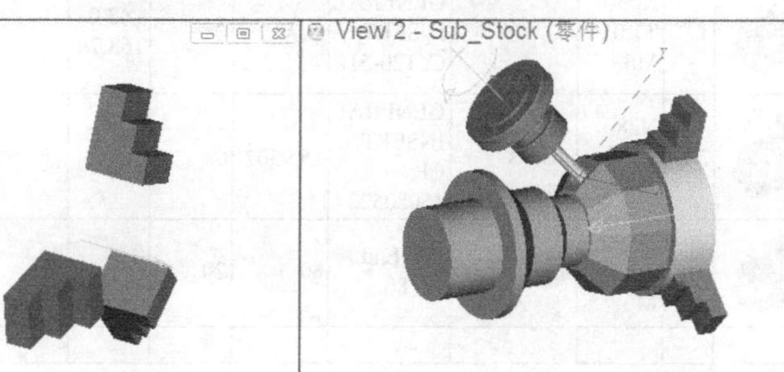

图 1-6　双主轴车铣加工中心加工

（2）零件工序间及最终加工结果分析

VERICUT 可以对虚拟加工过程中及加工后的零件进行全面分析，包括形状、位置和质量，分析与排除零件在实际加工之前存在的问题，提高加工质量与零件加工成功率。

（3）加工程序与加工参数优化

VERICUT 可应用基于经验的优化原理对编制的数控加工程序进行优化。交互式的优化模式可以观察优化结果、修改优化参数直至得到满意的数控加工程序。

（4）车间文档

VERICUT 可以利用各种定制好的模板，帮助用户生成相关工艺报告，包括毛坯定位装夹方案报告（图 1-7）、配刀表报告（图 1-8）、零件具体工序测量结果报告（图 1-9）等。这些报告根据定制的模板，可以灵活插入虚拟加工过程中的各种信息，如加工时间、刀具最短装夹长度、切削加工过程中零件的阶段性加工结果图片等，供实际生产车间使用，实现无图纸化加工。

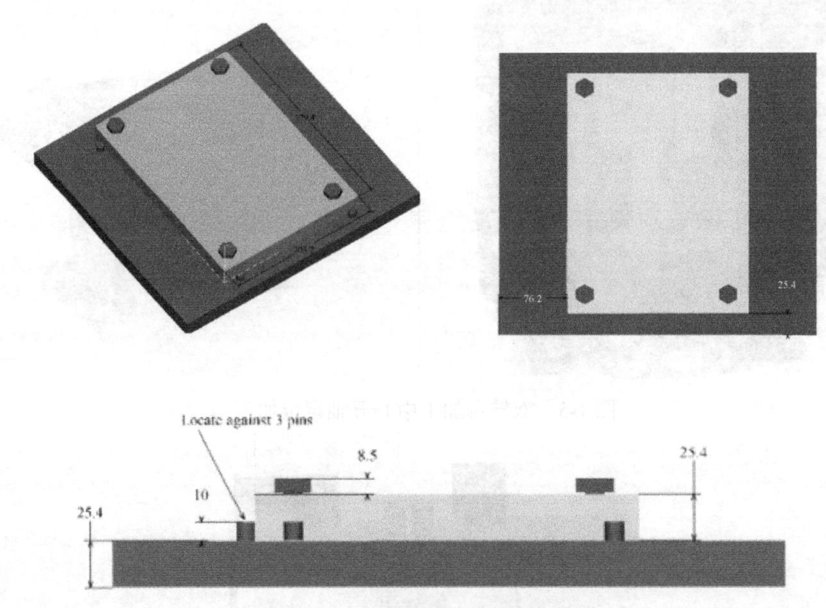

图 1-7　毛坯定位装夹方案报告

Tool Summary

Tool Thumbnail	Shade Copy	Seq	Record	Tool Description	Cutter Info	Cutter Height	Flute Length	Gage Offset	OptiPath Record	Optimized By	Original Time
		1	N030 T1.01 M6		GENERAL INSERT C: 120-512	N/A	0	–43 0 163.76		No Optimization	0:14:27
		2	N280 T005 M6	80mm 10 inserts Face Mill	GENERAL INSERT CP: 15080520	15.9307	0	0 0 120		No Optimization	0:04:03
		3	N510 T003 M6		Flat End: 12, 80	80	20	0 0 112		No Optimization	0:05:26
Total											0:23:57

图 1-8　配刀表报告

Inspecton Report

Mcnday, Oelocer 22, 20124:16:34 PM EDT

Symbol	Feature	Identifier	Insfrument	Dimension	Tolerance	Geo. Tolerance	Measurement	Tool
	Wall Thickness	A1	Snap Caliper	6.50	±0.20			1
	Wall Thickness	A2	Snap Caliper	5.50	±0.20			1
	Floor Thickness	A3	Uitrasonic	12.50	±0.20			1
	Floor Thickness	A4	Uitrasonic	7.00	±0.20			1
⌀	Hole Diameter	A5	Piug Gage	30.00	±0.20			1
⌀	Hole Diametar	A6	Piug Gage	36.00	±0.20			1
⌀	Hole Diameter	A7	Piug Gage	30.00	±0.20			1

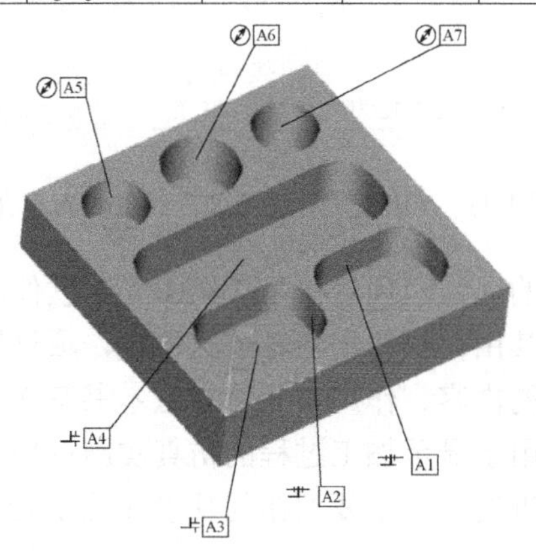

图 1-9　零件具体工序测量结果报告

（5）工艺辅助设计

VERICUT 可以通过提供可靠的虚拟加工仿真数据，帮助用户在工艺设计阶段进行辅助分析。原来需要在生产实际环境下完成的许多细节工作，可以转换到 VERICUT 环境中虚拟进行。具体如工件的装夹定位方案分析，工件如何夹持、夹持多少合适，选用何种类型的刀具、刀具参数如何设置等具体问题。软件环境可在一定程度上辅助工艺设计与分析工作，为实际生产提供技术支持。

1.3　软件界面介绍

VERICUT 软件的基本界面如图 1-10 所示

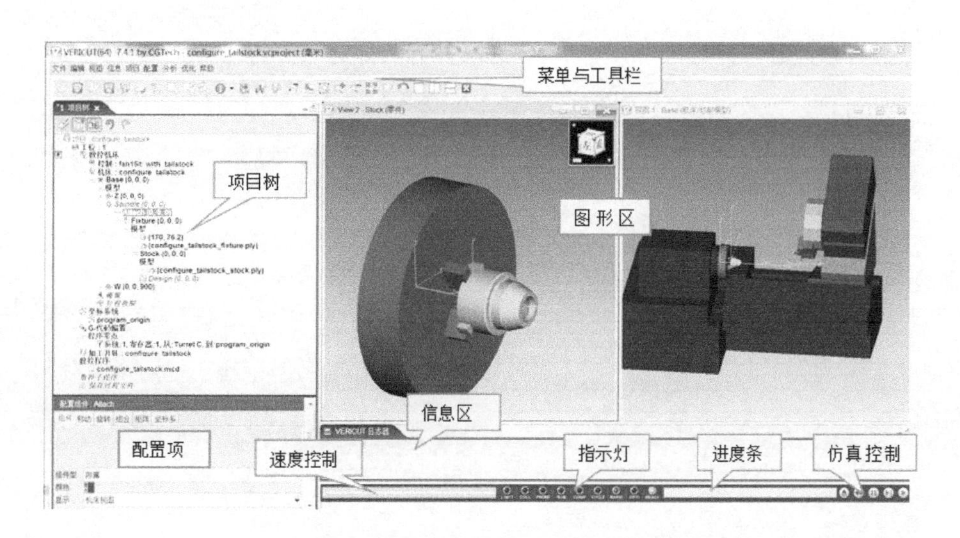

图 1-10　VERICUT 软件基本界面

最上面是菜单与工具栏的区域，该区域中常用的几个工具按钮如图 1-11 所示。

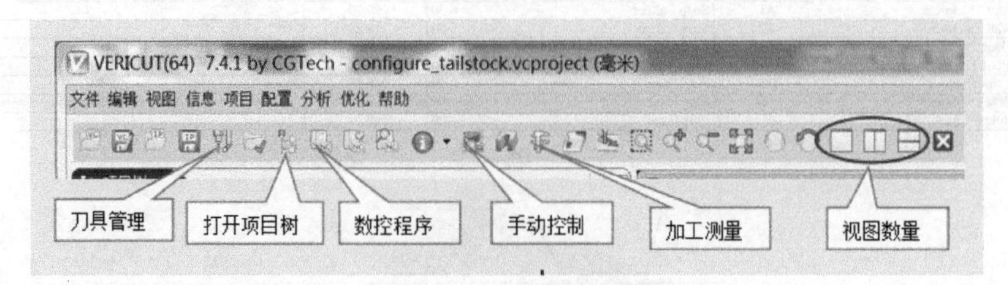

图 1-11 VERICUT 软件工具栏主要内容介绍

屏幕中的左侧为项目树的区域。项目树是 VERICUT 软件用于管理与组织加工仿真过程基本组成元素的组织机构，其由树状结构的各节点构成，项目树下部的区域用于对各节点的内容进行配置。关于各节点的内容、作用与配置方法本书第 2 章将着重介绍。

屏幕右侧图形区，主要用于显示加工过程的仿真实施过程。图形区偏下位置为用于仿真过程显示与控制的各按钮与进度条。主要按钮的功能如图 1-12 所示。

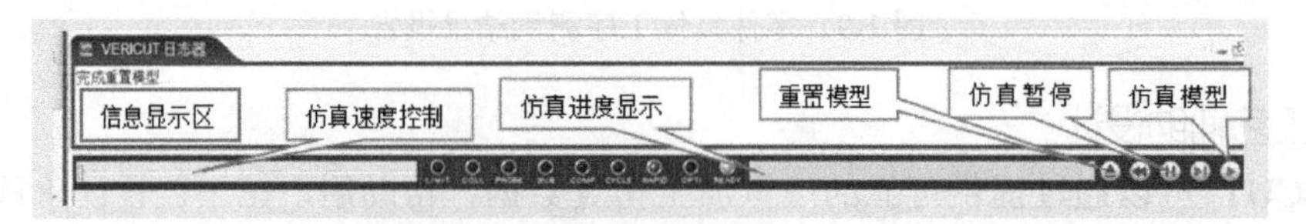

图 1-12 用于仿真控制的各主要按钮

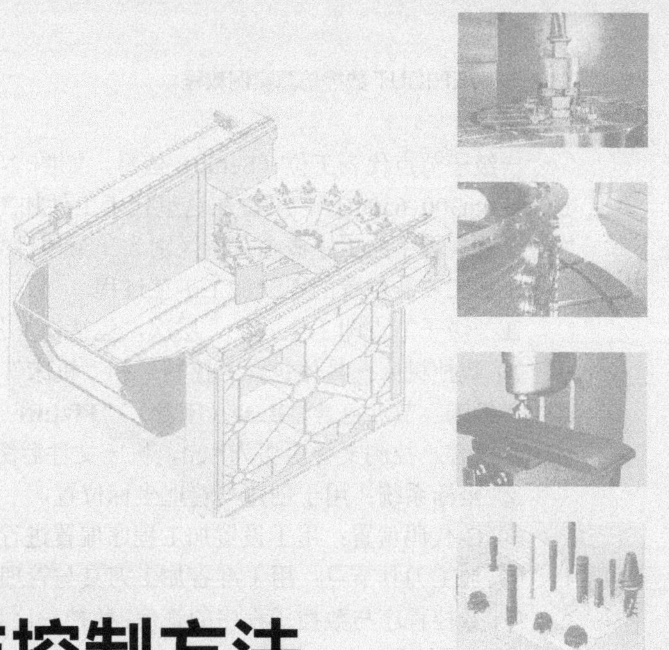

第2章 仿真基本过程与控制方法

2.1 基于项目树配置的 VERICUT 加工仿真基本过程

2.1.1 项目树介绍

（1）项目树的作用与功能

1. 仿真基本过程与控制

在数控加工时，数控机床与控制系统、切削刀具、加工毛坯准备、安装毛坯到机床并正确对刀、编制数控程序等是成功完成数控加工过程的必需元素。在 VERICUT 的虚拟加工仿真环境中，以上相关因素也是必须提供的信息。软件应用树状结构的项目树（project tree）对以上加工过程必备的相关信息进行管理。数控机床与控制系统、切削刀具、加工毛坯、安装毛坯到机床并正确对刀、数控程序等信息以节点的形式存在于项目树中，并通过项目树的配置与调整对以上信息进行有效管理。当在软件中执行某具体零件的虚拟加工过程时，必须首先在项目树中完成以上信息的配置之后，方可进行对象零件的虚拟加工。VERICUT 加工仿真的基本过程，与项目树的配置具有紧密关系。熟悉与熟练配置项目树，是进行 VERICUT 仿真的起点。

（2）项目树基本结构

项目树为层次结构的树状结构，如图 2-1 和图 2-2 分别为空白及配置完成的项目树结构。项目结构的基本组成为节点，代表加工过程中各相关信息。信息之间的属性与语义关系由具体的层次结构来描述，具体分析如下。

树状结构的根节点，内容为“**项目:项目名称**”，具体项目名称如图 2-2 中的“shaft01”。一个完整的项目可以代表与描述一个完整的加工方案。在 VERICUT 软件中项目文件后缀为 *.vcproject。

一级子节点代表工位（Setup）信息，如图 2-1 中的“工位：1”和图 2-2 中的“工位：mazak_qtn300_650u:1”。工位在这里代表工件加工过程中的某一具体安装加工位置，与实际加工工艺规程中的工序概念有所区别。一个项目文件中若含有多个工位，则是用来描述零件在多个加工安装位置的连续加工工艺过程。

在一级子节点即工位的下一层次，包括以下各项内容。

① 数控机床：具体包含“**控制**”和“**机床**”两个节点，用于描述加工机床与数控系统。其中“**机床**”节点包含“**Base**（床身）”“**Fixture**（夹具）”“**Stock**（毛坯）”“**Design**（零件）”等节点内容。控制文件后缀为*.ctl，机床文件后缀为*.mch。

② 坐标系统：用于创建与管理坐标位置。

③ G-代码偏置：用于设置加工程序偏置进行对刀。

④ 加工刀具节点：用于准备加工刀具与管理加工刀具库，刀具文件后缀为*.tls。

⑤ 数控程序与数控子程序的管理：数控程序为文本形式，其后缀可有多种，如*.txt，*.nc，*.tap 等。数控程序可由手工编程或 UG、POWERMILL 等 CAM 软件自动生成。

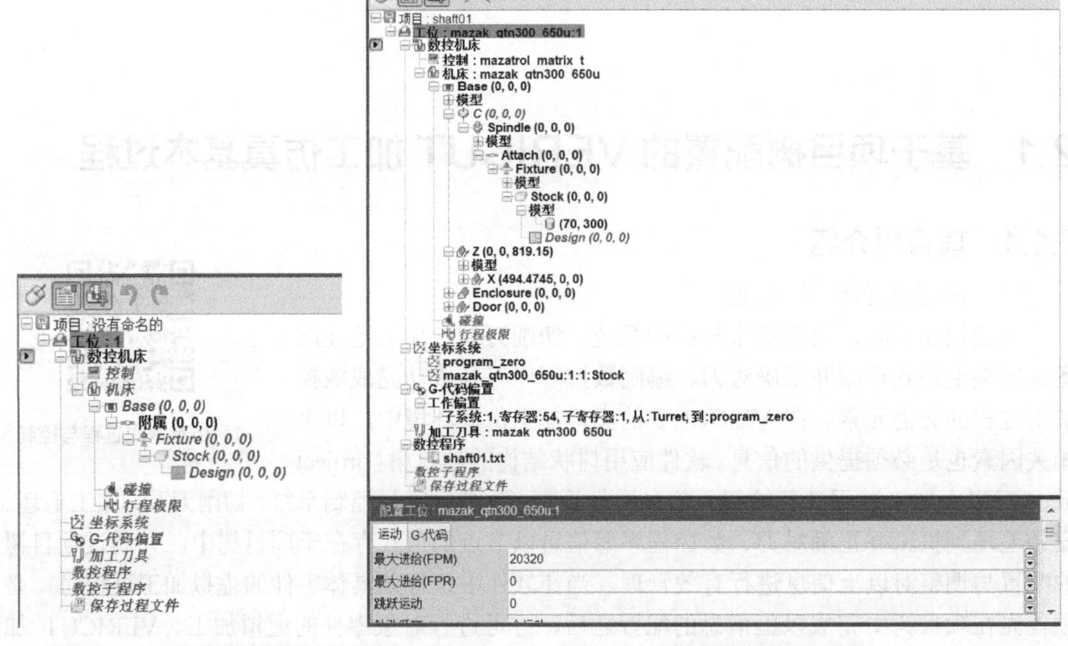

图 2-1　空白的项目树结构　　　　图 2-2　已配置完成的项目树

（3）项目文件的基本组织方式

根据项目树的结构可知，一个完整的项目需要包含多种类型的文件，为各具体项目建立独立的目录进行管理是本书推荐的方式。如图 2-3 所示为某具体项目的相关文件组成。

当新建项目时，各项目树中的各组成文件可能来自计算机中的不同目录，可以通过以下方式进行管理。

主菜单中选择“**信息**”→“**文件汇总**”命令，弹出“**复制文件到**”对话框，选择“**拷贝选择的文件到**”处选“**目录**”，指定文件保存位置，选择“**确定**”按钮，保存与项目所有相关文件至设定目录中。

名称	修改日期	类型	大小
lathe_control.ctl	2017/5/18 17:30	CTL 文件	124 KB
day2_review_fixture_l.fxt	2017/5/18 17:30	FXT 文件	4 KB
day2_review_program1_l.mcd	2017/5/18 17:30	MCD 文件	1 KB
day2_review_program2_l.mcd	2017/5/18 17:30	MCD 文件	1 KB
lathe_machine.mch	2017/5/18 17:30	MCH 文件	47 KB
generic_2_axis_lathe_turret_3d_spindle.sor	2017/5/18 17:30	SOR 文件	1 KB
day2_review_stock_l.stk	2017/5/18 17:30	STK 文件	1,526 KB
2_axis_turret_lathe_cdc_t2.swp	2017/5/18 17:30	SWP 文件	1 KB
2_axis_turret_lathe_cdc_t3.swp	2017/5/18 17:30	SWP 文件	1 KB
2_axis_turret_lathe_cdc_t5.swp	2017/5/18 17:30	SWP 文件	1 KB
day2_review_tools_l.tls	2017/5/18 17:30	TLS 文件	12 KB
lathe_multi_setup.vcproject	2017/5/18 17:31	VCPROJECT 文件	105 KB
vericut	2017/5/22 15:53	文本文档	4 KB
cgtech_vericut_logo	2017/5/18 17:30	证书信任列表	878 KB
generic_2_axis_lathe_turret	2017/5/18 17:30	证书信任列表	21 KB
generic_2_axis_lathe_turret_3d_base	2017/5/18 17:30	证书信任列表	536 KB
generic_2_axis_lathe_turret_3d_enclosure	2017/5/18 17:30	证书信任列表	13 KB
generic_2_axis_lathe_turret_3d_rail	2017/5/18 17:30	证书信任列表	2 KB
generic_2_axis_lathe_turret_3d_x1	2017/5/18 17:30	证书信任列表	459 KB
generic_2_axis_lathe_turret_3d_x2	2017/5/18 17:30	证书信任列表	231 KB
generic_2_axis_lathe_turret_3d_x3	2017/5/18 17:30	证书信任列表	66 KB
generic_2_axis_lathe_turret_3d_x4	2017/5/18 17:30	证书信任列表	362 KB
generic_2_axis_lathe_turret_3d_z1	2017/5/18 17:30	证书信任列表	516 KB
generic_2_axis_lathe_turret_3d_z2	2017/5/18 17:30	证书信任列表	66 KB
generic_2_axis_lathe_turret_3d_z3	2017/5/18 17:30	证书信任列表	52 KB
generic_2_axis_lathe_turret2	2017/5/18 17:30	证书信任列表	24 KB

图 2-3　项目的相关文件组成

另外，当项目树结构中的各文件支持多种加工方案，即多个项目文件的时候，可以通过在同一目录中保存多个项目文件的方式对其进行管理。

在使用项目文件时，通过设定当前工作目录的方式进行软件操作，是一种高效率的工作方式。尤其在深入学习与使用 VERICUT 软件的情况下，对项目、项目树及项目中相关文件的有效管理是保证软件高效运行的前提。在本书中会通过各具体实例来说明以上方法。

2.1.2　基于项目树配置的基本仿真流程实施

本节从建立一个空 VERICUT 项目文件开始，通过完成对各项基本加工要素的配置，实现零件的虚拟加工过程。

（1）设置当前工作目录

选择“**文件**”→“**工作目录**”命令，弹出如图 2-4 所示“**工作目录**”对话框，“**捷径**”处选“**安装目录\lathe_01_mm**”，选择“**确定**”按钮，设置当前工作目录。

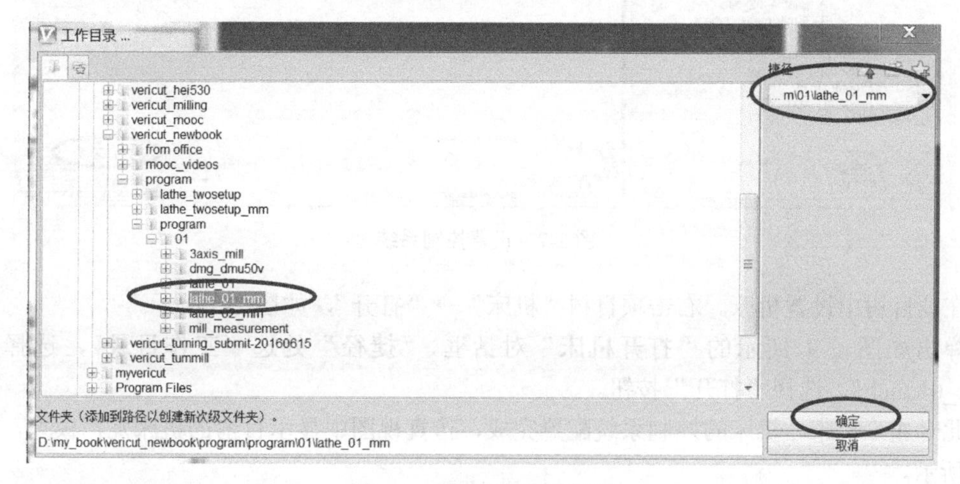

图 2-4　设置当前工作目录

新建项目文件。主菜单，选择“**文件**”→“**新项目**”命令，弹出如图2-5所示“**新的VERICUT项目**”对话框，选择“**开始新的**”，单位选“**毫米**”，输入新项目文件名“**first_simu_process.vcproject**”，选择“**确定**”按钮，进入该项目的加工仿真界面。

新项目内容为空白的项目树结构，相关信息均需要进行设置。

（2）配置项目树与工件无关信息

在项目树中设置控制系统。右击项目树节点“**控制**”→“**打开**”，如图2-6所示。

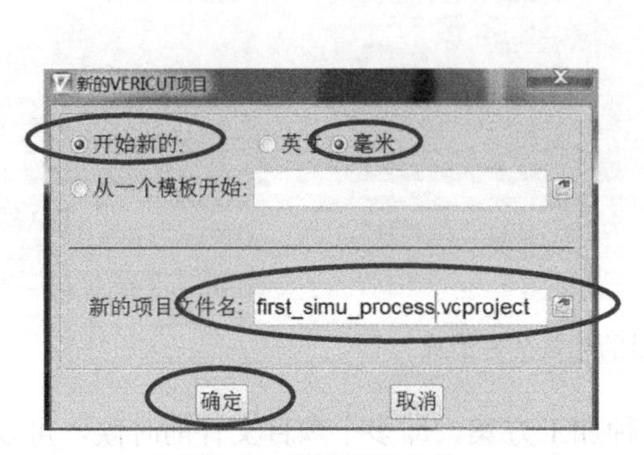

图2-5 新建项目文件

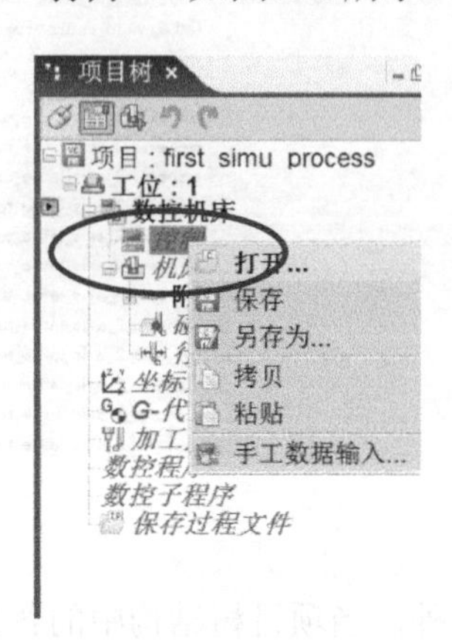

图2-6 配置控制系统

弹出如图2-7所示的“**打开控制系统**”对话框，“**捷径**”处选“**工作目录**”，选择文件“fan15it_with_tailstock.ctl”，选择“**打开**”按钮。

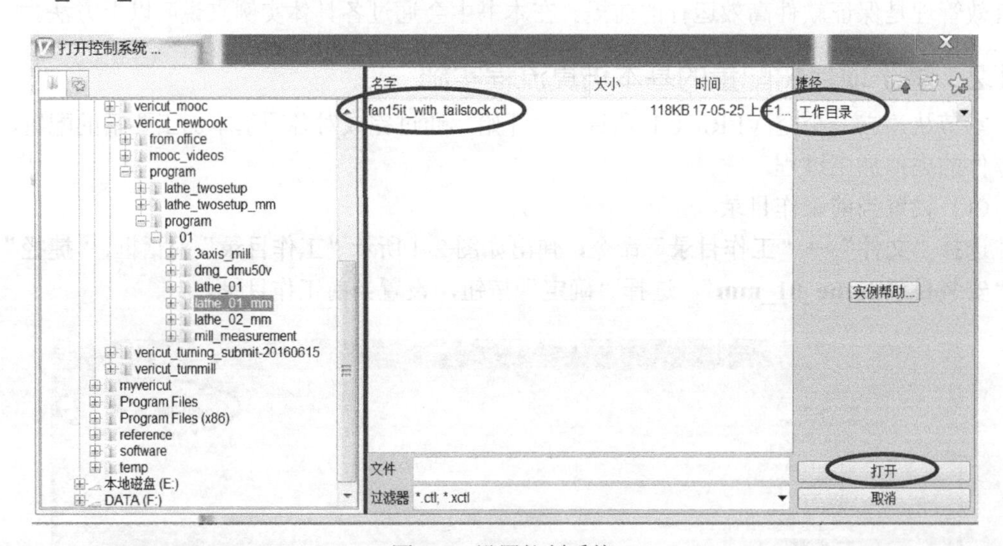

图2-7 设置控制系统

在项目树中设置机床。右击项目树“**机床**”→“**打开**”，如图2-8所示。

弹出如图2-9所示的“**打开机床**”对话框，“**捷径**”处选“**工作目录**”，选择文件“lathe_01.mch”，选择“**打开**”按钮。

此时加工机床、机床的控制系统配置完成，仿真视图中显示目前的机床几何模型，如图2-10所示。

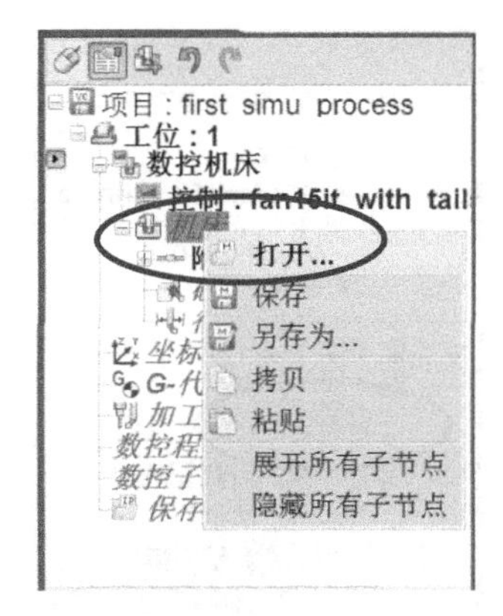

图 2-8　设置机床文件（一）

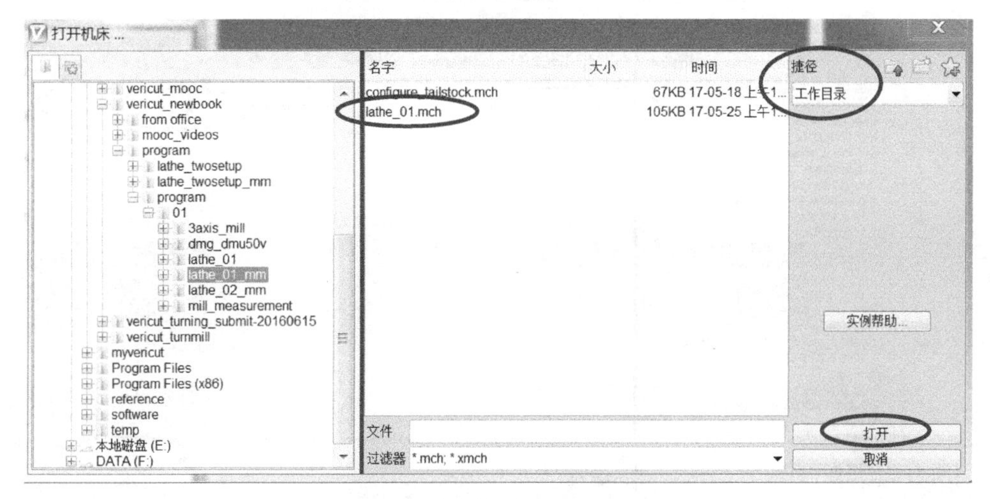

图 2-9　设置机床文件（二）

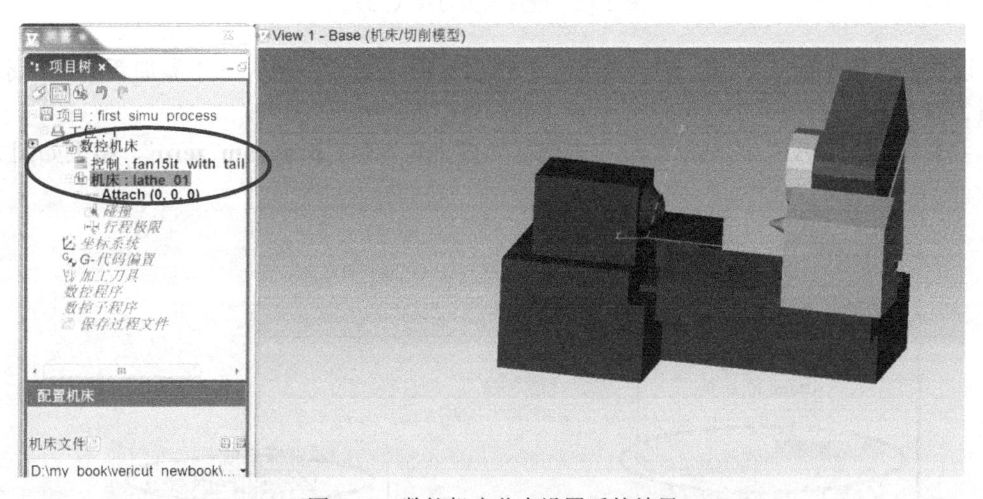

图 2-10　数控机床节点设置后的结果

配置加工刀具。右击项目树“**加工刀具**”→“**打开**”，如图 2-11 所示。

弹出如图 2-12 所示的“**打开**”对话框，“**捷径**”处选“**工作目录**”，选择文件“configure_tailstock.tls”，选择“**打开**”按钮。

图 2-11　设置加工刀具（一）

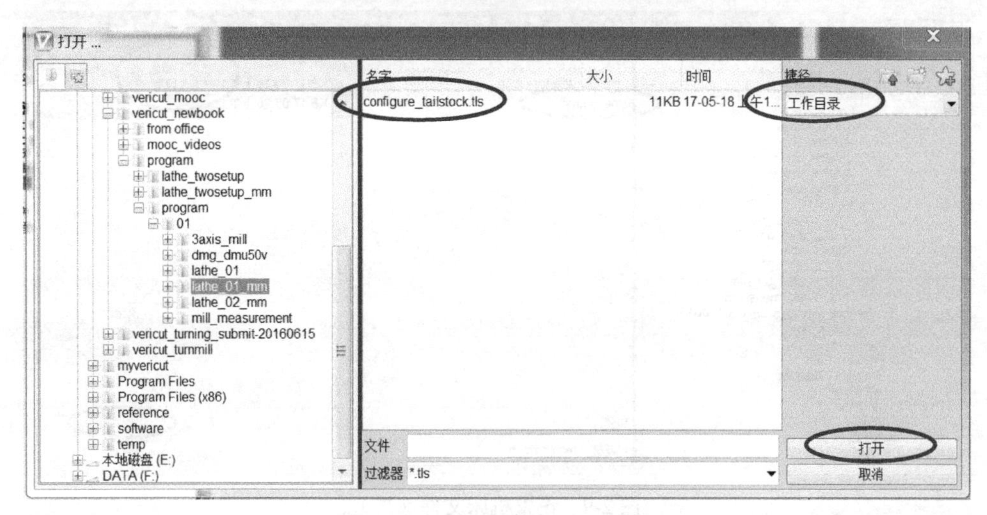

图 2-12　设置加工刀具（二）

设置机床基本加工零点，进行对刀。右击项目树“**坐标系统**”→“**添加新的坐标系**”，如图 2-13 所示。

生成名为“**Csys1**”的坐标系。右击鼠标“**重命名**”为“**program_zero**”，结果如图 2-14 所示。

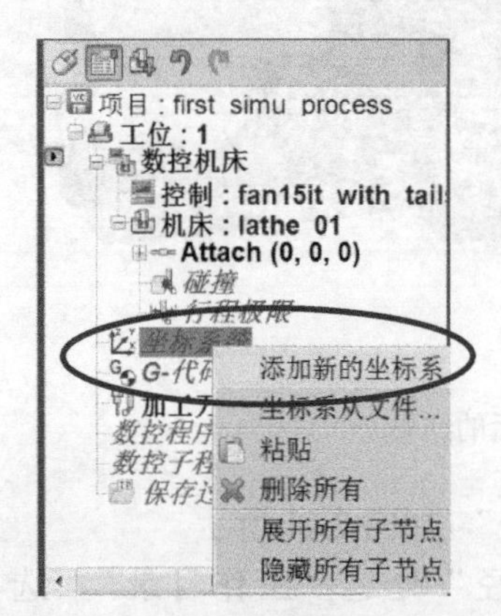

图 2-13　生成对刀用的坐标系（一）

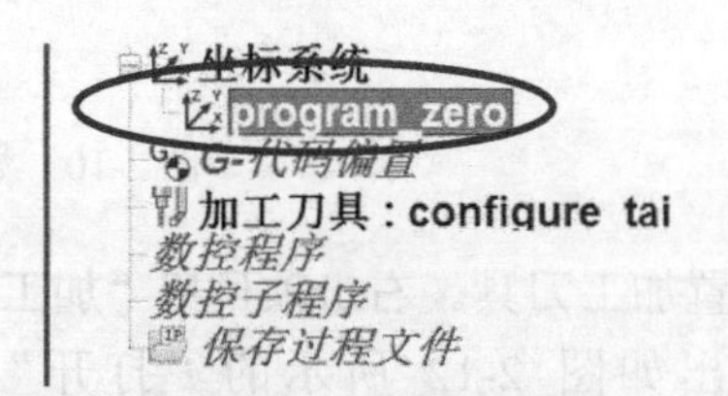

图 2-14　生成对刀用的坐标系（二）

生成针对“program_zero”节点的工作偏置，进行对刀。项目树，选择“**G-代码偏置**”，在“**配置工作偏置**”界面，“**偏置名**”=“**工作偏置**”，“**寄存器**”=“**54**”，点击“**添加**”如图2-15所示。

在“**配置工作偏置**”界面，“**从**”→“**组件**”=“Turret C”，“**到**”→“**坐标原点**”=“program_zero”，完成坐标偏置即对刀工作，如图2-16所示。

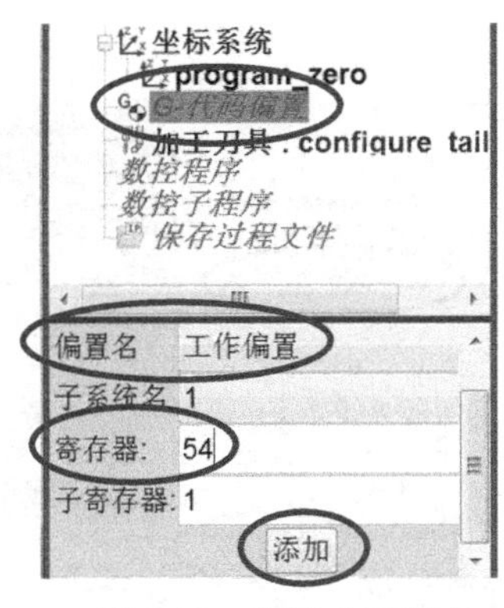

图2-15 设置G54对刀

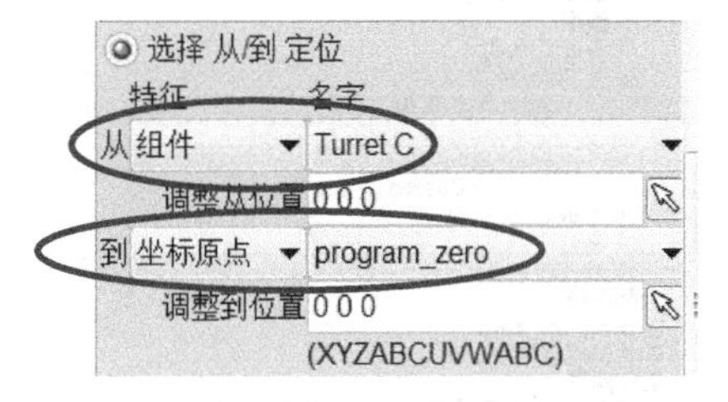

图2-16 配置工作偏置进行对刀

在项目树中对刀的设置结果如图2-17所示。

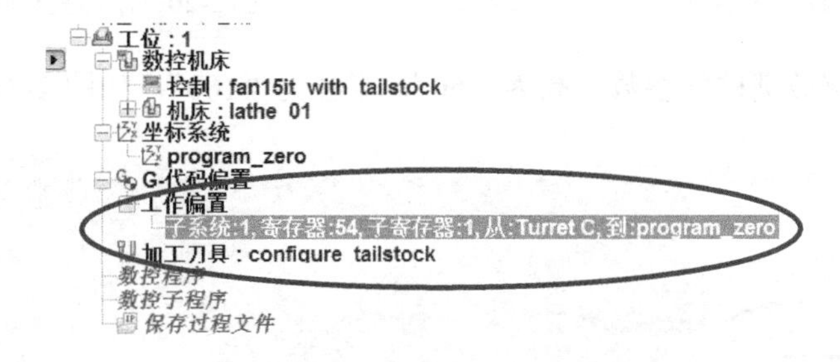

图2-17 项目树中的对刀设置

在机床上基本的对刀位置如图2-18所示。

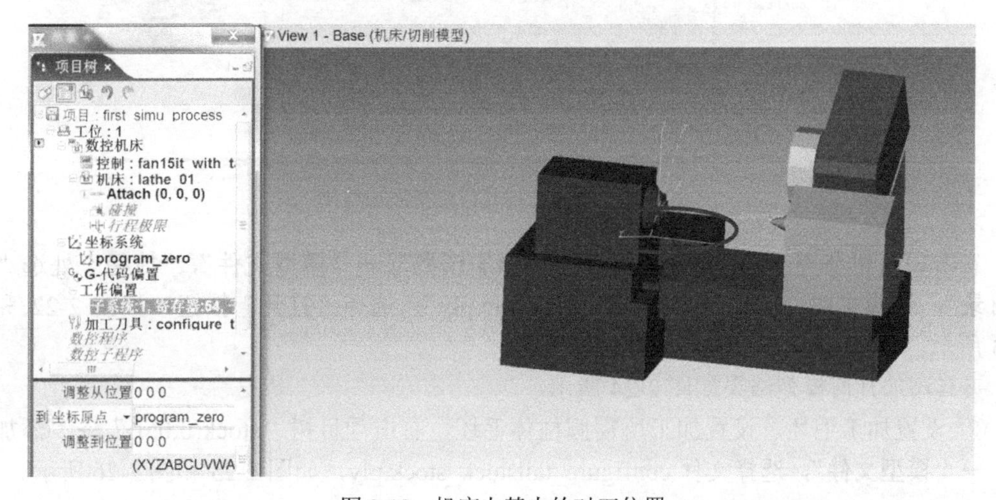

图2-18 机床上基本的对刀位置

目前完成的基本的项目树配置如图 2-19 所示。

保存项目模板文件。主菜单，选择“**文件**”→“**保存项目**”命令，保存新建项目文件于当前工作目录。

（3）继续配置工件相关信息

① 设置加工用夹具模型。右击项目树节点“Fixture(0,0,0)”→“**添加模型**”→“**圆柱**”，如图 2-20 所示。

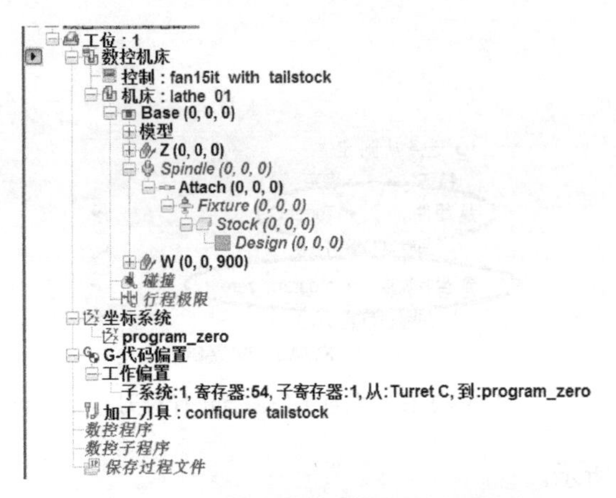

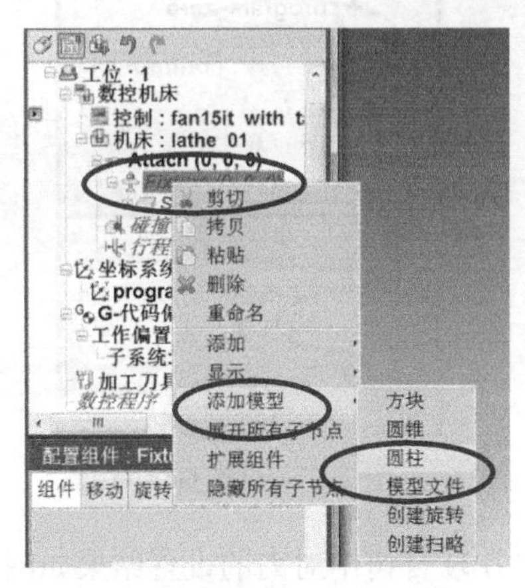

图 2-19 工件无关信息的项目树配置结果

图 2-20 添加夹具圆柱几何模型

在配置界面，修改圆柱体参数，高为“50”，半径为“100”，如图 2-21 所示。

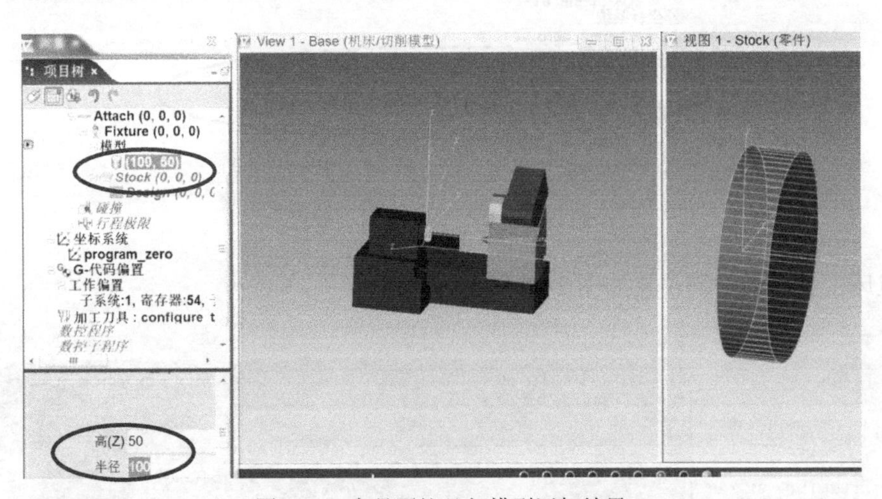

图 2-21 夹具圆柱几何模型添加结果

右击项目树节点“Fixture(0,0,0)”→“**添加模型**”→“**模型文件**”，“**捷径**”处选“**工作目录**”，选择文件“configure_tailstock_fixture.ply”，选择“**打开**”按钮，如图 2-22 和图 2-23 所示。

夹具添加几何模型结果如图 2-24 所示。

② 设置加工毛坯。设置加工所需圆柱体毛坯，右击项目树“stock(0,0,0)”→“**添加模型**”→“**模型文件**”，选择文件 configure_tailstock_stock.ply，如图 2-25 和图 2-26 所示。

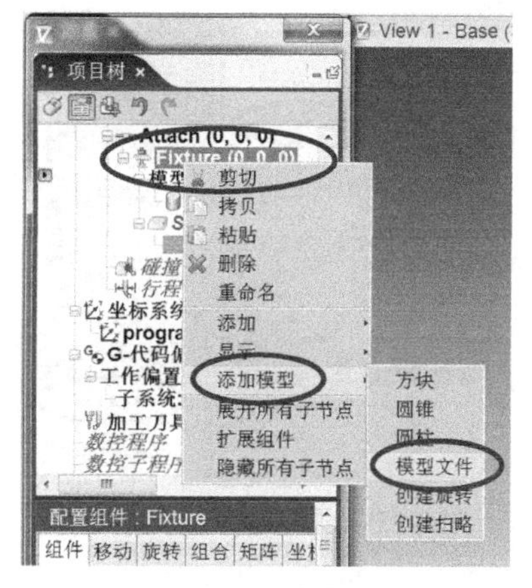

图 2-22　添加夹具几何模型文件（一）

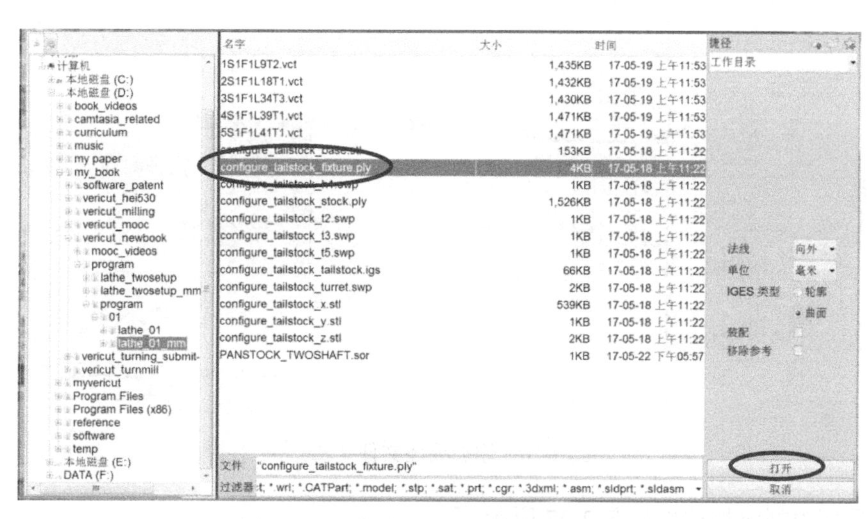

图 2-23　添加夹具几何模型文件（二）

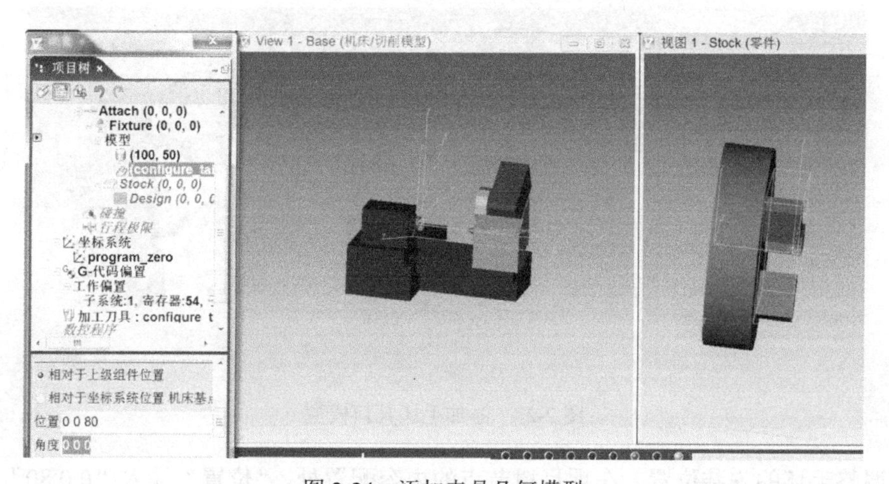

图 2-24　添加夹具几何模型

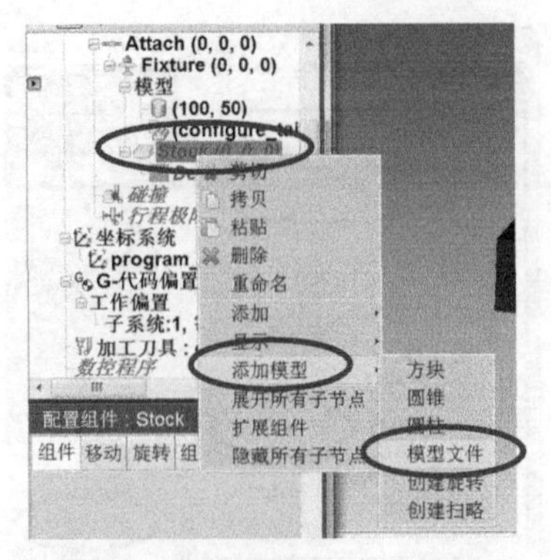

图 2-25 添加毛坯文件（一）

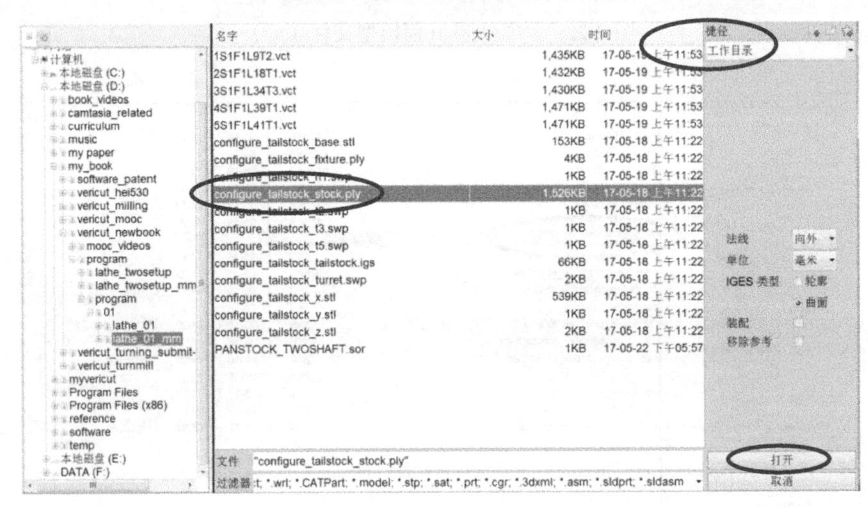

图 2-26 添加毛坯文件（二）

毛坯几何模型添加结果如图 2-27 所示。

图 2-27 添加毛坯几何模型

③ 调整毛坯的安装位置。在项目树节点的内容配置处，“**位置**”输入“0 0 80”，“**角度**”输入“0 -90 0”，毛坯安装结果如图 2-28 所示。

图 2-28　设置毛坯安装位置

④ 加入数控加工程序。右击项目树“数控程序”→“添加数控程序文件…”，弹出如图 2-29 所示“**打开数控程序文件**”对话框，“**捷径**”处选“**工作目录**”，选择文件“first_simu_peocess.txt”，选择“**确定**”按钮。

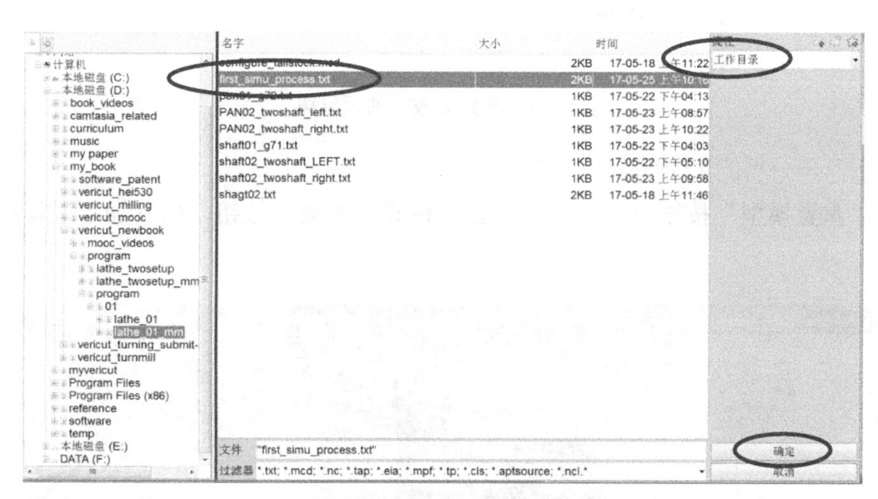

图 2-29　添加数控程序

⑤ 对工件进行对刀。选择项目树中的“program_zero”节点，在下面的节点内容配置处，“位置”输入“0 0 80”，对刀结果如图 2-30 所示。

图 2-30　工件对刀结果

(4) 仿真基本项目树形成

如图 2-31 所示为配置完成后的项目树。

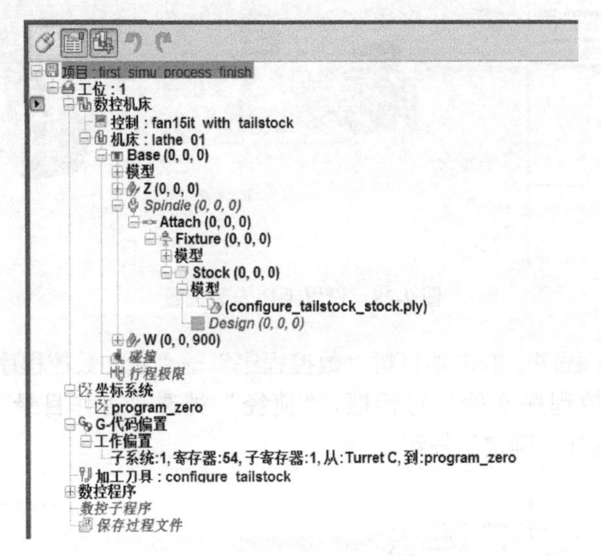

图 2-31　配置完成后的项目树

(5) 运行与分析仿真过程

点击“**重置模型**”按钮重置系统，点击“**仿真到末端**”按钮，仿真加工过程如图 2-32 所示。

图 2-32　仿真加工过程

对仿真结果进行分析与测量。调出测量菜单，如图 2-33 所示。

测量外圆加工表面特征，测量菜单选择“**特征/记录**”，点击鼠标左键选择如图 2-34 中测量位置，测量结果如图 2-34 所示。

测量外圆锥加工表面特征，测量菜单选择“特征/记录”，点击鼠标左键选择如图 2-35 中测量位置，测量结果如图 2-35 所示。

(6) 保存仿真结果

选择“**文件**”→“**保存**”命令，保存项目文件于当前工作目录。

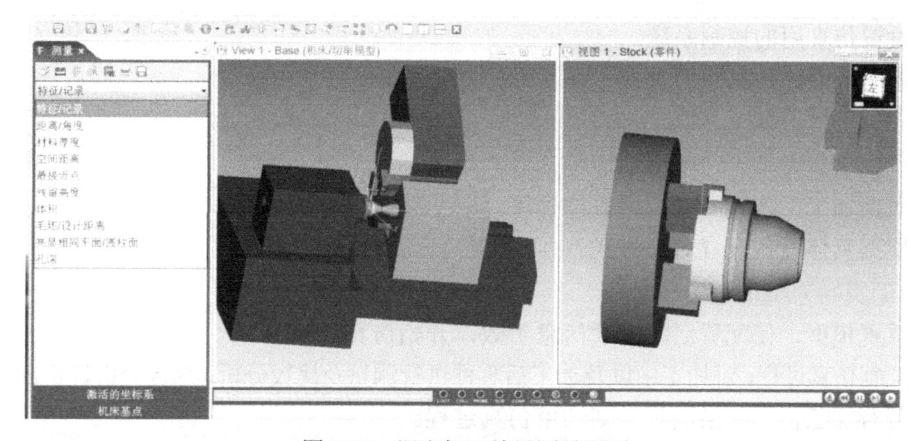

图2-33　调出加工结果测量界面

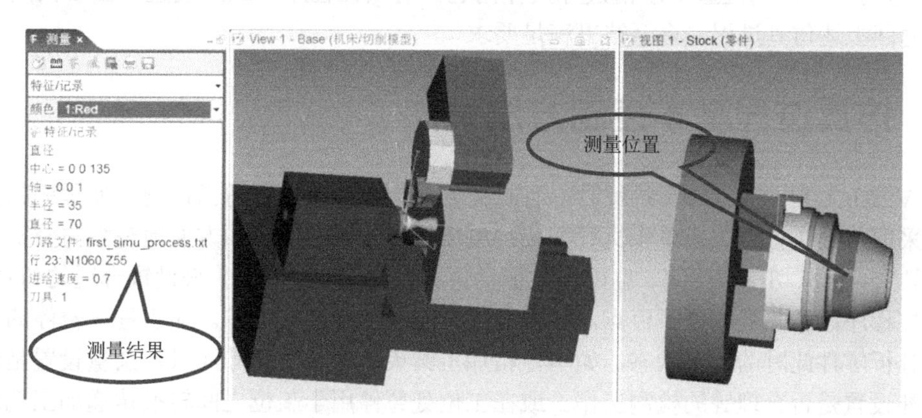

图2-34　外圆表面测量结果

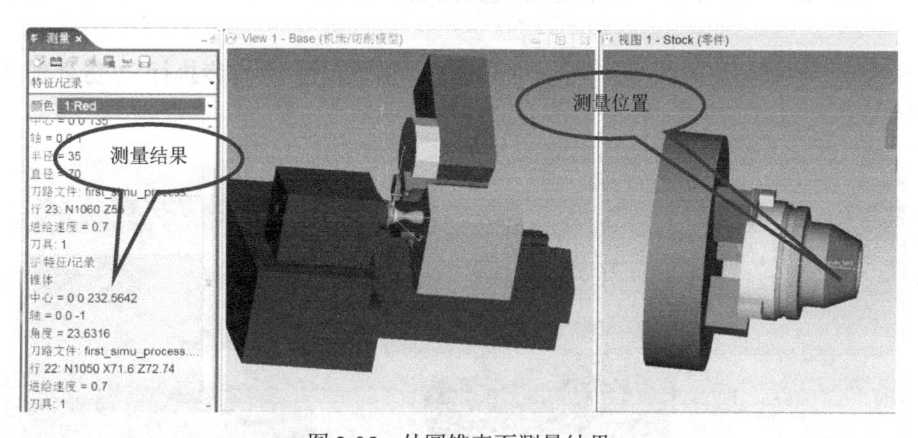

图2-35　外圆锥表面测量结果

2.1.3　仿真基本过程总结

VERICUT的加工仿真实现可以归结为以下过程。

（1）新建仿真项目

新项目可以从空白开始或者从已有的项目模板文件开始建立。

（2）配置项目树中工件无关内容

① 设置仿真用机床，可以自定义客户化的机床模型或者调用软件中现有的机床模型文件。

② 设置仿真用的控制系统。

③ 调用或创建仿真用刀具库。

（3）配置项目树中工件相关内容

① 设置工装夹具、切削用毛坯等。

② 根据加工工艺编制与调用数控程序。

③ 根据具体设备设置对刀方式。

（4）仿真与分析加工过程

① 重置模型，使配置后的各项信息生效，开始仿真过程。

② 控制仿真过程，对加工中以及加工后零件进行测量及比较分析，综合分析评价加工过程。

③ 若对加工仿真结果满意，则结束仿真过程。

④ 若仿真中出现碰撞干涉错误等具体问题，对数控程序、加工设置等出现问题处进行修改，返回上述仿真过程，直至结果满足要求。

2.2 仿真过程基本控制方法

在 VERICUT 中执行仿真过程时，有时需要对仿真过程进行适当控制。如程序的执行方式，可采取连续执行方式或单步执行方式，单步执行方式可以更加方便地观察与分析刀具切削运动轨迹、机床切削情况等。也可通过拖动仿真速度控制滚动条，来设置合适的仿真速度。或在数控程序段的某处设置暂停点，如换刀处、工位加工结束处等。加工程序暂停的作用，可用于分析零件此时的加工状态，如零件粗加工结束后的加工尺寸测量、余量设置是否如预期、刀补设置是否合理等的检测工作。或在工位处暂停用于工位之间转换传递加工毛坯，再结合单步执行功能将毛坯在下一工位进行装夹定位、对刀工作等。以下应用具体项目实例进行说明。

基本的运行控制按钮如图 2-36 所示主要包括“**重置模型**”“**单步执行**”“**仿真到末端**”等常用控制按钮。

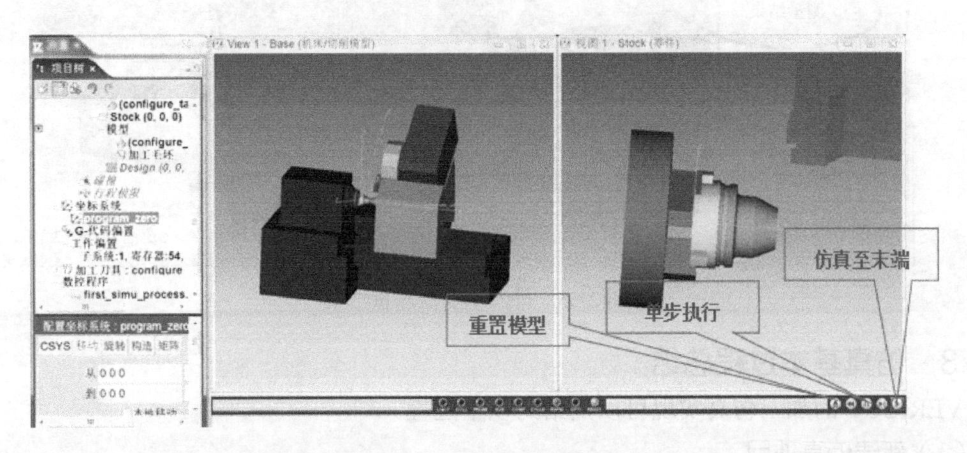

图 2-36 仿真运行控制按钮

（1）仿真单步执行

单步执行方式可以通过控制单步执行按钮，以逐条语句方式执行数控程序。单击“**重置**

模型”按钮重置系统，从主菜单选择“**信息**”→“**数控程序**”命令，打开数控程序内容界面，运行“**单步执行**”按钮，模型即以逐条语句方式执行数控程序，如图 2-37 所示。

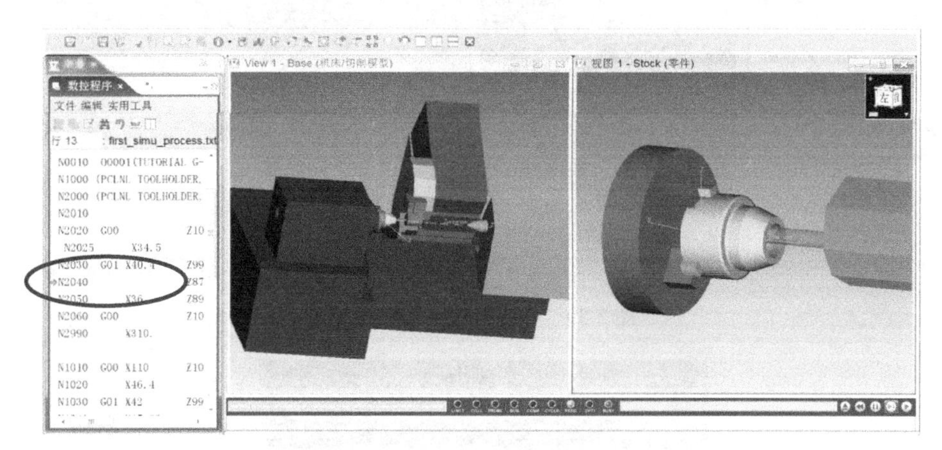

图 2-37　单步执行仿真模型方式

（2）暂停运行程序

暂停运行程序主要通过在数控程序段的某处设置暂停点作为程序运行暂停位置，使加工程序在该处暂停。单击“**重置模型**”按钮重置系统，从主菜单选择“**信息**”→“**数控程序**”命令，打开数控程序内容界面，单击如图 2-38 所示数控程序段的左端空白处，此时出现红色的暂停点，设置该处为加工暂停位置，如图 2-38 所示。

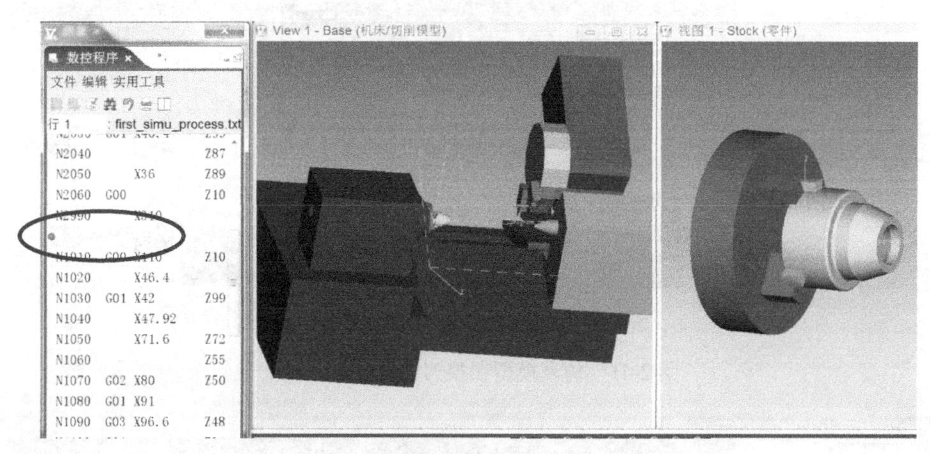

图 2-38　设置断点即程序执行暂停位置

从头开始执行程序，执行到设置断点处，程序暂停，如图 2-39 所示。

（3）设置换刀处暂停

鼠标右击“**仿真至结束**”按钮，选择“**添加**”按钮，在“**暂停**”下拉菜单选择“**换刀**”，设置程序，在每次换刀时程序暂停，如图 2-40 所示。

单击“**重置模型**”按钮重置系统，点击“**仿真至末端**”按钮，程序执行，并暂停在换 2# 刀后，如图 2-41 所示。

运行“**仿真至末端**”按钮，继续执行仿真模型，并暂停在换 1# 刀后，如图 2-42 所示。

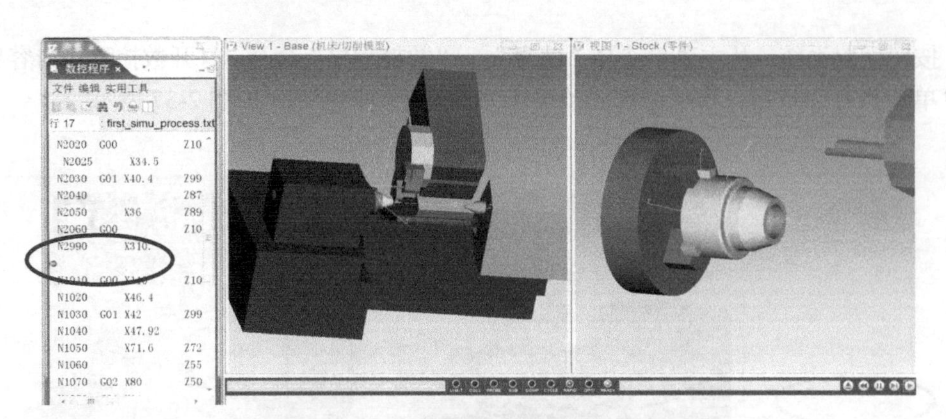

图 2-39 程序执行至暂停位置

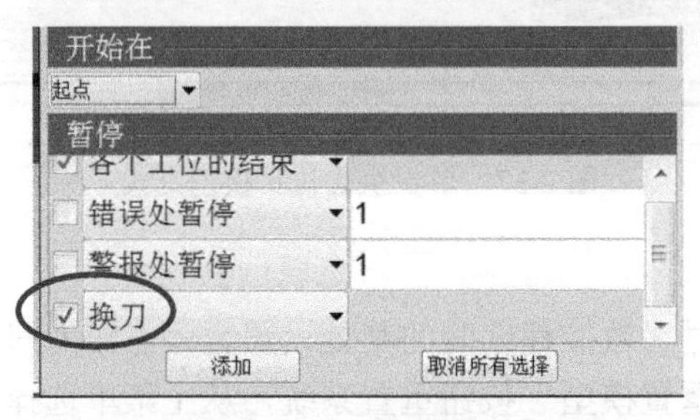

图 2-40 设置换刀处暂停

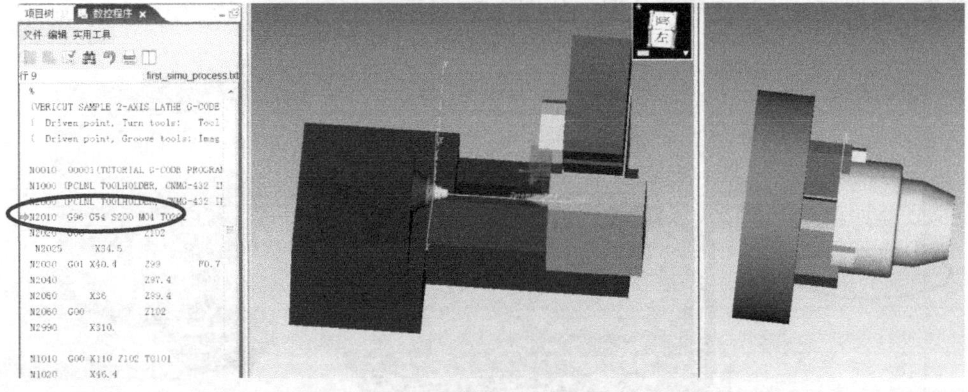

图 2-41 仿真模型在换刀处暂停（一）

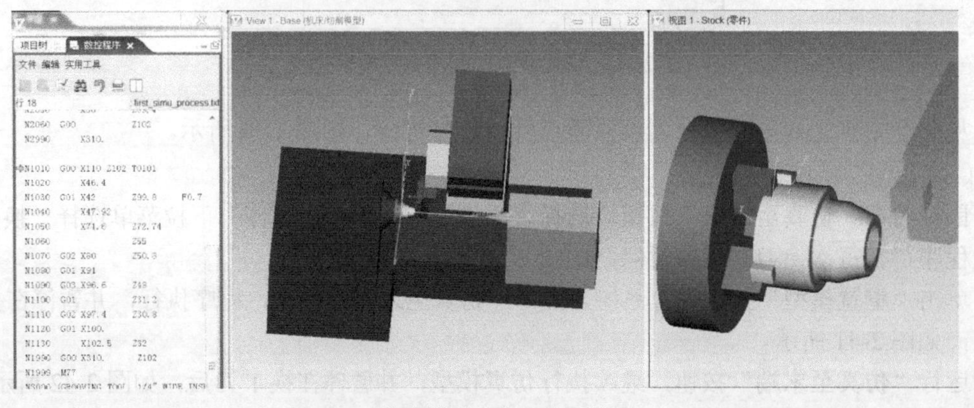

图 2-42 仿真模型在换刀处暂停（二）

运行“**仿真至末段**”按钮，继续执行仿真模型，并暂停在换 3#刀后，如图 2-43 所示。

图 2-43　仿真模型在换刀处暂停（三）

以上即为仿真过程的基本控制方法。

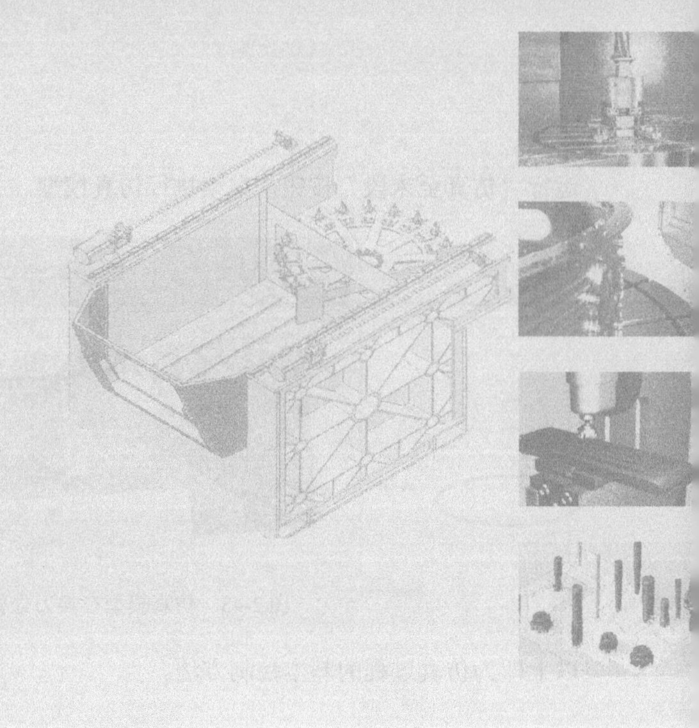

第3章 项目模板文件

3.1 项目模板文件介绍

项目文件（后缀为*.vcproject）是 VERICUT 软件执行加工仿真的基本文件形式。当生成新项目准备进行零件的虚拟加工仿真工作时，项目文件中项目树节点代表的各项加工基本元素均为空白，需要用户从头开始配置方可最终完成加工仿真工作。为了提高效率与软件使用的方便性，VERICUT 提供了项目模板文件（template project file，后缀同样为*.vcproject）。与新建项目文件不同，模板项目文件中的项目树预先配置了与具体加工零件相关性较小的要素信息，包括机床、控制系统、包含基本加工刀具种类的刀具文件，以及基本的对刀方法。用户在仿真时，只需配置与具体加工零件相关的要素信息，包括工装夹具、毛坯、对刀及数控程序等，即可完成零件的虚拟加工仿真工作。用户可根据个人需要，预先配置多个多种类型的项目模板文件，如针对具体控制系统、或针对具体加工设备等的模板项目文件，供在实际工作中调用。换一角度，应用项目模板文件,可以在虚拟仿真世界中不限数量地应用现实世界中价值上百万的数控设备与控制系统，应用其进行程序验证、机床仿真、数控技术培训等工作。本章以具体实例来说明模板项目文件的建立与使用方法。

3.2 项目模板文件 —— 车削篇

2．项目模板文件——车削篇

3.2.1 由现有项目生成项目模板

（1）设置当前工作目录

将当前工作目录设置为安装目录“\lathe_01_mm”。

（2）修改为项目模板文件

打开本书第 2 章建立的项目文件“first_simu_process.vcproject”，首先将其另存为“lathe01_ template.vcproject”。删除其项目树中与工件相关的信息配置，转化为项目模板文件。删除项目树节点“**Stock(0 0 0)**”中的毛坯几何模型、“**数控程序**”中的数控程序配置，“**program_zero**”节点的位置信息调整为“0 0 0”，结果如图 3-1 所示。

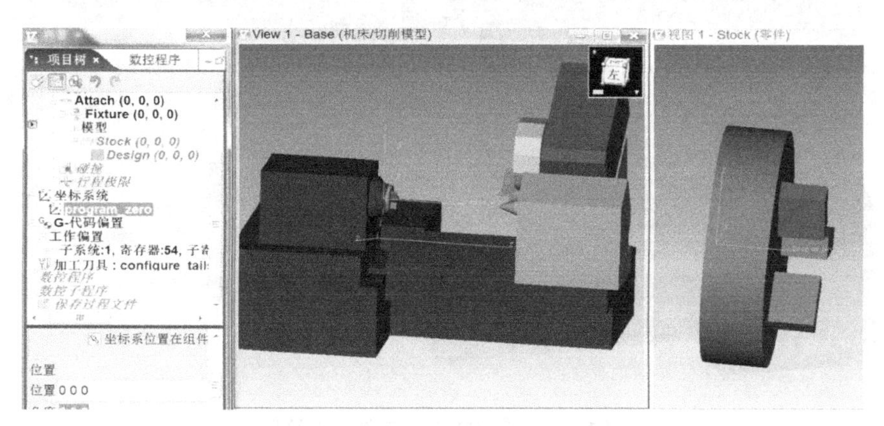

图 3-1　删除项目树中工件相关信息

项目树，选择“**文件**”→“**保存项目**”命令，保存该项目。此时的项目树中保留了机床、控制系统、刀具以及基本的对刀方法等工件无关信息，形成了一个具有基本车削加工能力的项目模板文件。

（3）应用该模板文件进行加工仿真

实例一　应用 G71 命令车削某毛坯外表面。

首先配置工件相关信息。

配置加工所用圆柱体毛坯。右击项目树节点“Stock(0,0,0)”→“**添加模型**”→“**圆柱**”，设置高度为 300，直径为 80。

对工件进行对刀，选择项目树“**program_zero**”节点，在项目树下部的配置界面，选择“**移动**”标签，修改其位置值为“0 0 300”。毛坯对刀在其右端面的中心处，结果如图 3-2 所示。

添加数控加工程序。右击项目树“数控程序”→“添加数控程序文件…”，弹出“打开数控程序文件”对话框，“捷径”处选“工作目录”，选择数控程序文件“shaft01_g71.txt”，选择“打开”按钮。

工件相关信息配置结果如图 3-2 所示。

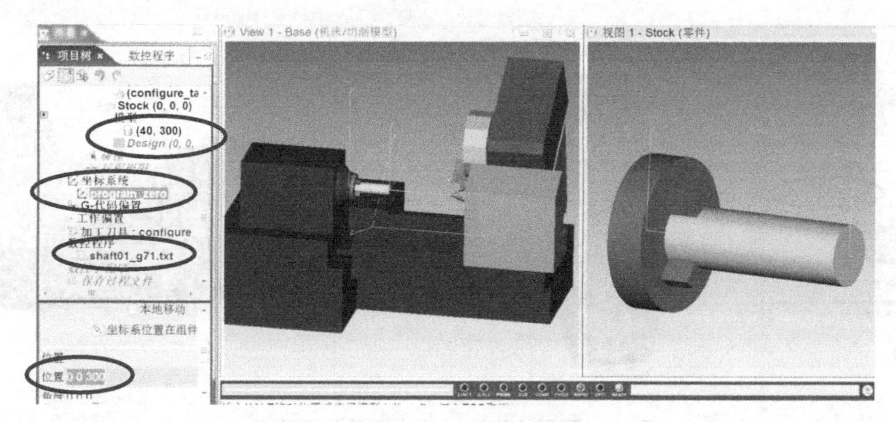

图 3-2　配置执行 G71 命令工件相关信息

重置模型使项目树工件相关配置信息生效，进行仿真。结果如图 3-3 所示。

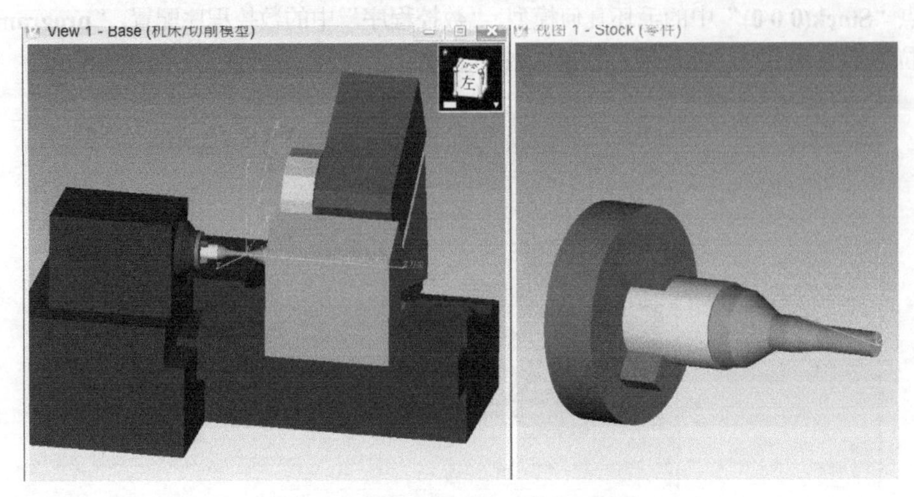

图 3-3　执行 G71 命令工件加工结果

可以将此次加工结果以项目文件的形式进行保存，供以后需要时分析应用。而刚才建立的项目模板文件可以继续使用，用于其他零件的车削加工。

项目树，选择“**文件**”→“**另存项目**”命令。将应用 G71 命令加工工件的各方案、数据与加工结果保存于独立项目中，位置位于当前工作目录。而所建立的项目模板文件不受影响，可以继续使用。

继续使用所建立的项目模板文件，删除刚才执行 G71 命令时的工件相关信息。删除项目树节点中的“**Stock(0 0 0)**”中的毛坯几何模型、“**数控程序**”中的数控程序配置，“**program_zero**”节点的位置信息调整为“0 0 0”，回到项目模板文件状态，保存文件。

实例二　应用 G72 命令加工某毛坯外轮廓。

首先配置工件相关信息。

配置加工所用圆柱体毛坯。右击项目树节点“stock(0,0,0)”→“**添加模型**”→“**圆柱**”，设置高度为 120，直径为 160。

对工件进行对刀，选择项目树“**program_zero**”节点，在项目树下部的配置界面，选择“**移动**”标签，修改其位置值为“0 0 200”。毛坯对刀在其右端面的中心处，结果如图 3-4 所示。

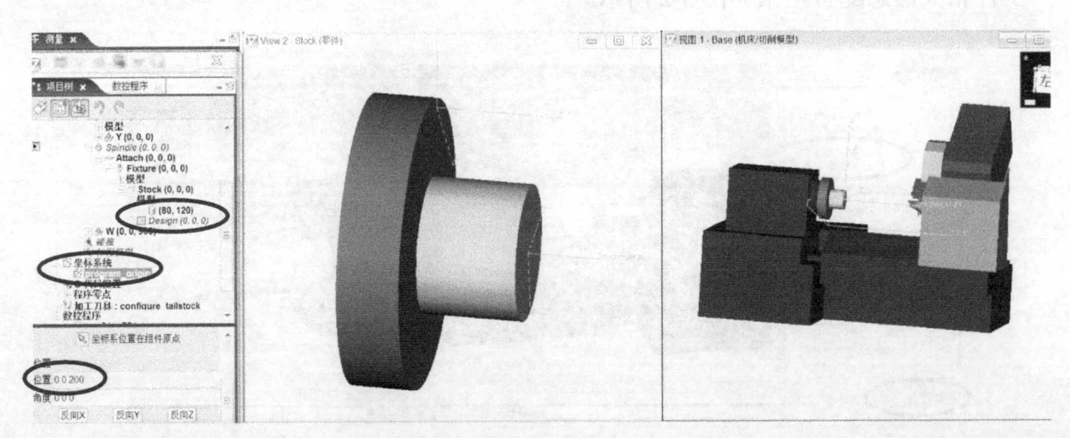

图 3-4　配置执行 G72 命令工件相关信息

添加数控加工程序。右击项目树“数控程序”→“添加数控程序文件…”，弹出“打开数控程序文件”对话框，“**捷径**”处选“**工作目录**”，选择数控程序文件“shaft01_g72.txt”，选择“**打开**”按钮。

重置模型使项目树工件相关配置信息生效，进行仿真。结果如图3-5所示。

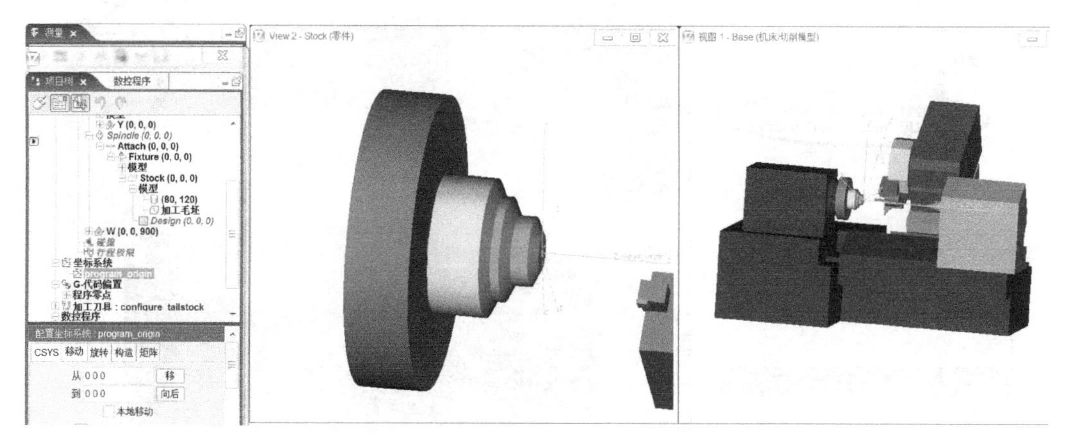

图3-5　执行G72命令工件加工结果

3.2.2　由空白项目生成车削项目模板文件

从建立一个空VERICUT项目文件开始，通过完成对各项基本加工要素的配置，实现零件的虚拟加工过程。

（1）设置当前工作目录

将当前工作目录设置为安装目录“\lathe_02_mm”。

（2）新建项目文件

主菜单，选择“**文件**”→“**新项目**”命令，弹出如图3-6所示“**新的VERICUT项目**”对话框，选择“**开始新的**”，单位选“**毫米**”，输入新项目文件名“**lathe02_template.vcproject**”，选择“**确定**”按钮，进入该项目的加工仿真界面。

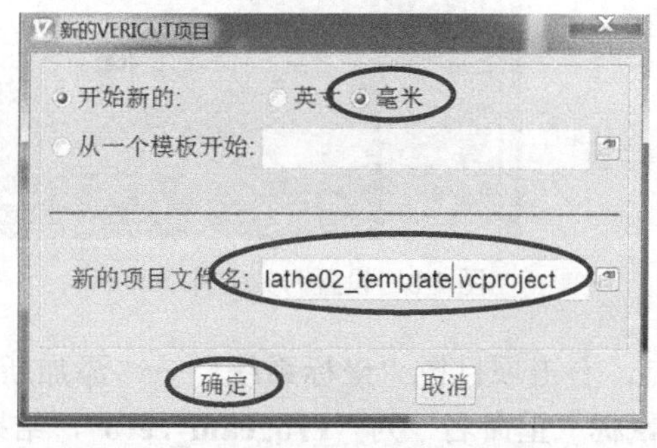

图3-6　生成新项目

新项目内容为空白的项目树结构，相关信息均需要进行设置。

（3）在空白项目树中配置工件无关信息

① 设置控制系统。右击项目树节点“**控制**”→“**打开**”，弹出“**打开数控系统**”对话框，“**捷径**”处选“**工作目录**”，选择文件“mazatrol_matrix_t.ctl”，选择“**打开**”按钮。

② 设置机床。右击项目树节点“**机床**”→“**打开**”，弹出“**打开机床**”对话框，“**捷径**”处选“**工作目录**”，选择文件“mazak_qtn300_650u.mch”，选择“**打开**”按钮。目前的配置结果如图3-7所示。

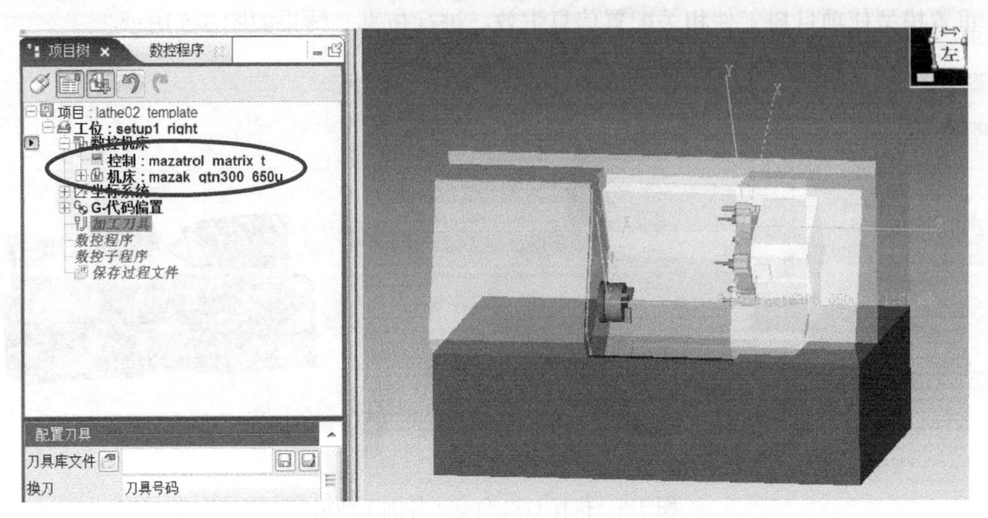

图3-7 新项目配置控制系统与机床文件

③ 添加刀具文件。右击项目树节点“**加工刀具**”→“**打开**”，弹出“**打开刀具**”对话框，“**捷径**”处选“**工作目录**”，选择文件“mazak_qtn300_650u.tls”，选择“**打开**”按钮。刀具设置结果如图3-8所示。

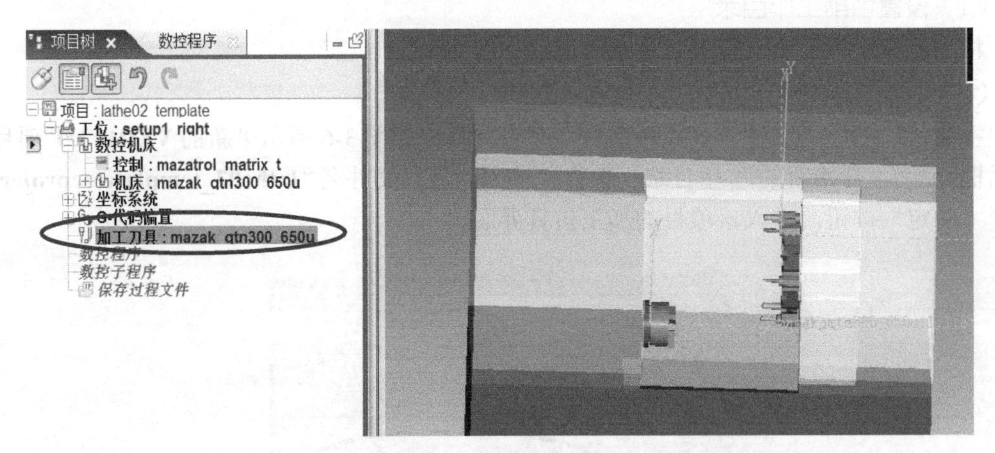

图3-8 设置刀具文件

④ 设置零件加工零点。右击项目树“**坐标系统**”→“**添加新的坐标系**”，则生成名为“**Csys1**”的坐标系。右击鼠标“**重命名**”为“**Progeam_zero**”，结果如图3-9所示。

生成“progeam_zero”的工作偏置，进行对刀。项目树，选择节点“**G-代码偏置**”，在“**配置工作偏置**”界面，“**偏置名**”=“**工作偏置**”，“**寄存器**”=“**54**”，点击“**添加**”，如图3-10所示。

在“**配置工作偏置**”界面，“**从**”→“**组件**”=“Turret”，“**到**”→“**坐标原点**”=“progeam_zero”，完成坐标偏置即对刀工作，如图3-11所示。

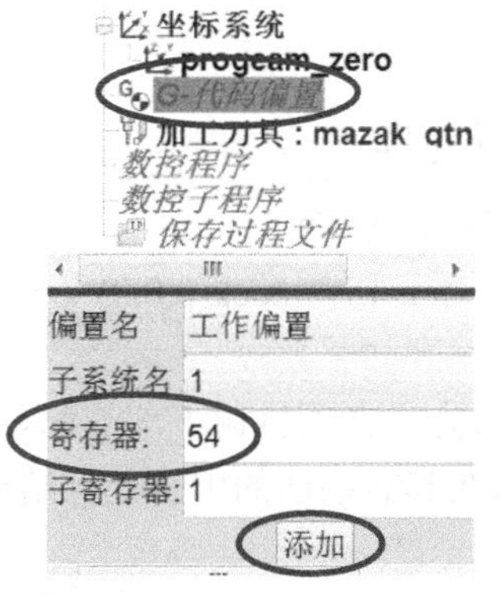

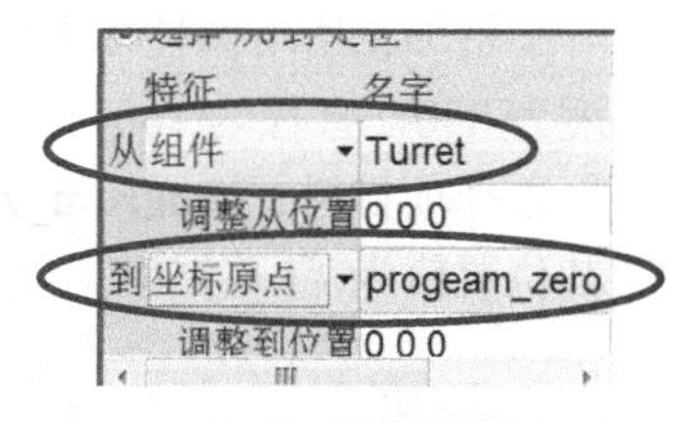

图 3-9　生成对刀用的坐标系

图 3-10　设置零件加工零点

图 3-11　配置工作偏置进行对刀

基本的对刀位置如图 3-12 所示。

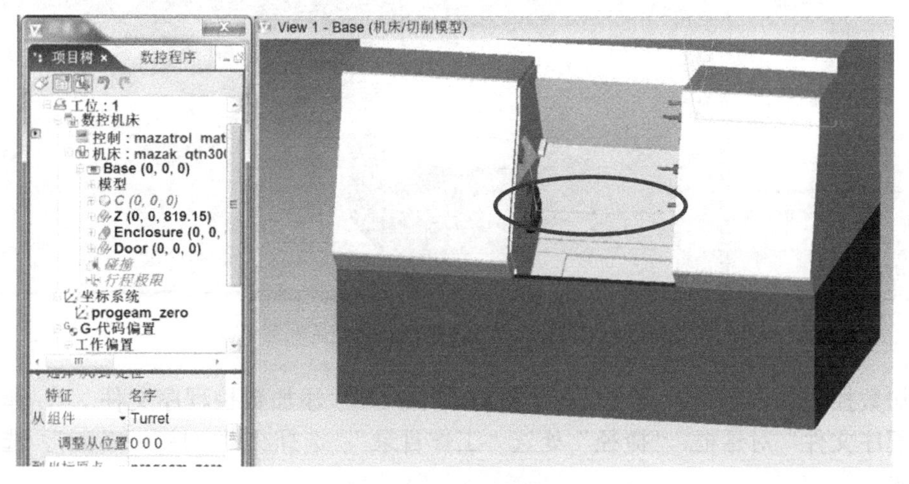

图 3-12　基本对刀位置

基本的项目树配置结果如图 3-13 所示，完成车削加工项目模板文件的项目树配置。

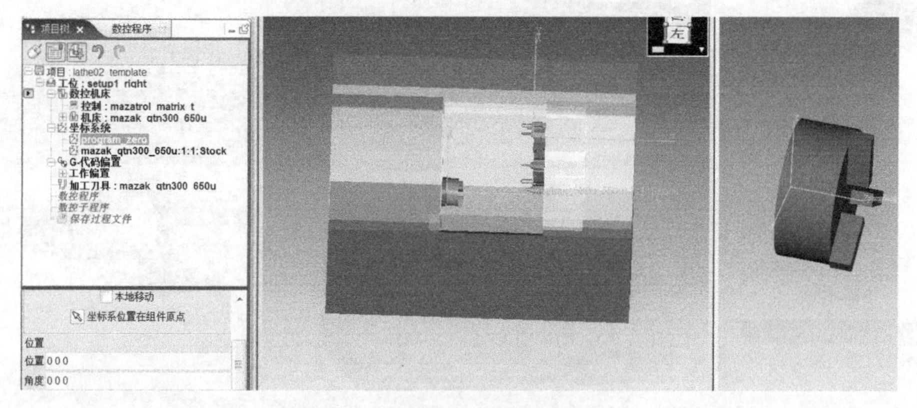

图 3-13　模板文件项目树配置结果

（4）保存项目模板文件

项目树，选择“**文件**”→“**保存项目**”命令。将文件“lathe02_template.vcproject”作为

项目模板文件保存于当前工作目录。

3.2.3 使用车削加工项目模板文件

（1）在模板文件项目树配置工件相关信息

配置加工所用圆柱体毛坯。右击项目树“stock(0,0,0)”→“**添加模型**”→“**圆柱**”，设置高度为350，直径为100。

选择项目树“**program_zero**”节点，在项目树下部的配置界面，选择“**移动**”标签，修改其位置值为“0 0 350”。毛坯对刀在其右端面的中心处，结果如图3-14所示。

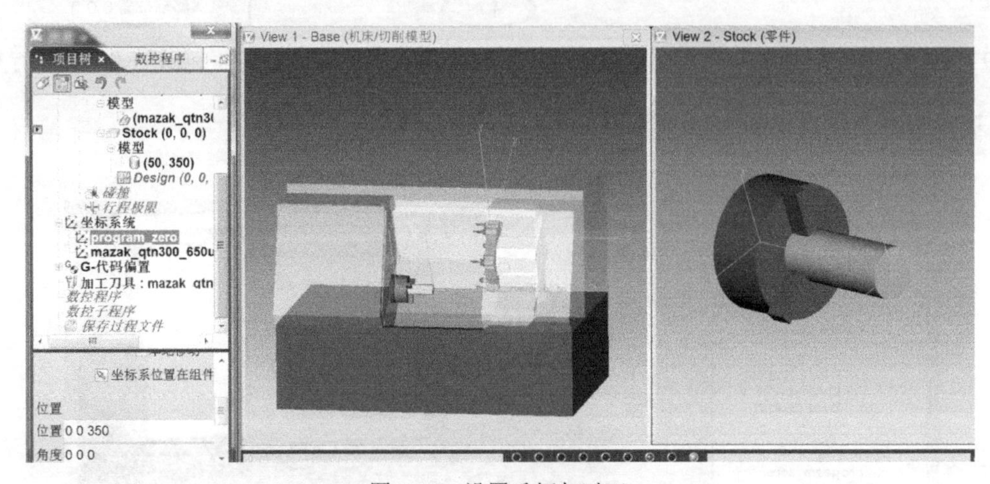

图3-14 设置毛坯与对刀

添加数控加工程序。右击项目树“**数控程序**”→“**添加数控程序文件...**”，弹出“**打开数控程序文件**”对话框，“**捷径**”处选“**工作目录**”，选择文件“lefturn.txt”，选择“**打开**”按钮。

重置模型，使项目树中的配置数据生效。仿真模型，加工仿真结果如图3-15所示。

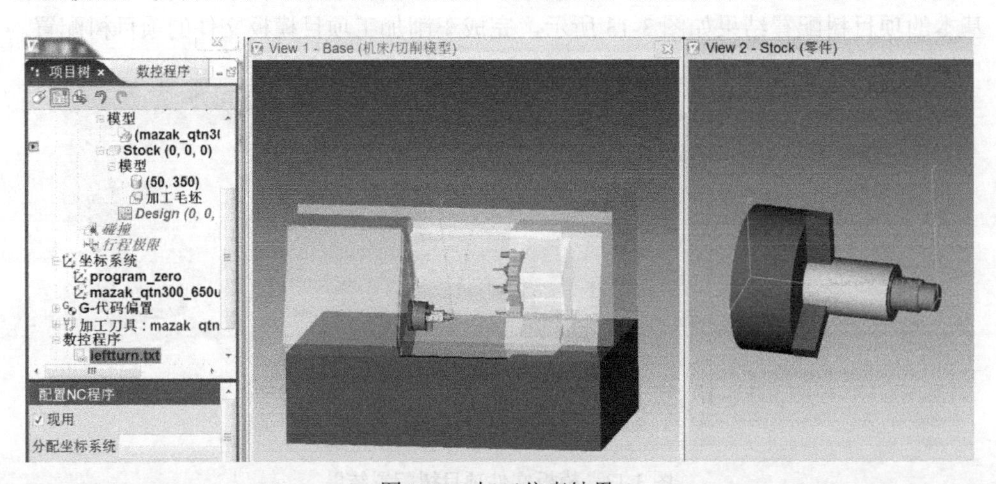

图3-15 加工仿真结果

（2）保存项目

删除项目树中工件相关信息。删除项目树节点中的“Stock(0 0 0)”中的毛坯几何模型、

“数控程序”中的数控程序配置，“program_zero”节点的位置信息调整为“0 0 0”，回到项目模板文件状态。项目树，选择“**文件**”→“**保存项目**”命令，将文件“lathe02_template.vcproject”作为项目模板文件保存于当前工作目录。

3. 项目模板文件——铣削篇

3.3　项目模板文件——铣削篇

3.3.1　由空白项目生成铣削项目模板文件

（1）设置当前工作目录

将当前工作目录设置为安装目录“\3axis_mill”。

（2）新建项目文件

主菜单，选择“**文件**”→“**新项目**”命令，弹出如图 3-16 所示的“**新的 VERICUT 项目**”对话框，选择“**开始新的**”，单位选“**毫米**”，输入新项目文件名“3axis_mill_template.vcproject”，选择“**确定**”按钮，进入该项目的加工仿真界面。

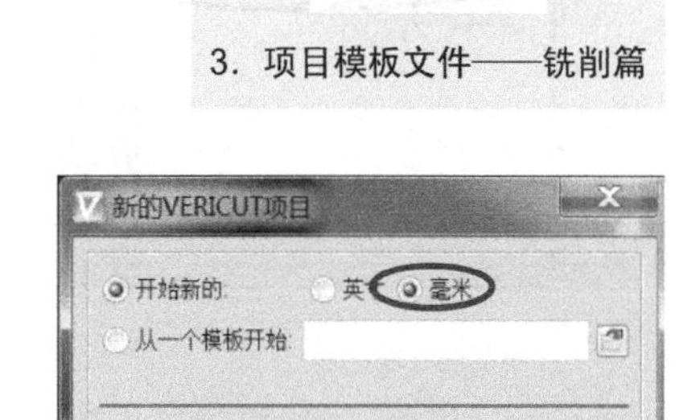

图 3-16　生成新项目

新项目内容为空白的项目树结构，相关信息均需要进行设置。

（3）在空白项目树中配置工件无关信息

① 设置控制系统。右击项目树节点“**控制**”→“**打开**”，弹出“**打开数控系统**”对话框，“**捷径**”处选“**工作目录**”，选择文件“fan31im.ctl”，选择“**打开**”按钮。

② 设置机床。右击项目树节点“**机床**”→“**打开**”，弹出“**打开机床**”对话框，“**捷径**”处选“**工作目录**”，选择文件“basic_3axes_vmill.mch”，选择“**打开**”按钮。目前的配置结果如图 3-17 所示。

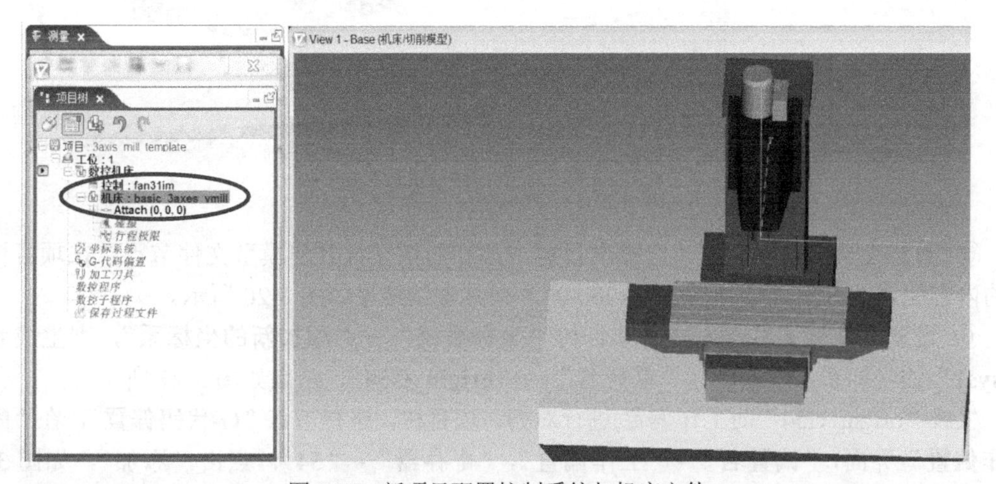

图 3-17　新项目配置控制系统与机床文件

③ 添加刀具文件。右击项目树节点“**加工刀具**”→“**打开**”，弹出“**打开刀具**”对话框，“**捷径**”处选“**工作目录**”，选择文件“define_nc_program_origin.tls”，选择“**打开**”按钮。刀具设置结果如图 3-18 所示。

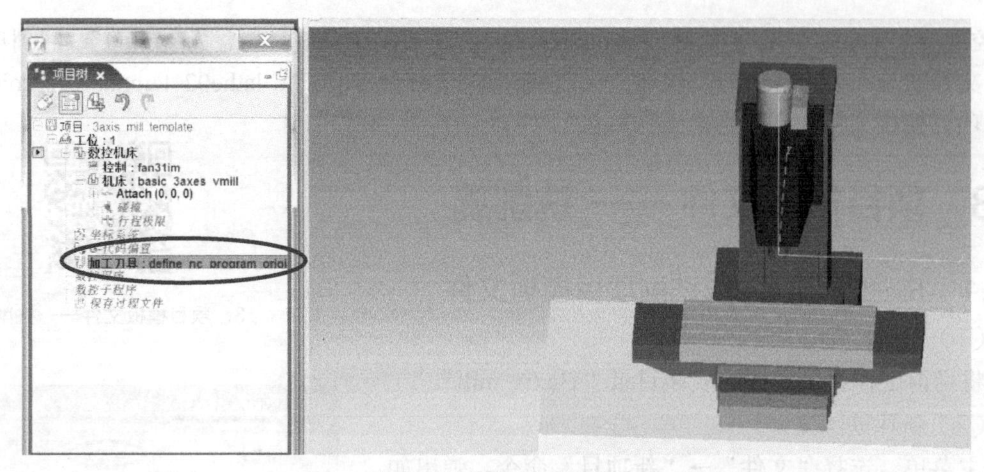

图 3-18 设置刀具文件

④ 添加夹具。右击项目树节点“Fixture(0,0,0)”→“**添加模型**”→“**模型文件**”，“**捷径**”处选“**工作目录**”，选择文件“define_nc_program_origin_fixture.ply”，选择“**打开**”按钮，如图 3-19 所示。

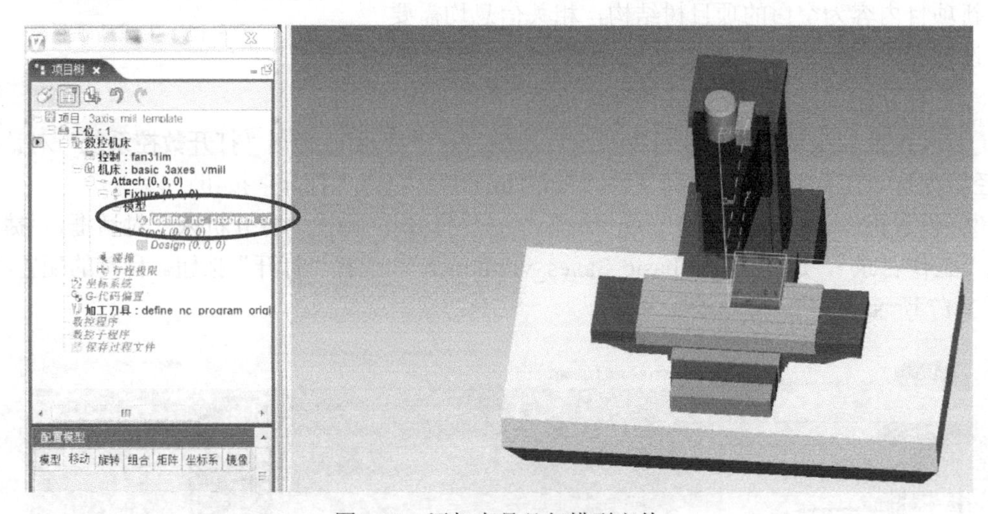

图 3-19 添加夹具几何模型文件

⑤ 调整夹具的安装位置。选择项目树中添加的该夹具几何模型文件节点，在项目树下面的内容配置处，“位置”输入“0 -200 0”，夹具安装结果如图 3-20 所示。

⑥ 设置零件加工零点。右击项目树“**坐标系统**”→“**添加新的坐标系**”，则生成名为“**Csys1**”的坐标系。右击鼠标“**重命名**”为“**origin_G54**”，结果如图 3-21 所示。

生成“origin_G54”的工作偏置,进行对刀。项目树，选择节点“**G-代码偏置**”，在“**配置工作偏置**”界面，“**偏置名**”=“**工作偏置**”，“**寄存器**”=“**54**”，点击“**添加**”，如图 3-22 所示。

在“**配置工作偏置**”界面，“**从**”→“**组件**”=“Spindle”，“**到**”→“**坐标原点**”=“origin_G54”，完成坐标偏置即对刀工作，如图 3-23 所示。

基本的对刀位置如图 3-24 所示。

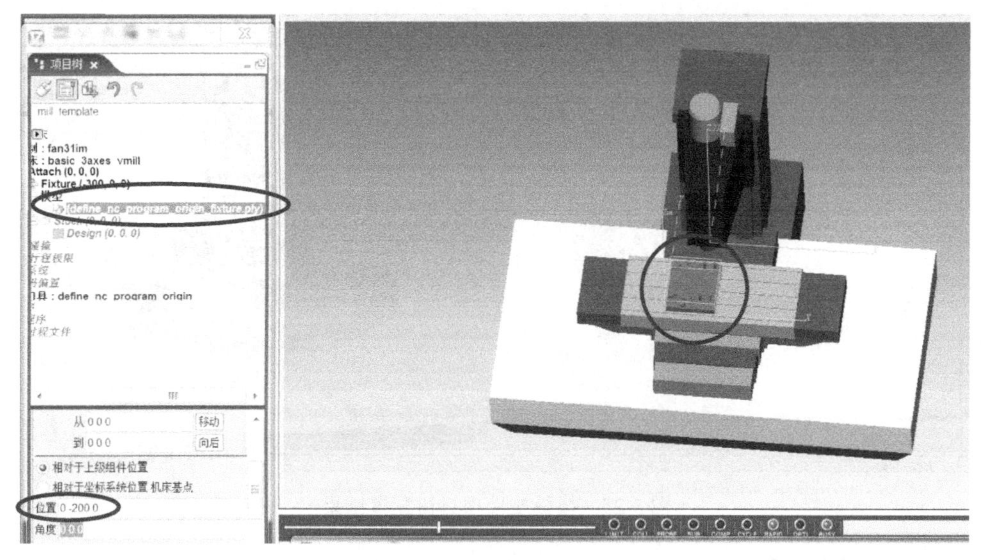

图 3-20　调整夹具安装位置

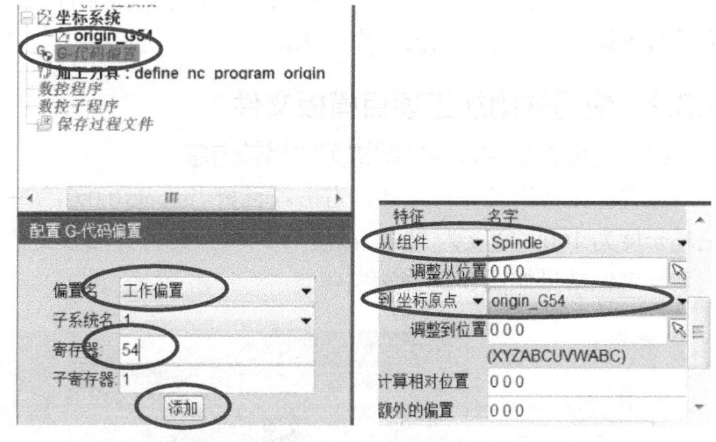

图 3-21　生成对刀用的坐标系　　图 3-22 设置零件加工零点　　图 3-23　配置工作偏置进行对刀

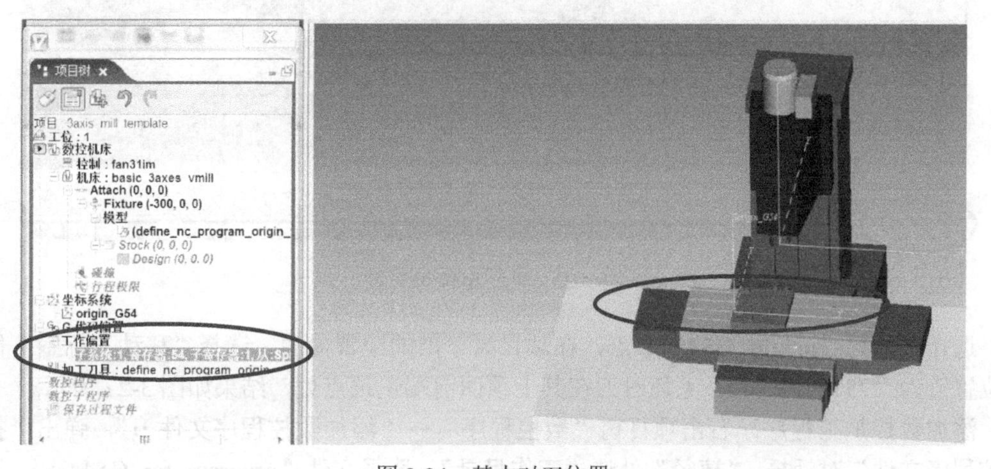

图 3-24　基本对刀位置

基本的项目树配置结果如图 3-25 所示，完成铣削加工项目模板文件的项目树配置。

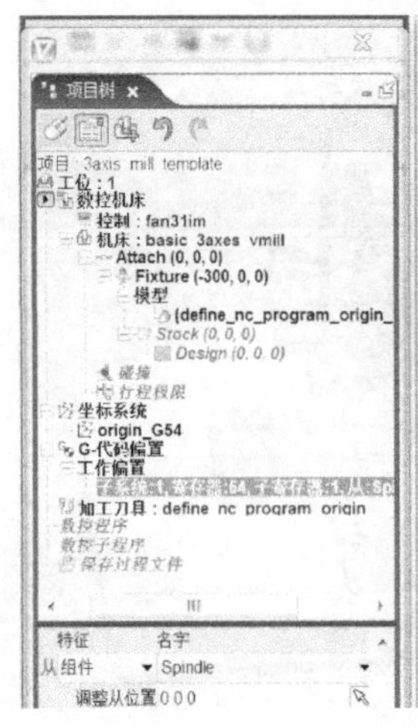

图3-25　模板文件项目树配置结果

（4）保存项目模板文件

项目树，选择“**文件**”→“**保存项目**”命令。将文件“3axis_mill_template.vcproject”作为项目模板文件保存于当前工作目录。

3.3.2　使用铣削加工项目模板文件

（1）在模板文件项目树配置工件相关信息

配置加工所用长方体毛坯。右击项目树“stock(0,0,0)”→“**添加模型**”→“**方块**”，设置毛坯长度为100，宽度为300，高度为60。在配置界面设定“**位置**”为“75 -130 50”。毛坯安装与定位结果如图3-26所示。

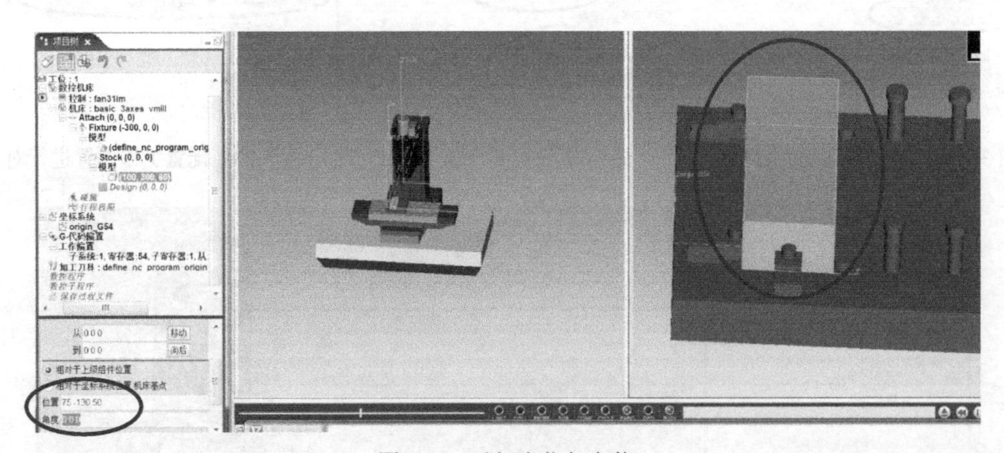

图3-26　毛坯定位与安装

选择项目树“**origin_G54**”节点，在项目树下部的配置界面，选择“**移动**”标签，修改其位置值为“75 -130 110”。毛坯对刀在其上顶面前端左顶点处，结果如图3-27所示。

添加数控加工程序。右击项目树“**数控程序**”→“**添加数控程序文件…**”，弹出“**打开数控程序文件**”对话框，“**捷径**”处选“**工作目录**”，选择文件“program_for_G54.txt”，选择“**打开**”按钮。

重置模型，使项目树中的配置数据生效。仿真模型，加工仿真结果如图3-28所示。

图 3-27　毛坯对刀位置

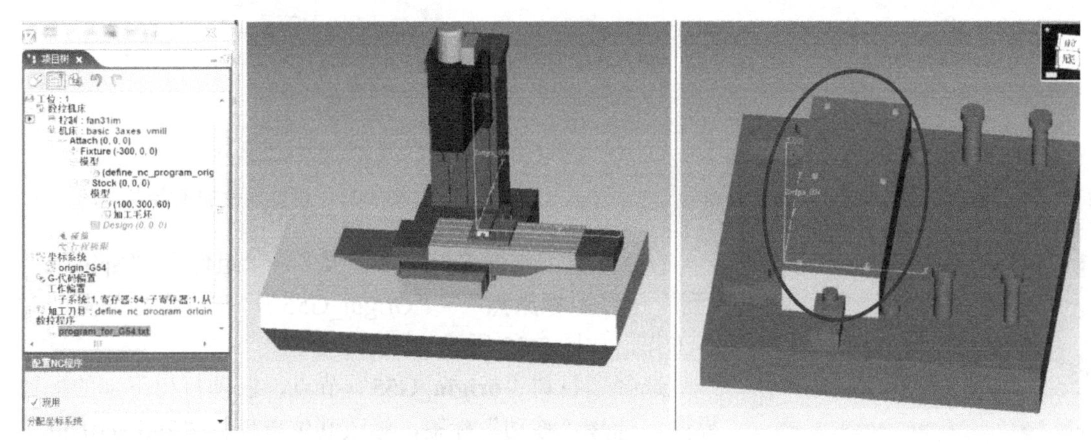

图 3-28　加工仿真结果

重置模型，删除刚才配置的长方体毛坯。右击项目树“stock(0,0,0)”→“添加模型”→“模型文件”，选择当前工作目录中的“define_nc_program_origin_stock2”文件，输入毛坯几何模型。在配置界面设定“位置”为“390 -115 50”。毛坯安装与定位结果如图 3-29 所示。

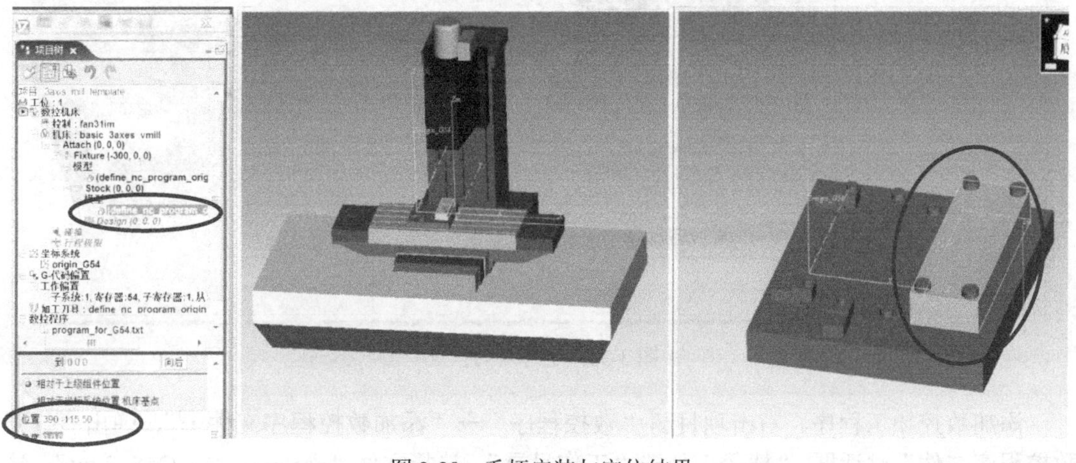

图 3-29　毛坯安装与定位结果

设置零件加工零点，右击项目树“**坐标系统**”→“**添加新的坐标系**”，则生成名为“**Csys1**”的坐标系。右击鼠标“**重命名**”为“**Origin_G55**”，结果如图3-30所示。

生成“origin_G55”的工作偏置，进行对刀。项目树，选择节点“**G-代码偏置**”，在“**配置工作偏置**”界面，“**偏置名**”=“**工作偏置**”，“**寄存器**”=“**55**”，点击“**添加**”，如图3-31所示。

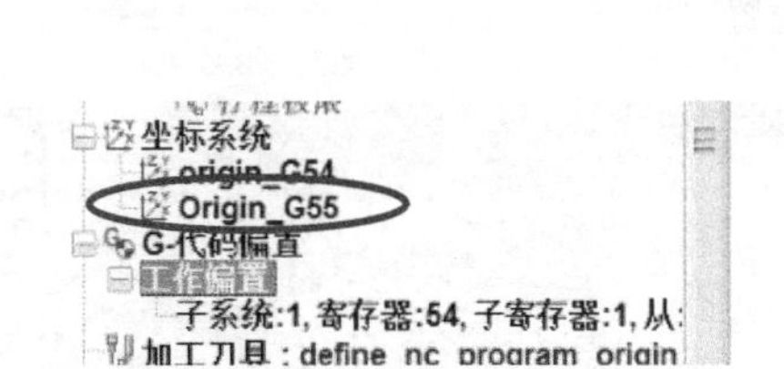

图3-30 生成对刀用的坐标系

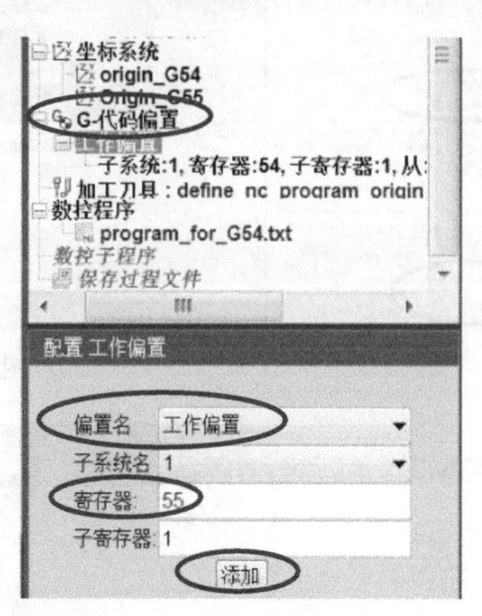

图3-31 设置零件加工零点

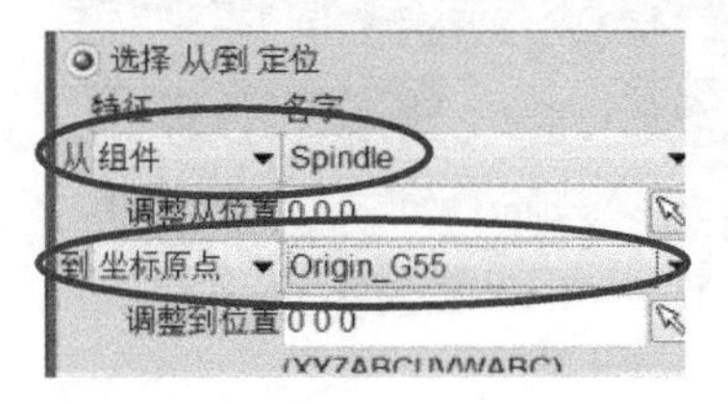

图3-32 配置工作偏置进行对刀

在“**配置工作偏置**”界面，“**从**”→“**组件**”=“Spindle”，“**到**”→“**坐标原点**”=“Origin_G55”，完成坐标偏置即对刀工作，如图3-32所示。

选择项目树“**origin_G55**”节点，在项目树下部的配置界面，选择“**移动**”标签，修改其位置值为“245 -110 60”。毛坯对刀位置如图3-33所示。

图3-33 毛坯对刀位置

添加数控加工程序。右击项目树“**数控程序**”→“**添加数控程序文件…**”，弹出“**打开数控程序文件**”对话框，“**捷径**”处选“**工作目录**”，选择文件“program_for_G55_2.txt”，选择“**打开**”按钮。

重置模型，使项目树中的配置数据生效。仿真模型，加工仿真结果如图 3-34 所示。

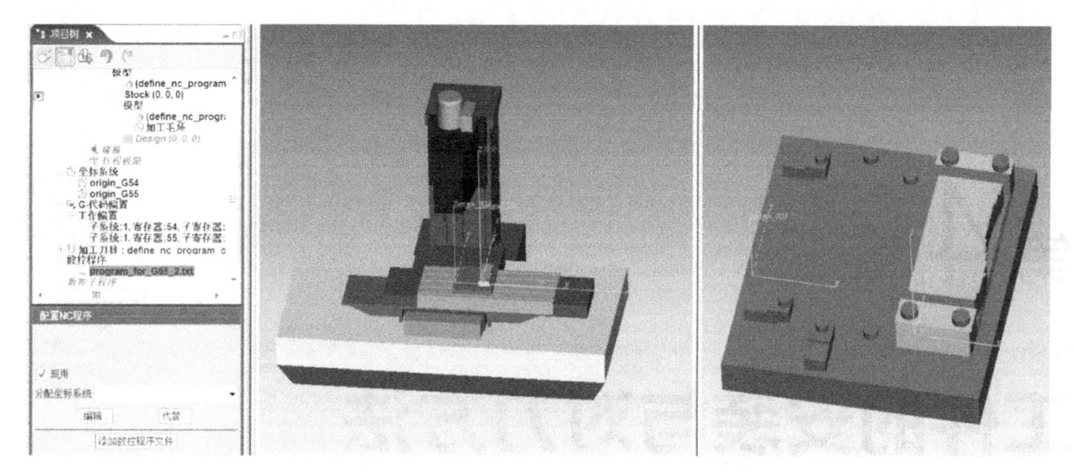

图 3-34　毛坯加工仿真结果

(2) 保存项目

删除项目树中工件相关信息。删除项目树节点中的“Stock(0 0 0)”中的毛坯几何模型、“数控程序”中的数控程序配置，回到项目模板文件状态。项目树，选择“**文件**”→“**保存项目**”命令,将项目模板文件保存于当前工作目录。

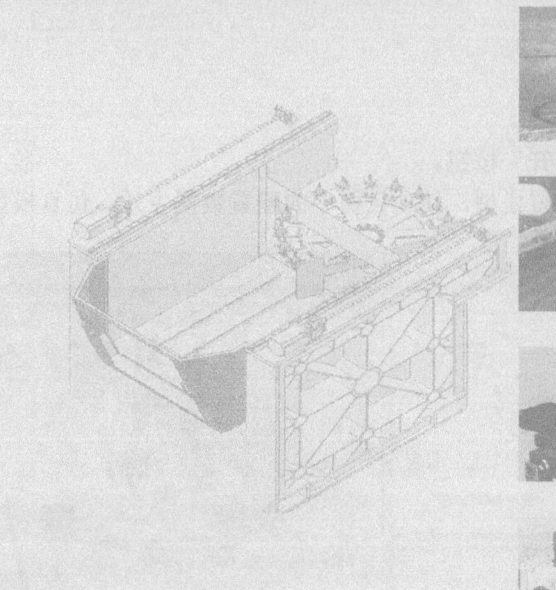

第4章

工件的安装与对刀方法

4.1 工件安装与对刀方法介绍

4.1.1 工件的安装

在 VERICUT 软件中安装工件，首先需要根据所设定的毛坯确定安装定位方案，包括夹具的定义与安装及毛坯的定义与安装两方面内容。

对于毛坯的安装与定位，在车削与铣削加工中通常应用三爪卡盘、顶尖、平口钳等通用夹具进行，各通用夹具的数字模型如图 4-1 所示。对于大批量生产或形状复杂零件也采用专用夹具进行安装，如图 4-2 所示。

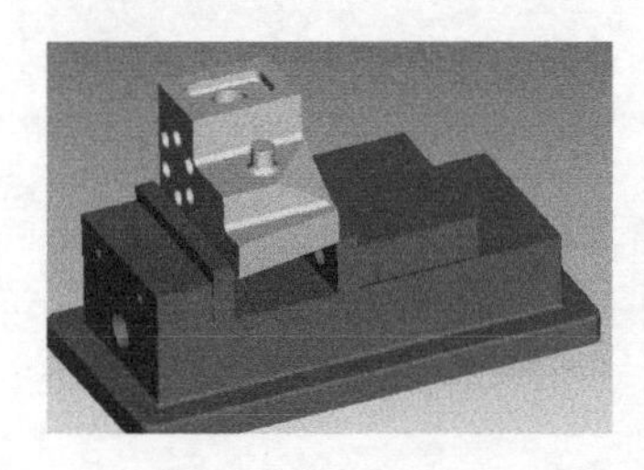

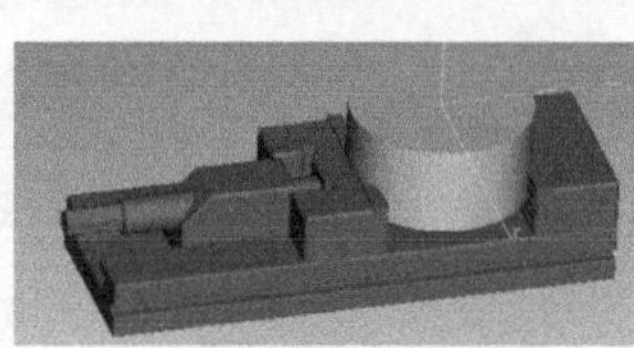

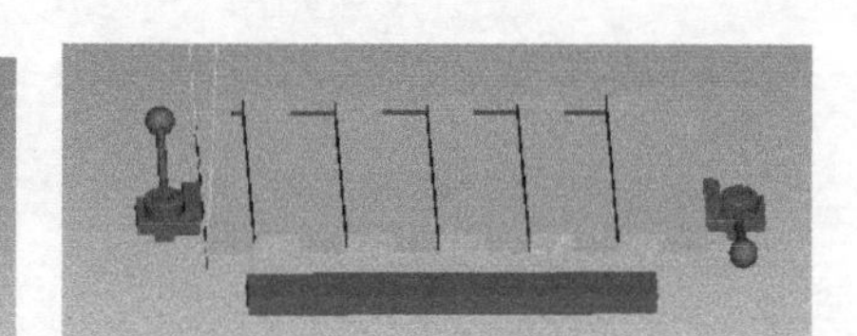

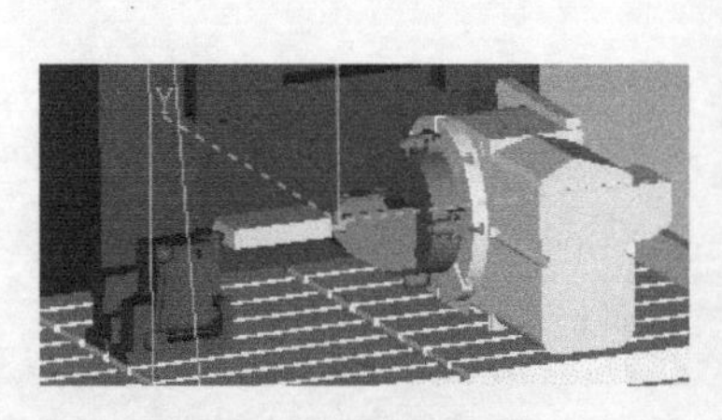

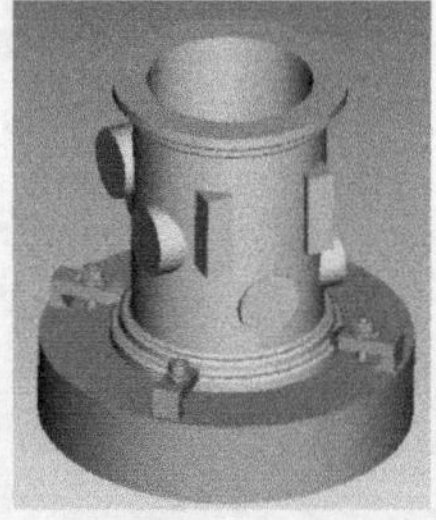

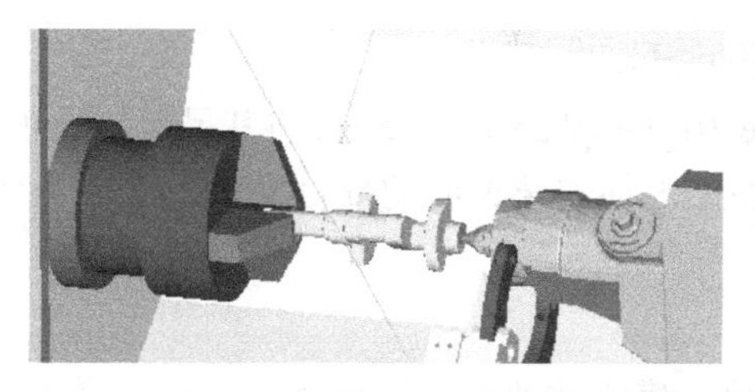
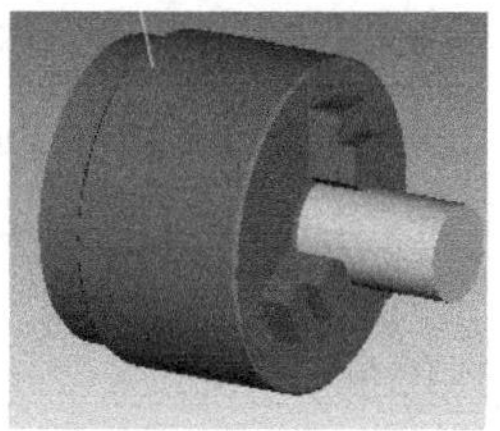

图 4-1　应用通用夹具安装工件

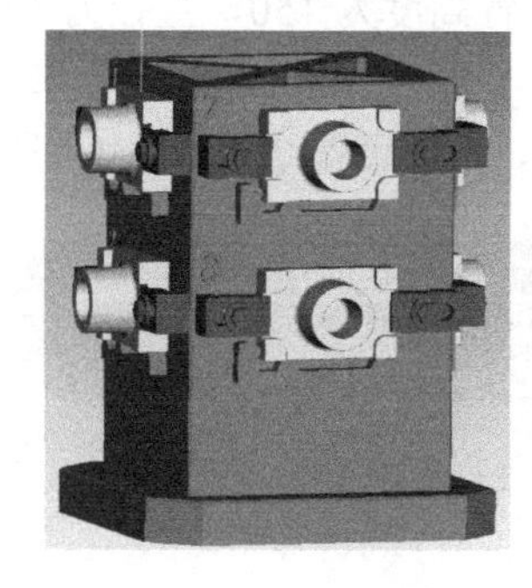
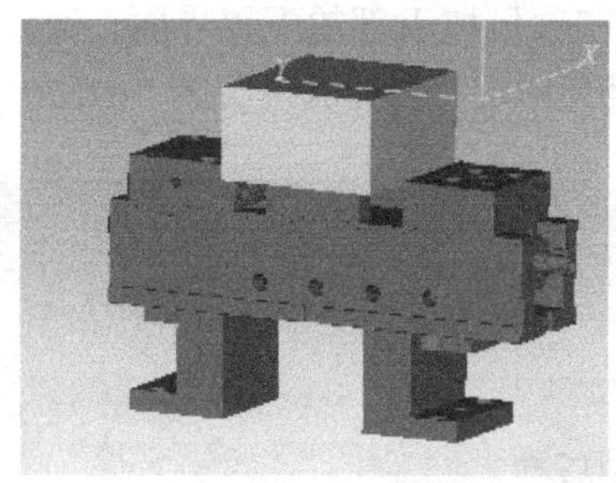
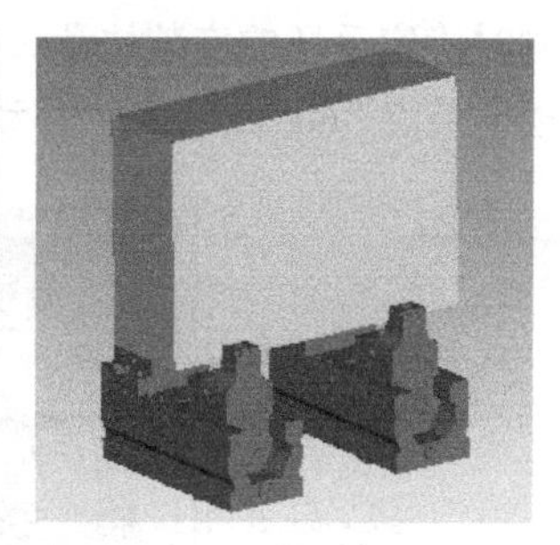

图 4-2　应用专用夹具安装工件

毛坯的定义在 VERICUT 软件中一般应用以下三种方法。

① 简单几何特征的直接参数建模。

② 在外部 CAD 软件建模后以 STL 文件格式导入 VERICUT 软件环境。

③ 在 VERICUT 软件环境通过拉伸或回转的方式建立毛坯模型。

以上三种毛坯建模方法将在本书的后续章节中以具体实例加以说明。

对夹具与工件毛坯的信息管理，通过项目树中机床附件节点 Attach 进行。机床附件节点 Attach 作为上层节点，其下层节点依次为夹具 Fixture、毛坯 Stock 与工件 Design，具体结构如图 4-3 所示。此部分属于与工件相关的信息数据，一般不包含在项目模板文件中。但对于三爪卡盘、平口钳等通用夹具，一般也经常在项目模板文件中配置完成，供适合的零件在加工过程中采用。而毛坯模型则根据具体加工零件的情况进行设置，并根据所设计的装夹方案在机床上进行安装。

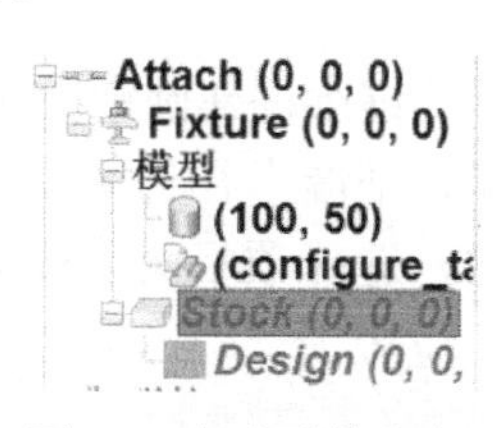

图 4-3　机床附件节点 Attach 项目树结构

4.1.2　工件的对刀

工件对刀包括程序零点的定义及对刀方案的确定与设置两部分内容。其中程序零点的定义用于确定工件的对刀位置，通过项目树中“**坐标系统**”节点进行管理。而对刀方案的确定与设置，通过项目树中“**G-代码偏置**”节点进行管理。具体方法将在本书的以后章节中以具体实例加以说明。

4.2　工件安装与对刀——车削篇

4. 工件安装与定位方法——车削篇

4.2.1　车削加工工件的安装

（1）设置当前工作目录

将当前工作目录设置为安装目录“\lathe_01_mm”。

（2）设置用于车削加工工件安装说明的项目文件

打开车床01的项目模板文件“lathe_01_template.vcproject”，将其另存为“lathe01_partlocation.vcproject”项目文件，作为用于车削加工工件安装说明的项目文件，本部分的工作将应用该项目文件展开。

（3）设置毛坯模型并定位

首先应用简单几何特征的直接参数建模方法建立毛坯模型。

右击项目树“Stock(0,0,0)”→“**添加模型**”→“**圆柱**”，设置高度为150，直径为120。

同时确定毛坯的安装位置，在项目树下部的配置界面，选择项目树“Stock(0,0,0)”节点的几何模型节点“60, 150”的“**移动**”标签，修改其位置为“0 0 70”，毛坯设置结果如图4-4所示。

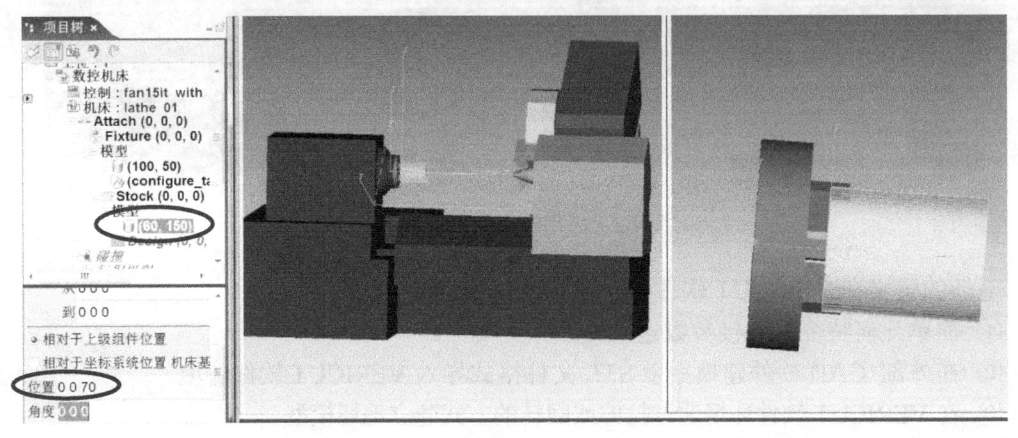

图4-4　设置圆柱毛坯后的结果

继续创建圆锥毛坯，右击项目树“Stock(0,0,0)”→“**添加模型**”→“**圆锥**”，设置高度为50，基准半径为40，顶面半径为20。初步确定毛坯的安装位置，在项目树下部的配置界面，选择项目树“Stock(0,0,0)”节点的几何模型节点“40, 20, 50”的“**移动**”标签，修改其位置为“0 0 300”，圆锥毛坯设置结果如图4-5所示。

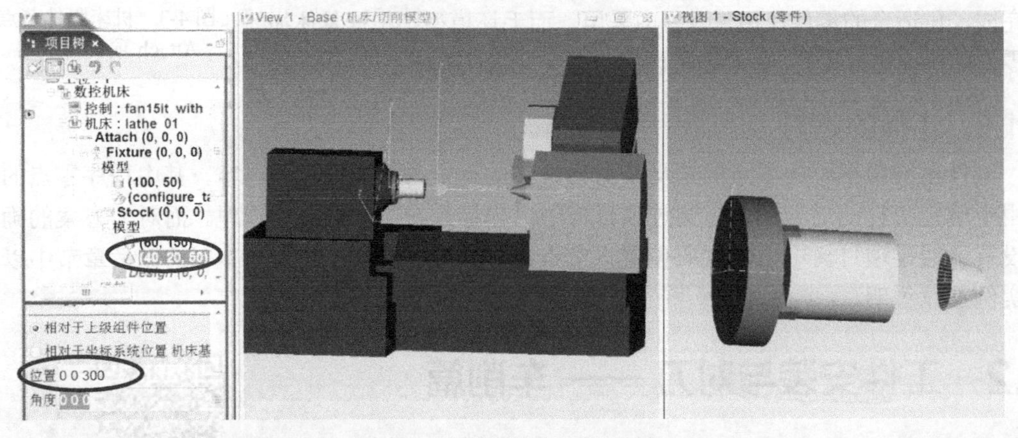

图4-5　设置圆锥毛坯后的结果

对所生成的圆柱与圆锥毛坯进行装配，选择项目树圆锥毛坯“40,20,50”节点的“**组合**”标签，应用“配对”方式，分别选择圆锥毛坯的底面与圆柱毛坯的右侧面，如图4-6所示。

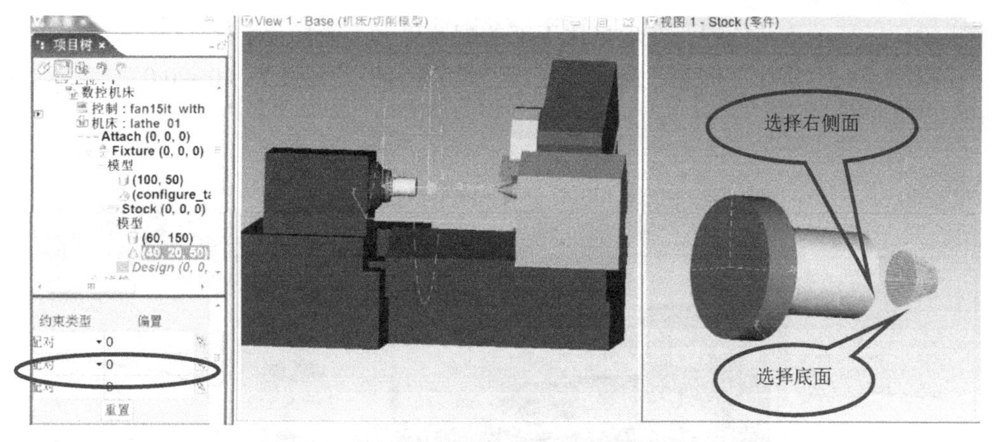

图 4-6　配对两块毛坯的过程

装配后的结果如图 4-7 所示。

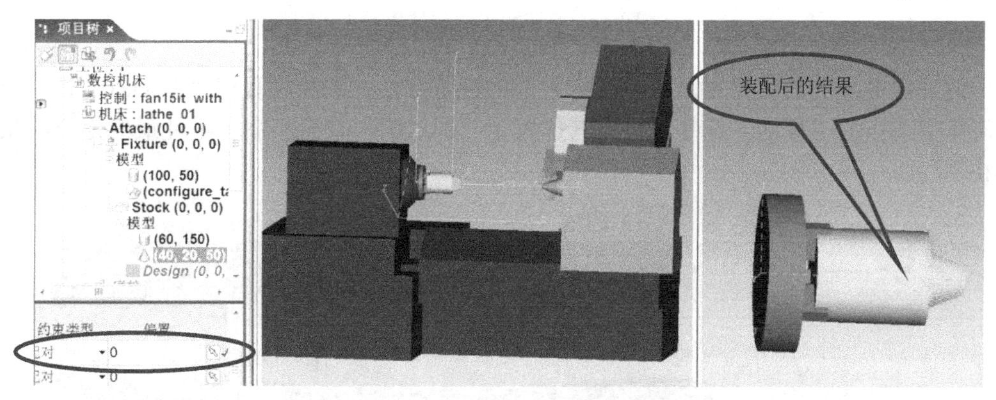

图 4-7　两块毛坯的配对结果

下面应用第二种毛坯建模方法，即在外部 CAD 软件建模后以 STL 文件格式导入 VERICUT 软件环境。首先在项目树中删除刚才建立的圆柱与圆锥毛坯。右击项目树"Stock(0,0,0)"→"**添加模型**"→"**模型文件**"，选择当前目录中的"configure_tailstock_stock.ply"文件，将其作为毛坯进行导入，结果如图 4-8 所示。

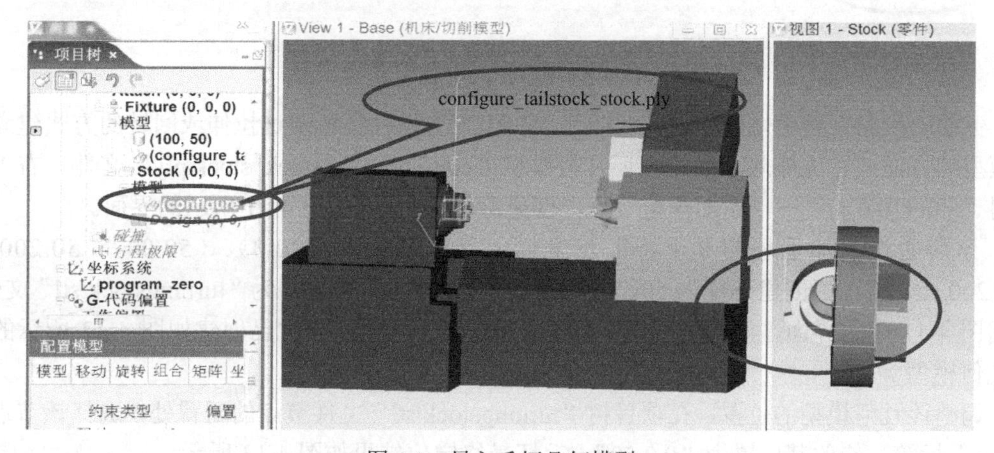

图 4-8　导入毛坯几何模型

初步确定毛坯的安装位置，在项目树下部的配置界面，选择项目树“Stock(0,0,0)”节点的几何模型节点的“**移动**”标签，修改其位置为“0 0 300”，角度为“0 -90 0”，毛坯初步定位结果如图 4-9 所示。

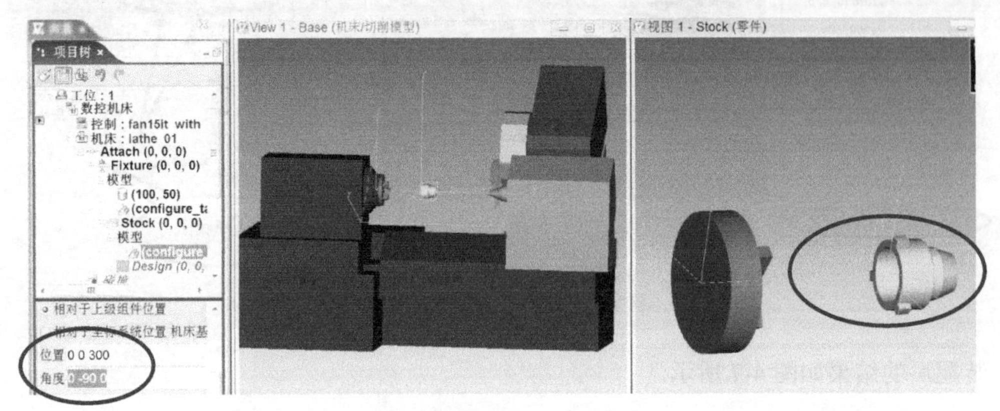

图 4-9 毛坯初步定位结果

详细确定毛坯的安装位置，在项目树下部的配置界面，选择项目树“Stock(0,0,0)”节点的几何模型节点的“**移动**”标签，修改其位置为“0 0 70”，其余不变，毛坯最终定位结果如图 4-10 所示。

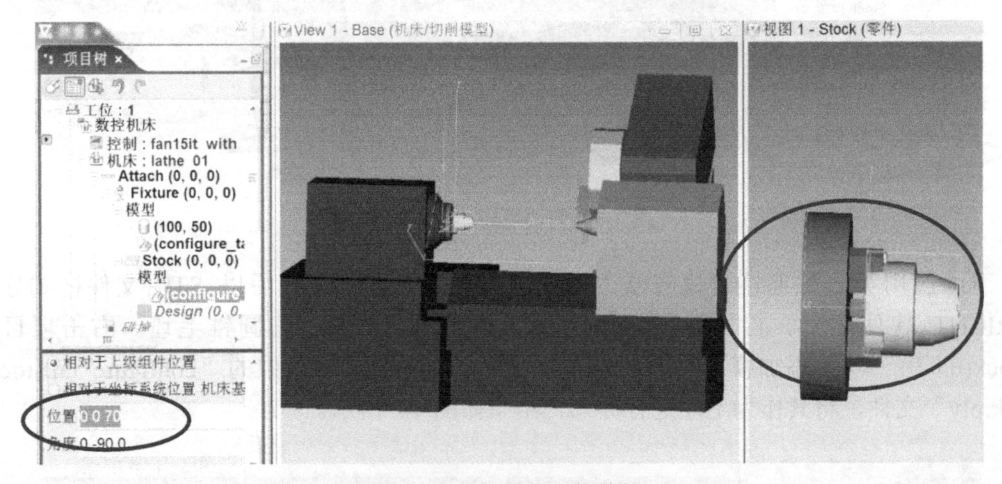

图 4-10 毛坯最终定位结果

下面应用第三种毛坯建模方法，即在 VERICUT 软件环境通过拉伸或回转的方式建立毛坯模型的方法。首先删除刚才的毛坯几何模型“configure_tailstock_stock.ply”文件。右击项目树“Stock(0,0,0)”→“**添加模型**”→“**创建旋转**”，进入如图 4-11 所示的界面。

分别通过添加毛坯的 5 个特征点坐标，具体数值为（20 0）、（50 0）、（50 200）、（20 200）、（20 0），创建外径为 50、内径为 20 的管材毛坯。保存为“turningstock.stl”文件，关闭图 4-11 中的界面，回到主仿真界面，如图 4-12 所示，此时已创建如图 4-12 所示的毛坯几何模型。

调整该几何模型的位置，在项目树“turningstock.stl”文件节点的配置处，选择该节点的“**移动**”标签，修改其位置为“0 0 50”，毛坯最终定位结果如图 4-13 所示。

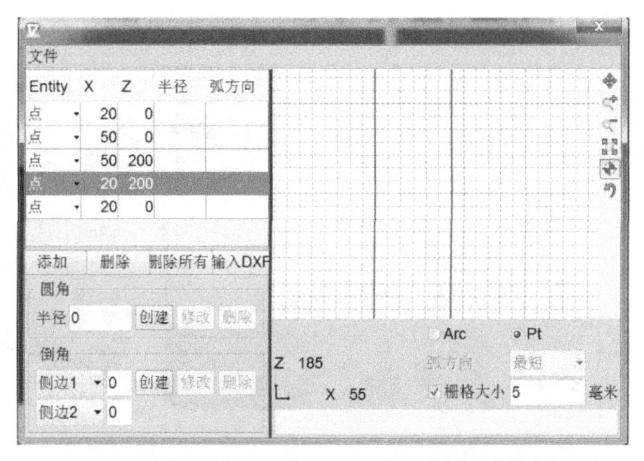

图 4-11　通过回转的方式建立毛坯几何模型

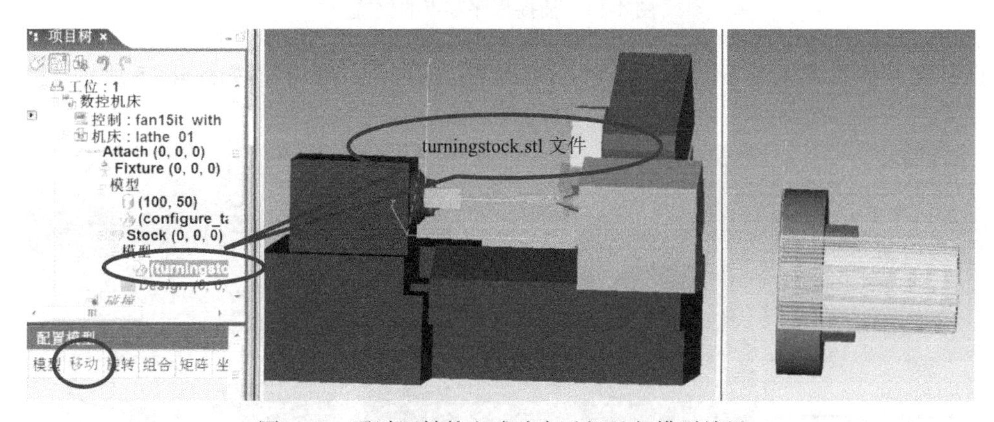

图 4-12　通过回转的方式建立毛坯几何模型结果

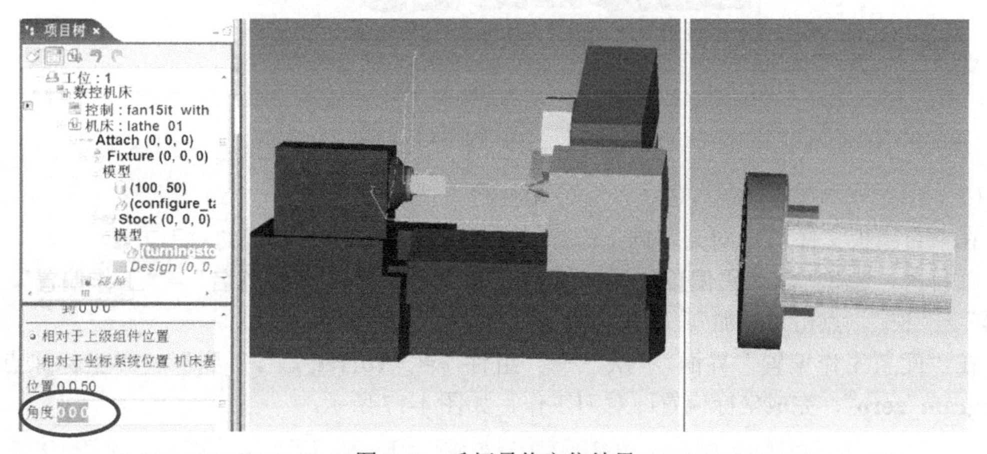

图 4-13　毛坯最终定位结果

4.2.2　车削加工工件的对刀

（1）设置毛坯的程序零点

这里继续应用前面建立的管材毛坯模型，选择项目树“Stock(0,0,0)”→“**program_zero**”节点，在项目树下部的配置界面，选择该节点的“**移动**”标签，在仿真界面采用鼠标捕捉方式确定该坐标位置，如图 4-14 所示。

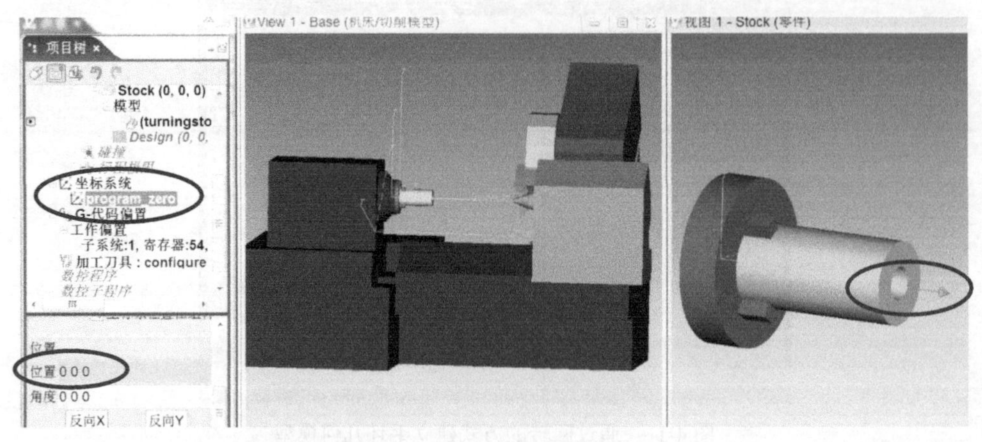

图 4-14　捕捉程序零点的位置

选择工件的右表面中心位置，修改工作原点位置为“0 0 250”，如图 4-15 所示。

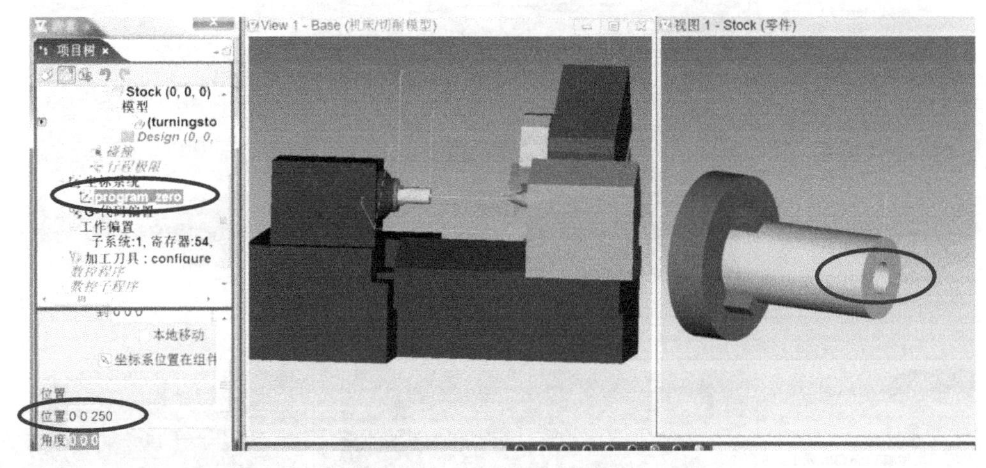

图 4-15　工作原点位置设置

（2）设置程序零点偏置（G-Code Offsets）

在项目模板文件 G54 对刀基础上添加 G55 对刀，采用工作偏置的对刀方法。

项目树，选择“**G-代码偏置**”，在“**配置工作偏置**”界面，“**偏置名**”=“**工作偏置**”，“**寄存器**”=“**55**”，点击“**添加**”，如图 4-16 所示。

在“配置工作偏置”界面，“**从**”→“**组件**”=“**Turret C**”，“**到**”→“**坐标原点**”=“**program_zero**”，完成坐标偏置即对刀工作，如图 4-17 所示。

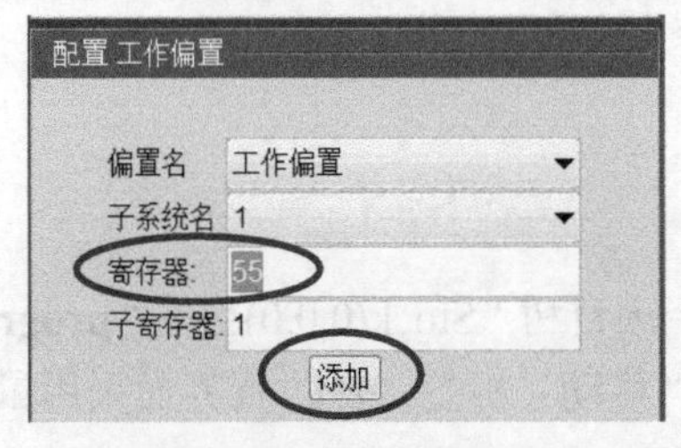

图 4-16　设置 G55 对刀

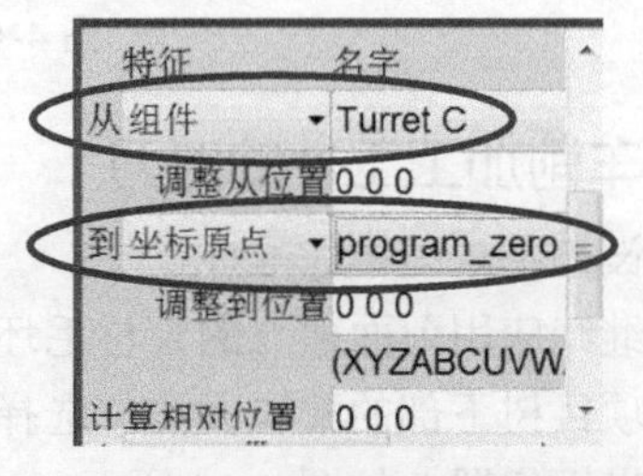

图 4-17　配置程序零点

目前的对刀结果如图 4-18 所示，分别通过 G54 和 G55 进行对刀。

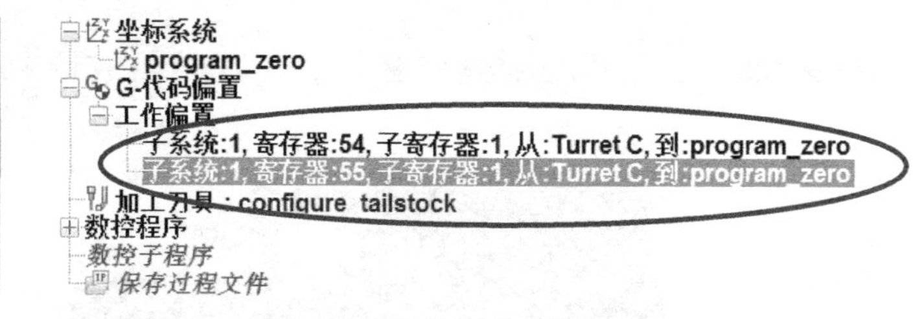

图 4-18 目前的对刀结果

（3）手动控制验证对刀结果

鼠标点击工具栏上的“MDI”按钮，打开手动控制执行方式。

在“**单行程序**”对话框，输入如下两段命令：

```
T0202
G55 G0 Z10
```

单步执行程序，调出 2#刀具，应用 G55 对刀，刀具快速移动到 *Z*10 位置，程序执行结果如图 4-19 所示，说明 G55 对刀成功。

图 4-19 G55 对刀验证

重置模型，在“**单行程序**”对话框，输入如下两段命令：

```
T0202
G54 G0 Z2
```

单步执行程序，调出 2#刀具，应用 G54 对刀，刀具快速移动到 *Z*2 位置，程序执行结果如图 4-20 所示，说明 G54 对刀成功。

（4）保存项目

结束车削加工工件安装与对刀操作。

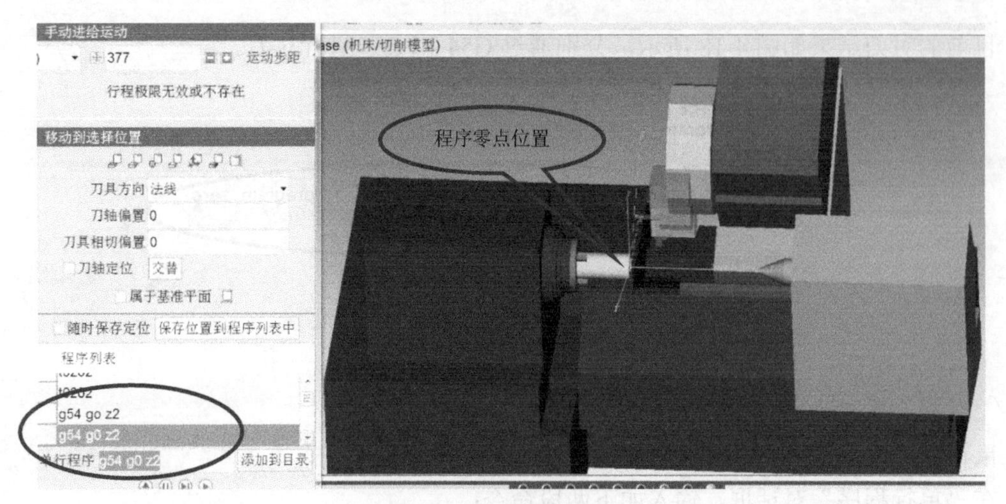

图 4-20 G54 对刀验证

4.3 工件安装与对刀 —— 铣削篇

5. 工件安装与定位方法——铣削篇

4.3.1 铣削加工工件的安装

（1）设置当前工作目录

将当前工作目录设置为安装目录“\3axis_mill”。

（2）设置用于铣削加工工件安装说明的项目文件

打开项目模板文件“3axis_mill_fanuc_template.vcproject”，将其另存为“3axis_mill_fanuc_partlocation.vcproject”，作为用于铣削加工工件安装说明的项目文件，本节关于铣削零件安装与定位工作将应用本项目文件展开。

（3）设置夹具模型并定位

右击项目树夹具节点“Fixture(0,0,0)”→“**添加模型**”→“**模型文件**”，选择当前目录中的“define_nc_program_origin_fixture.ply”文件，将其作为夹具毛坯进行导入。同时确定该夹具的安装位置，在项目树下部的配置界面，选择该节点的“**移动**”标签，修改其位置为“0 -200 0”，夹具安装结果如图 4-21 所示。

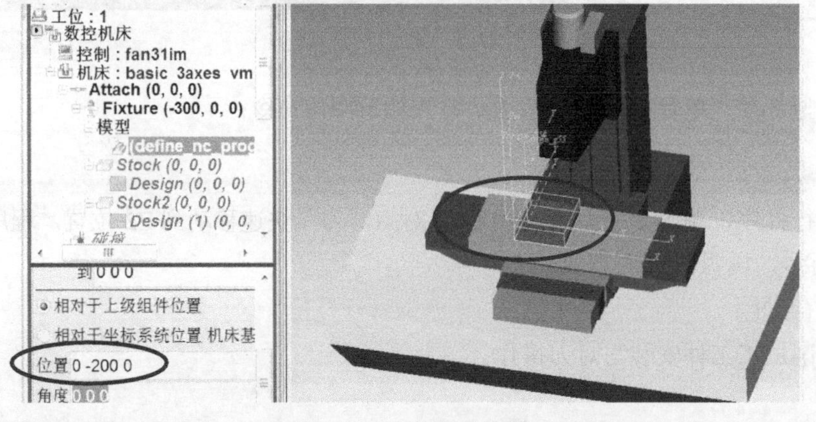

图 4-21 安装夹具结果

（4）设置毛坯模型并定位

在夹具上定义与安装两块毛坯。

首先安装第一块毛坯。右击项目树“Stock(0,0,0)”→“**添加模型**”→“**方块**”，设置毛坯长度为 100，宽度为 300，高度为 60。结果如图 4-22 所示。

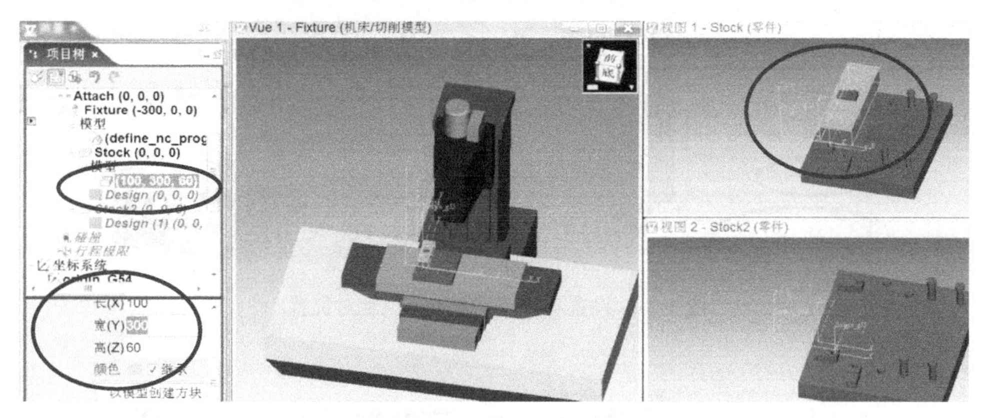

图 4-22　添加长方体毛坯

毛坯安装位置需要调整，通过装配的方法进行调整。由于毛坯形状为长方体形状，装配采用利用毛坯的三个面进行定位的方式。

为了安装方便，首先初设毛坯高度。选择项目树毛坯几何模型节点“100,300,60”的“**移动**”标签，修改其位置为“0 0 200”，结果如图 4-23 所示。

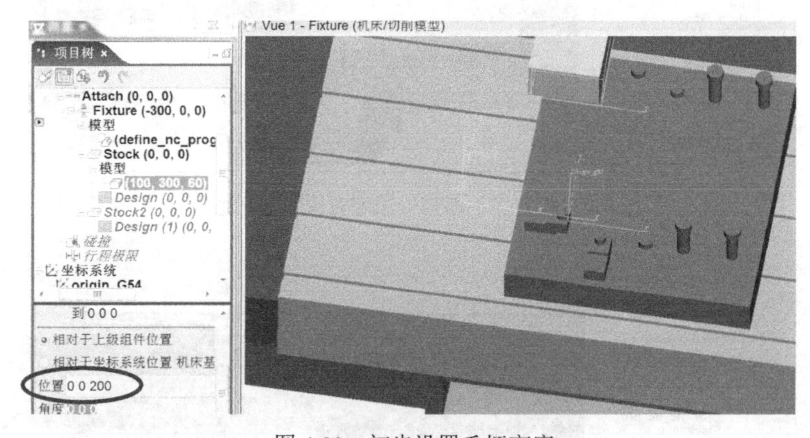

图 4-23　初步设置毛坯高度

选择项目树毛坯几何模型节点“100,300,60”的“**组合**”标签，应用“**配对**”方式，分别选择毛坯的左侧面与图 4-24 中所示夹具表面，选择结果如图 4-24 所示。

第一组配对方式的装配结果如图 4-25 所示，两个面已经空间对齐。

继续创建第二组装配配对方式，分别选择毛坯的前侧面与图 4-26 中所示夹具表面，选择结果如图 4-26。

第二组配对方式的装配结果如图 4-27 所示，两个面已经空间对齐。

继续创建第三组装配配对方式，分别选择毛坯的底面与图 4-28 中所示夹具表面，选择结果如图 4-28 所示。

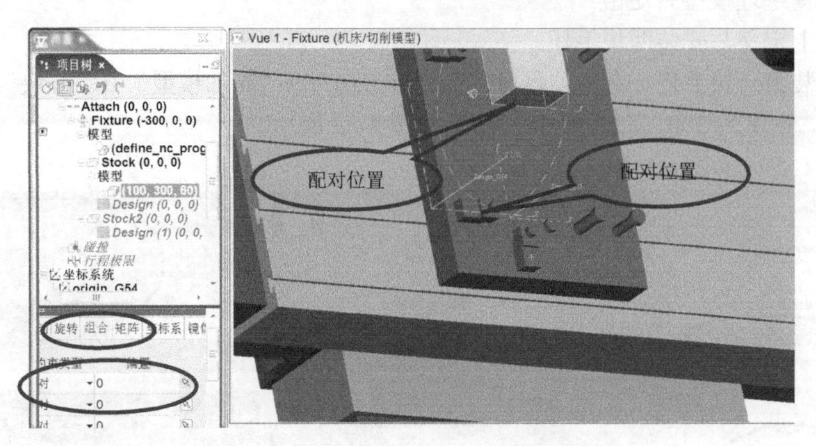

图 4-24 设置长方体毛坯第一组配对位置

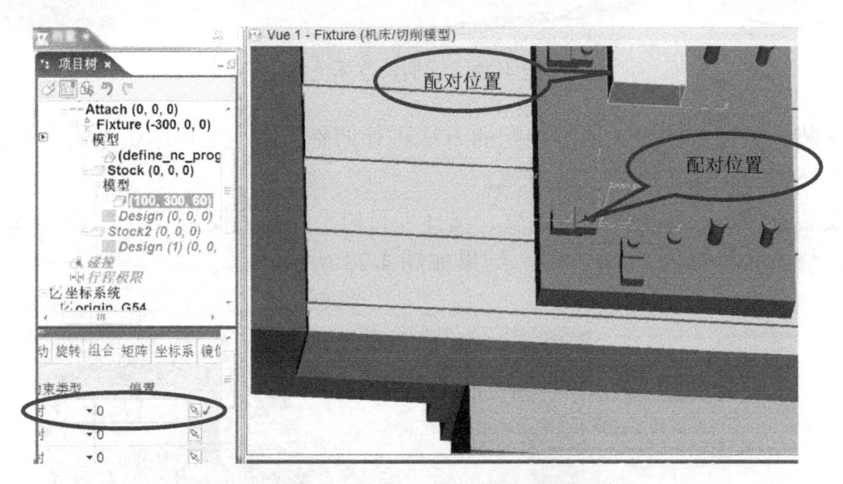

图 4-25 长方体毛坯第一组配对位置装配结果

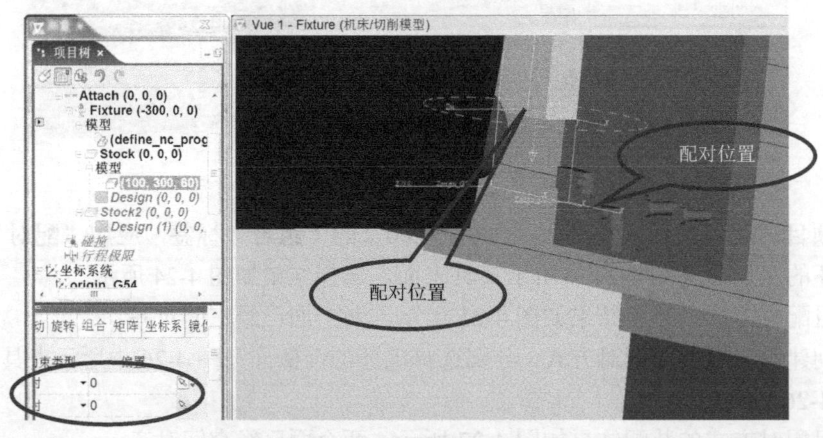

图 4-26 设置长方体毛坯第二组配对位置

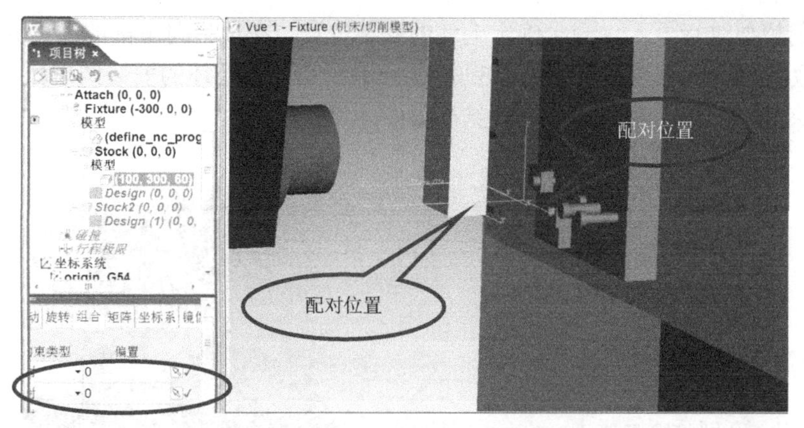

图 4-27　长方体毛坯第二组配对位置装配结果

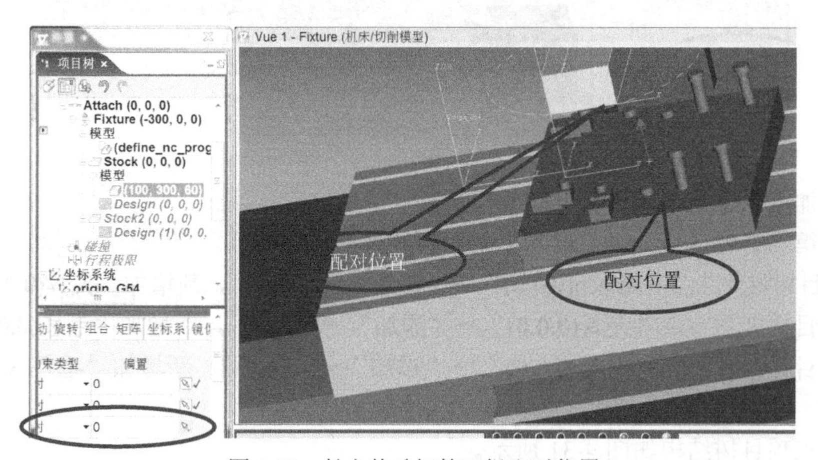

图 4-28　长方体毛坯第三组配对位置

第三组配对方式的装配结果如图 4-29 所示，两个面已经空间对齐。第一块毛坯装配完成如图 4-29 所示。

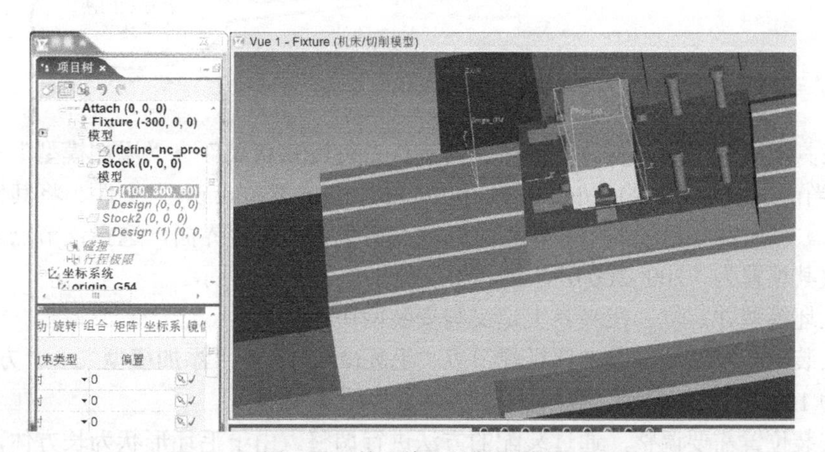

图 4-29　第一块毛坯装配结果

继续设置与装配第二块毛坯。右击项目树夹具节点“**Stock(2)(0,0,0)**”→“**添加模型**”→“**模型文件**”，选择当前目录中的“define_nc_program_origin_stock2.stl”文件，将其作为第二块毛坯的几何模型进行导入。同时确定毛坯的安装位置，在项目树下部的配置界面，选择该节点的“**移动**”标签，修改其位置为“390 -115 50”，第二块毛坯的安装结果如图4-30所示。最终第一组夹具与两块毛坯的模型设置结果如图4-30所示。

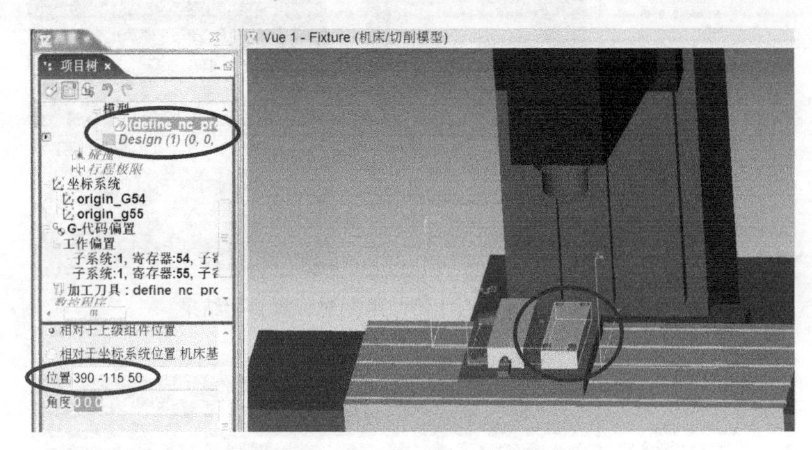

图4-30　第二块毛坯的装配结果

继续添加第二组夹具与两块毛坯的模型。

首先对第二组夹具与两块毛坯的模型在项目树上添加节点。

右击项目树附件节点“Attach(0,0,0)”→“**添加**”→“**夹具**”，新增加“**夹具(0,0,0)**”节点。

右击项目树夹具节点“**夹具(0,0,0)**”→“**添加**”→“**毛坯**”，新增加“**毛坯(0,0,0)**”节点。

右击项目树夹具节点“**夹具(0,0,0)**”→“**添加**”→“**毛坯**”，新增加“**毛坯（1）(0,0,0)**”节点。

新增节点项目树结构如图4-31所示。

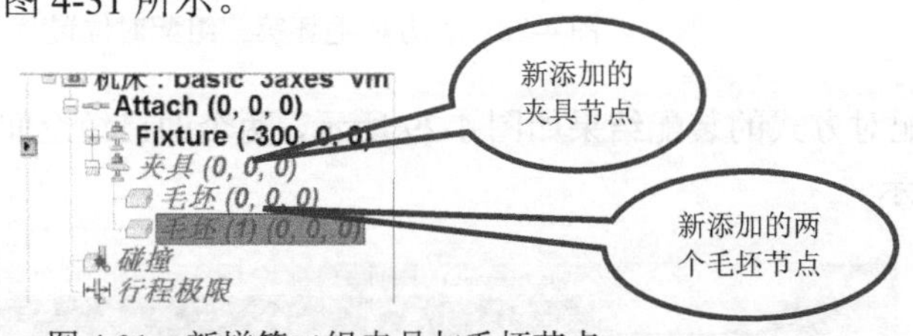

图4-31　新增第二组夹具与毛坯节点

设置夹具模型并定位。右击项目树夹具节点“**夹具(0, 0, 0)**”→“**添加模型**”→“**模型文件**”，选择当前工作目录中的“define_nc_program_origin_fixture.ply”文件，将其作为夹具毛坯进行导入。同时确定毛坯的安装位置，在项目树下部的配置界面，选择该节点的“**移动**”标签，修改其位置为“200 -200 0”，夹具安装结果如图4-32所示。

设置毛坯模型并定位。在夹具上定义与安装两块毛坯。

首先安装第一块毛坯。右击项目树节点“**毛坯(0,0,0)**”→“**添加模型**”→“**方块**”，设置毛坯长度为100，宽度为300，高度为60。结果如图4-33所示。

毛坯安装位置需要调整，通过装配的方法进行调整。由于毛坯形状为长方体，装配采用利用毛坯的三个面进行定位的方式。

为了安装方便，首先初设毛坯高度。选择项目树毛坯几何模型节点“100,300,60”的“**移动**”标签，修改其位置为“0 0 200”，结果如图4-34所示。

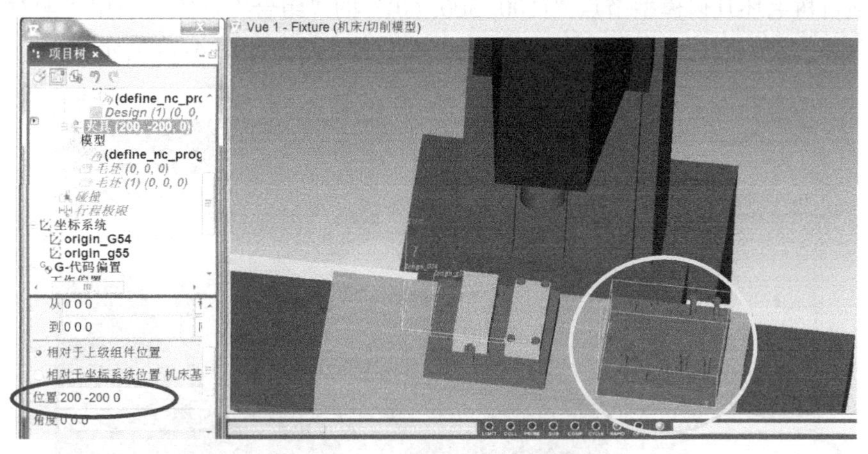

图 4-32　安装第二个夹具结果

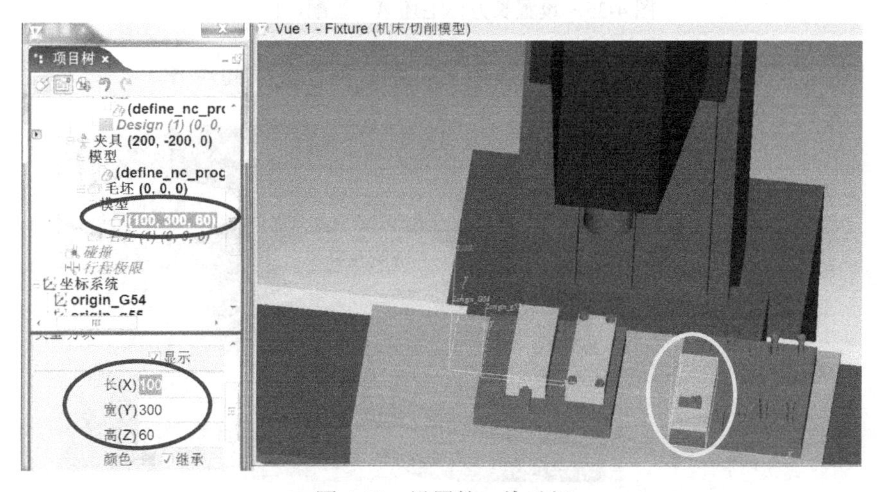

图 4-33　设置第一块毛坯

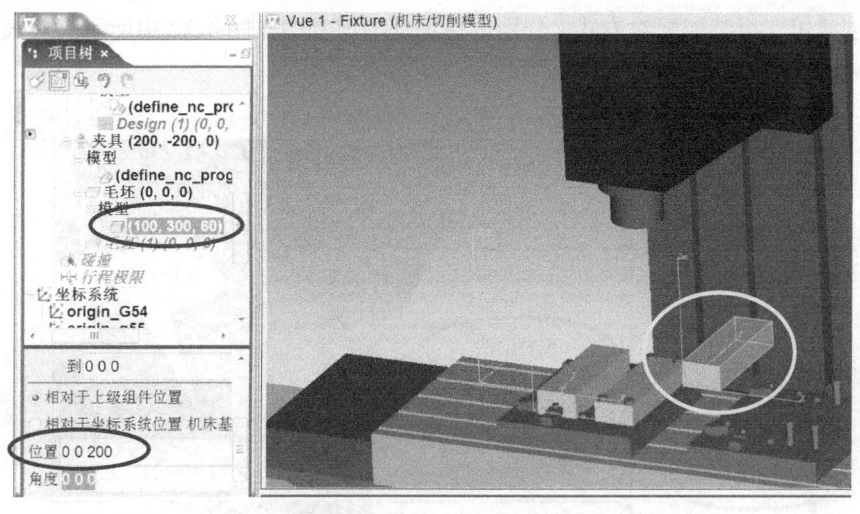

图 4-34　初步设置毛坯高度

选择项目树毛坯几何模型节点“(100, 300, 60)”的“**组合**”标签，应用“**配对**”方式，分别选择毛坯的左侧面，如图 4-35 所示，夹具表面对齐结果如图 4-35 所示。

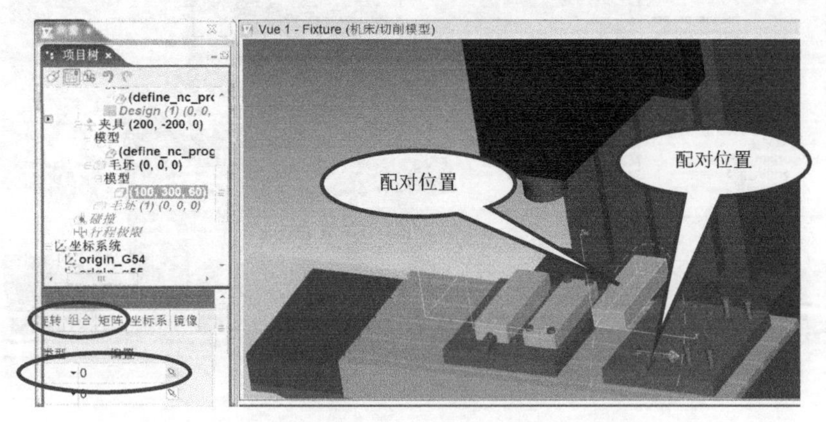

图 4-35 设置长方体毛坯第一组配对位置

第一组配对方式的装配结果如图 4-36 所示，两个面已经空间对齐。

图 4-36 长方体毛坯第一组配对位置装配结果

继续创建第二组装配配对方式，分别选择毛坯的前侧面与图 4-37 中所示夹具表面，选择结果如图 4-37 所示。

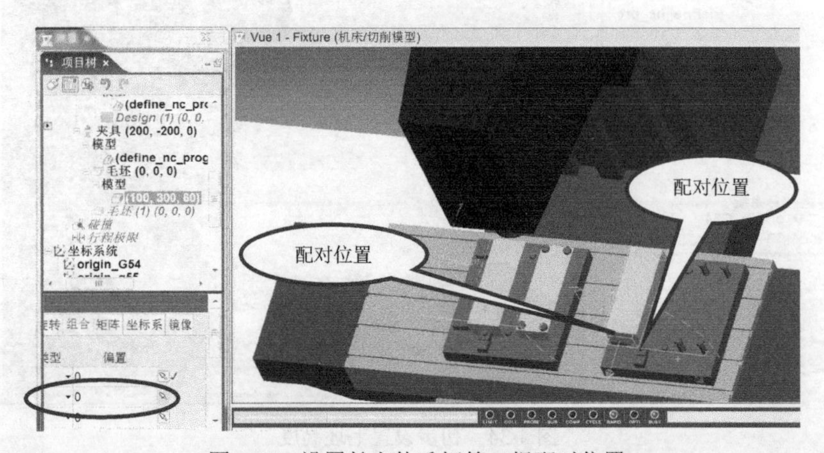

图 4-37 设置长方体毛坯第二组配对位置

第二组配对方式的装配结果如图 4-38 所示，两个面已经空间对齐。

图 4-38　长方体毛坯第二组配对位置装配结果

继续创建第三组装配配对方式，分别选择毛坯的底面与图 4-39 中所示夹具表面，选择结果如图 4-39 所示。

图 4-39　长方体毛坯第三组配对位置

第三组配对方式的装配结果如图 4-40 所示，两个面已经空间对齐。第一块毛坯装配结果如图 4-40 所示。

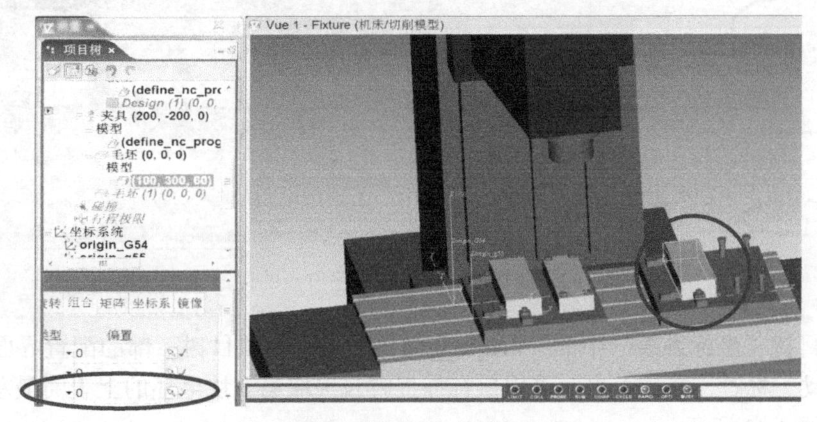

图 4-40　第一块毛坯装配结果

继续设置与装配第二块毛坯。右击项目树毛坯节点“毛坯（1）(0,0,0)”→“**添加模型**”→“**模型文件**”，选择当前目录中的“define_nc_program_origin_stock2.stl”文件，将其作为第二块毛坯的几何模型进行导入。同时确定毛坯的安装位置，在项目树下部的配置界面，选择该节点的“**移动**”标签，修改其位置为“390 90 50”，第二块毛坯装配结果如图 4-41 所示。

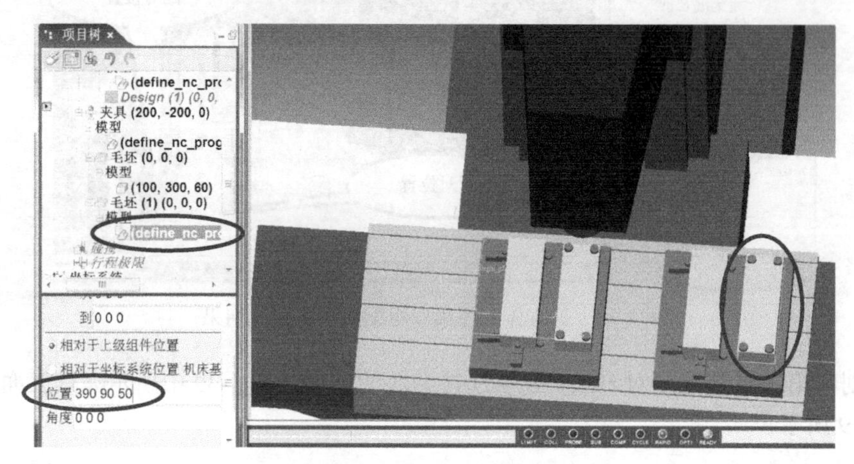

图 4-41　第二块毛坯装配结果

这样，两组夹具与毛坯的模型与安装已经完成，具体结果如图 4-41 所示。

4.3.2　铣削加工工件的对刀

（1）设置程序零点

将前面设置的四块毛坯分别采用 G54、G55、G56 和 G57 进行对刀。首先将项目模板文件中的程序原点“origin_G54”和“origin_g55”设置到左侧第一和第二块毛坯的对刀位置。

选择项目树“**坐标系统**”中的“**origin_G54**”节点，在项目树下部的配置界面，选择该节点的“**移动**”标签，在仿真界面采用鼠标捕捉方式选取第一块毛坯的上表面最左侧顶点位置，结果如图 4-42 所示。

图 4-42　捕捉第一块毛坯程序零点的位置

选择项目树“**坐标系统**”中的“**origin_g55**”节点，在项目树下部的配置界面，选择该节点的“**移动**”标签，在仿真界面采用鼠标捕捉方式选取第二块毛坯的上表面最左侧顶点位置，结果如图 4-43 所示。

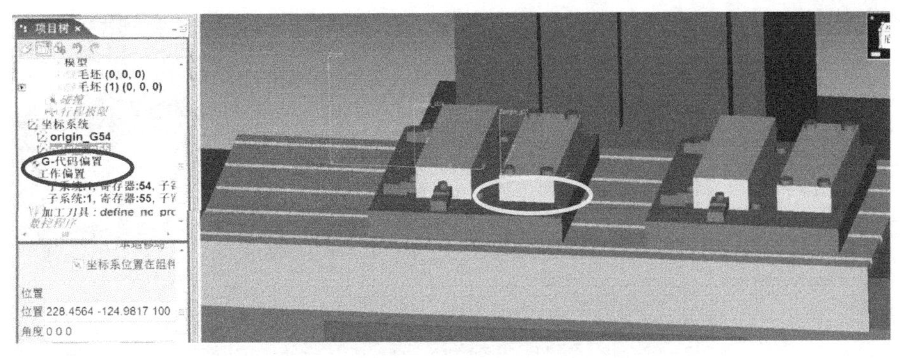

图 4-43　捕捉第二块毛坯程序零点的位置

在项目树“**坐标系统**”中新增两个节点“**origin_G56**”和“**origin_G57**”，结果如图 4-44 所示。这两个位置作为第三块和第四块毛坯的程序零点对刀位置。

图 4-44　新增的两个对刀坐标系

选择项目树“**坐标系统**”中的“**origin_G56**”节点，在项目树下部的配置界面，选择该节点的“**移动**”标签，在仿真界面采用鼠标捕捉方式选取第三块毛坯的上表面最左侧顶点位置，结果如图 4-45 所示。

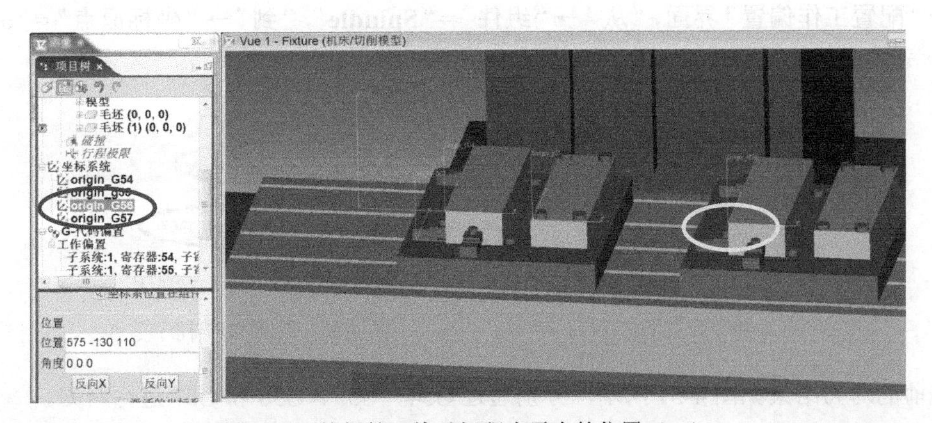

图 4-45　捕捉第三块毛坯程序零点的位置（一）

选择项目树“**坐标系统**”中的“**origin_G57**”节点，在项目树下部的配置界面，选择该节点的“**移动**”标签，在仿真界面采用鼠标捕捉方式选取第四块毛坯的上表面最左侧顶点位置，结果如图 4-46 所示。

图4-46　捕捉第四块毛坯程序零点的位置（二）

为第三和第四块毛坯添加工作偏置。

在项目模板文件G54和G55基础上添加G56和G57对刀，采用工作偏置的对刀方法。

项目树，选择“**G-代码偏置**”，在“**配置工作偏置**”界面，“**偏置名**”=“**工作偏置**”，“**寄存器**”=“**56**”，点击“**添加**”，如图4-47所示。

在“**配置工作偏置**”界面，“**从**”→“**组件**”=“**Spindle**”，“**到**”→“**坐标原点**”=“**origin_G56**”，完成坐标偏置即对刀工作，如图4-48所示。

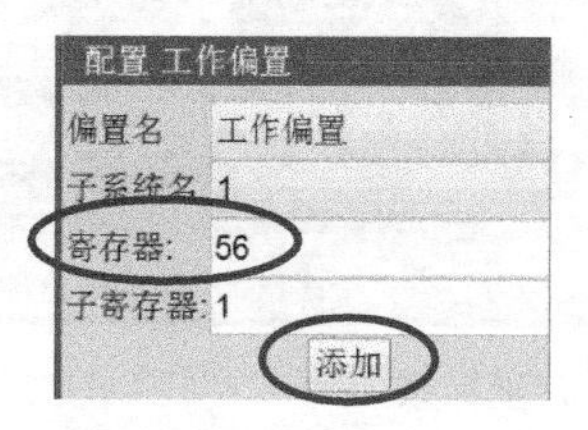

图4-47　设置G56对刀

图4-48　配置G56程序零点

项目树，选择“**G-代码偏置**”，在“**配置工作偏置**”界面，“**偏置名**”=“**工作偏置**”，“**寄存器**”=“**57**”，点击“**添加**”，如图4-49所示。

在“**配置工作偏置**”界面，“**从**”→“**组件**”=“**Spindle**”，“**到**”→“**坐标原点**”=“**origin_G57**”，完成坐标偏置即对刀工作，如图4-50所示。

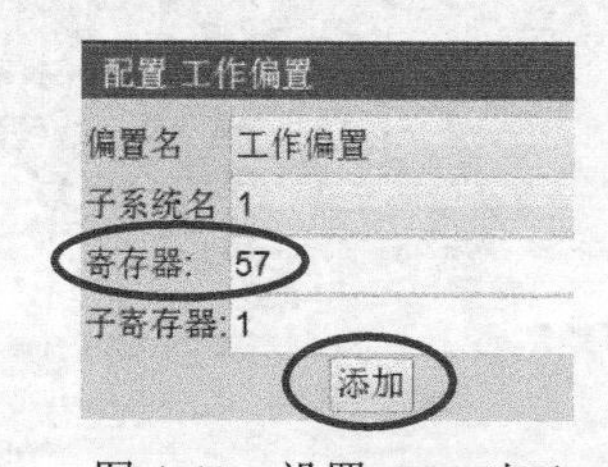

图4-49　设置G57对刀

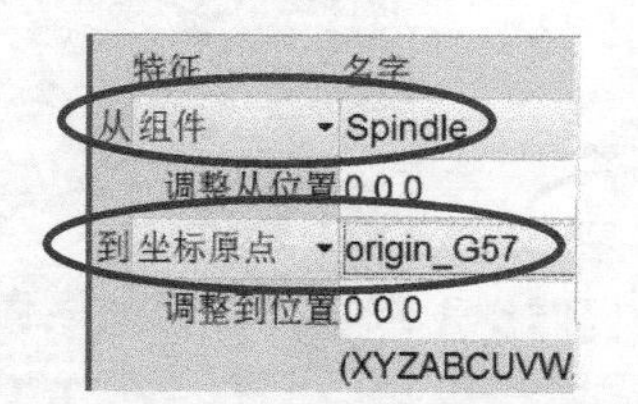

图4-50　配置G57程序零点

目前的对刀结果如图4-51所示，分别通过G54、G55、G56和G57进行对刀。

精确调整“origin_g55”和“origin_G57”的对刀位置，分别选择项目树“**坐标系统**”中的“**origin_g55**”和“**origin_G57**”节点，在项目树下部的配置界面，选择该节点的“**移动**”标签，分别输入两个节点的精确对刀位置“245 -120 60”和“745 -113 70”，最终四块毛坯的对刀设置结果如图4-52所示。

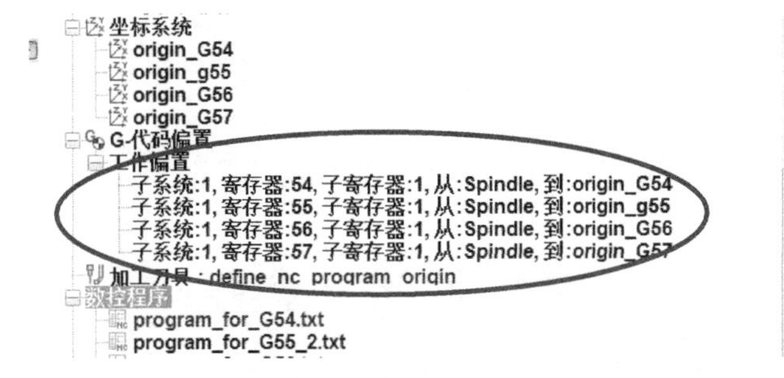

图 4-51　目前的对刀结果

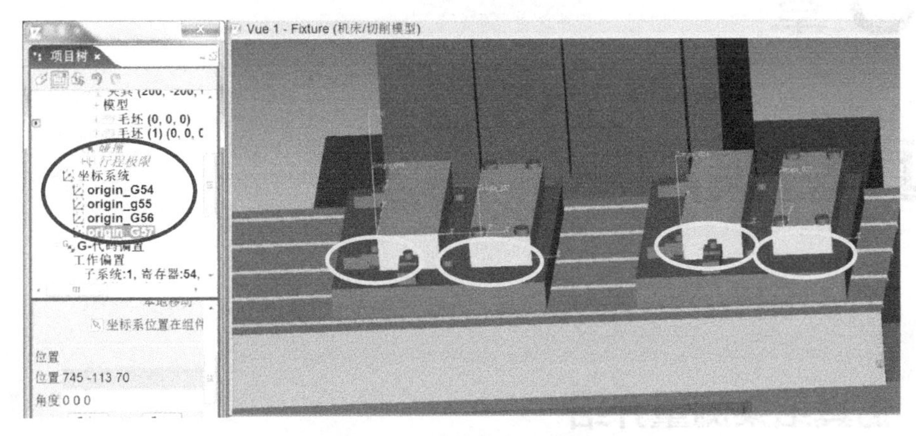

图 4-52　最终的对刀结果

（2）配置数控程序

在项目树依次添加数控程序“program_for_G54.txt”“program_for_G55_2.txt”“program_for_G56.txt”和“program_for_G57.txt”。

（3）仿真模型

重置模型使项目树的各项配置生效，最终在目前的对刀状态下毛坯的加工结果如图 4-53 所示。

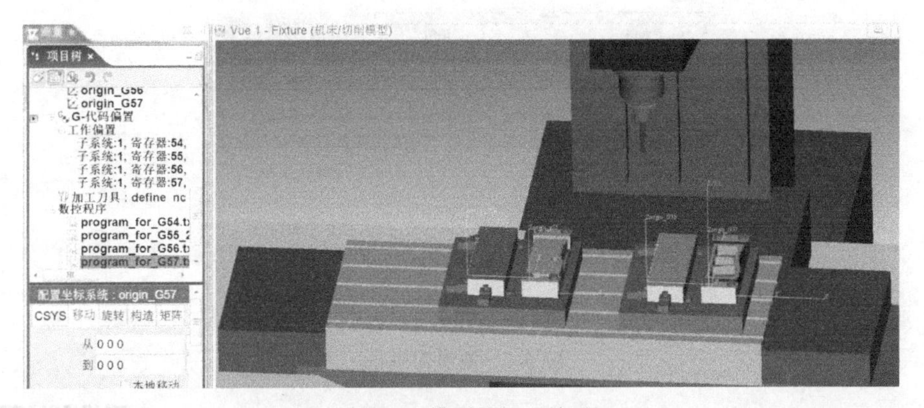

图 4-53　模型的加工结果

（4）保存项目

结束铣削加工工件安装与对刀操作。

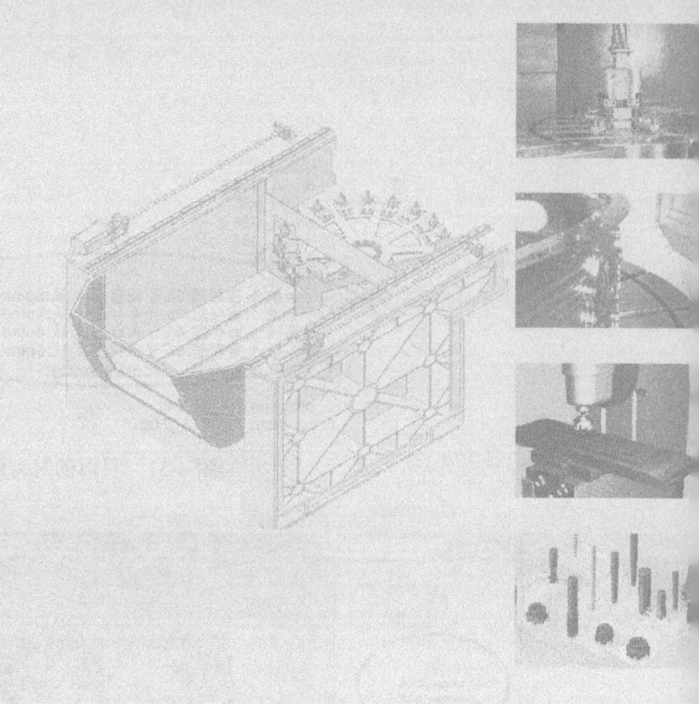

第5章 仿真结果测量

5.1 仿真结果测量介绍

测量功能主要用于测量零件虚拟加工中或加工后的加工尺寸，可用于分析零件加工结果与加工状态，如零件粗加工结束后的加工尺寸测量、余量设置是否如预期、刀补设置是否合理等的分析检测工作。

在系统主菜单，选择“**分析**”→“**测量**”命令，弹出“**测量**”对话框，如图 5-1 所示。界面中显示各种测量方法。

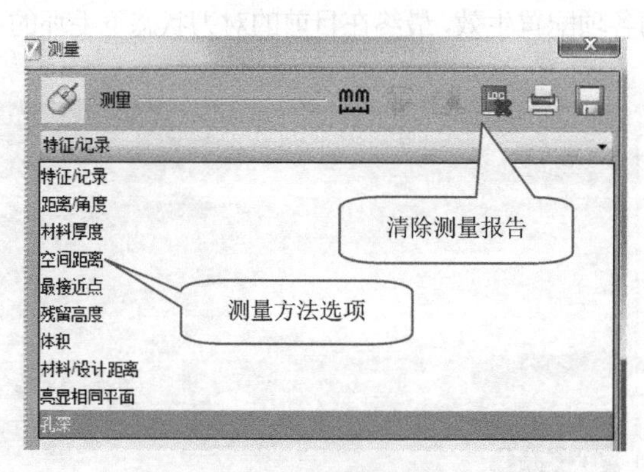

图 5-1 测量对话框

5.2 仿真结果测量基本方法 —— 车削篇

6．仿真结果测量——车削篇

（1）设置当前工作目录

将当前工作目录设置为安装目录“\lathe_01_measurement”。

（2）打开项目文件，执行仿真

打开用于测量的项目文件“lathe01_measurement_inch.vcproject”，重置模型，执行仿真，用于测量的零件加工结果如图 5-2 所示。以下将对该零件进行测量。

图 5-2　零件的加工结果

（3）对加工特征进行测量

选择主菜单**“分析”→“测量”**命令，弹出测量界面。下拉菜单处，选择**“特征/记录”**，此时鼠标显示测头形状，点击所需测量的圆柱特征，测量界面即显示加工后的零件尺寸、坐标等相关信息，如图 5-3 所示。

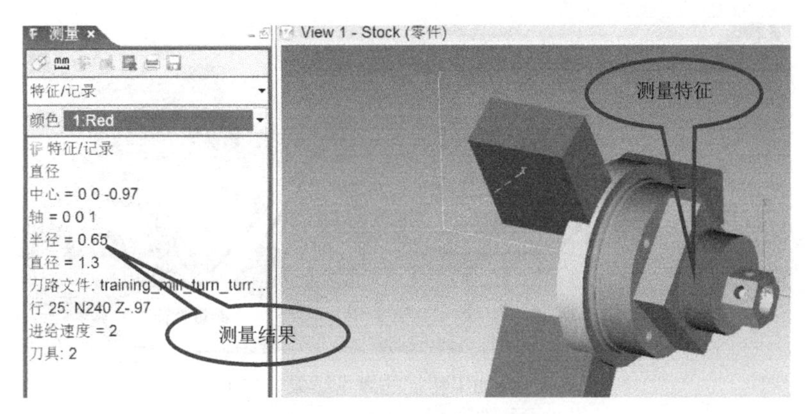

图 5-3　外圆加工特征的测量结果（一）

继续测量外圆加工特征，鼠标选择如图 5-4 所示的测量位置，测量结果如图 5-4 所示。

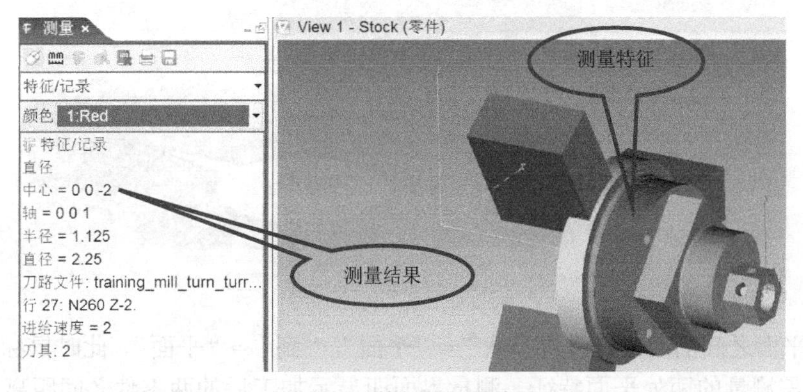

图 5-4　外圆加工特征的测量结果（二）

继续测量孔加工特征，鼠标选择如图 5-5 所示的测量位置，测量结果如图 5-5 所示。

继续测量孔加工特征，鼠标选择如图 5-6 所示的测量位置，测量结果如图 5-6 所示。

继续测量孔加工特征，鼠标选择如图 5-7 所示的测量位置，测量结果如图 5-7 所示。

（4）应用“距离/角度”进行测量

测量界面下拉菜单处，选择**“距离/角度”**，此时鼠标显示测头形状，点击所需测量的各零件相关位置，进行如下具体测量工作。

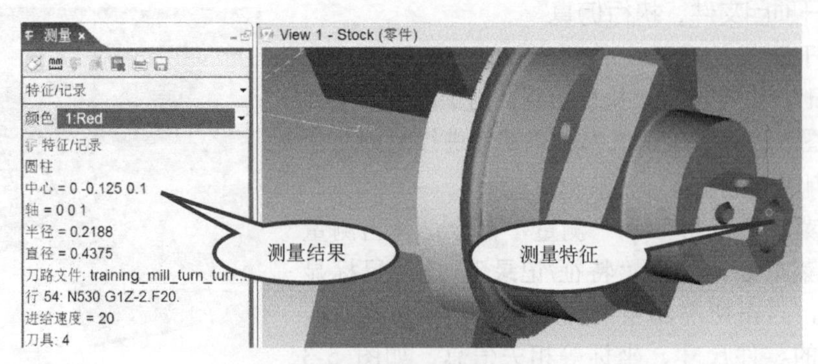

图 5-5 孔加工特征的测量结果（一）

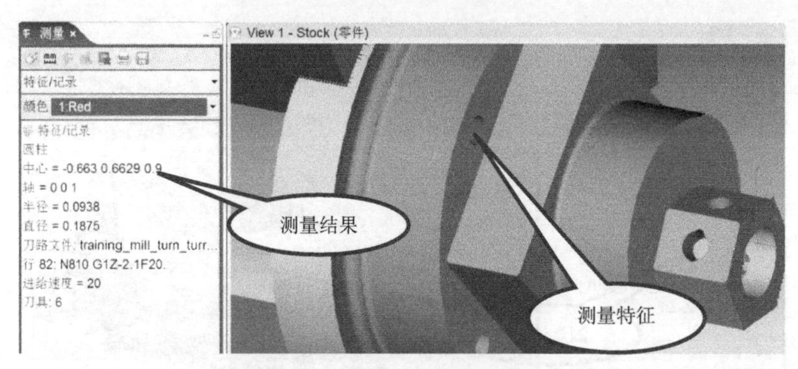

图 5-6 孔加工特征的测量结果（二）

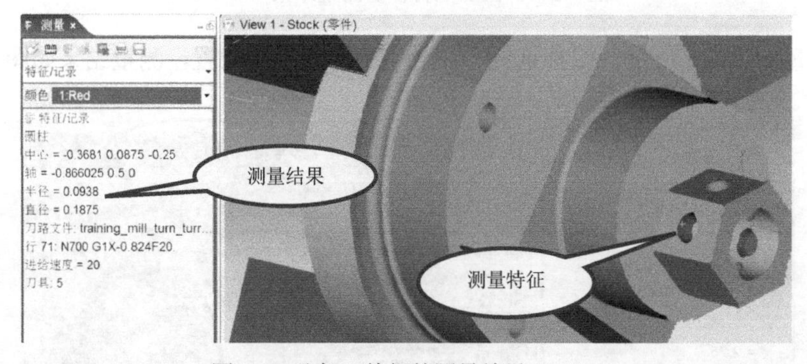

图 5-7 孔加工特征的测量结果（三）

测量两平面之间的距离。设置“**从**”=“**平面**”，“**到**”=“**平面**”。此时鼠标显示测头形状，点击所需测量的两处平面特征，测量界面即显示加工后的两零件之间距离等信息，如图 5-8 所示。

继续测量两平面之间的空间角度。设置“**从**”=“**平面**”，“**到**”=“**平面**”。此时鼠标显示测头形状，点击所需测量的两处平面特征，测量界面即显示加工后的两零件之间空间角度等信息，如图 5-9 所示。

继续测量两平面之间的空间角度。设置“**从**”=“**平面**”，“**到**”=“**平面**”。此时鼠标显示测头形状，点击所需测量的两处平面特征，测量界面即显示加工后的两零件之间空间角度等信息，如图 5-10 所示。

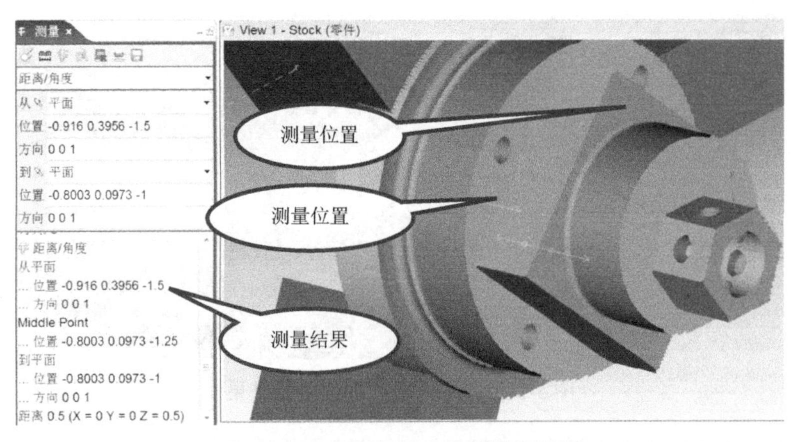

图 5-8　两平面之间距离的测量结果

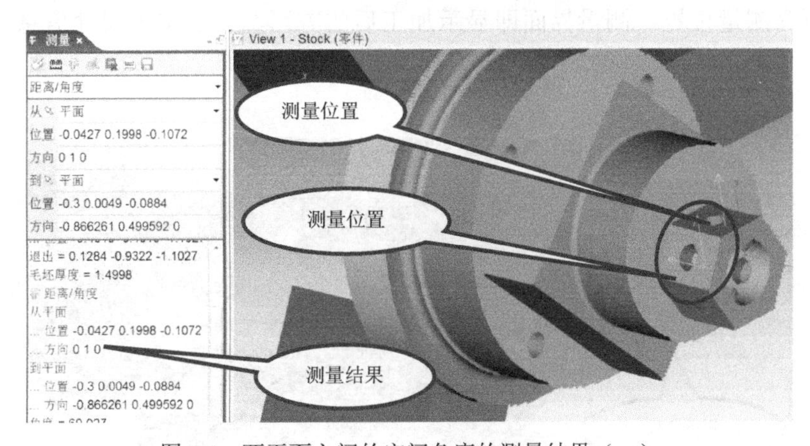

图 5-9　两平面之间的空间角度的测量结果（一）

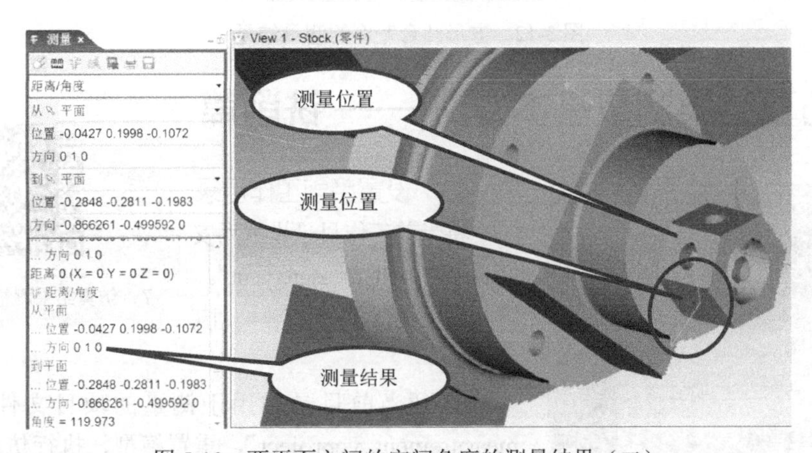

图 5-10　两平面之间的空间角度的测量结果（二）

（5）应用“材料厚度”进行测量

测量界面下拉菜单处，选择**“材料厚度”**，此时鼠标显示测头形状，点击所需测量的各零件相关位置，进行如下具体测量工作。

测量零件方形凸台的长度尺寸。鼠标显示测头形状，点击图 5-11 中所需测量位置，测量界面即显示加工后的方形凸台的长度尺寸信息，如图 5-11 所示。

图 5-11　方形凸台长度的测量结果

继续应用“材料厚度”方法测量零件方形凸台的宽度尺寸。鼠标显示测头形状，点击图 5-12 中所需测量位置，测量界面即显示加工后的方形凸台的宽度尺寸信息，如图 5-12 所示。

图 5-12　方形凸台宽度的测量结果

5.3　仿真结果测量基本方法——铣削篇

7．仿真结果测量——铣削篇

图 5-13　零件的加工结果

（1）设置当前工作目录

将当前工作目录设置为安装目录“\mill_measurement”。

（2）打开项目文件，执行仿真

打开当前目录中用于测量的项目文件“milling_measurement. vcproject”，重置模型，执行仿真，用于测量的零件加工结果如图 5-13 所示。这里对其进行测量。

（3）对加工特征进行测量

选择主菜单“**分析**”→“**测量**”命令，弹出测量界面。下拉菜单处，选择“**特征/记录**”，此时鼠标显示测头形状，点击所需测量的内圆表面特征，测量界面即显示加工后的零件尺寸、坐标等相关信息，如图 5-14 所示。

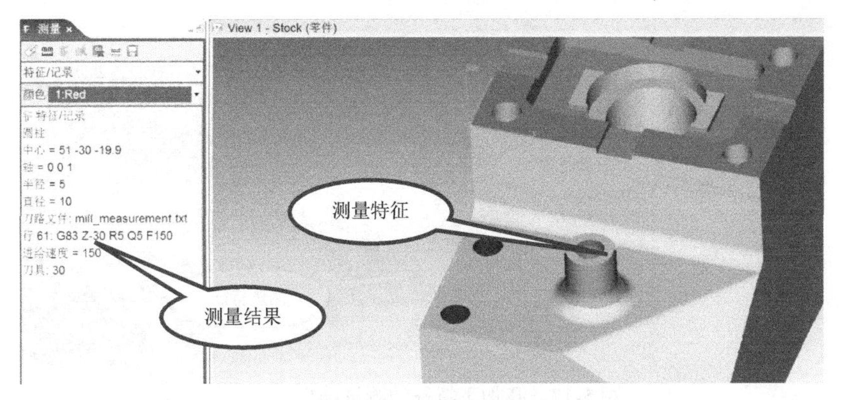

图 5-14　内圆加工特征的测量结果（一）

继续测量外圆加工特征，鼠标选择如图 5-15 所示的测量位置，测量结果如图 5-15 所示。

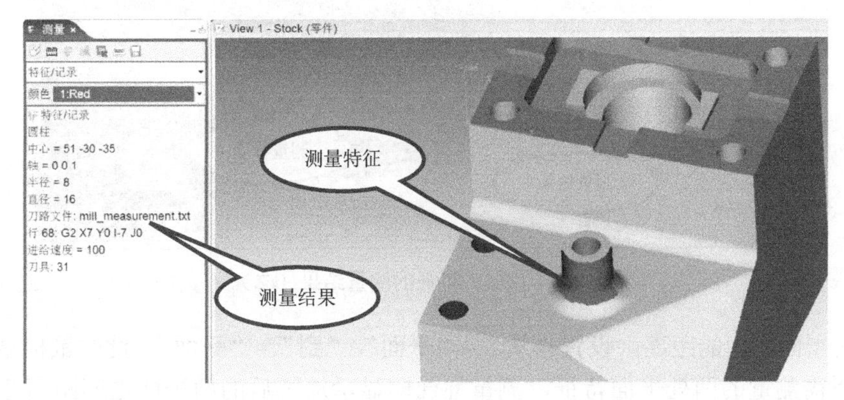

图 5-15　外圆加工特征的测量结果（二）

继续测量孔加工特征，鼠标选择如图 5-16 所示的测量位置，测量结果如图 5-16 所示。

图 5-16　孔加工特征的测量结果

继续测量孔加工特征，鼠标选择如图 5-17 所示的测量位置，测量结果如图 5-17 所示。

继续测量孔加工特征，鼠标选择如图 5-18 所示的测量位置，测量结果如图 5-18 所示。

（4）应用“距离/角度”进行测量

测量界面下拉菜单处，选择“**距离/角度**”，此时鼠标显示测头形状，点击所需测量的各零件相关位置，进行如下具体测量工作。

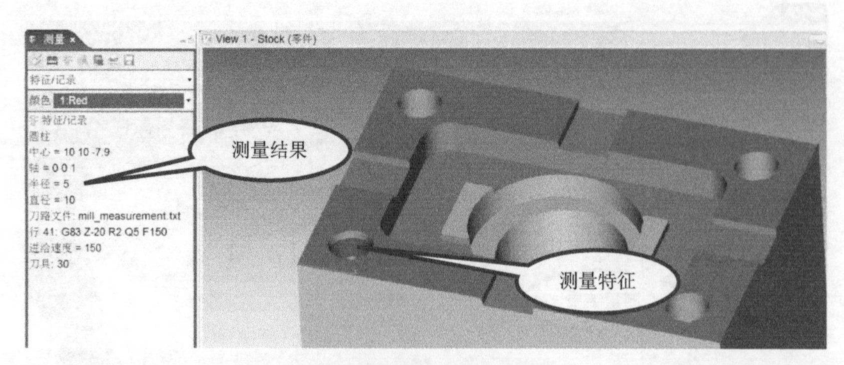

图 5-17 孔加工特征的测量结果（一）

图 5-18 孔加工特征的测量结果（二）

测量两平面之间的距离。设置“**从**”=“**平面**”，“**到**”=“**平面**”。此时鼠标显示测头形状，点击所需测量的两处平面特征，测量界面即显示加工后的两平面之间距离等信息，如图 5-19 所示。

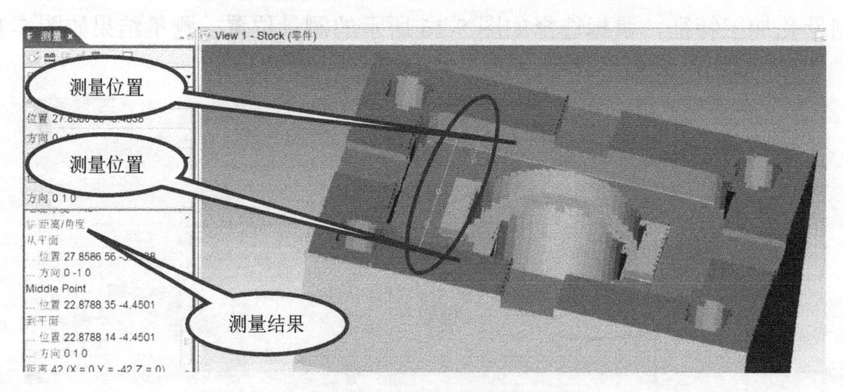

图 5-19 两平面之间距离的测量结果（一）

继续测量两平面之间的距离。设置“**从**”=“**平面**”，“**到**”=“**平面**”。此时鼠标显示测头形状，点击所需测量的两处平面特征，测量界面即显示加工后的两平面之间距离等信息，如图 5-20 所示。

继续测量两平面之间的距离。设置“**从**”=“**平面**”，“**到**”=“**平面**”。此时鼠标显示测头形状，点击所需测量的两处平面特征，测量界面即显示加工后的两平面之间距离等信息，如图 5-21 所示。

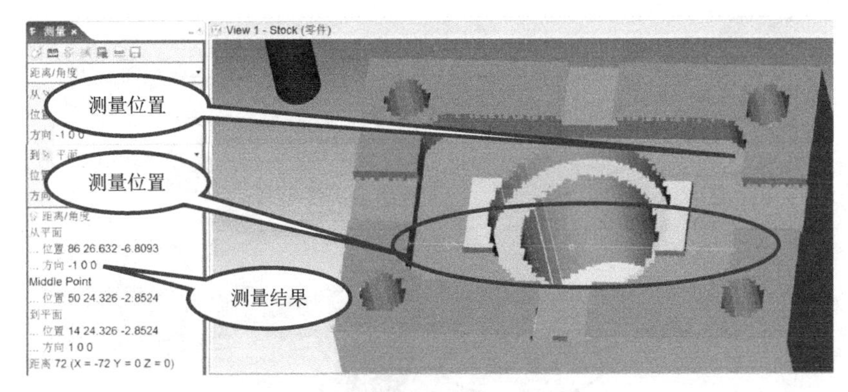

图 5-20　两平面之间距离的测量结果（二）

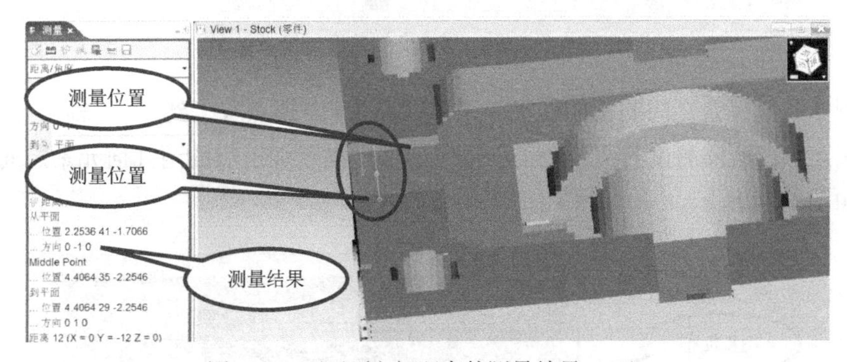

图 5-21　两平面之间距离的测量结果（三）

继续测量两平面之间的空间距离。设置“从”=“平面”，“到”=“平面”。此时鼠标显示测头形状，点击所需测量的两处平面特征，测量界面即显示加工后的两平面之间空间距离等信息，如图 5-22 所示。

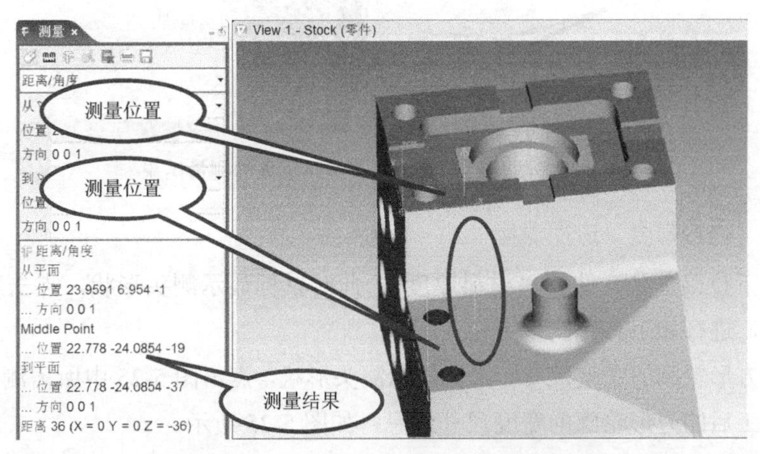

图 5-22　两平面之间空间距离的测量结果

继续测量两平面之间的空间角度。设置“从”=“平面”，“到”=“平面”。此时鼠标显示测头形状，点击所需测量的两处平面特征，测量界面即显示加工后的两平面之间空间角度等信息，如图5-23所示。

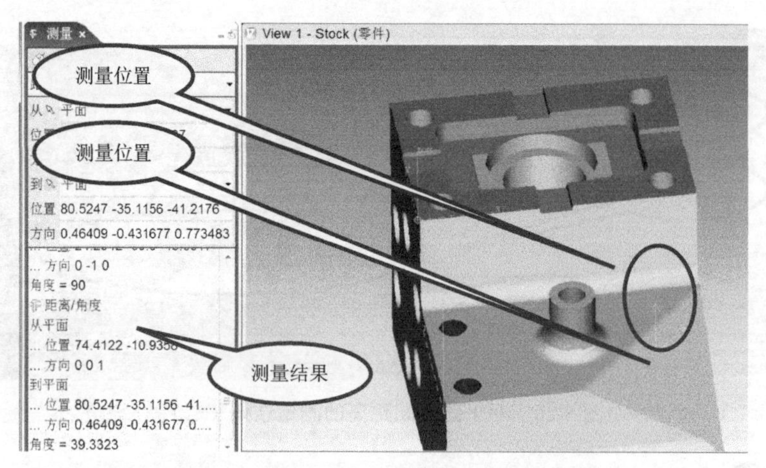

图5-23　两平面之间的空间角度的测量结果

继续测量几何元素之间的空间距离。设置“**从**”=“**顶点**”，“**到**”=“**轴**”。此时鼠标显示测头形状，点击所需测量的两处特征，测量界面即显示加工后的两几何元素之间空间距离等信息，如图5-24所示。

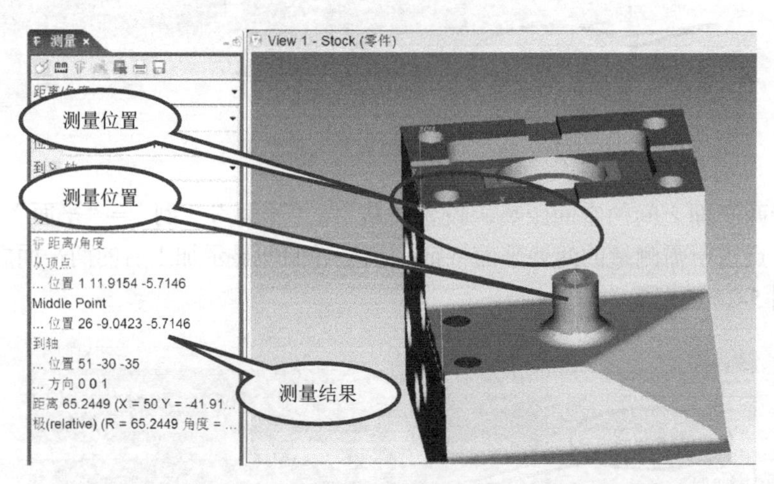

图5-24　两几何元素之间的空间距离的测量结果

（5）应用“材料厚度”进行测量

测量界面下拉菜单处，选择“**材料厚度**”，此时鼠标显示测头形状，点击所需测量的各零件相关位置，进行如下具体测量工作。

测量零件方形轮廓的宽度尺寸。鼠标显示测头形状，点击图5-25中所需测量位置，测量界面即显示加工后的方形轮廓的宽度尺寸信息，如图5-25所示。

（6）应用“孔深”进行测量

测量界面下拉菜单处，选择“**孔深**”，此时鼠标显示测头形状，点击图5-26中所需各测量位置，测量界面即显示加工后的孔特征的深度信息，如图5-26所示。

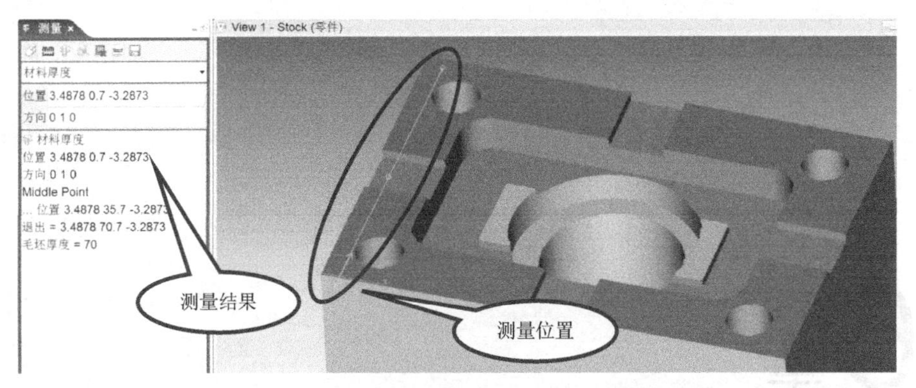

图 5-25　方形轮廓宽度的测量结果

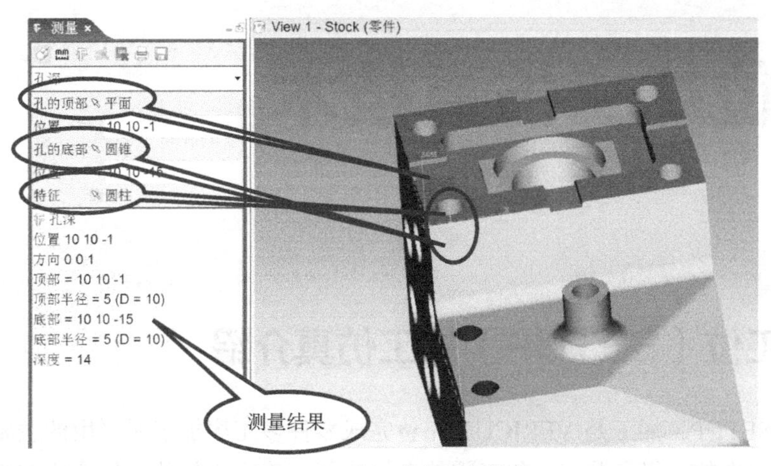

图 5-26　孔深度的测量结果

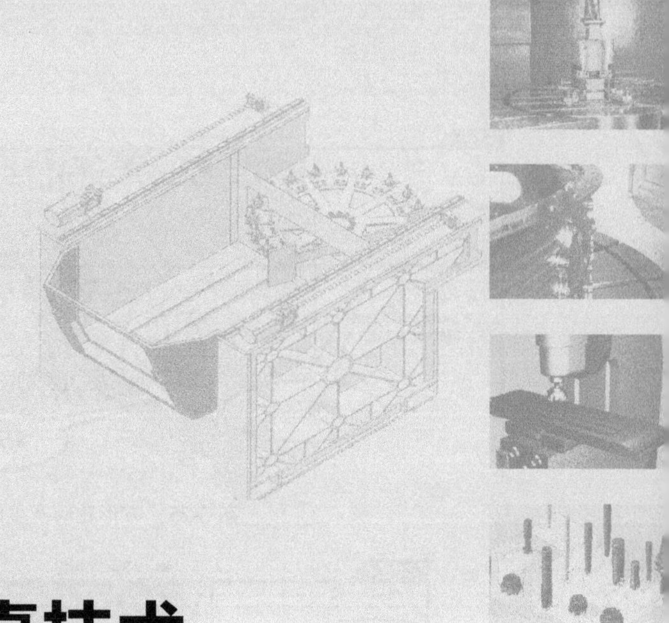

第6章 多工位加工仿真技术

6.1 多工位（SETUP）加工仿真介绍

多工位（SETUP）加工是VERICUT完整完成零件多工序加工所采用的主要组织形式，工位作为项目树中的一级子节点，代表零件在机床某一确定定位装夹位置所完成的全部加工工作。VERICUT中多工位的连续虚拟加工过程，对应着具体零件的全部加工工艺。

应用VERICUT完成工件的多工位加工，需要包含以下几方面的工作。

① 在项目树的一级子节点根据工件的加工工艺配置各所需工位。

② 在每一具体工位的内部，详细配置除工件信息外的各基本加工要素。

③ 配置第一工位的工件信息，执行加工仿真，生成加工毛坯。

④ 加工毛坯在工序之间的传递，将毛坯传递到下一工位后，完成其定位、夹紧、对刀工作。配置该工位工件信息，执行加工仿真，生成加工毛坯。

⑤ 重复步骤④内容，直至所有工位加工完成。

在项目树配置多个工位节点的方法主要有两种，一种是复制的方法，一种是输入项目模板文件的方法。

（1）通过复制的方法生成新的工位节点

这种情况主要适用于两个工位应用相同或类似的加工环境与资源的情况。典型应用如轴类零件的掉头加工，此时轴类零件需要两个安装位置，即两个工位完成连续加工过程。所需的加工环境与资源，包括机床、控制系统、加工刀具基本相同，此时就可以将加工轴零件一端的上个工位加工节点，通过复制的方法生成用于加工零件另一端的下一工位。

具体的操作方法为选择项目树中的上一工位节点，右击鼠标执行“复制”与“粘贴”命令，即可构建出下一工位的基本加工环境。

（2）通过输入项目模板文件的方法生成新的工位节点

这种情况主要适用于各工位采用各自的加工环境与资源的情况，例如上一工位需要将工件装夹在车削加工中心完成车削加工，而下一工位需要应用铣削加工中心完成铣削、钻削等工作时，需要通过输入包含铣削加工中心的项目模板文件的方法生成新的工位节点。

具体的操作方法为选择项目树中的根节点——项目节点，右击鼠标执行“输入工位”命令，输入所需项目文件，即可构建出下一工位加工环境。

具体应用实例，如图 6-1 所示，项目树，选择“项目 project:template_multi_setup_mill_turn.vcproject”，右击“**输入工位**”，如图 6-1 所示。弹出“**工位输入**”对话框，“**捷径**”处选“**练习**”，选择文件“template_hermle_c42.vcproject”，选择“**输入**”按钮，导入工位 2 项目文件，如图 6-2 所示。

此时项目树结构新增工位节点（“**工位:template_hermle_c42:1**”），此模板文件已设置完成机床及其数控系统，如图 6-3 所示。

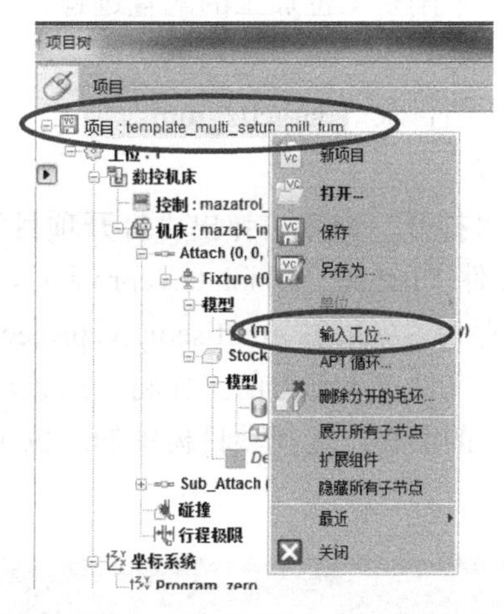

图 6-1 输入工位 2 项目文件

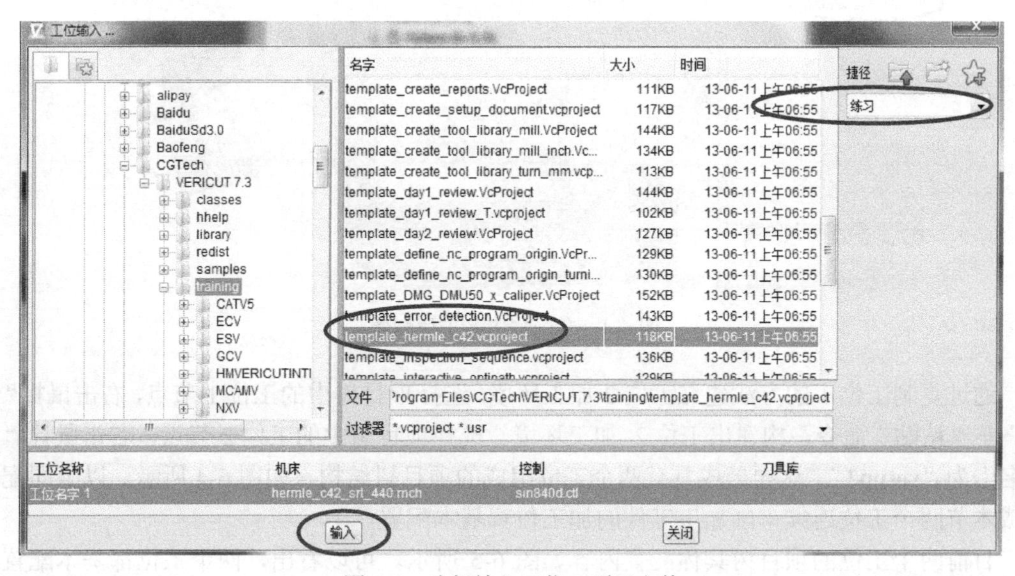

图 6-2 选择输入工位 2 项目文件

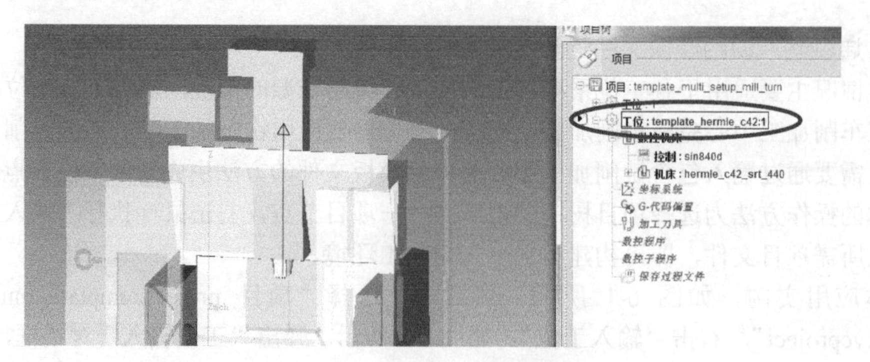

图 6-3 新导入工位 2 的项目树结构

6.2 多工位加工仿真——车削加工篇

8. 双工位加工——车削篇

本节以具体项目实例，说明车削多工位加工的配置过程。

（1）设置当前工作目录

首先设定当前工作目录为安装目录“\lathe02_mm”。

（2）设置所需要的加工工位

主菜单，选择“**文件**”→“**打开**”命令，弹出“**打开项目**”对话框，“**捷径**”处选“**当前目录**”，选择车削项目模板文件“lathe02_template.vcproject”，选择“**打开**”按钮，进入该项目的加工仿真界面。将其另存为“lathe02_multisetup.vcproject”项目文件，作为本节用于车削多工位加工仿真说明的项目文件，本部分的工作将应用该项目文件展开。

修改工位 1 在项目树节点上的名称，选择项目树中的工位 1 节点，右击鼠标“**重命名**”为“**setup1**”，如图 6-4 所示。

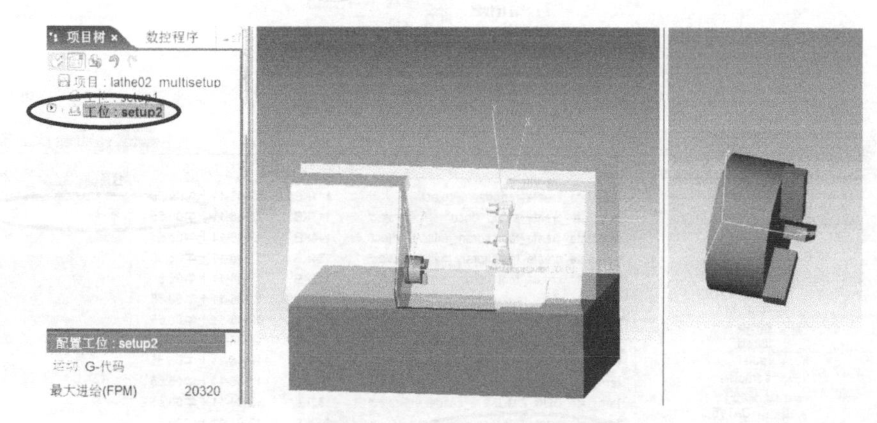

图 6-4 车削加工多工位配置

通过复制工位 1 的方法建立工位 2 加工环境。选择项目树中的工位 1 节点，右击鼠标“**复制**”与“**粘贴**”命令，构建出工位 2 加工环境。选择项目树中的工位 2 节点，右击鼠标“**重命名**”为“**setup2**”。这样形成具有两个工位组成的项目树结构，如图 6-4 所示。以上即配置完成本节两个工位连续车削加工工件的加工仿真基本配置。

目前两个工位的项目树具体配置内容如图 6-5 所示。可以看出，两个工位都基本配置了与加工工件信息无关的加工环境与资源信息。

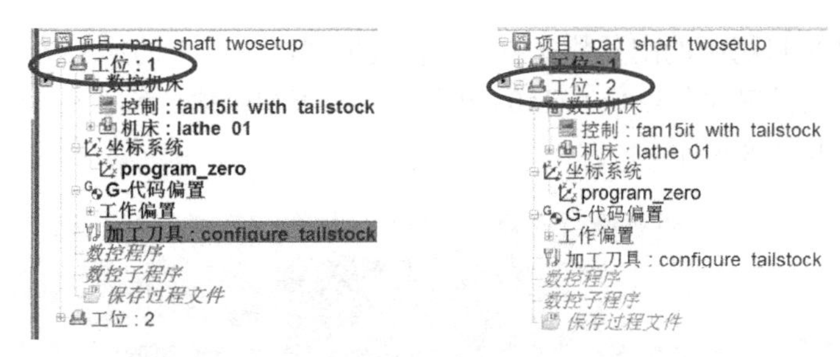

图 6-5　车削加工多工位配置项目树结构

（3）配置工位 1 信息数据，完成工位 1 加工仿真

配置加工所用圆柱体毛坯。右击项目树“Stock(0,0,0)”→“**添加模型**”→“**圆柱**”，设置高度为 300，直径为 100。项目树上选择刚建立的该毛坯几何模型节点，在项目树下部的配置界面，选择“**移动**”标签，修改其位置值为“0 0 127”。毛坯安装与定位结果如图 6-6 所示。

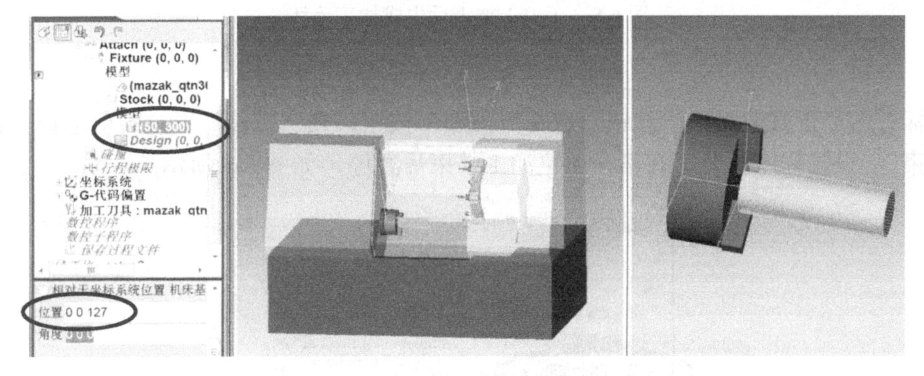

图 6-6　配置工位 1 加工毛坯

添加工位 1 的数控加工程序。右击项目树“**数控程序**”→“**添加数控程序文件…**”，弹出“**打开数控程序文件**”对话框，“**捷径**”处选“**工作目录**”，选择文件“rightturn.txt”，选择“**打开**”按钮。

对安装后的毛坯进行对刀。

选择项目树“**program_zero**”节点，在项目树下部的配置界面，选择“**移动**”标签，修改其位置值为“0 0 427”。毛坯对刀在其右端面的中心处，结果如图 6-7 所示。

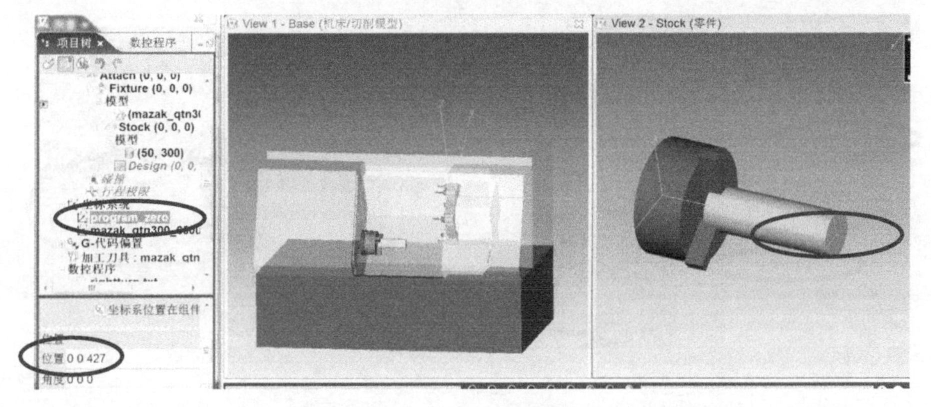

图 6-7　毛坯对刀结果

重置模型，使项目树中的配置数据生效。仿真模型，工位1的加工仿真结果如图6-8所示。同时在工位1项目树的节点“Stock(0 0 0)”的几何模型位置，新增了工位1加工后的“**加工毛坯**”节点，如图6-8所示。

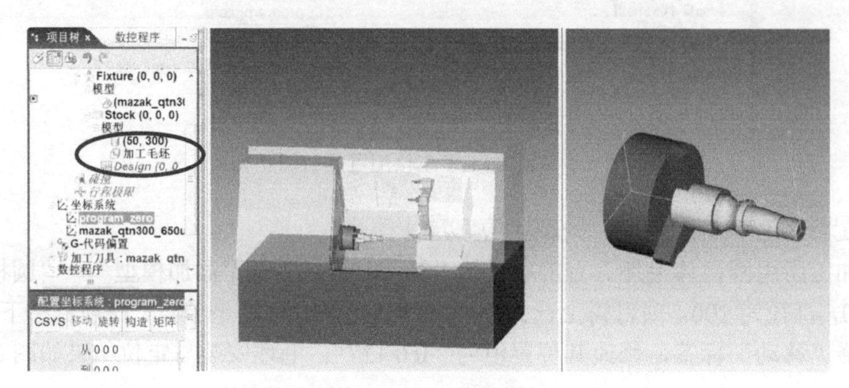

图6-8 工位1加工后生成加工毛坯

（4）工位之间传递毛坯，安装毛坯至下一工位

鼠标右击“**仿真至结束**”按钮，选择“**添加**”按钮，在“**暂停**”下拉菜单选择“**各个工位的结束**”，设置程序执行时在第一工位加工结束后暂停，如图6-9所示。

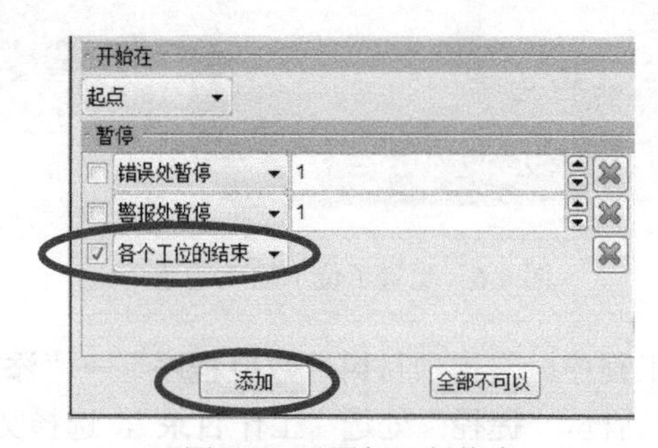

图6-9 设置加工暂停点

点击“**仿真至结束**”按钮，程序执行，并暂停在第一工位加工结束后。

点击“**单步运行**”按钮，程序单步执行，进入工位2，此时工位1加工后的零件作为毛坯传递到工位2，项目树新增了工位2的“**加工毛坯**”节点，如图6-10所示。

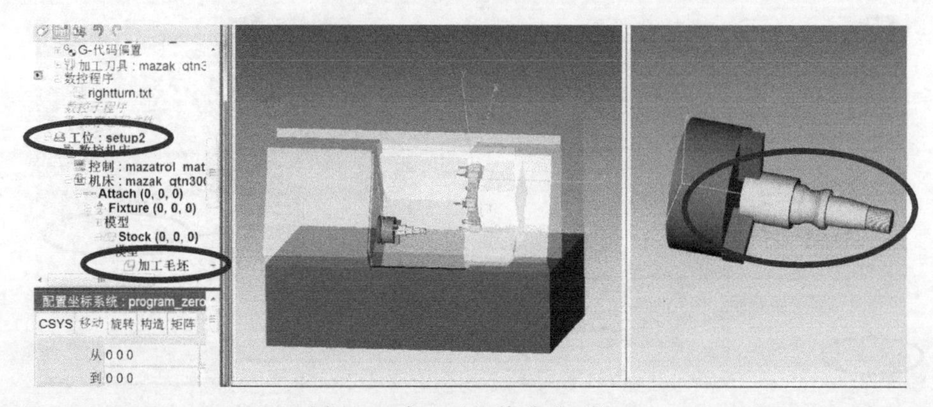

图6-10 加工毛坯传递到工位2

将传递到工位2的毛坯掉头安装，鼠标点击选择项目树工位2的“**加工毛坯**”节点，在项目树下部的配置界面，选择“**移动**”标签，修改其位置值为“0 0 470”，“**角度**”输入“180 0 180”，点击“**保留毛坯的转变**”按钮，如图6-11所示，确定与保存安装位置，结果如图6-11所示。

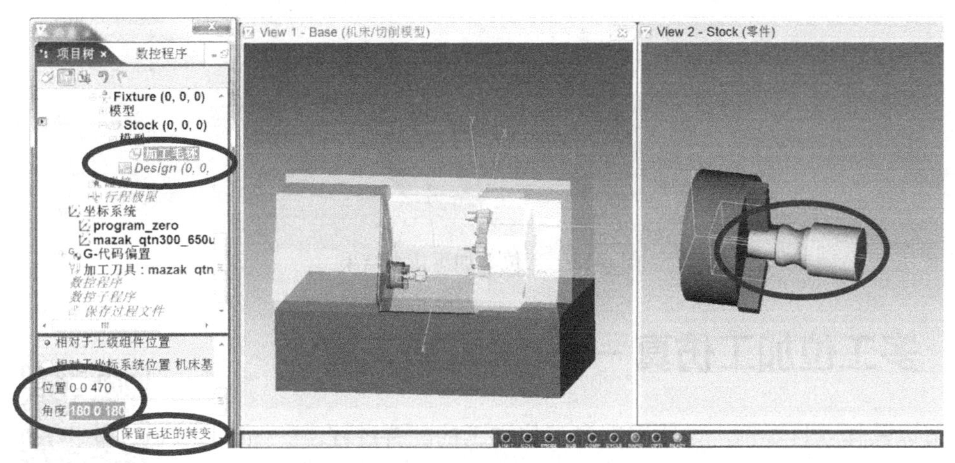

图6-11　毛坯在工位2的安装定位配置结果

添加工位2 的数控加工程序。右击项目树工位2中的节点“**数控程序**”→“**添加数控程序文件…**”，弹出“**打开数控程序文件**”对话框，“**捷径**”处选“**工作目录**”，选择文件“leftturn.txt”，选择“**打开**”按钮。

对工位2安装后的毛坯进行对刀。

选择项目树工位2中的节点“**program_zero**”，在项目树下部的配置界面，选择“**移动**”标签，修改其位置值为“0 0 343”。毛坯对刀在其右端面的中心处，结果如图6-12所示。

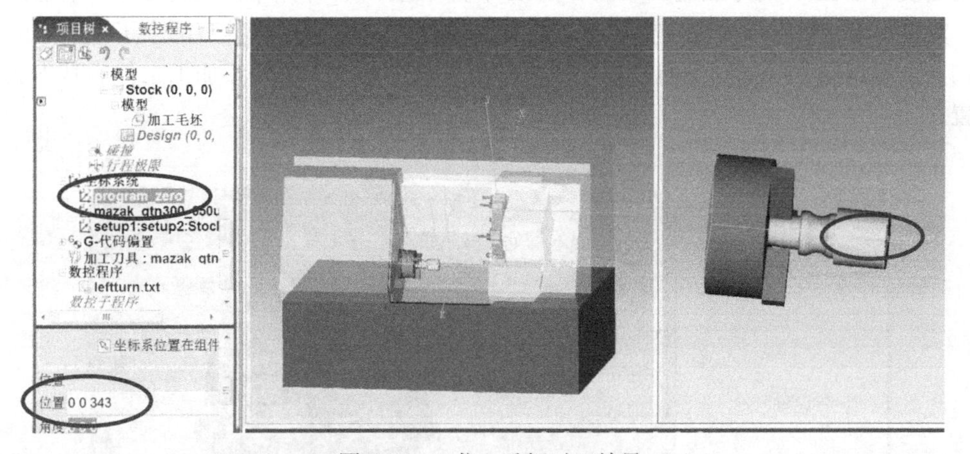

图6-12　工位2毛坯对刀结果

重置模型，使项目树中的配置数据生效。仿真模型，工位2的加工仿真结果如图6-13所示。

（5）保存项目，完成多工位加工

选择“**文件**”→“**保存**”命令，保存本节车削多工位加工项目文件于当前工作目录。

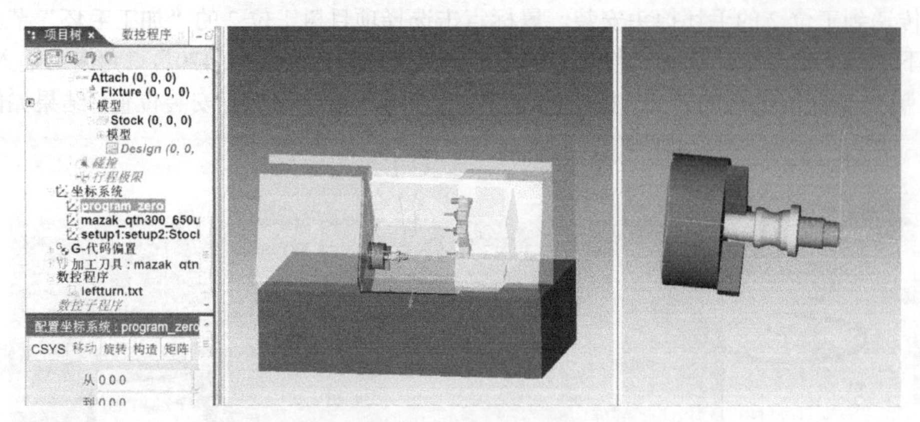

图 6-13 工位 2 加工仿真结果

6.3 多工位加工仿真 —— 铣削加工篇

9. 双工位加工——铣削篇

本节以具体项目实例，说明铣削多工位加工的配置过程。

（1）设置当前工作目录

首先设定当前工作目录为安装目录“\3axis_mill”。

（2）设置所需要的加工工位

主菜单，选择“**文件**”→“**打开**”命令，弹出“**打开项目**”对话框，“**捷径**”处选“**工作目录**”，选择铣削项目模板文件“3axis_mill_fanuc_template.vcproject”，选择“**打开**”按钮，进入该项目的加工仿真界面。将其另存为“3axis_mill_fanuc_multisetup.vcproject”项目文件，作为本节铣削多工位加工仿真的项目文件，本节工作将应用该项目文件展开。

通过复制工位 1 的方法建立工位 2 加工环境。选择项目树中的“**工位：1**”节点，右击鼠标“**复制**”与“**粘贴**”命令，构建出工位 2 加工环境。这样形成具有两个工位组成的项目树结构，如图 6-14 所示。以上即配置完成本节用于铣削两个工位连续加工工件的基本加工仿真配置。

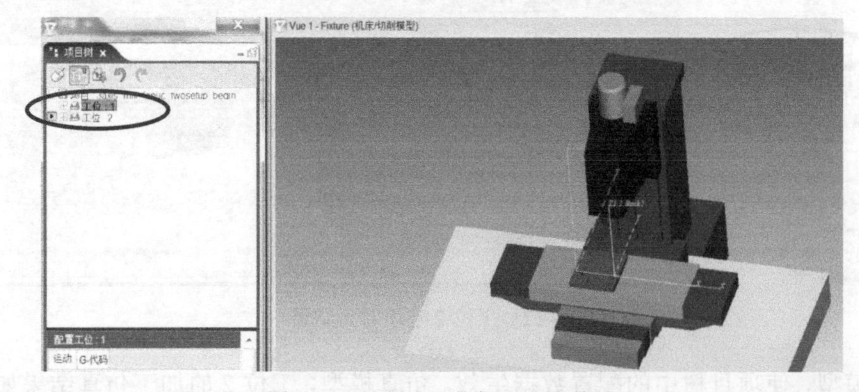

图 6-14 铣削多工位加工配置结果

目前两个工位的项目树具体配置内容如图 6-15 所示。可以看出，两个工位都基本配置了与加工工件信息无关的加工环境与资源信息。

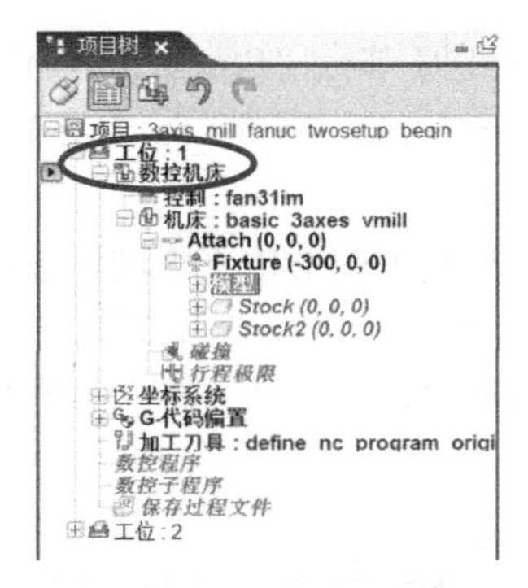

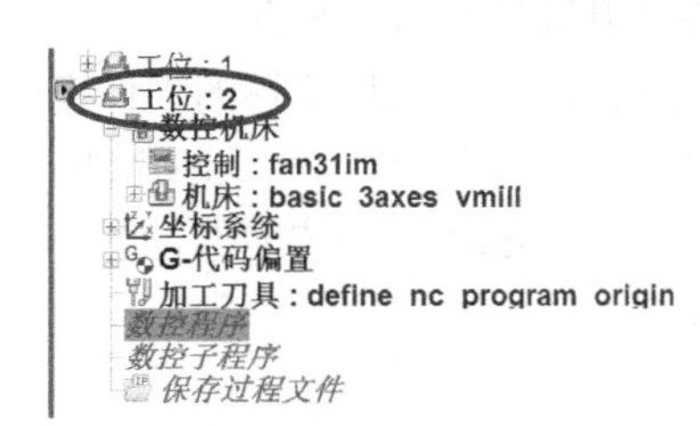

图 6-15　铣削多工位加工各工位配置内容

（3）配置工位 1 信息数据，完成工位 1 加工仿真

配置加工所用长方体毛坯。右击项目树节点“Stock(0,0,0)”→“**添加模型**”→“**方块**”，设置长度为 100、宽度为 300、高度为 60 的长方体毛坯。项目树上选择刚建立的该毛坯几何模型节点，在项目树下部的配置界面，选择“**移动**”标签，修改其位置值为“75 -130 50”，毛坯安装与定位结果如图 6-16 所示。

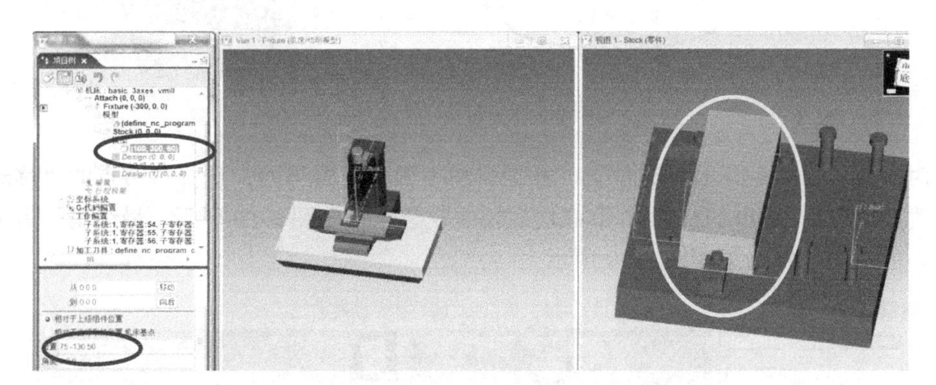

图 6-16　工位 1 加工毛坯安装与定位

对安装后的毛坯进行对刀。

选择项目树“**origin_G54**”节点，在项目树下部的配置界面，选择“**移动**”标签，选择“**位置**”对话框，此时对话框的背景颜色变成黄色，表示位置参数目前处于可修改状态。应用鼠标在仿真区域附近捕捉毛坯的上表面左侧顶点，确定毛坯加工对刀位置。结果如图 6-17 所示。

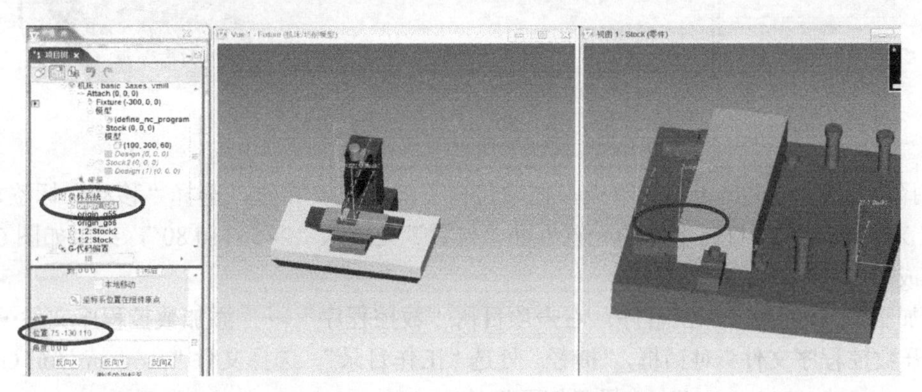

图 6-17　第一块毛坯对刀结果

继续设置与安装第二块毛坯。右击项目树第二块毛坯节点“**Stock2(0,0,0)**”→“**添加模型**”→“**模型文件**”，选择当前目录中的“define_nc_program_origin_stock2.stl”文件，将其作为第二块毛坯的几何模型进行导入。

在仿真区域添加显示第二块毛坯的零件视图。鼠标右击图形仿真区域，选择“**添加一个视图**”→“**零件视图**”，图形仿真区域新添加一个零件视图。鼠标右击该新添加的零件视图，选择“**附上组件**”→“**Stock2**”，该零件视图中即显示第二块毛坯的几何模型结果，如图6-18所示。

图6-18 添加第二块毛坯

同时确定第二块毛坯的安装位置，在项目树下部的配置界面，选择该节点的“**移动**”标签，修改其位置为“390-115 50”，第二块毛坯的安装结果如图6-19所示。最终第一组夹具与两块毛坯的模型设置结果如图6-19所示。

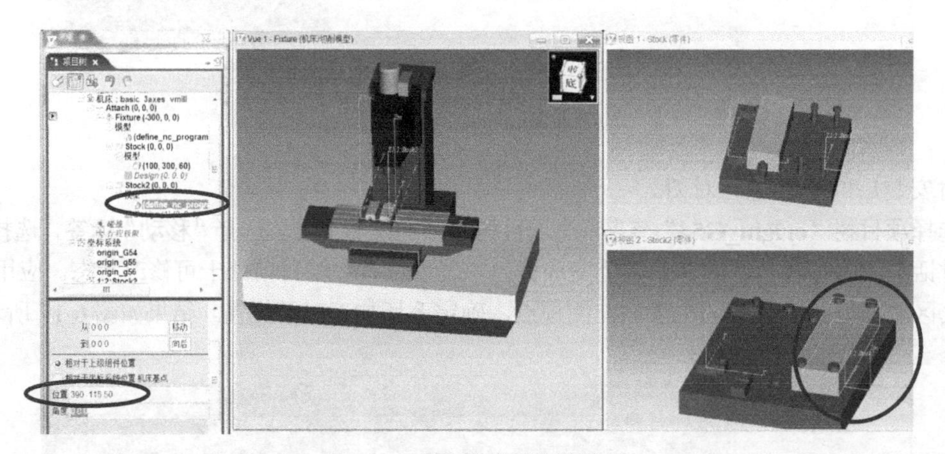

图6-19 第二块毛坯安装结果

选择项目树“**origin_g55**”节点，在项目树下部的配置界面，选择“**移动**”标签，选择“**位置**”对话框，在项目树下面的配置界面“**位置**”处输入“245 -110 80”，结果如图6-20所示，完成第二块毛坯的对刀工作。

添加工位1的数控加工程序。右击项目树“**数控程序**”→“**添加数控程序文件…**”，弹出“**打开数控程序文件**”对话框，“**捷径**”处选“**工作目录**”，选择文件“program_for_G54.txt”和“program_for_G55_2.txt”，选择“**打开**”按钮。

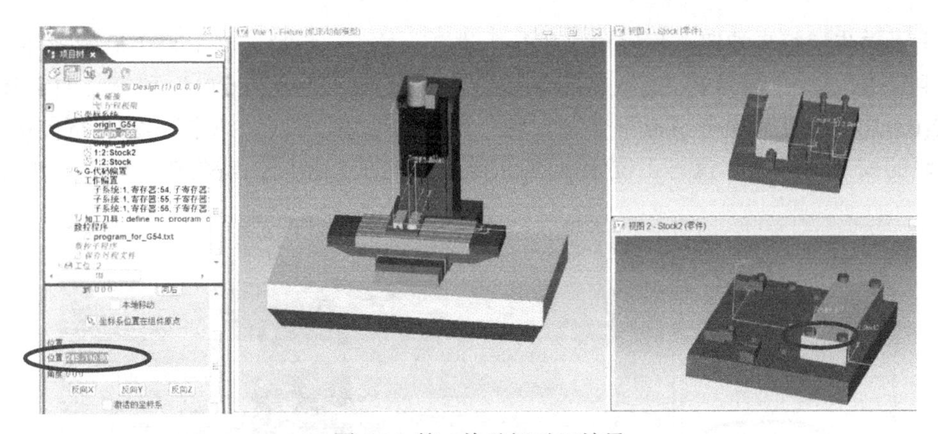

图 6-20 第二块毛坯对刀结果

重置模型，使项目树中的配置数据生效。仿真模型，工位 1 的加工仿真结果如图 6-21 所示。

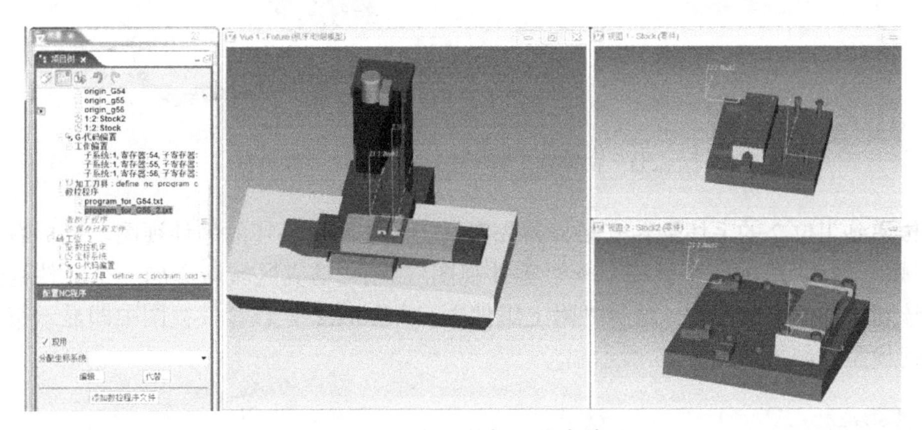

图 6-21　工位 1 的加工仿真结果

同时在工位项目树的节点“Stock(0,0,0)”和“Stock2(0,0,0)”的几何模型位置，新增了工位 1 加工后的“**加工毛坯**”节点，如图 6-22 所示。

（4）工位之间传递毛坯，安装毛坯至下一工位

鼠标右击“**仿真至结束**”按钮，选择“**添加**”按钮，在“**暂停**”下拉菜单选择“**各个工位的结束**”，设置程序执行时在第一工位加工结束后暂停，如图 6-23 所示。

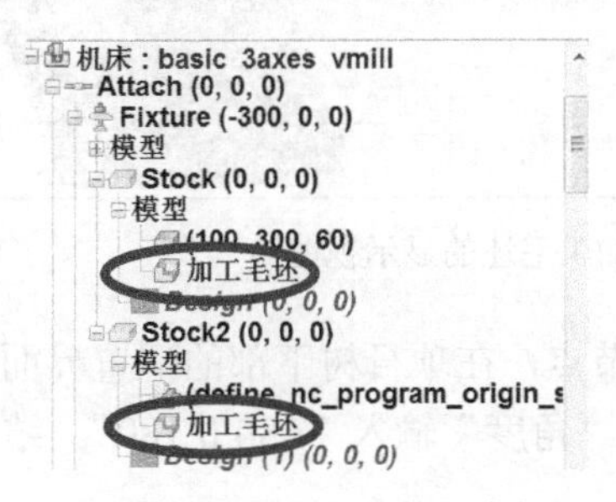

图 6-22　工位 1 加工后生成的两个加工毛坯节点

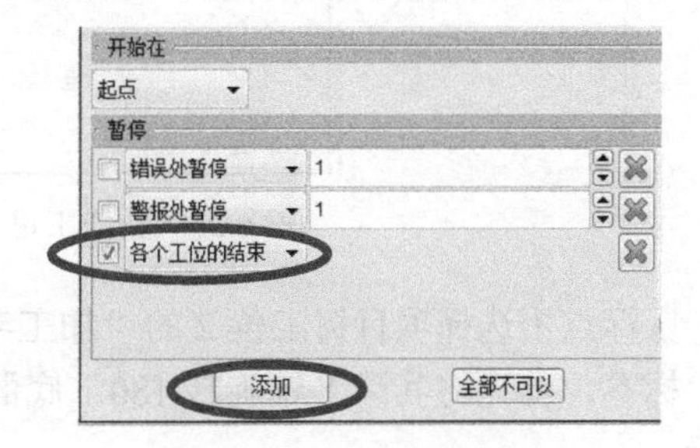

图 6-23　设置加工暂停点

点击“**仿真至结束**”按钮，程序执行，并暂停在第一工位加工结束后。

点击“**单步运行**”按钮，程序单步执行，进入工位 2，此时工位 1 加工后的零件作为毛坯传递到工位 2，在项目树工位 2 的第一块毛坯节点“Stock(0,0,0)”和第二块毛坯节点“Stock2(0,0,0)”的几何模型节点下分别新增了“**加工毛坯**”节点，见图 6-24。从图中可见，两块毛坯的安装姿态与位置与工位 1 的加工结束后的状态相同，需要在工位 2 中进行翻转安装。

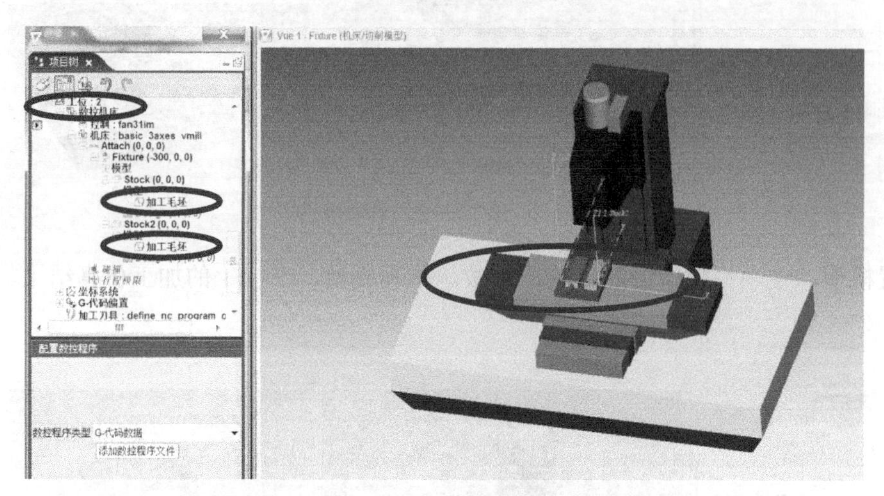

图 6-24　传递到工位 2 后的两块加工毛坯模型

将传递到工位 2 的毛坯翻转安装，首先新增工位 2 两块毛坯的零件视图。鼠标右击图形仿真区域，选择“**添加一个视图**”→“**零件视图**”，图形仿真区域新添加一个零件视图。鼠标右击该新添加的零件视图，选择“**附上组件**”→“**Stock2**”，该零件视图中即显示第二块毛坯的几何模型，结果如图 6-25 所示。

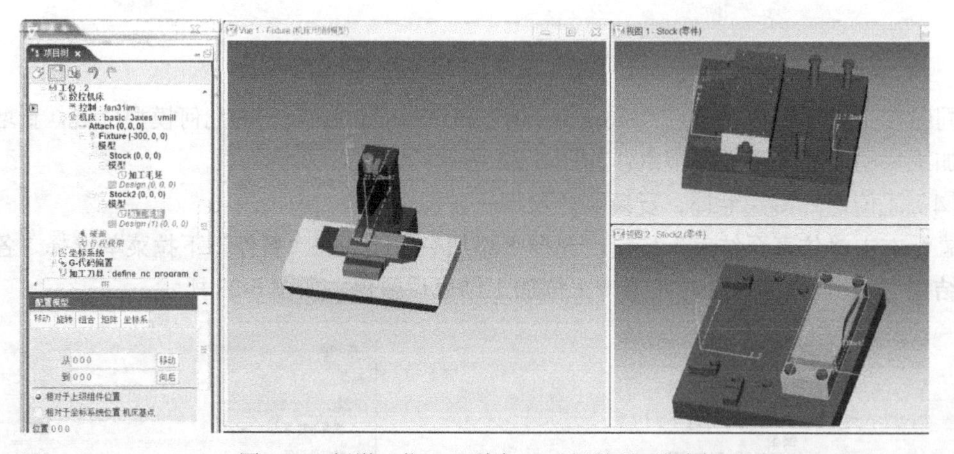

图 6-25　新增工位 2 两块加工毛坯的显示视图

鼠标点击选择项目树工位 2 的“**加工毛坯**”节点，在项目树下部的配置界面，选择“**移动**”标签，首先将其沿 *Y* 轴旋转 180° 底面向上，“**角度**”输入“180 0 180”。结果如图 6-26 所示。

通过装配的方法安装第一块毛坯。在项目树下部的配置界面，选择“**组合**”标签，调整毛坯三个面的装配位置，第一块毛坯第一组配对与安装结果如图 6-27 和图 6-28 所示。

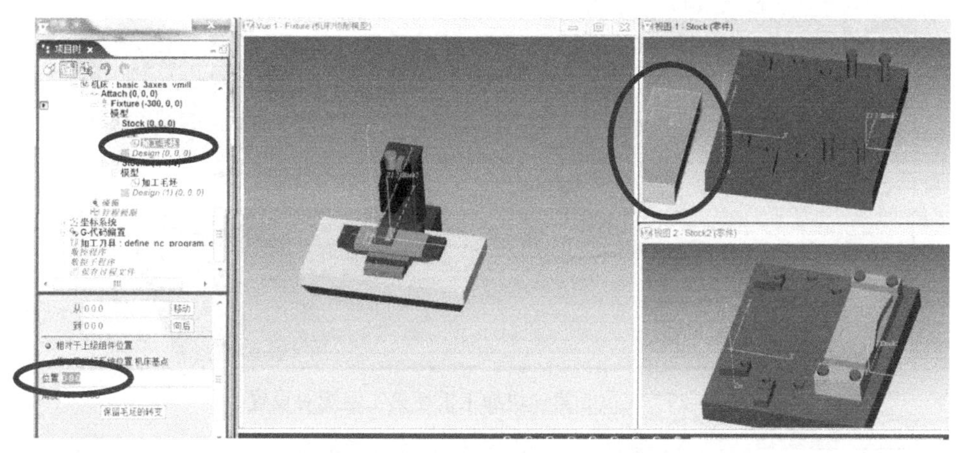

图 6-26　工位 2 第一块加工毛坯旋转位置

图 6-27　工位 2 第一块加工毛坯第一组配对设置

图 6-28　工位 2 第一块加工毛坯第一组配对结果

第一块毛坯第二组配对与安装结果如图 6-29 和图 6-30 所示。

第一块毛坯第三组配对与安装结果如图 6-31 和图 6-32 所示。

第二块毛坯的装配位置如图 6-33 所示，鼠标点击“**保留毛坯的转变**”按钮，保存两块毛坯的安装位置，最终第二组夹具与两块毛坯的模型设置结果如图 6-33 所示。

图 6-29　工位 2 第一块加工毛坯第二组配对设置

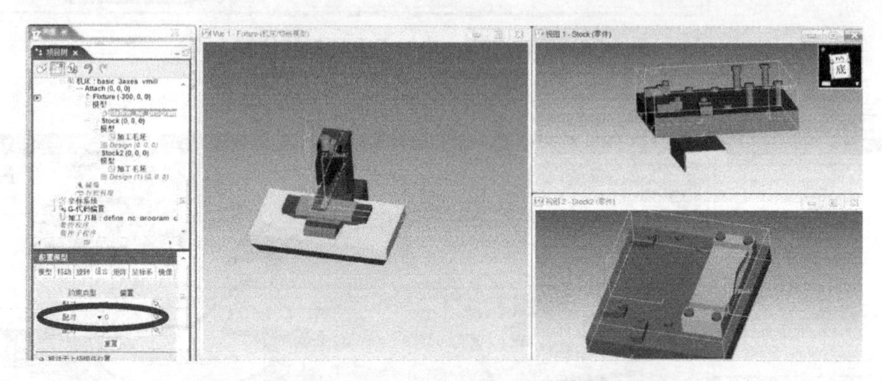

图 6-30　工位 2 第一块加工毛坯第二组配对结果

图 6-31　工位 2 第一块加工毛坯第三组配对设置

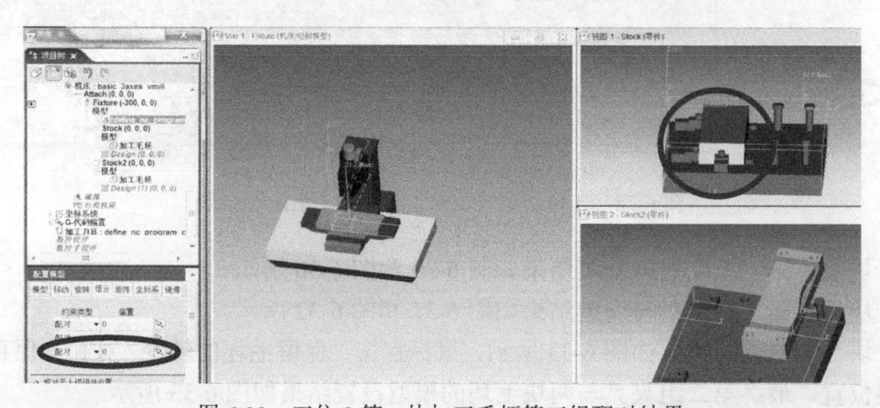

图 6-32　工位 2 第一块加工毛坯第三组配对结果

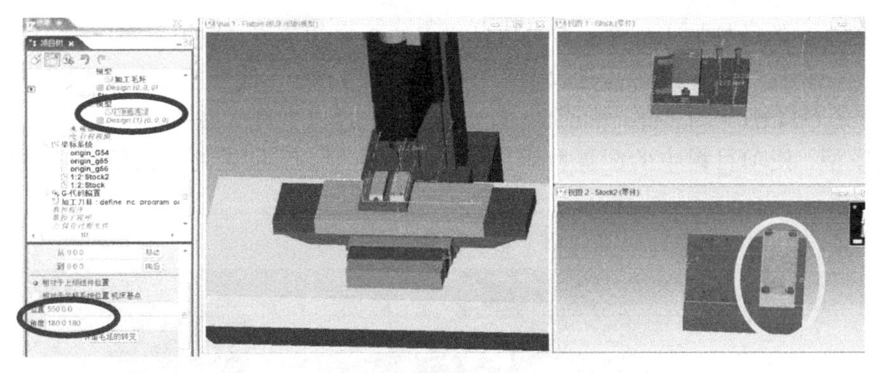

图 6-33 工位 2 第二块加工毛坯安装结果

（5）配置工位 2 信息数据，完成工位 2 加工仿真

对工位 2 安装后的毛坯进行对刀。

首先对刀第一块毛坯。选择项目树工位 2 中的节点“**origin_G54**”，在项目树下部的配置界面，选择“**移动**”标签，修改其位置值为“75 -130 -50”。毛坯对刀在第一块毛坯上表面前左顶点处，结果如图 6-34 所示。

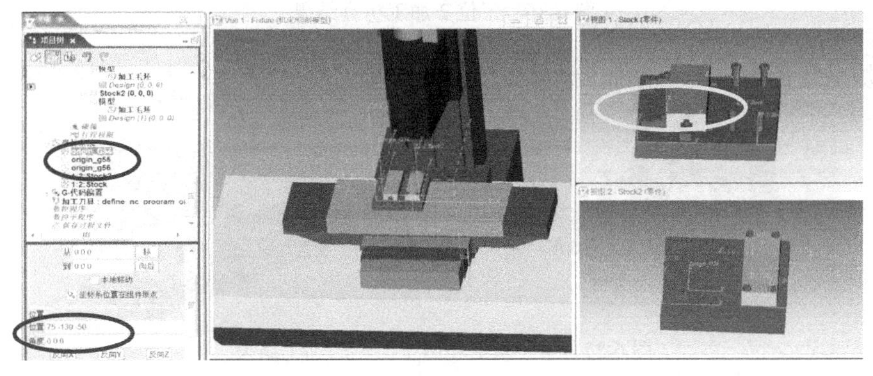

图 6-34 工位 2 第一块毛坯对刀结果

然后对刀第二块毛坯。选择项目树工位 2 中的节点“**origin_g55**”，在项目树下部的配置界面，选择“**移动**”标签，修改其位置值为“245 -120 -60”。毛坯对刀在第二块毛坯某位置处，结果如图 6-35 所示。

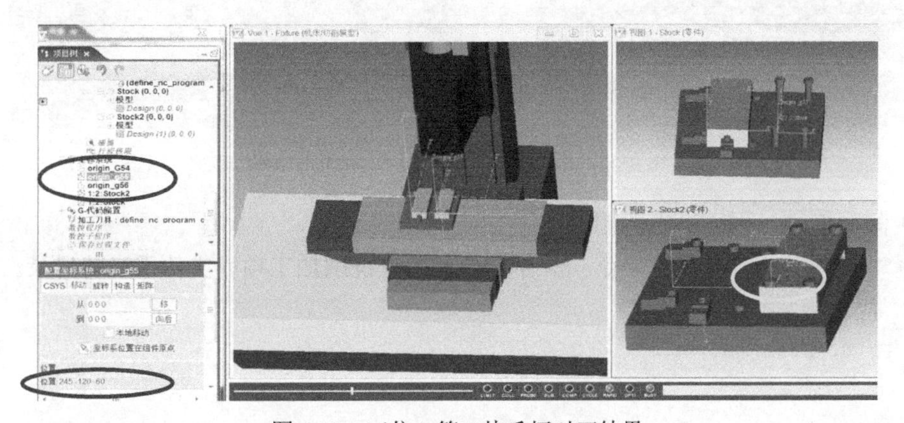

图 6-35 工位 2 第二块毛坯对刀结果

添加工位2的数控加工程序。右击项目树工位2中的节点“**数控程序**”→“**添加数控程序文件…**”，弹出“**打开数控程序文件**”对话框，“**捷径**”处选“**工作目录**”，选择文件“program_for_G54.txt”和“program_for_G55.txt”，选择“**打开**”按钮。

重置模型，使项目树中的配置数据生效。仿真模型，工位2的加工仿真结果如图6-36所示。

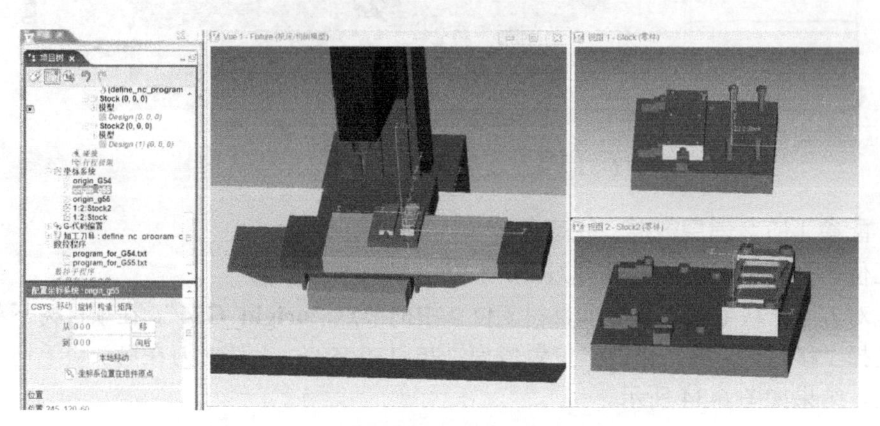

图6-36 工位2加工仿真结果

第一块毛坯在两个工位的加工结果如图6-37所示。

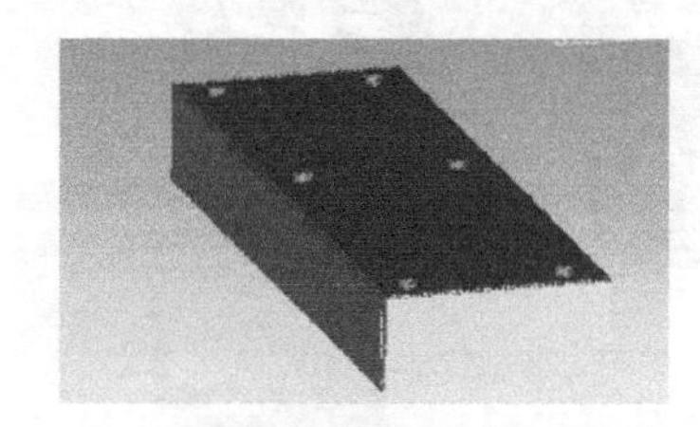

图6-37 第一块毛坯两个工位的加工结果

第二块毛坯在两个工位的加工结果如图6-38所示。

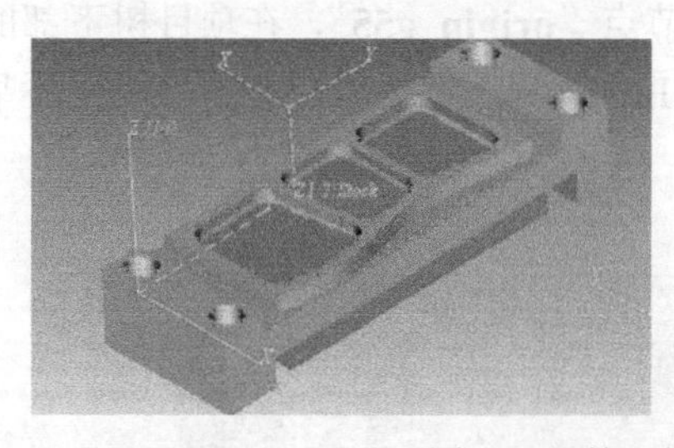

图6-38 第二块毛坯两个工位的加工结果

(6) 保存项目，完成多工位加工

选择“**文件**”→“**保存**”命令，保存本节多工位铣削加工项目文件于当前目录。

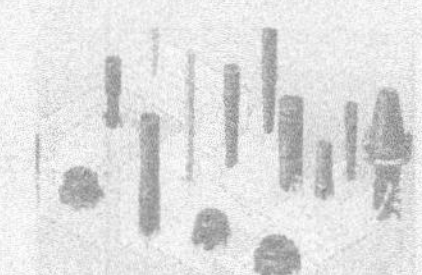

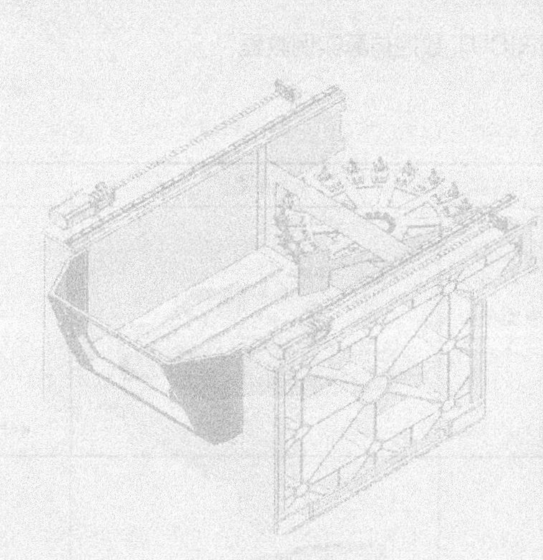

第7章 数控车削加工实例仿真

7.1 实例零件——简单轴车削加工

10. 车削加工仿真——轴零件（单工位）

7.1.1 实例零件及其加工过程

零件基本结构如图7-1所示。

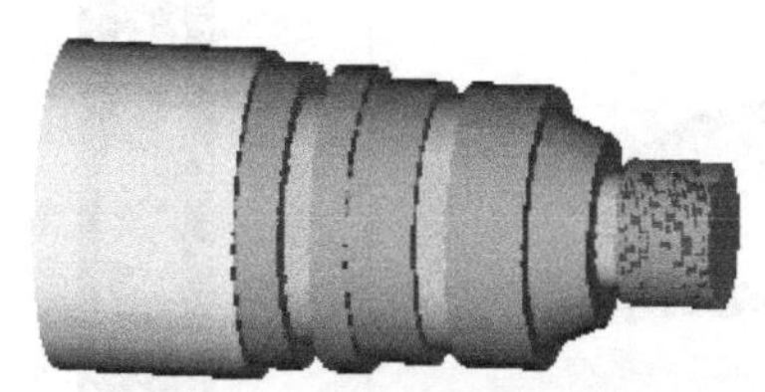

图7-1 简单轴零件

该零件虚拟加工需要1个工位，即零件外表面轮廓的各加工特征加工，过程如下。

工位1：粗车外圆→精车外圆→车退刀槽→车轴向槽→车螺纹。

具体内容如表7-1所示。

表7-1 零件加工过程 mm

序号	工作内容	结果	切削刀具	程序编制	机床控制程序
0	准备毛坯	圆柱毛坯，直径140，长度300，材料45钢			
1	外表面粗加工		80° 外表面粗车刀	手工编程（G71）	T0101

续表

序号	工作内容	结果	切削刀具	程序编制	机床控制程序
2	外表面精加工	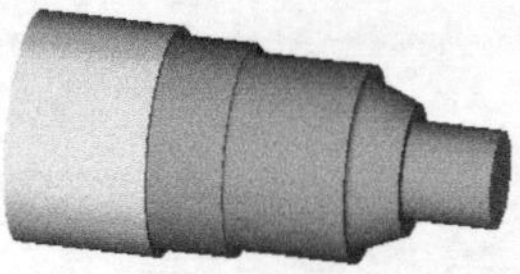	 55° 外表面精车刀	手工编程（G70）	T0501
3	车退刀槽	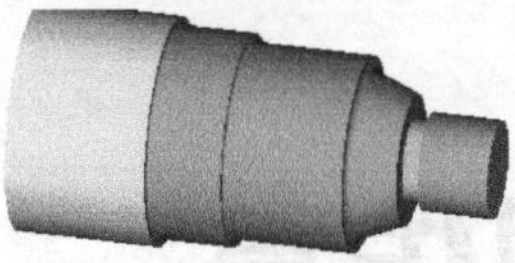	 外表面车槽刀	手工编程（G75）	T0701
4	车轴向槽		 外表面车槽刀	手工编程（G75）	T0701
5	车轴向槽	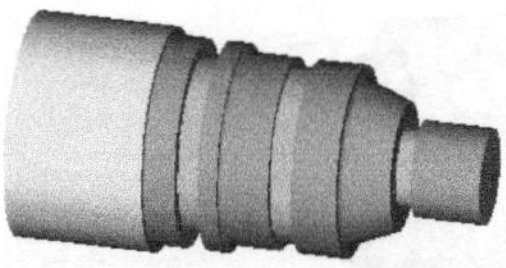	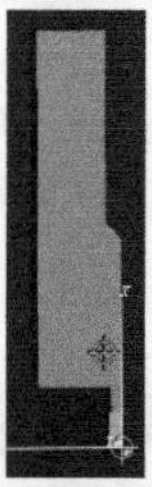 外表面车槽刀	手工编程（G75）	T0701
6	外表面车螺纹	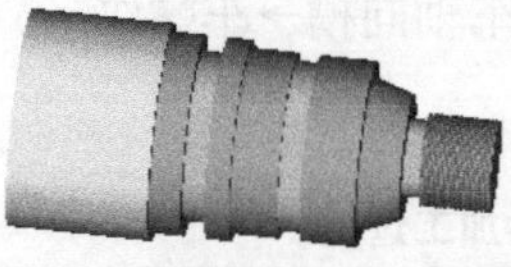	 60° 螺纹车刀	手工编程（G33）	T0801

7.1.2 加工环境与刀具夹具确定

（1）加工机床

采用本书中的“lathe02_template.vcproject”车削加工模板项目文件，加工所需夹具为三爪卡盘，模板文件中已经配置（如图 7-2 所示），满足零件加工装夹需要，无须另行设置。

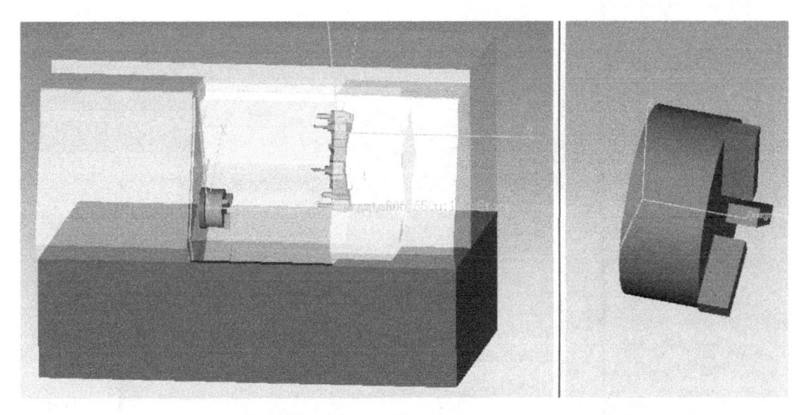

图 7-2　加工机床与工件所用夹具——三爪卡盘

（2）加工刀具

所需切削刀具齐备，包括：

80° 外表面粗车刀，对应刀具库 1#刀具；

55° 外表面精车刀，对应刀具库 5#刀具；

外表面车槽刀，对应刀具库 7#刀具；

螺纹车刀，对应刀具库 8#刀具。

以上刀具能够满足加工需要，无须另外配置与准备刀具。

7.1.3　工件的安装与装夹定位方案确定

工件的装夹方案如下，采用三爪卡盘装夹，程序零点为毛坯右表面中心，具体方案如图 7-3 和图 7-4 所示。

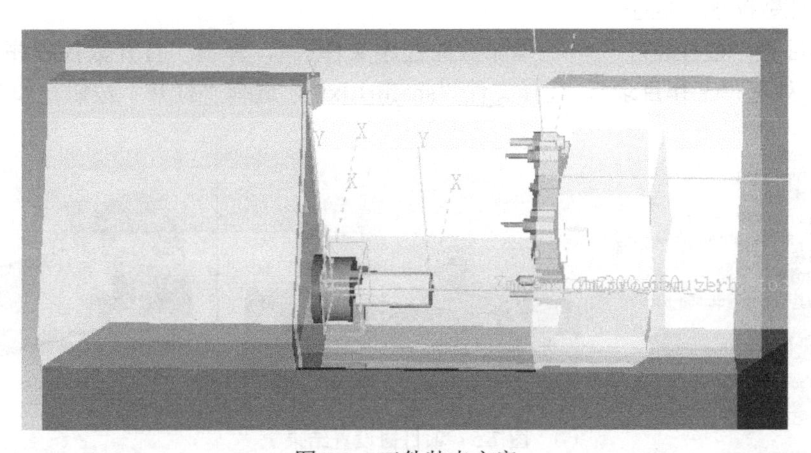

图 7-3　工件装夹方案

7.1.4　实例零件虚拟加工过程仿真与分析

（1）生成项目文件

首先设定当前工作目录为安装目录“\lathe02_mm”，然后打开工作目录中车床 02 的项目模板文件“lathe02_template.vcproject”，将其另存为项目文件“part_shaft01.vcproject”，作为本节实例零件车削加工的项目文件。

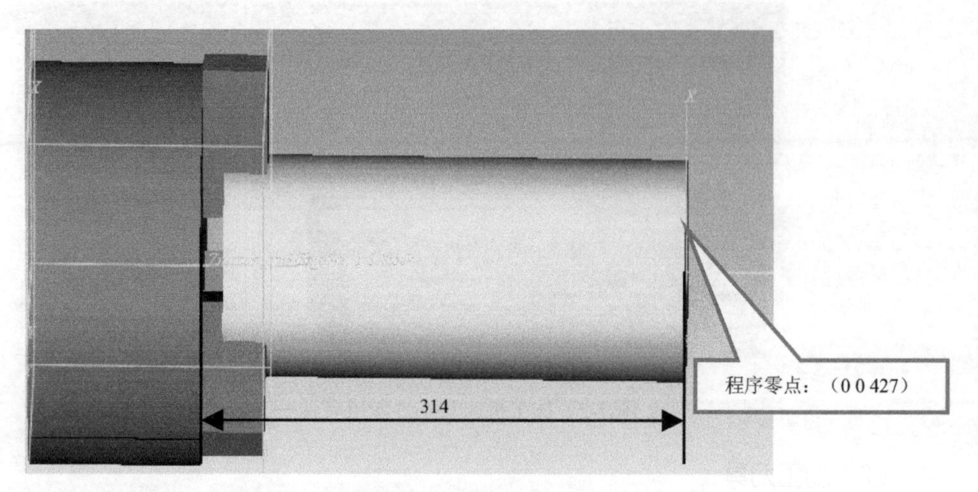

图 7-4　工件的装夹与对刀方案

（2）配置毛坯，进行安装与对刀

根据已经确定的工件安装与对刀方案，在项目树配置如下毛坯信息。

配置加工所用圆柱体毛坯。右击项目树“Stock(0,0,0)”→“**添加模型**”→“**圆柱**”，设置高度为 300，直径为 140。选择项目树上刚建立的该毛坯几何模型节点，在项目树下部的配置界面，选择“**移动**”标签，修改其位置值为“0 0 127”。

对安装后的毛坯进行对刀。

选择项目树“**program_zero**”节点，在项目树下部的配置界面，选择“**移动**”标签，修改其位置值为“0 0 427”。毛坯对刀在其右端面的中心处。

（3）添加数控加工程序

右击项目树“**数控程序**”→“**添加数控程序文件…**”，弹出“**打开数控程序文件**”对话框，“**捷径**”处选“**工作目录**”，选择文件“shaft01.txt”，选择“**打开**”按钮，如图 7-5 所示。

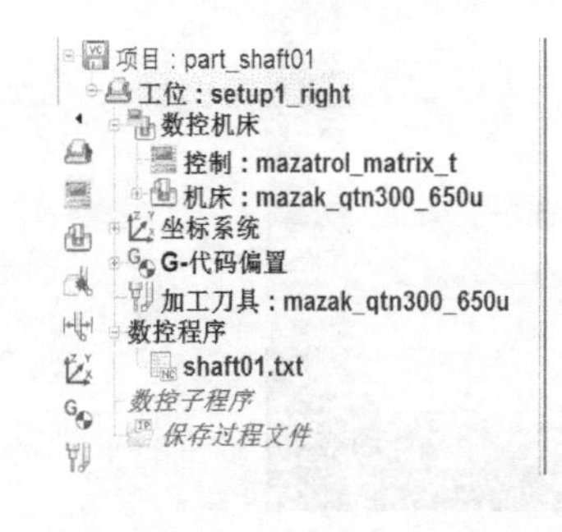

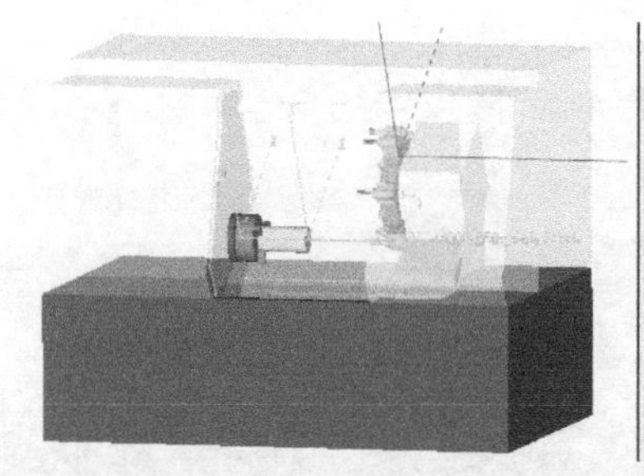

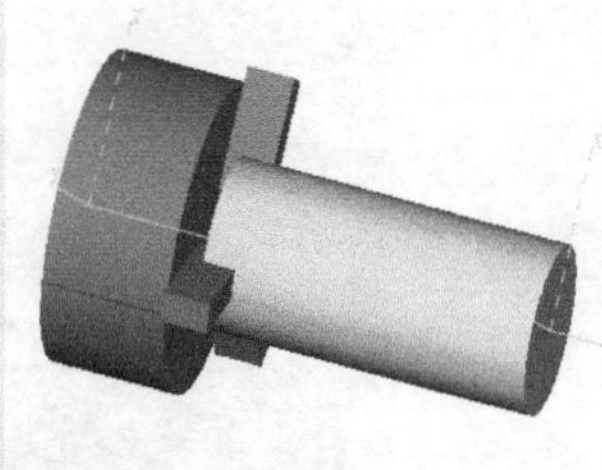

图 7-5　项目树设置结果

（4）工件加工仿真与测量

重置模型，执行仿真，工件的最终加工结果如图 7-6 所示。

适当设置断点，使程序分别在粗加工、精加工和切槽后进行暂停，以进行加工结果分析与测量。

① 外表面粗加工

外表面粗加工结果如图 7-7 所示，加工程序如下。

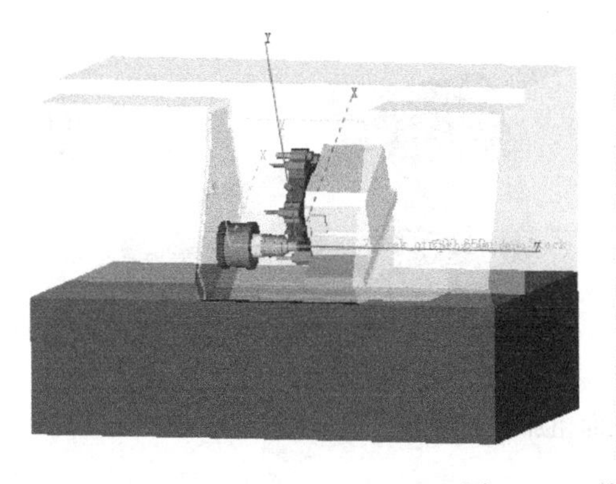
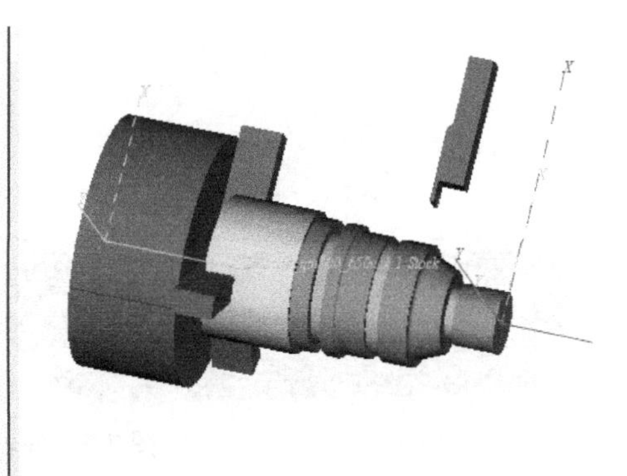

图 7-6 工件加工结果

```
O0001
N1 G21
N2 M901
N3 G28 U0.
N4 G28 V0. W0.
N5 T0101
N6 G54
N7 G50 S2000
N8 G96 M4 S1000
N10 G00 X140. Z10.
N30 G71 U2.0 R2.0
N35 G71 P40 Q70 U1.0 W1.0 F0.3 S500
N40 G00 G42 X58.0 S750
N45 G01 X60. Z-2.0 F0.1
N50 G01 Z-55.0 F0.1
N55 G01 X80.
N56 G01 X100. Z-80.
N57 G01 X120.
N58 G01 Z-160
N57 G01 X130.
N58 G01 Z-210
N60 X140.
N65 Z-240.0
N70 G40 X160
N71 G00 X200
N72 G00 X210 Z100
N73 G00 Z10.0
N75 G28 U0.
N76 G28 V0. W0.
N77 M5
```

外表面粗加工测量结果如图 7-8 所示。

测量结果分析如表 7-2 所示。

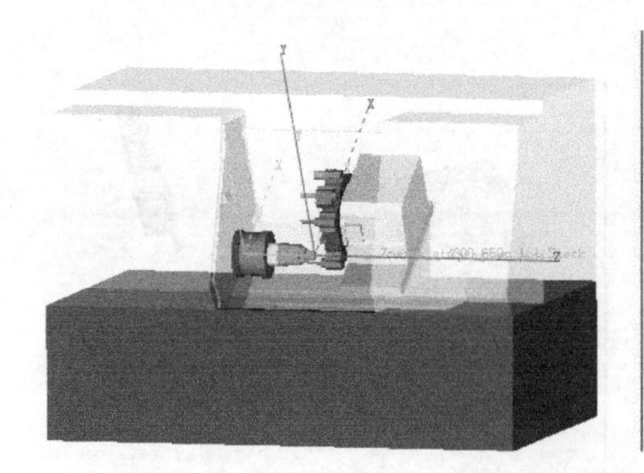
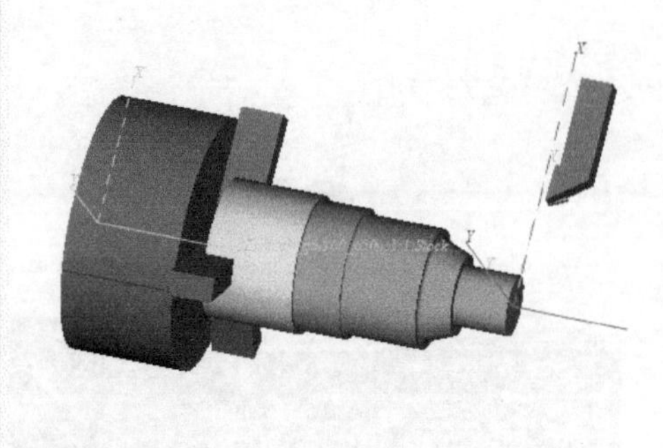

图 7-7　外表面粗加工结果

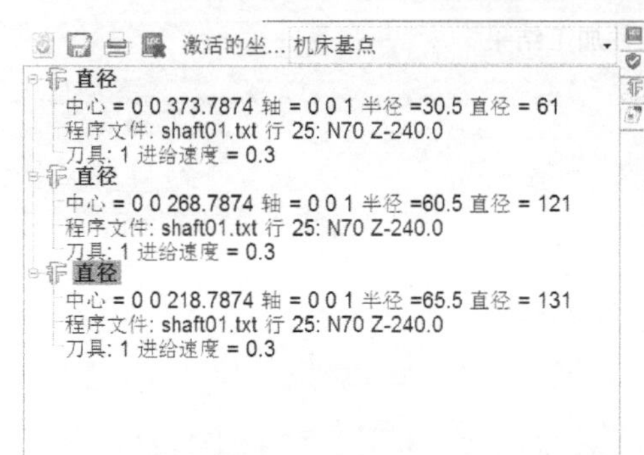

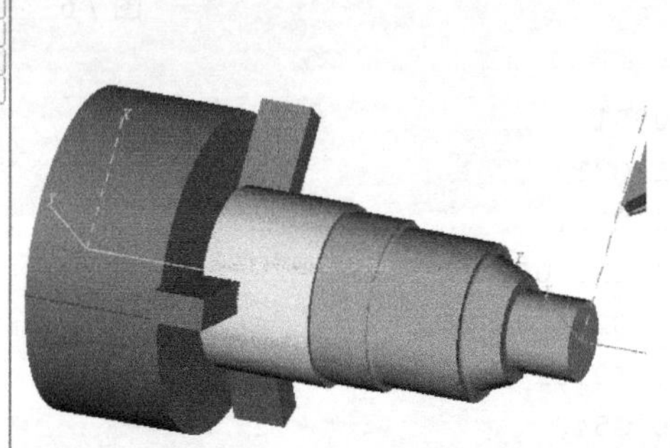

图 7-8　外表面粗加工后的测量结果

表 7-2　加工结果测量　　mm

测量编号	测量类型	零件尺寸	加工余量	期望尺寸	实际尺寸	加工结果
1	外圆直径	ϕ60	1.0	ϕ61	ϕ61	正确
2	外圆直径	ϕ120	1.0	ϕ121	ϕ121	正确
3	外圆直径	ϕ130	1.0	ϕ131	ϕ131	正确

编程中使用了粗车复合循环指令 G71，该指令的说明如图 7-9 所示。

G71　U(Δd) R(e);

G71　P(n_s) Q(n_f) U(Δu) W(Δw) F__S__T__;

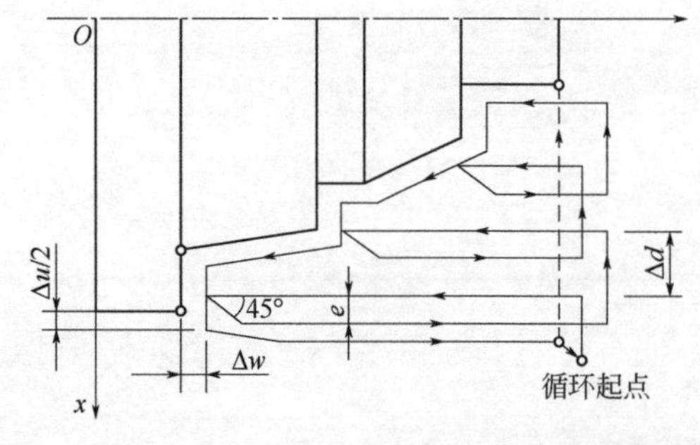

参数含义：
n_s—精加工路线中第一个程序段的顺序号
n_f—精加工路线最后一个程序段的顺序号
Δd—切削深度
e—退刀量
Δu—X向精车余量
Δw—Z向精车余量

图 7-9　G71 指令说明

② 外表面精加工

外表面精加工结果如图 7-10 所示，加工程序如下。

```
N78 G28 U0.
N79 G28 V0. W0.
```

```
N80 T0501
N81 G54
N82 G50 S2000
N83 G96 M3 S1000
N84 G70 P40 Q70
N85 G28 U0.
N86 G28 V0. W0.
M5
```

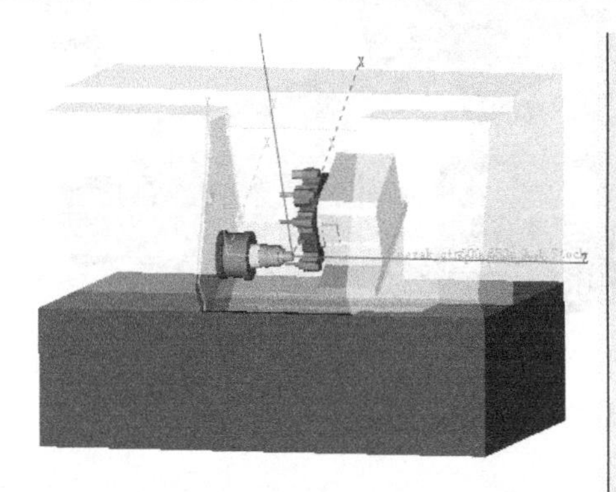
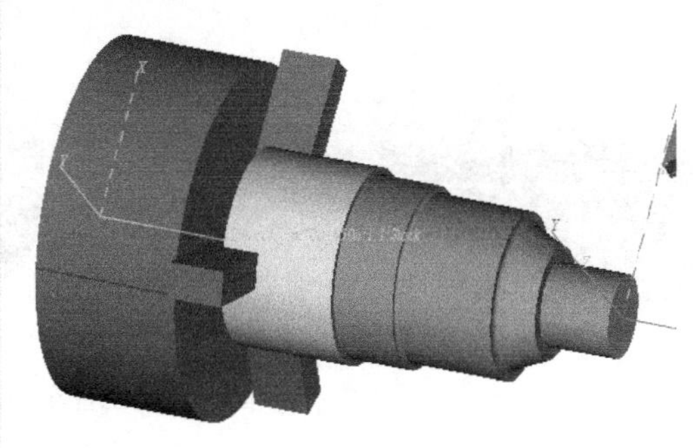

图 7-10　外表面精加工结果

外表面精加工测量结果如图 7-11 所示。

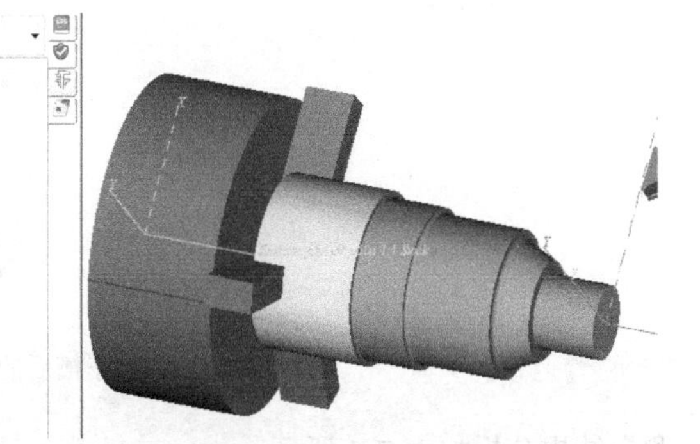

图 7-11　外表面精加工后的测量结果

测量结果分析如表 7-3 所示。

表 7-3　加工结果测量　mm

测量编号	测量类型	零件尺寸	加工余量	期望尺寸	实际尺寸	加工结果
1	外圆直径	$\phi 60$	0.0	$\phi 60$	$\phi 60$	正确
2	外圆直径	$\phi 120$	0.0	$\phi 120$	$\phi 120$	正确
3	外圆直径	$\phi 130$	0.0	$\phi 130$	$\phi 130$	正确

③ 车螺纹退刀槽

车螺纹退刀槽后的结果如图 7-12 所示，程序如下。

```
T0702
G50 S2500
```

```
G96 S220 M3
G0 G40 G80 G99 X80 Z-49
G75 R0.2
G75 X50 W-6. P2000 Q4500 F0.1
G0 X200
```

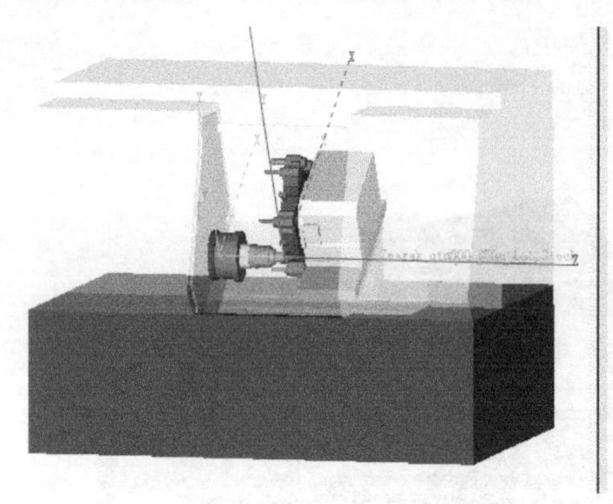

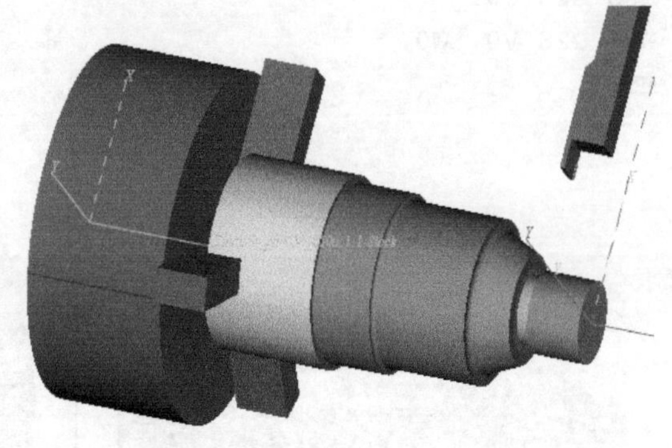

图 7-12 工件车槽后的加工结果

车螺纹退刀槽后的测量结果如图 7-13 所示。

直径
中心 = 0 0 372 轴 = 0 0 1 半径 =25 直径 = 50
程序文件: shaft01.txt 行 38: G75 X50 W-6. P2000 Q4500 F
刀具: 7 进给速度 = 138.4

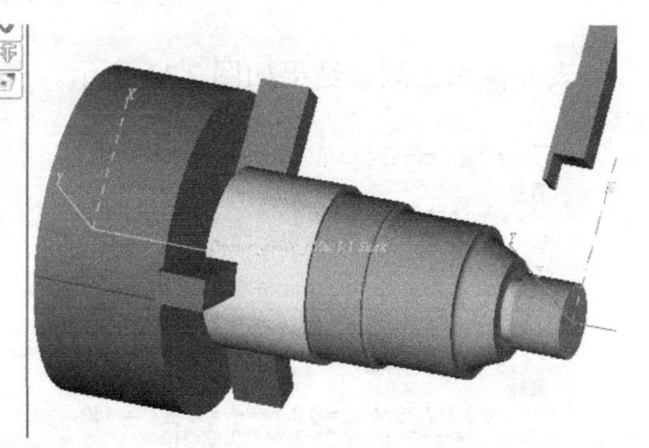

图 7-13 工件车槽后的分析测量结果

测量结果分析如表 7-4 所示。

表 7-4 加工结果测量 mm

测量编号	测量类型	零件尺寸	加工余量	期望尺寸	实际尺寸	加工结果
1	退刀槽直径	$\phi50$	0.0	$\phi50$	$\phi50$	正确

编程中使用了切槽复合循环指令 G75，该命令的说明如图 7-14 所示。

④ 车第一个外表面轴向槽

车第一个外表面轴向槽后的结果如图 7-15 所示，程序如下。

```
G0 Z-100
G0 G40 G80 G99 X140 Z-120
G75 R0.2
G75 X110 W-10. P2000 Q4500 F0.1
G0 X200
```

```
G75　R(e);
G75　X(U) Z(W) P(Δi) Q(Δk) Q(Δd) F__;
```

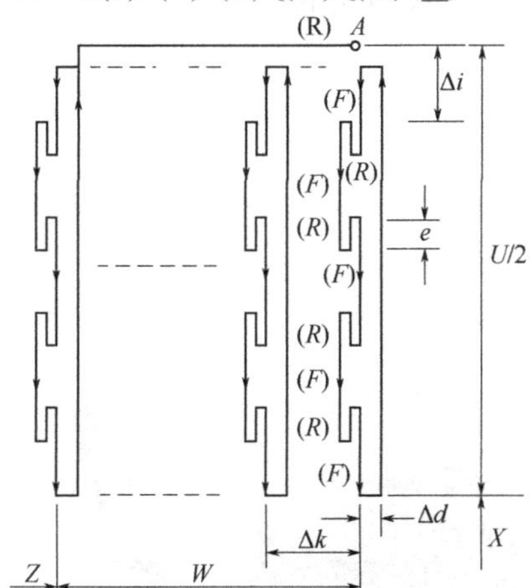

参数含义：
e—分层切削每次退刀量
X—槽底径坐标
Z—槽左端面Z向坐标
Δi—沿轴向切完一个刀宽后退出，在X向的移动量，μm
Δk—切槽过程中Z向的切入量，μm
Δd—刀具在槽底的退刀量
F—进给量

图 7-14　G75 指令说明

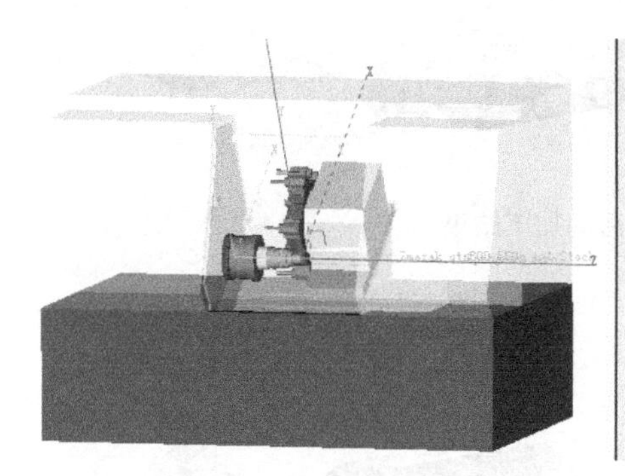
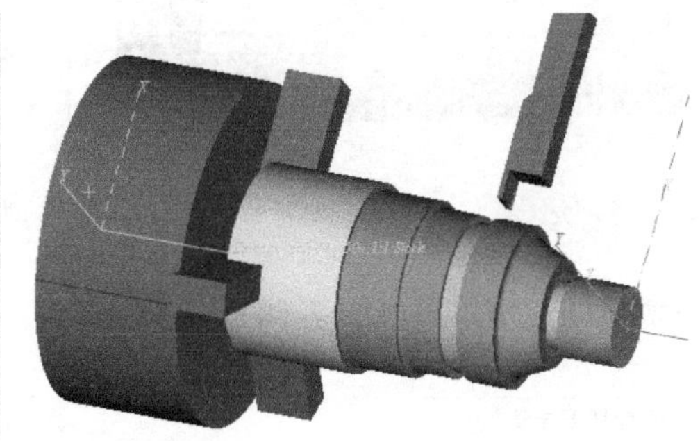

图 7-15　工件车槽后的加工结果

车槽后的测量结果如图 7-16 所示。

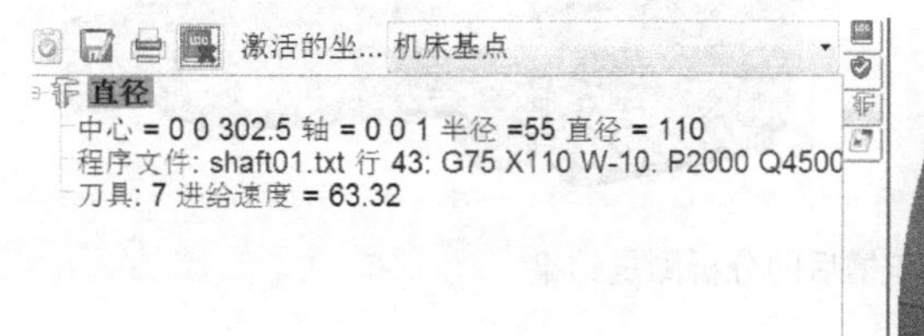

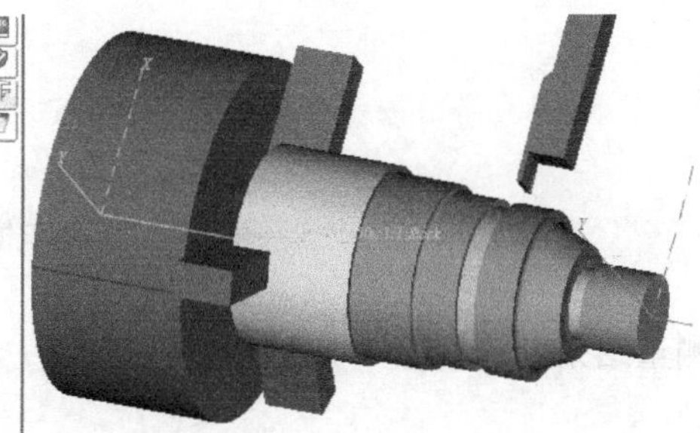

图 7-16　工件车槽后的分析测量结果

测量结果分析如表 7-5 所示。

表 7-5　加工结果测量　mm

测量编号	测量类型	零件尺寸	加工余量	期望尺寸	实际尺寸	加工结果
1	槽直径	ϕ110	0.0	ϕ110	ϕ110	正确

⑤ 车第二个外表面轴向槽

车第二个外表面轴向槽后的结果如图 7-17 所示，程序如下。

```
G0 Z-180
G0 G40 G80 G99 X140 Z-180
G75 R0.2
G75 X110 W-10. P2000 Q4500 F0.1
G0 X200
G0 Z-100
```

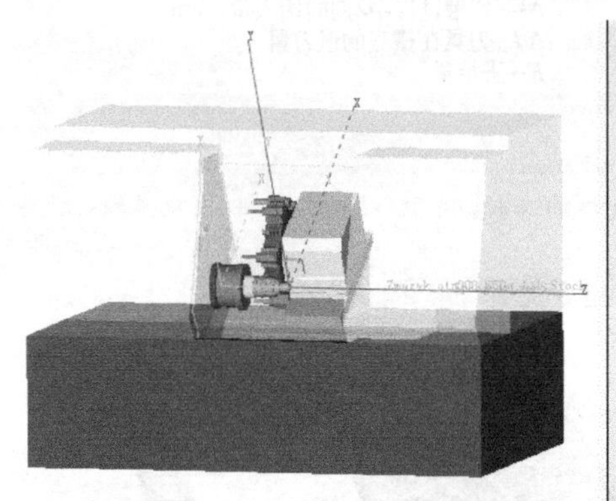
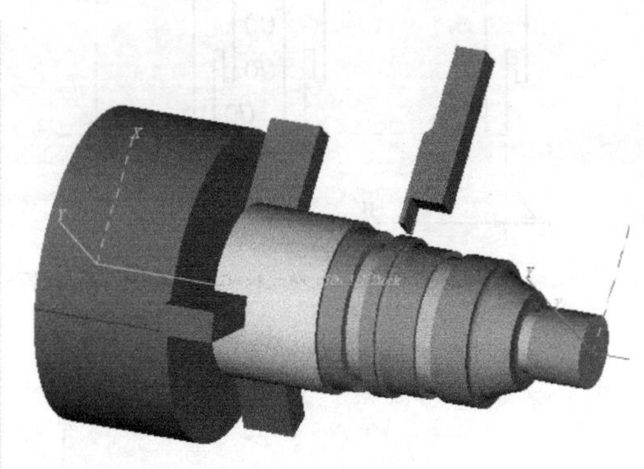

图 7-17　工件车槽后的加工结果

车槽后的测量结果如图 7-18 所示。

图 7-18　工件车槽后的分析测量结果

测量结果分析如表 7-6 所示。

表 7-6　加工结果测量　　mm

测量编号	测量类型	零件尺寸	加工余量	期望尺寸	实际尺寸	加工结果
1	槽直径	ϕ110	0.0	ϕ110	ϕ110	正确

⑥ 车削螺纹

车削螺纹后的加工结果如图 7-19 所示，程序如下。

```
N120 G28 U0.
N121 G28 V0. W0.
```

```
N122 T0801
N123 G54
N124 G97 S400 M3
N125 G00 X100. Z20.
N126 X65. Z2.
N130 G01 X59.1 F2.
N130 G33 Z-50. K2.
N150 G01 X65. F1.
N160 G00 Z2.
N170 G01 X58.5 F2.
N180 G33 Z-50. K2.
N190 G01 X65. F1.
N200 G00 Z2.
N210 G01 X57.9 F2.
N220 G33 Z-50. K2.
N230 G01 X65. F1.
N240 G00 Z2.
N250 G01 X57.5 F2.
N260 G33 Z-50. K2.
N270 G01 X65. F1.
N280 G00 Z2.
N290 G01 X57.4 F2.
N300 G33 Z-50. K2.
N310 G01 X65. F1.
N320 G00 Z2.
N330 G00 X250.Z100.
N340 G28 U0.
N350 G28 V0. W0.
M5
M30
```

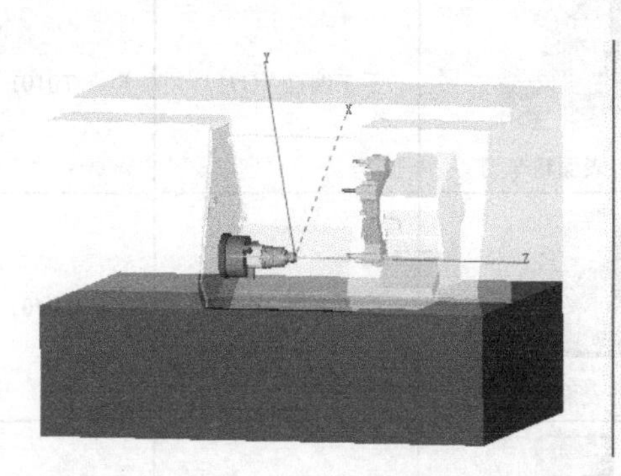

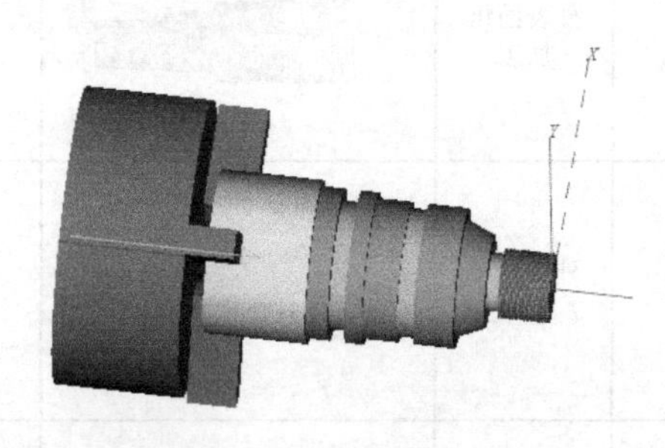

图 7-19 工件车螺纹后的加工结果

车削螺纹后的测量结果如图 7-20 所示。

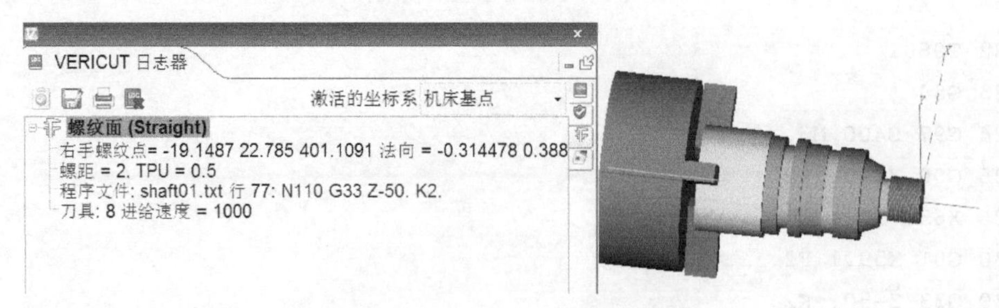

图 7-20 工件车螺纹后的分析测量结果

(5) 保存项目，结束仿真

7.2 实例零件——轴零件双工位车削加工

11. 车削实例——轴零件双工位加工

7.2.1 实例零件及其加工过程

零件基本结构如图 7-21 所示。

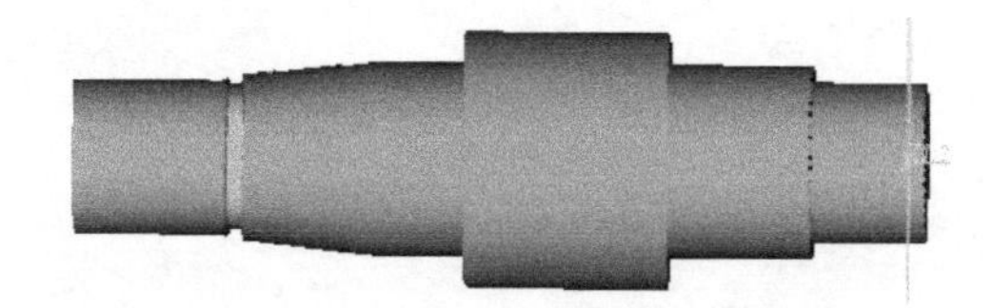

图 7-21 轴零件

该零件虚拟加工需要 2 个工位，即零件两端外表面轮廓的各加工特征加工，方案如下。

工位 1：粗车外表面→精车外表面→车槽。

工位 2：掉头，粗车外表面→精车外表面。

具体内容如表 7-7 所示。

表 7-7 零件加工过程 mm

序号	工作内容	结果	切削刀具	程序编制	机床控制程序
0	准备毛坯	圆柱毛坯,直径 90，长度 280，材料 45 钢			
1	外表面粗加工		80° 外表面粗车刀	手工编程（G71）	T0101
2	外表面精加工		35° 外表面精车刀	手工编程（G70）	T0401
3	车槽		外表面车槽刀	手工编程	T0303

续表

序号	工作内容	结果	切削刀具	程序编制	机床控制程序
4	外表面粗加工		80° 外表面粗车刀	手工编程（G71）	T0101
5	外表面精加工		35° 外表面精车刀	手工编程（G70）	T0401

7.2.2　加工环境与刀具夹具确定

（1）加工机床

采用本书中的“lathe01_template.vcproject”车削加工模板项目文件，模板文件中已经配置加工所用夹具——三爪卡盘与尾座顶尖（如图 7-22 所示），满足零件加工装夹需要，无须另外设置。

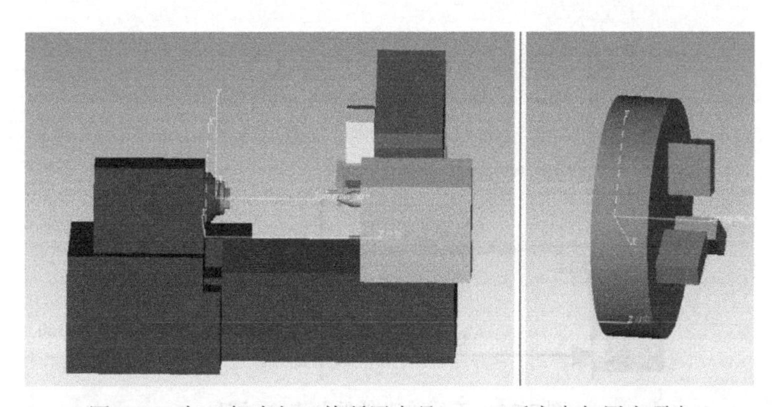

图 7-22　加工机床与工件所用夹具——三爪卡盘与尾座顶尖

（2）加工刀具

所需切削刀具齐备，包括：

80° 外表面粗车刀，对应刀具库 1#刀具；

35° 外表面精车刀，对应刀具库 4#刀具；

外表面车槽刀，对应刀具库 3#刀具。

以上刀具能够满足加工需要，无须另外配置与准备刀具。

7.2.3　工件的安装与装夹定位方案确定

2 个工位工件的装夹方案如下，具体如图 7-23 和图 7-24 所示。

工位 1：一夹一顶装夹方案，程序零点为毛坯右表面中心。

工位 2：一夹一顶装夹方案，程序零点为毛坯右表面中心。

2 个工位工件的安装与对刀位置如图 7-25 和图 7-26 所示。

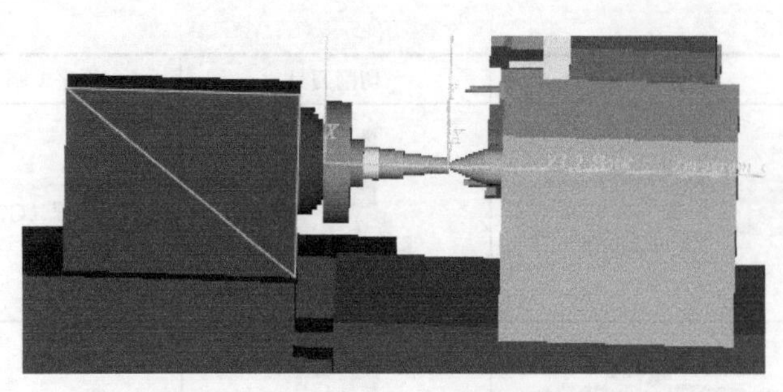

图 7-23 工位 1 工件装夹方案

图 7-24 工位 2 工件装夹方案

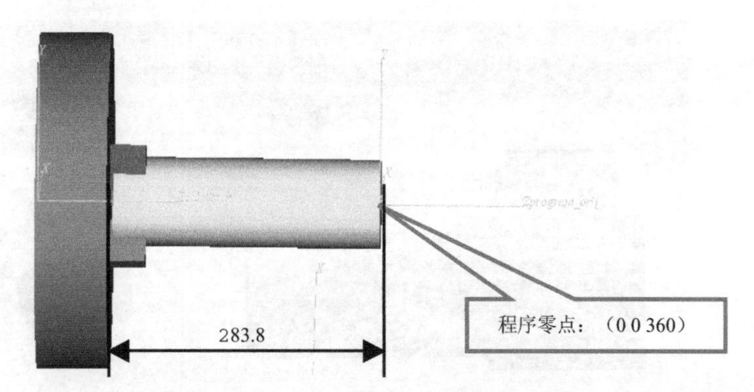

图 7-25 工位 1 工件的装夹与对刀

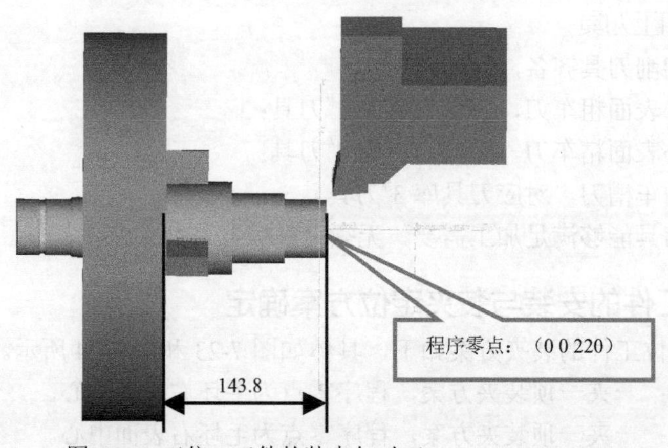

图 7-26 工位 2 工件的装夹与对刀

7.2.4　实例零件虚拟加工过程仿真与分析

（1）生成项目文件

首先设定当前工作目录为安装目录“\lathe01_mm”。打开车床 01 的项目模板文件“lathe01_template.vcproject”，将其另存为项目文件“part_shaft_02_TWOSHAFT.vcproject”，该项目作为本节轴零件两工位加工的项目文件。

（2）设置与配置 2 个加工工位

将目前的工位作为工位 1，应用复制的方法生成用于工件掉头加工的工位 2。在项目树，选择“**工位：1**”，右击鼠标选择“**拷贝**”，继续右击鼠标选择“**粘贴**”，生成工位 2。工位 1 与工位 2 的项目树配置情况如图 7-27 和图 7-28 所示。

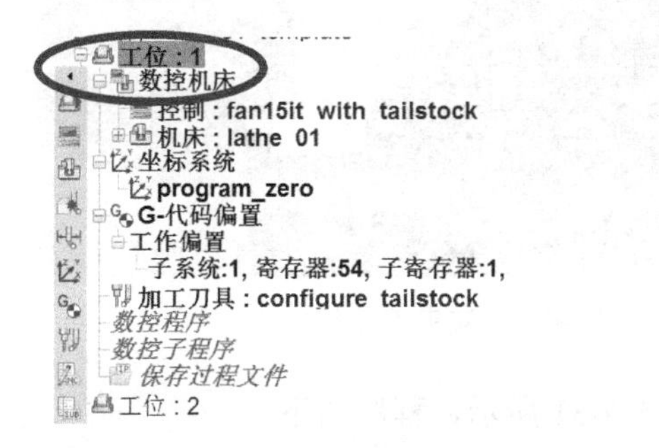

图 7-27　工位 1 项目树配置

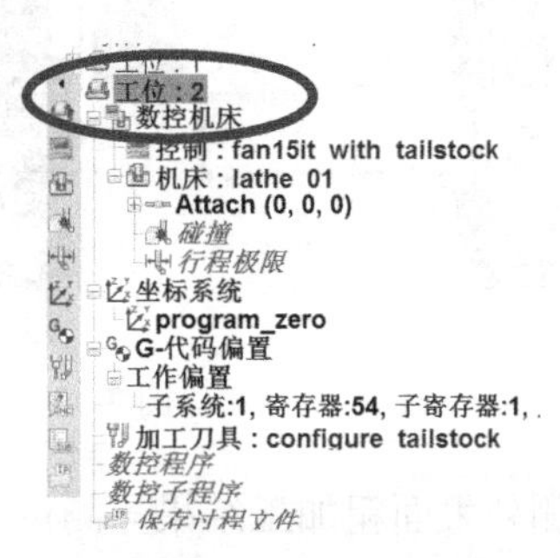

图 7-28　工位 2 项目树配置

（3）配置工位 1 的毛坯，进行安装与对刀

根据已经确定的工件安装与对刀方案，在工位 1 的项目树配置零件信息如下。

配置加工所用圆柱体毛坯。右击项目树“Stock(0,0,0)”→“**添加模型**”→“**圆柱**”，设置高度为 280，直径为 90。项目树上选择刚建立的该毛坯几何模型节点，在项目树下部的配置界面，选择“**移动**”标签，修改其位置值为“0 0 80”。

对安装后的毛坯进行对刀。

选择项目树工位 1 的“**program_origin**”节点，在项目树下部的配置界面，选择“**移动**”标签，修改其位置值为“0 0 360”。毛坯对刀在其右端面的中心处。毛坯安装与对刀后的结果如图 7-29 所示。

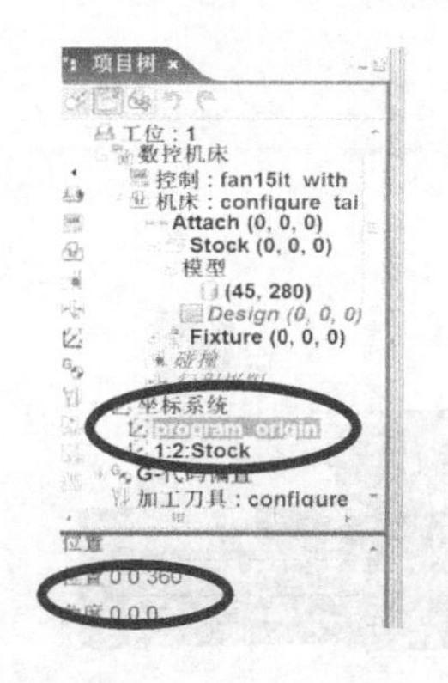

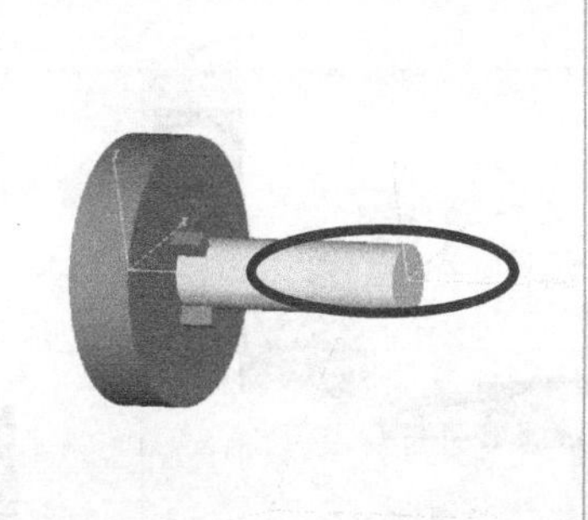

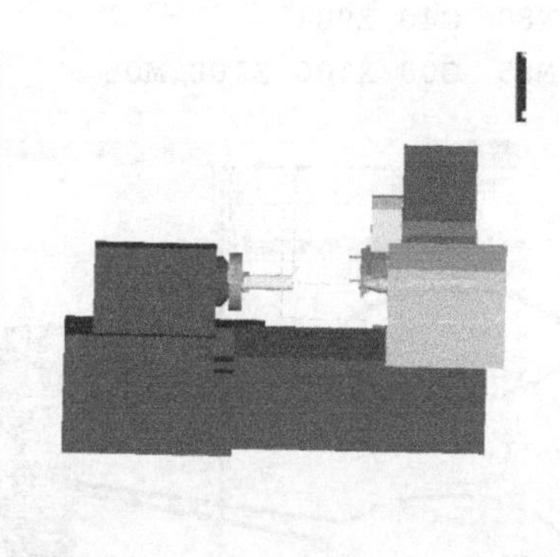

图 7-29　工位 1 毛坯的安装与对刀结果

添加工位 1 数控加工程序。右击项目树“**数控程序**”→“**添加数控程序文件…**”，弹出“**打开数控程序文件**”对话框，“**捷径**”处选“**工作目录**”，选择文件“shaft02_twoshaft_right.txt”，

选择“**打开**”按钮。

（4）工位 1 仿真结果分析与测量

重置模型，进行仿真。适当设置断点，以进行加工结果分析与测量。

首先执行如下程序，尾座顶尖装夹工件，如图 7-30 所示。

```
N10 G96 S200 M04 T0101
N20 G00 X95.0 Z10.0
N25 M77
```

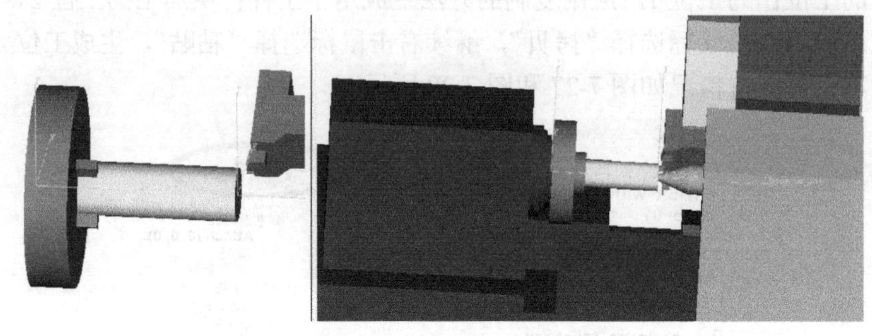

图 7-30　工位 1 尾座顶尖装夹工件

零件右侧外表面粗加工结果与测量如图 7-31 所示，程序如下。

```
N26  G96 S200 M04 T0101
N27  G00  X90.0  Z10.0
N28  M77
N30  G71  U1.0 R1.0
N35  G71  P40 Q80 U1.0 W1.0 F0.3 S500
N40  G00  G42 X48.0  S750
N50  G01  Z-50.0  F0.1
N55  X51.
N60  X60. Z-100
N70  Z-130.0
N75  X80
N76  Z-200.0
N80  G40 X90
N85  G00 X100 Z100 M05
```

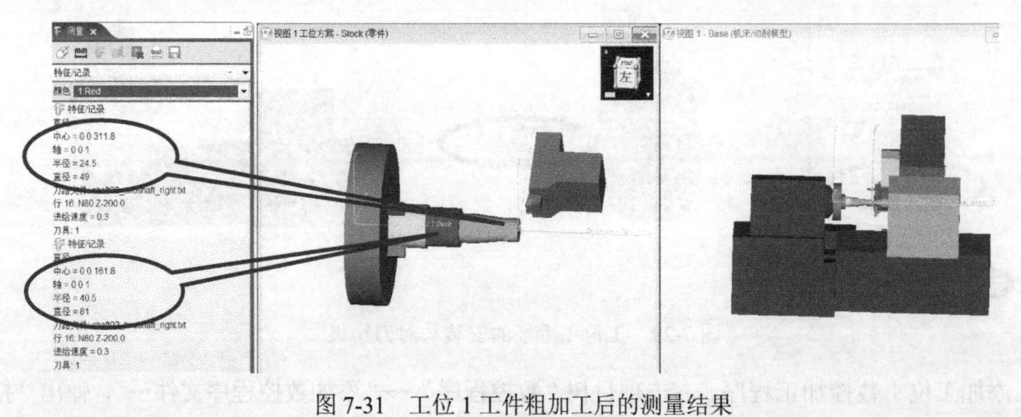

图 7-31　工位 1 工件粗加工后的测量结果

测量结果分析如表 7-8 所示。

表 7-8　加工结果测量　mm

测量编号	测量类型	零件尺寸	加工余量	期望尺寸	实际尺寸	加工结果
1	外圆直径	ϕ48	1.0	ϕ49	ϕ49	正确
2	外圆直径	ϕ80	1.0	ϕ81	ϕ81	正确

零件右侧外表面精加工结果与测量如图 7-32 所示，程序如下。

```
G96 S200 M04 T0401
G00 X100 Z100
G70 P40 Q80
G00 X100 Z100 M05
```

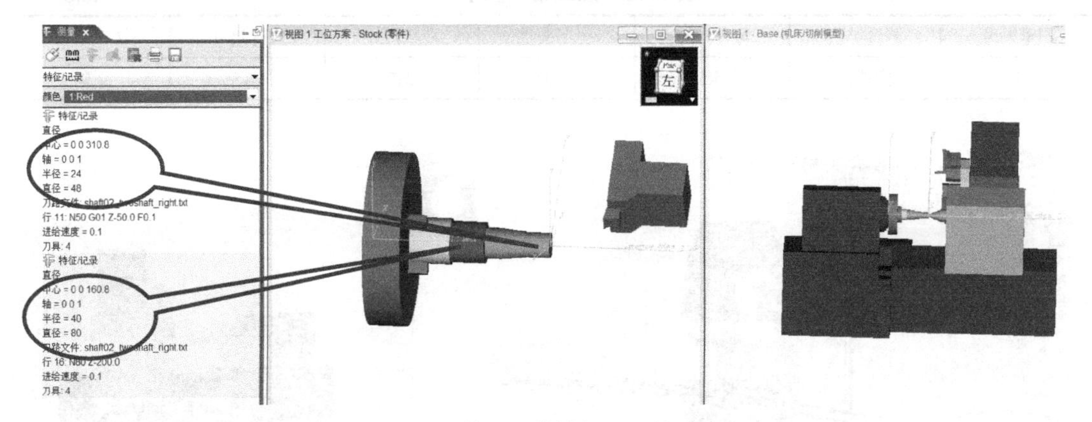

图 7-32　工位 1 工件精加工后的测量结果

测量结果分析如表 7-9 所示。

表 7-9　加工结果测量　mm

测量编号	测量类型	零件尺寸	加工余量	期望尺寸	实际尺寸	加工结果
1	外圆直径	ϕ48	0.0	ϕ48	ϕ48	正确
2	外圆直径	ϕ80	0.0	ϕ80	ϕ80	正确

零件右侧外表面车槽结果与测量如图 7-33 所示，程序如下。

```
N310  G96 S200 M04 T0303
N320  G00 X60
N325  Z-56.
N330  G01 X45. F0.2
N340  G00 X60
N350  G00 X100 Z100
M05
M30
```

测量结果分析如表 7-10 所示。

槽宽度的测量结果如图 7-34 所示。

测量结果分析如表 7-11 所示。

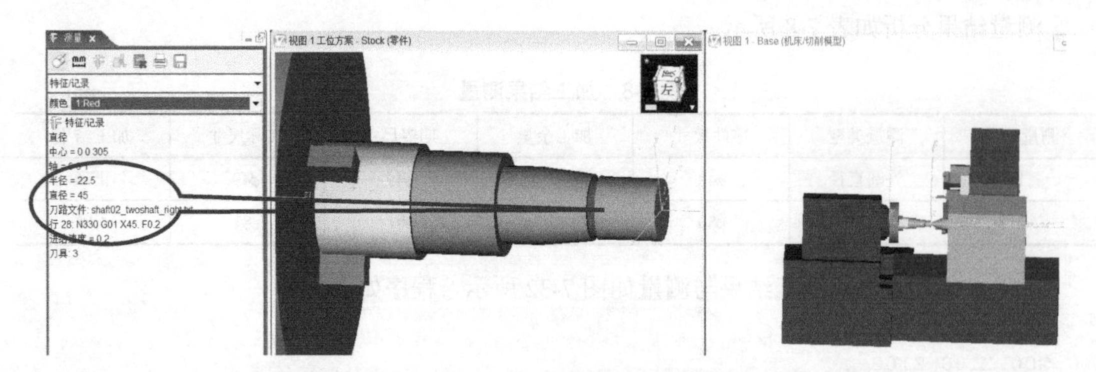

图 7-33 工位 1 工件车槽后的分析测量结果

表 7-10 加工结果测量 mm

测量编号	测量类型	零件尺寸	加工余量	期望尺寸	实际尺寸	加工结果
1	槽直径	$\phi45$	0.0	$\phi45$	$\phi45$	正确

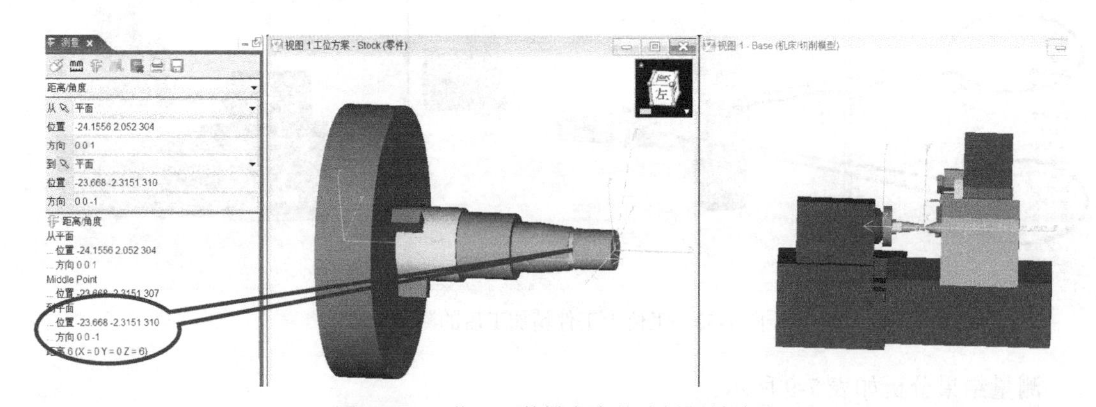

图 7-34 工位 1 工件槽宽度的分析测量结果

表 7-11 加工结果测量 mm

测量编号	测量类型	零件尺寸	加工余量	期望尺寸	实际尺寸	加工结果
1	槽宽度	6	0.0	6	6	正确

(5) 传递毛坯至工位 2 并安装与对刀

鼠标右击“**仿真至结束**”按钮，选择“**添加**”按钮，在“**暂停**”下拉菜单选择“**各个工位的结束**”，如图 7-35 所示，用于设置程序执行时在第一工位加工结束后暂停。点击“**仿真至结束**”按钮，程序执行，并暂停在第一工位加工结束后。

点击“**单步运行**”按钮，程序单步执行，进入工位 2，此时工位 1 加工后的零件作为毛坯传递到工位 2，见图 7-36。

将毛坯掉头安装，鼠标点击选择图形区的毛坯工件，在项目的“**位置**”输入“0 0 300”，“**角度**”输入“180 0 180”，点击“**保留毛坯的转变**”按钮，如图 7-37 所示，确定与保存毛坯转移工位后的安装位置。

工位 2 的工件对刀，点击工位 2 项目树“**program_zero**”，在“**位置**”处输入“0 0 220”。对刀结果如图 7-38 所示。

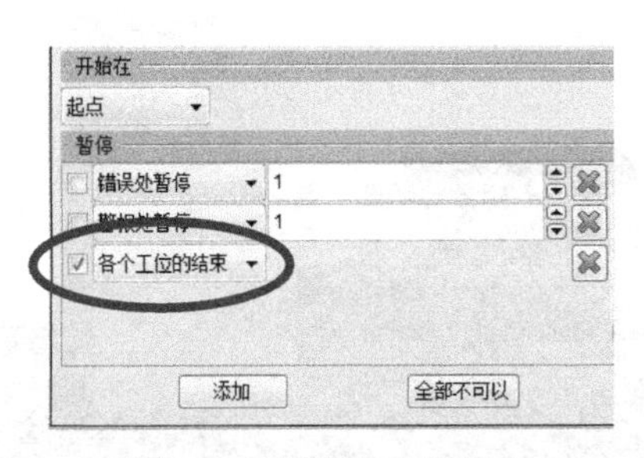

图 7-35　设置加工暂停点

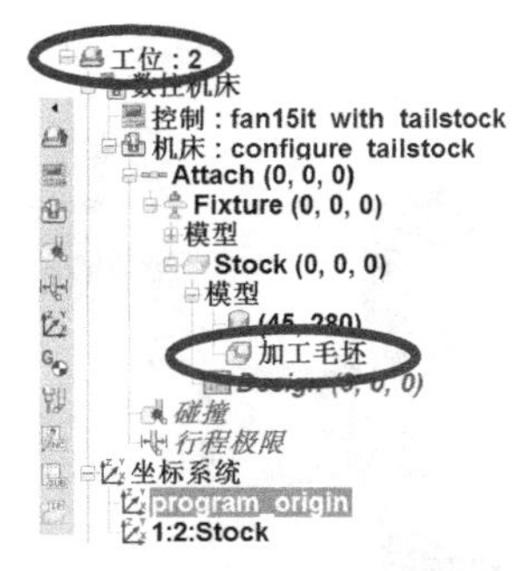

图 7-36　传递加工毛坯至下一工位

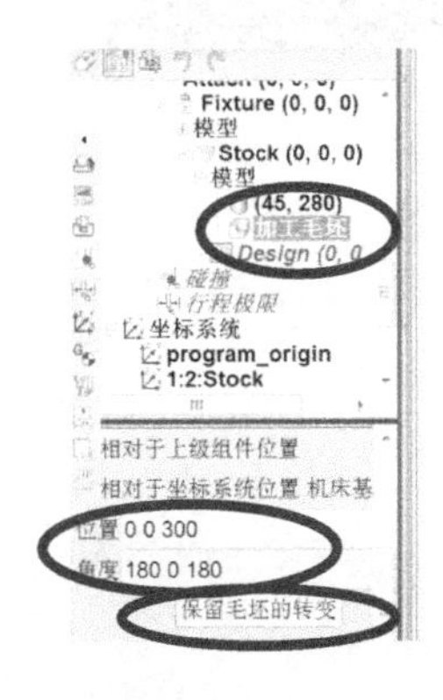

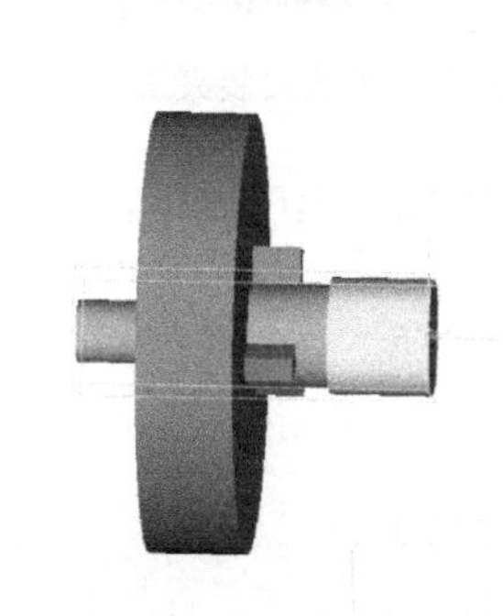

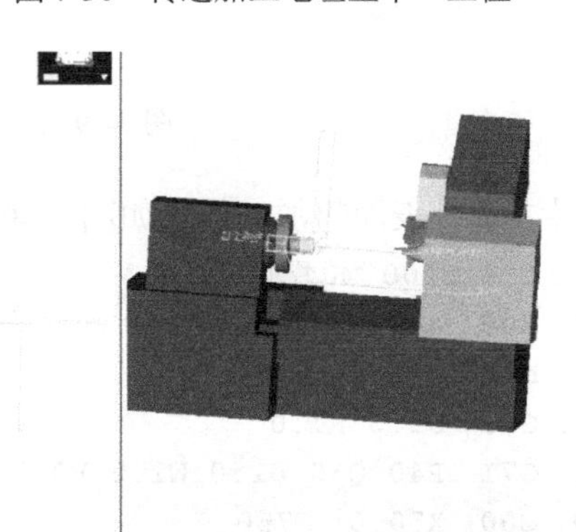

图 7-37　定位工位 2 加工毛坯

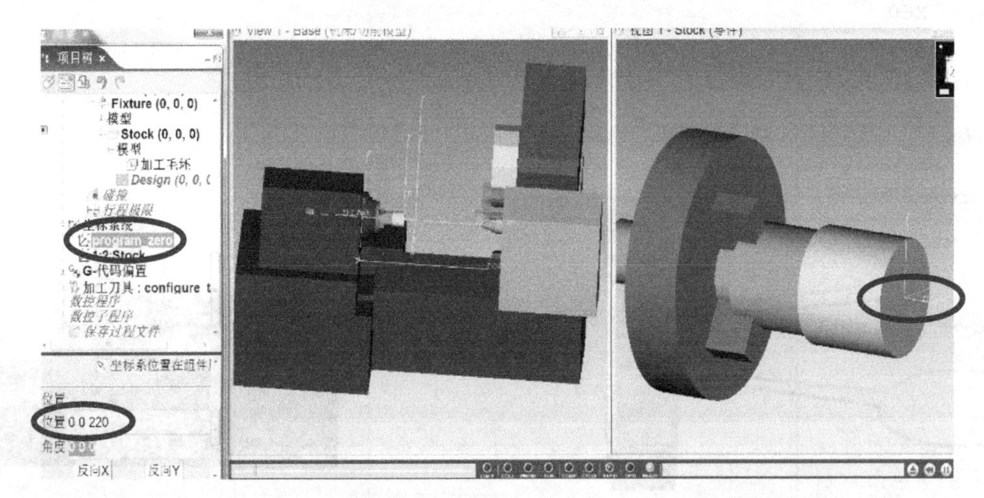

图 7-38　工位 2 加工毛坯对刀

配置工位 2 的数控程序“shaft02_twoshaft_LEFT.txt”，完成工位 2 的项目树配置。

（6）工位 2 仿真结果分析与测量

重置模型，进行仿真。适当设置断点，使程序分别在粗加工、精加工后进行暂停，以进行加工结果分析与测量。

首先执行如下程序，尾座顶尖装夹工件，如图 7-39 所示。

```
N10  G96  S200  M04  T0101
N20  G00  X90.0  Z10.0
N25  M77
```

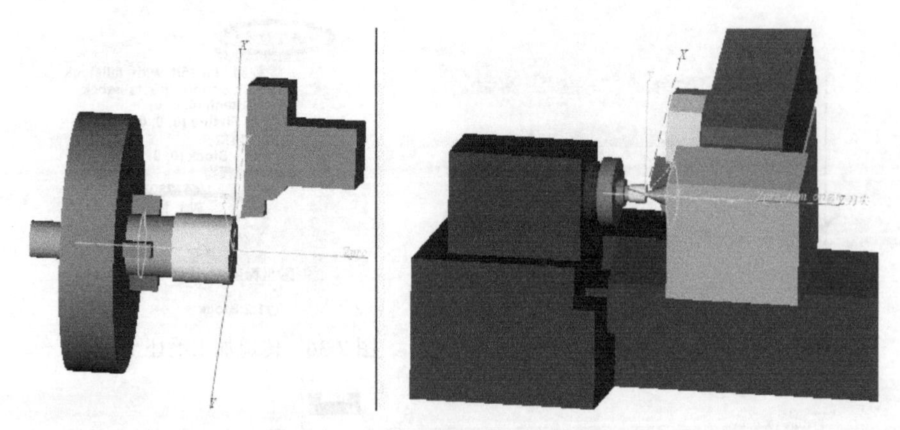

图 7-39　工位 2 尾座顶尖装夹工件

零件左端外表面粗加工结果如图 7-40 所示，程序如下。

```
N26  G96 S200 M04 T0101
N27  G00  X90.0  Z10.0
N28  M77
N30  G71  U1.0 R1.0
N35  G71  P40 Q60 U1.0 W1.0 F0.3 S500
N40  G00  X50.0  S750
N50  G01  Z-32.0  F0.1
N55  X60
N60  Z-85
N65  G00 X100 Z100 M5
```

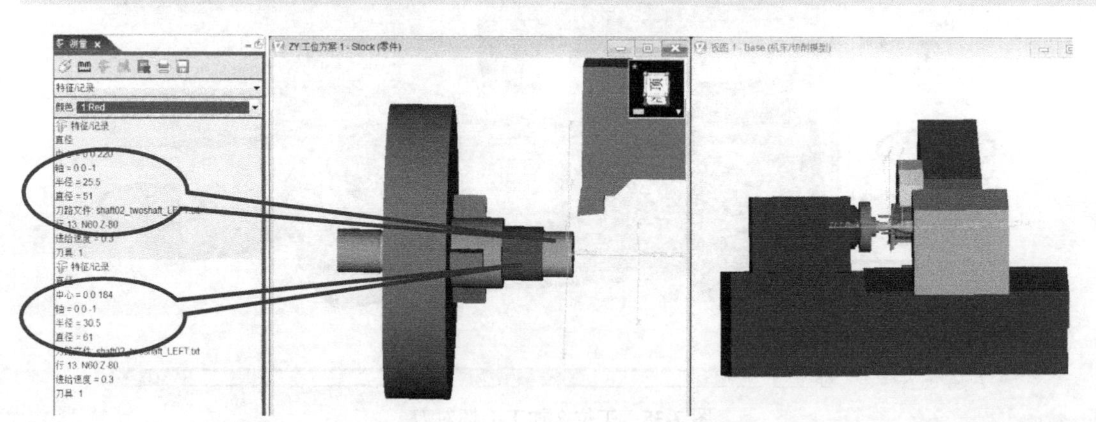

图 7-40　工位 2 工件粗加工后的分析测量结果

测量结果分析如表 7-12 所示。

表 7-12　加工结果测量

mm

测量编号	测量类型	零件尺寸	加工余量	期望尺寸	实际尺寸	加工结果
1	外圆直径	$\phi 50$	1.0	$\phi 51$	$\phi 51$	正确
2	外圆直径	$\phi 60$	1.0	$\phi 61$	$\phi 61$	正确

零件左端外表面精加工结果如图 7-41 所示，程序如下。

```
G96 S200 M04 T0401
G00 X100 Z100
G70 P40 Q60
G00 X100 Z100
M05
M30
```

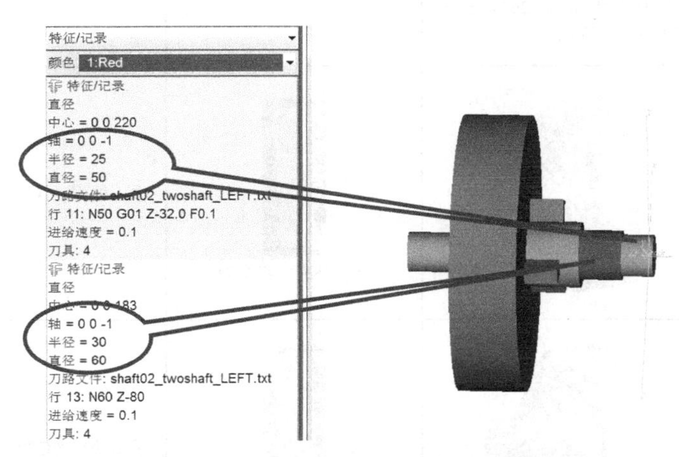

图 7-41　工位 2 工件精加工后的分析测量结果

测量结果分析如表 7-13 所示。

表 7-13　加工结果测量　　mm

测量编号	测量类型	零件尺寸	加工余量	期望尺寸	实际尺寸	加工结果
1	外圆直径	ϕ50	0	ϕ50	ϕ50	正确
2	外圆直径	ϕ60	0	ϕ60	ϕ60	正确

（7）保存项目，结束仿真

7.3　实例零件——盘零件车削加工

12. 车削加工仿真——盘零件（单工位）

7.3.1　实例零件及其加工过程

零件基本结构如图 7-42 所示。

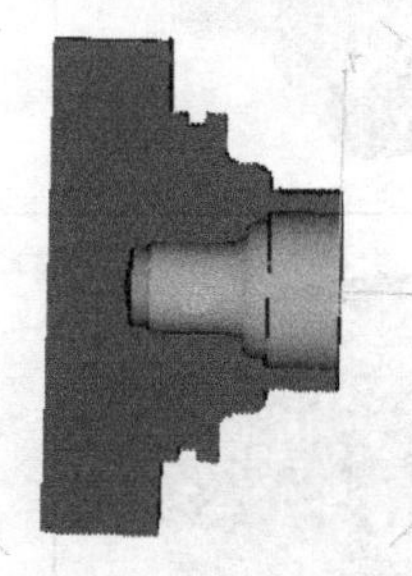

图 7-42　盘零件结构

该零件虚拟加工需要 1 个工位，方案如下。

工位 1：粗车外表面→精车外表面→车槽→车螺纹→钻孔→车削内表面。具体内容如表 7-14 所示。

表 7-14 零件加工过程 mm

序号	工作内容	结果	切削刀具	程序编制	机床控制程序
0	准备毛坯	圆柱毛坯,直径 200，长度 120，材料 45 钢			
1	外表面粗加工	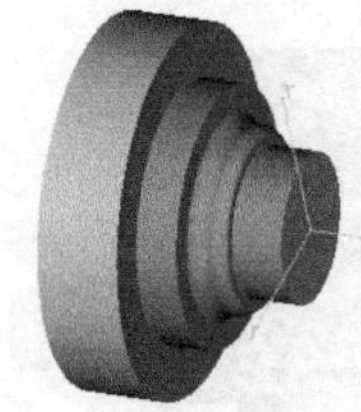	 80° 外表面粗车刀	手工编程（G71）	T0101
2	外表面精加工	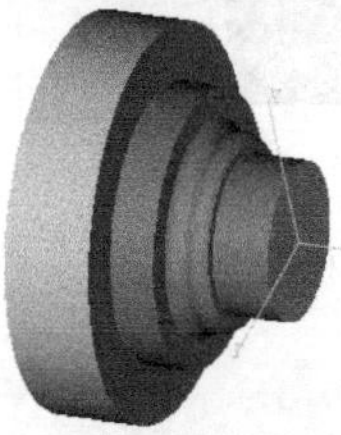	 55° 外表面精车刀	手工编程（G70）	T0501
3	车槽	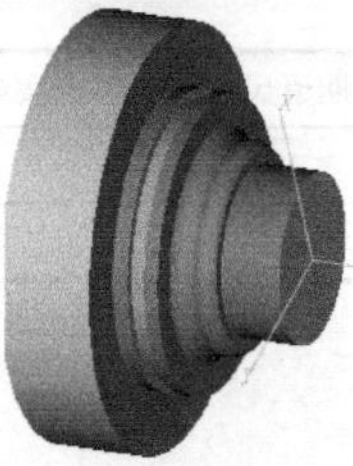	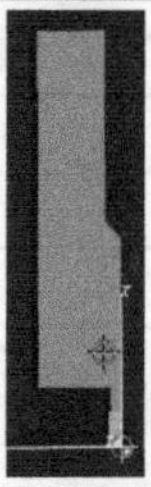 外表面车槽刀	手工编程	T0701
4	车螺纹		 外表面螺纹刀	手工编程（G33）	T0801
5	钻中心孔		 钻头	手工编程（G74）	T0301

续表

序号	工作内容	结果	切削刀具	程序编制	机床控制程序
6	车削内表面		80° 内表面车刀	手工编程（G71）	T0404

7.3.2　加工环境与刀具夹具确定

（1）加工机床

采用本书中的“lathe02_template.vcproject”车削加工模板项目文件，零件加工所用夹具为三爪卡盘，模板文件中已经配置（如图 7-43 所示），满足零件加工装夹需要，无须另行设置。

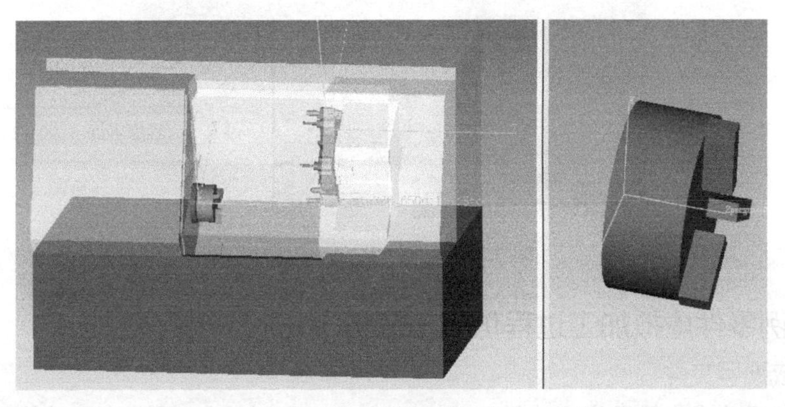

图 7-43　加工机床与工件所用夹具——三爪卡盘

（2）加工刀具

所需切削刀具齐备，包括：

80° 外表面粗车刀，对应刀具库 1#刀具；

55° 外表面精车刀，对应刀具库 5#刀具；

外表面车槽刀，对应刀具库 7#刀具；

螺纹车刀，对应刀具库 8#刀具；

钻头，对应刀具库 3#刀具；

80° 内表面车刀，对应刀具库 4#刀具。

以上刀具能够满足加工需要，无须另外配置与准备刀具。

7.3.3 工件的安装与装夹定位方案确定

工件的装夹方案如下，采用三爪卡盘装夹，程序零点为毛坯右表面中心，具体方案如图7-44和图7-45所示。

图7-44 工件装夹方案

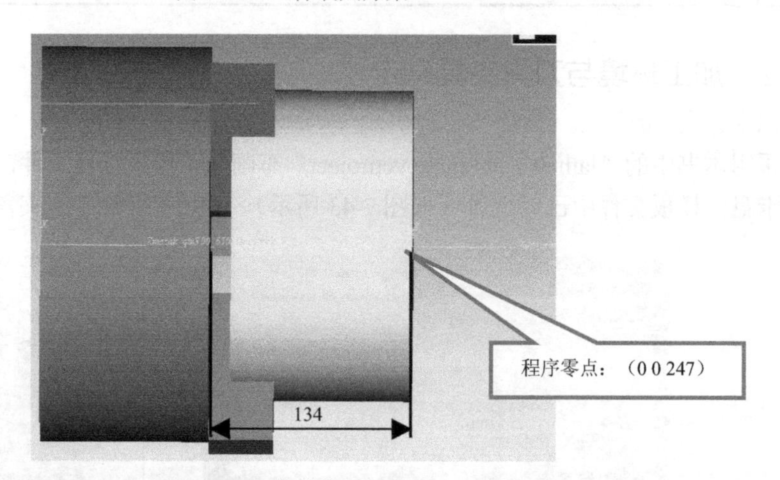

图7-45 工件的装夹与对刀

7.3.4 实例零件虚拟加工过程仿真与分析

（1）生成项目文件

首先设定当前工作目录为安装目录“\lathe02_mm”，然后打开车床 02 的项目模板文件“lathe02_template.vcproject”，将其另存为项目文件“part_pan01.vcproject”，作为本节实例零件车削加工的项目文件。

（2）配置毛坯，进行安装与对刀

根据已经确定的工件安装与对刀方案，在项目树配置零件信息如下。

配置加工所用圆柱体毛坯。右击项目树“Stock(0,0,0)”→“**添加模型**”→“**圆柱**”，设置高度为120，直径为200。项目树上选择刚建立的该毛坯几何模型节点，在项目树下部的配置界面，选择“**移动**”标签，修改其位置值为“0 0 127”。

对安装后的毛坯进行对刀。

选择项目树“**program_zero**”节点，在项目树下部的配置界面，选择“**移动**”标签，修改其位置值为“0 0 247”。毛坯对刀在其右端面的中心处。

（3）添加数控加工程序

右击项目树“**数控程序**”→“**添加数控程序文件...**”，弹出“**打开数控程序文件**”对话框，“**捷径**”处选“**工作目录**”，选择文件“pan01.txt”，选择“**打开**”按钮。

项目树设置结果如图 7-46 所示。

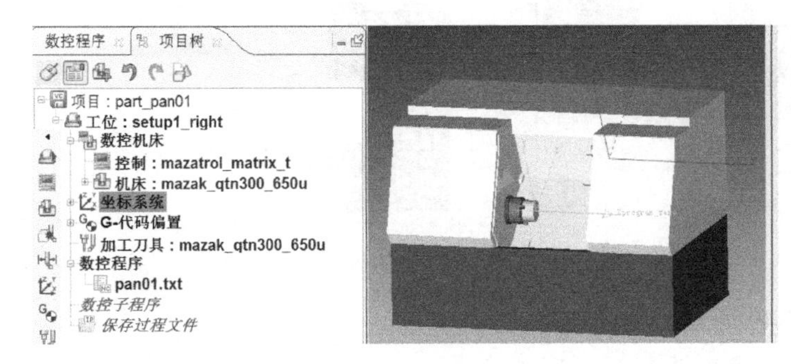

图 7-46 毛坯的安装与对刀结果

（4）工件仿真结果分析与测量

由于有内轮廓加工，视图区添加轮廓视图，便于仿真与分析加工过程。鼠标右击视图区域，选择“**添加一个视图**”→“**轮廓**”，如图 7-47 所示。

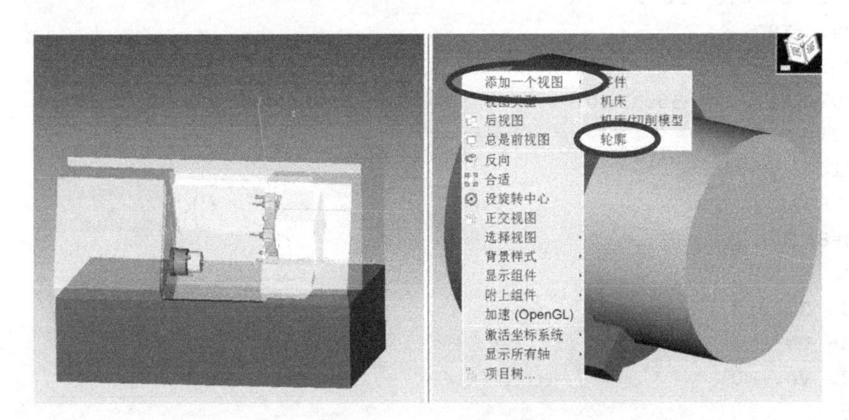

图 7-47 添加轮廓视图

适当设置断点，使程序分别在粗加工、精加工等阶段加工结束后进行暂停，以进行加工结果分析与测量。

首先执行如下程序，进行对刀，结果如图 7-48 所示。

```
O0001
N1 G21
N2 M901
N3 G28 U0.
N4 G28 V0. W0.
N5 T0101
N6 G54
N7 G50 S2000
N8 G96 M4 S1000
```

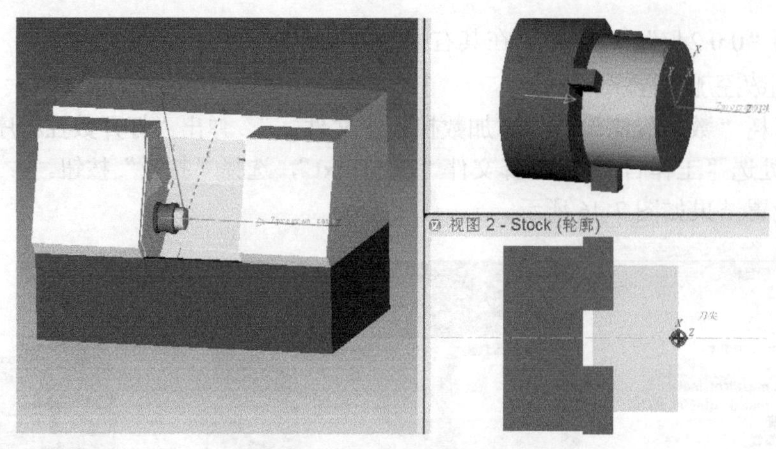

图 7-48 进行对刀

外表面粗加工结果如图 7-49 所示，程序如下。

```
N10  G00 X180. Z20.
N30  G71  U2.0 R2.0
N35  G71  P40 Q70 U1.0 W1.0 F0.3 S500
N40  G00  G42 X78.0  S750
N45  G01  X80. Z-2.0  F0.1
N50  G01  Z-30.0  F0.1
N55  G01  X90.
N56  G03  X100. Z-40. R10.
N57  G02  X110. Z-50. R10
N58  G01  X140.
N60  X140. Z-74.
N65  X180.
N68  Z-80.0
N70  G40 X200
N71 G00 X210 Z100
N75 G28 U0.
N76 G28 V0. W0.
N77 M5
```

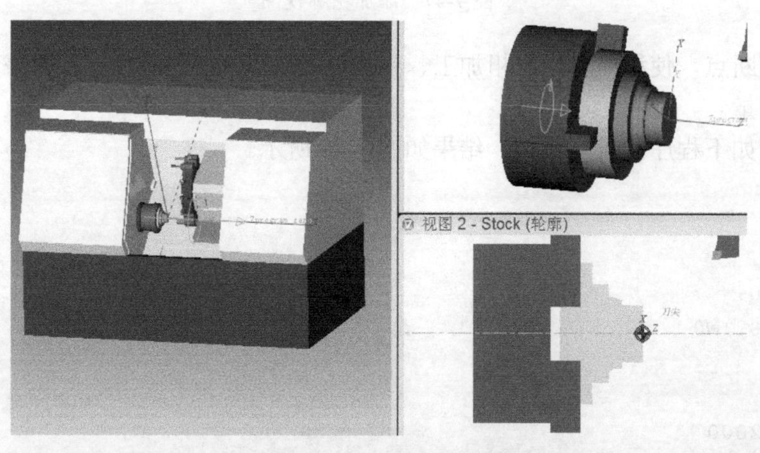

图 7-49 粗加工外表面加工结果

外表面粗加工测量结果如图7-50所示。

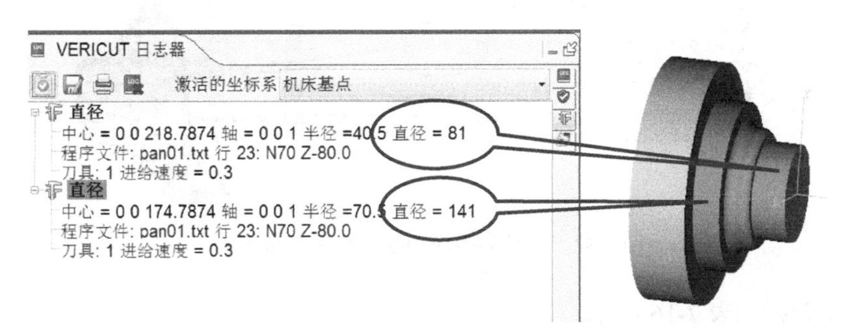

图7-50 外表面粗加工后的测量结果

测量结果分析如表7-15所示。

表7-15 加工结果测量 mm

测量编号	测量类型	零件尺寸	加工余量	期望尺寸	实际尺寸	加工结果
1	外圆直径	$\phi80$	1.0	$\phi81$	$\phi81$	正确
2	外圆直径	$\phi140$	1.0	$\phi141$	$\phi141$	正确

外表面精加工结果如图7-51所示，程序如下。

```
G28 U0.
G28 V0. W0.
T0501
G54
G50 S2000
G96 M3 S1000
G70 P40 Q65
G00 X210 Z100
G28 U0.
G28 V0. W0.
M5
```

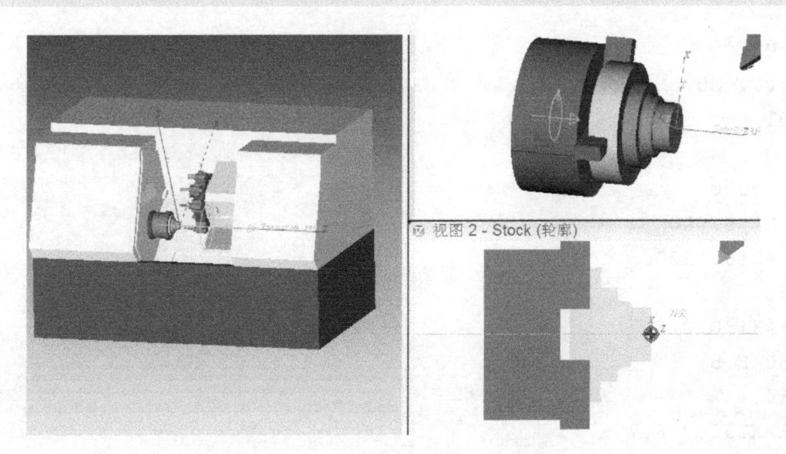

图7-51 外表面精加工结果

工件外表面精加工测量结果如图7-52所示。

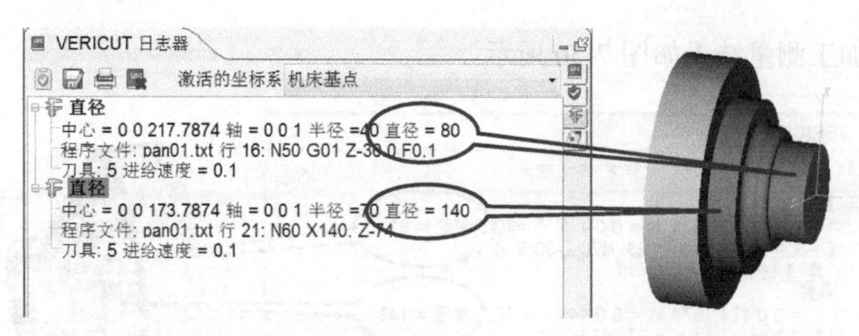

图 7-52 工件外表面精加工后的测量结果

测量结果分析如表 7-16 所示。

表 7-16 加工结果测量

mm

测量编号	测量类型	零件尺寸	加工余量	期望尺寸	实际尺寸	加工结果
1	外圆直径	ϕ80	0.0	ϕ80	ϕ80	正确
2	外圆直径	ϕ140	0.0	ϕ140	ϕ140	正确

车槽后的加工结果如图 7-53 所示，程序如下。

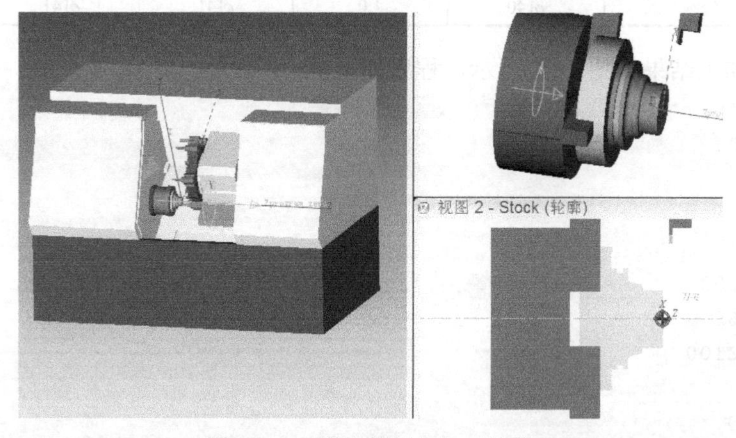

图 7-53 工件车槽后的加工结果

```
N90 G28 U0.
N91 G28 V0. W0.
N92 T0701
N93 G54
N94 G50 S2000
N95 G96 M3 S1000
N96 G00 X210. Z20.
N97 Z-66.
N100 G01 X130.0 F.7
N110 X150 F.5
N111 Z-64.
N112 G01 X130.0 F.7
N113 X150 F.5
N115 Z-62
N120 G01 X130.0 F.7
```

```
N130 X150 F.5
N140 G0 X210.
N150 Z10.
N151 G28 U0.
N152 G28 V0. W0.
N153 M5
```

车槽后的测量结果如图 7-54 所示。

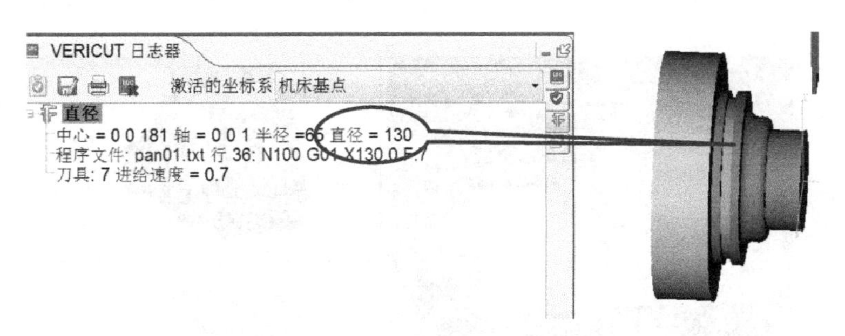

图 7-54　工件车槽后的分析测量结果

测量结果分析如表 7-17 所示。

表 7-17　加工结果测量　mm

测量编号	测量类型	零件尺寸	加工余量	期望尺寸	实际尺寸	加工结果
1	槽直径	ϕ130	0.0	ϕ130	ϕ130	正确

车螺纹后的加工结果如图 7-55 所示，程序如下。

```
N155 G28 U0.
N156 G28 V0. W0.
N157 T0801
N158 G54
N159 G97 S400 M3
N160 G00 X100. Z20.
N161 X85. Z2.
N170 G01 X79.1 F2.
N171 G33 Z-25. K2.
N172 G01 X85. F1.
N173 G00 Z2.
N174 G01 X78.5 F2.
N175 G33 Z-25. K2.
N176 G01 X85. F1.
N177 G00 Z2.
N178 G01 X77.9 F2.
N179 G33 Z-25. K2.
N180 G01 X85. F1.
N181 G00 Z2.
N182 G01 X77.5 F2.
N183 G33 Z-25. K2.
N184 G01 X85. F1.
N185 G00 Z2.
```

```
N186 G01 X77.4 F2.
N187 G33 Z-25. K2.
N188 G01 X85. F1.
N189 G00 Z2.
N190 G00 X250.Z100.
N191 G28 U0.
N192 G28 V0. W0.
N193 M5
```

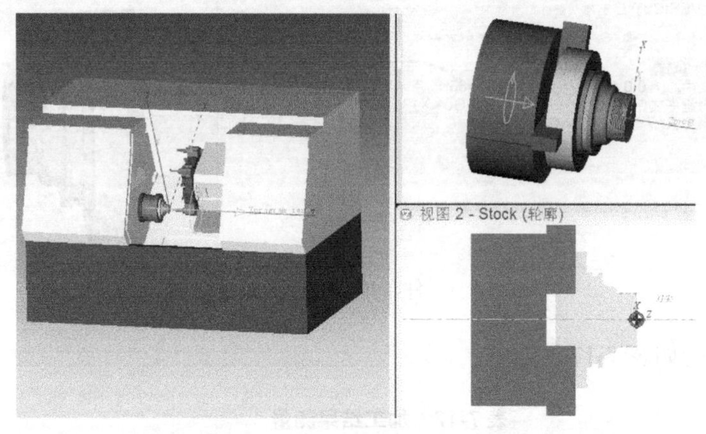

图 7-55 工件车螺纹后的加工结果

车螺纹后的测量结果如图 7-56 所示。

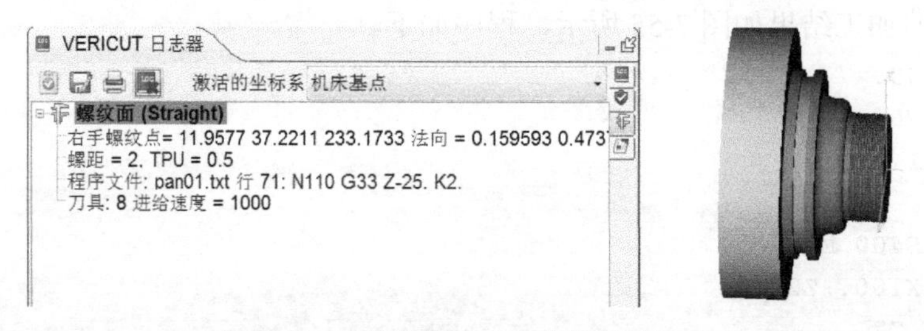

图 7-56 工件车螺纹后的分析测量结果

钻中心孔后的加工结果如图 7-57 所示，程序如下。

```
N278 G28 U0.
N279 G28 V0. W0.
N280 T0301
N281 G54
N282 G50 S2000
N283 G96 M3 S1000
N284 G00 X0. Z20.
N285 G74 R1.0
N286 G74 Z-90. Q6000 F0.15
N287 G0 Z50 X250
N288 G28 U0.
N289 G28 V0. W0.
M5
```

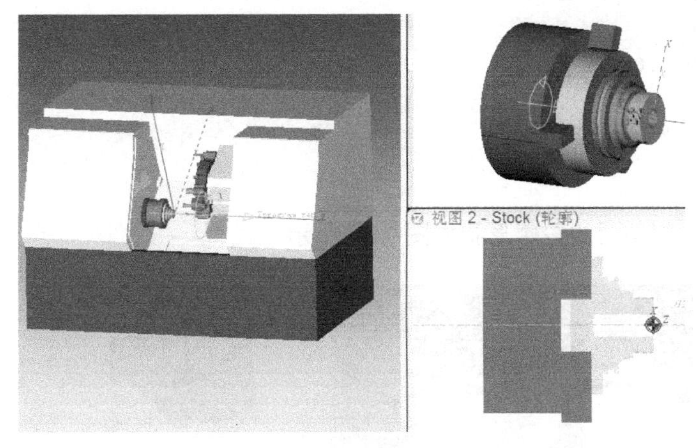

图 7-57　工件加工中心孔后的结果

车削内轮廓后的加工结果如图 7-58 所示，程序如下。

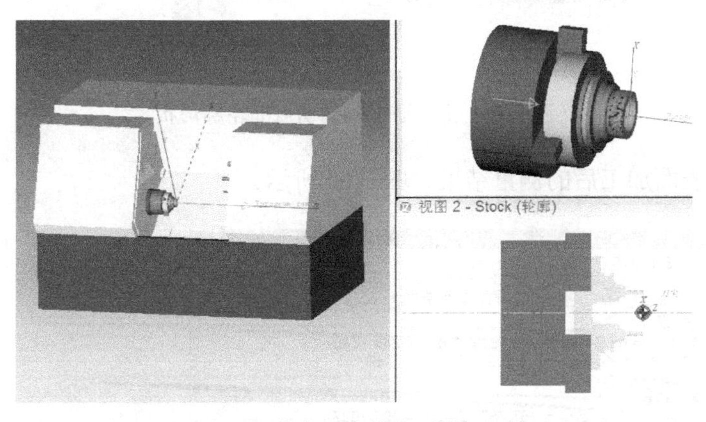

图 7-58　工件车削内轮廓后的加工结果

```
N310 G28 U0.
N311 G28 V0. W0.
N312 T0404
N313 G54
N314 G50 S2000
N315 G96 M3 S1000
N320 G00 X32. Z10.
N330  G71  U1.0 R1.0
N335  G71  P340 Q370 U0. W0.0 F0.3 S500
N340  G00  G41 X67.0  S750
N345  G01  X65. Z-2.0  F0.1
N350  G01  Z-30.0  F0.1
N355  G01  X58.Z-30.0
N356  G03  X53. Z-40. R20.
N360  G01  X43.Z-40.
N366  G02  X38. Z-50. R30.
N368  G01  X38. Z-50.
N369  G01  Z-80.
N370 G40 X10.
```

```
N371 G00 X10.
B372 G00  Z100.0
N375 G28 U0.
N376 G28 V0. W0.
N377 M5
M30
```

将工件沿 X 轴剖切后的轮廓形状如图 7-59 所示。

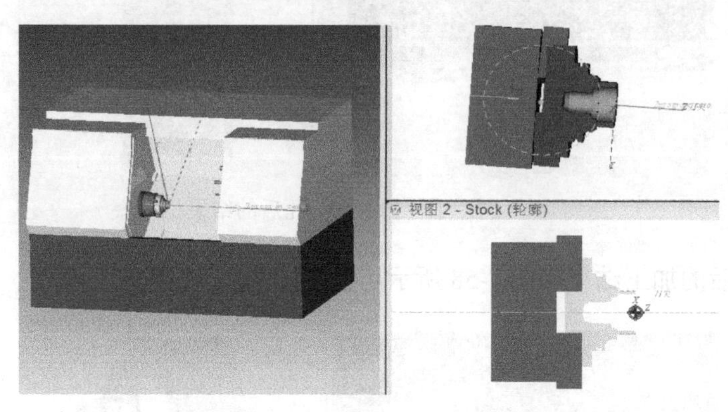

图 7-59　工件沿 X 轴剖切后的轮廓形状

加工工件内表面加工后的测量结果如图 7-60 所示。

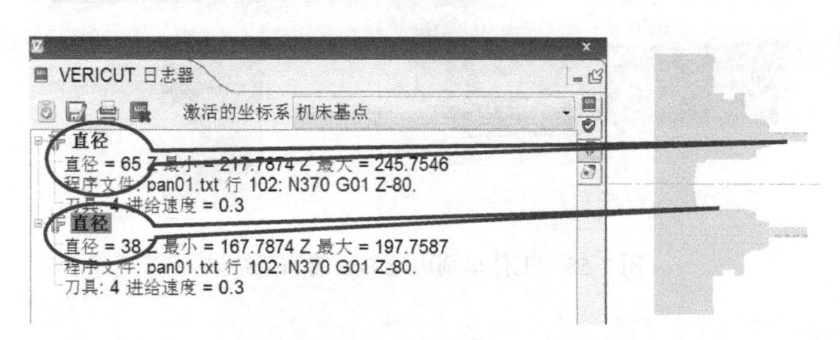

图 7-60　工件内表面加工后的测量结果

测量结果分析如表 7-18 所示。

表 7-18　加工结果测量　mm

测量编号	测量类型	零件尺寸	加工余量	期望尺寸	实际尺寸	加工结果
1	内圆直径	$\phi65$	0.0	$\phi65$	$\phi65$	正确
2	内圆直径	$\phi38$	0.0	$\phi38$	$\phi38$	正确

7.4　实例零件——套类零件双工位车削加工

13．车削实例——套类零件双工位加工

7.4.1　实例零件及其加工过程

零件基本结构如图 7-61 所示。

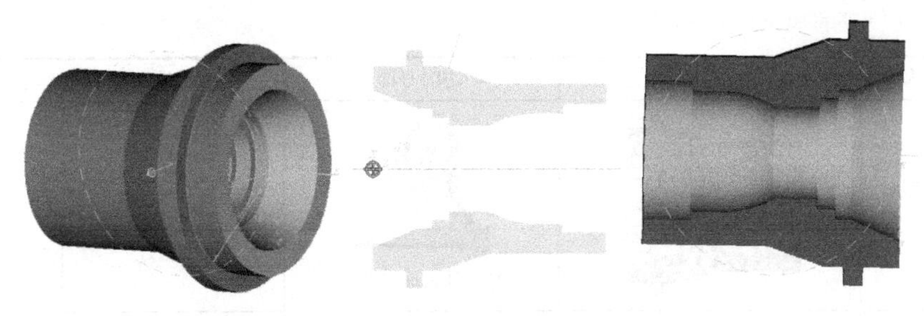

图 7-61　套零件

该零件虚拟加工需要 2 个工位，即零件两端内、外表面轮廓的各加工特征加工，方案如下。

工位 1：粗车外表面→精车外表面→车削内表面。

工位 2：掉头，粗车外表面→精车外表面→车削内表面。

具体内容如表 7-19 所示。

表 7-19　零件加工过程

序号	工作内容	结果	切削刀具	程序编制	机床控制程序
0	准备毛坯	毛坯文件“panstock_twosetup.stl”，材料 45 钢			
1	外表面粗加工		80° 外表面粗车刀	手工编程（G71）	T0101
2	外表面精加工		35° 外表面精车刀	手工编程（G70）	T0401
3	车削内表面		80° 内表面车刀	手工编程（G71）	T0201
4	外表面粗加工		80° 外表面粗车刀	手工编程（G71）	T0101

续表

序号	工作内容	结果	切削刀具	程序编制	机床控制程序
5	外表面精加工		35° 外表面精车刀	手工编程（G70）	T0401
6	车削内表面		80° 内表面车刀	手工编程（G71）	T0201

7.4.2 加工环境与刀具夹具确定

（1）加工机床

采用本书中的“lathe01_template.vcproject”车削加工模板项目文件，模板文件中已经配置加工所用夹具——三爪卡盘（如图7-62所示），满足零件加工装夹需要，无须另外设置。

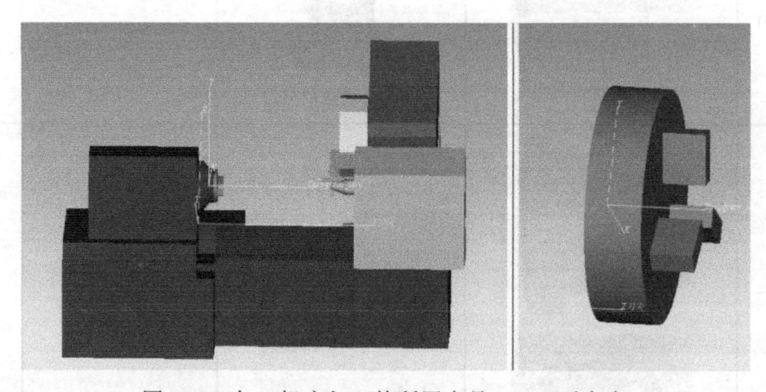

图7-62 加工机床与工件所用夹具——三爪卡盘

（2）加工刀具

所需切削刀具齐备，包括：

80° 外表面粗车刀，对应刀具库1#刀具；

35° 外表面精车刀，对应刀具库4#刀具；

80° 内表面车刀，对应刀具库2#刀具。

以上刀具能够满足加工需要，无须另外配置与准备刀具。

7.4.3　工件的安装与装夹定位方案确定

2 个工位工件的装夹方案如下，具体如图 7-63 和图 7-64 所示。

工位 1：三爪卡盘装夹工件内表面装夹方案，程序零点为毛坯右表面中心。

工位 2：三爪卡盘装夹工件外表面装夹方案，程序零点为毛坯右表面中心。

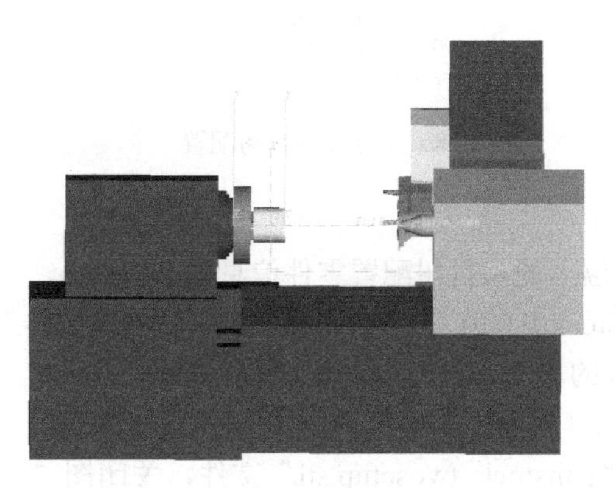

图 7-63　工位 1 工件装夹方案

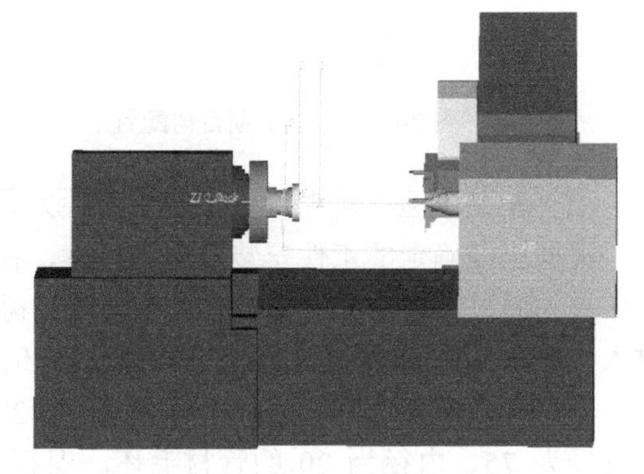

图 7-64　工位 2 工件装夹方案

2 个工位工件的安装与对刀位置如图 7-65 和图 7-66 所示。

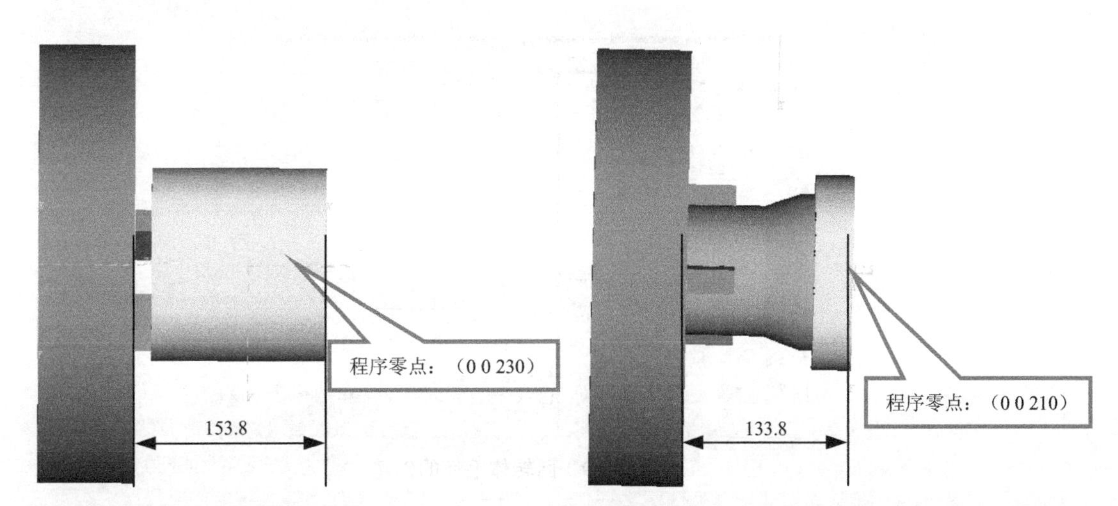

图 7-65　工位 1 工件的装夹与对刀　　图 7-66　工位 2 工件的装夹与对刀

7.4.4　实例零件虚拟加工过程仿真与分析

（1）生成项目文件

首先设定当前工作目录为安装目录“\lathe01_mm”，然后打开车床 01 的项目模板文件“lathe01_template.vcproject”，将其另存为项目文件“pan_02_twoshaft.vcproject”，作为本节套类零件两工位加工的项目文件。

（2）设置与配置 2 个加工工位

将目前的工位作为工位 1，应用复制的方法生成用于工件掉头加工的工位 2，在项目树，选择“**工位：1**”，右击鼠标选择“**拷贝**”，继续右击鼠标选择“**粘贴**”，生成工位 2。工位 1 与工位 2 的项目树配置情况如图 7-67 和图 7-68 所示。

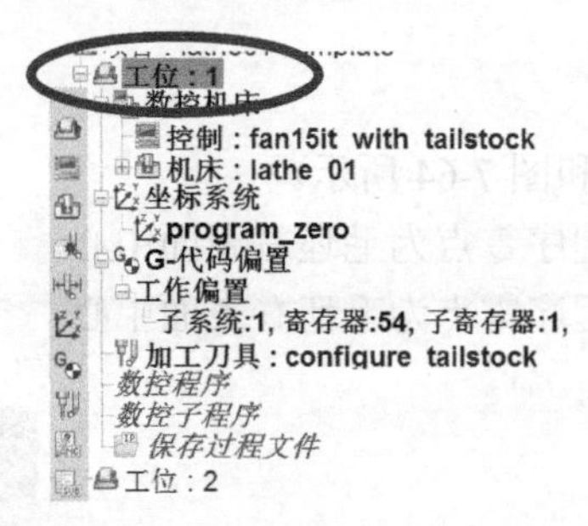

图 7-67 工位 1 项目树配置

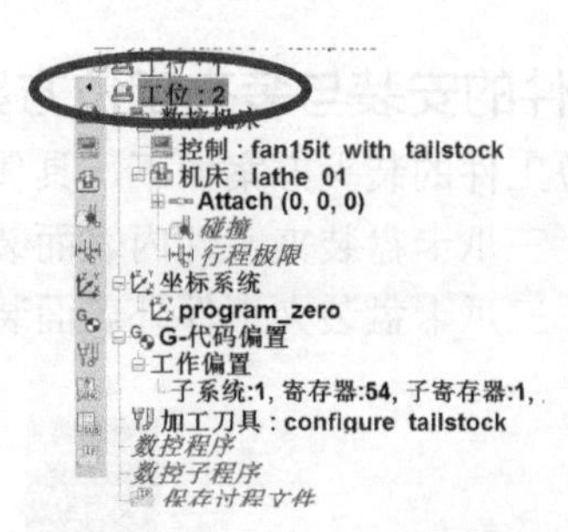

图 7-68 工位 2 项目树配置

（3）配置工位 1 的毛坯，进行安装与对刀

根据已经确定的工件安装与对刀方案，在工位 1 的项目树配置零件信息如下。

首先通过回转方式创建毛坯。右击项目树“Stock(0,0,0)”→“**添加模型**”→“**创建旋转**”，进入如图 7-69 所示的通过回转方式建立毛坯模型的界面。

添加毛坯的 5 个特征点，坐标分别为（20 0）、（75 0）、（75 140）、（20 140）、（20 0），创建外径为 75、内径为 20 的管材毛坯。保存为“panstock_twosetup.stl”文件，关闭图 7-69 中的创建毛坯界面，回到主仿真界面，如图 7-70 所示，此时已创建如图 7-70 所示的毛坯几何模型。

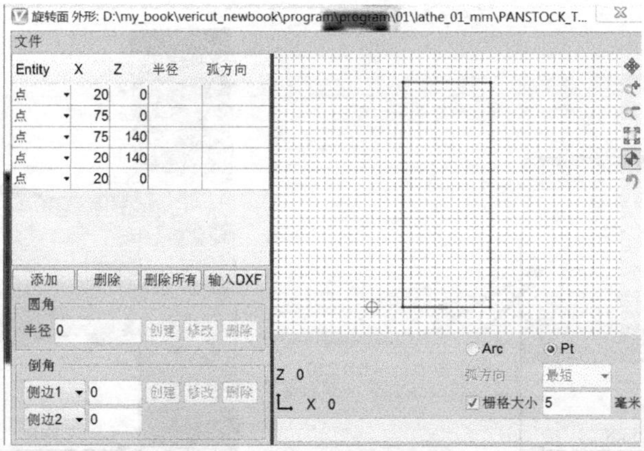

图 7-69 回转体毛坯的创建

调整该几何模型的位置，在项目树“turningstock.stl”文件节点的配置处，选择该节点的“**移动**”标签，修改其位置为“0 0 80”。

选择项目树工位 1 的“**program_origin**”节点，在项目树下部的配置界面，选择“**移动**”标签，修改其位置值为“0 0 230”。毛坯对刀在其右端面的中心处。设置结果如图 7-70 所示。

添加工位 1 数控加工程序。右击项目树“**数控程序**”→“**添加数控程序文件…**”，弹出“**打开数控程序文件**”对话框，“**捷径**”处选“**工作目录**”，选择文件“pan02_twoshaft_right.txt”，选择“**打开**”按钮。

（4）工位 1 仿真结果分析与测量

重置模型，仿真系统。适当设置断点，使程序分别在外表面及内表面加工后进行暂停，以进行加工结果分析与测量。

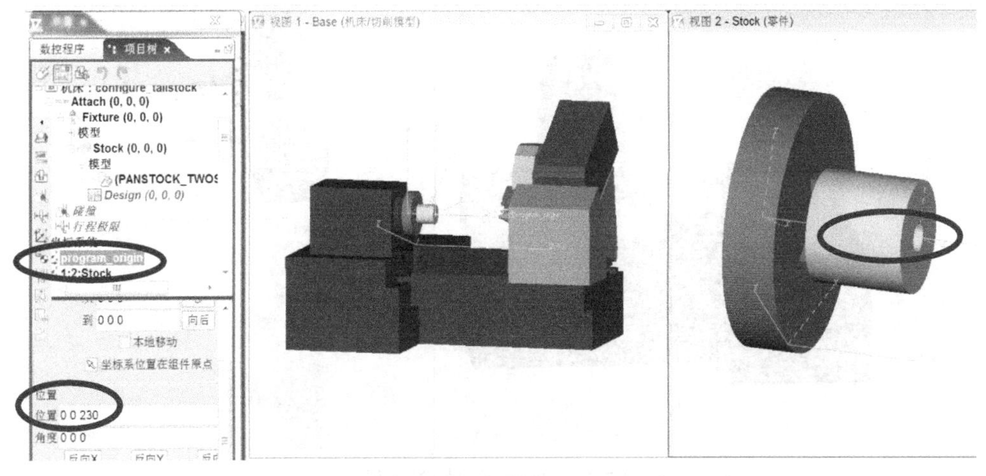

图 7-70　工位 1 毛坯的安装与对刀坐标系设置结果

执行如下程序，进行对刀，结果如图 7-71 所示。

```
N10 G96 S200 M04 T0101
N20 G00 X150.0 Z10.0
```

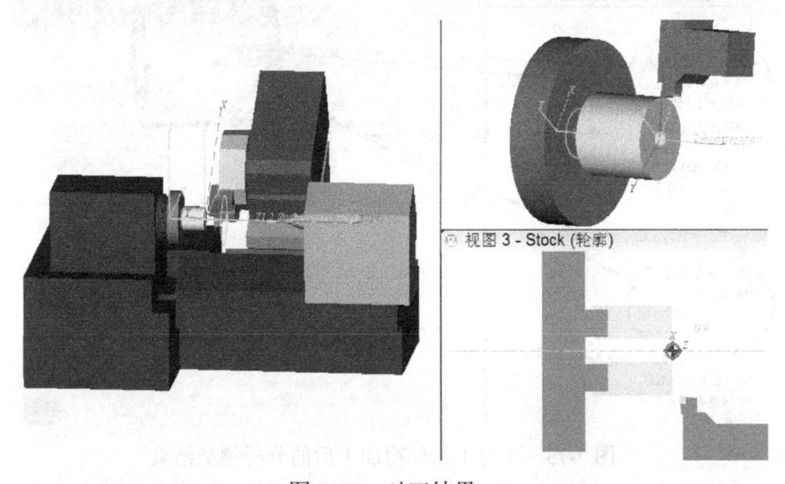

图 7-71　对刀结果

外表面粗加工结果如图 7-72 所示，程序如下。

```
N30  G71  U1.0 R1.0
N35  G71  P40 Q80 U1.0 W1.0 F0.3 S500
N40  G00  G42 X100.0  S750
N50  G01  Z-70.0  F0.1
N60  X120. Z-100
N70  Z-110.0
N80  G40 X150
N90  G00 X100 Z100 M5
```

外表面粗加工测量结果如图 7-73 所示。

测量结果分析如表 7-20 所示。

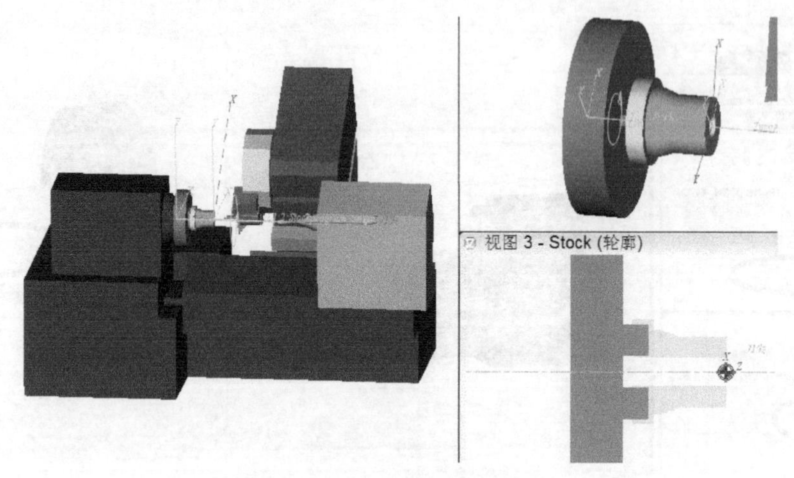

图 7-72 外表面粗加工结果

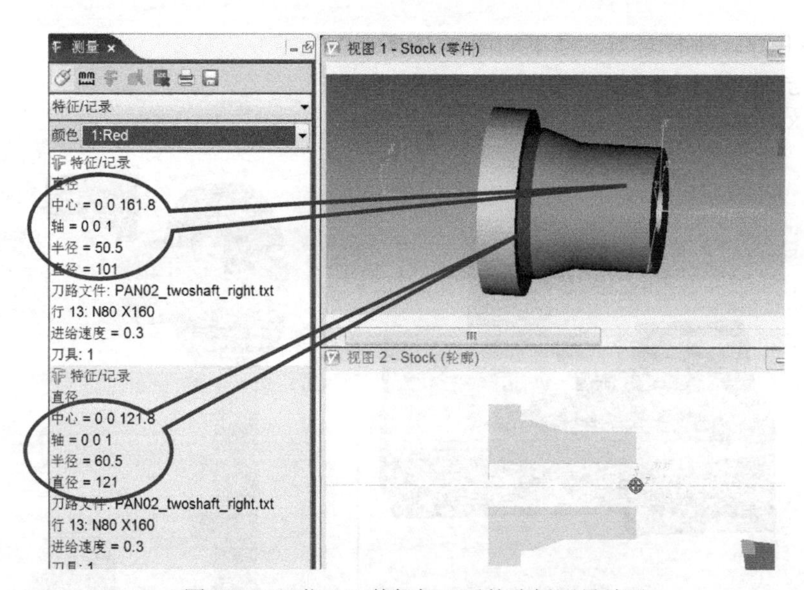

图 7-73 工位 1 工件粗加工后的分析测量结果

表 7-20 加工结果测量 mm

测量编号	测量类型	零件尺寸	加工余量	期望尺寸	实际尺寸	加工结果
1	外圆直径	ϕ100	1.0	ϕ101	ϕ101	正确
2	外圆直径	ϕ120	1.0	ϕ121	ϕ121	正确

外表面精加工结果如图 7-74 所示，程序如下。

```
G96 S200 M04 T0401
G70 P40 Q80
G00 X100 Z100 M5
```

外表面精加工测量结果如图 7-75 所示。

测量结果分析如表 7-21 所示。

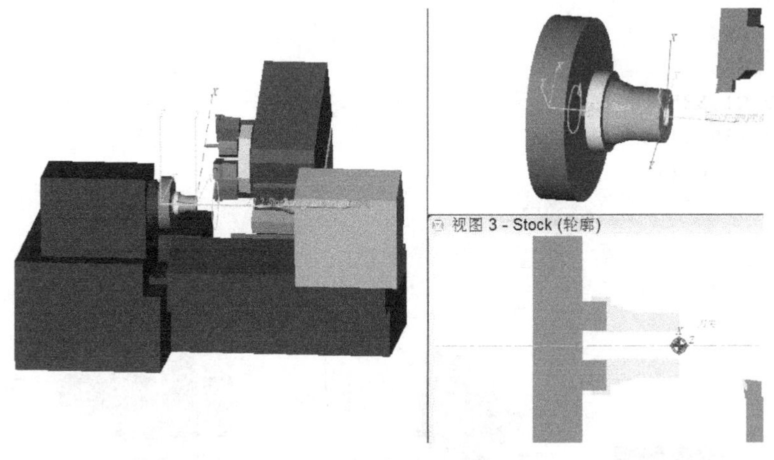

图 7-74　外表面精加工结果

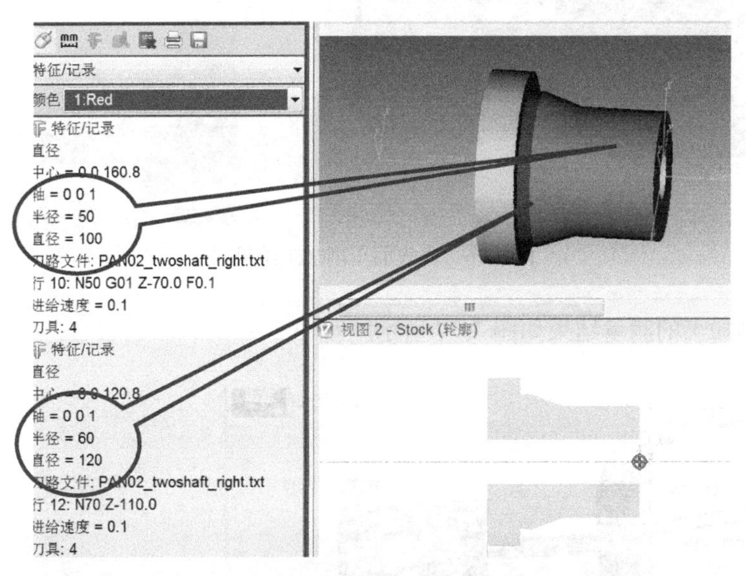

图 7-75　工位 1 工件精加工后的分析测量结果

表 7-21　加工结果测量　　mm

测量编号	测量类型	零件尺寸	加工余量	期望尺寸	实际尺寸	加工结果
1	外圆直径	$\phi100$	0	$\phi100$	$\phi100$	正确
2	外圆直径	$\phi120$	0	$\phi120$	$\phi120$	正确

内表面车削加工结果如图 7-76 所示，程序如下。

```
N110 G96 S200 M04 T0201
N120 G00 X30.0 Z10.0
N130 G71 U1.0 R1.0
N135 G71 P140 Q180 U0.0 W0.0 F0.3 S500
N140 G00 G41 X75.0 S750
N150 G01 Z-25.0 F0.05
N155 X65
```

```
N160 Z-40
N170 G03 X50. Z-70 R60
N180 G1 Z-95
N190 G40 G1 X35
N191 G00 X35 Z100
N192 G00 X100 Z100
M05
M30
```

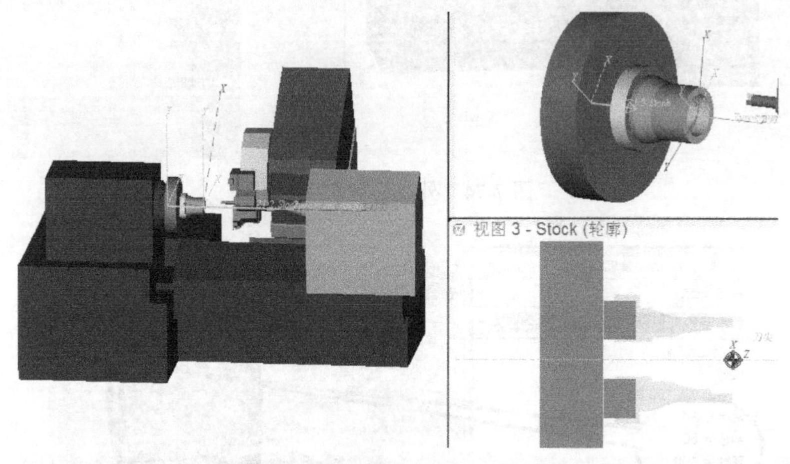

图 7-76 内表面车削加工结果

内表面车削加工的测量结果如图 7-77 所示。

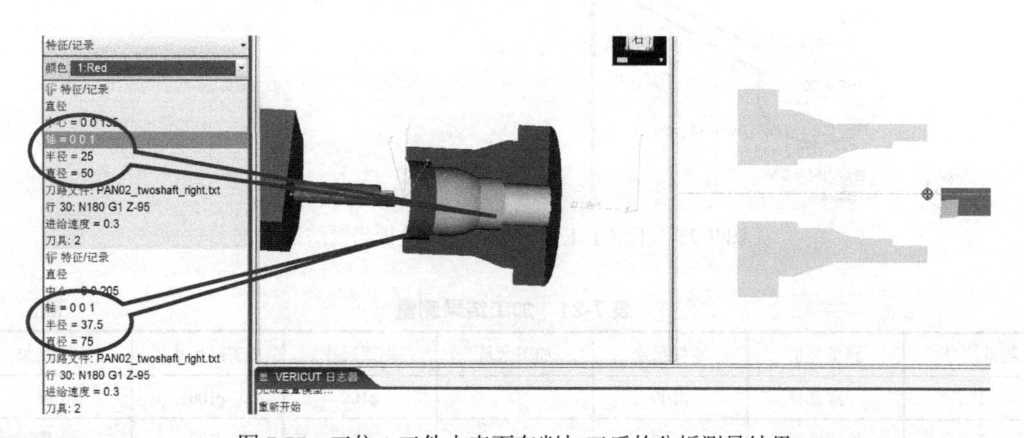

图 7-77 工位 1 工件内表面车削加工后的分析测量结果

测量结果分析如表 7-22 所示。

表 7-22 加工结果测量 mm

测量编号	测量类型	零件尺寸	加工余量	期望尺寸	实际尺寸	加工结果
1	内圆直径	$\phi75$	0.0	$\phi75$	$\phi75$	正确
2	内圆直径	$\phi50$	0.0	$\phi50$	$\phi50$	正确

（5）传递毛坯至工位2并安装与对刀

鼠标右击“**仿真至结束**”按钮，选择“**添加**”按钮，在“**暂停**”下拉菜单选择“**各个工位的结束**”，如图7-78所示，用于设置程序执行时在第一工位加工结束后暂停。点击“**仿真至结束**”按钮，程序执行，并暂停在第一工位加工结束后。

点击“**单步运行**”按钮，程序单步执行，进入工位2，此时工位1加工后的零件作为毛坯传递到工位2，见图7-79。

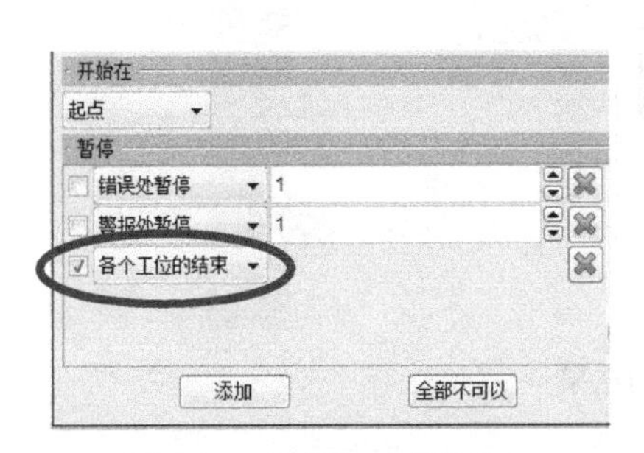

图7-78　设置加工暂停点

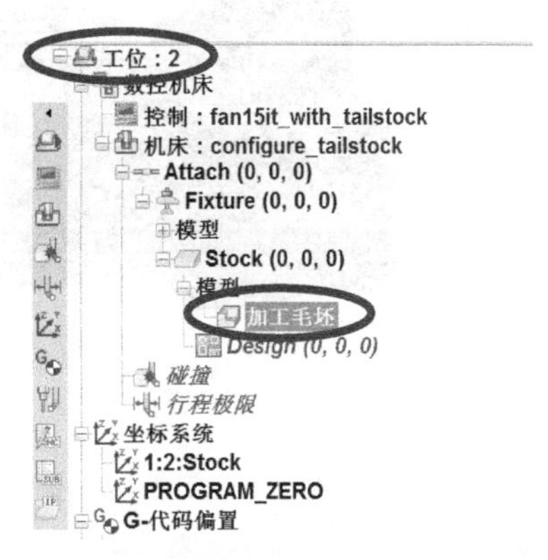

图7-79　传递加工毛坯至下一工位

将毛坯掉头安装，鼠标点击选择图形区的毛坯工件，在项目的“**位置**”输入“0 0 300”，“**角度**”输入“180 0 180”，点击“**保留毛坯的转变**”按钮，如图7-80所示，确定与保存安装位置。

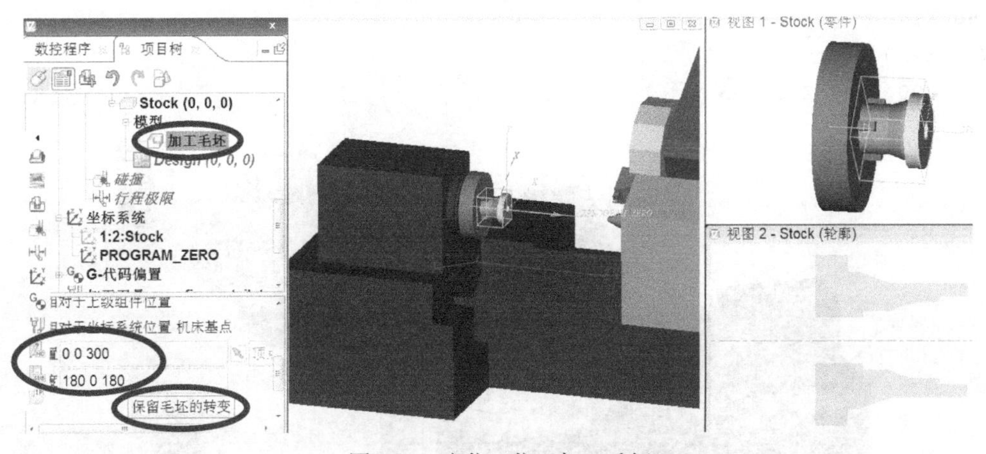

图7-80　定位工位2加工毛坯

工位2的工件对刀，点击工位2项目树“program_zero”，在“**位置**”处，输入“0 0 210”。配置工位2的数控程序“shaft02_twoshaft_left.txt”，完成工位2的项目树配置。

（6）工位2仿真结果分析与测量

重置模型，进行仿真。适当设置断点，使程序分别在粗加工、精加工后进行暂停，以进行加工结果分析与测量。

执行如下程序，工位2进行对刀，结果如图7-81所示。

```
N10 G96 S200 M04 T0101
N20 G00 X150.0 Z10.0
```

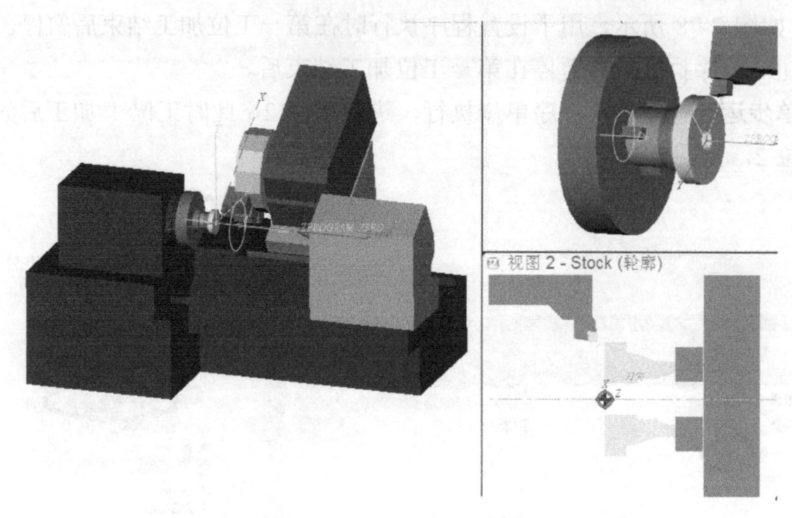

图 7-81 工位 2 对刀结果

工位 2 外表面粗加工结果如图 7-82 所示，程序如下。

```
N30 G71 U1.0 R1.0
N35 G71 P40 Q70 U1.0 W1.0 F0.3 S500
N40 G00 X120.0 S750
N50 G01 Z-20.0 F0.1
N60 X140.
N70 Z-50
N75 G00 X100 Z100 M5
```

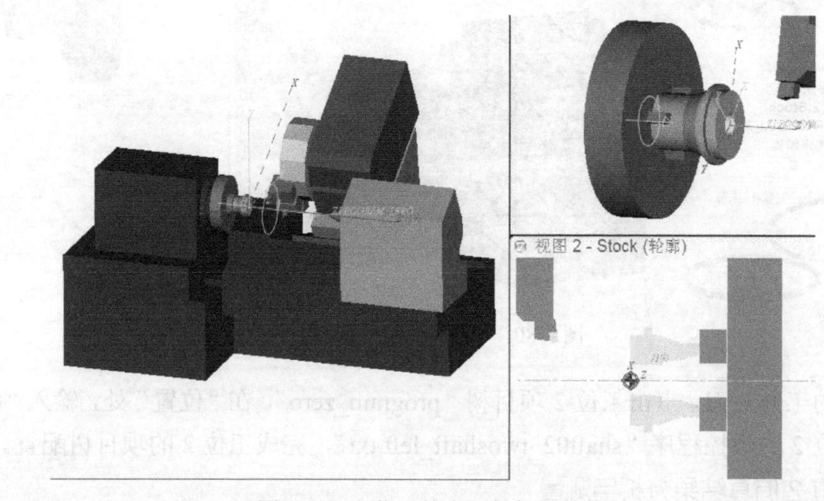

图 7-82 工位 2 外表面粗加工结果

外表面粗加工后的测量结果如图 7-83 所示。

测量结果分析如表 7-23 所示。

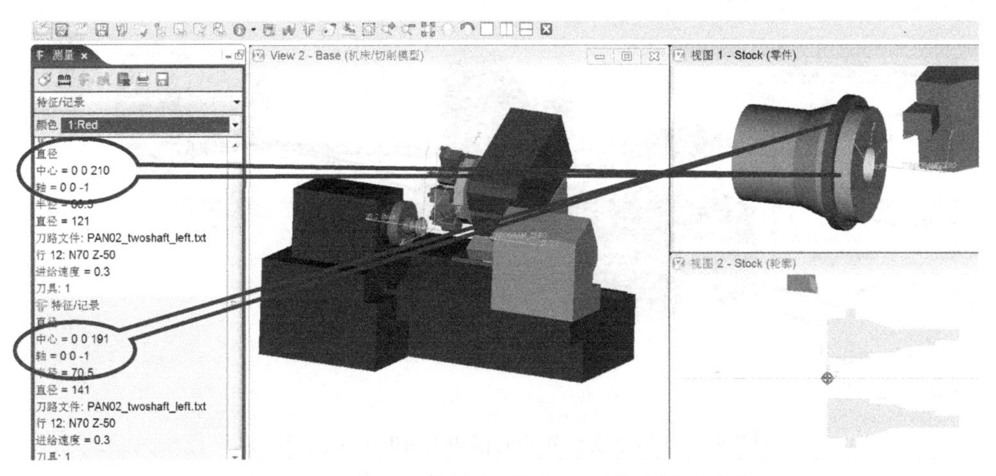

图 7-83　工位 2 工件外表面粗加工后的分析测量结果

表 7-23　加工结果测量　　mm

测量编号	测量类型	零件尺寸	加工余量	期望尺寸	实际尺寸	加工结果
1	外圆直径	ϕ120	1.0	ϕ121	ϕ121	正确
2	外圆直径	ϕ140	1.0	ϕ141	ϕ141	正确

工位 2 外表面精加工结果如图 7-84 所示，程序如下。

```
G96 S200 M04 T0401
G00 X160.0 Z10.0
G70 P40 Q70
G00 X100 Z100 M5
```

图 7-84　工位 2 外表面精加工结果

外表面精加工后的测量结果如图 7-85 所示。

测量结果分析如表 7-24 所示。

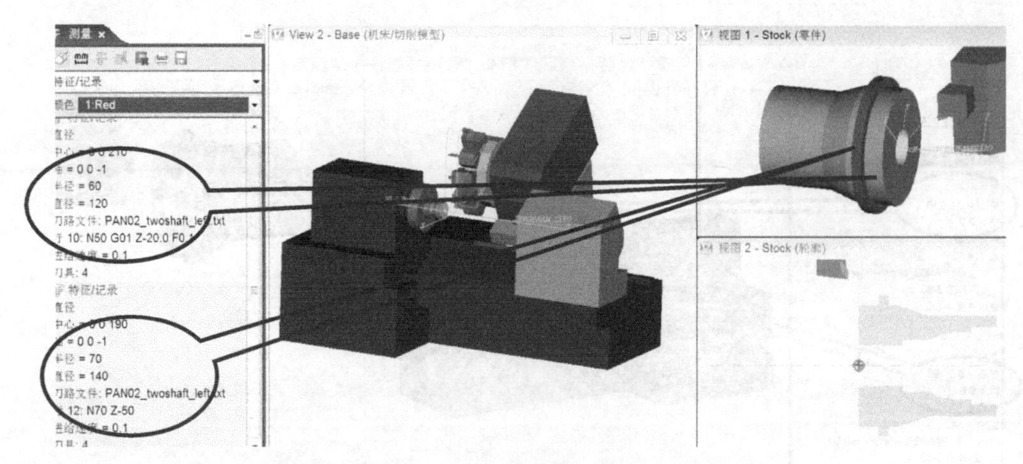

图 7-85　工位 2 工件外表面精加工后的分析测量结果

表 7-24　加工结果测量　　mm

测量编号	测量类型	零件尺寸	加工余量	期望尺寸	实际尺寸	加工结果
1	外圆直径	ϕ120	0	ϕ120	ϕ120	正确
2	外圆直径	ϕ140	0	ϕ140	ϕ140	正确

工位 2 内表面车削加工结果如图 7-86 所示，程序如下。

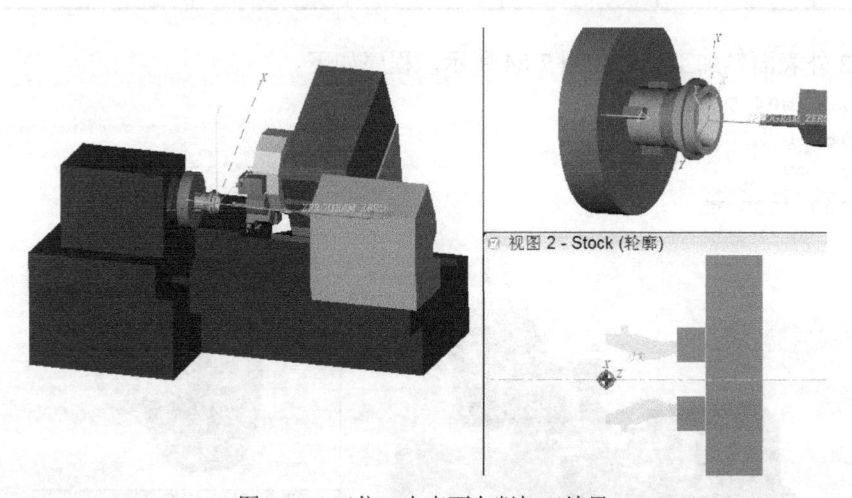

图 7-86　工位 2 内表面车削加工结果

```
N110 G96 S200 M04 T0201
N120 G00 X30.0 Z10.0
N130 G71 U1.0 R1.0
N135 G71 P140 Q180 U0.0 W0.0 F0.3 S500
N140 G00 X100.0 S750
N150 G01 X70.0 Z-27.0 F0.1
N160 Z-35.
N170 X60.0
N172 G1 Z-48
N175 X35
N180 G40 X25
```

```
N182 G00 Z100
M05
M30
```

内表面车削之后的测量结果如图 7-87 所示。

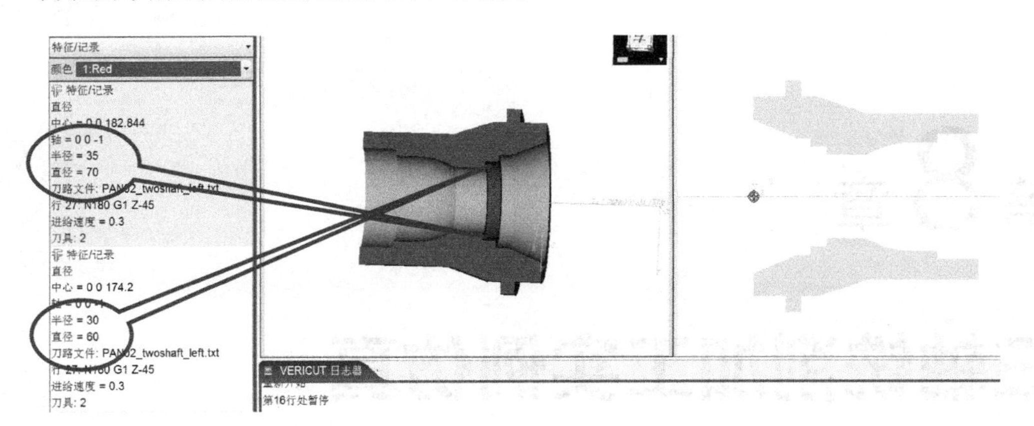

图 7-87　工位 2 工件内表面车削加工后的分析测量结果

测量结果分析如表 7-25 所示。

表 7-25　加工结果测量　mm

测量编号	测量类型	零件尺寸	加工余量	期望尺寸	实际尺寸	加工结果
1	内圆直径	ϕ60	0	ϕ60	ϕ60	正确
2	内圆直径	ϕ70	0	ϕ70	ϕ70	正确

（7）保存项目，结束仿真

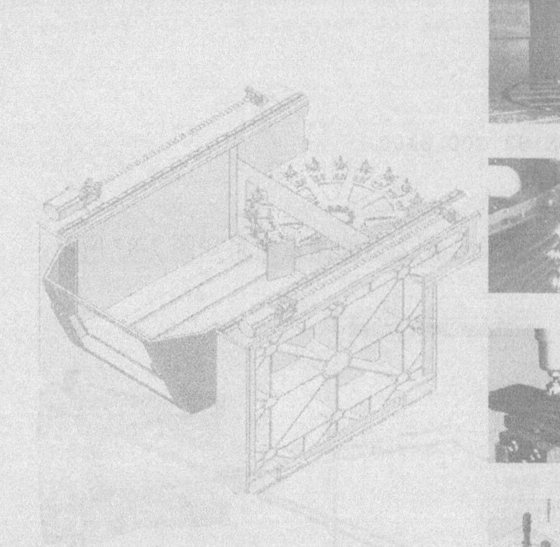

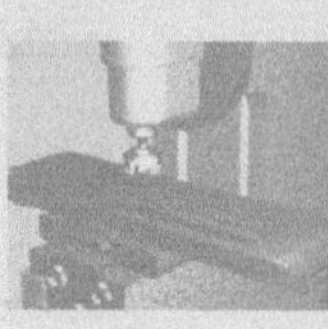
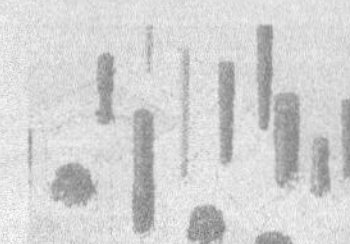

第 8 章 三轴铣削加工实例仿真

8.1 实例零件 1——零件双工位铣削加工

14. 铣削实例 1

8.1.1 实例零件及其加工过程

零件基本结构如图 8-1 所示。

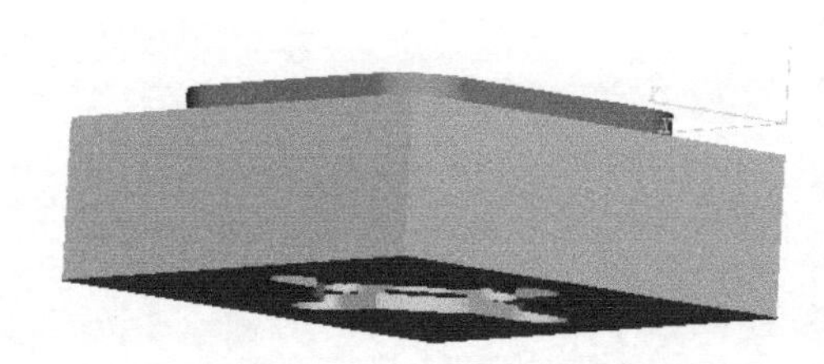
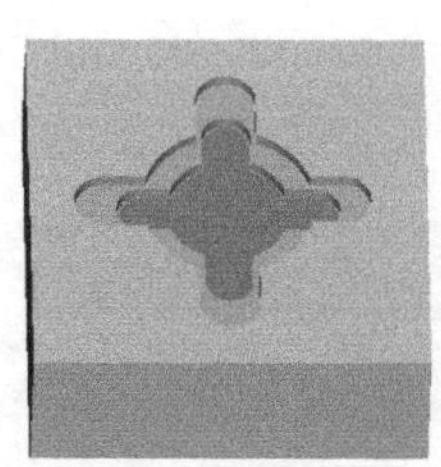

图 8-1 实例零件

该零件虚拟加工需要 2 个工位，即零件上下表面轮廓与型腔的各加工特征加工，方案如下：

工位 1：预钻工艺孔→粗铣型腔轮廓→精铣型腔轮廓。

工位 2：工件翻转 180°，粗铣凸台轮廓→精铣凸台轮廓→预钻工艺孔→粗铣圆孔型腔→精铣圆孔型腔→粗铣三角形型腔→精铣三角形型腔。

具体内容如表 8-1 所示。

表 8-1 零件加工过程 mm

序号	工作内容	结果	切削刀具	程序编制	机床控制程序
0	准备毛坯	方块毛坯，长 160，宽 160，高 60，材料 45 钢			

续表

序号	工作内容	结果	切削刀具	程序编制	机床控制程序
1	预钻工艺孔		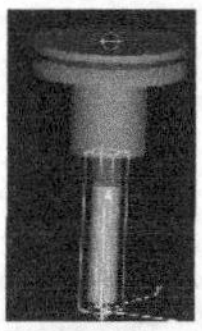 直径20钻头	手工编程	T5M6
2	粗铣型腔轮廓	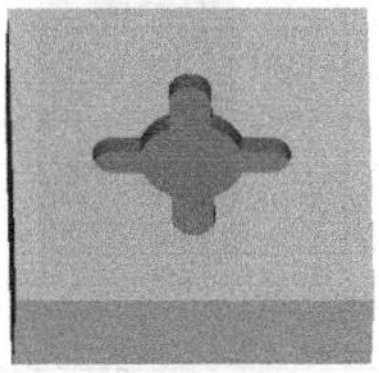	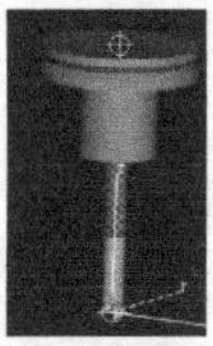 直径14立铣刀	手工编程	T23M6
3	粗铣型腔轮廓	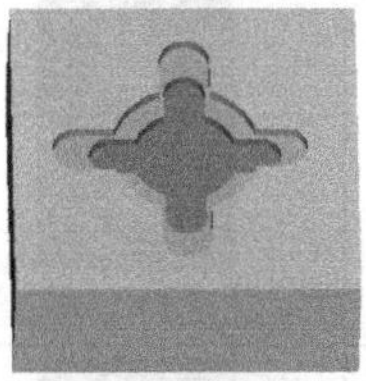	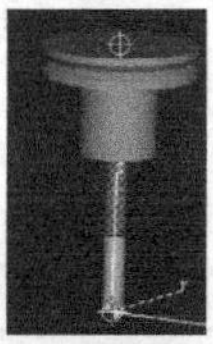 直径14立铣刀	手工编程	T23M6
4	精铣型腔轮廓	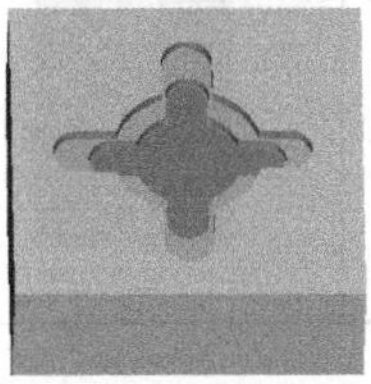	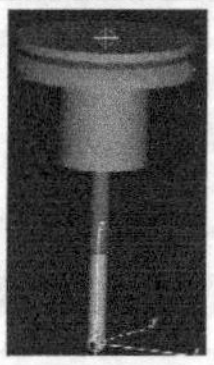 直径10立铣刀	手工编程	T22M6
5	粗铣凸台轮廓		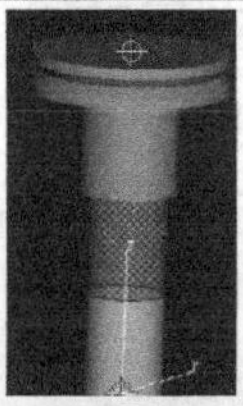 直径40立铣刀	手工编程	T17M6
6	精铣凸台轮廓		 直径22立铣刀	手工编程	T4M6
7	预钻工艺孔	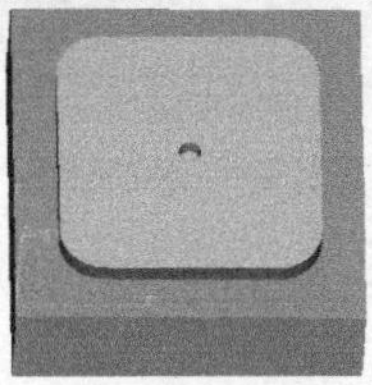	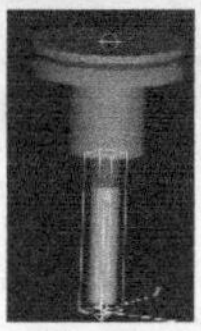 直径20钻头	手工编程	T2M6

续表

序号	工作内容	结果	切削刀具	程序编制	机床控制程序
8	粗铣圆孔型腔		直径 14 立铣刀	手工编程	T23M6
9	精铣圆孔型腔		直径 14 立铣刀	手工编程	T23M6
10	粗铣三角形型腔		直径 14 立铣刀	手工编程	T23M6
11	精铣三角形型腔		直径 10 立铣刀	手工编程	T22M6

8.1.2　加工环境与刀具夹具确定

加工机床由本书三轴铣削加工模板项目文件“3axis_mill_fanuc_template.vcproject”提供，所需夹具为平口钳，模板文件中已经配置（如图 8-2 所示），满足零件加工装夹需要，无须另行设置。

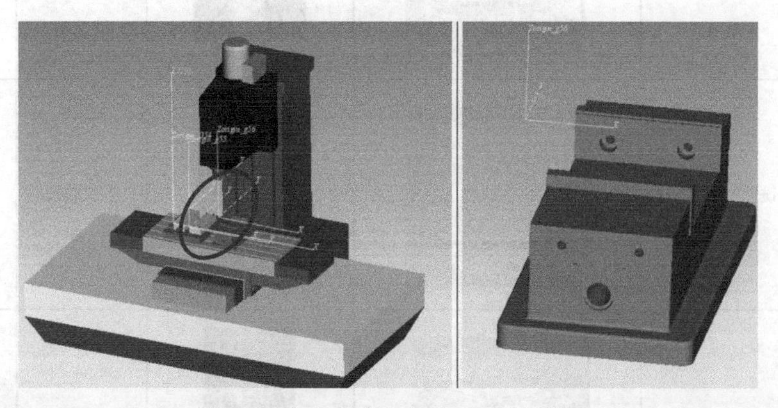

图 8-2　加工机床与夹具——平口钳

所需切削刀具齐备，由刀具文件“milling_example1.tls”进行管理，包括：

直径 20mm 钻头，对应刀具库 $5^{\#}$刀具；

直径 14mm 立铣刀，对应刀具库 23#刀具；
直径 10mm 立铣刀，对应刀具库 22#刀具；
直径 40mm 立铣刀，对应刀具库 17#刀具；
直径 22mm 立铣刀，对应刀具库 4#刀具。
以上刀具能够满足加工需要，无须另外配置与准备刀具。

8.1.3　工件的安装与装夹定位方案确定

2 个工位工件的装夹与对刀方案如下。

工位 1：平口钳装夹方案，毛坯顶面突出高度 30mm，对刀位置为毛坯上顶面前左顶点，采用 G56 对刀。

工位 2：平口钳装夹方案，毛坯顶面突出高度 30mm，对刀位置为毛坯上顶面前左顶点，采用 G56 对刀。

2 个工位工件的安装与对刀位置如图 8-3～图 8-8 所示。

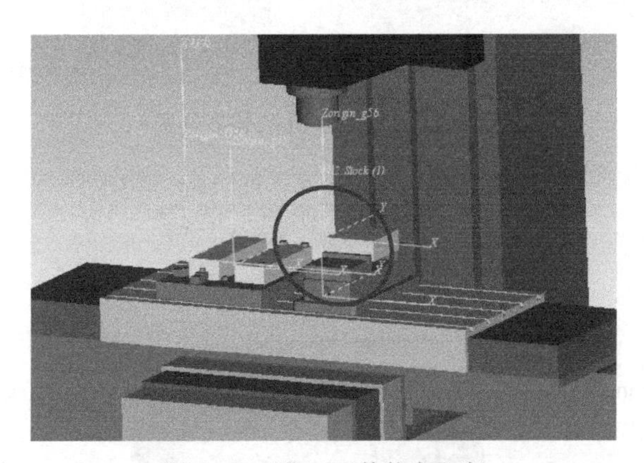

图 8-3　工位 1 工件装夹方案

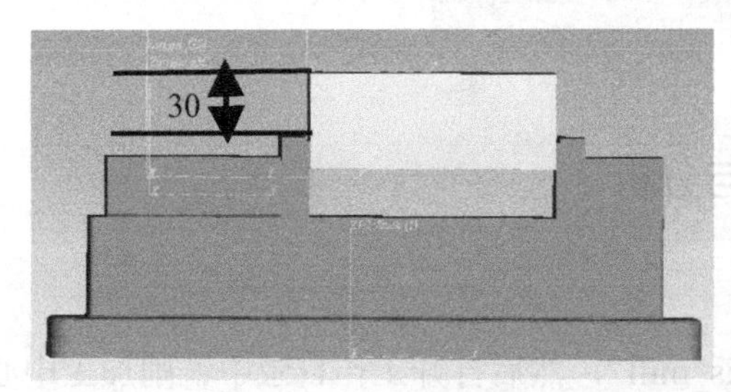

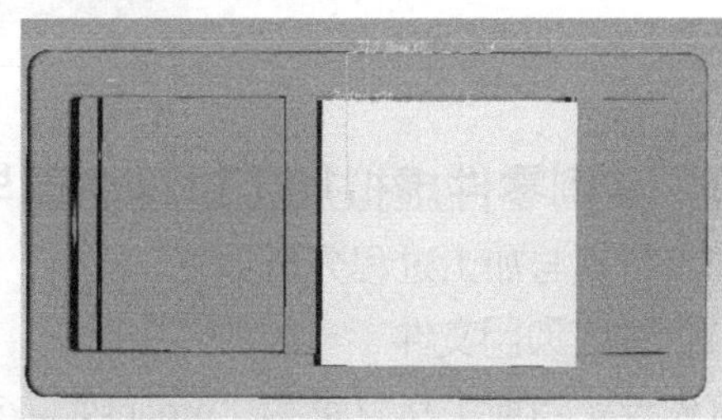

图 8-4　工位 1 工件的装夹位置

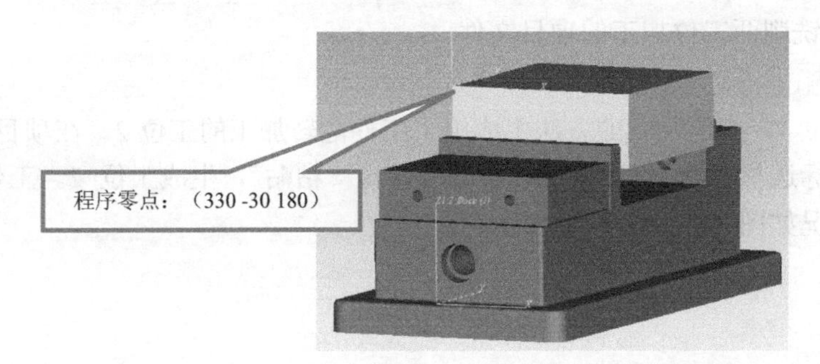

图 8-5　工位 1 工件的对刀方案

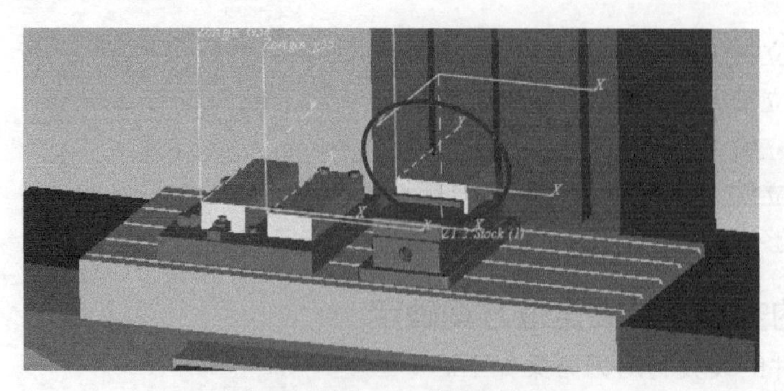

图8-6 工位2工件装夹方案

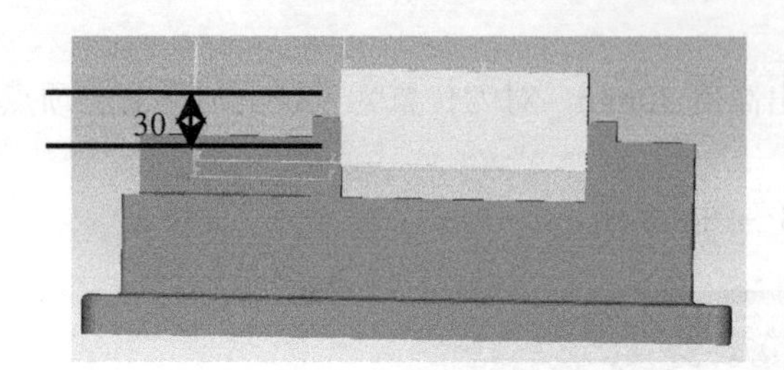

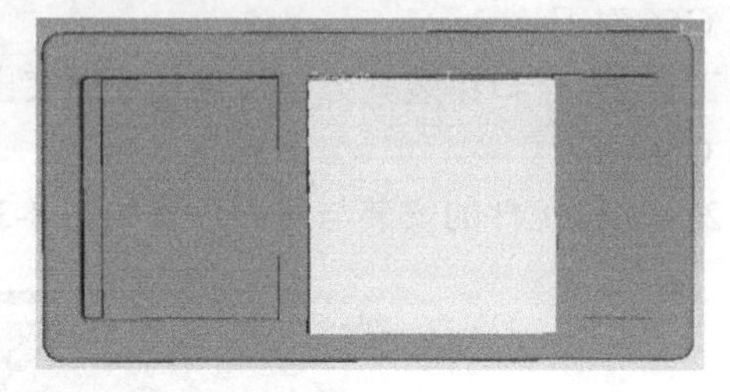

图8-7 工位2工件的装夹位置

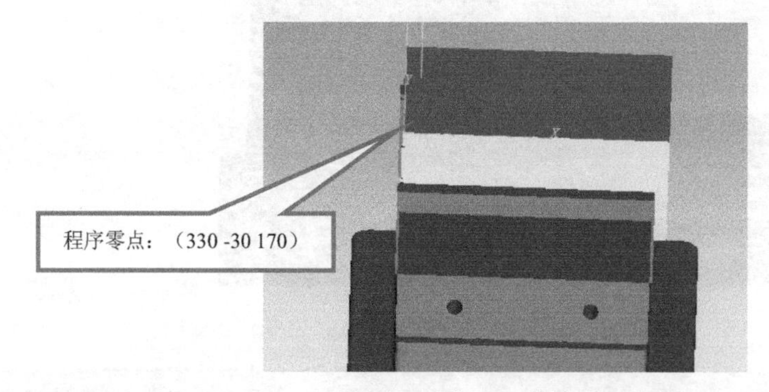

图8-8 工位2工件的对刀方案

8.1.4 实例零件虚拟加工过程仿真与分析

加工仿真与加工过程分析如下。

（1）生成项目文件

首先设定当前工作目录为“process\3axis_mill”，然后打开工作目录中铣削加工中心项目模板文件“3axis_mill_template.vcproject”，将其另存为项目文件“3axis_mill_part3_multisetup.vcproject”，将其作为本节铣削两工位加工的项目文件。

（2）设置与配置2个加工工位

将目前的工位作为工位1，应用复制的方法生成用于工件翻转加工的工位2。在项目树，选择“**工位：1**”，右击鼠标选择“**拷贝**”，继续右击鼠标选择“**粘贴**”，生成工位2。工位1与工位2的项目树配置情况如图8-9和图8-10所示。

项目：3axis_mill_part3_multisetup
工位：1
数控机床
坐标系统
origin_G54
origin_g55
origin_g56
1:2:Stock (1)
G-代码偏置
工作偏置
子系统:1, 寄存器:54, 子寄存器:1, 从:Spindle, 到:origin_G54
子系统:1, 寄存器:55, 子寄存器:1, 从:Spindle, 到:origin_g55
子系统:1, 寄存器:56, 子寄存器:1, 从:Spindle, 到:origin_g56
加工刀具：define_nc_program_origin
数控程序
数控子程序
保存过程文件

图 8-9　工位 1 项目树配置

项目：3axis_mill_part3_multisetup1
工位：1
工位：2
数控机床
控制：fan31im
机床：basic_3axes_vmill
坐标系统
origin_G54
origin_g55
origin_g56
1:2:Stock (1)
G-代码偏置
工作偏置
子系统:1, 寄存器:54, 子寄存器:1, 从:Spindle, 到:origin_G54
子系统:1, 寄存器:55, 子寄存器:1, 从:Spindle, 到:origin_g55
子系统:1, 寄存器:56, 子寄存器:1, 从:Spindle, 到:origin_g56
加工刀具：define_nc_program_origin
数控程序
数控子程序
保存过程文件

图 8-10　工位 2 项目树配置

（3）配置工位 1 的毛坯，进行安装与对刀

根据已经确定的工件安装与对刀方案，在工位 1 的项目树配置零件信息如下。

配置加工所用长方体毛坯。右击项目树“Stock(1)(0,0,0)”→“**添加模型**”→“**方块**”，设置长度 160，宽度 160，高度为 60。项目树上选择刚建立的该毛坯几何模型节点，在项目树下部的配置界面，选择“**移动**”标签，修改其位置值为“300 170 120”。

对安装后的毛坯进行对刀。

选择项目树工位 1 中的“**origin_g56**”节点，在项目树下部的配置界面，选择“**移动**”标签，修改其位置值为“330 -30 180”。毛坯对刀在其上表面左侧顶点处。毛坯安装与对刀后的结果如图 8-11 所示。

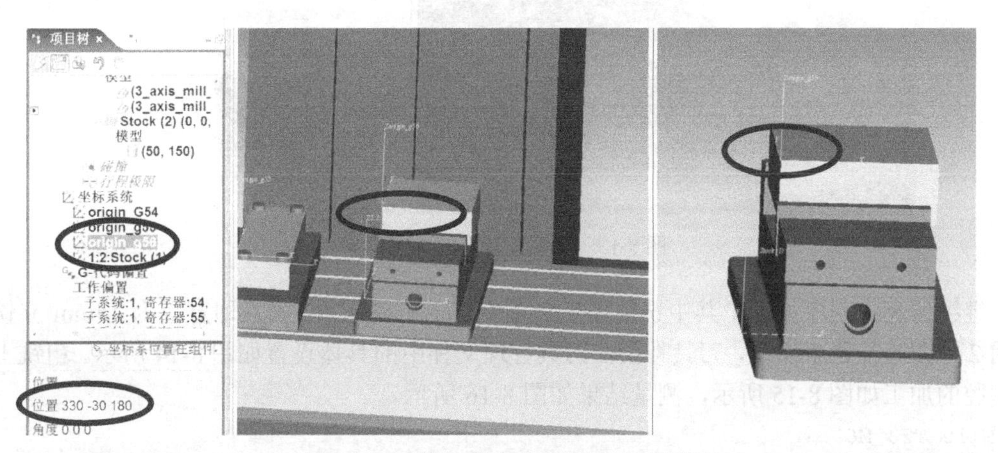

图 8-11　工位 1 毛坯的安装与对刀结果

添加工位 1 数控加工程序。右击项目树“**数控程序**”→“**添加数控程序文件…**”，弹出“**打开数控程序文件**”对话框，“**捷径**”处选“**工作目录**”，选择文件“program_part3_setup1.txt”，选择“**打开**”按钮。项目树设置结果如图 8-12 所示。

（4）工位 1 仿真结果分析与测量

重置模型，进行仿真。适当设置断点，使程序分别在各特征的加工结束后进行暂停，以进行加工结果分析与测量。

上顶面预钻工艺孔的加工结果如图 8-13 所示。加工程序如下。

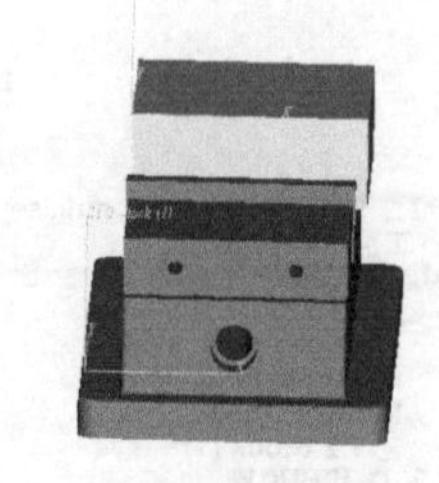

图 8-12 工位 1 项目树设置结果

```
N10 T5 M6
N15 G56 G43 G0 Z10 H5
N16 G52 X80 Y80
N20 G56 G0 X0. Y0. S4000 M3 M8
N30 G1 Z-10. F750
N40 G0 G40 Z10
N41 G0 X0. Y0.
N42 Z100.
N43 G91 G28 Z0. M5 M9
N44 G28 X0.Y0.A0.
```

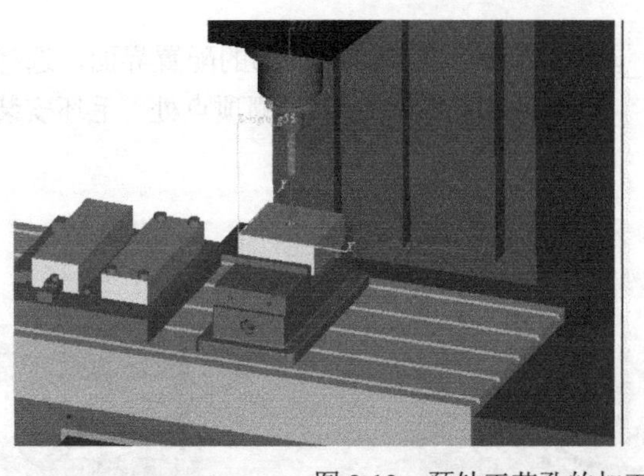
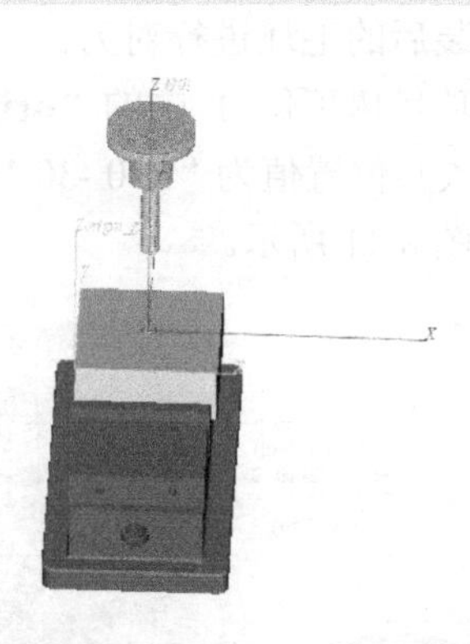

图 8-13 预钻工艺孔的加工结果

继续仿真，程序如下。其中铣削加工余量 0.5mm，通过 23#刀具即直径为 14mm 立铣刀采用 2 号刀具补偿来实现，刀具补偿在刀具管理文件中的具体设置如图 8-14 所示。粗铣上表面型腔的加工如图 8-15 所示，测量结果如图 8-16 所示。

```
N110 T23 M6
N115 G56 G43 G0 Z10 H23
N120 G0 G90 X0. Y0. S4000 M3 M8
N130 G1 Z-10. F750
N140 G1 G41 X12. Y0. D2
    G3 I-12. J0. F600
    G0 Z10.
    G0 G40 Z100.
N150 T23 M6
N151 G56 G43 G0 Z10 H23
N152 G0 X0. Y0. S4000 M3 M8
```

```
N153 G1 Z-10. F750
N154 G1 G41 X18. Y-10. D2
     G1 X35.
     G3 Y10. R10. F600
     G1 X22.913
     G3 X10 Y22.913 R25 F600
     G1 Y35
     G3 X-10 R10
     G1 Y22.913
     G3 X-22.913 Y10 R25 F600
     G1 X-35
     G3 Y-10 R10
     G1 X-22.913
     G3 X-10 Y-22.913 R25 F600
     G1 Y-35
     G3 X10 R10
     G1 Y-22.913
     G3 X25 Y0 R25
     G0 Z10.
     G0 G40 Z100.
     M5
N180 G91 G28 Z0. M9
N181 G28 X0.Y0.A0.
```

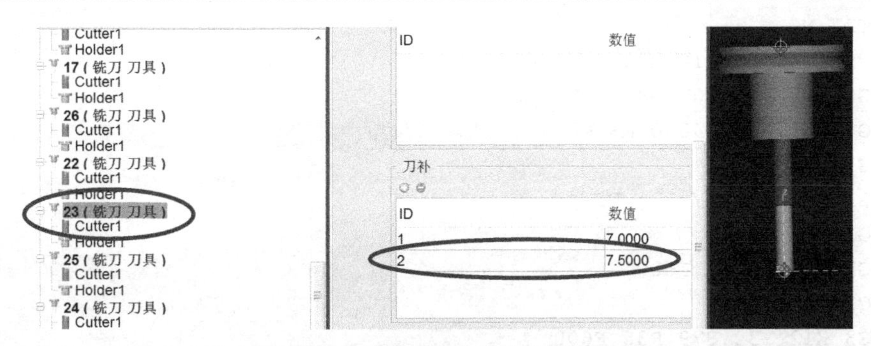

图 8-14　23#刀具的刀具补偿设置

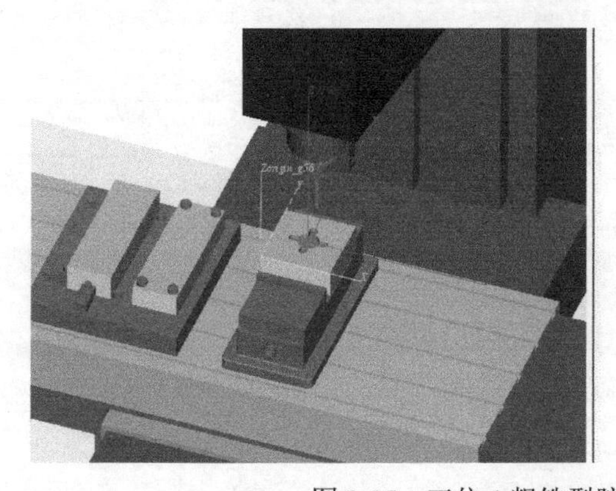
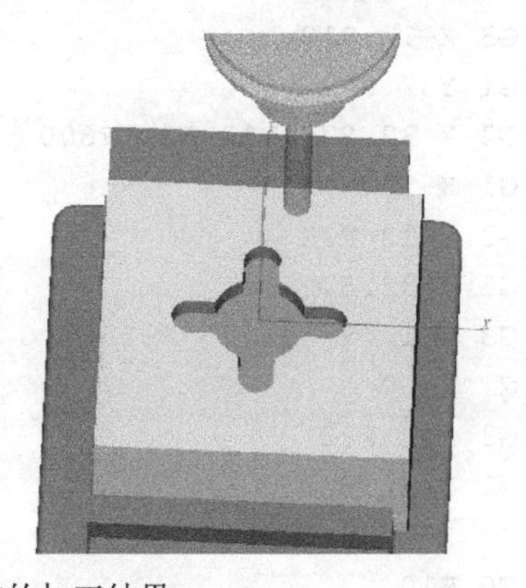

图 8-15　工位 1 粗铣型腔的加工结果

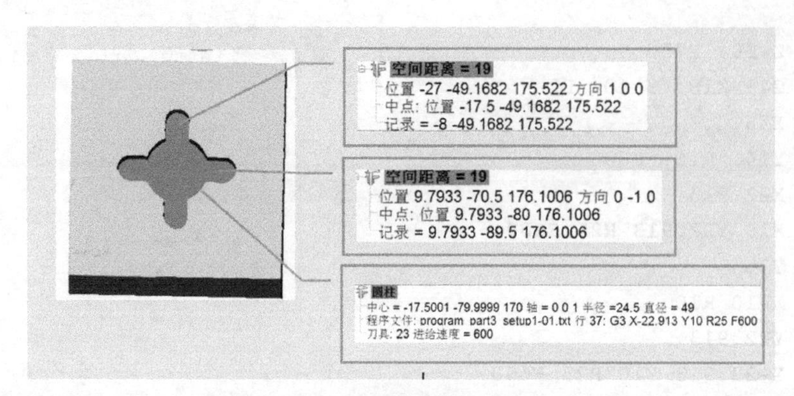

图 8-16 工位 1 粗铣型腔的测量结果

测量结果分析如表 8-2 所示。

表 8-2 加工结果测量 mm

测量编号	测量类型	零件尺寸	加工余量	期望尺寸	实际尺寸	加工结果
1	特征距离	20	0.5	19	19	正确
2	特征距离	20	0.5	19	19	正确
3	加工特征	$\phi 50$	0.5	$\phi 49$	$\phi 49$	正确

继续仿真，程序如下。其中铣削加工余量 0.5mm，通过 27#刀具即直径为 14mm 立铣刀采用 2 号刀具补偿来实现，刀具补偿在刀具管理文件中的具体设置如图 8-17 所示。粗铣上表面型腔的加工如图 8-18 所示，测量结果如图 8-19 所示。

```
N210 T27 M6
N215 G56 G43 G0 Z10 H23
N220 G0 G90 X0. Y0. S4000 M3 M8
N225 G0 X0. Y0. S4000 M3 M8
N230 G1 Z-5. F750
N240 G1 G41 X18. Y-12. D2
     G1 X50.
     G3 Y12. R12. F600
     G1 X32.879
     G3 X12 Y32.879 R35 F600
     G1 Y50
     G3 X-12 R12
     G1 Y32.879
     G3 X-32.879 Y12 R35 F600
     G1 X-50
     G3 Y-12 R12
     G1 X-32.879
     G3 X-12 Y-32.879 R35 F600
     G1 Y-50
     G3 X12 R12
     G1 Y-32.879
     G3 X35 Y0 R35
     G0 Z10.
```

```
    G0 G40 Z100.
    M5
N260 G91 G28 Z0. M9
N261 G28 X0.Y0.A0.
```

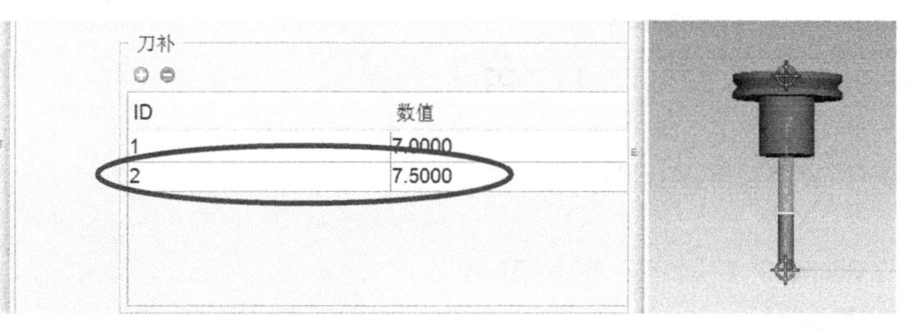

图 8-17　27#刀具的刀具补偿设置

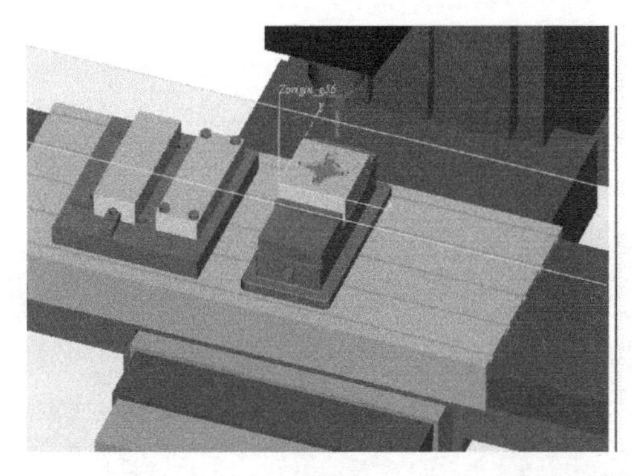

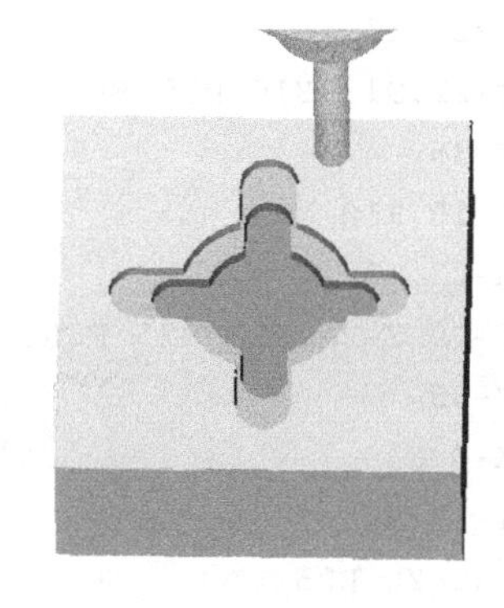

图 8-18　工位 1 粗铣型腔的加工结果

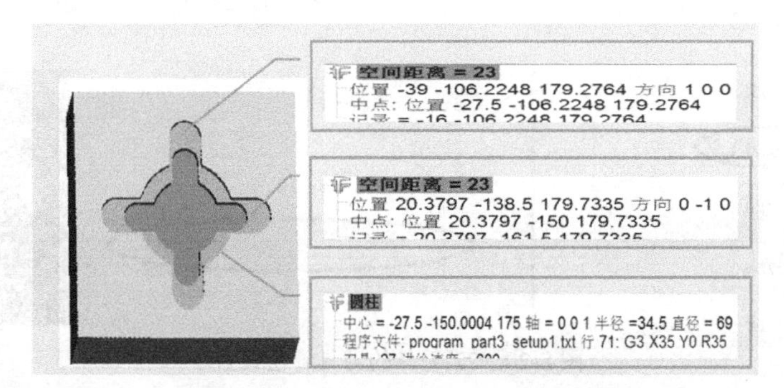

图 8-19　工位 1 粗铣型腔的测量结果

测量结果分析如表 8-3 所示。

表 8-3　加工结果测量　mm

测量编号	测量类型	零件尺寸	加工余量	期望尺寸	实际尺寸	加工结果
1	特征距离	24	0.5	23	23	正确
2	特征距离	24	0.5	23	23	正确
3	加工特征	ϕ70	0.5	ϕ69	ϕ69	正确

继续仿真，程序如下。其中铣削加工余量 0.0mm，通过 22#刀具即直径为 10mm 立铣刀采用 1 号刀具补偿来实现，刀具补偿在刀具管理文件中的具体设置如图 8-20 所示。精铣上表

面型腔的加工如图8-21所示，测量结果如图8-22所示。

```
N310 T22 M6
N315 G56 G43 G0 Z10 H23
N320 G0 G90 X0. Y0. S4000 M3 M8
N330 G1 Z-10. F750
N340 G1 G41 X18. Y-10. D1
    G1 X35.
    G3 Y10. R10. F600
    G1 X22.913
    G3 X10 Y22.913 R25 F600
    G1 Y35
    G3 X-10 R10
    G1 Y22.913
    G3 X-22.913 Y10 R25 F600
    G1 X-35
    G3 Y-10 R10
    G1 X-22.913
    G3 X-10 Y-22.913 R25 F600
    G1 Y-35
    G3 X10 R10
    G1 Y-22.913
    G3 X25 Y0 R25
    G0 Z10.
    G0 G40 Z100.
```

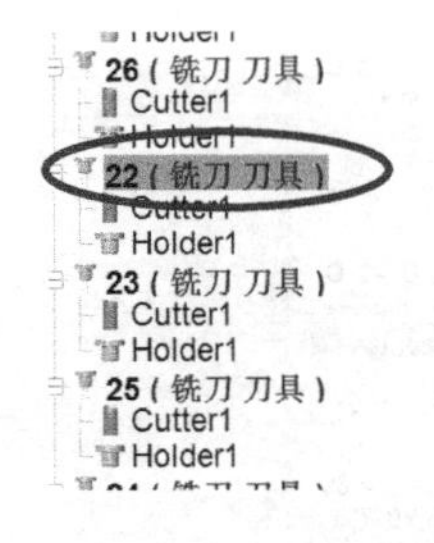

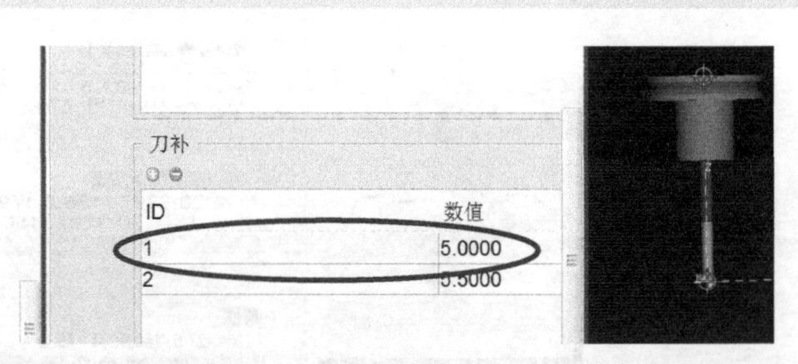

图8-20 22#刀具的刀具补偿设置

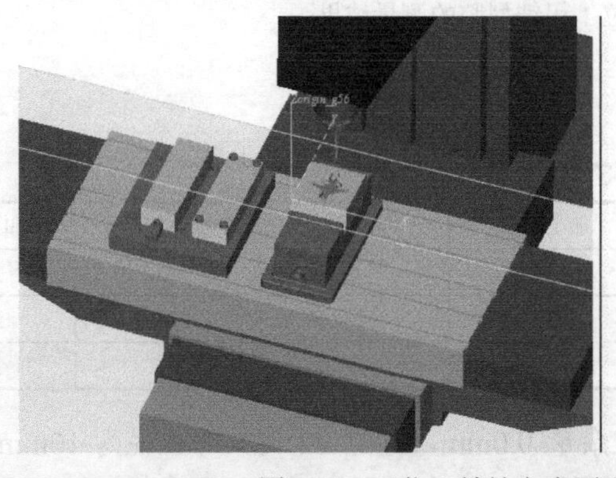
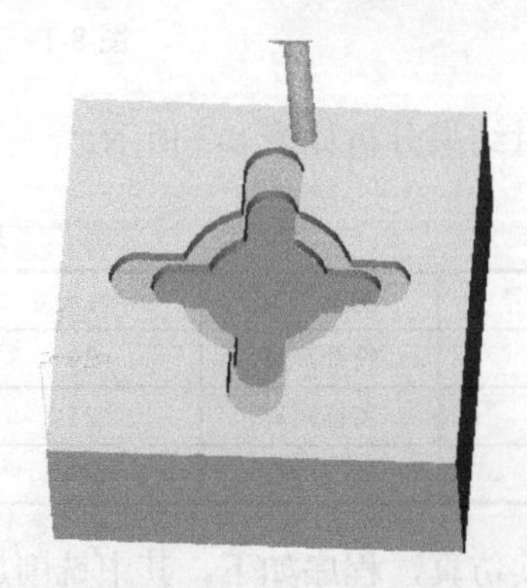

图8-21 工位1精铣上表面型腔的加工（一）

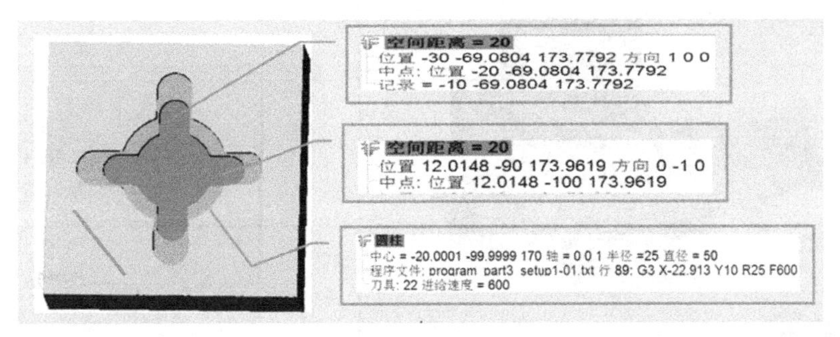

图 8-22　工位 1 精铣上表面型腔的测量结果（一）

测量结果分析如表 8-4 所示。

表 8-4　加工结果测量　　mm

测量编号	测量类型	零件尺寸	加工余量	期望尺寸	实际尺寸	加工结果
1	特征距离	20	0.0	20	20	正确
2	特征距离	20	0.0	20	20	正确
3	加工特征	$\phi 50$	0.0	$\phi 50$	$\phi 50$	正确

继续仿真，程序如下。其中铣削加工余量 0.0mm，通过 $22^{\#}$刀具即直径为 10mm 立铣刀采用 1 号刀具补偿来实现。精铣上表面型腔的加工如图 8-23 所示，测量结果如图 8-24 所示。

```
N410 T22 M6
N415 G56 G43 G0 Z10 H23
N420 G0 X0. Y0. S4000 M3 M8
N425 G0 X0. Y0. S4000 M3 M8
N430 G1 Z-5. F750
N440 G1 G41 X18. Y-12. D1
     G1 X50.
     G3 Y12. R12. F600
     G1 X32.879
     G3 X12 Y32.879 R35 F600
     G1 Y50
     G3 X-12 R12
     G1 Y32.879
     G3 X-32.879 Y12 R35 F600
     G1 X-50
     G3 Y-12 R12
     G1 X-32.879
     G3 X-12 Y-32.879 R35 F600
     G1 Y-50
     G3 X12 R12
     G1 Y-32.879
     G3 X35 Y0 R35
     G0 Z10.
     G0 G40 Z100.
     M5
     G91 G28 Z0. M9
     G28 X0.Y0.A0.
M30
```

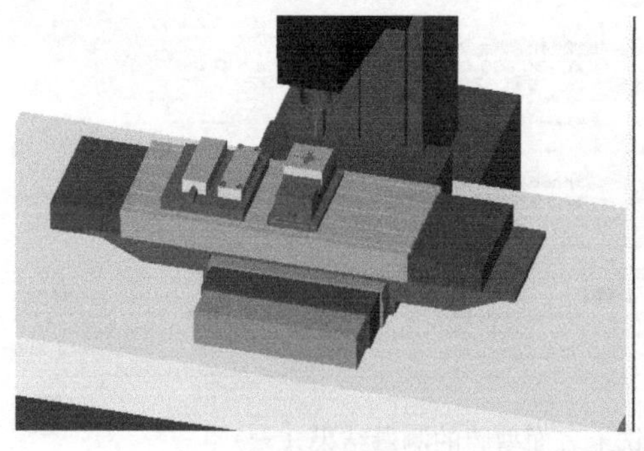
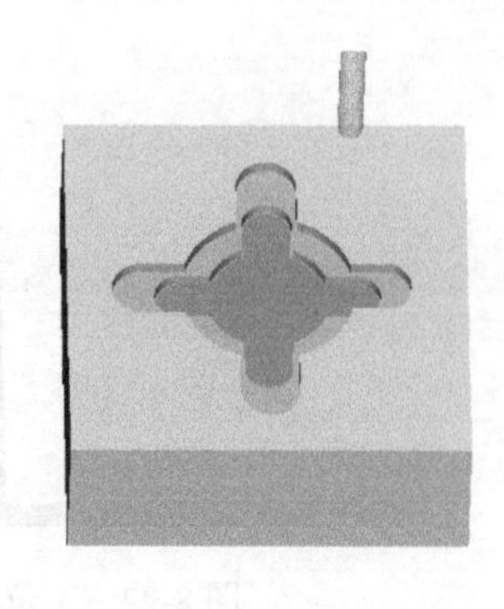

图 8-23 工位 1 精铣上表面型腔的加工（二）

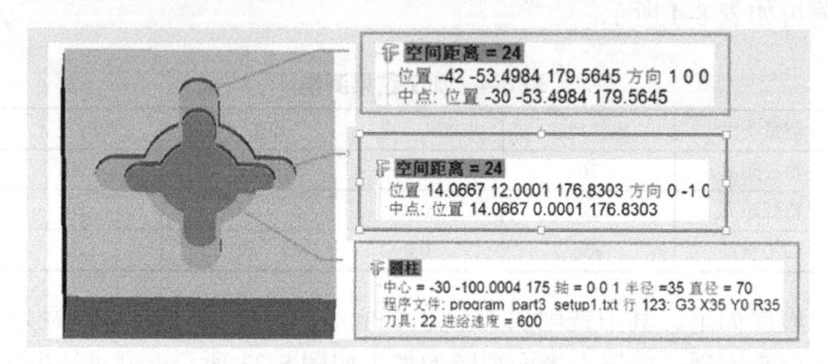

图 8-24 工位 1 精铣上表面型腔的测量结果（二）

测量结果分析如表 8-5 所示。

表 8-5 加工结果测量 mm

测量编号	测量类型	零件尺寸	加工余量	期望尺寸	实际尺寸	加工结果
1	特征距离	24	0.0	24	24	正确
2	特征距离	24	0.0	24	24	正确
3	加工特征	$\phi70$	0.0	$\phi70$	$\phi70$	正确

（5）传递毛坯至工位 2 并安装与对刀

鼠标右击“**仿真至结束**”按钮，选择“**添加**”按钮，在“**暂停**”下拉菜单选择“**各个工位的结束**”，如图 8-25 所示，用于设置程序执行时在第一工位加工结束后暂停。点击“**仿真至结束**”按钮，程序执行，并暂停在第一工位加工结束后。

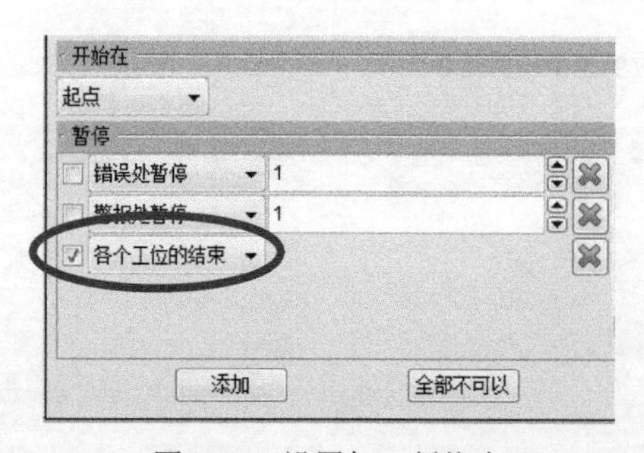

图 8-25 设置加工暂停点

点击“**单步运行**”按钮，程序单步执行，进入工位 2，此时工位 1 加工后的零件作为毛坯（如图 8-26 所示）传递到工位 2，见图 8-27。

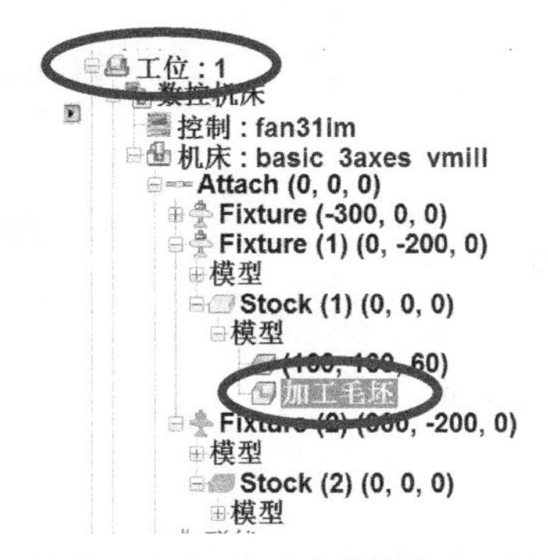

图 8-26 工位 1 生成的加工毛坯

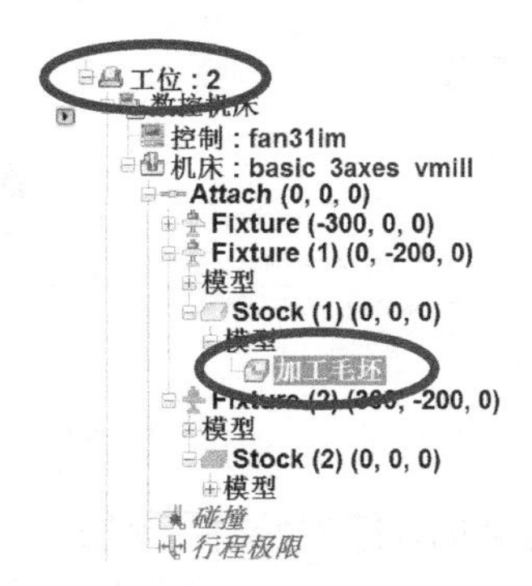

图 8-27 加工毛坯转移至工位 2

将毛坯翻转安装，鼠标点击选择图形区的毛坯工件，在项目的“**位置**”输入“0 500 290”，“**角度**”输入“180 0 0”，如图 8-28 所示，点击“**保留毛坯的转变**”按钮，确定与保存安装位置。

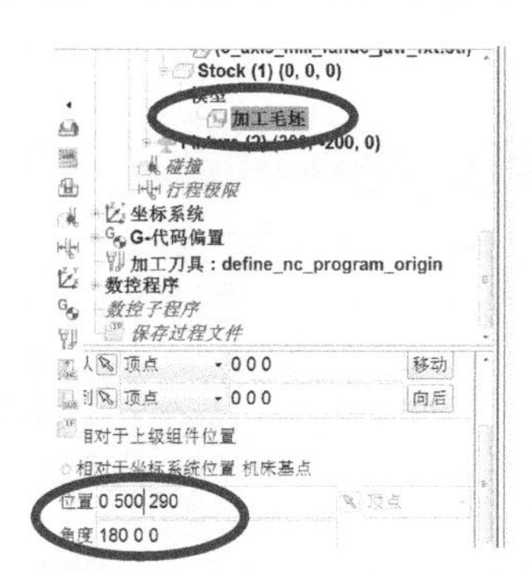

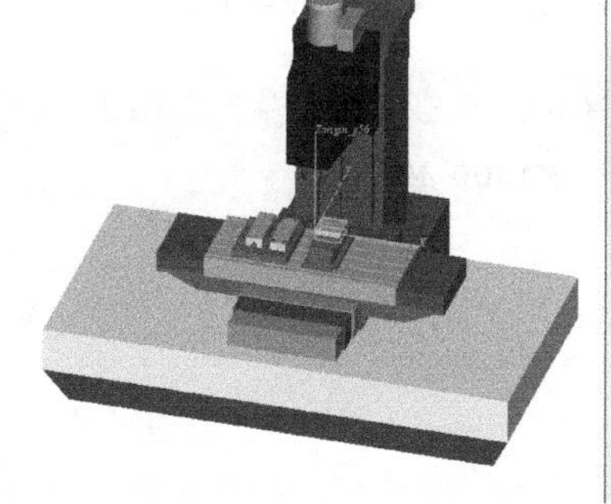

图 8-28 安装及定位工位 2 加工毛坯

选择项目树工位 2 中的“**origin_g56**”节点，在项目树下部的配置界面，选择“**移动**”标签，修改其位置值为“330 -30 170”。毛坯对刀在其下表面左侧顶点处。毛坯安装与对刀后的结果如图 8-29 所示。

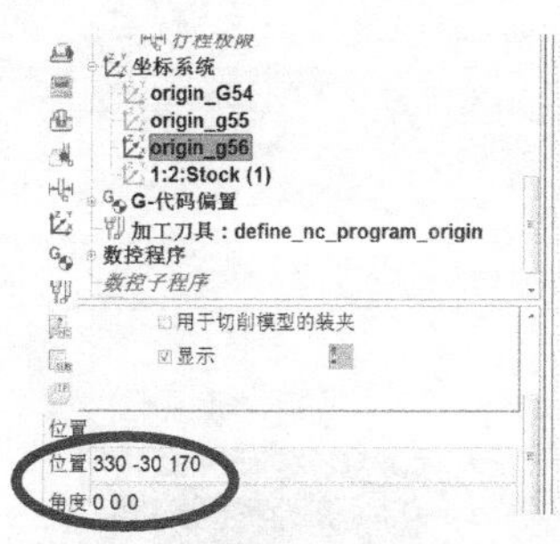

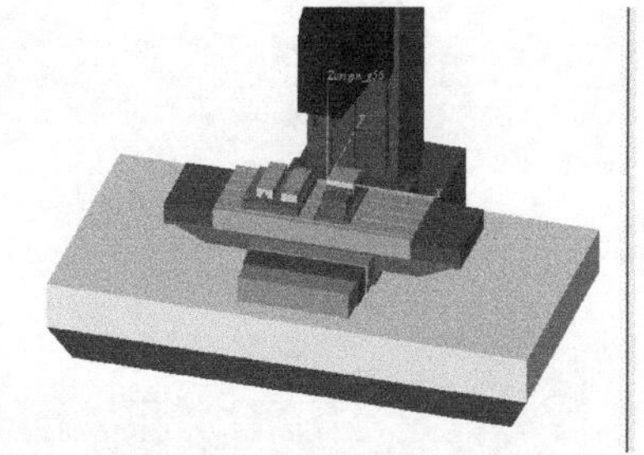

图 8-29 工位 2 加工毛坯的安装与定位

添加工位 2 数控加工程序。右击项目树“**数控程序**”→“**添加数控程序文件…**”，弹出“**打开数控程序文件**”对话框，“**捷径**”处选“**工作目录**”，选择文件“program_part3_setup2.txt”，选择“**打开**”按钮。

工位 2 的项目树的设置结果如图 8-30 所示。

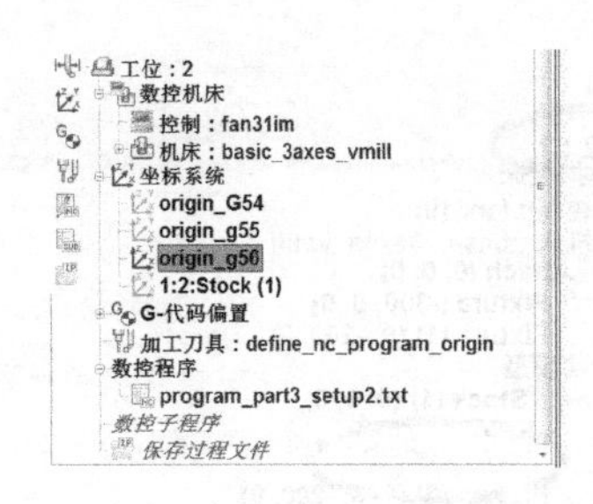

图 8-30 工位 2 项目树设置结果

（6）工位 2 仿真结果分析与测量

重置模型，进行仿真。适当设置断点，使程序分别在各型腔或凸台等特征的加工结束后进行暂停，以进行加工结果分析与测量。

继续仿真，程序如下。其中铣削加工余量 0.5mm，通过 17#刀具即直径为 20mm 立铣刀采用 2 号刀具补偿来实现，刀具补偿在刀具管理文件中的具体设置如图 8-31 所示。下表面粗铣凸台的加工如图 8-32 所示，测量结果如图 8-33 所示。

```
N10 T17 M6
N15 G56 G43 G0 Z10 H17
N20 G56 G0 X-40. Y-30. S4000 M3 M8
N30 G1 Z-10. F750
N31 G42 X20. Y-25. D2
N32 X20. Y-20
    Y120.
    G02 X40. Y140.R20
    G01 X120.
    G02 X140 Y120.R20.
    G01 Y40.
    G02 X120 Y20. R20.
    G01 X40
    G02 X20 Y40.R20.
    G01 Y200
N50 G0 G40 Z10
    G0 X0. Y0.
    Z100.
M5
    G91 G28 Z0. M9
    G28 X0.Y0.A0.
```

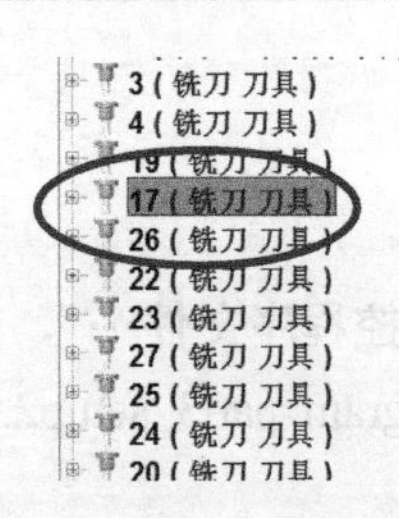

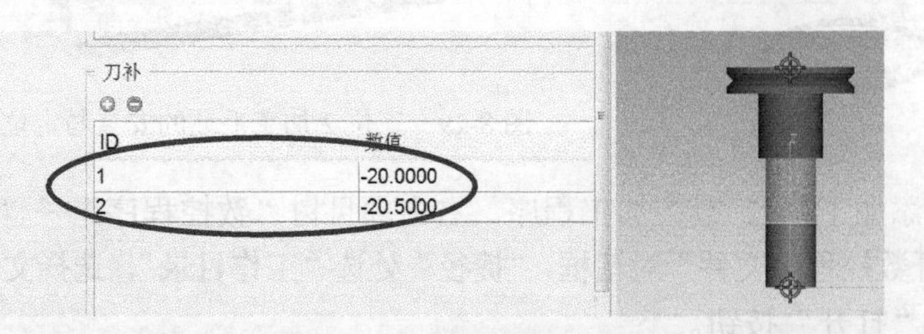

图 8-31 17#刀具的刀具补偿设置

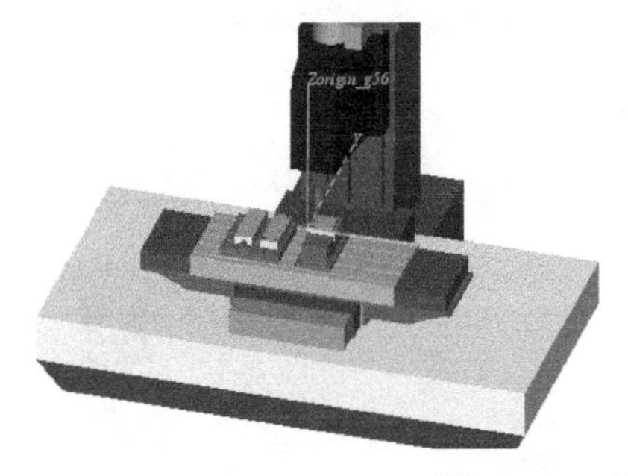

图 8-32　工位 2 粗铣凸台加工结果

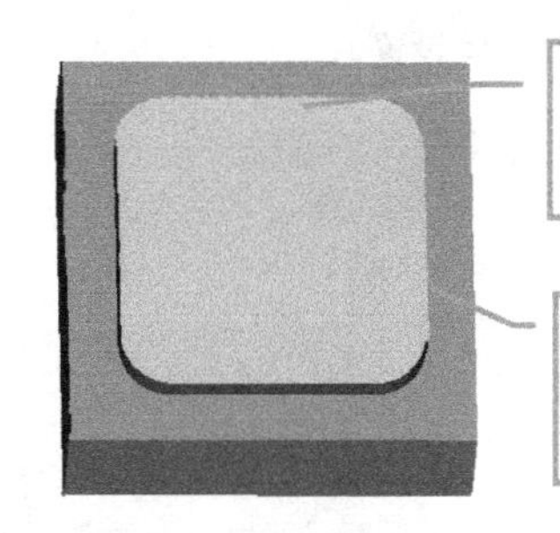

图 8-33　工位 2 粗铣凸台测量结果

测量结果分析如表 8-6 所示。

表 8-6　加工结果测量　　mm

测量编号	测量类型	零件尺寸	加工余量	期望尺寸	实际尺寸	加工结果
1	凸台长度	120	0.5	121	121	正确
2	凸台宽度	120	0.5	121	121	正确

继续仿真，程序如下。其中铣削加工余量 0.0mm，通过 4#刀具即直径为 16mm 立铣刀采用 1 号刀具补偿来实现，刀具补偿在刀具管理文件中的具体设置如图 8-34 所示。下表面精铣凸台的加工如图 8-35 所示，测量结果如图 8-36 所示。

```
N110 T4 M6
N115 G56 G43 G0 Z10 H4
N120 G56 G0 G90 X-40. Y-30. S4000 M3 M8
N130 G1 Z-10. F750
N131 G42 X20. Y-25. D1
   X20. Y-20
   Y120.
   G02 X40. Y140.R20
   G01 X120.
   G02 X140 Y120.R20.
   G01 Y40.
   G02 X120 Y20. R20.
   G01 X40
   G02 X20 Y40.R20.
   G01 Y200
N160 G0 G40 Z10
   G0 X0. Y0.
```

```
    Z100.
M5
    G91 G28 Z0. M9
    G28 X0.Y0.A0.
```

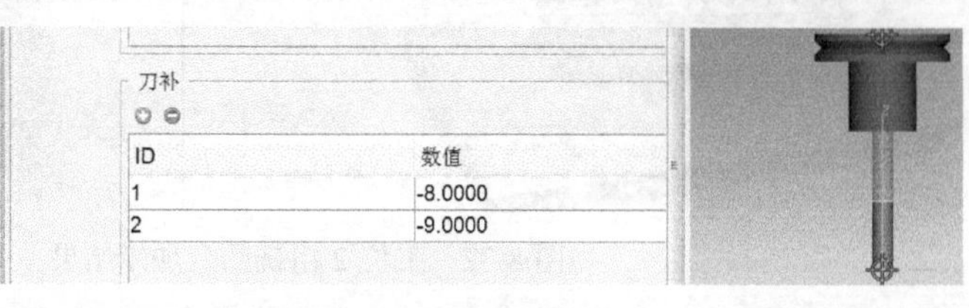

图 8-34 4#刀具的刀具补偿设置

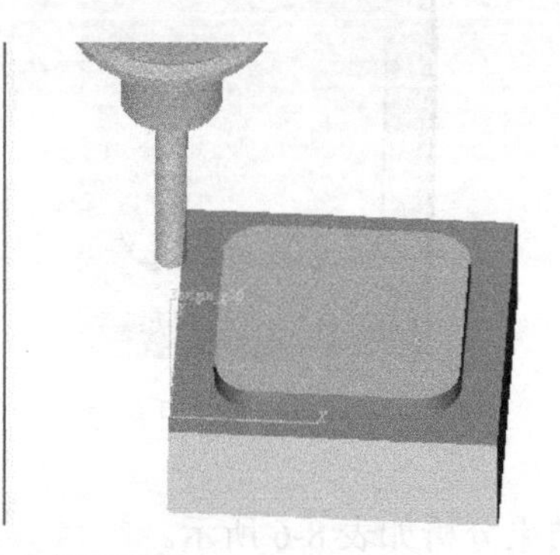

图 8-35 工位 2 精铣凸台加工结果

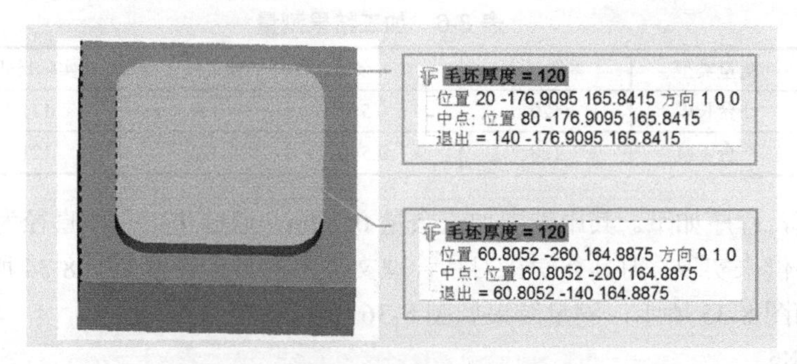

图 8-36 工位 2 精铣凸台测量结果

测量结果分析如表 8-7 所示。

表 8-7 加工结果测量 mm

测量编号	测量类型	零件尺寸	加工余量	期望尺寸	实际尺寸	加工结果
1	凸台长度	120	0.0	120	120	正确
2	凸台宽度	120	0.0	120	120	正确

继续仿真，程序如下。下表面预钻工艺孔的加工结果如图 8-37 所示。

```
N210 T2 M6
N215 G56 G43 G0 Z10 H2
N216 G52 X80 Y80
N220 G56 G0 X0. Y0. S4000 M3 M8
N230 G1 Z-10. F750
```

```
N240 G0 G40 Z10
   G0 X0. Y0.
   Z100.
M5
   G91 G28 Z0. M9
   G28 X0.Y0.A0.
```

图 8-37　预钻工艺孔的加工结果

继续仿真，程序如下。其中铣削加工余量 0.5mm，通过 23#刀具即直径为 16mm 立铣刀采用 2 号刀具补偿来实现。粗铣下表面圆孔型腔的加工如图 8-38 所示，测量结果如图 8-39 所示。

```
N310 T23 M6
N315 G56 G43 G0 Z10 H23
N316 G52 X80 Y80
N320 G0 G90 X0. Y0. S4000 M3 M8
N330 G1 Z-10. F750
N340 G1 G41 X14. Y0. D2
   G3 I-14. J0. F600
   G0 Z10.
   G0 G40 Z100.
M5
   G91 G28 Z0. M9
   G28 X0.Y0.A0.
```

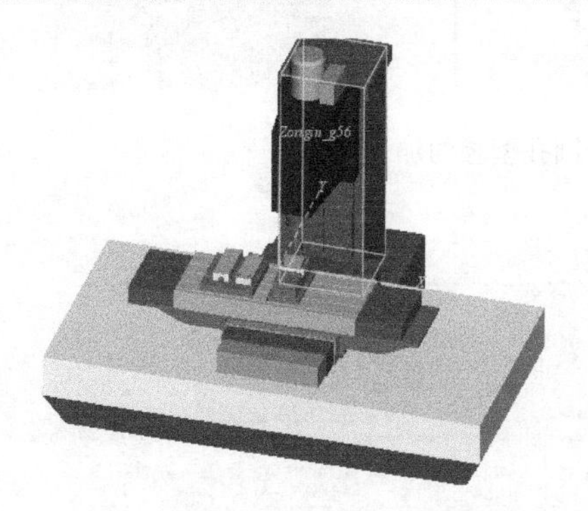
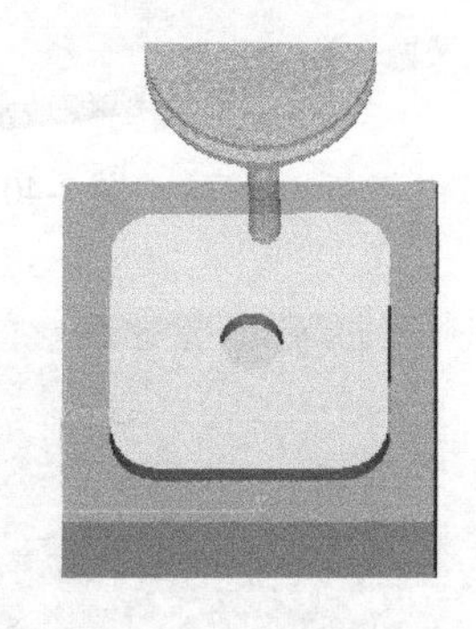

图 8-38　粗铣圆孔型腔的加工结果

测量结果分析如表 8-8 所示。

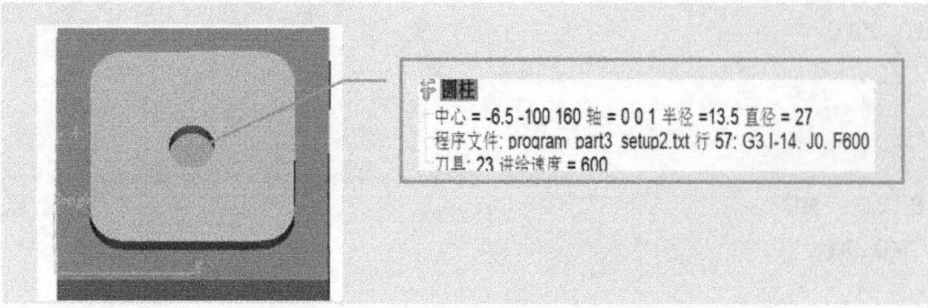

图 8-39 粗铣圆孔型腔的测量结果

表 8-8 加工结果测量 mm

测量编号	测量类型	零件尺寸	加工余量	期望尺寸	实际尺寸	加工结果
1	型腔直径	ϕ28	0.5	ϕ27	ϕ27	正确

继续仿真，程序如下。其中铣削加工余量 0.0mm，通过 22#刀具即直径为 16mm 立铣刀采用 1 号刀具补偿来实现。精铣下表面圆孔型腔的加工如图 8-40 所示，测量结果如图 8-41 所示。

```
N410 T22 M6
N415 G56 G43 G0 Z10 H22
N420 G0 G90 X0. Y0. S4000 M3 M8
N430 G1 Z-10. F750
N440 G1 G41 X14. Y0. D1
    G3 I-14. J0. F600
    G0 Z10.
    G0 G40 Z100.
M5
    G91 G28 Z0. M9
    G28 X0.Y0.A0.
```

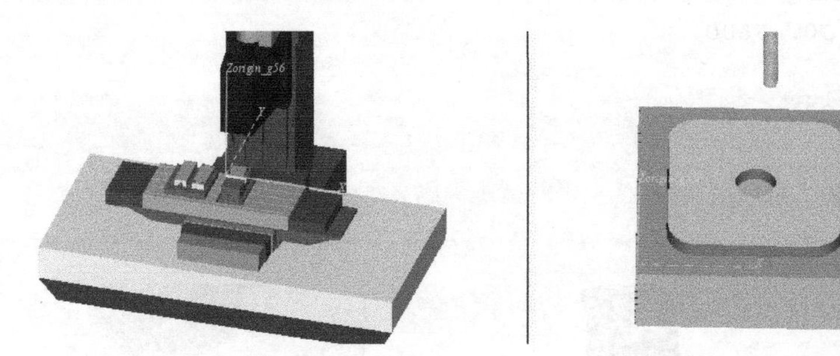

图 8-40 精铣圆孔型腔的加工结果

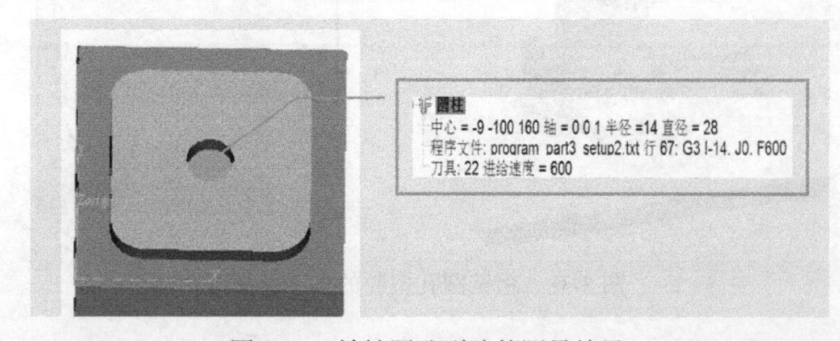

图 8-41 精铣圆孔型腔的测量结果

测量结果分析如表 8-9 所示。

表 8-9　加工结果测量　　mm

测量编号	测量类型	零件尺寸	加工余量	期望尺寸	实际尺寸	加工结果
1	型腔直径	$\phi 28$	0.0	$\phi 28$	$\phi 28$	正确

继续仿真，程序如下。其中铣削加工余量 0.5mm，通过 28#刀具即直径为 18mm 立铣刀采用 2 号刀具补偿来实现，刀具补偿设置如图 8-42 所示。粗铣下表面三角形型腔的加工如图 8-43 所示，加工结果测量如图 8-44 所示。

```
N510 T28 M6
N515 G56 G43 G0 Z10 H23
N520 G0 G90 X0. Y0. S4000 M3 M8
N530 G1 Z-5. F750
N540 G1 G41 X25. Y-5. D2
    G1 X25. Y30.
    G1 X15. Y38.66,R10
    G1 X-50 Y0.,R10
    G1 X25. Y-38.66,R10
    G1 X25 Y0
    G0 Z10.
    G0 G40 Z100.
M5
    G91 G28 Z0. M9
    G28 X0.Y0.A0.
```

3 (铣刀 刀具)
4 (铣刀 刀具)
19 (铣刀 刀具)
17 (铣刀 刀具)
26 (铣刀 刀具)
22 (铣刀 刀具)
23 (铣刀 刀具)
28 (铣刀 刀具)
27 (铣刀 刀具)
25 (铣刀 刀具)

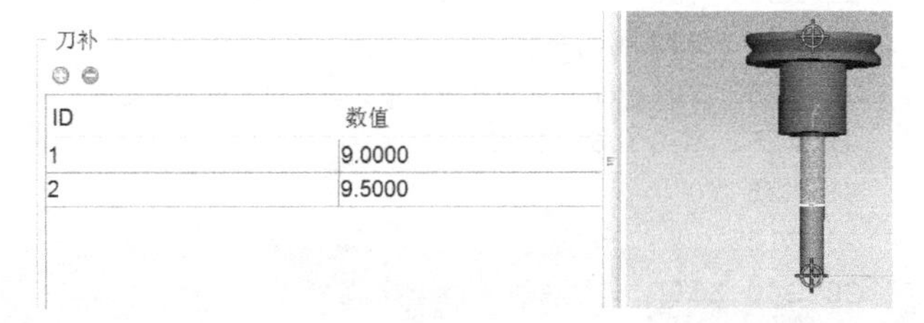

图 8-42　28#刀具的刀具补偿设置

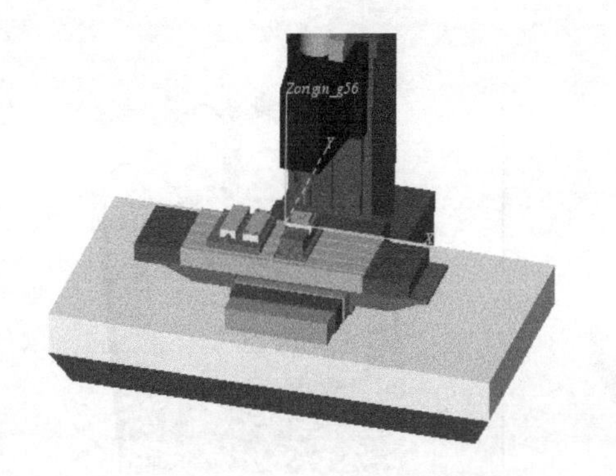

图 8-43　粗铣三角形型腔的加工结果

测量结果分析如表 8-10 所示。

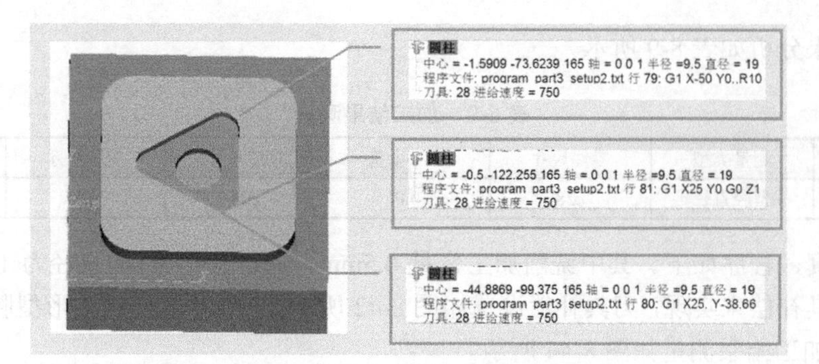

图 8-44 粗铣三角形型腔的测量结果

表 8-10 加工结果测量 mm

测量编号	测量类型	零件尺寸	加工余量	期望尺寸	实际尺寸	加工结果
1	圆弧型腔直径	$\phi20$	0.5	$\phi19$	$\phi19$	正确
2	圆弧型腔直径	$\phi20$	0.5	$\phi19$	$\phi19$	正确
3	圆弧型腔直径	$\phi20$	0.5	$\phi19$	$\phi19$	正确

继续仿真，程序如下。其中铣削加工余量 0.0mm，通过 22#刀具即直径为 16mm 立铣刀采用 1 号刀具补偿来实现。精铣下表面三角形型腔的加工如图 8-45 所示。

```
N610 T22 M6
N615 G56 G43 G0 Z10 H22
N620 G0 G90 X0. Y0. S4000 M3 M8
N630 G1 Z-5. F750
N640 G1 G41 X25. Y-5. D1
   G1 X25. Y30.
   G1 X15. Y38.66,R10
   G1 X-50 Y0.,R10
   G1 X25. Y-38.66,R10
   G1 X25 Y0
   G0 Z10.
   G0 G40 Z100.
M5
   G91 G28 Z0. M9
   G28 X0.Y0.A0.
```

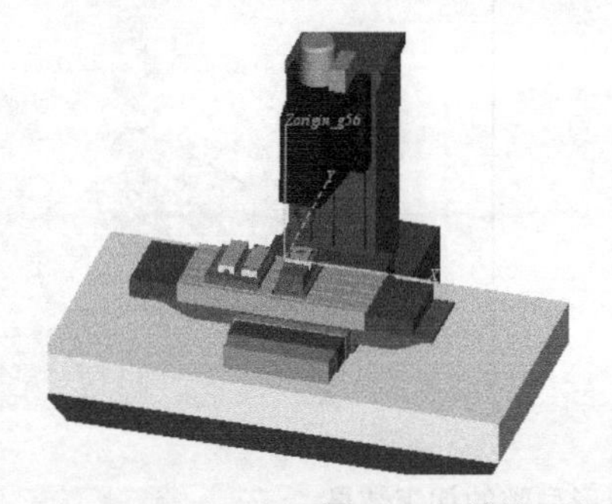

图 8-45 精铣三角形型腔的加工结果

精铣下表面三角形型腔的测量结果如图 8-46 所示。

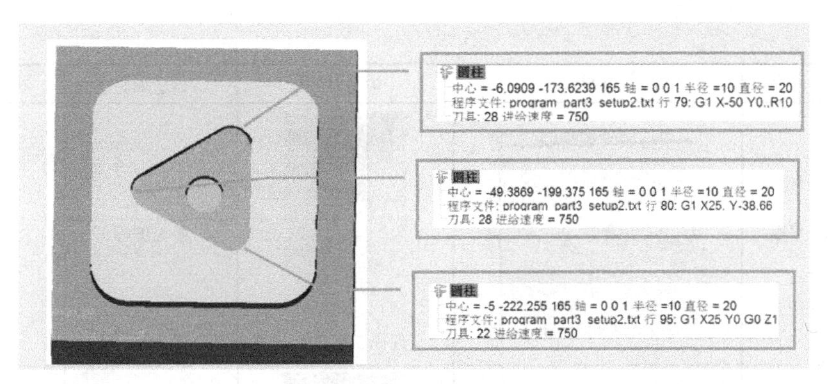

图 8-46　精铣三角形型腔的测量结果

测量结果分析如表 8-11 所示。

表 8-11　加工结果测量　mm

测量编号	测量类型	零件尺寸	加工余量	期望尺寸	实际尺寸	加工结果
1	圆弧型腔直径	ϕ20	0.0	ϕ20	ϕ20	正确
2	圆弧型腔直径	ϕ20	0.0	ϕ20	ϕ20	正确
3	圆弧型腔直径	ϕ20	0.0	ϕ20	ϕ20	正确

（7）保存项目于当前工作目录，结束仿真

8.2　实例零件 2——零件双工位铣削加工

15．铣削实例 2

8.2.1　实例零件及其加工过程

在三轴机床上针对三块毛坯进行加工，加工结果如图 8-47 所示。

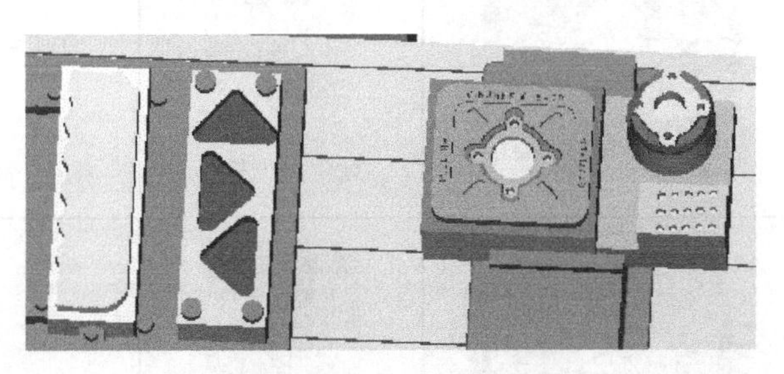

图 8-47　实例零件加工结果

加工具体过程如表 8-12 所示。

表 8-12　零件加工过程　mm

序号	工作内容	结果	切削刀具	程序编制	机床控制程序
0	准备毛坯	毛坯 1：方块毛坯，长 100，宽 300，高 60，材料 45 钢 毛坯 2：毛坯文件“define_nc_program_origin_fixture.ply”，材料 45 钢 毛坯 3：组合毛坯，具体见设置过程，材料 45 钢			

续表

序号	工作内容	结果	切削刀具	程序编制	机床控制程序
1	铣削平面		直径30立铣刀	手工编程	T17 D1 M6
2	铣削凸台		直径30立铣刀	手工编程	T4 D1 M6
3	铣削方形型腔		直径16立铣刀	手工编程	T4 D1 M6
4	铣削圆形型腔		直径16立铣刀	手工编程	T4 D1 M6
5	铣削小型腔轮廓		直径20立铣刀	手工编程	T3 D1 M6
6	铣削大型腔轮廓		直径20立铣刀	手工编程	T3 D1 M6

续表

序号	工作内容	结果	切削刀具	程序编制	机床控制程序
7	钻圆周孔		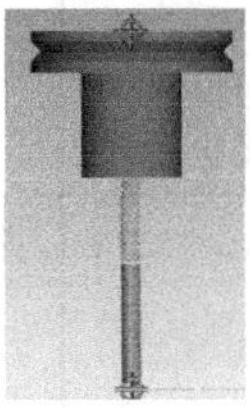 直径 10 钻头	手工编程	T2 D1 M6
8	铣圆周槽		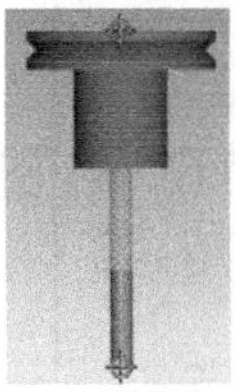 直径 12 立铣刀	手工编程	T22 D1 M6
9	刻字	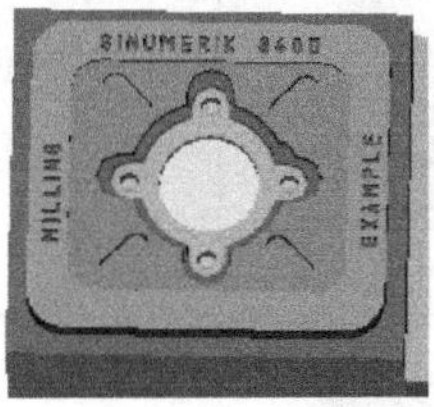	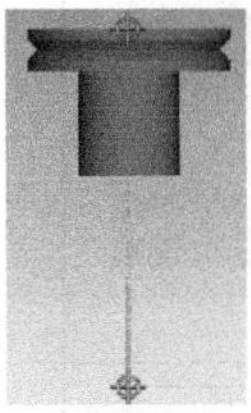 直径 2 立铣刀	手工编程	T18 D1 M6
10	粗铣圆形凸台	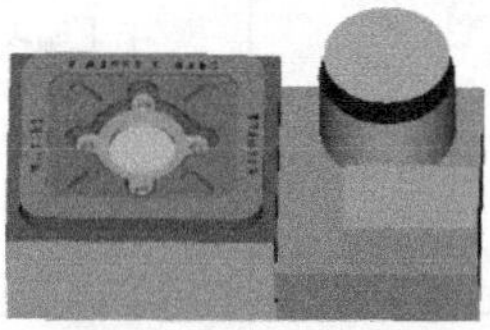	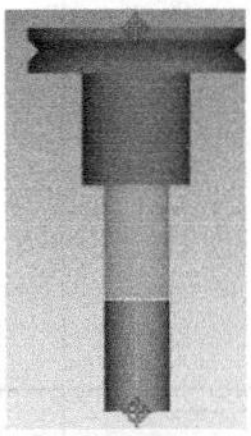 直径 30 立铣刀	手工编程	T17 D1 M6
11	精铣圆形凸台	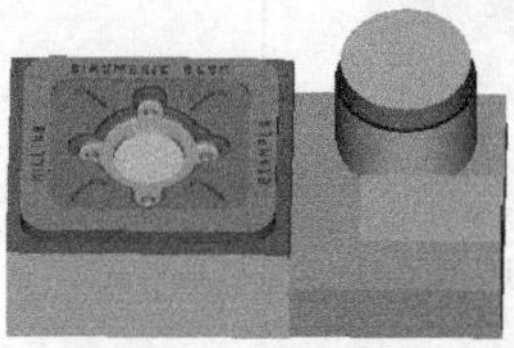	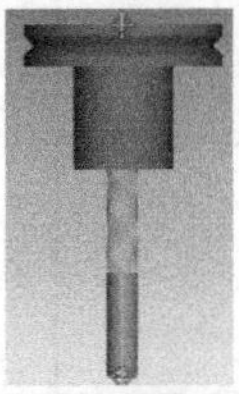 直径 16 立铣刀	手工编程	T4 D1 M6
12	铣削轮廓	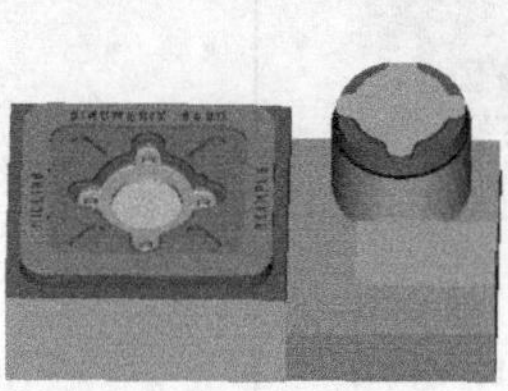	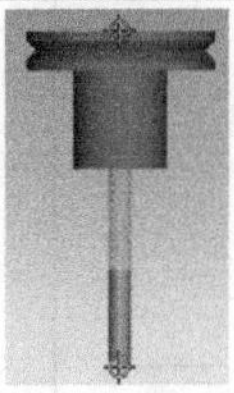 直径 12 立铣刀	手工编程	T22 D1 M6

续表

序号	工作内容	结果	切削刀具	程序编制	机床控制程序
13	铣削圆形型腔		直径16立铣刀	手工编程	T4 D1 M6
14	钻圆周孔		直径10钻头	手工编程	T2 D1 M6
15	钻成排孔		直径10钻头	手工编程	T2 D1 M6
16	铣削型腔轮廓		直径16立铣刀	手工编程	T4 D1 M6
17	铣削型腔轮廓		直径16立铣刀	手工编程	T4 D1 M6
18	铣削型腔轮廓		直径16立铣刀	手工编程	T4 D1 M6

续表

序号	工作内容	结果	切削刀具	程序编制	机床控制程序
19	铣削轮廓		直径 30 立铣刀	手工编程	T17 D1 M6

8.2.2 实例零件虚拟加工过程仿真与分析

加工仿真与加工过程分析如下。

（1）生成项目文件

首先设定当前工作目录为“process\multiaxis_sin840d\3axismill_sin840d”，然后打开工作目录中铣削加工中心项目模板文件“3axis_mill_sin840d_template.vcproject”，将其另存为项目文件“3axis_mill_sin840d_2.vcproject”，将其作为本节铣削加工实例的项目文件。

（2）配置与安装加工毛坯

配置加工所用各毛坯。

右击项目树“Stock(0,0,0)”→“**添加模型**”→“**方块**”，设置长度 100，宽度 300，高度为 60。配置界面，选择“**移动**”标签，修改其位置值为“-75 -130 50”。

右击项目树“Stock2(0,0,0)”→“**添加模型**”→“**文件**”，选择当前工作目录中的“define_nc_program_origin_fixture.ply”文件，选择“**移动**”标签，修改其位置值为“240 -115 50”。

右击项目树“Stock(1)(0,0,0)”→“**添加模型**”→“**方块**”，设置长度 200，宽度 180，高度为 100。配置界面，选择“**移动**”标签，修改其位置值为“-50 158.75 100”。

右击项目树“Stock(1)(0,0,0)”→“**添加模型**”→“**方块**”，设置长度 150，宽度 180，高度为 50。配置界面，选择“**移动**”标签，修改其位置值为“150 160 100”。

右击项目树“Stock(1)(0,0,0)”→“**添加模型**”→“**方块**”，设置长度 100，宽度 60，高度为 50。配置界面，选择“**移动**”标签，修改其位置值为“200 160 150”。

右击项目树“Stock(1)(0,0,0)”→“**添加模型**”→“**圆柱**”，设置半径 50，高度为 50。配置界面，选择“**移动**”标签，修改其位置值为“230 300 150”。

（3）对安装后的毛坯进行对刀

选择项目树中的“**origin_G54**”节点，配置界面选择“**移动**”标签，修改其位置值为“-75 -130 110”。毛坯对刀在第一块毛坯上表面左侧顶点处。

选择项目树中的“**origin_g55**”节点，配置界面选择“**移动**”标签，修改其位置值为“75 -130 100”。毛坯对刀在第二块毛坯上表面左侧顶点处。

选择项目树中的“**origin_g56**”节点，配置界面选择“**移动**”标签，修改其位置值为“350 -41.25 200”。毛坯对刀在第三块毛坯上表面左侧顶点处。

选择项目树中的“**origin_G57**”节点，配置界面选择“**移动**”标签，修改其位置值为“630 100 230”。毛坯对刀在第三块圆柱毛坯上表面中心处。

项目树工作偏置的设置结果如图8-48所示。

坐标系统
origin_G54
origin_g55
origin_g56
origin_G57
G-代码偏置
工作偏置
子系统:1, 寄存器:54, 子寄存器:1, 从:Spindle, 到:origin_G54
子系统:1, 寄存器:55, 子寄存器:1, 从:Spindle, 到:origin_g55
子系统:1, 寄存器:56, 子寄存器:1, 从:Spindle, 到:origin_g56
子系统:1, 寄存器:57, 子寄存器:1, 从:Spindle, 到:origin_G57

图8-48 工作偏置设置结果

毛坯安装与对刀的结果如图8-49所示。

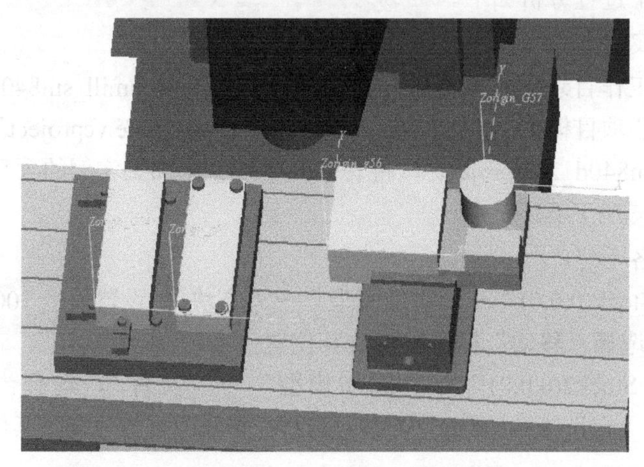

图8-49 毛坯安装与对刀的结果

（4）添加数控加工程序

右击项目树“**数控程序**”→“**添加数控程序文件…**”，弹出“**打开数控程序文件**”对话框，“**捷径**”处选“**工作目录**”，选择文件“siemens_millingcycles_examplepart01.txt”，选择“**打开**”按钮。项目树设置结果如图8-50所示。

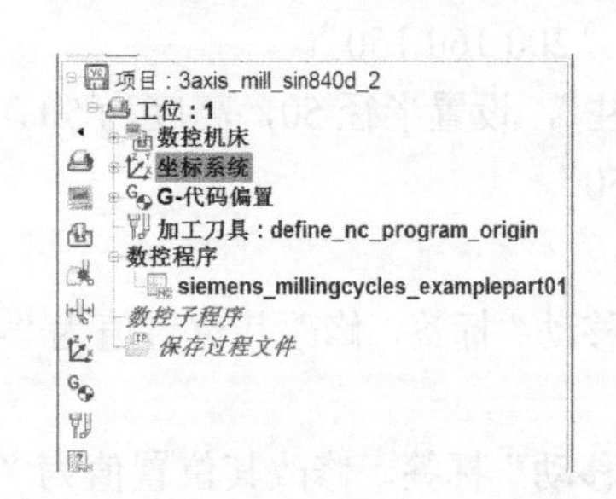

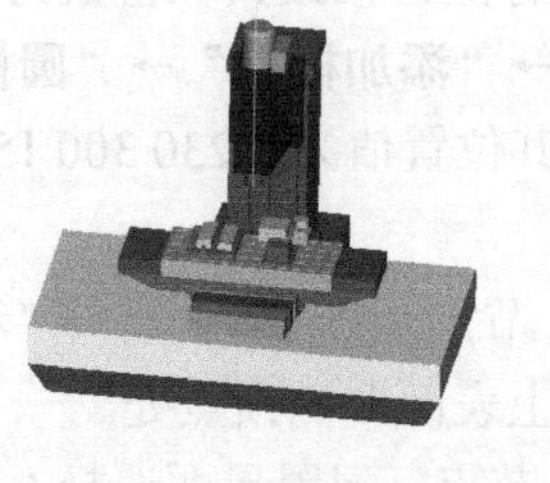
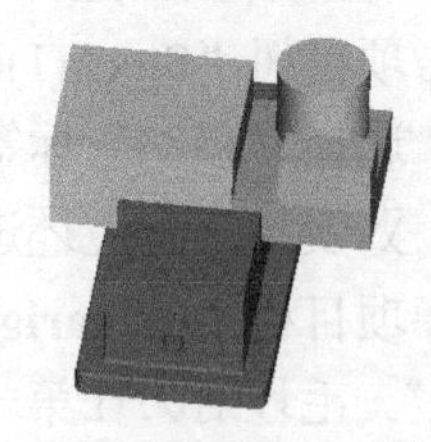

图8-50 项目树设置结果

（5）仿真结果分析与测量

重置模型，进行仿真。适当设置断点，使程序分别在各特征的加工结束后进行暂停，以进行加工结果分析与测量。

铣削平面的加工结果如图8-51所示。加工程序如下。

```
N005 G53 Z0
N010 T17 D1
N015 M6
N020 G90 G17 G56 S1000 M3
N025 G17 G0 G90 G56 G94 F200 X0 Y0 Z20
N030 CYCLE71(10, 0, 2,-2, 0, 0, 200, 200, 0, 6, 10, 5, 0, 400, 31, 2)
N035 G0 G90 Z100
N040 X0 Y0
N045 M5
N050 G53 Z0
```

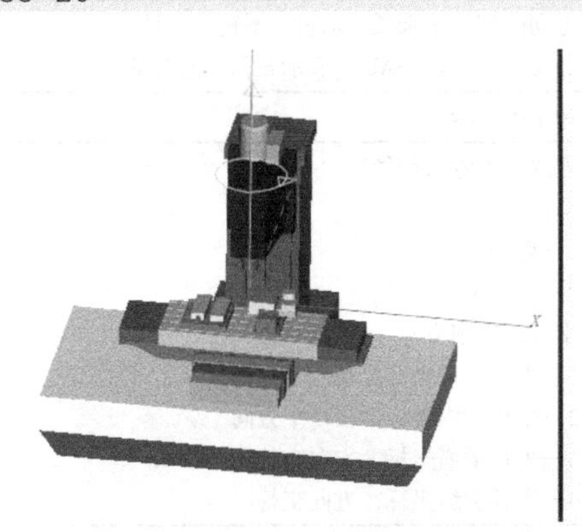
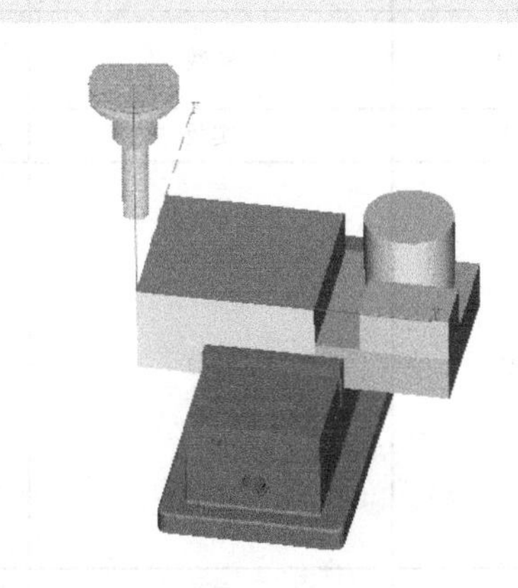

图 8-51　铣削平面的加工结果

测量结果如图 8-52 所示。平面铣削厚度 2mm，加工结果正确。

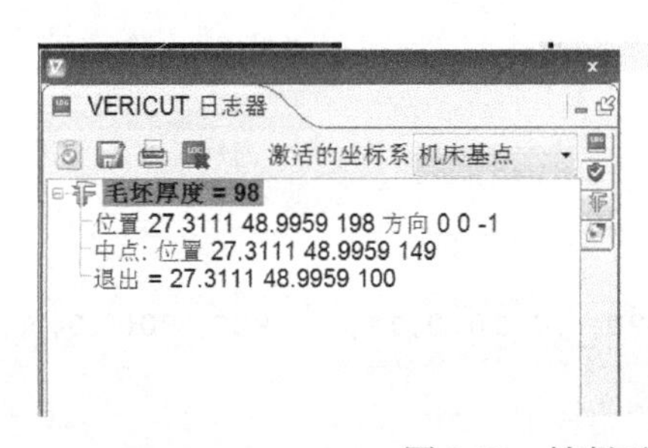

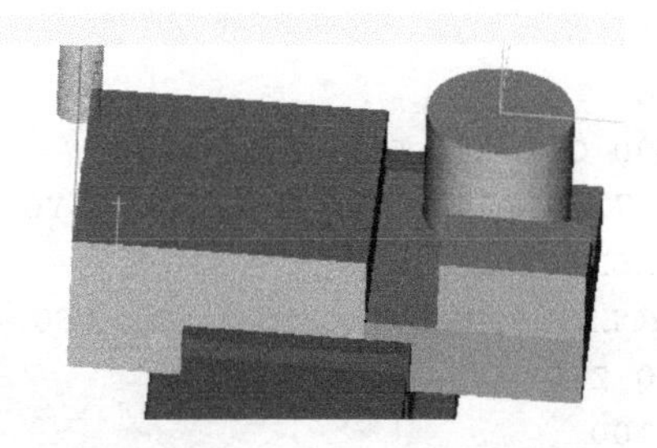

图 8-52　铣削平面的测量结果

编程中应用到的矩形平面铣削循环指令 CYCLE71 的参数组成与具体含义如表 8-13 所示。

```
CYCLE71 (_RTP, _RFP, _SDIS, _DP, _PA, _PO, _LENG, _WID, _STA,_MID,_MIDA, _FDP,
_FALD, _FFP1, _VARI, _FDP1)
```

表 8-13　CYCLE71 命令参数含义

参数	数据类型	含义
_RTP	实数	退回平面（绝对）
_RFP	实数	基准面（绝对）
_SDIS	实数	安全距离（加到基准面，不输入符号）
_DP	实数	深度（绝对）
_PA	实数	起始点，横坐标（绝对）
_PO	实数	起始点，纵坐标（绝对）

续表

参数	数据类型	含义
_LENG	实数	第 1 轴的矩形长度
_WID	实数	第 2 轴的矩形长度
_STA	实数	矩形纵向轴和平面第 1 轴之间的夹角（横坐标，不输入符号）； 值范围：0≤_STA<180°
_MID	实数	最大进刀深度（不输入符号）
_MIDA	实数	在平面中进行扩孔时最大的进刀宽度（不输入符号）
_FDP	实数	切削方向空运行行程（增量，不输入符号）
_FALD	实数	深度方向的精加工余量（增量，不输入符号） 在精加工方式中，_FALD 表示表面上的余量
_FFP1	实数	表面加工的进给
_VARI	整数	加工方式（不输入符号） 值：个位：工艺加工 1—粗加工 2—精加工 十位：铣削方向 1—平行于横坐标，在一个方向 2—平行于纵坐标，在一个方向 3—平行于横坐标，方向交替 4—平行于纵坐标，方向交替
_FDP1	实数	在平面横向进给方向溢出行程（增量，不输入符号）

继续铣削凸台，程序如下。加工结果如图 8-53 所示。

```
;VERICUT-CUTCOLOR 4
N110 T17 D1
N115 M6
N120 G90 G17 G56 S1000 M3
N125 G17 G0 G90 G56 G94 F200 X0 Y0 Z20
N126 _ZSD[2]=1
N127 CYCLE76(10, 0, 2, -15, ,180, 160, 20, 10,10,0,11, , , 900, 800, 0, 1, 200,180)
N128 G0 Z20
N130 Z100
N135 M5
N140 G53 Z0
```

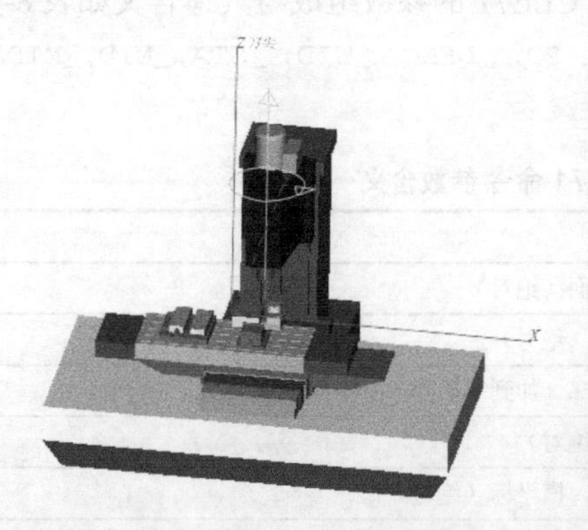

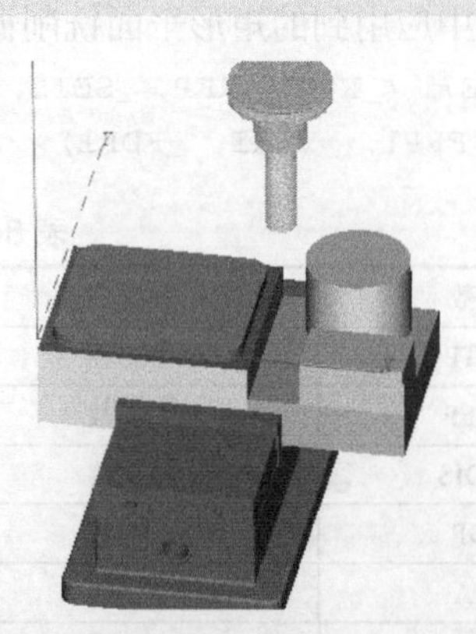

图 8-53　铣削凸台的加工结果

测量结果如图 8-54 所示。凸台铣削后长度 180mm，宽度 160mm，加工结果正确。

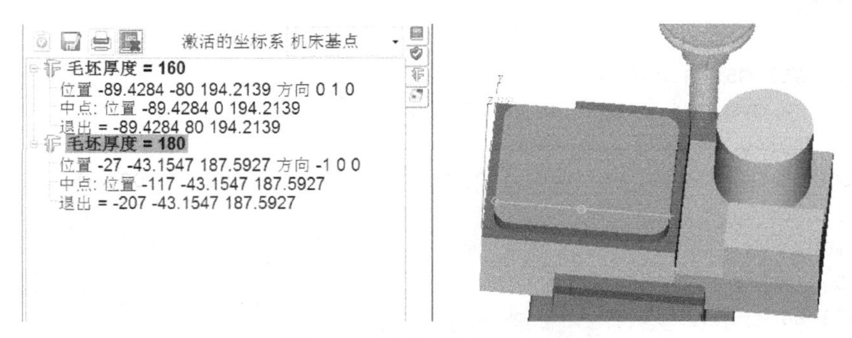

图 8-54　铣削凸台的测量结果

编程中应用到的矩形轴颈铣削循环指令 CYCLE76 的参数组成与具体含义如表 8-14 所示。

```
CYCLE76 (_RTP, _RFP, _SDIS, _DP, _DPR, _LENG, _WID, _CRAD, _PA, _PO,_STA, _MID,
_FAL, _FALD, _FFP1, _FFD, _CDIR, _VARI, _AP1, _AP2)
```

表 8-14　CYCLE76 命令参数含义

参数	数据类型	含义
_RTP	实数	退回平面（绝对）
_RFP	实数	基准面（绝对）
_SDIS	实数	安全距离（加到基准面，不输入符号）
_DP	实数	深度（绝对）
_DPR	实数	相对于基准面的深度（不输入符号）
_LENG	实数	轴颈长度，在标注拐角尺寸时带符号
_WID	实数	轴颈宽度，在标注拐角尺寸时带符号
_CRAD	实数	轴颈拐角半径（不输入符号）
_PA	实数	轴颈基准点，横坐标（绝对）
_PO	实数	轴颈基准点，纵坐标（绝对）
_STA	实数	纵向轴和平面中第 1 轴之间的角度
_MID	实数	最大进刀深度（增量，不输入符号）
_FAL	整数	边缘轮廓处精加工余量（增量）
_FALD	实数	底部精加工余量（增量，不输入符号）
_FFP1	实数	轮廓处进给
_FFD	实数	深度方向的进给
_CDIR	整数	铣削方向（不输入符号）：值： 0—顺铣；1—逆铣；2—用 G2(与主轴转向无关)；3—用 G3
_VARI	整数	加工方式：值：1—粗加工直至精加工余量；2—精加工
_AP1	实数	轴颈坯件长度
_AP2	实数	轴颈坯件宽度

继续铣削矩形凹槽，加工结果如图 8-55 所示，加工程序如下。

```
;VERICUT-CUTCOLOR 2
N210 T4 D1
N215 M6
N220 G90 G17 G56 S1000 M3
N225 G17 G0 G90 G56 G94 F200 X0 Y0 Z20
N235 _ZSD[2]=0
N245 POCKET3(10, -2, 2, -5, 140, 120, 15, 100,90,0,4, 0,0 , 1000, 750, 0, 2, 11,5)
N250 G0 Z20
N260 Z100
N265 M5
N270 G53 Z0
```

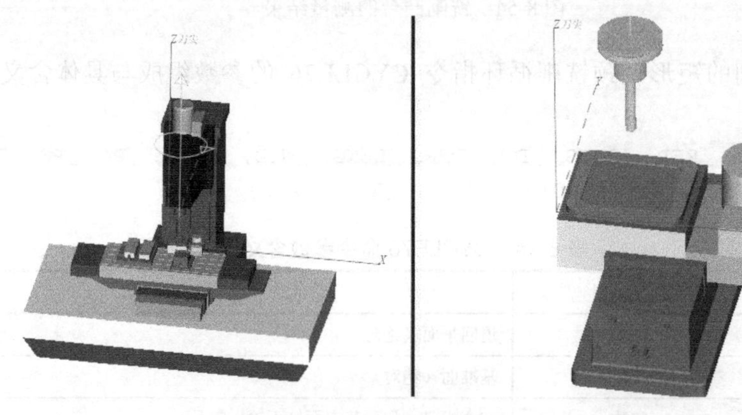

图 8-55 铣削方形凹槽的加工结果

测量结果如图 8-56 所示。凹槽铣削后长度 140mm，宽度 120mm，加工结果正确。

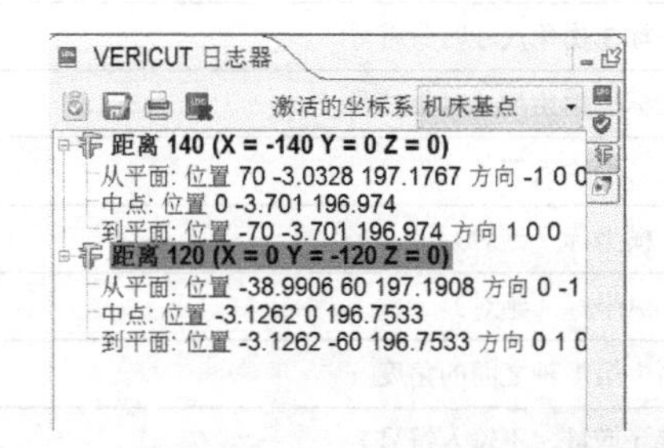

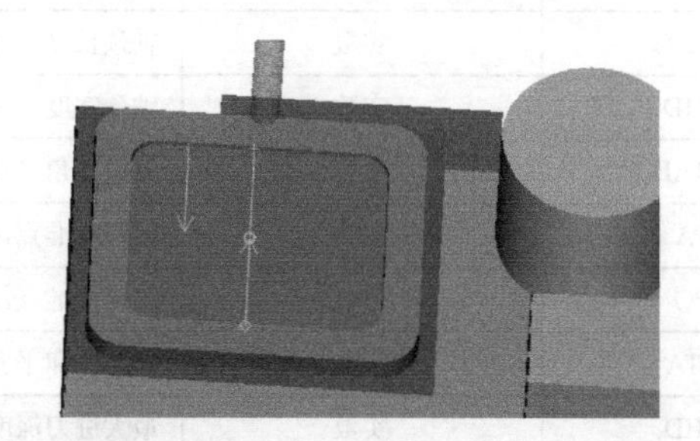

图 8-56 铣削方形凹槽的测量结果

编程中应用到的矩形凹槽铣削循环指令 POCKET3 的参数组成与具体含义如表 8-15 所示。

```
POCKET3 (_RTP, _RFP, _SDIS, _DP, _LENG, _WID, _CRAD, _PA, _PO, _STA,_MID, _FAL,
_FALD, _FFP1, _FFD, _CDIR, _VARI, _MIDA, _AP1, _AP2,_AD, _RAD1, _DP1)
```

表 8-15 POCKET3 命令参数含义

参数	数据类型	含义
_RTP	实数	退回平面（绝对）
_RFP	实数	基准面（绝对）
_SDIS	实数	退回平面（不输入符号）
_DP	实数	最终钻削深度（绝对）

续表

参数	数据类型	含义
_LENG	实数	凹槽长度，在标注拐角尺寸时带符号
_WID	实数	凹槽宽度，在标注拐角尺寸时带符号
_CRAD	实数	凹槽拐角半径（不输入符号）
_PA	实数	凹槽基准点，横坐标（绝对）
_PO	实数	凹槽基准点，纵坐标（绝对）
_STA	实数	凹槽纵向轴和平面第 1 轴之间的夹角（横坐标，不输入符号）； 值范围：0° ≤_STA＜180°
_MID	实数	最大进刀深度（不输入符号）
_FAL	实数	槽边缘的精加工余量（不输入符号）
_FALD	实数	底部精加工余量（不输入符号）
_FFP1	实数	表面加工的进给
_FFD	实数	深度方向的进给
_CDIR	整数	铣削方向（不输入符号）： 值：0—顺铣（主轴转向）；1—逆铣； 2—用 G2 (与主轴方向无关)； 3—用 G3 加工方式（不输入符号）
_VARI	整数	值：个位：工艺加工 1—粗加工 2—精加工 十位：进刀 0—以 G0 垂直于凹槽中心 1—以 G1 垂直于凹槽中心 2—以螺旋轨迹 3—沿着凹槽纵向轴摆动
可选择性地规定其他参数。在扩孔时确定插入方案和叠加：		
_MIDA	实数	在平面中扩孔时最大的进刀宽度
_AP1	实数	毛坯尺寸，凹槽长度
_AP2	实数	毛坯尺寸，凹槽宽度
_AD	实数	毛坯尺寸，槽到基准面的深度
_RAD1	实数	在插入时螺旋轨迹半径（与刀具中心点轨迹有关）或者摆动运动时最大的插入角度
_DP1	实数	每个 360° 旋转时的插入深度，以螺旋轨迹插入

继续铣削圆形型腔，加工结果如图 8-57 所示。加工程序如下。

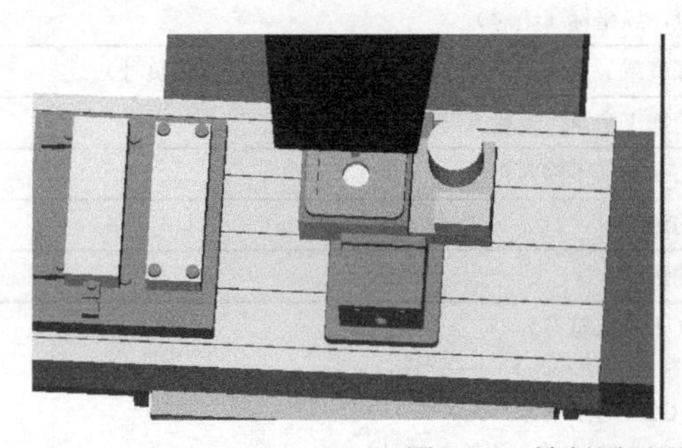

图 8-57　铣削圆形型腔的加工结果

```
;VERICUT-CUTCOLOR 2
N310 T4 D1
N315 M6
N320 G90 G17 G56 S1000 M3
N325 G17 G0 G90 G56 G94 F200 X0 Y0 Z20
N335 POCKET4(10, -5, 2, -20, 25, 100,90,6,0,0,200, 100, 1, 22, 0,0,0,2,3)
N340 G0 Z20
N350 Z100
N355 M5
N360 G53 Z0
```

测量结果如图8-58所示。圆形型腔铣削后直径50mm，深度15mm，加工结果正确。

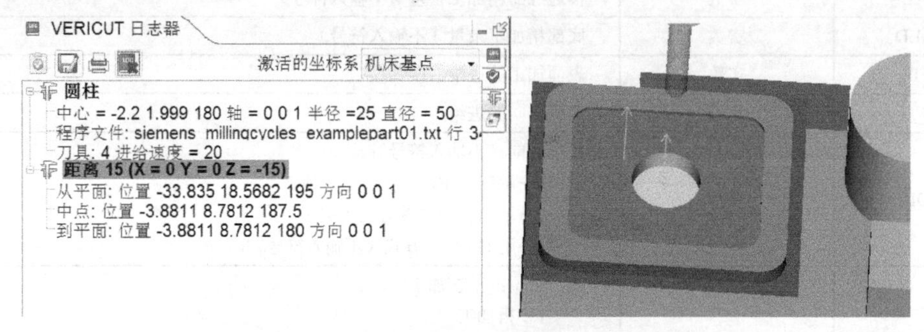

图8-58　铣削圆形型腔的测量结果

编程中应用到的圆形凹槽铣削循环指令 POCKET4 的参数组成与具体含义如表 8-16 所示。

```
POCKET4 (_RTP, _RFP, _SDIS, _DP, _PRAD, _PA, _PO, _MID, _FAL,_FALD, _FFP1, _FFD,
_CDIR, _VARI, _MIDA, _AP1, _AP2, _AD, _RAD1, _DP1)
```

表8-16　POCKET4命令参数含义

参数	数据类型	含义
_RTP	实数	退回平面（绝对）
_RFP	实数	基准面（绝对）
_SDIS	实数	退回平面（不输入符号）
_DP	实数	最终铣削深度（绝对）
_PRAD	实数	凹槽半径
_PA	实数	凹槽中心点，横坐标（绝对）
_PO	实数	凹槽中心点，纵坐标（绝对）
_MID	实数	最大进给深度或最大螺距，当_VARI为螺线时（没有正负号）
_FAL	实数	槽边缘的精加工余量（不输入符号）
_FALD	实数	底部精加工余量（不输入符号）
_FFP1	实数	表面加工的进给
_FFD	实数	深度方向的进给
_CDIR	整数	铣削方向（不输入符号）： 值：0—顺铣（主轴转向）；1—逆铣； 2—用G2（与主轴方向无关）； 3—用G3加工方式（不输入符号）

续表

参数	数据类型	含义
_VARI	整数	个位：工艺加工 1—粗加工 2—精加工 十位：进刀 0—以 G0 垂直于凹槽中心 1—以 G1 垂直于凹槽中心 2—以螺旋轨迹 千位：铣削工艺 0—平面式 1—螺旋式
可选择性地规定其他参数，在扩孔时确定插入方案和叠加		
_MIDA	实数	在平面中扩孔时最大的进刀宽度
_AP1	实数	毛坯尺寸，基准面中的凹槽半径（增量）
_AP2	实数	毛坯尺寸，槽宽度
_AD	实数	毛坯尺寸，槽到基准面的深度（增量）
_RAD1	实数	插入时螺旋轨迹的半径（与刀具中心点轨迹相关）
_DP1	实数	每个 360° 旋转时的插入深度，以螺旋轨迹插入

继续铣削小轮廓型腔，加工结果如图 8-59 所示，加工程序如下。

```
;VERICUT-CUTCOLOR 2
N410 T3 D1
N415 M6
N420 G90 G17 G56 S1000 M3
N425 G17 G0 G90 G56 G94 F200 X100 Y90 Z20
N428 R10=35 R20=10 R30=40
    R40=SQRT(R10*R10-R20*R20)
    TRANS X+100 Y+90
N430 G1 Z-15. F750
N440 G1 G41 X=R20. Y=-R20. D1
   G1 X=R30.
   G3 Y=R20. CR=R10. F600
   G1 X=R40.
   G3 X=R20. Y=R40. CR=R10 F600
   G1 Y=R30.
   G3 X=-R20. CR=R20
   G1 Y=R40
   G3 X=-R40 Y=R20 CR=R10 F600
   G1 X=-R30
   G3 Y=-R20 CR=R10
   G1 X=-R40
   G3 X=-R20 Y=-R40 CR=R10 F600
   G1 Y=-R30
   G3 X=R20 CR=R20
   G1 Y=-R40
   G3 X=R40 Y=R20 CR=R10
```

```
    G0 Z10.
    G0 G40 Z100.
    TRANS
N460 Z100
```

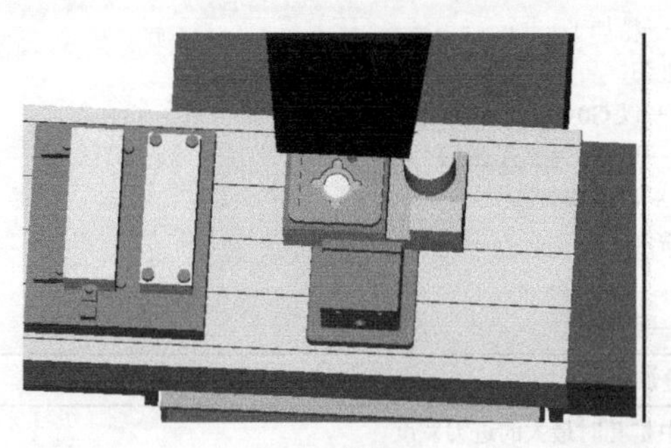

图 8-59 铣削小轮廓型腔的加工结果

测量结果如图 8-60 所示。铣削后大圆直径 70mm，小圆直径 20mm，深度 10mm，加工结果正确。

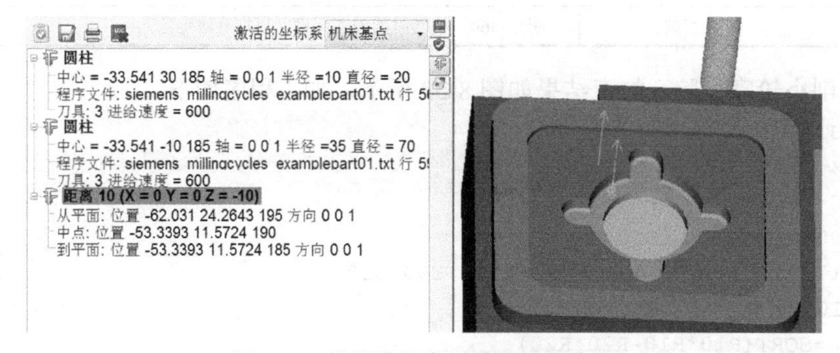

图 8-60 铣削小轮廓型腔的测量结果

继续铣削大轮廓型腔，加工结果如图 8-61 所示，加工程序如下。

```
;VERICUT-CUTCOLOR 3
N528 R10=40 R20=12 R30=45
     R40=SQRT(R10*R10-R20*R20)
     TRANS X+100 Y+90
N530 G1 Z-10. F750
N540 G1 G41 X=R20. Y=-R20. D1
    G1 X=R30.
    G3 Y=R20. CR=R10. F600
    G1 X=R40.
    G3 X=R20. Y=R40. CR=R10 F600
    G1 Y=R30.
    G3 X=-R20. CR=R20
    G1 Y=R40
    G3 X=-R40 Y=R20 CR=R10 F600
    G1 X=-R30
    G3 Y=-R20 CR=R10
    G1 X=-R40
```

```
    G3 X=-R20 Y=-R40 CR=R10 F600
    G1 Y=-R30
    G3 X=R20 CR=R20
    G1 Y=-R40
    G3 X=R40 Y=R20 CR=R10
    G0 Z10.
    G0 G40 Z100.
    TRANS
N560 Z100
     M5
     G53 Z0
```

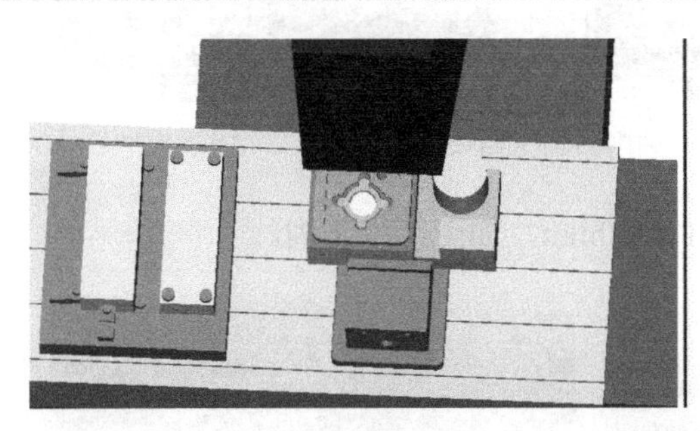

图 8-61　铣削大轮廓型腔的加工结果

测量结果如图 8-62 所示。铣削后大圆直径 80mm，小圆直径 24mm，深度 5mm，加工结果正确。

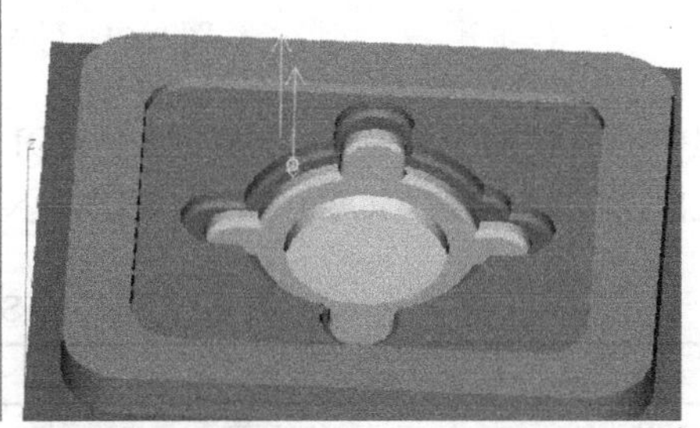

图 8-62　铣削大轮廓型腔的测量结果

钻削均布的四个孔，加工结果如图 8-63 所示，加工程序如下。

```
N620 T2
N630 M6
N640 G90 G56
N650 D1
N660 S1000 M3 M8
N670 DEF REAL CPA=100,CPO=90,RAD=40,STA1=0
N680 DEF INT NUM=4
N690 G90 F140 S710 M3 D1 T40
N691 G17 G0 X80 Y90 Z2
N692 MCALL CYCLE82 (2, 0,2, , 25)
N693 HOLES2 (CPA, CPO, RAD, STA1, , NUM)
```

```
N694 MCALL
N695 D0
N696 M5
N697 G53 Z0
```

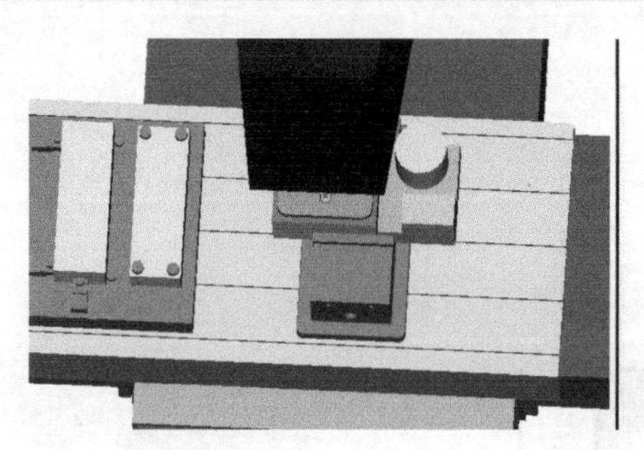
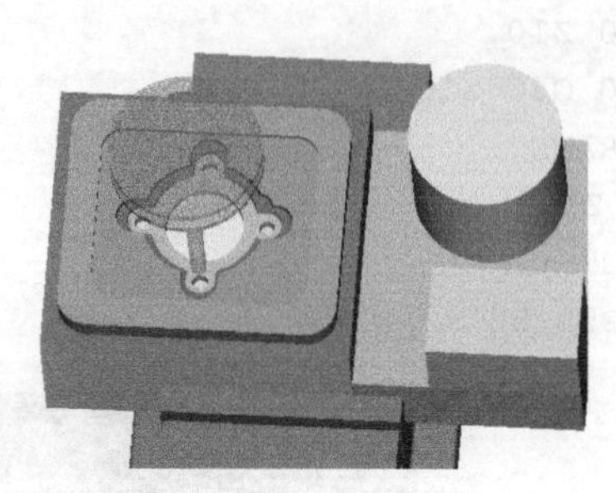

图 8-63 钻削的加工结果

测量结果如图 8-64 所示。钻削后孔直径 10mm，加工结果正确。

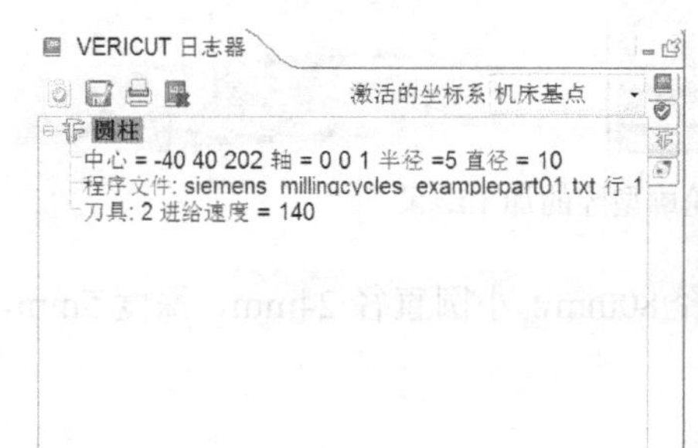

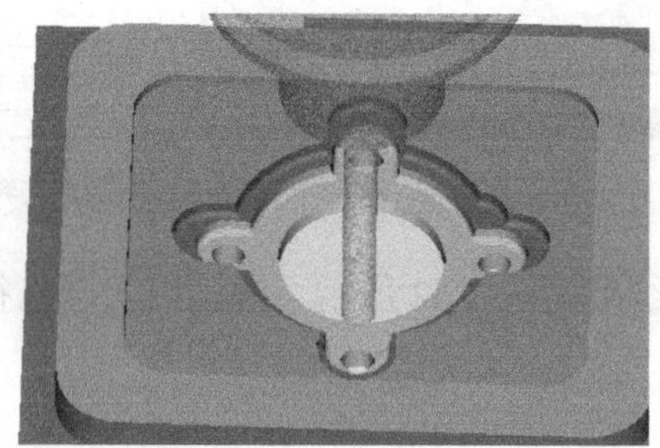

图 8-64 钻削的测量结果

编程中应用到的圆形孔加工循环指令 HOLES2 的参数组成与具体含义如表 8-17 所示。

HOLES2 (CPA, CPO, RAD, STA1, INDA, NUM)

表 8-17 HOLES2 命令参数含义

参数	数据类型	含义
CPA	实数	孔圆弧圆心，横坐标（绝对）
CPO	实数	孔圆弧圆心，纵坐标 (绝对)
RAD	实数	孔圆弧半径（不输入符号）
STA1	实数	起始角 值范围: -180° <STA1≤180°
INDA	实数	增量角
NUM	整数	钻孔个数

钻削均布的四个长圆槽，加工结果如图 8-65 所示，加工程序如下。

```
;VERICUT-CUTCOLOR 2
N710 T22 D1
N715 M6
N720 G90 G17 G56 S1000 M3
N725 G17 G0 G90 G56 G94 F200 X0 Y0 Z20
N735 LONGHOLE(10, -5, 2, -10,,4,30,100,90,44,45,90,100, 320, 6)
```

```
N740 G0 Z20
N750 Z100
N755 M5
N760 G53 Z0
```

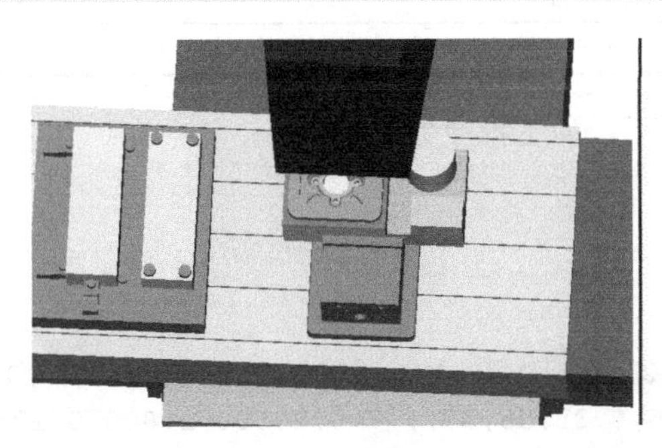

图 8-65　钻削的长圆槽的加工结果

测量结果如图 8-66 所示。槽宽 12mm，深度 5mm，加工结果正确。

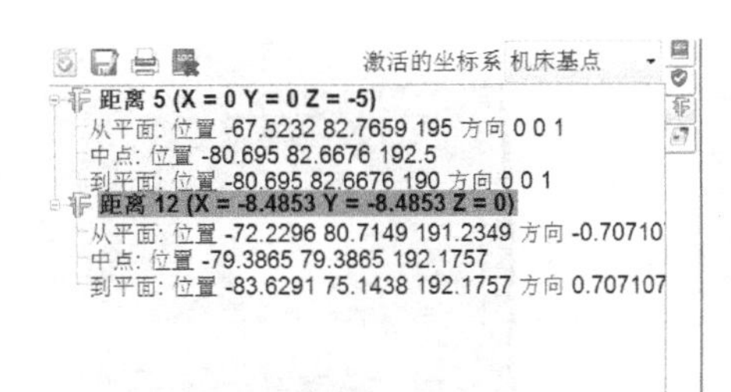

图 8-66　钻削的长圆槽的测量结果

编程中应用到的圆弧上长方形孔加工循环指令 LONGHOLE 的参数组成与具体含义如表 8-18 所示。

```
LONGHOLE(_RTP, _RFP, _SDIS, _DP, _DPR,_NUM,_LENG,_CPA, _CPO, _RAD, _STA1,_INDA,
_FFD, _FFP1, _MID)
```

表 8-18　LONGHOLE 命令参数含义

参数	数据类型	含义
_RTP	实数	退回平面（绝对）
_RFP	实数	基准面（绝对）
_SDIS	实数	安全距离（不输入符号）
_DP	实数	长方形孔深度（绝对）
_DPR	实数	相对于基准面的长方形孔深度（不输入符号）
_NUM	整数	长方形孔的数量
_LENG	实数	长方形孔的长度（无符号输入）
_CPA	实数	圆弧圆心，横坐标（绝对）
_CPO	实数	圆弧圆心，纵坐标（绝对）
_RAD	实数	圆弧半径（不输入符号）
_STA1	实数	初始角　值范围: - 180° <STA1≤180°
_INDA	实数	增量角

续表

参数	数据类型	含义
_FFD	实数	深度方向的进给
_FFP1	实数	表面加工的进给
_MID	实数	一个横向进给的最大进刀深度（不输入符号）

继续刻字加工，加工结果如图 8-67 所示，加工程序如下。

```
;VERICUT-CUTCOLOR 10
N810 T18 D1
N815 M6
N820 G90 G17 G56 S1000 M3
N830 CYCLE60("SINUMERIK 840D",10,-2,1,-5,0,45,155,0,,,7,5,2.500,2.000,0,1252)
N840 CYCLE60("MILLING",10,-2,1,-5,0,25,55,90,,,7,5,2.500,2.000,0,1252)
N850 CYCLE60("EXAMPLE",10,-2,1,-5,0,185,55,90,,,7,5,2.500,2.000,0,1252)
N855 M5
N860 G53 Z0
```

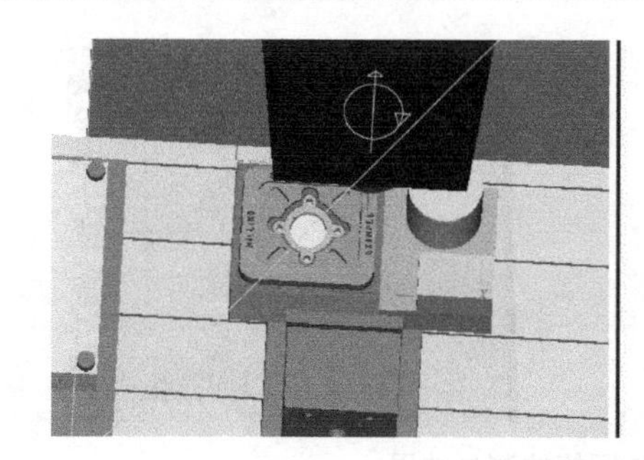

图 8-67　刻字的加工结果

编程中应用到的模腔循环指令 CYCLE60 的参数组成与具体含义如表 8-19 所示。

```
CYCLE60 (_TEXT, _RTP, _RFP, _SDIS, _DP, _DPR, _PA, _PO, _STA, _CP1, _CP2, _WID,
_DF, _FFD, _FFP1, _VARI, _CODEP)
```

表 8-19　CYCLE60 命令参数含义

参数	数据类型	含义
_TEXT	字符串	待雕刻的文字（最多 91 字符）
_RTP	实数	退回平面（绝对）
_RFP	实数	基准面（绝对）
_SDIS	实数	退回平面（不输入符号）
_DP	实数	深度（绝对）
_DPR	实数	相对于基准面的深度（不输入符号）
_PA	实数	文本排列基准点（绝对），第 1 根轴位置（在_VARI=直角时），或者圆弧半径（在_VARI=极点时）
_PO	实数	文本排列基准点（绝对），第 2 根轴位置（在_VARI=直角时），或者与第 1 根轴的角度（在_VARI=极点时）
_STA	实数	与第 1 根轴的角度（仅在_VARI=直线时）
_CP1	实数	圆弧圆心（绝对）（仅在找正圆弧时），第 1 根轴位置（在_VARI =直角时），或者圆弧半径（在_VARI =极点时），与圆心相关

续表

参数	数据类型	含义
_CP2	实数	圆弧圆心（绝对）（仅在找正圆弧时），第 2 根轴位置（在_VARI =直角时），或者与第 1 根轴的角度（在_VARI =极点时）
_WID		文字高度（不输入符号）
_DF		文字宽度规格（根据_VARI 十万位） 字符间距增量，以 mm/in 为单位，或者 文本总宽度增量，以 mm/in 为单位，或者 张角，以（°）为单位
_FFD	实数	深度方向的进给
_FFP1	实数	表面加工的进给
_VARI	整数	加工方式（不输入符号） 值：个位：参考点 0—直角（笛卡儿） 1—极点 十位：文本方向 0—排列成直线的文本 1—上部排列成圆弧的文本 2—下部排列成圆弧的文本 百位：预留的 千位：水平文本基准点 0—左 1—中 2—右 万位：垂直文本基准点 0—下 1—中 2—上 十万位：文本宽度 0—字符间距 1—总文本宽度（仅在文本线性排列时） 2—张角（仅在文本圆弧排列时） 从右边数第 7 位（百万位）：圆心 0—直角（笛卡儿） 1—极点
_CODEP	整数	输入活字代码页编号

继续粗铣圆柱凸台，加工结果如图 8-68 所示，加工程序如下。

```
N910 T17 D1
N915 M6
N920 G90 G17 G57 S1000 M3
N925 G17 G0 G90 G57 G94 F200 X0 Y0 Z20
N930 X0 Y0
N940 ;Roughing
N945 CYCLE77(10, 0, 3, -20, ,92, 0, 0, 10, 0.5, 0, 900, 800, 1, 1, 100)
N950 G0 Z20
N960 Z100
N965 M5
N970 G53 Z0
```

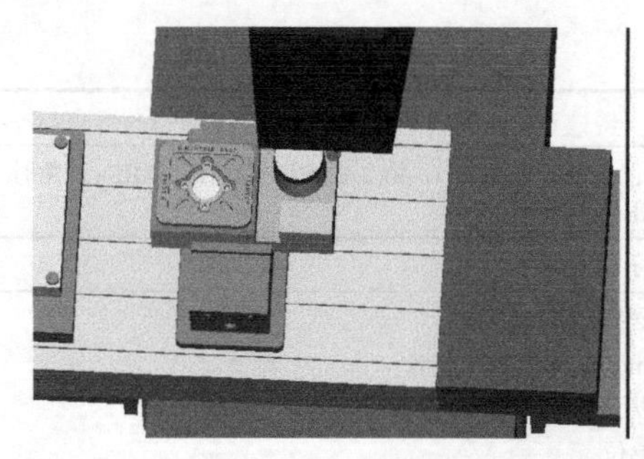 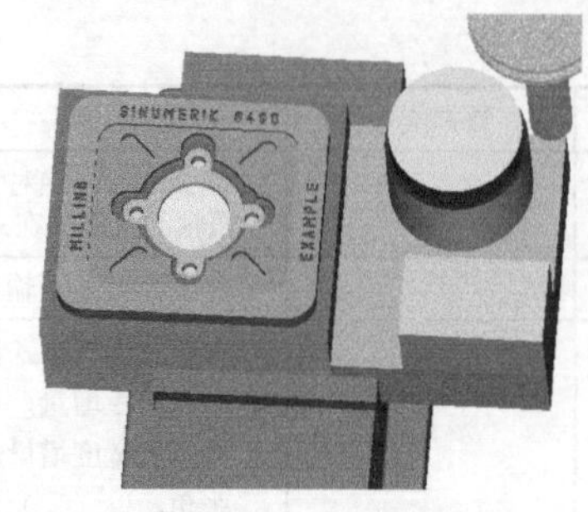

图 8-68 粗铣圆柱凸台的加工结果

测量结果如图 8-69 所示。铣削后凸台直径 93mm，加工结果正确。

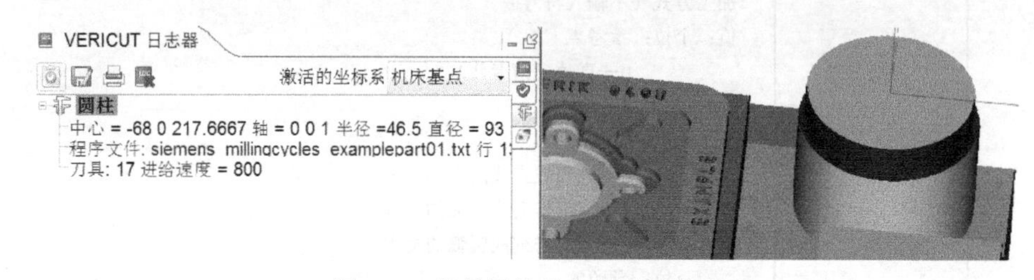

图 8-69 粗铣圆柱凸台的测量结果

编程中应用到的环形轴颈铣削循环指令 CYCLE77 的参数组成与具体含义如表 8-20 所示。

```
CYCLE77 (_RTP, _RFP, _SDIS, _DP, _DPR, _PRAD, _PA, _PO, _MID, _FAL,_FALD, _FFP1,
_FFD, _CDIR, _VARI, _AP1)
```

表 8-20 CYCLE77 命令参数含义

参数	数据类型	含义
_RTP	实数	退回平面（绝对）
_RFP	实数	基准面（绝对）
_SDIS	实数	安全距离（加到基准面，不输入符号）
_DP	实数	深度（绝对）
_DPR	实数	相对于基准面的深度（不输入符号）
_PRAD	实数	轴颈直径（不输入符号）
_PA	实数	轴颈圆心，横坐标（绝对）
_PO	实数	轴颈圆心，纵坐标（绝对）
_MID	实数	最大进刀深度（增量，不输入符号）
_FAL	整数	边缘轮廓处精加工余量（增量）
_FALD	实数	底部精加工余量（增量，不输入符号）
_FFP1	实数	轮廓处进给
_FFD	实数	深度方向的进给
_CDIR	整数	铣削方向（不输入符号）：值： 0—顺铣；1—逆铣；2—用 G2（与主轴转向无关）；3—用 G3
_VARI	整数	加工方式：值：1—粗加工直至精加工余量；2—精加工
_AP1	实数	轴颈坯件的直径

继续精铣圆柱凸台，加工结果如图 8-70 所示，加工程序如下。

```
N1010 T4 D1
N1015 M6
N1020 G90 G17 G57 S1000 M3
N1025 G17 G0 G90 G57 G94 F200 X0 Y0 Z20
N1035 X0 Y0
N1040 ;Finishing
N1050 CYCLE77(10, 0, 3, -20, ,92, 0, 0, 10, 0, 0, 900, 800, 1, 1, 100)
N1055 Z100
N1060 M5
N1070 G53 Z0
```

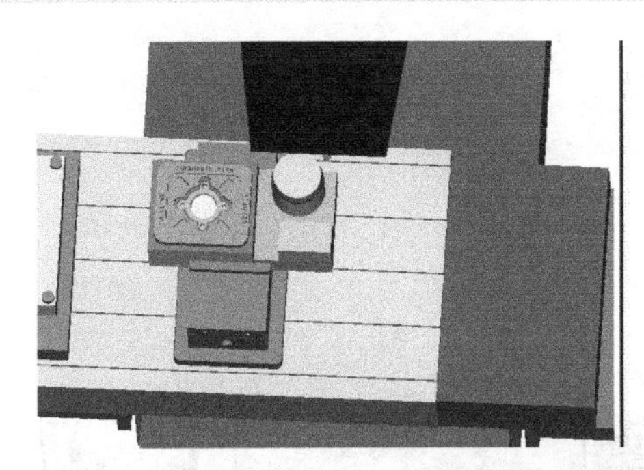

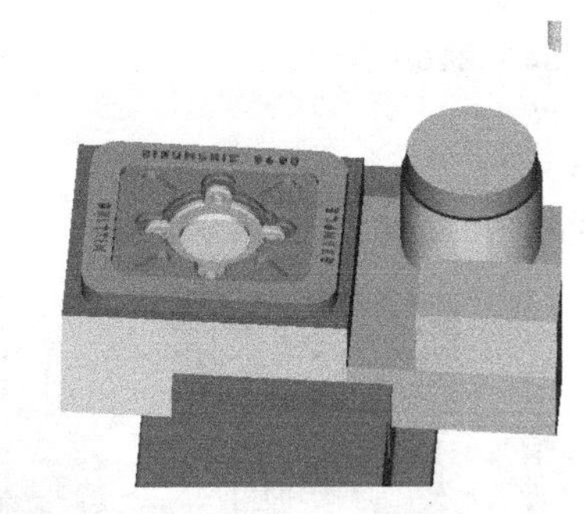

图 8-70　精铣圆柱凸台的加工结果

测量结果如图 8-71 所示。铣削后凸台直径 92mm，加工结果正确。

图 8-71　精铣圆柱凸台的测量结果

铣削轮廓，加工结果如图 8-72 所示，加工程序如下。

```
;VERICUT-CUTCOLOR 2
N1110 T22 D1
N1115 M6
N1120 G90 G17 G57 S1000 M3
N1125 G17 G0 G90 G57 G94 F200 X80 Y0 Z20
N1128 R10=35 R20=10 R30=38
      R40=SQRT(R10*R10-R20*R20)
N1130 G1 Z-5. F750
N1140 G1 G42 X=R30+R20+10. Y=R20. D1
    G1 X=R40.
    G3 X=R20. Y=R40. CR=R10 F600
    G1 Y=R30.
    G3 X=-R20. CR=R20
    G1 Y=R40
    G3 X=-R40 Y=R20 CR=R10 F600
```

```
G1 X=-R30
G3 Y=-R20 CR=R10
G1 X=-R40
G3 X=-R20 Y=-R40 CR=R10 F600
G1 Y=-R30
G3 X=R20 CR=R20
G1 Y=-R40
G3 X=R40 Y=-R20 CR=R10
G1 X=R30.
G3 Y=R20. CR=R10. F600
G0 Z10.
G0 G40 Z100.
TRANS
 M5
 G53 Z0
```

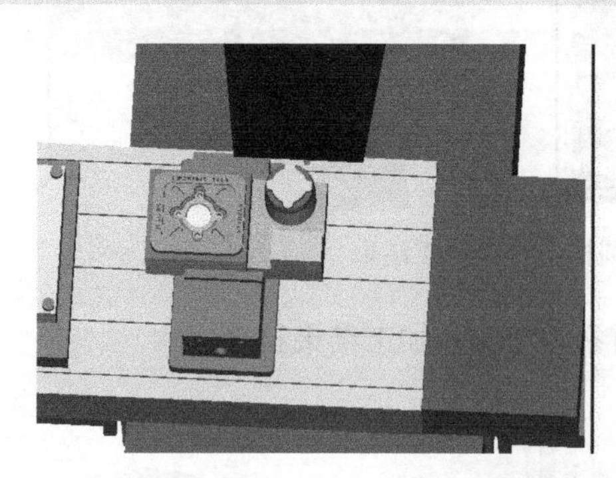

图 8-72　轮廓铣削的加工结果

测量结果如图 8-73 所示。铣削后大圆直径 70mm，小圆直径 20mm，深度 5mm，加工结果正确。

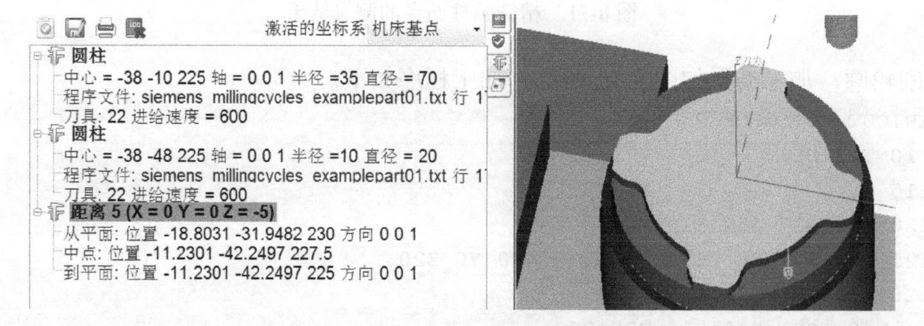

图 8-73　轮廓铣削的测量结果

铣削圆形凹槽，加工结果如图 8-74 所示，加工程序如下。

```
;VERICUT-CUTCOLOR 2
N1210 T4 D1
N1215 M6
N1220 G90 G17 G57 S1000 M3
N1225 G17 G0 G90 G57 G94 F200 X0 Y0 Z20
```

```
N1235 POCKET4(10, 0, 2, -20, 17.5, 0,0,6,0,0,200, 100, 1, 22, 0,0,0,2,3)
N1240 G0 Z20
N1250 Z100
N1255 M5
N1260 G53 Z0
```

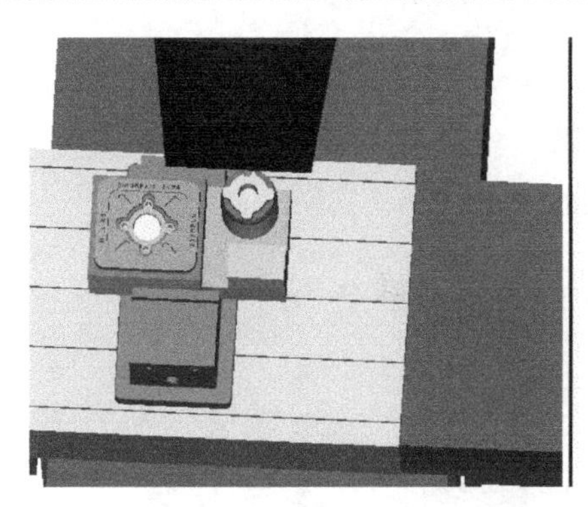

图 8-74　铣削圆形凹槽的加工结果

测量结果如图 8-75 所示。铣削后凹槽直径 35mm，深度 20mm，加工结果正确。

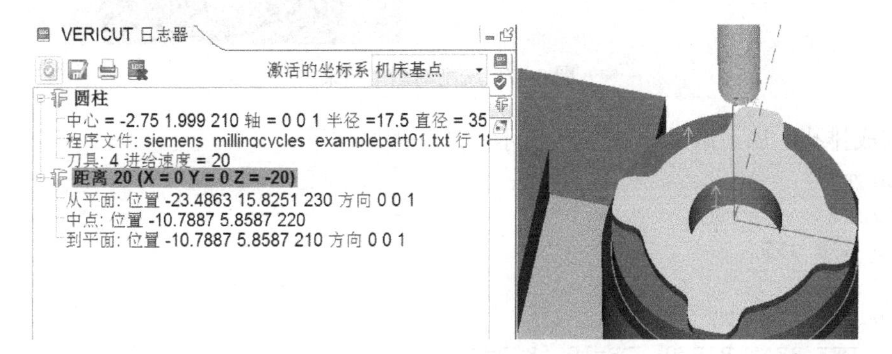

图 8-75　铣削圆形凹槽的测量结果

铣削均布孔，加工结果如图 8-76 所示，加工程序如下。

```
N1320 T2
N1330 M6
N1340 G90 G57
N1350 D1
N1360 S1000 M3 M8
N1370 DEF REAL CPA=0,CPO=0,RAD=35,STA1=0
N1380 DEF INT NUM=4
N1390 G90 F140 S710 M3 D1 T40
N1391 G17 G0 X80 Y90 Z2
N1392 MCALL CYCLE82 (2, 0,2, , 15)
N1393 HOLES2 (CPA, CPO, RAD, STA1, , NUM)
N1394 MCALL
N1395 D0
N1396 M5
N1397 G53 Z0
```

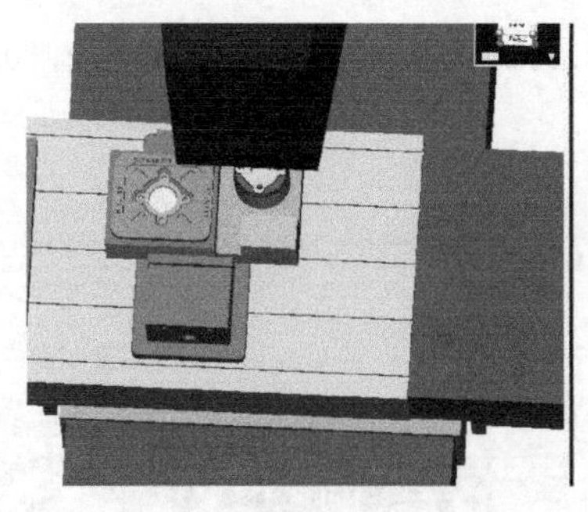

图 8-76 铣削的加工结果

测量结果如图 8-77 所示。孔直径 10mm，加工结果正确。

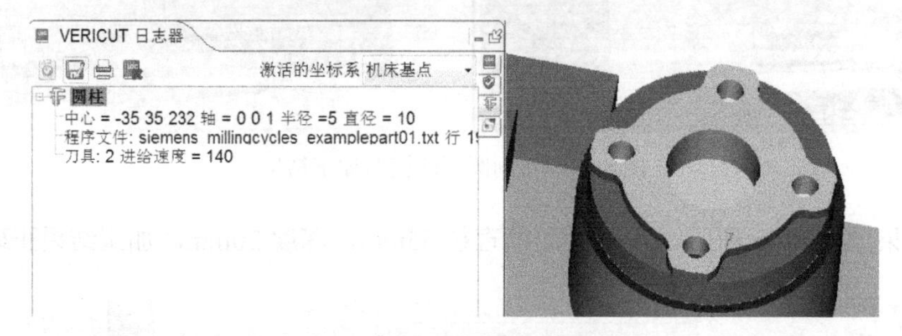

图 8-77 铣削的测量结果

钻削成排孔，加工结果如图 8-78 所示，加工程序如下。

```
N1420 T2
N1430 M6
N1440 G90 G57
N1450 D1
N1460 S1000 M3 M8
N1465 DEF REAL RFP=0, DP=10, RTP=2
N1470 DEF REAL SDIS, FDIS
N1475 DEF REAL SPCA=-30, SPCO=-30, STA1=5, DBH=15
N1480 DEF INT NUM=5
N1481 SDIS=3 FDIS=10
N1482 G90 F30 S500 M3 D1 T1
N1483 TRANS X+15 Y-105 Z-30
N1484 G17 G0  X10 Y10 Z100
N1485 MCALL CYCLE81 (RTP, RFP, SDIS,, DP)
N1486 HOLES1 (SPCA, SPCO, STA1, FDIS, DBH, NUM)
N1487 SPCO=-10
N1488 HOLES1 (SPCA, SPCO, STA1, FDIS, DBH, NUM)
N1489 SPCO=10
N1490 HOLES1 (SPCA, SPCO, STA1, FDIS, DBH, NUM)
N1491 MCALL
N1492 D0
N1493 TRANS
N1494 M5
N1495 G53 Z0
```

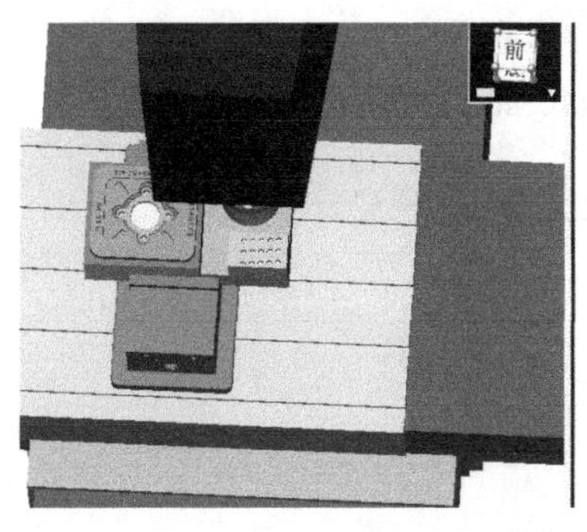

图 8-78　钻削成排孔的加工结果

测量结果如图 8-79 所示。孔直径 10mm，加工结果正确。

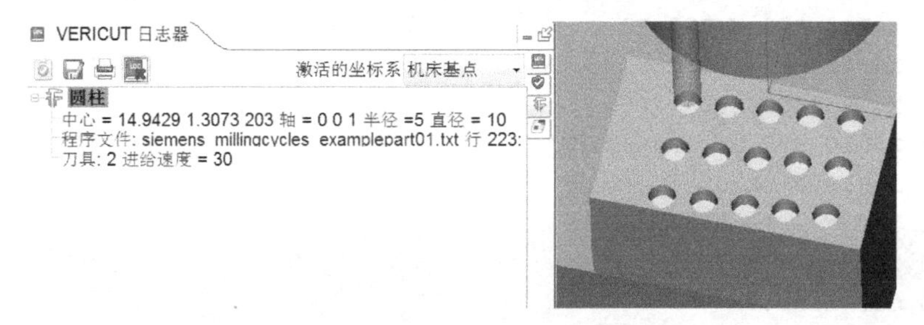

图 8-79　钻削成排孔的测量结果

编程中应用到的成排孔加工循环指令 HOLES1 的参数组成与具体含义如表 8-21 所示。

```
HOLES1 (SPCA, SPCO, STA1, FDIS, DBH, NUM)
```

表 8-21　HOLES1 命令参数含义

参数	数据类型	含义
SPCA	实数	直线上参考点横坐标（绝对值）
SPCO	实数	参考点纵坐标（绝对值）
STA1	实数	与横坐标的夹角　值范围: - 180° ＜STA1≤180°
FDIS	实数	第一个钻孔与参考点的距离（不输入符号）
DBH	实数	两个钻孔之间的距离（不输入符号）
NUM	整数	钻孔个数

继续铣削三角形型腔，加工结果如图 8-80 所示，加工程序如下。

```
;VERICUT-CUTCOLOR 2
N1510 T4 D1
N1515 M6
N1520 G90 G17 G55 S1000 M3
N1525 G17 G0 G90 G55 G94 F200 X0 Y0 Z20
N1528 R10=35 R20=10 R30=40
    TRANS X+50 Y+80
    G0 X0. Y0.
N1530 G1 Z-15. F750
N1540 G1 G41 X=R10. D1
    G1 Y=R30+R20 RND=R20
```

```
      G1 X=R10-R20 Y=R20+R30
      G1 X=R10-R20-R20*COS(30) Y=R20+R30 RND=R20
      G1 X=-R30*COS(30) Y0. RND=R20
      G1 X=R10-R20 Y=-(R30+R20) RND=R20
      G1 X=R10.Y=-R30.
      G1 Y=0.
      G0 Z10.
      G0 G40 Z100.
      R10=21 R20=8 R30=25
N1560 G0 X0. Y0.
N1565 G1 Z-15. F750
N1570 G1 G41 X=R10. D1
      G1 Y=R30+R20
      G1 X=R10-R20 Y=R20+R30
      G1 X=R10-R20-R20*COS(30) Y=R20+R30
      G1 X=-R30*COS(30) Y0.
      G1 X=R10-R20 Y=-(R30+R20)
      G1 X=R10.Y=-R30.
      G1 Y=0.
      G0 Z10.
      G0 G40 Z100.
```

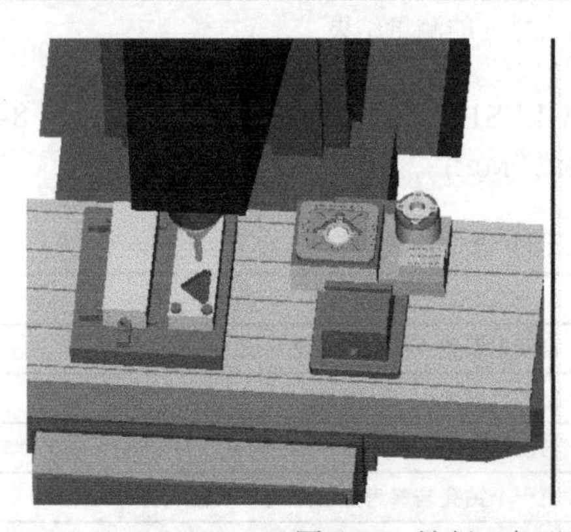

图 8-80 铣削三角形型腔的加工结果

测量结果如图 8-81 所示。测得圆角直径均为 20mm，加工结果正确。

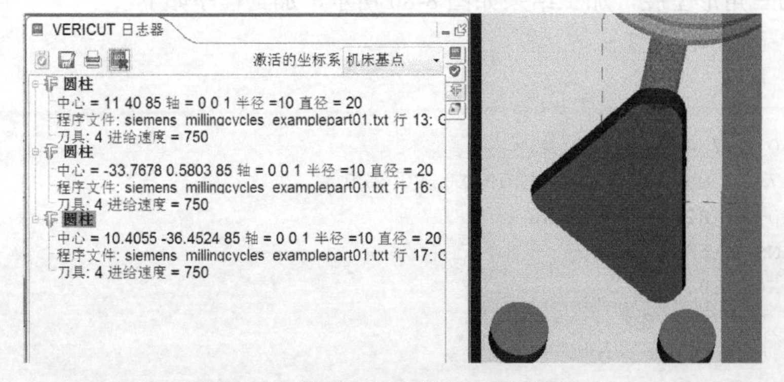

图 8-81 铣削三角形型腔的测量结果

将加工坐标系平移与旋转，继续铣削三角形型腔，加工结果如图 8-82 所示，加工程序如下。

```
N1610 R10=35 R20=10 R30=40
     ATRANS X+0 Y+80
     AROT Z180
     G0 X0. Y0.
N1630 G1 Z-15. F750
N1640 G1 G41 X=R10. D1
     G1 Y=R30+R20 RND=R20
     G1 X=R10-R20 Y=R20+R30
     G1 X=R10-R20-R20*COS(30) Y=R20+R30 RND=R20
     G1 X=-R30*COS(30) Y0. RND=R20
     G1 X=R10-R20 Y=-(R30+R20) RND=R20
     G1 X=R10.Y=-R30.
     G1 Y=0.
     G0 Z10.
     G0 G40 Z100.
N1660 R10=21 R20=8 R30=25
 G0 X0. Y0.
G1 Z-15. F750
G1 G41 X=R10. D1
     G1 Y=R30+R20
     G1 X=R10-R20 Y=R20+R30
     G1 X=R10-R20-R20*COS(30) Y=R20+R30
     G1 X=-R30*COS(30) Y0.
     G1 X=R10-R20 Y=-(R30+R20)
     G1 X=R10.Y=-R30.
     G1 Y=0.
     G0 Z10.
     G0 G40 Z100.
```

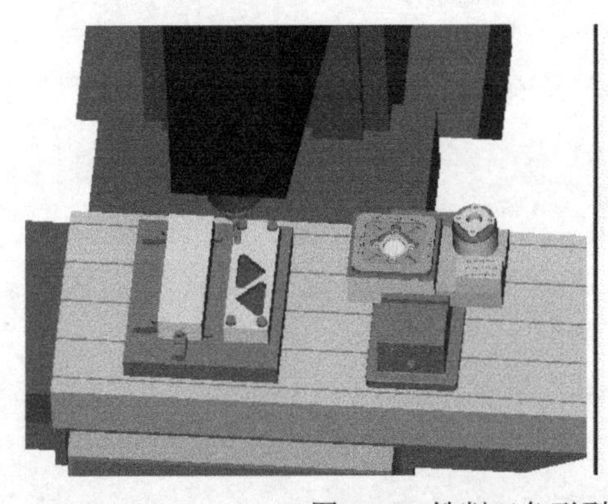
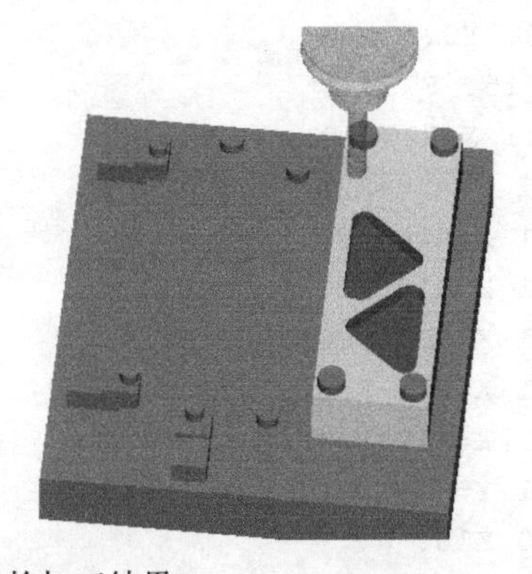

图 8-82　铣削三角形型腔的加工结果

测量结果如图 8-83 所示。测得圆角直径均为 20mm，加工结果正确。

将加工坐标系平移与旋转，继续铣削三角形型腔，加工结果如图 8-84 所示，加工程序如下。

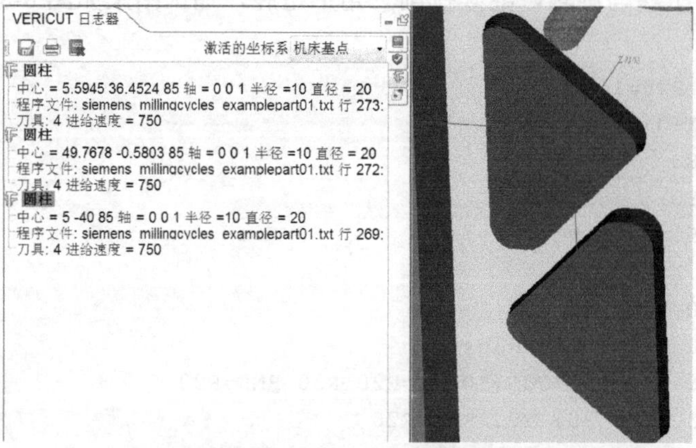

图 8-83 铣削三角形型腔的测量结果

```
N1710 R10=35 R20=10 R30=40
     ATRANS X-0 Y-90
     AROT Z90
     G0 X0. Y0.
N1730 G1 Z-15. F750
N1740 G1 G41 X=R10. D1
     G1 Y=R30+R20 RND=R20
     G1 X=R10-R20 Y=R20+R30
     G1 X=R10-R20-R20*COS(30) Y=R20+R30 RND=R20
     G1 X=-R30*COS(30) Y0. RND=R20
     G1 X=R10-R20 Y=-(R30+R20) RND=R20
     G1 X=R10.Y=-R30.
     G1 Y=0.
     G0 Z10.
     G0 G40 Z100.
N1760 R10=21 R20=8 R30=25
G0 X0. Y0.
G1 Z-15. F750
G1 G41 X=R10. D1
   G1 Y=R30+R20
   G1 X=R10-R20 Y=R20+R30
   G1 X=R10-R20-R20*COS(30)
   G1 X=-R30*COS(30) Y0.
   G1 X=R10-R20 Y=-(R30+R20)
   G1 X=R10.Y=-R30.
   G1 Y=0.
   G0 Z10.
   G0 G40 Z100.
   TRANS
   ROT
   M5
   G53 Z0
```

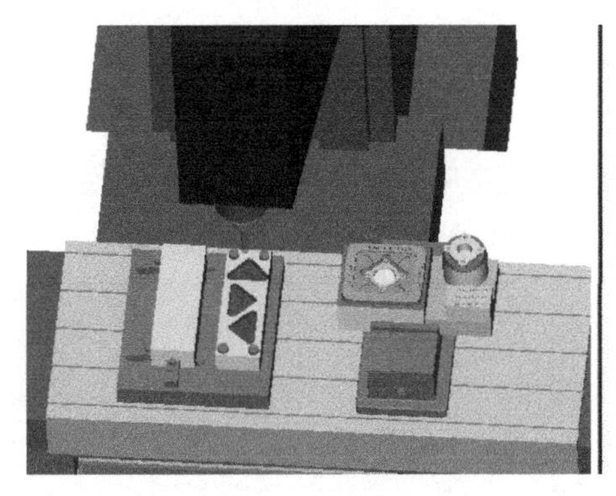
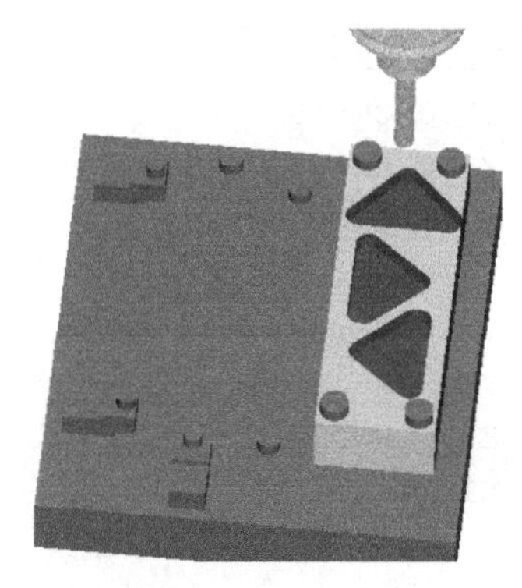

图 8-84　铣削三角形型腔的加工结果

测量结果如图 8-85 所示。测得圆角直径均为 20mm，加工结果正确。

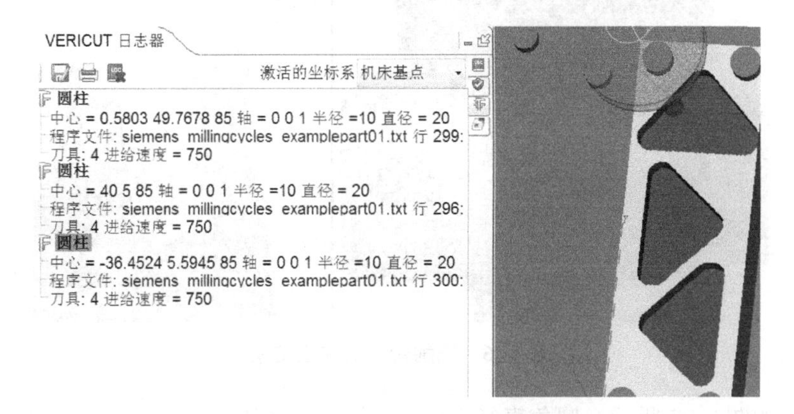

图 8-85　铣削三角形型腔的测量结果

继续铣削轮廓，加工结果如图 8-86 所示，加工程序如下。

```
;VERICUT-CUTCOLOR 9
N1810 T17 D1
N1815 M6
N1820 G90 G17 G54 S1000 M3
N1825 G17 G0 G90 G54 G94 X0 Y0 Z20
N1830 CYCLE72("MYCONTOUR", 10, 0, 3, -10, 10,1, 1.5, 800, 400, 111, 42, 2, 30, 1000, 2, 30)
N1840 G0 X0 Y0
N1850 Z100
N1855 M5
N1860 G53 Z0
%_N_MYCONTOUR_SPF
N2130 G1 G90 X0 Y10
N2140 X90 RND=30
N2145 Y290 CHF=30
N2150 X10
    Y260
    G2 Y240 CR=15
    G3 Y220 CR=15
```

```
    G2 Y200 CR=15
    G3 Y180 CR=15
    G2 Y160 CR=15
    G3 Y140 CR=15
    G2 Y120 CR=15
    G3 Y100 CR=15
    G2 Y80 CR=15
    G3 Y60 CR=15
    G1 X10 Y-5
      G1 Z10
N2160  M17
M30
```

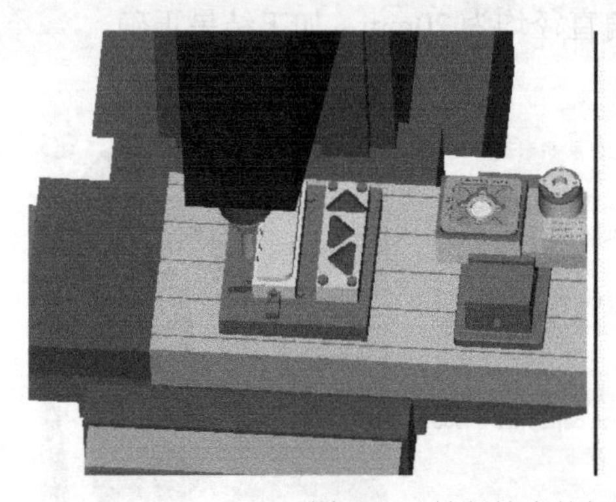
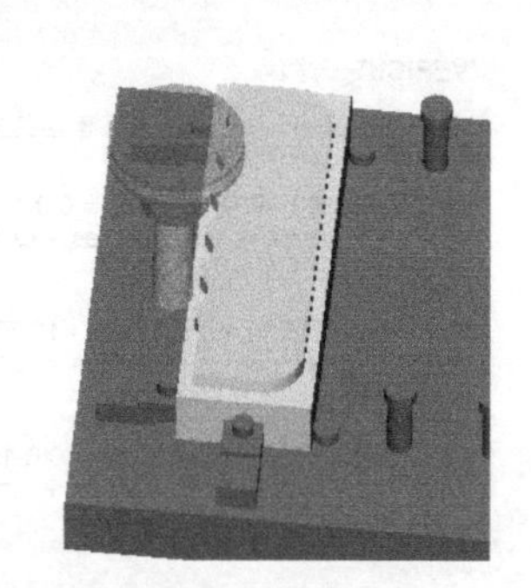

图 8-86 铣削轮廓的加工结果

测量结果如图 8-87 所示。圆角直径 30mm，加工结果正确。

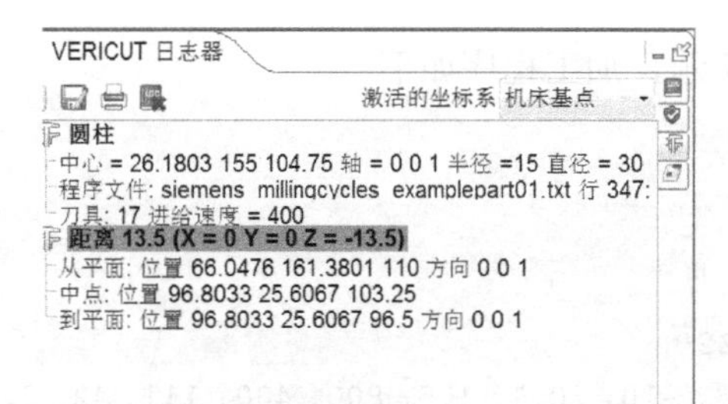

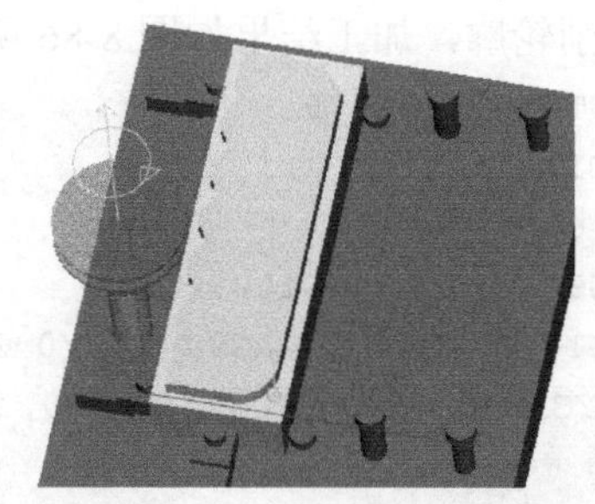

图 8-87 铣削轮廓的测量结果

编程中应用到的轨迹铣削循环指令 CYCLE72 的参数组成与具体含义如表 8-22 所示。

```
CYCLE72 (_KNAME, _RTP, _RFP, _SDIS, _DP, _MID, _FAL, _FALD, _FFP1,_FFD, _VARI,
_RL, _AS1, _LP1, _FF3, _AS2, _LP2)
```

表 8-22 CYCLE72 命令参数含义

参数	数据类型	含义
_KNAME	字符串	轮廓子程序名
_RTP	实数	退回平面（绝对）
_RFP	实数	基准面（绝对）

续表

参数	数据类型	含义
_SDIS	实数	安全距离（加到基准面，不输入符号）
_DP	实数	深度（绝对）
_MID	实数	最大进刀深度（增量，不输入符号）
_FAL	实数	在边缘轮廓处的精加工余量（不输入符号）
_FALD	实数	底部精加工余量（增量，不输入符号）
_FFP1	实数	表面加工的进给
_FFD	实数	用于深度进刀的进给（不输入符号）
_VARI	整数	加工方式： 个位：工艺加工 1—粗加工 2—精加工 十位：中间位移 0—以 G0 中间位移 1—以 G1 中间位移 百位：退回 0—在轮廓结束处退回至_RTP 1—在轮廓结束处退回至_RFP+_SDIS 2—在轮廓结束处退回_SDIS 3—在轮廓结束处没有退回中间、右侧或者左侧绕行轮廓（使用 G40、41 或者 G42，没有输入符号）
_RL	整数	中间、右侧或者左侧绕行轮廓（使用 G40、G41 或者 G42，没有输入符号） 值：40—G40（返回和离开，仅以直线）；41—G41；42—G42
_AS1	整数	返回运行方向和轨迹的规定（不输入符号） 个位：返回轨迹 1—直切线 2—四分圆 3—半圆值 十位：平面/空间 0—在平面上返回轮廓 1—以空间轨迹返回到轮廓
_LP1	实数	返回运行位移的长度（直线）或者驶入圆弧的半径（圆弧时）（不输入符号）
可选择性地规定其他参数		
_FF3	实数	退回运行时进给和在平面中中间定位时的进给（空运行）
^AS2	整数	返回运行方向和轨迹的规定 值：个位：返回轨迹 0—直切线 1—四分圆 2—半圆 十位：平面/空间 0—在平面上离开轮廓 1—以空间轨迹离开轮廓
_LP2	实数	离开位移的长度（直线）或者离开圆弧的半径（圆弧时）（不输入符号）

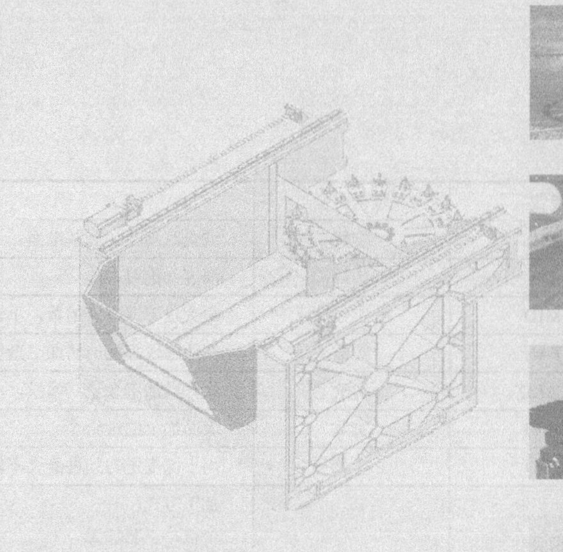

第9章

VERICUT车削加工中心车铣加工仿真

车削加工中心配备有一个或多个具有多刀位的转塔刀架，转塔刀架除了可以配备车削刀具外，还可安装铣刀、钻头、丝锥等旋转动力刀具，进行铣削、钻削、螺纹加工等工作。此外，车削加工中心主轴具有数控精确分布的 C 轴功能，以及 C、Z 轴或 C、X 轴联动能力。通过一次装夹，可以完成回转体端面、圆柱面相关加工特征的铣削、钻削等加工。

9.1 车削加工中心项目模板文件

9.1.1 模板项目文件主要设备配置与功能

FANUC 控制系统车削加工中心的虚拟加工仿真环境由相应的模板项目文件来提供，该文件对机床、控制系统、配置了基本车削刀具的刀具文件、基本的对刀方法进行了配置。应用本模板项目文件，可对普通轴、复杂阶梯轴、盘类、套类等典型车削加工零件进行 FANUC 数控车削仿真与程序验证，同时由于机床为具有动力刀架的车削加工中心，还可进行简单的零件端面与轴向的铣削加工编程与仿真验证工作。本节以具体项目实例对该模板项目文件加以说明。

（1）启动 VERICUT

（2）设置当前工作目录

主菜单，选择“**文件**”→“**工作目录**”命令，弹出“**工作目录**”对话框，“**捷径**”处选“\program\turningcenter_fanuc”，选择“**确定**”按钮。

（3）打开模板项目文件

主菜单，选择“**文件**”→“**打开**”命令，弹出“**打开项目**”对话框，选择文件“turn_2ax_fanuc_template.vcproject”，选择“**打开**”按钮，进入该项目的加工仿真界面，如图9-1 所示，模板项目文件已经将机床、控制系统、刀具配置完成，其中控制系统采用 FANUC

15t 数控系统，工件对刀采用工作偏置方式 G54 由名为“Program_Zero”的坐标系进行对刀。

9.1.2　动力刀架车削加工中心的基本结构

本模板文件的机床为一配备有动力刀架的车削加工中心，动力刀架可同时安装 12 把加工刀具，机床能够完成基本的车削加工与简单的铣削、钻削加工工作。在项目树展开“**机床**”节点结构，其基本的运动拓扑结构如下，项目树结构如图 9-2 和图 9-3 所示。

```
Base→Z→Y→X→Turret 刀塔→Tool 刀具
Base→C→Spindle 主轴→Attach 附件→Fixture 夹具→Stock 毛坯
```

主菜单，选择“**配置**”→“**机床设定**”命令，弹出“**机床设定**”对话框，分别打开“**表**”与“**行程极限**”标签页，如图 9-4 和图 9-5 所示，查看该设备工作原点、运动轴及其工作行程等基本数据信息。

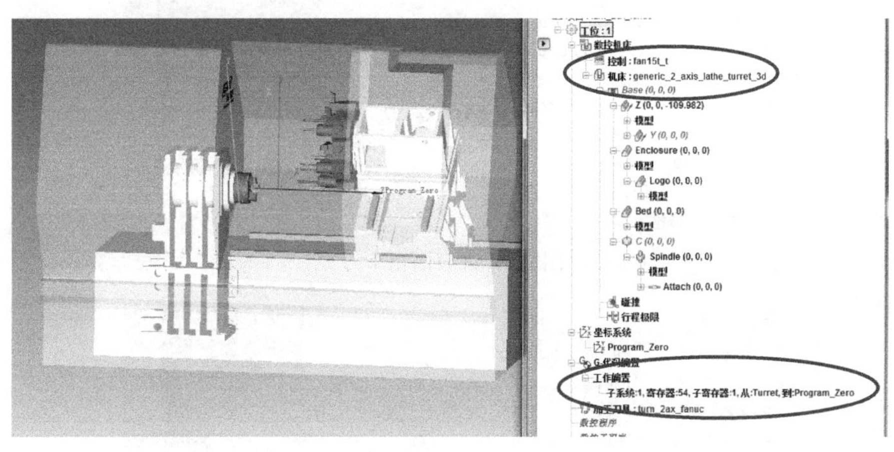

图 9-1　加工模板文件及项目树结构

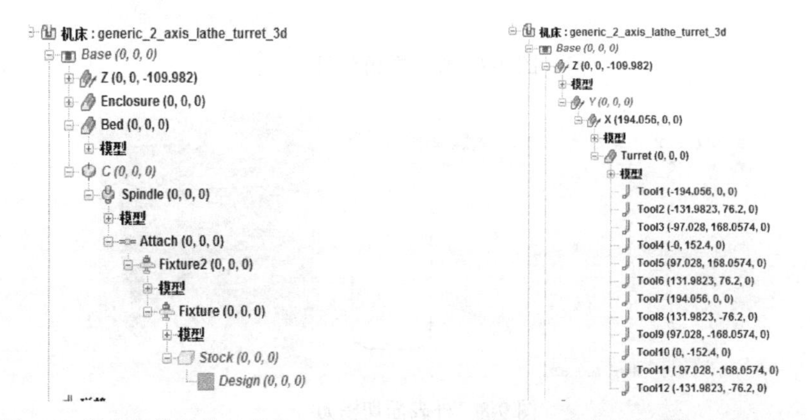

图 9-2　机床拓扑结构（床身→毛坯）　　图 9-3　机床拓扑结构（床身→刀具）

图 9-4　机床初始位置设定

☑开机床仿真 地板/墙壁定位 Y+ 向上

初始文件

碰撞检测 | 表 | 行程极限 | 轴优先 | 子程序 | 机床备忘录

☑超程错误日志 ☑允许运动超出行程

超行程颜色 1.Red

组	组件	最小	最大	组件(C)	最小(C)	最大(C)	忽略
0	Z	0.0000	510.0000	关闭	0.0000	0.0000	☐
0	X	-76.2000	250.0000	关闭	0.0000	0.0000	☐

图 9-5 机床行程极限设定

9.1.3 切削刀具设置与功能

本模板文件中的刀具文件为“turn_2ax_fanuc.tls”，配置了满足本书车铣加工所需的相关刀具，部分刀具如图 9-6～图 9-11 所示。

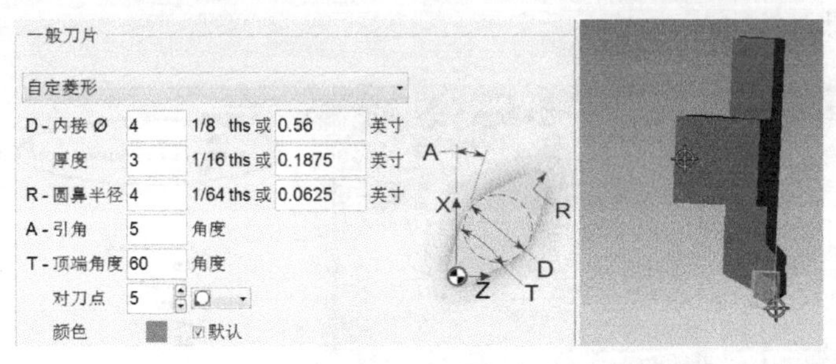

图 9-6 外表面粗车刀

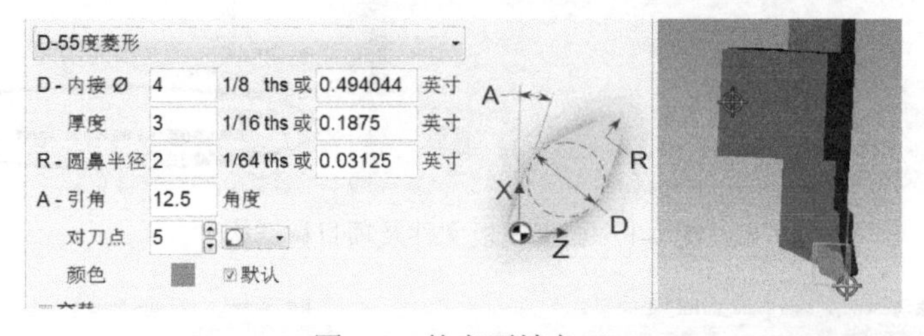

图 9-7 外表面精车刀

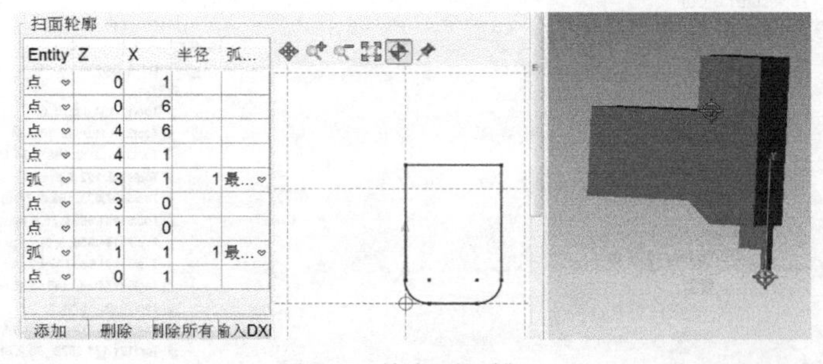

图 9-8 外表面切槽刀

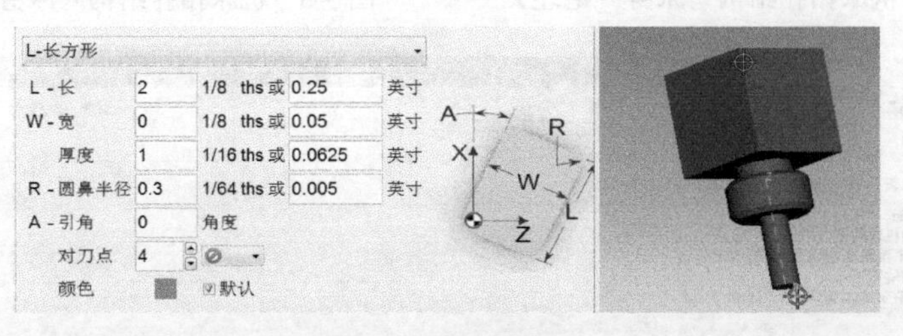

图 9-9 端面切槽刀

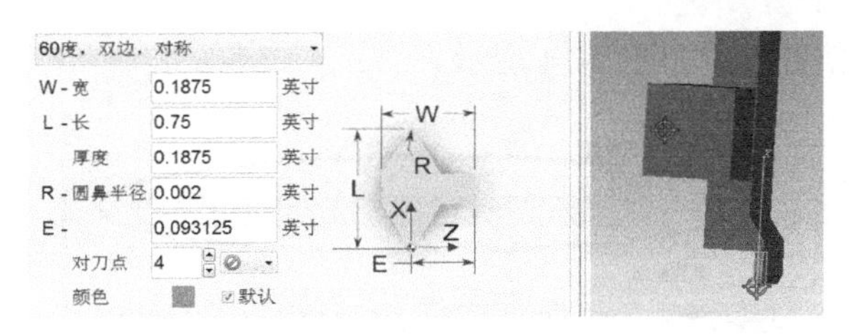

图 9-10　外表面螺纹刀

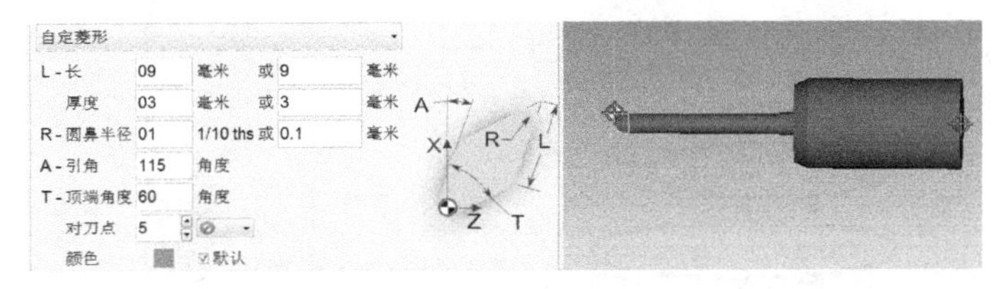

图 9-11　内表面车刀

以上刀具在刀塔上的安装设置如图 9-12 所示。

刀塔设置...

刀塔	索引	刀具ID
Turret	1	24
Turret	2	2
Turret	3	25
Turret	4	4
Turret	5	5
Turret	6	6
Turret	7	7
Turret	8	8
Turret	9	9
Turret	10	10
Turret	11	15
Turret	12	12

图 9-12　刀塔刀具配置

9.1.4　设备基本运动方式与手动控制

该模板文件中的车削加工中心可以分别在车削与铣削两种加工模式下进行工作。车削模式下工件主轴做旋转主运动，轴控制命令为 M3/M4/M5（车削主轴正转/反转/停止）。铣削模式下刀具主轴做旋转主运动，轴控制命令为 M13/M14/M15（刀具主轴正转/反转/停止）。

编程零点坐标设定如图 9-13 所示。

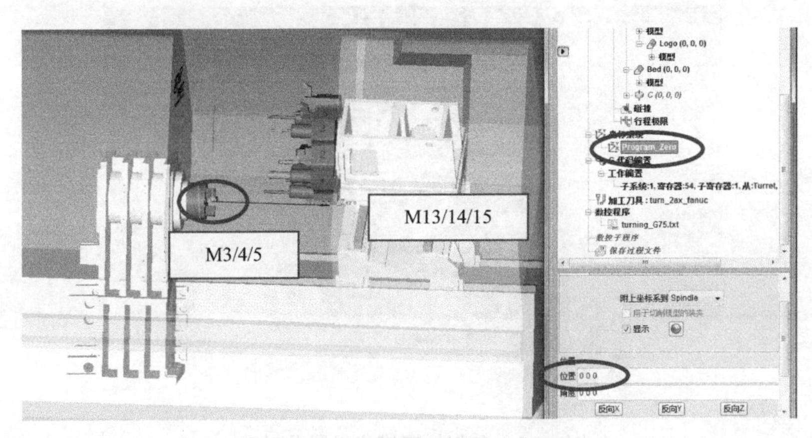

图 9-13　编程零点坐标设定

编程零点的工作偏置设定如图9-14所示。

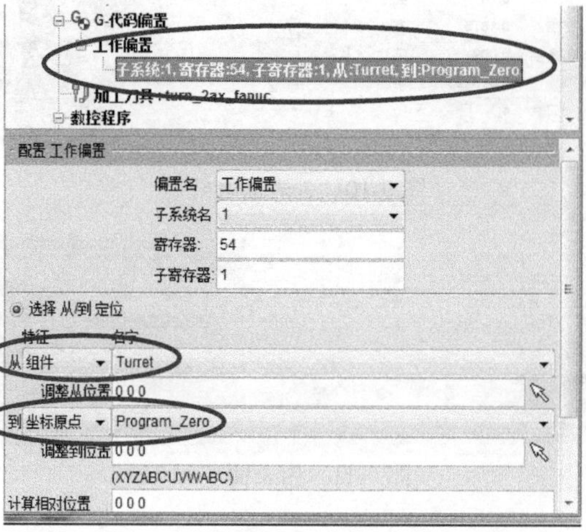

G-代码偏置
工作偏置
子系统:1, 寄存器:54, 子寄存器:1, 从:Turret, 到:Program_Zero
加工刀具:turn_2ax_fanuc
数控程序
配置 工作偏置
偏置名 工作偏置
子系统名 1
寄存器: 54
子寄存器 1
选择 从/到 定位
特征 名字
从 组件 Turret
调整从位置 0 0 0
到 坐标原点 Program_Zero
调整到位置 0 0 0
(XYZABCUVWABC)
计算相对位置 0 0 0

图9-14 编程零点工作偏置设定

以下应用手动控制方式，设置设备分别处于车削与铣削加工模式状态下，同时验证对刀方法的实现。具体应用到以下步骤。

① 安装直径为50mm、长度为100mm的毛坯。右击项目树中节点“Stock(0,0,0)”→“**添加模型**”→“**圆柱**”，设置高度为100，直径为50。

② 将工作零点设置在毛坯右端面中心。选择项目树中节点“**Program_Zero**”。修改其位置值，输入“0 0 100”。

③ 打开“**手工数据输入**”。鼠标右击“**数控机床**”→“**手工数据输入**”命令，弹出“**手工数据输入**”对话框。在“**手动进给命令**”中逐次输入如下命令：

```
M36
T0101
G00 G54 X60 Y0 Z10
M3 S600
```

以上以手动单步执行方式，将加工设备设置为车削加工模式，工件主轴旋转并实现对刀，结果如图9-15所示。

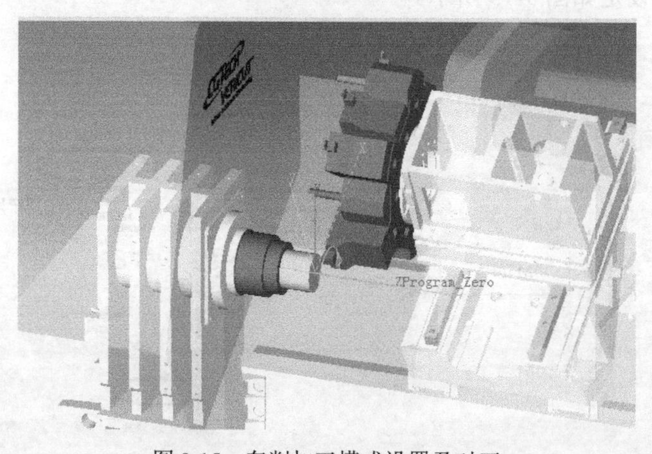

图9-15 车削加工模式设置及对刀

继续单步输入与执行如下命令：

```
M5
M35
G00 X100 Y100
T0505
G00 G54 X60 Z100
M13 S1000
M36
```

以上命令为关闭车削主轴，调出 5#刀具，将加工设备设置为铣削加工模式，开启刀具主轴并实现对刀，加工结果如图 9-16 所示。

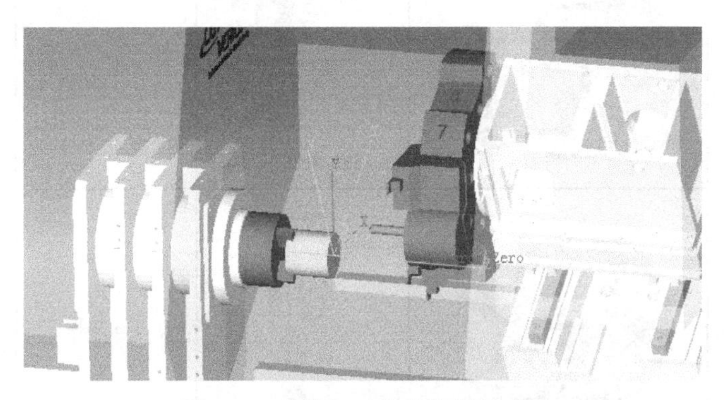

图 9-16　铣削加工模式设置及对刀

输入 M15 关闭铣削方式下的刀具主轴，结束设备手动控制方式。

9.2　车削加工中心的基本车削与铣削加工仿真

当配备有 Y 轴的车削加工中心处于铣削模式时，工件主轴的回转运动被切换为 C 轴功能方式，此时 C 轴起到分度功能，与 X、Y、Z 轴共同成为进给运动控制轴，通过一次装夹，可以完成回转体端面、圆柱面相关加工特征的铣削、钻削等加工工作。本节内容即为仿真车削加工中心的基本车削与铣削加工过程。

9.2.1　基本车削与铣削——端面加工实例

16．基本车削与铣削——端面加工实例

零件基本结构如图 9-17 所示。

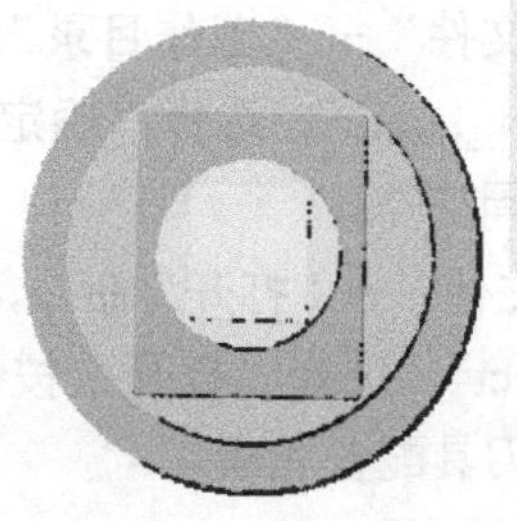

图 9-17　加工实例零件

零件主要加工过程见表 9-1。

表 9-1 零件加工过程 mm

序号	工作内容	结果	切削刀具	程序编制	加工模式与机床控制
0	准备毛坯	圆柱毛坯直径 100，长度 150，材料 45 钢			
1	粗车外表面		80° 外圆车刀	手工编程 G71	车削模式 T0405
2	精车外表面		55° 外圆车刀	手工编程	车削模式 T0505
3	铣削端面平面		直径 20 铣刀	手工编程	铣削模式 T0101
4	铣削端面平面		直径 20 铣刀	手工编程	铣削模式 T0301

实例零件虚拟加工过程仿真如下。

（1）启动 VERICUT

（2）设置当前工作目录

主菜单，选择“**文件**”→“**工作目录**”命令，弹出“**工作目录**”对话框，“**捷径**”处选“\program\turningcenter_fanuc”，选择“**确定**”按钮。

（3）打开模板项目文件

主菜单，选择“**文件**”→“**打开**”命令，弹出“**打开项目**”对话框，选择文件“turn_2ax_fanuc_template.vcproject”，选择“**打开**”按钮，进入该项目的加工仿真界面，模板项目已经将机床、控制系统、刀具配置完成。

（4）设置加工所需毛坯

设置加工所需圆柱体毛坯，右击项目树“Stock(0,0,0)”→“**增加模型**”→“**圆柱**”，设置高度为 150，半径为 50。设置“**位置**”=“0 0 0”。

（5）加入刀具文件

右击项目树“加工刀具”→“打开…”，弹出“**打开刀具文件**”对话框，“**捷径**”处选“**工作目录**”，选择文件“turn_2ax_fanuc_basicmilling_polar.tls”，选择“**OK**”按钮。

（6）加入数控加工程序

右击项目树“数控程序”→“添加数控程序文件…”，弹出“**打开数控程序文件**”对话框，“**捷径**”处选“**工作目录**”，选择文件“fanuc_turnmill_basicmilling_polar.txt”，选择“**OK**”按钮。

（7）设置程序零点

点击选择项目树“Program_Zero”，在“**位置**”处，输入“0 0 150”，在“角度”处，输入“0 0 30”。

点击“**重置模型**”，使项目树设置生效。项目文件设置结果如图 9-18 所示。

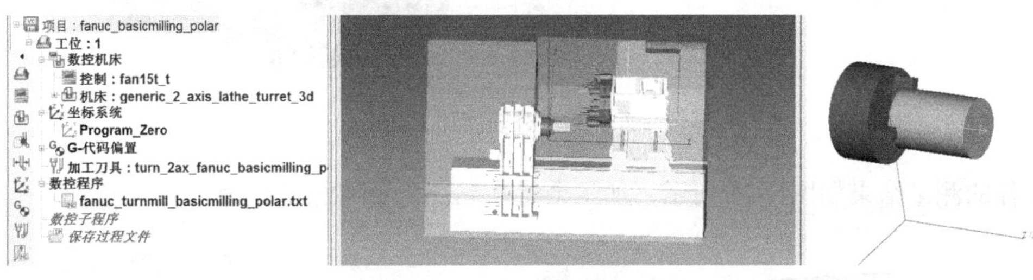

图 9-18　项目文件设置结果

（8）执行仿真

点击“**仿真到末端**”按钮，首先执行如下加工程序，设备进入车削加工模式，启动工件主轴旋转，进行对刀，准备加工。结果如图 9-19 所示。

```
M36
N01 T0400
N02 G0 X110.0 Z100.0 S1000 M3 M8 T0405
N03 G00 X110 Z100
```

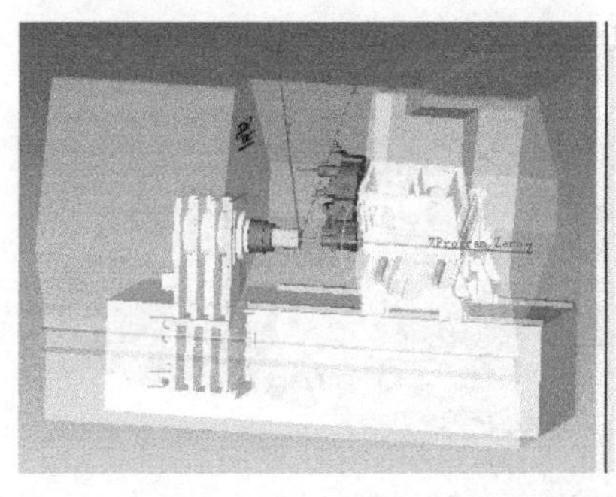

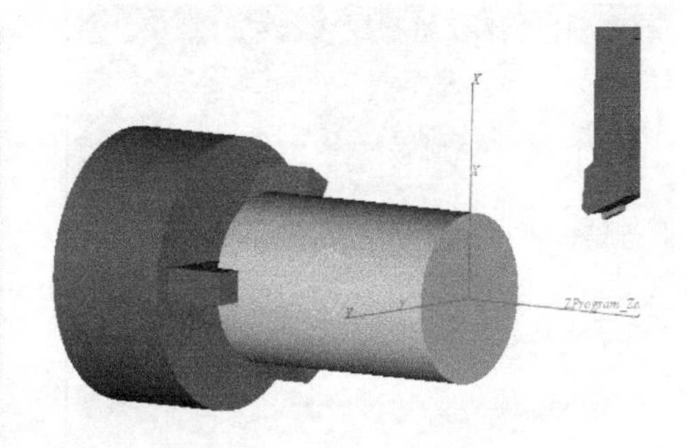

图 9-19　进入车削加工模式

粗车工件外表面，程序如下，结果如图 9-20 所示。

```
N10 G00 X100.0 Z2.
N20 G71 U1.0 R1.0
N35 G71 P40 Q80 U0.5 W0.5 F0.3 S500
N40 G00 X40.0 S750
```

```
N50 G01 Z0.0 F0.1
N60 Z-30.0
N70 X80.0
N80 Z-80.0
N90 G00 X110
N95 G0 X110.0 Z100.0 M5 M9 T0400
```

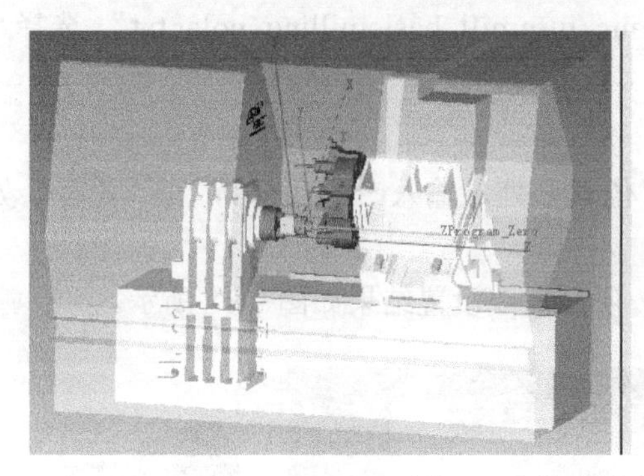
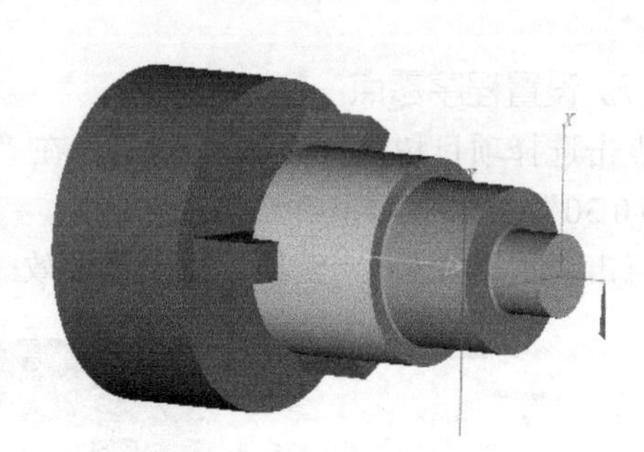

图 9-20 粗车外表面加工结果

零件的测量结果如图 9-21 所示，加工余量 0.5mm，说明加工正确。

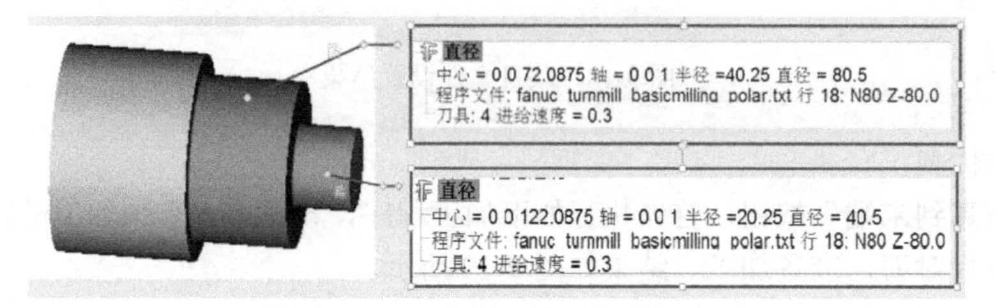

图 9-21 粗车外表面后的测量结果

继续执行如下程序，精车外表面轮廓，结果如图 9-22 所示。

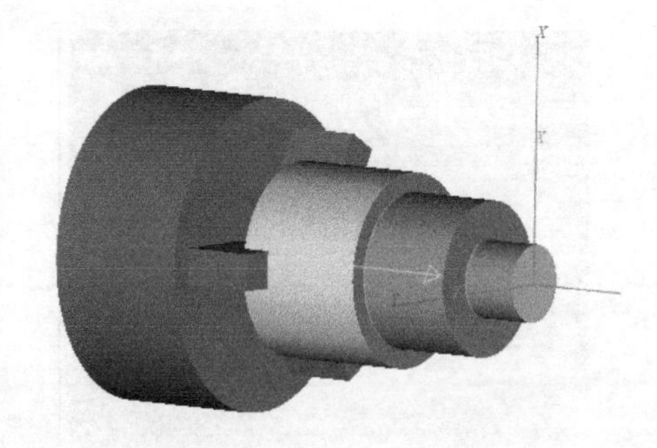

图 9-22 精车外表面加工结果

```
M36
N110 T0500
N120 G0 X110.0 Z100.0 S1500 M3 M8 T0505
N140 G00 X40.0 Z5.0 S750
N150 G01 Z0.0 F0.1
```

```
N160 Z-30.0
N170 X80.0 Z-30.0
N180 Z-80.0
N190 X100.0
N192 G00 X110
N195 G0 X110.0 Z100.0 M5 M9
```

零件的测量结果如图 9-23 所示，说明加工正确。

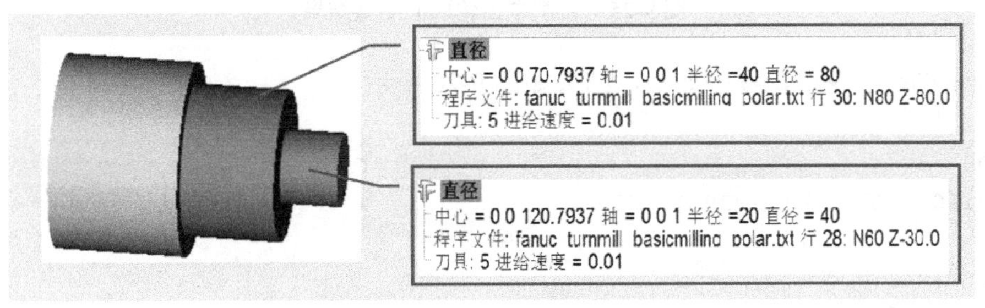

图 9-23　精车外表面后的测量结果

设备进入铣削加工模式，执行如下程序，铣削端面轮廓，结果如图 9-24 所示。

```
M35
T0100
G0 X120.0 Y0.S750 M13 M28 T0101
G17
G1 X120.0 Z10.0
G1 G42 Z-40.0 D1
G1 X100.Y25.
G1 X-60.0 F200.
Y-25.0
X60.0
Y35.0
X110.0
G40
G0 X110.0 Z200.0 M15 M29 T0100
```

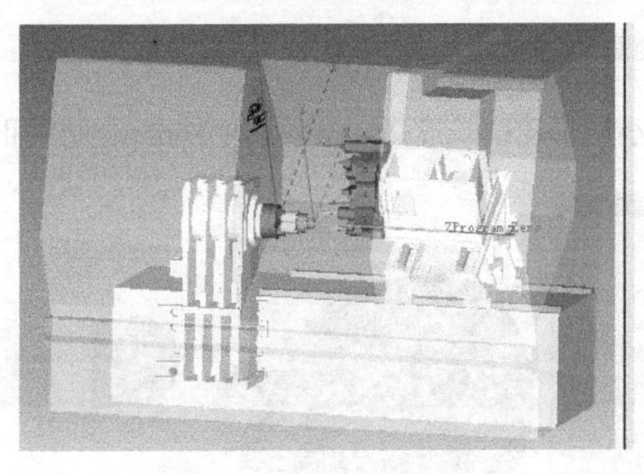

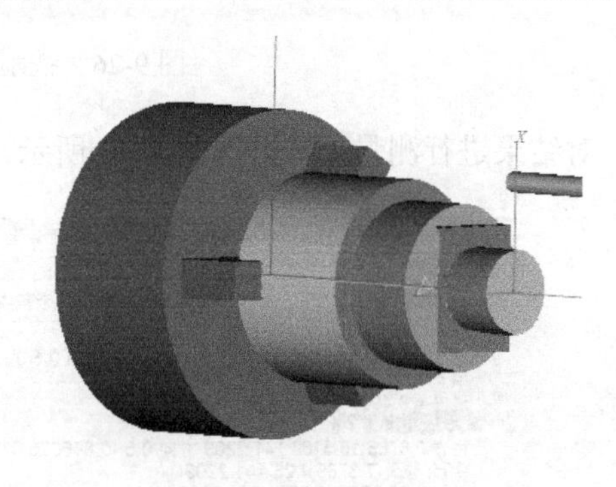

图 9-24　铣削端面轮廓的加工结果

对结果进行测量，结果如图 9-25 所示，方形轮廓长度 60mm，宽度 50mm，结果正确。

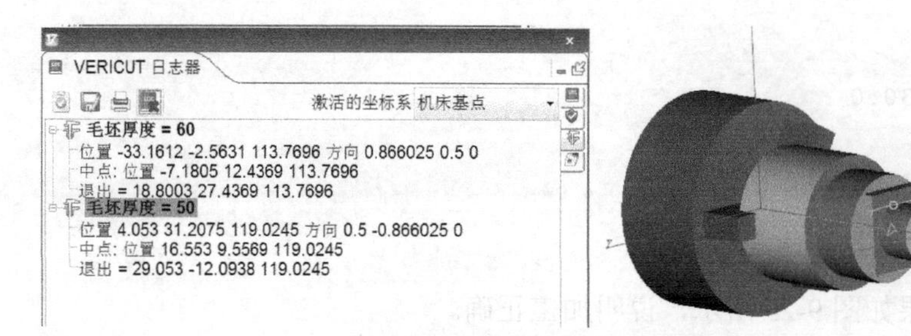

图 9-25 铣削端面轮廓的测量结果

继续铣削端面轮廓，程序如下，结果如图 9-26 所示。

```
M35
T0300
G0 X110.0 S750 M13 M28 T0301
G17
G1 X80.0 Z10.0
G1 G42 Y13.0 Z-10.0 D1
G1 X-28.0 F200.
Y-13.0
X28.0
Y23.0
G0 X80.0
G40
G0 X100.0 Z200.0 M15 M29 T0300
M36
M30
```

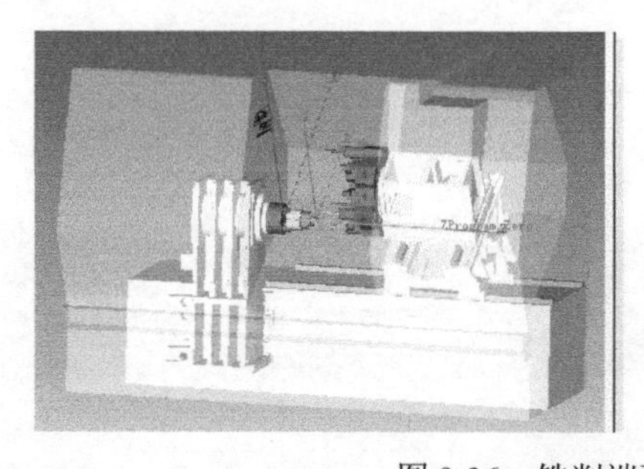
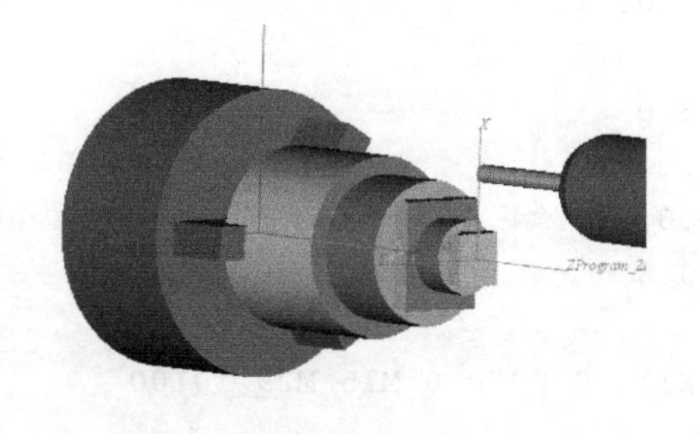

图 9-26 铣削端面轮廓的加工结果

对结果进行测量，结果如图 9-27 所示，小方形轮廓长度 28mm，宽度 26mm，结果正确。

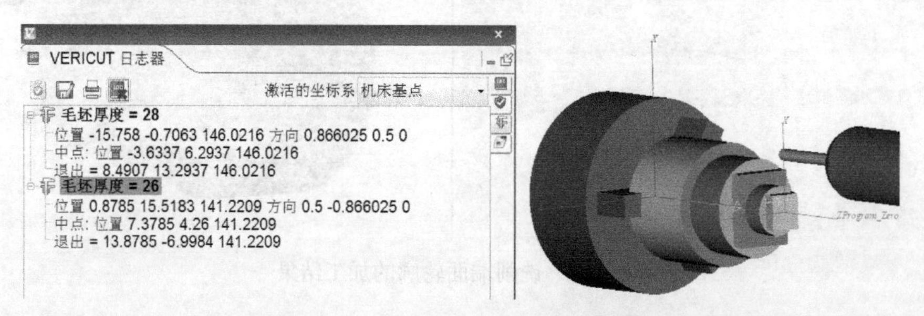

图 9-27 铣削端面轮廓的测量结果

（9）保存仿真结果

在主菜单，选择“**文件**”→“**另存项目为**”命令，弹出“**另存项目为**”对话框，“**捷径**”处选“**工作目录**”，输入项目名称“fanuc_basicmilling_polar.VcProject”，选择“**保存**”按钮，保存项目文件。

9.2.2　基本车削与铣削——圆柱面加工实例

17. 基本车削与铣削——圆柱面加工实例

实例零件基本结构如图 9-28 所示。

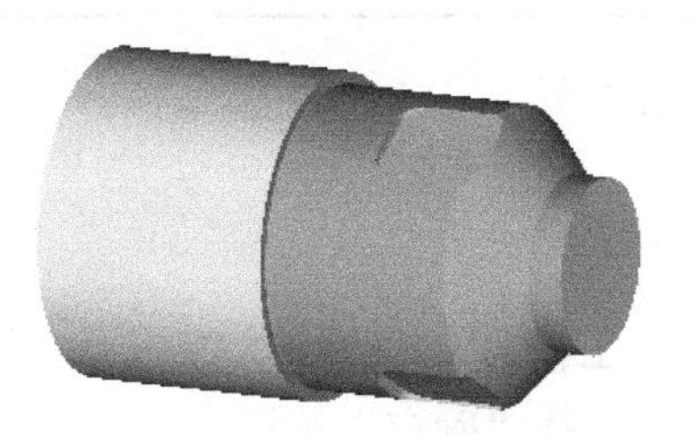

图 9-28　加工实例零件

零件主要加工过程见表 9-2。

表 9-2　零件加工过程　mm

序号	工作内容	结果	切削刀具	程序编制	机床控制程序
0	准备毛坯	圆柱毛坯直径 130，长度 220，材料 45 钢			
1	粗车外表面		80° 外圆车刀	手工编程 G71	车削模式 T0405
2	精车外表面		55° 外圆车刀	手工编程	车削模式 T0505
3	铣削柱面平面		直径 20 铣刀	手工编程	铣削模式 T1212
4	铣削柱面平面		直径 20 铣刀	手工编程	铣削模式 T1212

续表

序号	工作内容	结果	切削刀具	程序编制	机床控制程序
5	铣削柱面平面		直径20铣刀	手工编程	铣削模式 T1212

实例零件虚拟加工过程仿真如下。

（1）启动VERICUT

（2）设置当前工作目录

主菜单，选择“**文件**”→“**工作目录**”命令，弹出“**工作目录**”对话框，“**捷径**”处选“\program\turningcenter_fanuc”，选择“**确定**”按钮。

（3）打开模板项目文件

主菜单，选择“**文件**”→“**打开**”命令，弹出“**打开项目**”对话框，选择文件“turn_2ax_fanuc_template.vcproject”，选择“**打开**”按钮，进入该项目的加工仿真界面，模板项目已经将机床、控制系统、刀具配置完成。

（4）设置加工所需毛坯

设置加工所需圆柱体毛坯，右击项目树“Stock(0,0,0)”→“**增加模型**”→“**圆柱**”，设置高度为220，半径为65。设置“**位置**”=“0 0 0”。

（5）加入刀具文件

右击项目树“加工刀具”→“打开…”，弹出“**打开刀具文件**”对话框，“**捷径**”处选“**工作目录**”，选择文件“turn_2ax_fanuc_basicmilling_cylindrical.tls”，选择“**OK**”按钮。

（6）加入数控加工程序

右击项目树“数控程序”→“添加数控程序文件…”，弹出“**打开数控程序文件**”对话框，“**捷径**”处选“**工作目录**”，选择文件“turnmill_basic_cylindrical.txt”，选择“**OK**”按钮。

（7）设置程序零点

点击选择项目树“Program_Zero”，在“**位置**”处，输入“0 0 220”，在“角度”处，输入“0 0 30”。

点击“**重置模型**”按钮，使项目树设置生效。结果如图9-29所示。

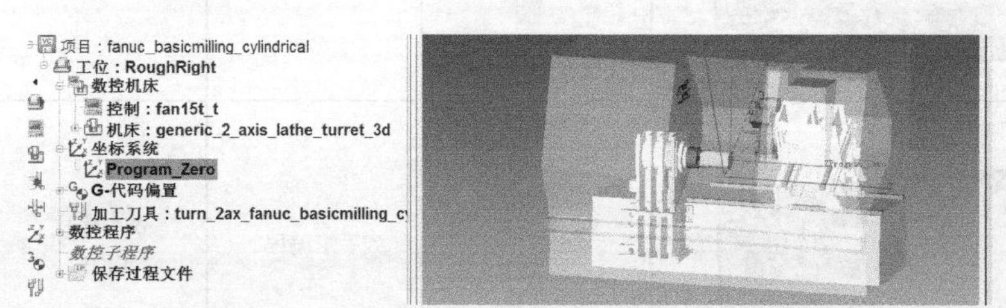

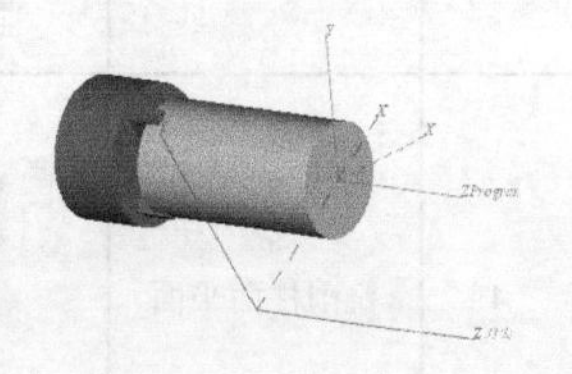

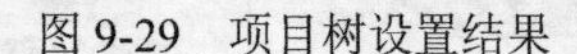

图9-29 项目树设置结果

（8）执行仿真

点击“**仿真到末端**”按钮，首先执行如下加工程序，设备进入车削加工模式，启动工件主轴旋转，进行对刀，准备加工。结果如图 9-30 所示。

```
M36
N01 T0400
N02 G0 G99 X140.0 Z100.0 S1000 M3 M8 T0405
N03 G00 X140 Z100
```

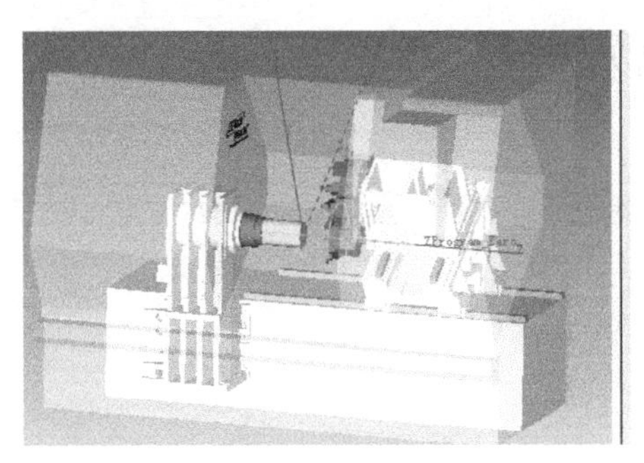

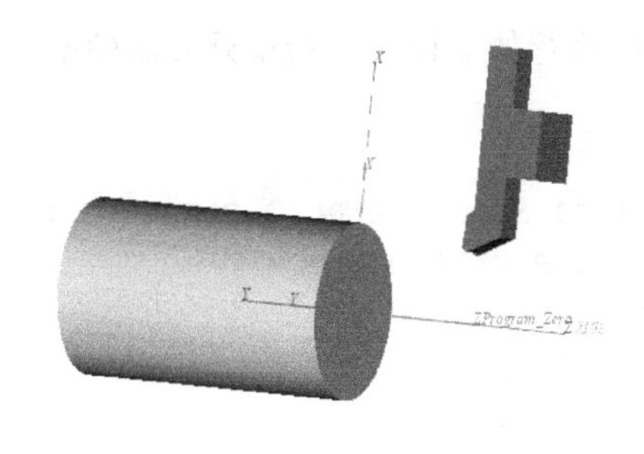

图 9-30　进入车削加工模式

粗车工件外表面，程序如下，结果如图 9-31 所示。

```
N10 G00 X140.0 Z2.
N20 G71 U1.0 R1.0
N35 G71 P40 Q100 U0.5 W0.5 F0.3 S500
N40 G00 X70.0 S750
N50 G01 Z0.0  F0.1
N60 Z-15.0
N70 X120.0 Z-40.0
N80 Z-40.0
N90 X120.0
N100 Z-120.0
N101 G00 X140.0
N102 G0 X140.0 Z100.0 M5 M9 T0400
```

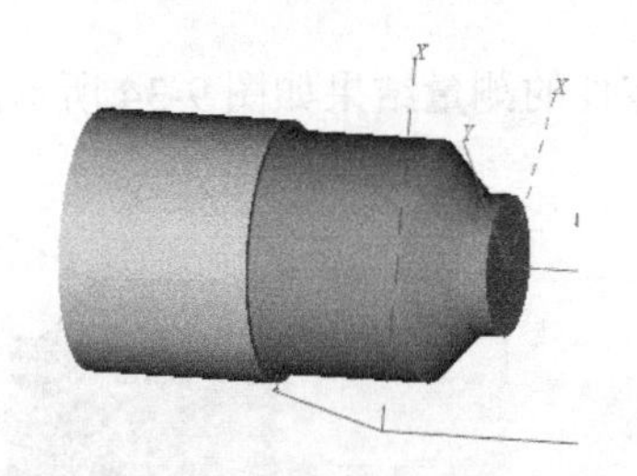

图 9-31　粗车外表面加工结果

零件的测量结果如图 9-32 所示，说明加工正确。

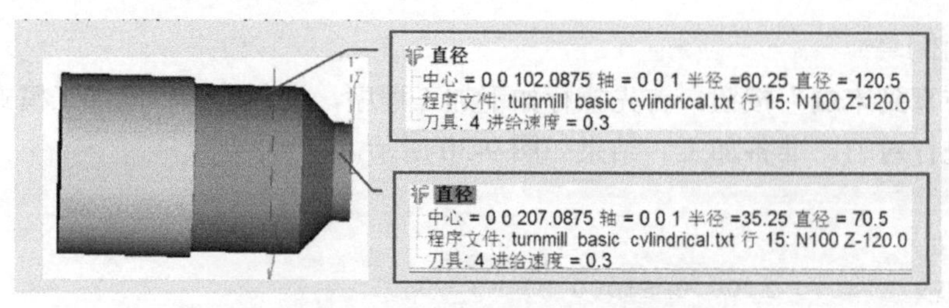

图 9-32　粗车外表面的测量结果

继续执行如下程序，精车外表面轮廓，结果如图 9-33 所示。

```
M36
N105 T0500
N108 G0 X100.0 Z100.0 S1500 M3 M8 T0505
N110 G00 X100.0 Z2.
N140 G00 X70.0 S750
N150 G01 Z0.0 F0.1
N160 Z-15.0
N170 X120.0 Z-40.0
N180 Z-40.0
N190 X120.0
N200 Z-120.0
N210 G01 X140.0
N220 G0 X100.0 Z100.0
N230 M5 M9 T0500
```

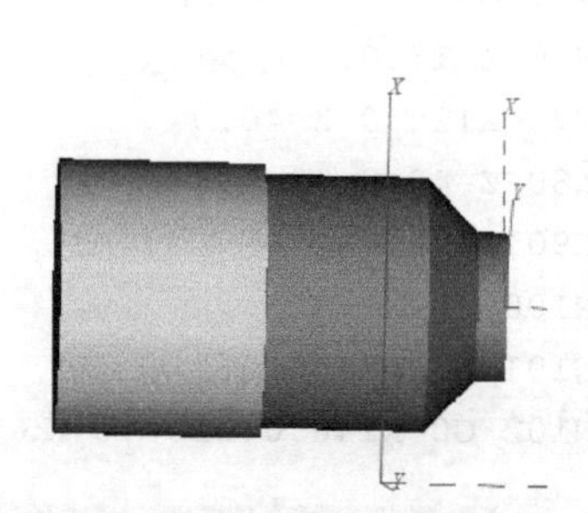

图 9-33　精车外表面的加工结果

零件的测量结果如图 9-34 所示，说明加工正确。

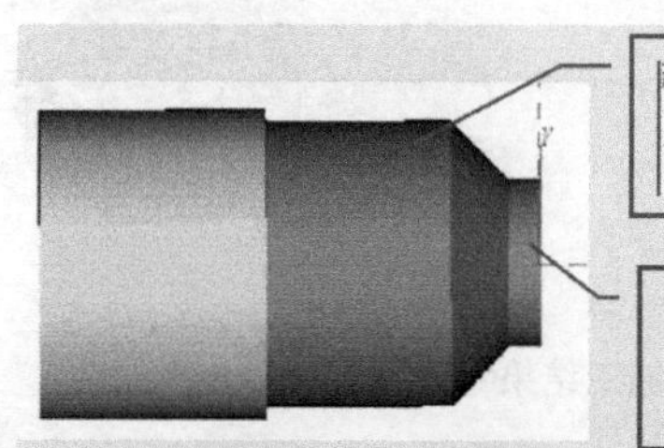

图 9-34　精车外表面的测量结果

设备进入铣削加工模式，执行如下程序，旋转刀具主轴，对刀，准备加工，结果如图 9-35 所示。

```
M35
N310 T1200
N320 S875 M13 M28 T1212
```

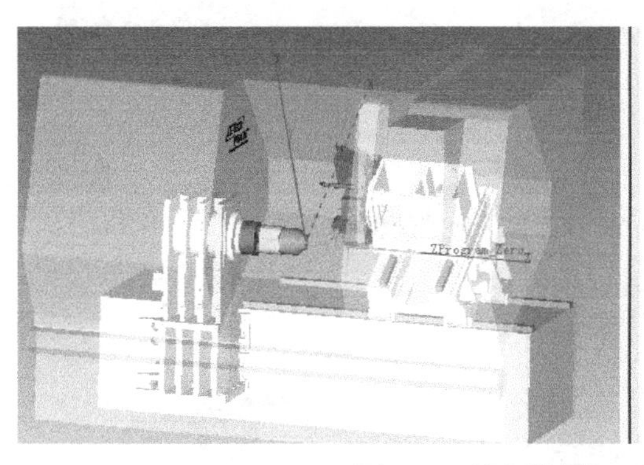

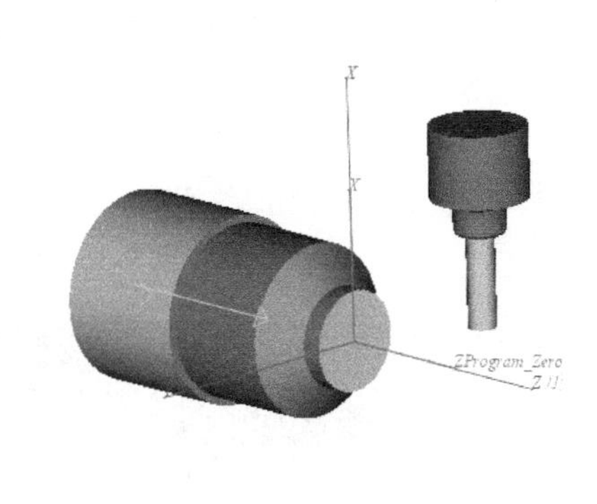

图 9-35 进入铣削加工模式准备加工

分别铣削 C 轴 0°、120° 和 240° 位置柱面轮廓，程序如下，结果如图 9-36～图 9-38 所示。

```
N330 C0
N335 M98 P002
N340 C120
N345 M98 P002
N350 C240
N355 M98 P002
M15
M36
M30
O002
N440 G0 G90 G54 X190. Y0.
N450 G43 Z-20. H12
N460 G1 X110.F250.
     G1 Z-70
        Y-10
        Z0
        Y10.
        G1 Z-70.
        Y-10.
        Z0.
N480 M99
```

（9）保存仿真结果

在主菜单，选择“**文件**”→“**另存项目为**”命令，弹出“**另存项目为**”对话框，“**捷径**”处选“**工作目录**”，输入项目名称“fanuc_basicmilling_cylindrical.VcProject”，选择“**保存**”按钮，保存项目文件。

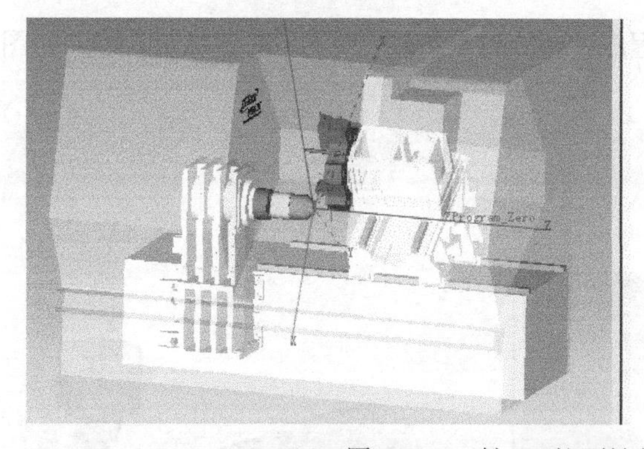
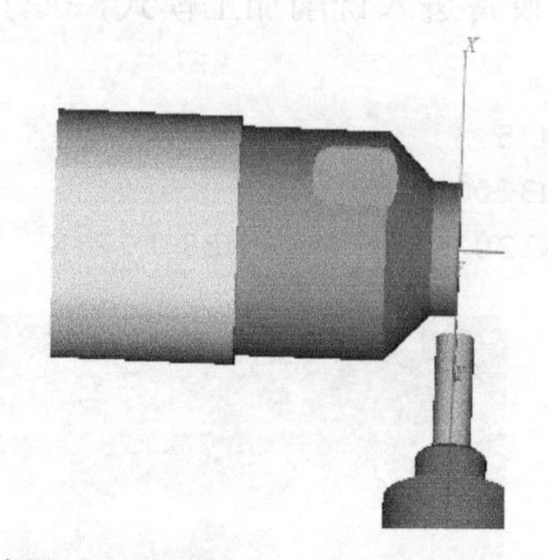

图 9-36 *C* 轴 0° 柱面铣削加工结果

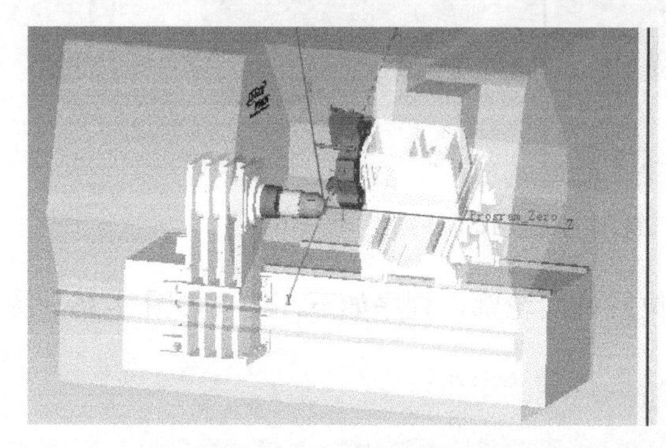
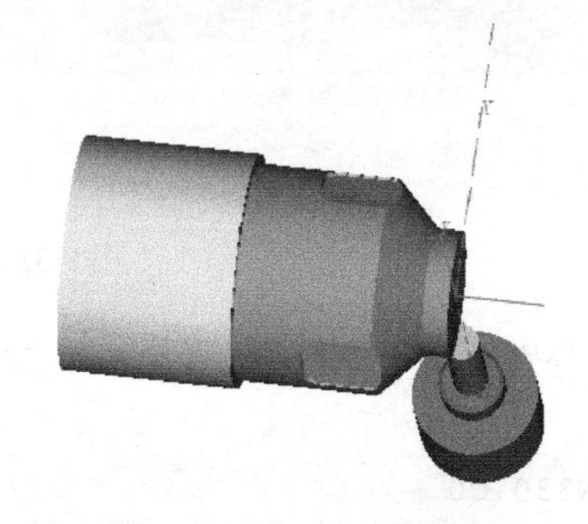

图 9-37 *C* 轴 120° 柱面铣削加工结果

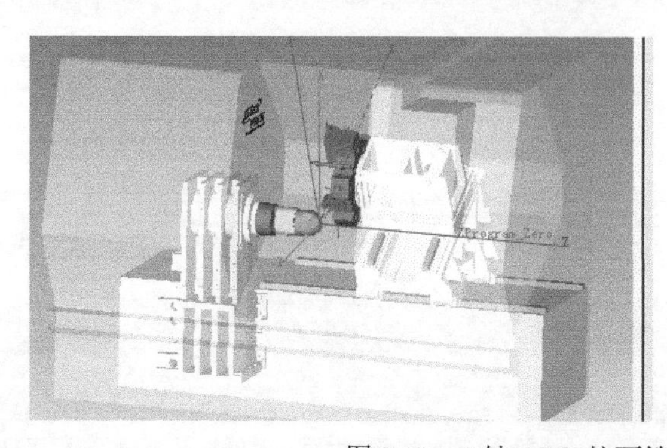
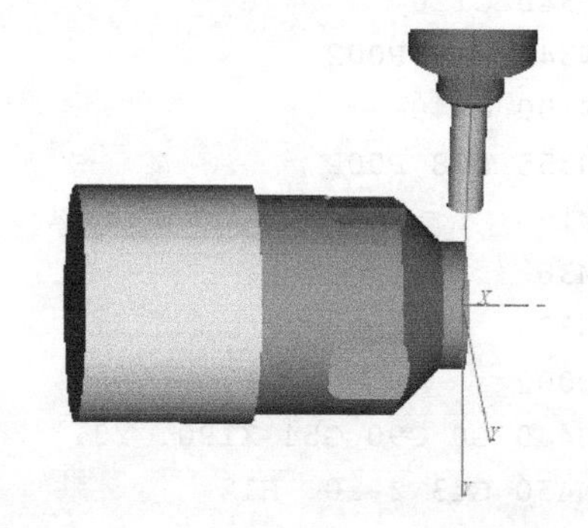

图 9-38 *C* 轴 240° 柱面铣削加工结果

9.2.3 基本车削——基于端面粗车循环 G72 指令

零件基本结构如图 9-39 所示。

18．基于车削—G72 指令

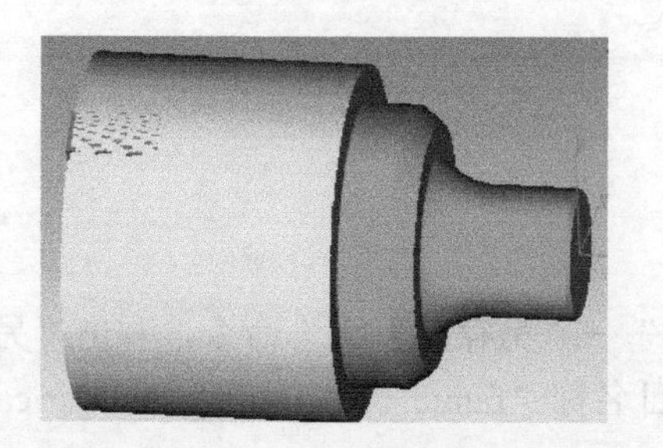

图 9-39 加工实例零件

零件主要加工过程见表 9-3。

表 9-3　零件加工过程　　mm

序号	工作内容	结果	切削刀具	程序编制	加工模式与机床控制
0	准备毛坯	圆柱毛坯直径 140，长度 200，材料 45 钢			
1	粗车外表面		80° 外圆车刀	手工编程 G72	车削模式 T0405

实例零件虚拟加工过程仿真如下。

（1）启动 VERICUT

（2）设置当前工作目录

主菜单，选择“**文件**”→“**工作目录**”命令，弹出“**工作目录**”对话框，“**捷径**”处选“**\Vericut_turnmill\fanuc_turningcenter**”，选择“**确定**”按钮。

（3）打开模板项目文件

主菜单，选择“**文件**”→“**打开**”命令，弹出“**打开项目**”对话框，选择文件“fanuc_turnmill_template.vcproject”，选择“**打开**”按钮，进入该项目的加工仿真界面。主菜单，选择“**项目**”→“**项目树**”命令，打开项目树结构，模板项目已经将机床、控制系统、刀具文件配置完成。

（4）设置加工所需毛坯

设置加工所需圆柱体毛坯，右击项目树“Stock(0,0,0)”→“**增加模型**”→“**圆柱**”，设置高度为 200，半径为 70。设置“**位置**”=“0 0 -20”。

（5）加入数控加工程序

右击项目树“数控程序”→“添加数控程序文件…”，弹出“**打开数控程序文件**”对话框，“**捷径**”处选“**工作目录**”，选择文件“basicturining-G72.txt”，选择“**OK**”按钮。

（6）设置程序零点

点击选择项目树“Program_Zero”，在“**位置**”处，输入“0 0 180”。

点击“**重置模型**”，使项目树设置生效。设置结果如图 9-40 所示。

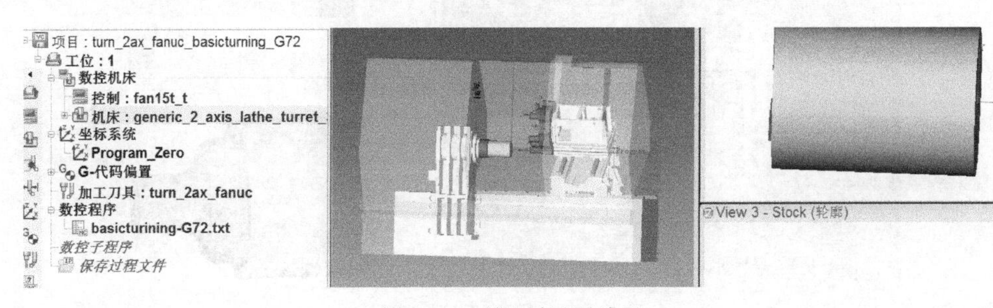

图 9-40　项目树设置结果

（7）执行文件

点击“**仿真到末端**”按钮，执行如下程序，结果如图9-41所示。

```
O1 ( G72 Area Clearance Facing Cycle )
( G72 W_ R_ )
( G72 P_ Q_ U_ W_ F_ )
( U_    : depth of rough facing cut )
( R_    : amount of pull out at end of each cut )
( P_    : block number of first move to profile definition )
( Q_    : block number of last move in the profile definition )
( U_    : amount left on diameters, signed negative for bores )
( W_    : amount left on faces for finishing cut )
( F_    : feedrate for roughing cuts )
G21 G40 G80 G99
M01
T0405 M8
G50 S2500
G96 S220 M3
G0 G40 G80 G99 X145 Z2
G72 W5.0 R1.0
G72 P300 Q400 U0.5 W0.2 F0.25
N300 G0 G41 Z-90
G1 X140 F0.15
X110
Z-70
X95 Z-60
X70
G3 X50 Z-40 R30
G1 Z-3
X44 Z0
G40 X36 Z2
N400 G0 X145 M5 M9
M01
M30
```

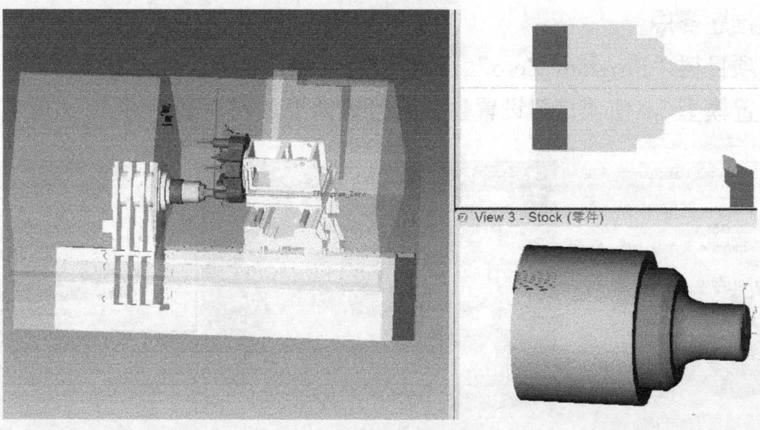

图9-41　G72命令执行结果

加工后的测量结果如图 9-42 所示。

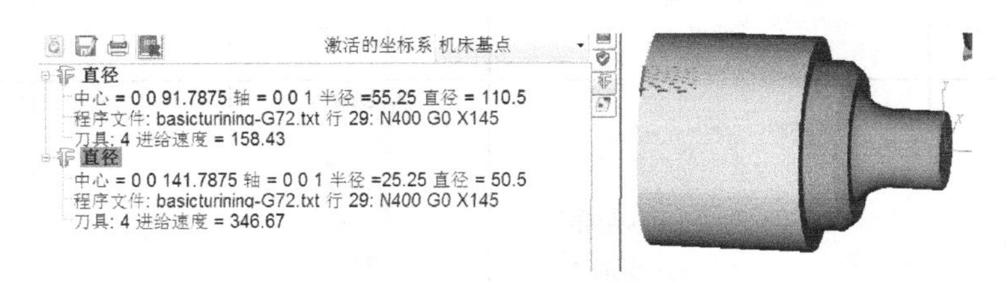

图 9-42　G72 命令测量结果

端面粗车循环 G72 指令的说明如图 9-43 所示。

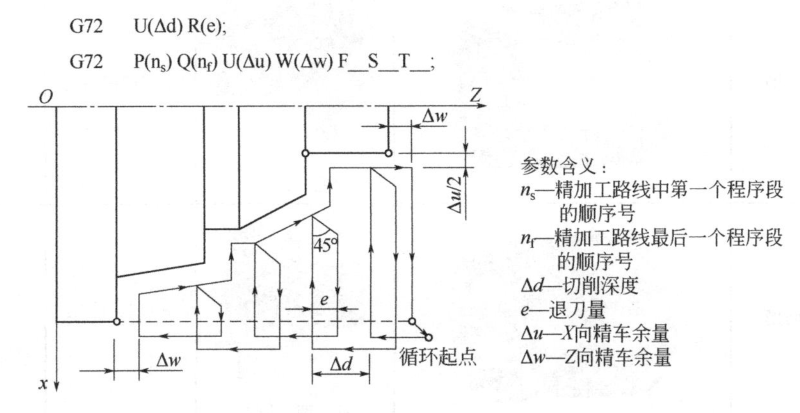

图 9-43　G72 指令说明

（8）保存仿真结果

在主菜单，选择“**文件**”→“**另存项目为**”命令，弹出“**另存项目为**”对话框，“**捷径**”处选“**工作目录**”，输入项目名称“turn_2ax_fanuc_basicturning_G72.VcProject”，选择“**保存**”按钮，保存项目文件。

9.2.4　基本车削——基于端面切断循环 G74 指令和外径切断循环 G75 指令

零件基本结构如图 9-44 所示。

19．基于车削——G74、G75 指令

图 9-44　加工实例零件

零件主要加工过程见表 9-4。

表 9-4　零件加工过程　　mm

序号	工作内容	结果	切削刀具	程序编制	加工模式与机床控制
0	准备毛坯	圆柱毛坯直径 140，长度 150，材料 45 钢			

续表

序号	工作内容	结果	切削刀具	程序编制	加工模式与机床控制
1	钻中心孔		直径20钻头	手工编程G74	车削模式 T0701
2	车端面槽		端面切槽刀	手工编程G74	车削模式 T0404
3	车轴向槽		外表面切槽刀	手工编程G75	车削模式 T0303

实例零件虚拟加工过程仿真如下。

(1)启动VERICUT

(2)设置当前工作目录

主菜单，选择“**文件**”→“**工作目录**”命令，弹出“**工作目录**”对话框，“**捷径**”处选“**\Vericut_turnmill\fanuc_turningcenter**”，选择“**确定**”按钮。

(3)打开模板项目文件

主菜单，选择“**文件**”→“**打开**”命令，弹出“**打开项目**”对话框，选择文件“fanuc_turnmill_template.vcproject”，选择“**打开**”按钮，进入该项目的加工仿真界面。主菜单，选择“**项目**”→“**项目树**”命令，打开项目树结构，模板项目已经将机床、控制系统、刀具文件配置完成。

(4)设置加工所需毛坯

设置加工所需圆柱体毛坯，右击项目树“Stock(0,0,0)”→“**增加模型**”→“**圆柱**”，设置高度为150，半径为70。设置“**位置**”=“0 0 -20”。

(5)加入数控加工程序

右击项目树“数控程序”→“添加数控程序文件…”，弹出“**打开数控程序文件**”对话框，“**捷径**”处选“**工作目录**”，选择文件“fanuc_basicturning-G74G75.txt”，选择“**OK**”按钮。

(6)设置程序零点

点击选择项目树“Program_Zero”，在“**位置**”处，输入“0 0 130”。

点击“**重置模型**”，使项目树设置生效。设置结果如图9-45所示。

图 9-45 项目树设置结果

（7）执行文件

点击执行如下程序，钻中心孔结果如图 9-46 所示。

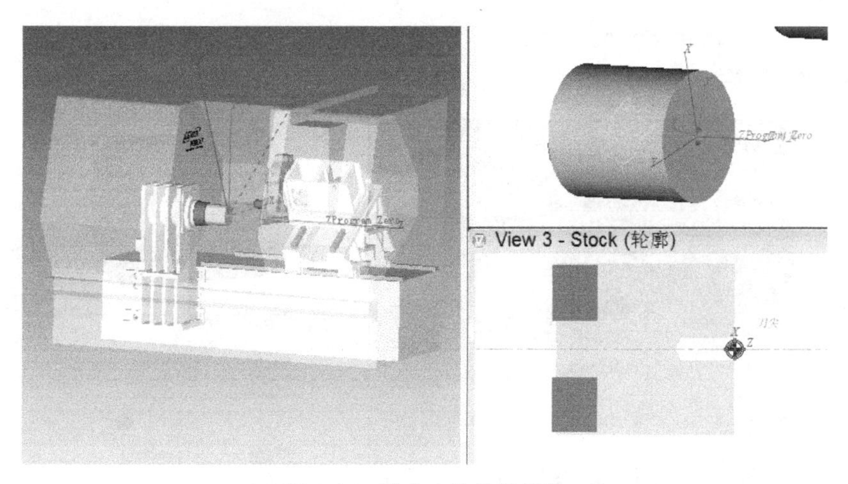

图 9-46 钻中心孔执行结果

```
O1 ( G74 Face Grooving / Peck Drilling & G75 Diameter Grooving )
( *** Peck Drilling *** )
( G74 R_ )
( G74 Z_ Q_ F_ )
( *** Face Grooving *** )
( G74 R_ )
( G74 X_ Z_ P_ Q_ R_ F_ )
( R_    : return amount )
( X_    : finish dia grooving only )
( Z_    : depth of groove or hole )
( P_    : amount of x movement in microns grooving only )
( Q_    : peck amount for grooving and drilling in microns )
( R_    : relief amount at bottom of groove or hole )
( W_    : amount left on faces for finishing cut )
( F_    : feedrate  )
G21 G40 G80 G99
M01
T0701 M8
G50 S2500
```

```
G96 S220 M3
G0 G40 G80 G99 X0 Z2
( *** Peck Drilling *** )
G74 R1.0
G74 Z-50. Q6000 F0.15
G0 Z50 X300 M5 M9
```

继续执行如下指令，在端面上切槽的结果如图9-47所示。

```
T0404 M8
G50 S2500
G96 S220 M3
G0 G40 G80 G99 X80 Z1
( *** Face Grooving *** )
G74 R0.5
G74 X110 Z-5 P4500 Q2000 F0.1
G0 Z100 X250 M5 M9
```

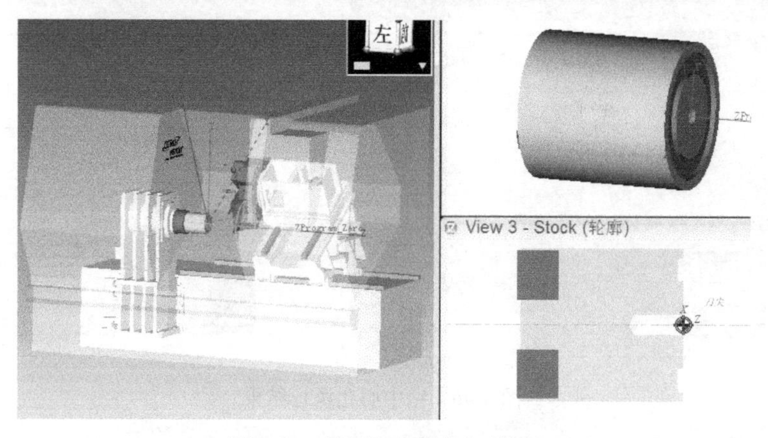

图9-47 端面上切槽执行结果

端面上切槽的测量结果如图9-48所示。其中槽深度5mm，端面尺寸直径80～122mm。

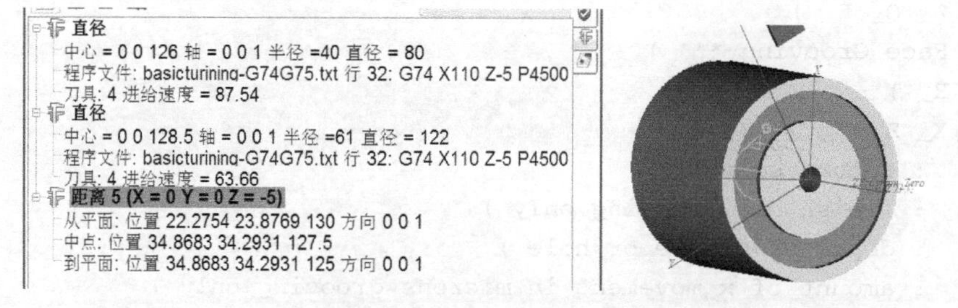

图9-48 端面上切槽测量结果

继续执行如下指令，在轴向柱面上切槽的结果如图9-49所示。

```
( G75 Diameter Grooving )
( G75 R_ )
( G75 X_ W_ P_ Q_ F_ )
( R_   : return amount )
( X_   : finish dia )
```

```
( W_    : incremental movement in z
( P_    : depth of peck in microns  )
( Q_    : z movement for groove overlap, use 80% of insert width in microns )
( F_    : feedrate  )
G21 G40 G80 G99
M01
T0303 M8
G50 S2500
G96 S220 M3
G0 G40 G80 G99 X142 Z-31
G75 R0.2
G75 X110 W-40. P2000 Q4500 F0.1
G0 Z100 X200 M5 M9
M01
M30
```

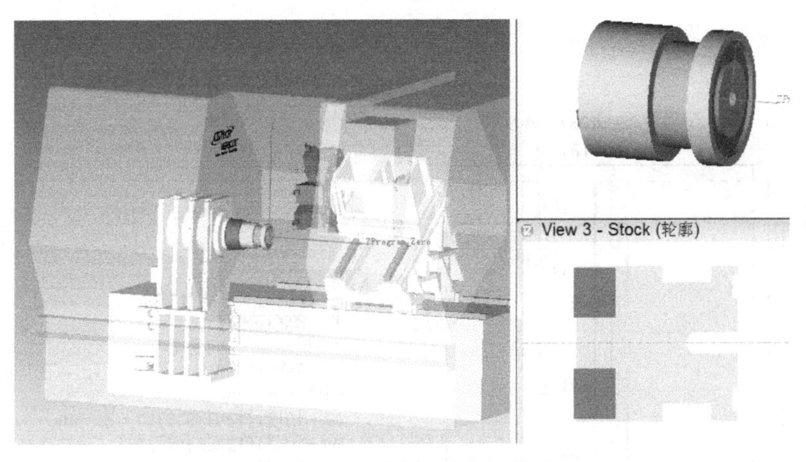

图 9-49　柱面上切槽执行结果

柱面上切槽的测量结果如图 9-50 所示。其中槽直径 110mm，宽度 46mm。

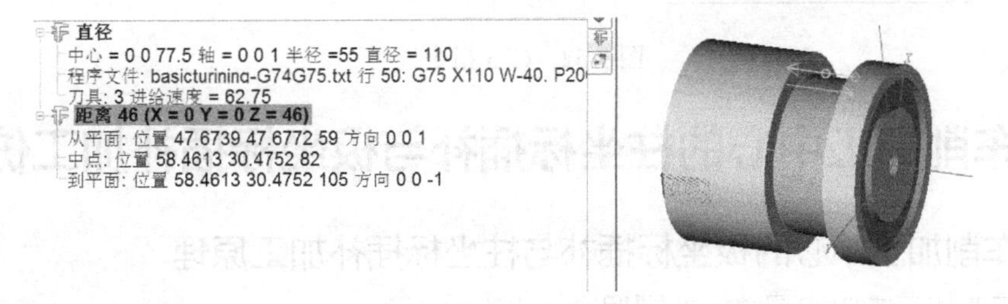

图 9-50　柱面上切槽测量结果

（8）保存仿真结果

在主菜单，选择“**文件**”→“**另存项目为**”命令，弹出“**另存项目为**”对话框，“**捷径**”处选“**工作目录**”，输入项目名称“turn_2ax_fanuc_basicturning_G74G75.VcProject”，选择“**保存**”按钮，保存项目文件。

G74 指令说明如图 9-51 所示。

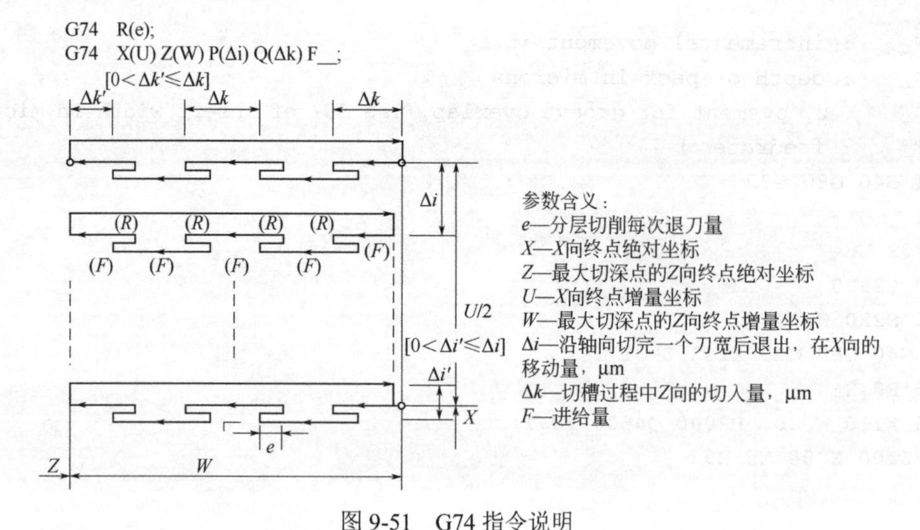

图 9-51 G74 指令说明

G75 指令说明如图 9-52 所示。

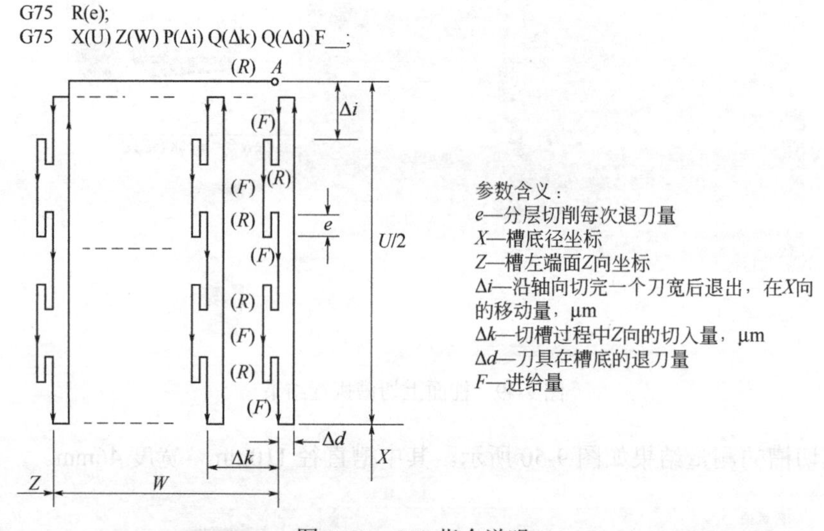

图 9-52 G75 指令说明

9.3 车削加工中心的柱坐标插补与极坐标插补加工仿真

9.3.1 车削加工中心的极坐标插补与柱坐标插补加工原理

（1）车削加工中心的圆柱插补原理

圆柱插补是指将由角度指定的回转轴移动量转换为沿圆柱外表面直线轴的移动距离，以便能同其他轴一起完成直线插补或圆弧插补。在插补完成后，这一距离又转换为回转轴的移动量。圆柱插补指令的核心是将 *C* 轴旋转轴运动转换为虚拟的 *Y* 轴旋转运动，具体如图 9-53 所示。

车削中心的柱面坐标系为 *Z-C* 坐标面，圆柱插补功能主要在圆柱表面展开的状态下进行程序编写，*Z* 轴的单位为 mm，*C* 轴的单位为（°）。

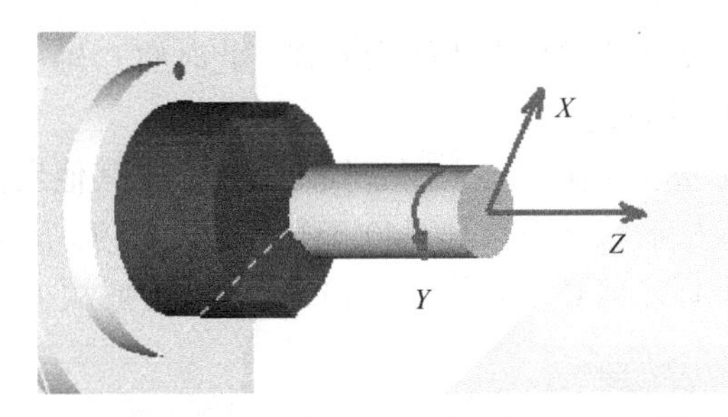

图9-53 车削中心圆柱插补指令坐标系统

各主要数控系统的柱面插补指令如下。

① FANUC系统的柱面插补命令

```
G07.1 IP r;          启动圆柱插补方式
G07.1 IP 0;          圆柱插补方式取消
```

IP为旋转轴的名称，用字母C或H表示（H为C的增量坐标字代码），r为工作半径。使用柱面坐标时，半径补偿指令G41/G42在柱面坐标模式下需要独立使用，圆弧插补时不能使用圆心表示法，柱面坐标系不支持G0指令。

② Sinumerik840D系统的柱面插补命令 应用TRACYL命令，在该指令状态下，以柱面展开状态下的水平表面针对加工特征进行编程。

```
G19                  建立Z-Y圆柱坐标系
SPOS=A               实现工件在圆周指定角度A的定位
TRACYL(D)            圆柱插补，D为进行插补的圆柱直径
…                    柱面加工特征的平面插补具体指令
…
TRAFOOF              圆柱插补指令取消
```

（2）车削加工中心的极坐标插补原理

车削加工中心应用极坐标插补功能，可以进行回转体类零件端面多边形轮廓或多边形凹槽等特征的加工。车削加工中心在使用极坐标插补进行端面加工编程时，在与车床Z轴垂直的平面内，坐标轴由互相垂直的实轴（X轴）和虚轴（C轴）组成。极坐标插补功能将轮廓控制由直角坐标系中编程的指令转换成以下两个运动的合成，即一个直线轴运动（刀具的运动）和一个回转轴的运动（工件的回转）。极坐标系的坐标原点与程序原点重合，虚轴C轴的单位不是度，而是毫米，且用半径值表示，具体如图9-54所示。

图9-54 车削中心极坐标插补指令坐标系统

各主要数控系统的极坐标插补指令如下。

① FANUC系统的极坐标插补 使用指令G12.1，执行指令G12.1之后坐标原点仍为原

工件坐标系的原点，垂直于 X 轴的假想直线轴为 C 轴，此时的 C 轴不再是原来表示工件回转角度的 C 轴，而是表示长度的直线 C 轴。

使用 G12.1 时，X 坐标值在车削中心上用直径表示法，而其他坐标用半径表示法。采用刀具半径补偿时，进入极坐标插补时必须是 G40 半径补偿取消方式，若在极坐标插补中使用了刀具半径补偿，退出极坐标之前必须先执行 G40。圆弧插补时用 I、J 来指定圆心坐标，极坐标系下不支持 G0 指令。

指令格式：

```
N…G12.1          启动极坐标插补方式
…
N…G13.1          极坐标插补方式取消
```

② Sinumerik840D 控制系统　西门子数控系统 Sinumerik840D 的极坐标插补指令应用 TRANSMIT 指令，控制系统可以将直角坐标系的编程移动与实际加工轴的移动相对应。

```
TRANSMIT         极坐标插补
…                极坐标插补具体指令
…
TRAFOOF          极坐标插补指令取消
```

9.3.2 实例零件柱面插补加工

20．实例零件柱面插补加工

零件基本结构如图 9-55 所示。

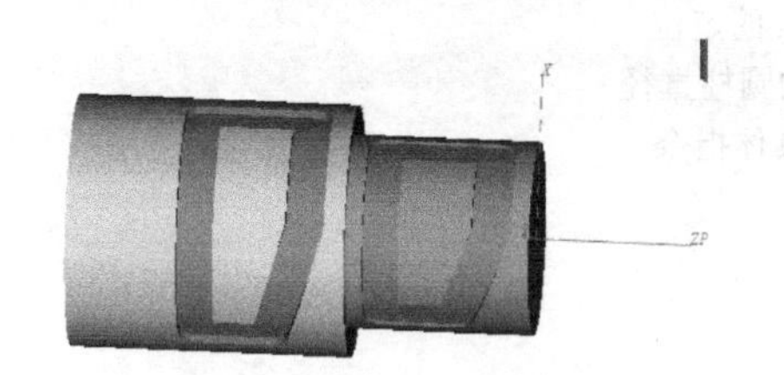

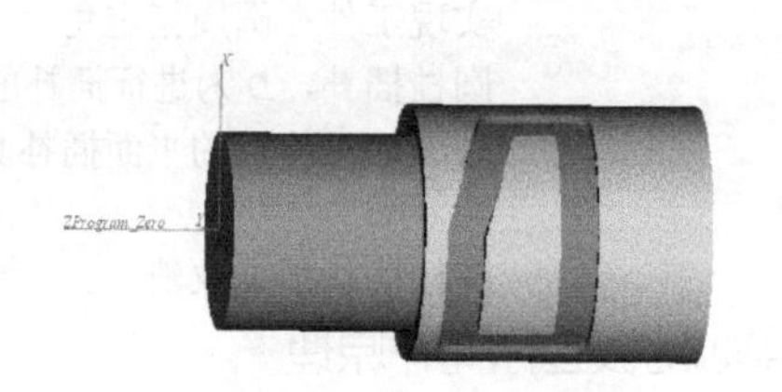

图 9-55　柱面轮廓加工实例零件

零件主要加工过程见表 9-5。

表 9-5　零件加工过程

mm

序号	工作内容	结果	切削刀具	程序编制	机床控制程序
0	准备毛坯	圆柱毛坯直径 130，长度 250，材料 45 钢			
1	外表面车削		60° 外圆粗车刀	手工编程 G71	车削模式 T0405
2	铣削前侧柱面轮廓		直径 20 平底铣刀	手工编程—柱面插补（G07.1）	铣削模式 T1212

续表

序号	工作内容	结果	切削刀具	程序编制	机床控制程序
3	铣削前侧柱面轮廓		直径 20 平底铣刀	手工编程—柱面插补（G07.1）	铣削模式 T1212
4	铣削后侧柱面轮廓		直径 20 平底铣刀	手工编程—柱面插补（G07.1）	铣削模式 T1212

实例零件虚拟加工过程仿真如下。

（1）生成项目文件

首先设定当前工作目录为“安装目录\turningcenter_fanuc”，然后打开工作目录中车削加工中心项目模板文件“turn_2ax_fanuc_template.vcproject”，将其另存为项目文件“turn_2ax_fanuc_cylindrical.vcproject”，作为本节实例零件加工的项目文件。

（2）配置毛坯，进行安装与对刀

配置加工所用圆柱体毛坯。右击项目树“Stock(0,0,0)”→“**添加模型**”→“**圆柱**”，设置高度为 250，直径为 130。项目树上选择刚建立的该毛坯几何模型节点，在项目树下部的配置界面，选择“**移动**”标签，修改其位置值为“0 0 0”。

对安装后的毛坯进行对刀。

选择项目树“**Program_Zero**”节点，在项目树下部的配置界面，选择“**移动**”标签，修改其位置值为“0 0 250”。毛坯对刀在其右端面的中心处。

（3）添加数控加工程序

右击项目树“**数控程序**”→“**添加数控程序文件…**”，弹出“**打开数控程序文件**”对话框，“**捷径**”处选“**工作目录**”，选择文件“turnmill_4axis_cylindrical.txt”，选择“**打开**”按钮。

项目设置结果如图 9-56 所示。

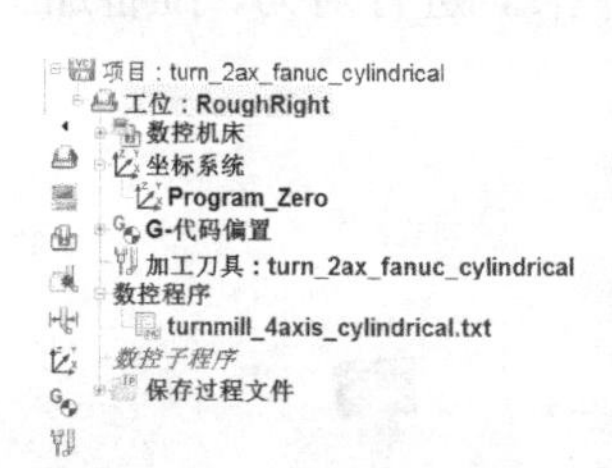

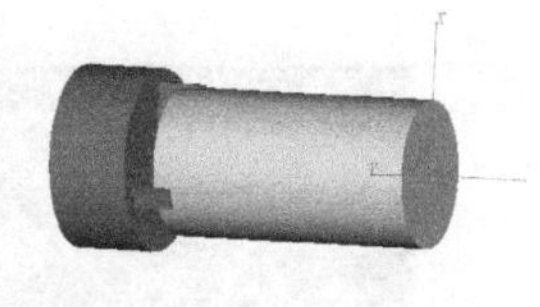

图 9-56　项目设置结果

（4）执行仿真

点击“**仿真到末端**”按钮，首先执行如下加工程序，设备进入车削加工模式，启动工件主轴旋转，进行对刀，准备加工。结果如图 9-57 所示。

```
M36
N01 T0400
N02 G0 G99 X100.0 Z50.0 S1000 M3 M8 T0405
N03 G00 X100
Z50
```

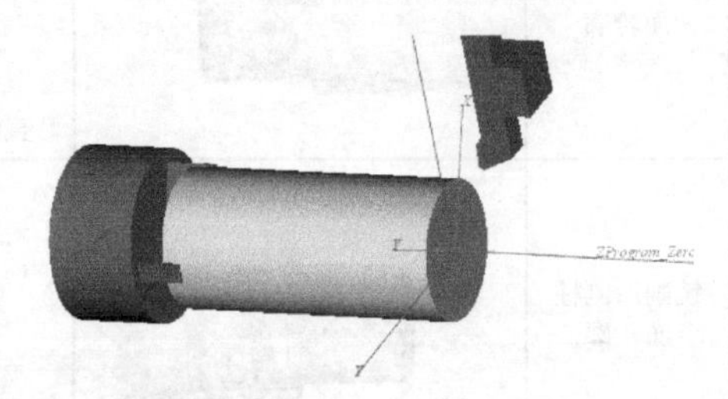

图 9-57 粗车外表面加工结果（一）

车削工件外表面，程序如下，结果如图 9-58 所示。

```
N10 G00 X100.0 Z2.
N20 G71 U1.0 R1.0
N35 G71 P40 Q60 U0.0 W0.0 F0.3 S500
N40 G00 X100.0 S750
N50 G01 Z0.0 F0.1
N60 Z-100.0
N70 G00 X150.0
N80 G0 X100.0 Z150.0 M5 M9 T0400
```

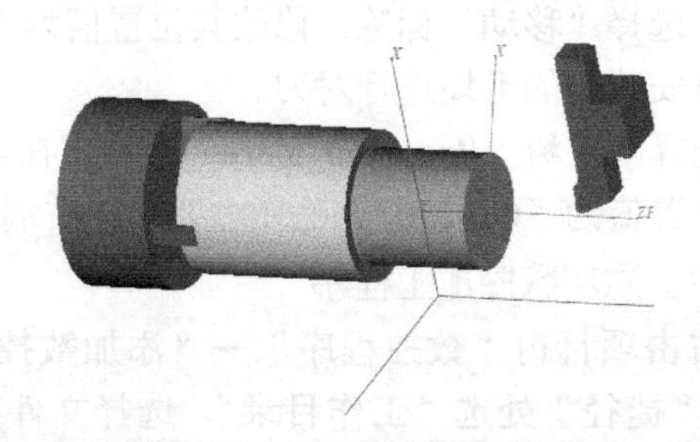

图 9-58 粗车外表面加工结果（二）

执行如下加工程序，设备进入铣削加工模式，启动刀具主轴旋转，进行对刀，准备加工。结果如图 9-59 所示。

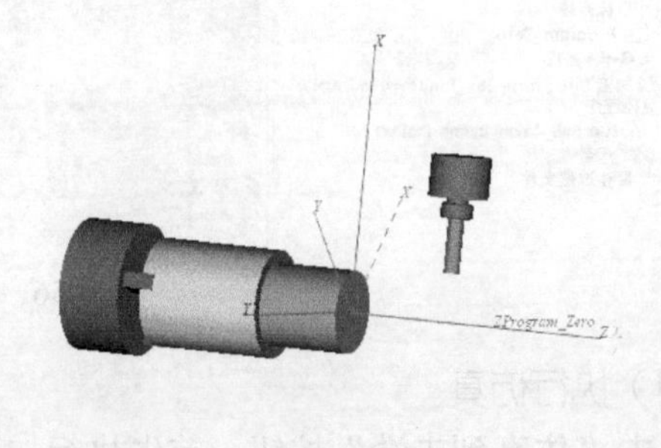

图 9-59 程序对刀

```
M35
N110 T1200
N120 S875 M13 M28 T1212
N125 G43 X140. H12
```

应用柱坐标插补进行前侧柱面铣削加工，程序如下，结果如图 9-60 所示。

```
G00 Y0. Z-20.
G01 X94.F100
G07.1 C47
G01 C60.F100
G01 Z-40.C120.
G01 Z-80.C120.
G01 Z-80.C80.
G01 Z-80.C0.
G01 Z-20.C0.
G01 X140.
G07.1 C0
G01 X140.Z100.
```

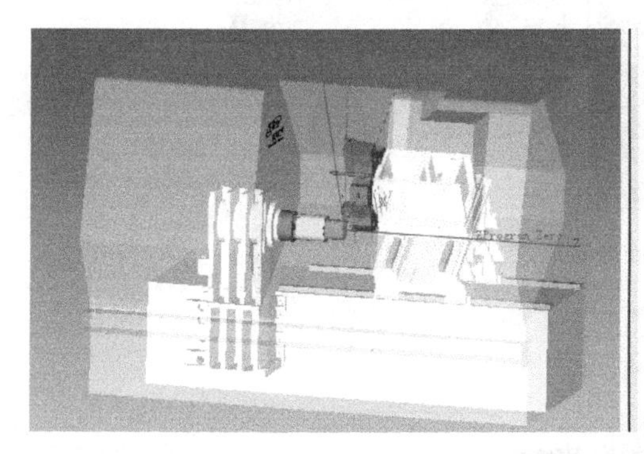
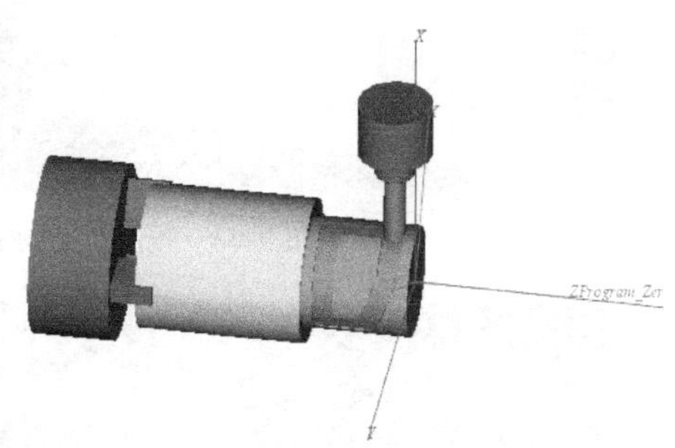

图 9-60 零件柱坐标插补铣削加工结果（一）

首先应用“G07.1 C47”指令进入柱坐标插补加工，执行“G01 C60.F100”指令后加工结果如图 9-61 所示。

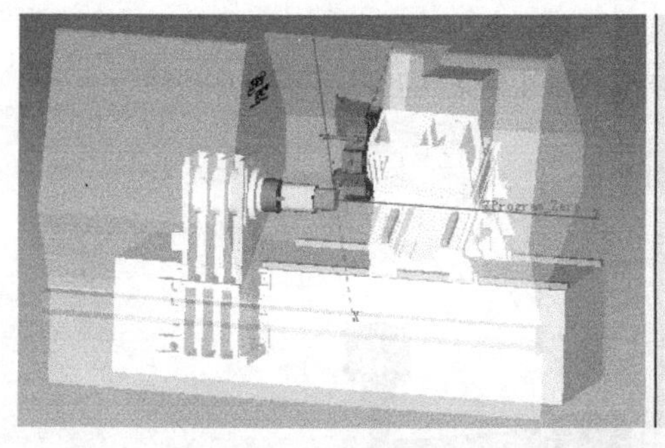
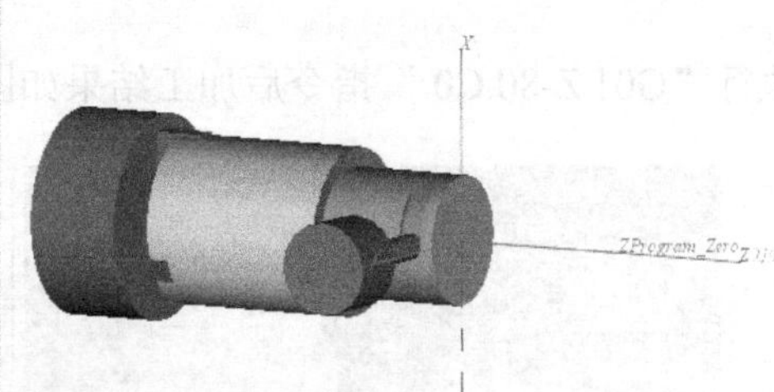

图 9-61 零件柱坐标插补铣削加工结果（二）

执行“G01 Z-40.C120.”指令后加工结果如图 9-62 所示。

执行“G01 Z-80.C120.”指令后加工结果如图 9-63 所示。

执行“G01 Z-80.C80.”指令后加工结果如图 9-64 所示。

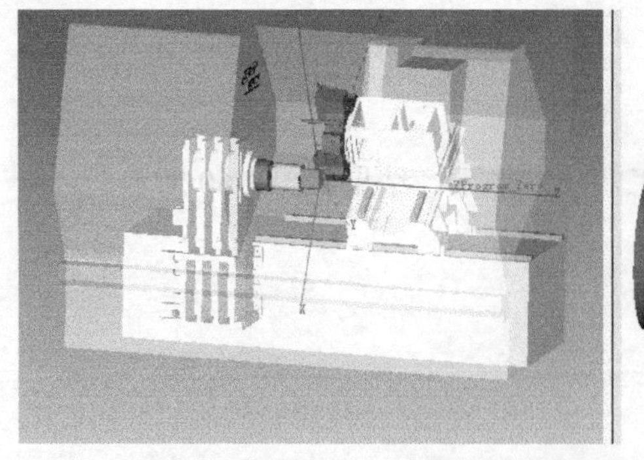
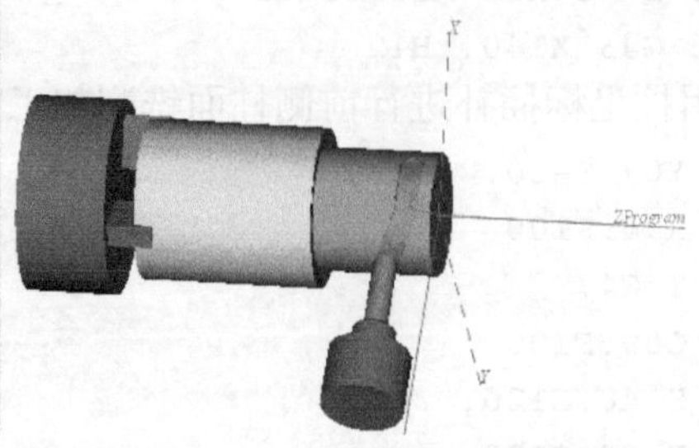

图 9-62　零件柱坐标插补铣削加工结果（三）

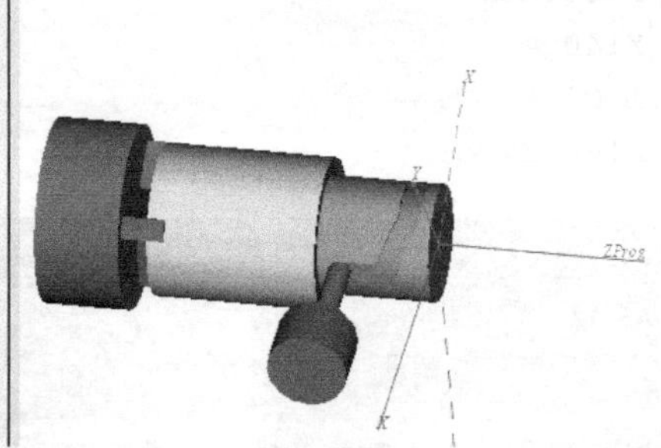

图 9-63　零件柱坐标插补铣削加工结果（四）

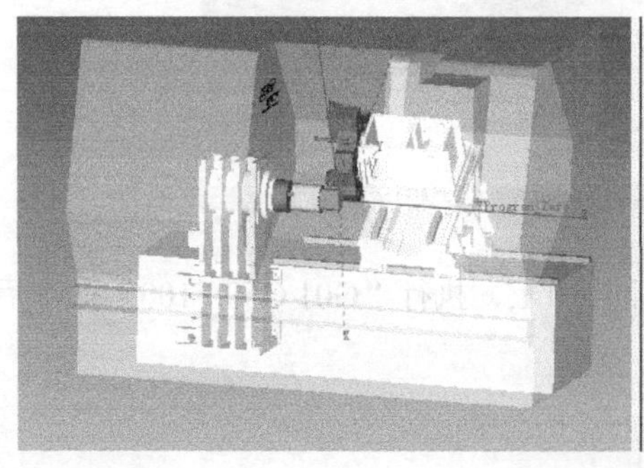
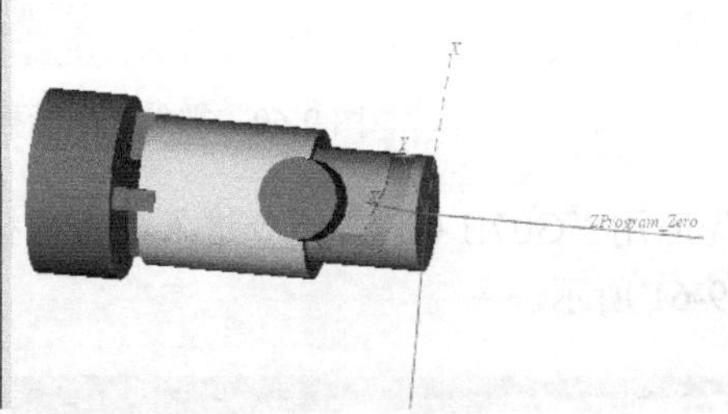

图 9-64　零件柱坐标插补铣削加工结果（五）

执行“G01 Z-80.C0.”指令后加工结果如图 9-65 所示。

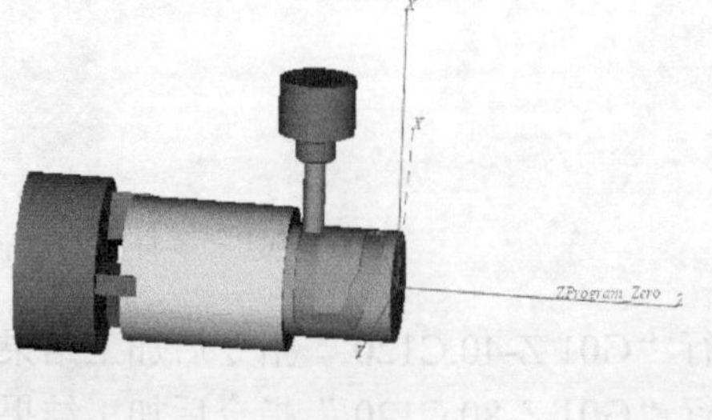

图 9-65　零件柱坐标插补铣削加工结果（六）

执行“G01 Z-20.C0.”指令后加工结果如图 9-66 所示。

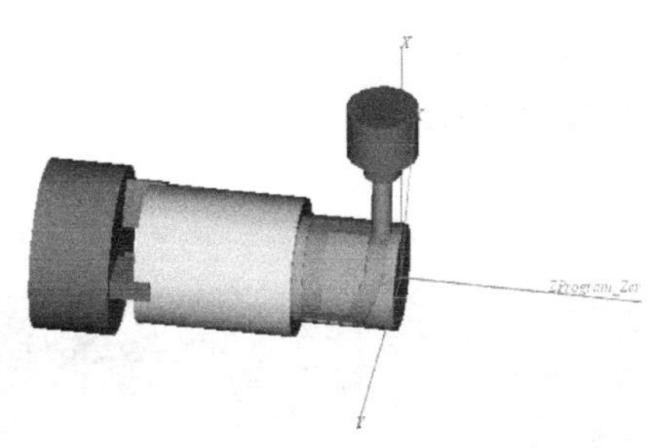

图 9-66　零件柱坐标插补铣削加工结果（七）

继续执行如下程序，应用柱坐标插补进行前侧柱面铣削加工，结果如图 9-67 所示。

```
G00 Y0. Z-120.
G01 X120.F100
G07.1 C60
G01 C60.F100
G01 Z-140.C120.
G01 Z-180.C120.
G01 Z-180.C80.
G01 Z-180.C0.
G01 Z-120.C0.
G01 X140.
G07.1 C0
G01 X140.Z100.
```

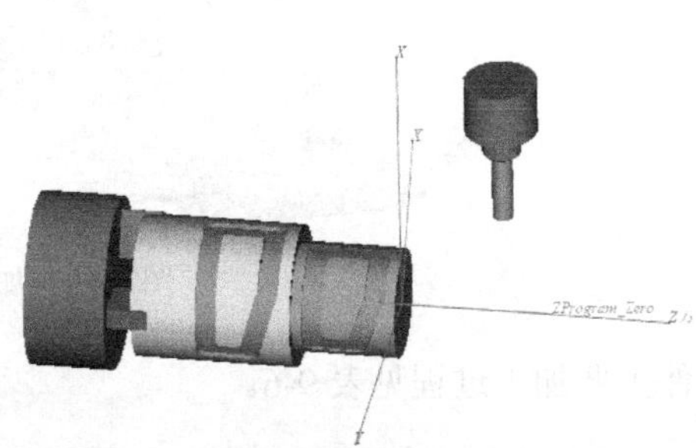

图 9-67　零件柱坐标插补铣削加工结果（八）

继续执行如下程序，应用柱坐标插补进行后侧柱面铣削加工，结果如图 9-68 所示。

```
G0 C180
G00 Y0. Z-120.
G01 X120.F100
G07.1 C240
G01 C240.F100
G01 Z-140.C300.
G01 Z-180.C300.
G01 Z-180.C260.
```

```
G01 Z-180.C180.
G01 Z-120.C180.
G01 X140.
G07.1 C0
G01 X100.Z100. M15
M36
M30
```

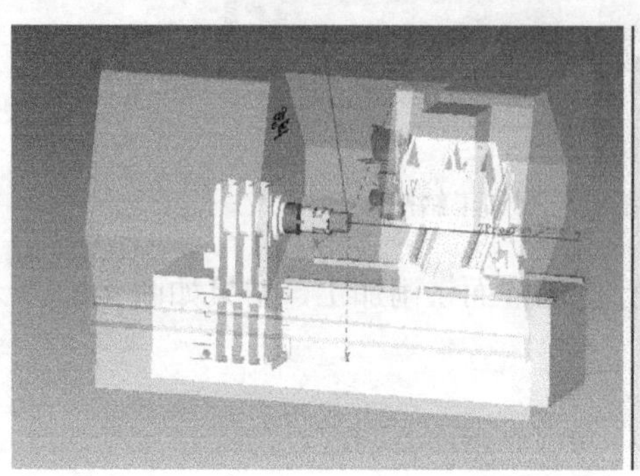
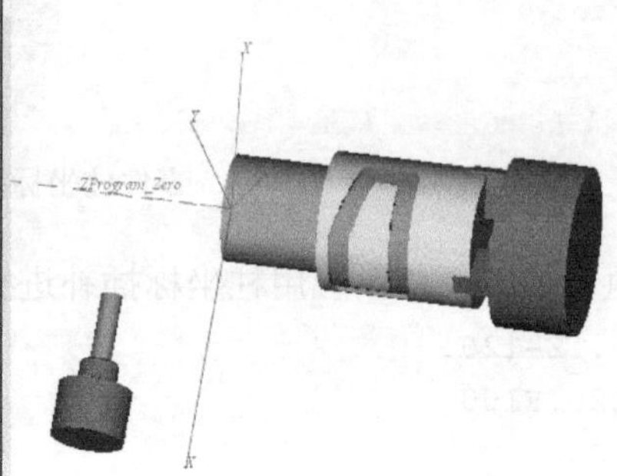

图 9-68 零件柱坐标插补铣削加工结果（九）

（5）保存结果，结束仿真

9.3.3 实例零件端面极坐标插补加工

21．实例零件端面极坐标插补加工

实例零件基本结构如图 9-69 所示。

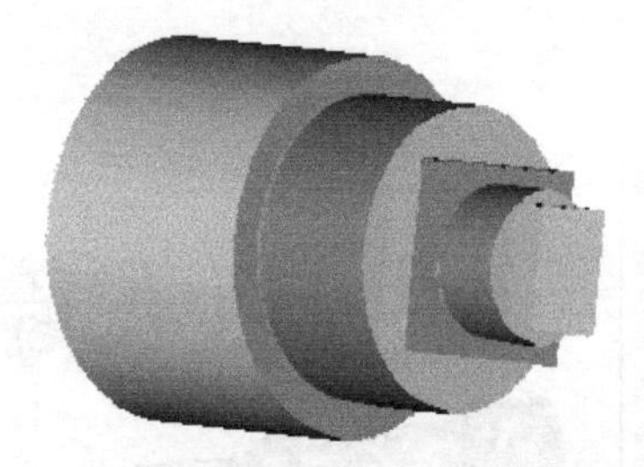
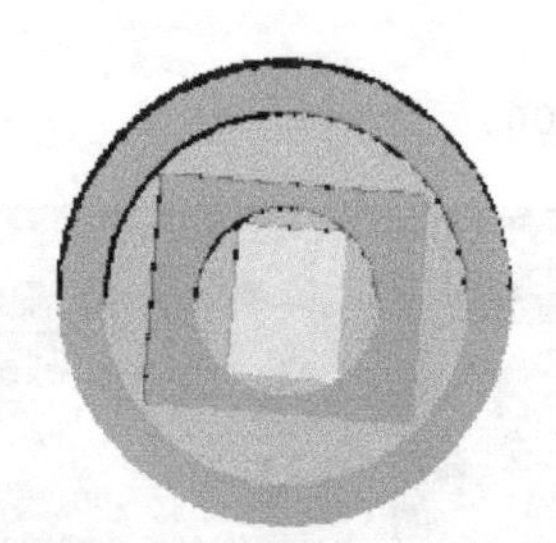

图 9-69 加工实例零件

零件主要加工过程见表 9-6。

表 9-6 零件加工过程 mm

序号	工作内容	结果	切削刀具	程序编制	加工模式与机床控制
0	准备毛坯	圆柱毛坯直径 100，长度 150，材料 45 钢			
1	外表面粗车		60° 外圆粗车刀	手工编程 G71	车削模式 T0405

续表

序号	工作内容	结果	切削刀具	程序编制	加工模式与机床控制
2	外表面精车		55° 外圆精车刀	手工编程 G70	车削模式 T0505
3	铣削端面四边形凸台		直径 20 平底铣刀	手工编程—端面极坐标插补 G12.1/G13.1	铣削模式 T0101
4	铣削端面四边形凸台		直径 20 平底铣刀	手工编程—端面极坐标插补 G12.1/G13.1	铣削模式 T0101

实例零件的仿真过程如下。

（1）生成项目文件

首先设定当前工作目录为安装目录“\turningcenter_ fanuc”，然后打开工作目录中车削加工中心项目模板文件“turn_2ax_fanuc_template.vcproject”，将其另存为项目文件“turn_2ax_fanuc_polar.vcproject”，作为本节实例零件加工的项目文件。

（2）配置毛坯，进行安装与对刀

配置加工所用圆柱体毛坯。右击项目树“Stock(0,0,0)”→“**添加模型**”→“**圆柱**”，设置高度为 150，直径为 100。项目树上选择刚建立的该毛坯几何模型节点，在项目树下部的配置界面，选择“**移动**”标签，修改其位置值为“0 0 0”。

（3）对安装后的毛坯进行对刀

选择项目树“**Program_Zero**”节点，在项目树下部的配置界面，选择“**移动**”标签，修改其位置值为“0 0 150”，修改其角度值为“0 0 30”。毛坯对刀在其右端面的中心处。

（4）添加数控加工程序

右击项目树“**数控程序**”→“**添加数控程序文件…**”，弹出“**打开数控程序文件**”对话框，“**捷径**”处选“**工作目录**”，选择文件“fanuc_turnmill_facepolar.txt”，选择“**打开**”按钮。

项目树设置结果如图 9-70 所示。

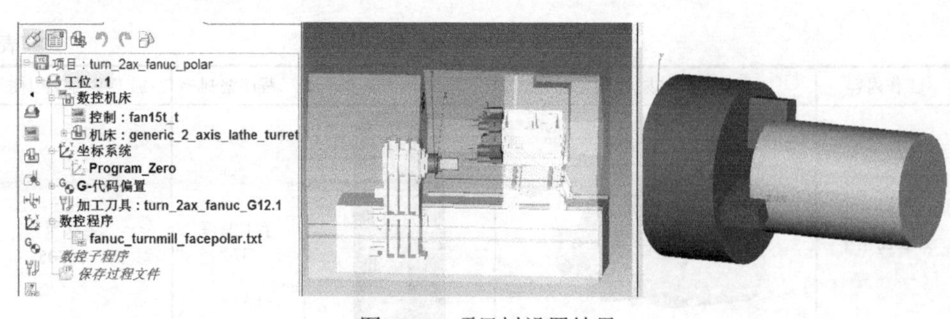

图 9-70 项目树设置结果

（5）执行仿真

点击“**仿真到末端**”按钮，首先执行如下加工程序，设备进入车削加工模式，启动工件主轴旋转，进行对刀，准备加工。结果如图 9-71 所示。

```
M36
N01 T0400
N02 G0 G99 X200.0 Z100.0 S1000 M3 M8 T0405
```

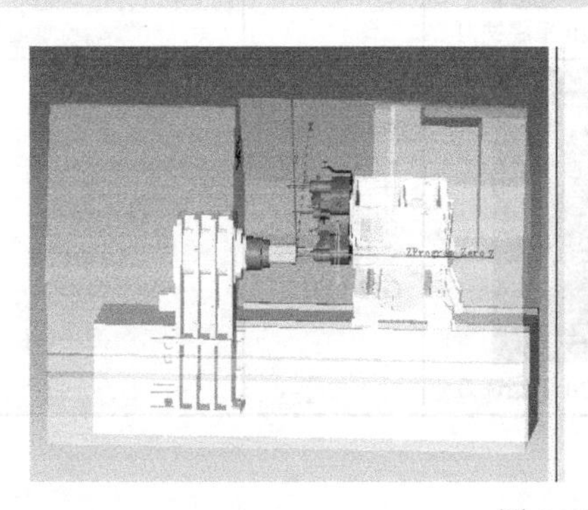
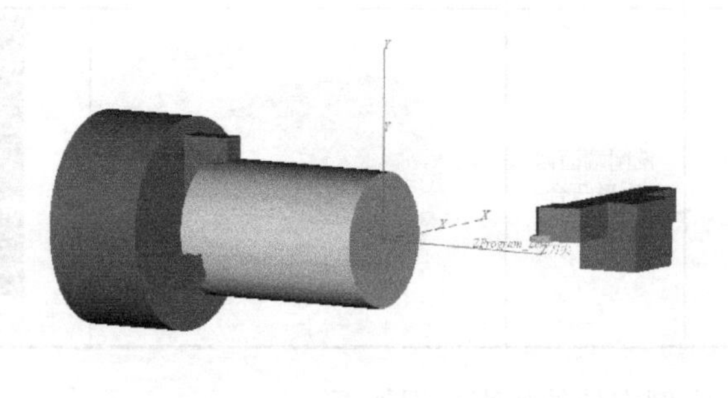

图 9-71 车削模式下对刀

粗车工件外表面，程序如下，结果如图 9-72 所示。

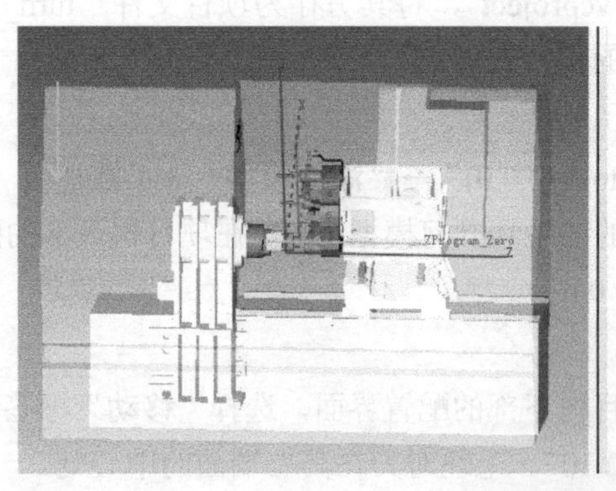
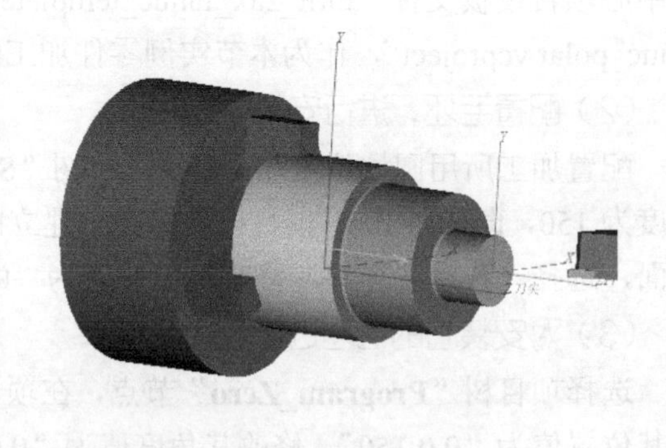

图 9-72 粗车外表面加工结果

```
N08 G00 X200 Z100
N10 G00 X100.0 Z2.
N20 G71 U1.0 R1.0
N35 G71 P40 Q80 U0.5 W0.5 F0.3 S500
```

```
N40 G00 X40.0 S750
N50 G01 Z0.0 F0.1
N60 Z-30.0
N70 X80.0
N80 Z-80.0
N90 G00 X110.0
N95 G0 X200.0 Z100.0 M5 M9 T0400
```

继续执行如下程序，精车外表面轮廓，结果如图 9-73 所示。

```
M36
N110 T0500
N115 G0 X200.0 Z100.0 S1500 M3 M8 T0505
N140 G00 X40.0 Z5.0 S750
N150 G01 Z0.0 F0.1
N160 Z-30.0
N170 X80.0 Z-30.0
N180 Z-80.0
N190 X100.0
N195 G00 X110.0
N198 G0 X200.0 Z100.0 M5 M9
```

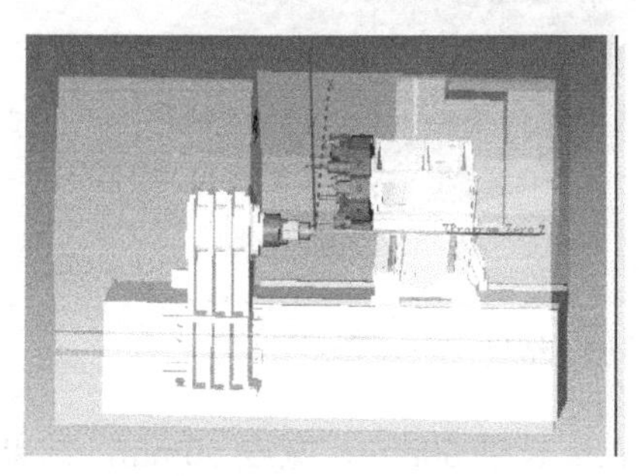
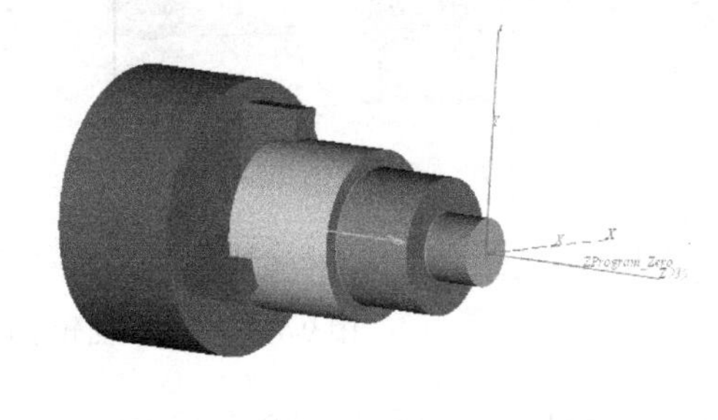

图 9-73　精车外表面轮廓加工结果

设备进入铣削加工模式，执行如下程序，旋转刀具主轴，对刀，准备加工，结果如图 9-74 所示。

```
G40
M35
T0100
G0 X60.0 Z5.0 S750 M13 M28 T0101
```

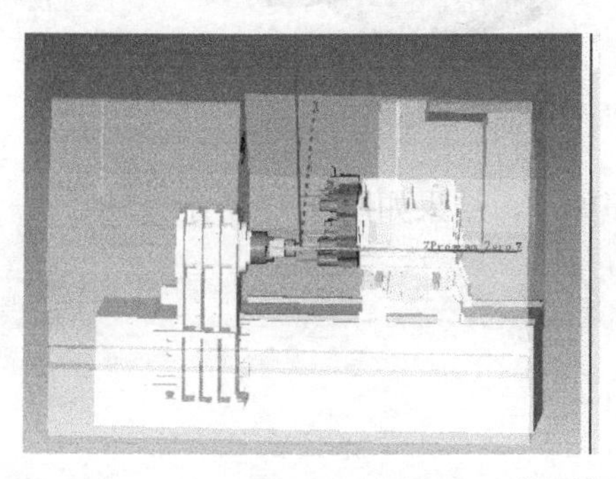
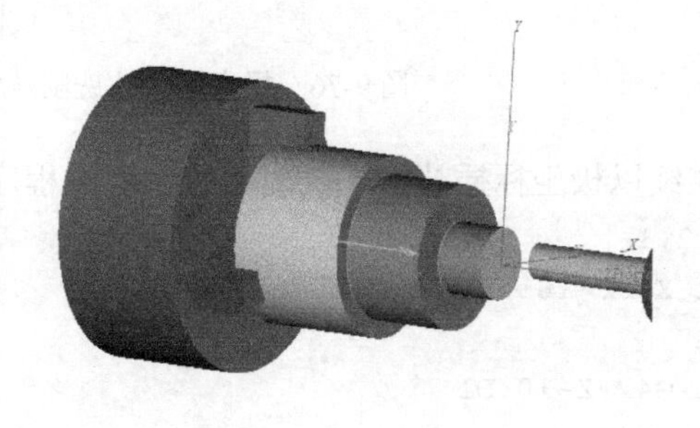

图 9-74　进入铣削加工模式准备加工

以极坐标插补方式铣削端面轮廓，程序如下，结果如图 9-75 所示。

```
G12.1
G1 X60. C0.
G17
G1 G42 Z-40. D1
X30.C0.
G1 X30.0 C25.0 F10.
X-30.0 C25.0
X-30.0 C-25.0
X30.0 C-25.0
X30.0 C0.0
G40
G13.1
G0 X140.0
G0 X200.0 Z50.0
```

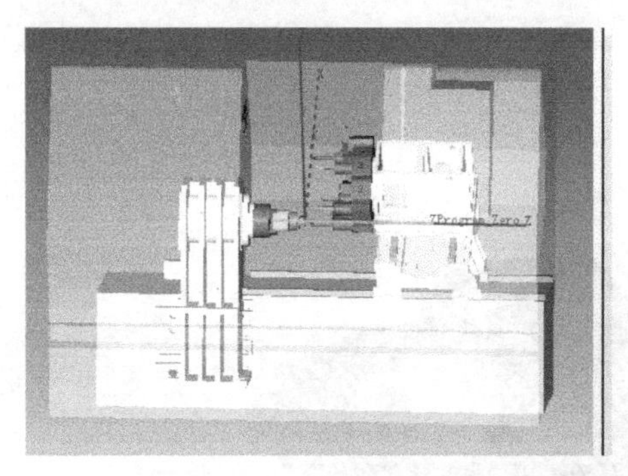
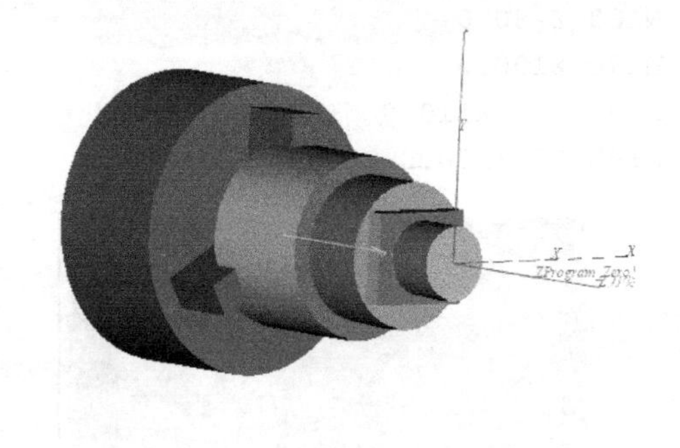

图 9-75 铣削端面轮廓的加工结果（一）

对结果进行测量，结果如图 9-76 所示，方形轮廓长度 60mm，宽度 50mm，结果正确。

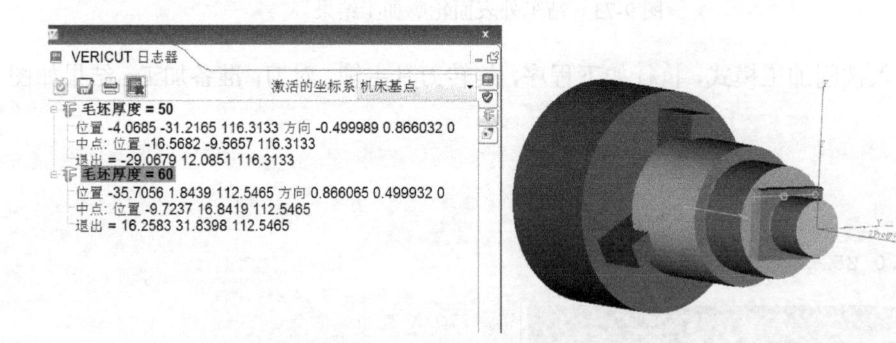

图 9-76 极坐标插补铣削端面轮廓的测量结果（一）

继续以极坐标插补方式铣削端面轮廓，程序如下，结果如图 9-77 所示。

```
G12.1
G1 X60. Y0.
G17
G1 G42 Z-10.D1
X12.Y0.
X12.0 Y16.0 F10.
```

```
X-12.0 Y16.0
X-12.0 Y-16.0
X12.0 Y-16.0
X12.0 Y0.0
G40
G13.1
G0 X140.0
G0 X200.0 Z250.0 M15 M29 T0100
M36
M30
```

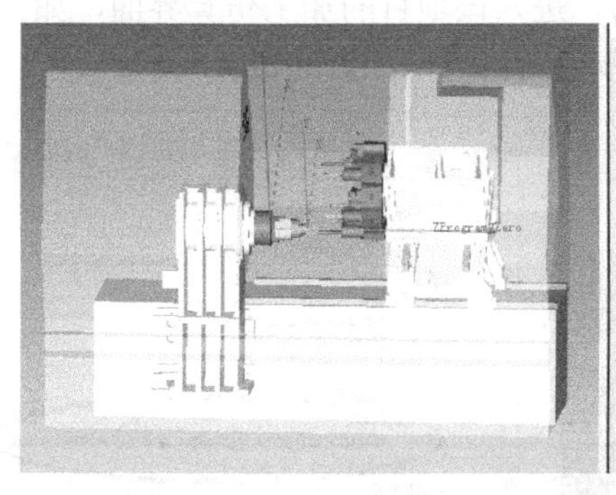
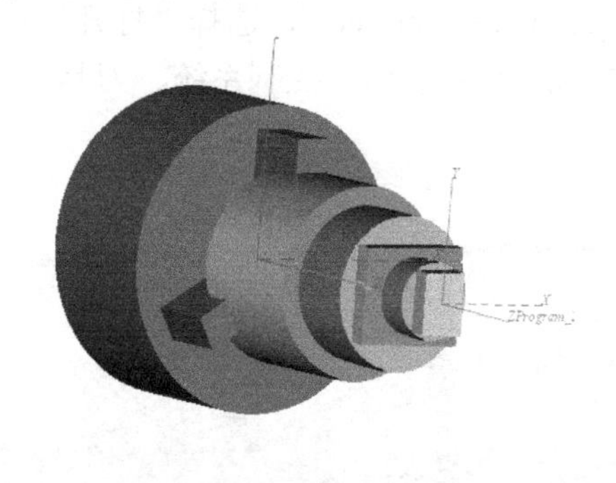

图 9-77　铣削端面轮廓的加工结果（二）

对结果进行测量，结果如图 9-78 所示，方形轮廓长度 24mm，宽度 32mm，结果正确。

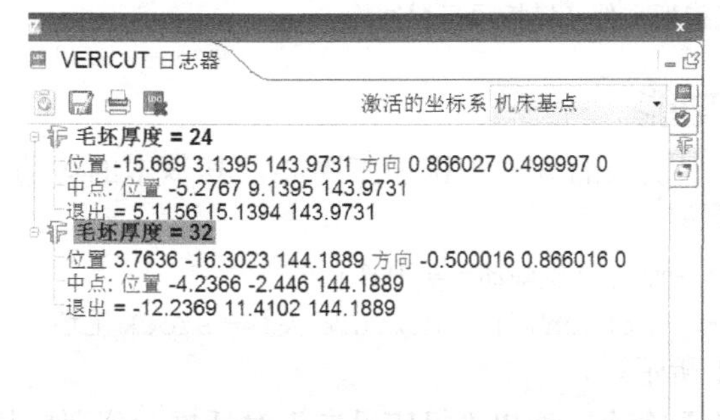

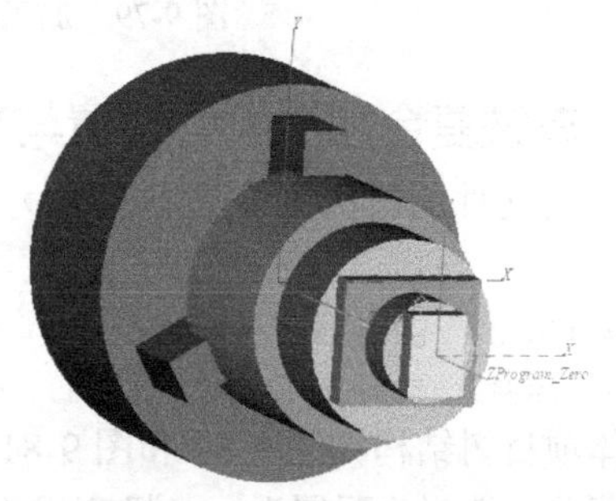

图 9-78　极坐标插补铣削端面轮廓的测量结果（二）

（6）保存结果，结束仿真

9.4　车铣复合加工中心仿真基本环境配置

9.4.1　模板项目文件主要内容与功能

车铣复合加工中心的虚拟加工仿真环境由相应的模板文件来提供。模板项目文件对机床、控制系统、配置了基本加工刀具的刀具文件、基本的对刀方法进行了配置。应用本模板项目文件，可对普通轴、复杂阶梯轴、盘类、套类等典型车削加工零件进行 Sinumerik 840D 数控车削仿真与程序验证，同时由于机床为具有 *B* 轴车铣头的五轴车铣加工中心，还可进行车铣四轴、五轴 3+2 定向加工、五轴联动等车铣复合加工过程的加工编程与仿真验证工作。

本节以具体项目实例对该模板项目文件加以说明。

该文件的打开方法如下：

（1）启动 VERICUT

（2）设置当前工作目录

主菜单，选择“**文件**”→“**工作目录**”命令，弹出“**工作目录**”对话框，“**捷径**”处选“**\program\multiaxis_sin840d\sin840D_Bshaft**”，选择“**确定**”按钮。

（3）打开模板项目文件

主菜单，选择“**文件**”→“**打开**”命令，弹出“**打开项目**”对话框，选择文件“turnmill_sin840d_template.vcproject”，选择“**打开**”按钮，进入该项目的加工仿真界面，如图 9-79 所示。模板项目已将机床、控制系统、刀具、基本的对刀方法配置完成。

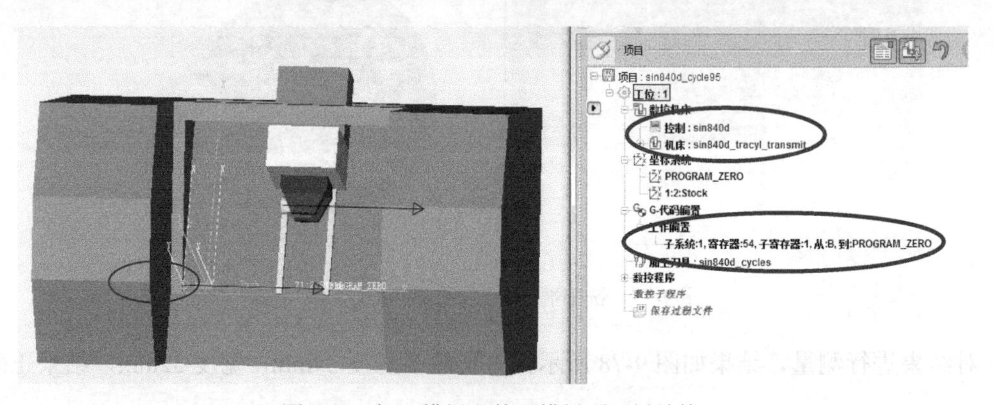

图 9-79　加工模板文件及模板项目树结构

9.4.2　车铣复合加工中心设置与功能

本模板文件的机床为一装备有动力车铣头的五轴车铣加工中心，其基本的运动拓扑结构为：

```
Base（床身）→Z→X→Y→B→Spindle2→Tool（铣削动力头刀具）
Base（床身）→Spindle（车削主轴）→C→Attach 附件→Fixture 夹具→Stock 毛坯
```

具体项目树结构如图 9-80 和图 9-81 所示。

主菜单，选择“**配置**”→“**机床设定**”命令，弹出“**机床设定**”对话框，分别打开“**表**”与“**行程极限**”标签页，如图 9-82 和图 9-83 所示，查看该设备工作原点、各运动轴的工作行程等基本数据信息。

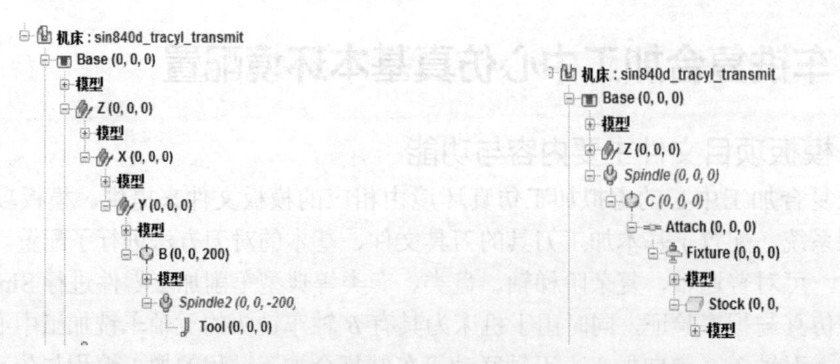

图 9-80　机床拓扑结构（床身→铣削刀具）　　图 9-81　机床拓扑结构（床身→毛坯）

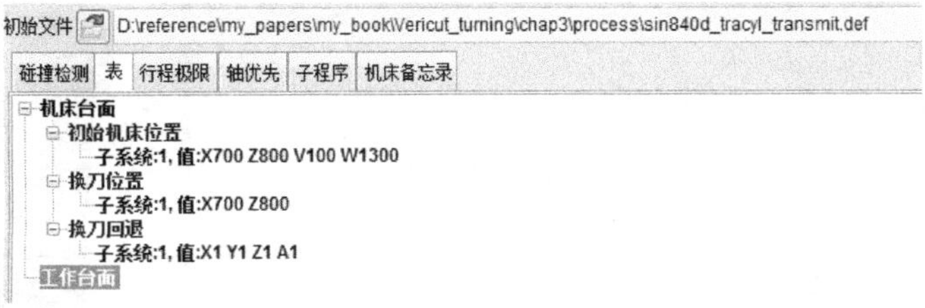

初始文件
D:\reference\my_papers\my_book\Vericut_turning\chap3\process\sin840d_tracyl_transmit.def
碰撞检测
表
行程极限
轴优先
子程序
机床备忘录
机床台面
初始机床位置
子系统:1, 值:X700 Z800 V100 W1300
换刀位置
子系统:1, 值:X700 Z800
换刀回退
子系统:1, 值:X1 Y1 Z1 A1
工作台面

图 9-82　机床初始位置设定

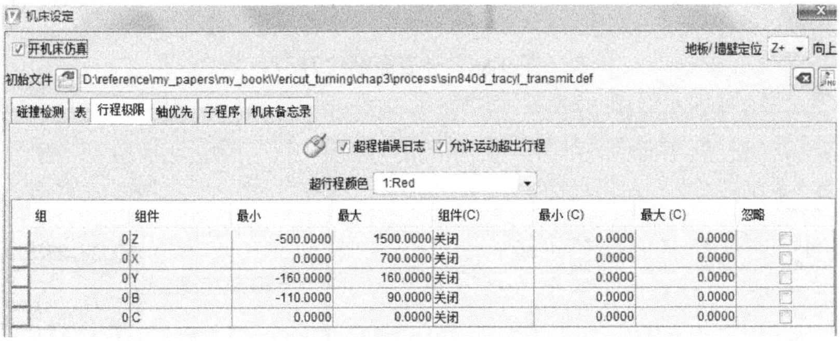

机床设定
开机床仿真
地板/墙壁定位
Z+
向上
初始文件
D:\reference\my_papers\my_book\Vericut_turning\chap3\process\sin840d_tracyl_transmit.def
碰撞检测
表
行程极限
轴优先
子程序
机床备忘录
超程错误日志
允许运动超出行程
超行程颜色
1:Red
组
组件
最小
最大
组件(C)
最小 (C)
最大 (C)
忽略
0 Z -500.0000 1500.0000 关闭 0.0000 0.0000
0 X 0.0000 700.0000 关闭 0.0000 0.0000
0 Y -160.0000 160.0000 关闭 0.0000 0.0000
0 B -110.0000 90.0000 关闭 0.0000 0.0000
0 C 0.0000 0.0000 关闭 0.0000 0.0000

图 9-83　机床运动轴行程极限设定

9.4.3　切削刀具设置与功能

本模板文件中的刀具文件为“sin840d_cycles.tls”，配置了满足加工用的相关刀具，如图 9-84～图 9-88 所示。

C-80度菱形
L - 长
13
毫米
或
12.7
毫米
厚度
-05
毫米
或
-4.7625
毫米
R - 圆鼻半径
08
1/10 ths 或
0.8
毫米
A - 引角
95
角度
对刀点
6
颜色
7:Light Sea Green
交替
X
A
R
L
Z

图 9-84　外表面粗车刀

C-80度菱形
L - 长
13
毫米
或
12.7
毫米
厚度
-05
毫米
或
-4.7625
毫米
R - 圆鼻半径
08
1/10 ths 或
0.8
毫米
A - 引角
95
角度
对刀点
6
颜色
7:Light Sea Green
交替
X
A
R
L
Z

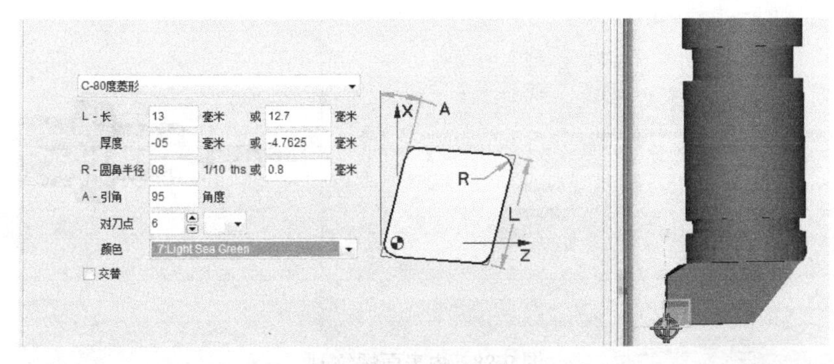

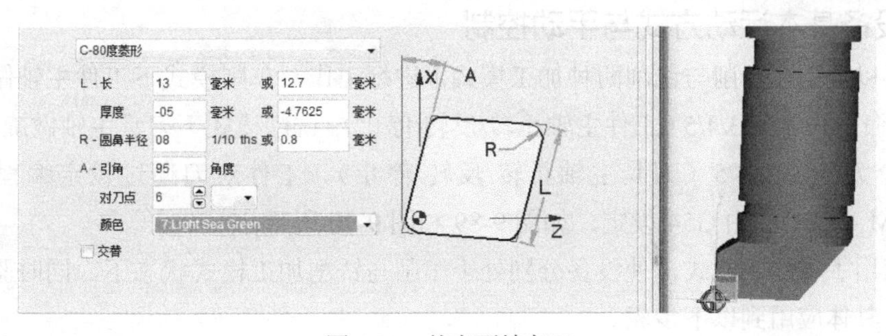

图 9-85　外表面精车刀

图 9-86　外表面螺纹刀

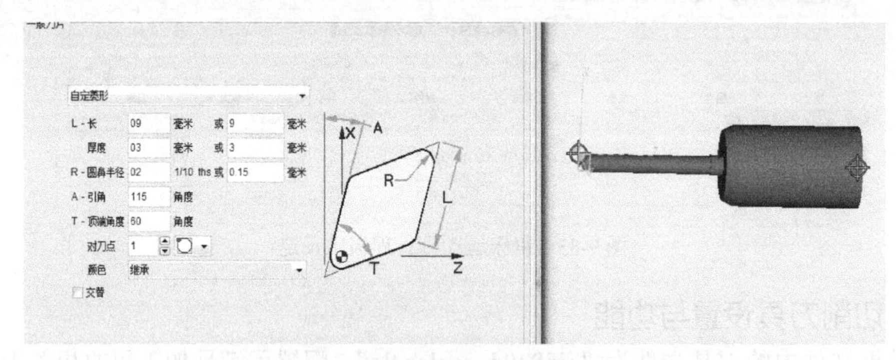

图 9-87　内表面镗刀

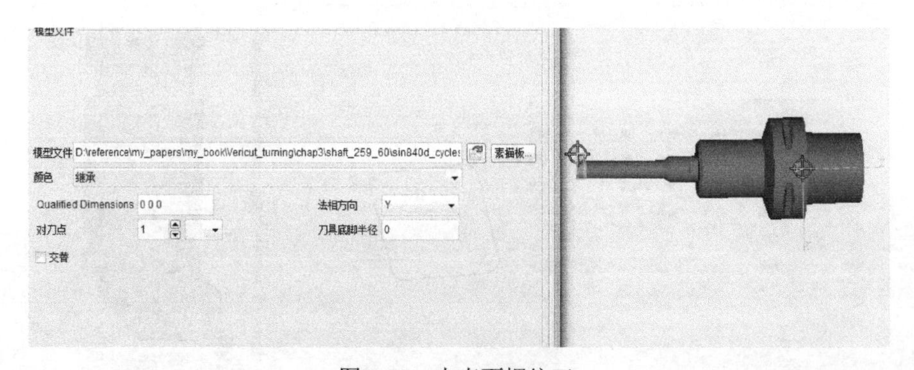

图 9-88　内表面螺纹刀

9.4.4　设备基本运动方式与手动控制

设备可以分别在车削与铣削两种加工模式下进行工作。车削模式下工件主轴做旋转主运动，轴控制命令为 M1=3/4/5（工件主轴正转/反转/停止）。铣削模式下刀具主轴做旋转主运动，轴控制命令为 M2=3/4/5（刀具主轴正转/反转/停止）。工件对刀通过设定编程零点坐标“PROGRAM_ZERO”由 G54 设定，如图 9-89 和图 9-90 所示。

以下应用手动控制方式，使设备分别处于车削与铣削加工模式状态下，同时验证对刀方法的实现。具体应用到以下步骤。

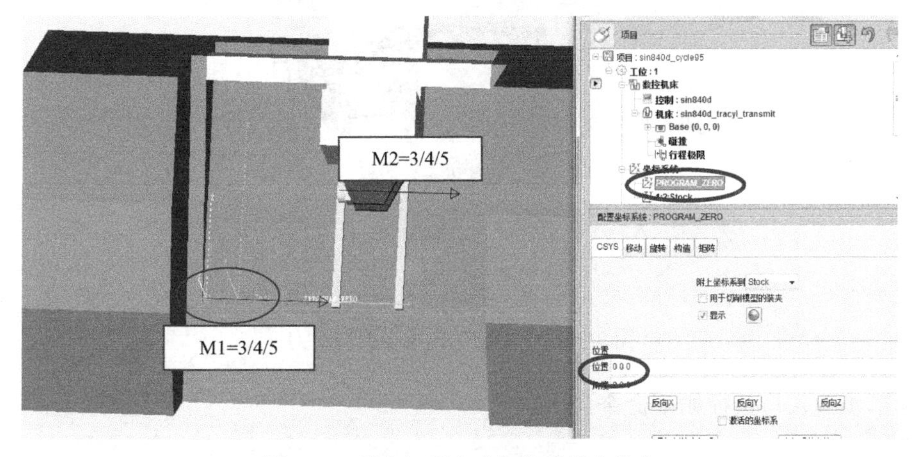

图 9-89　设备切削方式与编程零点设定

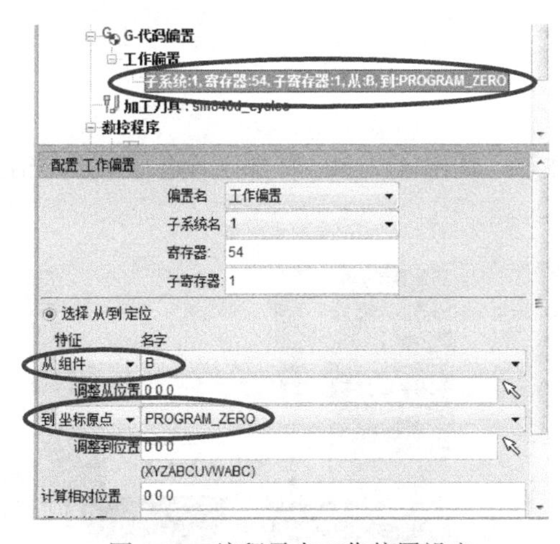

图 9-90　编程零点工作偏置设定

① 安装直径为 100mm、长度为 300mm 的毛坯。右击项目树中节点“Stock(0,0,0)”→“**添加模型→圆柱**”设置高度为 300，直径为 100。

② 将工作零点设置在毛坯右端面中心。选择项目树中节点“**PROGRAM_ZERO**”。修改其位置值，输入“0 0 300”。

③ 打开“**手工数据输入**”。鼠标右击“**数控机床**”→“**手工数据输入**”命令，弹出“**手工数据输入**”对话框。在“**手动进给命令**”中逐次输入如下命令：

```
SETMS(1)
T1M6
G0 Y0 B90
SPOS(2)=180
G0 G54 X120 Z10 D1
M1=4 S1=600
```

以上以手动单步执行方式，将加工设备设置为车削加工模式，并实现对刀，结果如图 9-91 所示。

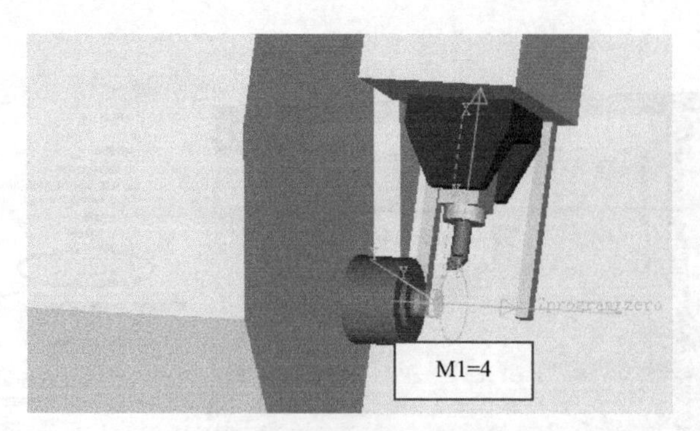

图9-91 车削加工模式设置与对刀

继续单步输入与执行如下命令：

```
M1=5
G00 X100 Y100 Z300
SETMS(2)
T4M6
G00 G54 X10 Z10 D1
M2=4 S2=1000
```

以上命令为关闭车削主轴，调出4#刀具，将加工设备设置为铣削加工模式，并实现对刀，加工结果如图9-92所示。

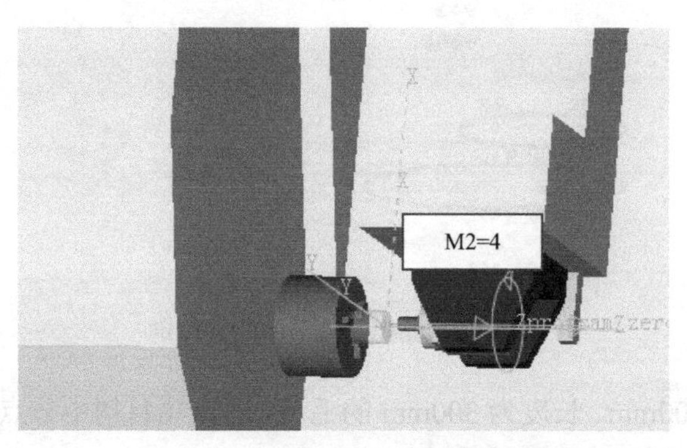

图9-92 铣削加工模式设置与对刀

输入M2=5关闭铣削方式下的刀具主轴，结束设备手动控制方式。

9.5 车铣复合加工中心基本加工仿真

实例零件基本结构如图9-93所示。

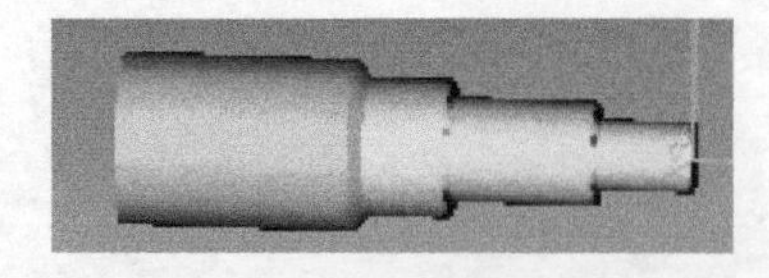

图9-93 加工实例零件

零件主要加工过程见表9-7。

表 9-7 零件加工过程

mm

序号	工作内容	结果	切削刀具	程序编制	机床控制程序
0	准备毛坯	圆柱毛坯直径 100，长度 350，材料 45 钢			
1	粗车外表面		80° 外圆车刀	手工编程 CYCLE95	T1M6
2	精车外表面		80° 外圆车刀	手工编程	T1M6

实例零件虚拟加工过程仿真如下。

（1）启动 VERICUT

（2）设置当前工作目录

主菜单，选择“**文件**”→“**工作目录**”命令，弹出“**工作目录**”对话框，“**捷径**”处选“**\program\multiaxis_sin840d\sin840D_Bshaft**”，选择“**确定**”按钮。

（3）打开模板项目文件

主菜单，选择“**文件**”→“**打开**”命令，弹出“**打开项目**”对话框，选择文件“turnmill_sin840d_template.vcproject”，选择“**打开**”按钮，进入该项目的加工仿真界面。主菜单，选择“**项目**”→“**项目树**”命令，打开项目树结构，模板项目已经将机床、控制系统、刀具配置完成。

（4）设置加工所需毛坯

设置加工所需圆柱体毛坯，右击项目树“Stock(0,0,0)”→“**增加模型**”→“**圆柱**”，设置高度为 350，半径为 50。设置“**位置**”=“0 0 70”。

（5）加入数控加工程序

右击项目树“数控程序”→“添加数控程序文件…”，弹出“**打开数控程序文件**”对话框，“**捷径**”处选“**工作目录**”，选择文件“basicturning_cycle95.txt”，选择“**OK**”按钮。

（6）设置程序零点

点击选择项目树“Program_Zero”，在“**位置**”处，输入“0 0 420”。点击“**重置模型**”，使项目树设置生效。设置结果如图 9-94 所示。

（7）执行仿真

适当设置断点，点击“**仿真到末端**”按钮，首先进行对刀，结果如图 9-95 所示。

然后应用 CYCLE95 指令粗车工件外表面，结果如图 9-96 所示。

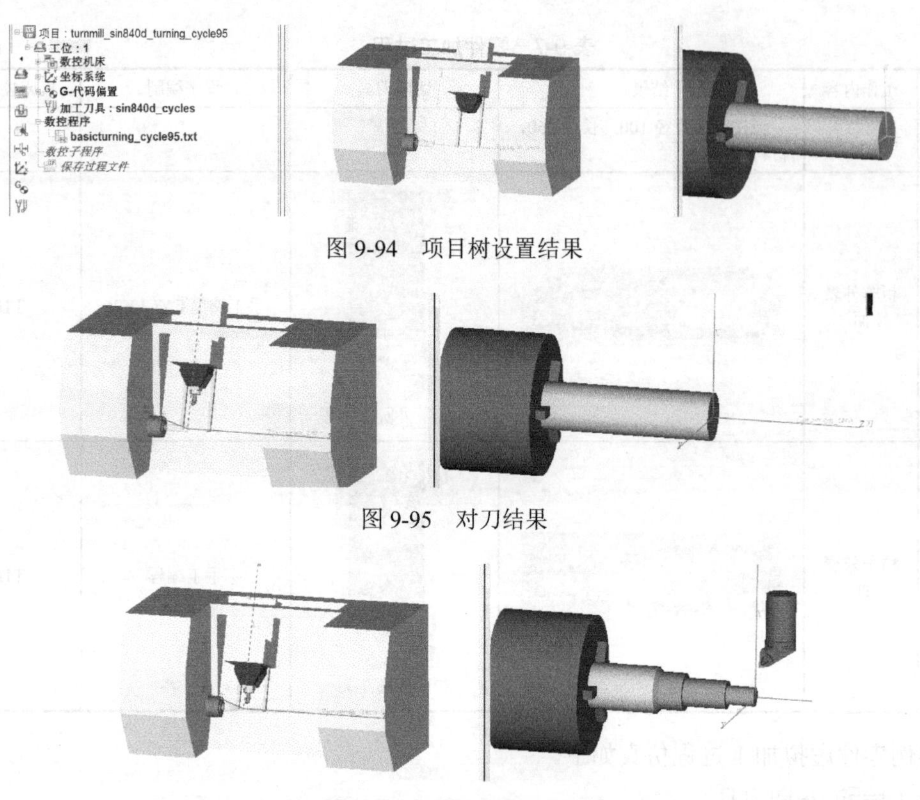

图 9-94 项目树设置结果

图 9-95 对刀结果

图 9-96 粗车工件外表面

测量结果如图9-97所示。

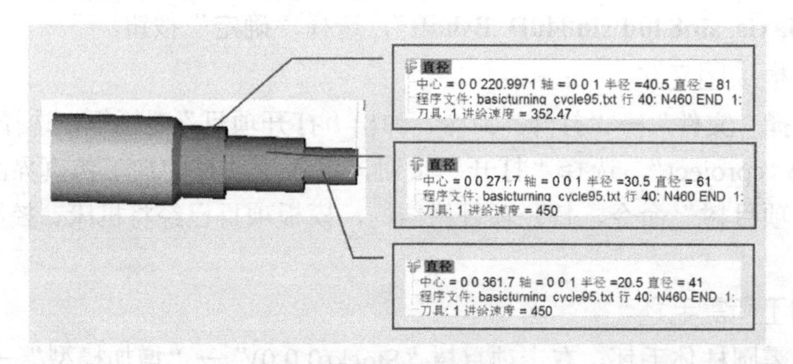

图 9-97 粗车测量结果

最后精车工件外表面，结果如图9-98所示。

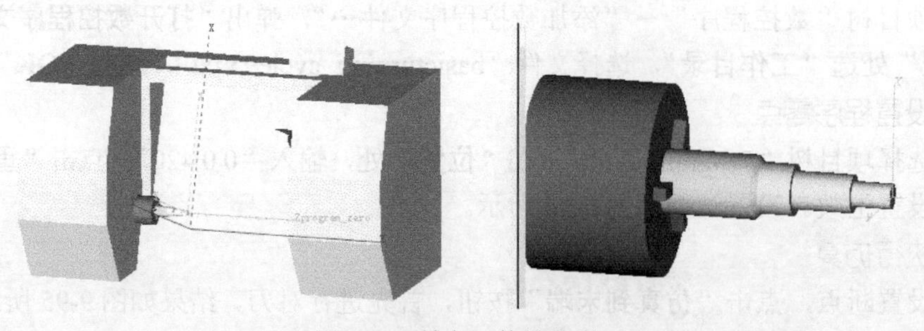

图 9-98 精车工件外表面

测量结果如图 9-99 所示。

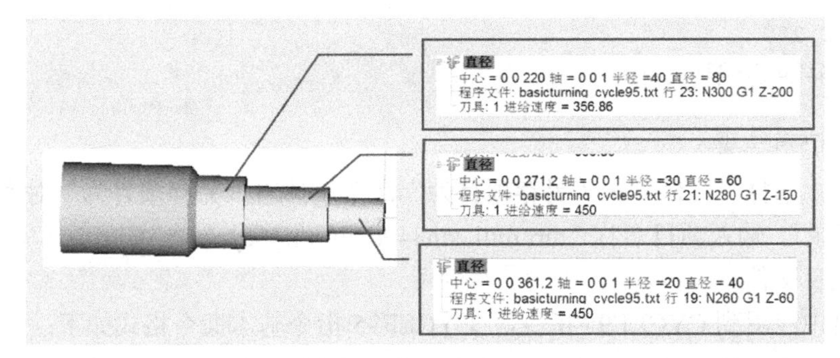

图 9-99　精车测量结果

应用到的数控程序如下。

```
%_N_CYCLE95_SAMPLE_mpf
N010 DEFINE GOHOME AS G53 X=$MA_POS_LIMIT_PLUS[X] Z=$MA_POS_LIMIT_PLUS[Z]
N020 GOHOME
N025 SETMS(1)
N030 T1 M6
N040 G18 G96 G54 G64 Y0 B90 M1=4 M1=41 S1=200 F0.45
N050 DIAMON
N060 SPOS[2] = ACN(180)
N070 G0 Z10 D1 M1=4
N170 G0 Z10
N180 G0 X110
N190 CYCLE95("START_1:END_1",8,0.5,0.5,0,0.45,0.2,0.1,1,0,0,5)
N200 ;VERICUT-CUTCOLOR 2)
N210 G0 X130
N220 G96 G54 G64 Y0 M1=4 M1=41 S1=200 F0.45
N230 G0 Z5
N240 G0 X45
N250 G1 G42 X40 Z0
N260 G1 Z-60
N270 G1 X60
N280 G1 Z-150
N290 G1 X80
N300 G1 Z-200
N310 G1 G40 X100 Z-210
N320 G0 X130
N330 DIAMOF
N340 GOHOME
N350 SPOS[2] = DC(0)
N360 D0 M5
N370 M30
N380 START_1:
N390 G1 X40 Z0
N400 G1 Z-60
N410 G1 X60
```

```
N420 G1 Z-150
N430 G1 X80
N440 G1 Z-200
N450 G1 X100 Z-210
N460 END_1:
```

（8）保存仿真结果

在主菜单，选择“**文件**”→“**另存项目为**”命令，弹出“**另存项目为**”对话框，“**捷径**”处选“**工作目录**”，输入项目名称“turnmill_sin840d_turning_cycle95.VcProject”，选择“**保存**”按钮，保存项目文件。

在该项目中应用到CYCLE95指令， CYCLE95指令基本命令格式如下：

```
CYCLE95 (NPP, MID, FALZ, FALX, FAL, FF1, FF2, FF3, VARI, DT, DAM,_VRT)
```

各参数含义见表9-8。

表9-8 CYCLE95指令的参数含义

参数	数据类型	含义
NPP	字符串	轮廓子程序名
MID	实数	进刀深度（不输入符号）
FALZ	实数	纵向轴中精加工余量（不输入符号）
FALX	实数	平面轴中精加工余量（不输入符号）
FAL	实数	与轮廓相符的精加工余量（不输入符号）
FF1	实数	粗加工进给，无底切
FF2	实数	在底切时插入进给
FF3	实数	精加工进给
VARI	整数	加工方式
DT	实数	粗加工时用于断屑的停留时间
DAM	实数	位移长度，每次粗加工切削断屑时均中断该长度
_VRT	实数	粗加工时从轮廓的退刀位移，增量（不输入符号）

9.6 车铣复合加工中心柱坐标插补与极坐标插补加工仿真

9.6.1 实例零件极坐标插补加工

22. 实例零件极坐标插补加工

Sinumerik 840D数控系统应用TRANSMIT指令在车削复合加工中心上对回转类零件进行端面铣削加工，指令的图示说明如图9-100所示。

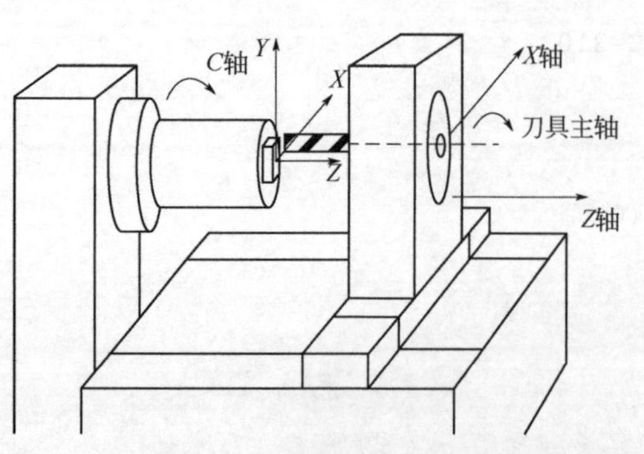

图9-100 TRANSMIT指令

实例零件基本结构如图 9-101 所示。

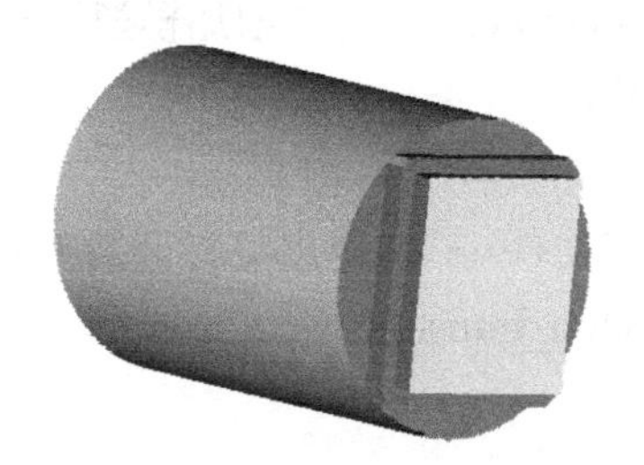
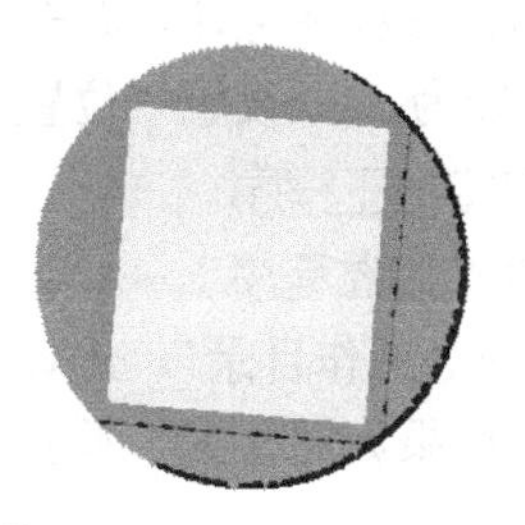

图 9-101　加工实例零件

零件主要加工过程见表 9-9。

表 9-9　零件加工过程　　mm

序号	工作内容	结果	切削刀具	程序编制	机床控制程序
0	准备毛坯	圆柱毛坯直径 60，长度 100，材料 45 钢			
1	铣削端面轮廓		直径 20 铣刀	手工编程 TRANSMIT	T100M6 D1
2	铣削端面轮廓		直径 20 铣刀	手工编程 TRANSMIT	T100M6 D1

实例零件虚拟加工过程仿真如下。

（1）启动 VERICUT

（2）设置当前工作目录

主菜单，选择“**文件**”→“**工作目录**”命令，弹出“**工作目录**”对话框，“**捷径**”处选“**\program\multiaxis_sin840d\sin840D_Bshaft**”，选择“**确定**”按钮。

（3）打开模板项目文件

主菜单，选择“**文件**”→“**打开**”命令，弹出“**打开项目**”对话框，选择文件“turnmill_sin840d_template.vcproject”，选择“**打开**”按钮，进入该项目的加工仿真界面。主菜单，选择“**项目**”→“**项目树**”命令，打开项目树结构，模板项目已经将机床、控制系统、刀具配置完成。

（4）设置加工所需毛坯

设置加工所需圆柱体毛坯，右击项目树“Stock(0,0,0)”→“**增加模型**”→“**圆柱**”，设置高度为100，半径为30。设置“**位置**”=“0 0 0”。

（5）加入数控加工程序

右击项目树“数控程序”→“添加数控程序文件…”，弹出“**打开数控程序文件**”对话框，“**捷径**”处选“**工作目录**”，选择文件“sin840d_transmit_1.txt”，选择“**OK**”按钮。

项目树设置结果如图9-102所示。

图9-102　项目树设置结果

（6）执行仿真

适当设置断点，点击“**仿真到末端**”按钮，首先进行对刀，结果如图9-103所示。

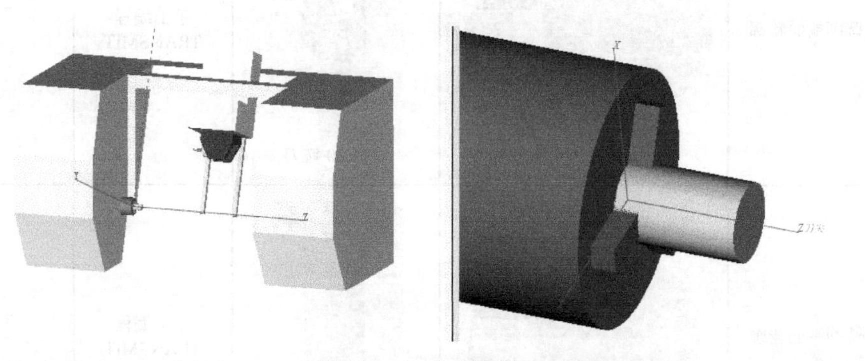

图9-103　对刀结果

然后应用TRASMIT指令铣削端面轮廓，程序如下，结果如图9-104所示。

```
%_N_SAMPLE_MPF
N05 SETMS(2)
N10 T100 D1 M6 M2=3
N20 G54 G17 G90 S2=5000 F1000 G94
N30 C0
;VERICUT-CUTCOLOR 3
N420 G0 X47 Y0 Z95 G40
N430 TRANSMIT
N440 ROT Z45
N450 G1 G42 X18 D1
N460 Y20
N470 X-18
N480 Y-20
N490 X18
```

```
N500 Y0
N510 X47
N520 G0 Z105 G40
N530 X47
N540 Z90
```

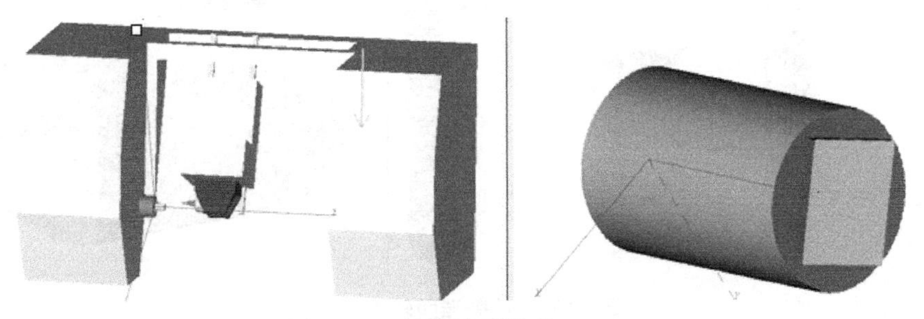

图 9-104　铣削端面轮廓（一）

对结果进行测量，结果如图 9-105 所示，方形轮廓宽度 40mm，长度 36mm，结果正确。

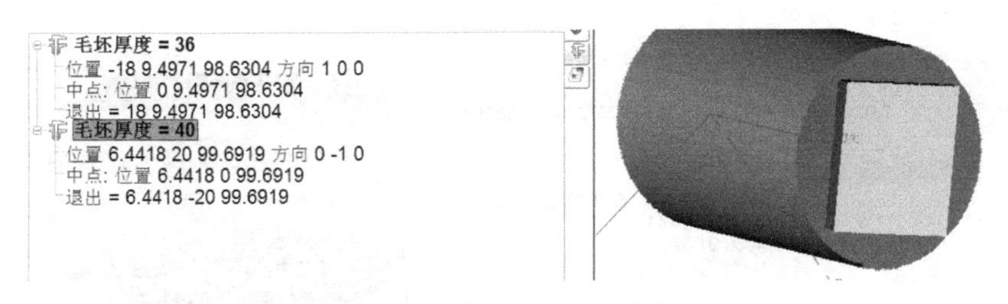

图 9-105　铣削端面轮廓测量结果（一）

继续应用 TRASMIT 指令铣削端面轮廓，应用“OFFN=3”指令将刀补增加 3mm，程序如下，结果如图 9-106 所示。

```
;VERICUT-CUTCOLOR 4
N550 G1 G42 X18 OFFN=3
N560 Y20
N570 X-18
N580 Y-20
N590 X18
N600 Y10
N610 X47
N620 G0 Z105 G40
N630 X47
N631 G0 Z150 G40
N632 G0 X47
N633 G40
N640 ROT
N650 TRAFOOF
N660 C0
N665 G0 X50 Y0 Z250
N660 C0 B0 D0
```

```
N665 M2=5
N670 SUPA X700 Y0 Z800
N680 M30
```

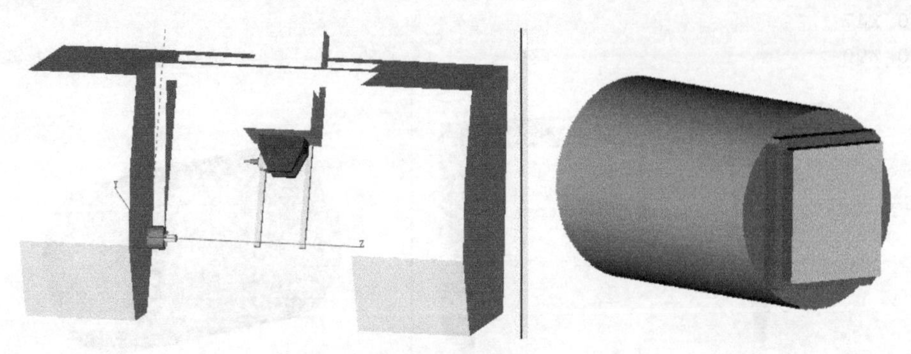

图 9-106　铣削端面轮廓（二）

对结果进行测量，结果如图 9-107 所示，方形轮廓宽度 46mm，长度 42mm，结果正确。

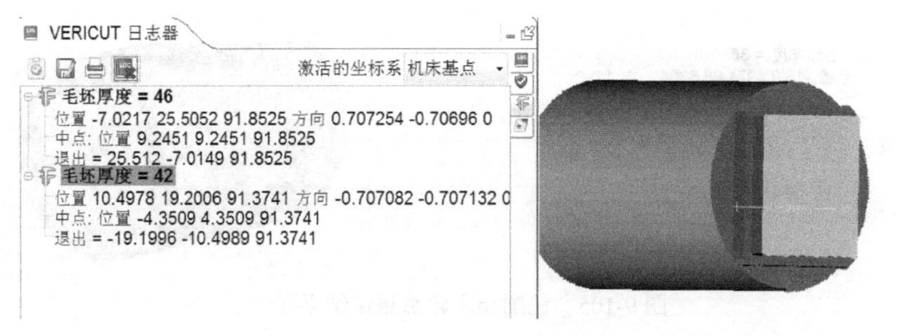

图 9-107　铣削端面轮廓测量结果（二）

（7）保存仿真结果

在主菜单，选择“**文件**”→“**另存项目为**”命令，弹出“**另存项目为**”对话框，“**捷径**”处选“**工作目录**”，输入项目名称“sin840d_transmit.VcProject”，选择“**保存**”按钮，保存项目文件。

以下为端面极坐标加工的另一实例。

实例零件基本结构如图 9-108 所示。

 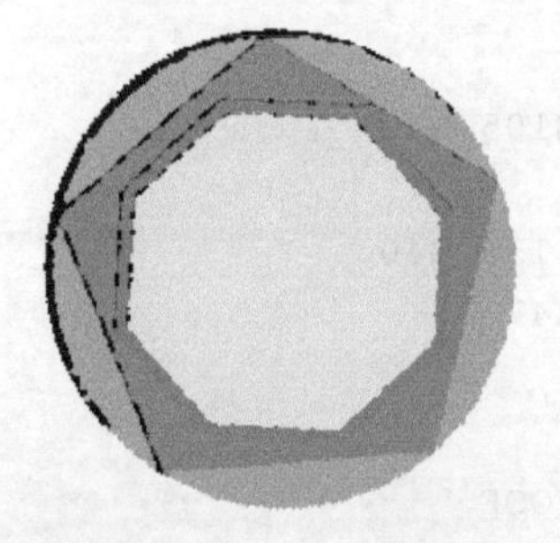

图 9-108　加工实例零件

零件主要加工流程与加工方案见表 9-10。

表 9-10　零件加工工艺流程与加工方案　mm

序号	加工内容	加工结果	切削刀具	程序编制	机床控制程序
1	铣削端面轮廓		直径 20 铣刀	手工编程 TRANSMIT	T100M6
2	铣削端面轮廓		直径 20 铣刀	手工编程 TRANSMIT	T100M6
3	铣削端面轮廓		直径 20 铣刀	手工编程 TRANSMIT	T100M6

实例零件虚拟加工过程仿真如下。

（1）启动 VERICUT

（2）设置当前工作目录

主菜单，选择“**文件**”→“**工作目录**”命令，弹出“**工作目录**”对话框，“**捷径**”处选“**\program\multiaxis_sin840d\sin840D_Bshaft**”，选择“**确定**”按钮。

（3）打开模板项目文件

主菜单，选择“**文件**”→“**打开**”命令，弹出“**打开项目**”对话框，选择文件“turnmill_sin840d_template.vcproject”，选择“**打开**”按钮，进入该项目的加工仿真界面。主菜单，选择“**项目**”→“**项目树**”命令，打开项目树结构，模板项目已经将机床、控制系统、刀具配置完成。

（4）设置加工所需毛坯

设置加工所需圆柱体毛坯，右击项目树“Stock(0,0,0)”→“**增加模型**”→“**圆柱**”，设置高度为 100，半径为 30。设置“**位置**”=“0 0 0”。

（5）加入数控加工程序

右击项目树“数控程序”→“添加数控程序文件…”，弹出“**打开数控程序文件**”对话框，“**捷径**”处选“**工作目录**”，选择文件“sin840d_transmit_2.txt”，选择“**OK**”按钮。项目树设置结果如图 9-109 所示。

项目：sin840d_transmit_2
工位：1
数控机床
坐标系统
G-代码偏置
加工刀具：sin840d_tracyl_transmit
数控程序
sin840d_transmit_2.txt
数控子程序
保存过程文件

图 9-109　项目树设置结果

（6）执行仿真

适当设置断点，点击“**仿真到末端**”按钮，首先进行对刀，结果如图 9-110 所示。

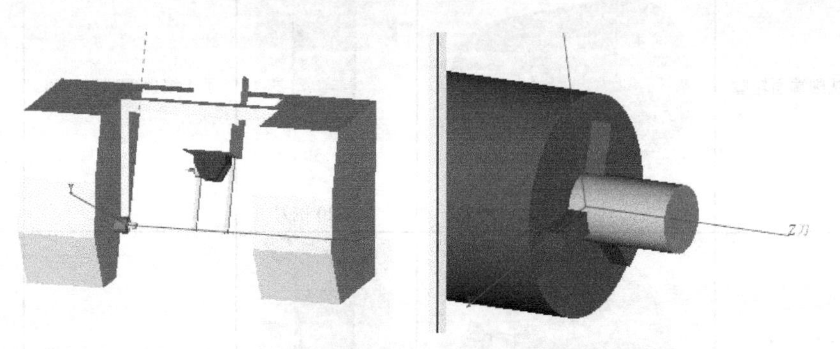

图 9-110　对刀结果

然后应用 TRASMIT 指令铣削端面轮廓，程序如下，结果如图 9-111 所示。

```
%_N_SAMPLE_MPF
;USING TRACYL AND TRANSMIT TRANSFORMATIONS
N05 SETMS(2)
N10 T100 D1 M6  M2=3
N20 G54 G17 G90 S2=5000 F1000 G94
N30 C0
;VERICUT-CUTCOLOR 3
N420 G0 X47 Y0 Z95 G40
N430 TRANSMIT
N440 ROT Z0
N450 G1 X25 G42 D1
N460 C45
N470 C90
N480 C135
N490 C180
N500 C225
N510 C270
N515 C315
N518 C360
N520 G0 Z105 G40
N530 X47
N540 Z90
```

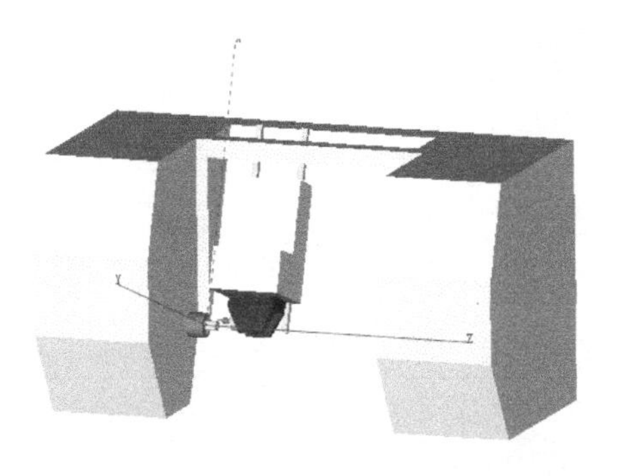
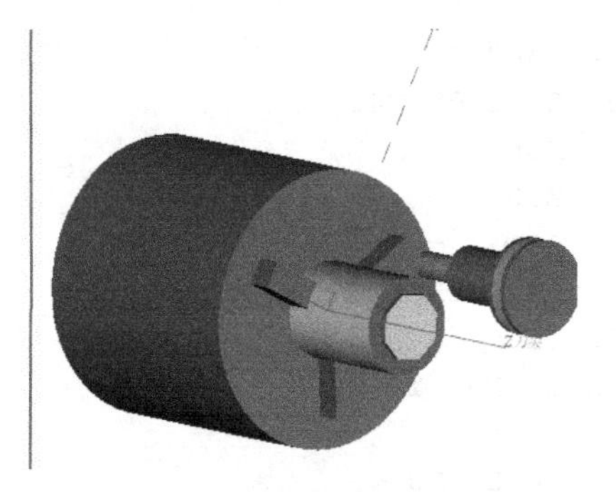

图 9-111　铣削端面轮廓（一）

继续应用 TRASMIT 指令铣削端面轮廓，程序如下，结果如图 9-112 所示。

```
;VERICUT-CUTCOLOR 4
N550 G1 X25 G42 OFFN=2
N560 C45
N570 C90
N580 C135
N590 C180
N600 C225
N605 C270
N606 C315
N607 C360
N610 X47
N611 G0 Z150 G40
N612 X60 Y0
```

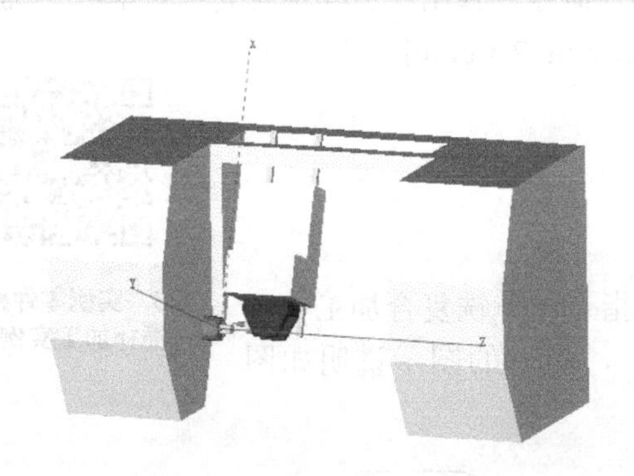
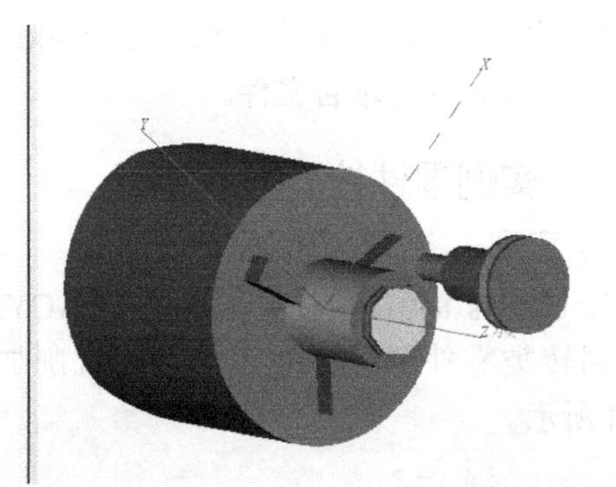

图 9-112　铣削端面轮廓（二）

继续应用 TRASMIT 指令铣削端面轮廓，程序如下，结果如图 9-113 所示。

```
;VERICUT-CUTCOLOR 6
N615 ROT Z30
N616 G0 X65 Y0 Z82
N618 G1 X35 G42 OFFN=0 D1
N620 C72
N621 C144
N622 C216
N623 C288
```

```
N624 C360
N625 G0 Z105 G40
N626 X60
N635 Z90
N640 ROT
N650 TRAFOOF
N660 C0
N665 G0 X50 Y0 Z250
N668 M2=5
N670 C0 B0 D0
N675 SUPA X700 Y0 Z800
N680 M30
```

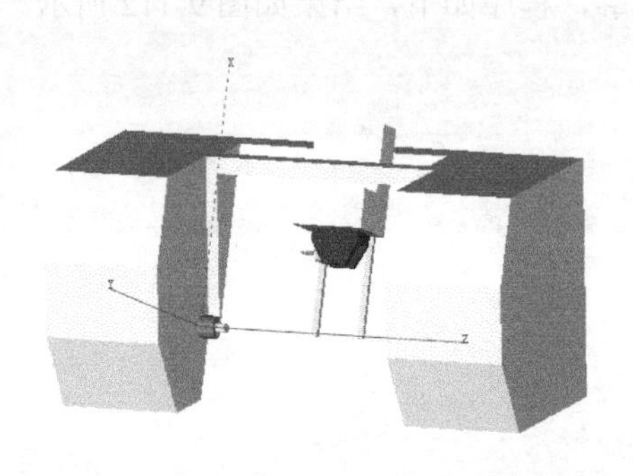
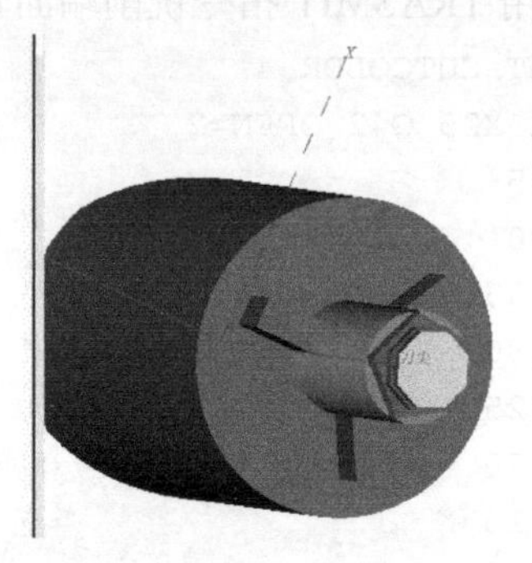

图9-113 铣削端面轮廓（三）

（7）保存仿真结果

在主菜单，选择“**文件**”→“**另存项目为**”命令，弹出“**另存项目为**”对话框，“**捷径**”处选“**工作目录**”，输入项目名称“sin840d_transmit_2.VcProject”，选择“**保存**”按钮，保存项目文件。

23. 实例零件柱面插补加工实例一

9.6.2 实例零件柱面插补加工

1）实例一

Sinumerik 840D数控系统应用TRACYL指令在车铣复合加工中心上对回转类零件圆柱体外表面进行铣削加工，指令的图示说明如图9-114所示。

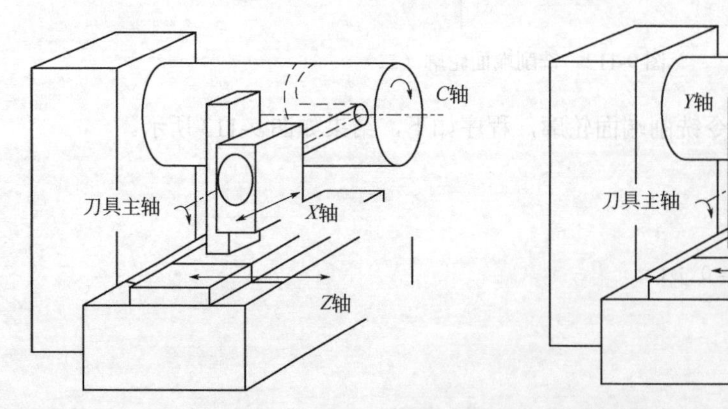

图9-114 TRACYL指令

实例零件基本结构如图 9-115 所示。

图 9-115　加工实例零件

零件主要加工过程见表 9-11。

表 9-11　零件加工过程　　mm

序号	加工内容	加工结果	切削刀具	程序编制	机床控制程序
0	准备毛坯	圆柱毛坯直径 60，长度 100，材料 45 钢			
1	铣削柱面轮廓		直径 5 铣刀	手工编程 TRACYL	T99M6
2	铣削柱面轮廓		直径 5 铣刀	手工编程 TRACYL	T99M6
3	铣削柱面轮廓		直径 5 铣刀	手工编程 TRACYL	T99M6
4	铣削柱面轮廓		直径 5 铣刀	手工编程 TRACYL	T99M6

实例零件虚拟加工过程仿真如下。

（1）启动 VERICUT

（2）设置当前工作目录

主菜单，选择“**文件**”→“**工作目录**”命令，弹出“**工作目录**”对话框，“**捷径**”处选“**\program\multiaxis_sin840d\sin840D_Bshaft**”，选择“**确定**”按钮。

（3）打开模板项目文件

主菜单，选择“**文件**”→“**打开**”命令，弹出“**打开项目**”对话框，选择文件“turnmill_sin840d_template.vcproject”，选择“**打开**”按钮，进入该项目的加工仿真界面。主菜单，选择“**项目**”→“**项目树**”命令，打开项目树结构，模板项目已经将机床、控制系统、刀具配置完成。

（4）设置加工所需毛坯

设置加工所需圆柱体毛坯，右击项目树“Stock(0,0,0)”→“**增加模型**”→“**圆柱**”，设置高度为 100，半径为 30。设置“**位置**”=“0 0 0”。

（5）加入数控加工程序

右击项目树“数控程序”→“添加数控程序文件…”，弹出“**打开数控程序文件**”对话框，“**捷径**”处选“**工作目录**”，选择文件“4axis_tracyl_4.txt”，选择“**OK**”按钮。项目树设置结果如图 9-116 所示。

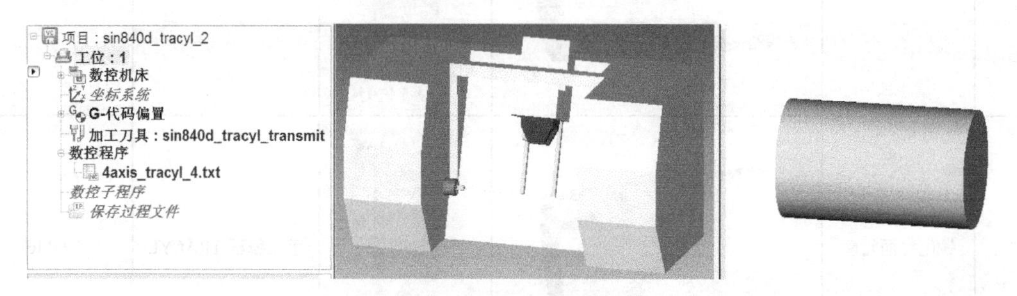

图 9-116 项目树设置结果

（6）执行仿真

适当设置断点，点击“**仿真到末端**”按钮，首先执行如下程序，设备进入铣削加工模式，进行对刀，同时调整刀具 B 轴角度，进入加工位置，结果如图 9-117 所示。

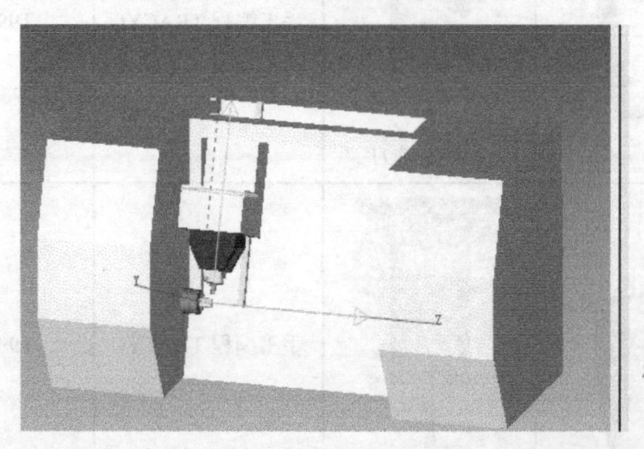
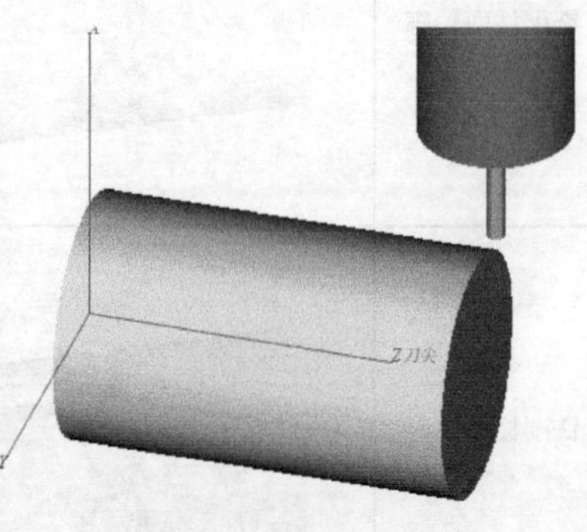

图 9-117 对刀结果

```
N05 SETMS(2)
N10 T99 D1 M6 M2=3
;VERICUT-CUTCOLOR 1
N20 G54 G90 S2=5000 F1000 G94
N30 C0
N40 TRAORI
N50 G54 G0 X40 Y0 Z105 B90
```

然后执行如下程序，应用 TRACYL 指令在直径为 50mm 的圆柱面上铣削柱面轮廓。

```
N60 TRACYL (50)
N70 G19
N80 G1 X25
N90 G1 Z100 G42
N100 G1 Z60
N111 G3 C45 Z60 CR=10
N112 G2 C90 Z60 CR=10
N113 G3 C135 Z60 CR=10
N114 G2 C180 Z60 CR=10
N115 G3 C225 Z60 CR=10
N116 G2 C270 Z60 CR=10
N117 G3 C315 Z60 CR=10
N118 G2 C360 Z60 CR=10
N170 G1 Z100
N180 G1 Z105 G40
N190 G1 X40
N200 TRAFOOF
N210 G54 C0
```

其中执行“G3 C45 Z60 CR=10”指令后的加工结果如图 9-118 所示。

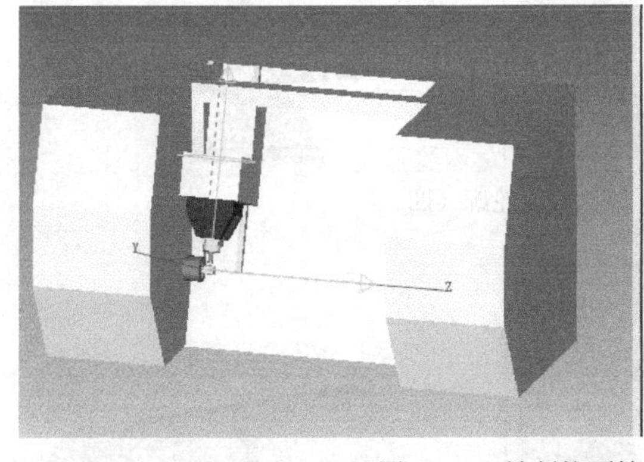

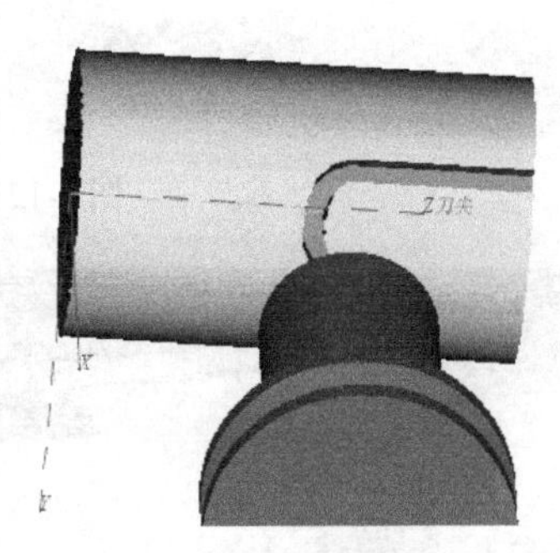

图 9-118　铣削柱面轮廓（一）

执行“G2 C90 Z60 CR=10”指令后的加工结果如图 9-119 所示。

执行“G3 C135 Z60 CR=10”指令后的加工结果如图 9-120 所示。

执行“G2 C180 Z60 CR=10”指令后的加工结果如图 9-121 所示。

执行“G3 C225 Z60 CR=10”指令后的加工结果如图 9-122 所示。

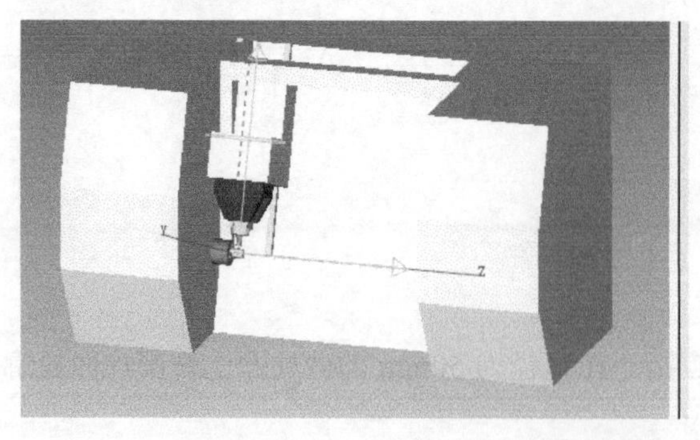
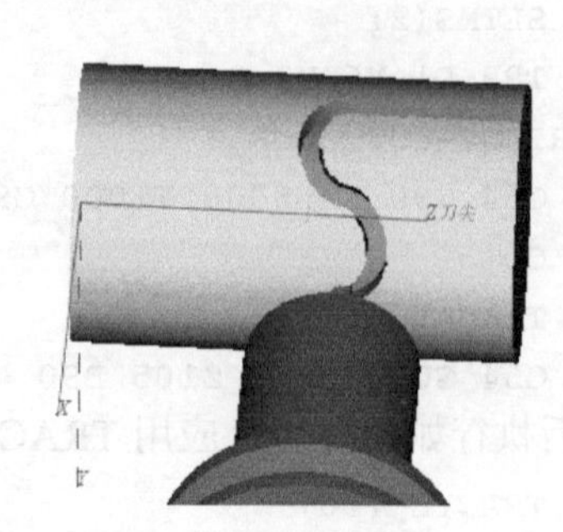

图 9-119 铣削柱面轮廓（二）

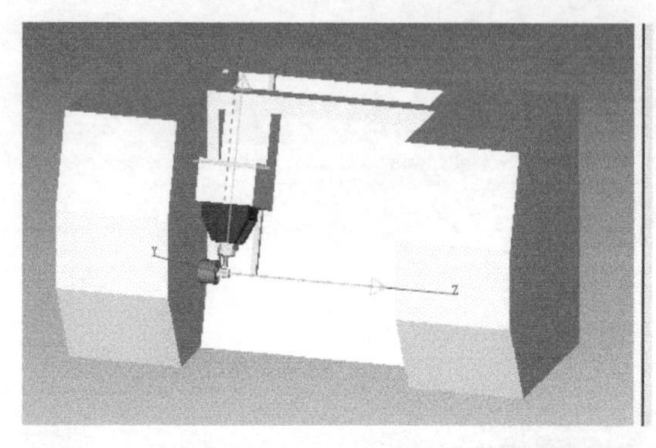
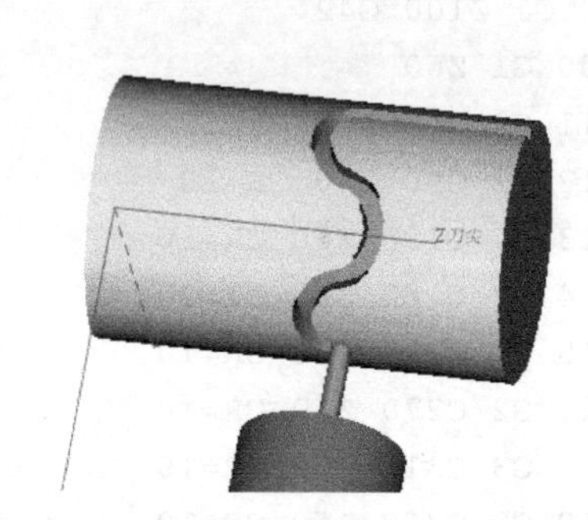

图 9-120 铣削柱面轮廓（三）

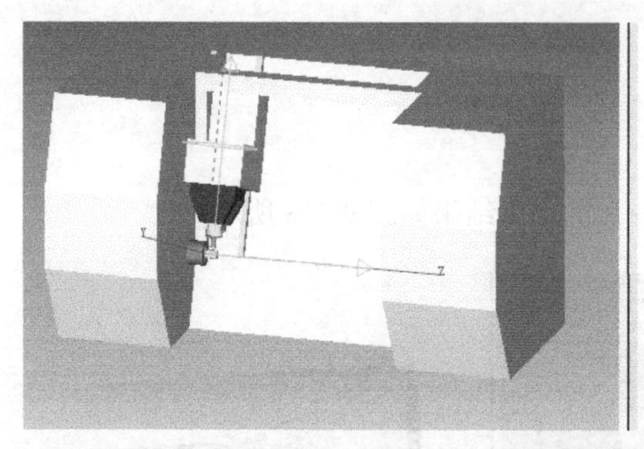
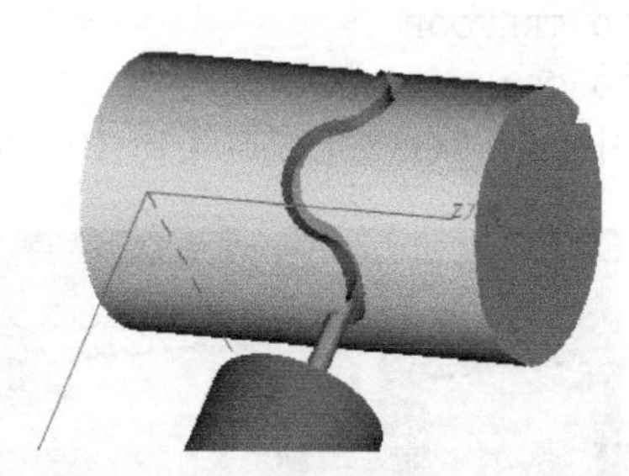

图 9-121 铣削柱面轮廓（四）

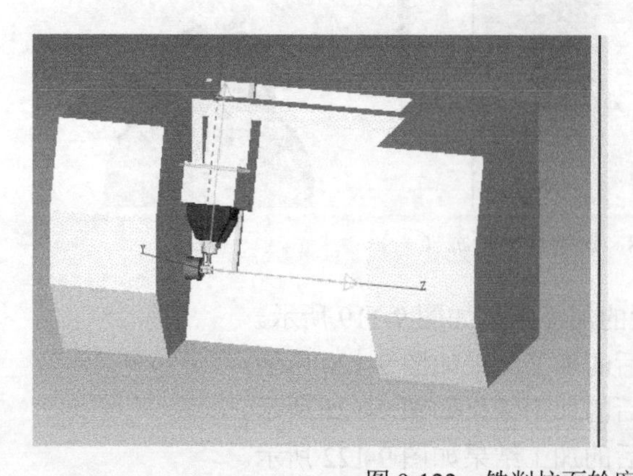

图 9-122 铣削柱面轮廓（五）

执行“G2 C270 Z60 CR=10”指令后的加工结果如图 9-123 所示。

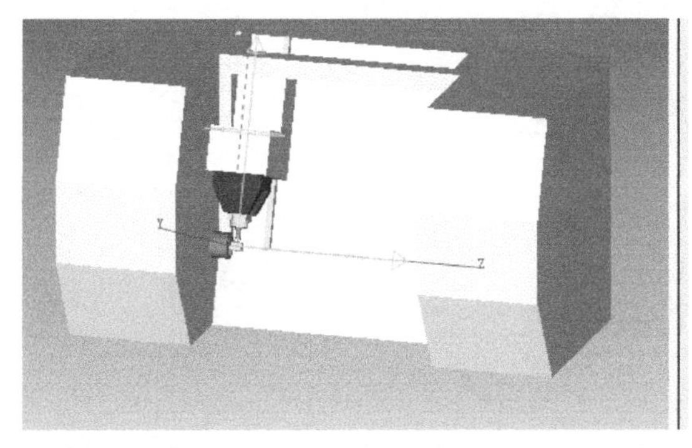
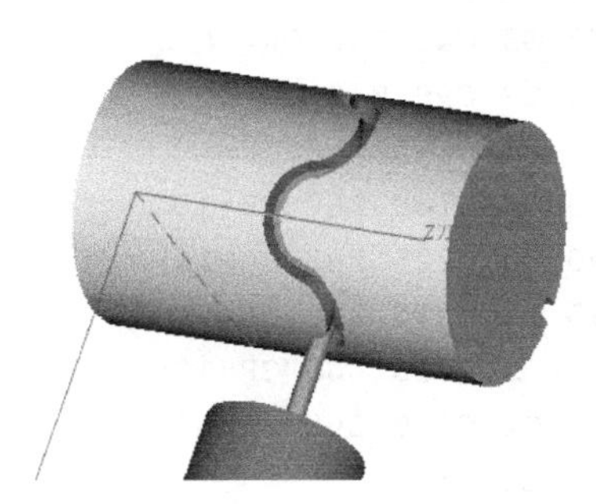

图 9-123　铣削柱面轮廓（六）

执行“G3 C315 Z60 CR=10”指令后的加工结果如图 9-124 所示。

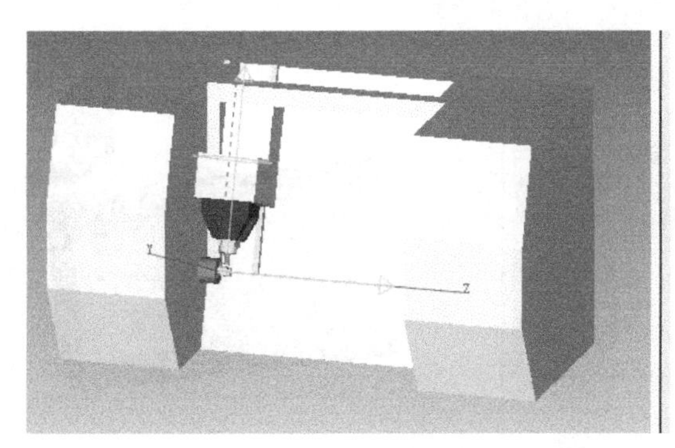
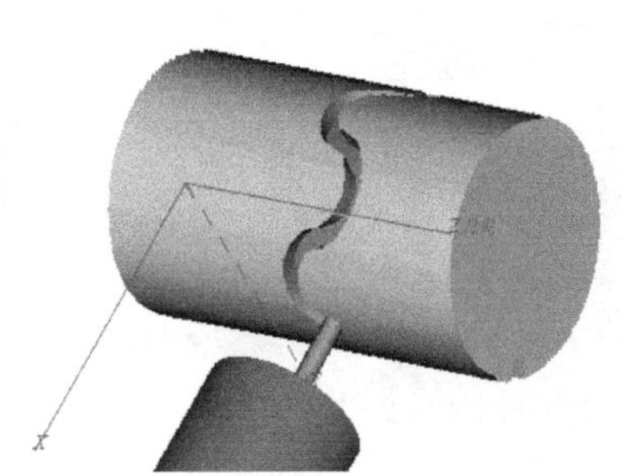

图 9-124　铣削柱面轮廓（七）

执行“G2 C360 Z60 CR=10”指令后的加工结果如图 9-125 所示。

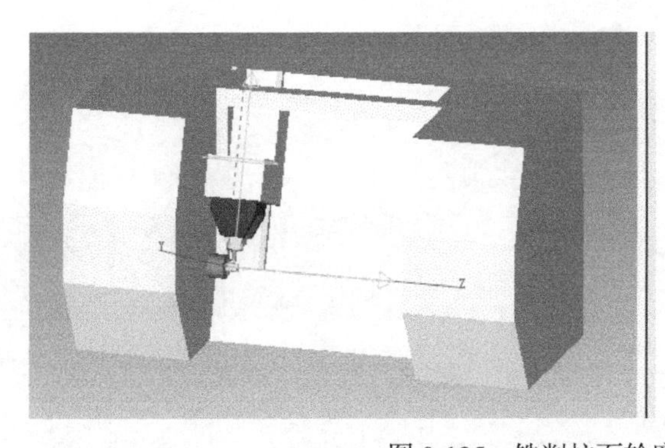
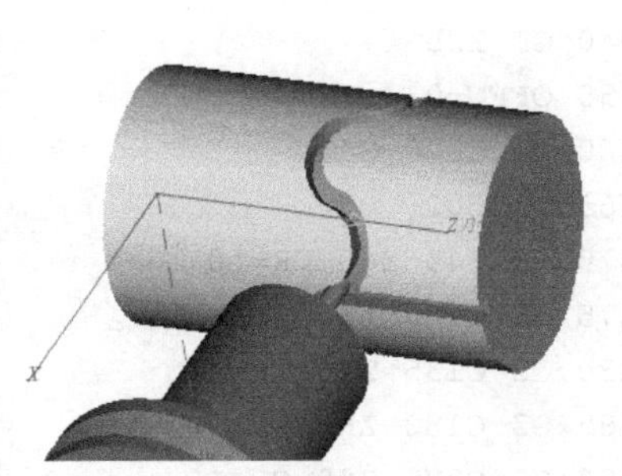

图 9-125　铣削柱面轮廓（八）

继续执行如下程序，由“OFFN=1.5”指令将刀具中心偏置 1.5mm，应用 TRACYL 指令铣削柱面轮廓，结果如图 9-126 所示。

```
;VERICUT-CUTCOLOR 3
N220 G0 X30 Y0 Z105
N230 TRACYL (50)
N240 G1 X25
```

```
N250 OFFN=1.5
N260 G1 Z100 G42
N265 G1 Z60
N270 G3 C45 Z60 CR=10
N275 G2 C90 Z60 CR=10
N280 G3 C135 Z60 CR=10
N285 G2 C180 Z60 CR=10
N290 G3 C225 Z60 CR=10
N295 G2 C270 Z60 CR=10
N300 G3 C315 Z60 CR=10
N310 G2 C360 Z60 CR=10
N340 G1 Z100
N350 G1 Z105 G40
N360 G1 X30
N370 TRAFOOF
N380 G54 C0
```

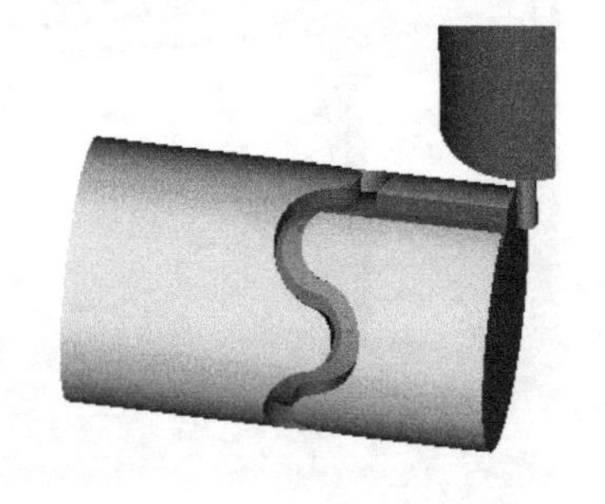

图 9-126 铣削柱面轮廓（九）

继续执行如下程序，继续应用TRACYL指令铣削柱面轮廓，结果如图9-127所示。

```
N420 G0 X30 Y0 Z105
N430 TRACYL (50)
N440 G1 X25
N450 OFFN=0
N460 G1 Z100 G42
N465 G1 Z60
N470 G2 C45 Z60 CR=10
N475 G3 C90 Z60 CR=10
N480 G2 C135 Z60 CR=10
N485 G3 C180 Z60 CR=10
N490 G2 C225 Z60 CR=10
N495 G3 C270 Z60 CR=10
N500 G2 C315 Z60 CR=10
N510 G3 C360 Z60 CR=10
N520 G1 Z100
N530 G1 Z105 G40
N560 G1 X30
N570 TRAFOOF
N580 G54 C0
```

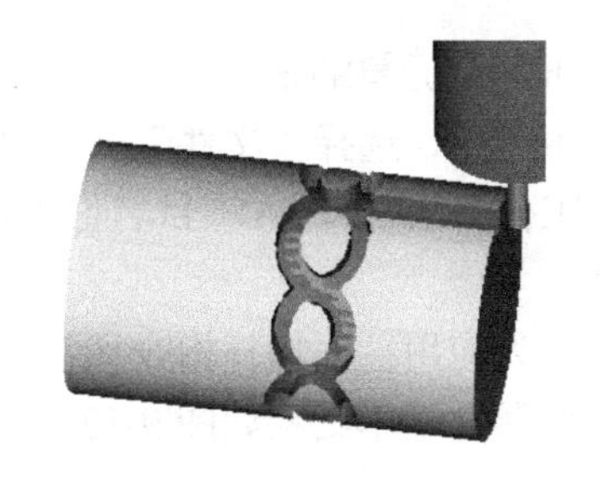

图 9-127　铣削柱面轮廓（十）

继续执行如下程序，由“OFFN=1.5”指令将刀具中心偏置 1.5mm，应用 TRACYL 指令铣削柱面轮廓，结果如图 9-128 所示。

```
;VERICUT-CUTCOLOR 10
N620 G0 X30 Y0 Z105
N630 TRACYL (50)
N640 G1 X25
N650 OFFN=1.5
N660 G1 Z100 G42
N700 G1 Z60
N710 G2 C45 Z60 CR=10
N720 G3 C90 Z60 CR=10
N730 G2 C135 Z60 CR=10
N740 G3 C180 Z60 CR=10
N750 G2 C225 Z60 CR=10
N760 G3 C270 Z60 CR=10
N770 G2 C315 Z60 CR=10
N780 G3 C360 Z60 CR=10
N790 G1 Z100
N800 G1 Z105 G40
N810 G1 X30
N820 TRAFOOF
N830 G0 X50 Y0 Z250
N835 M2=5
N840 C0 B0 D0
N850 SUPA X700 Y0 Z800
 N860 M30
```

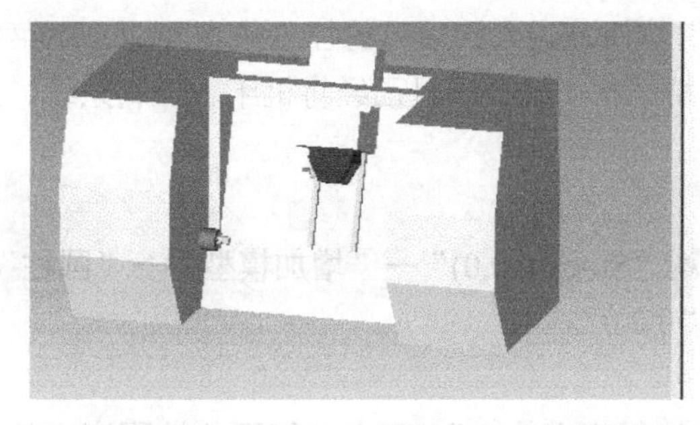

图 9-128　铣削柱面轮廓（十一）

（7）保存仿真结果

在主菜单，选择“**文件**”→“**另存项目为**”命令，弹出“**另存项目为**”对话框，“**捷径**”处选“**工作目录**”，输入项目名称“sin840d_tracyl_2.VcProject”，选择“**保存**”按钮，保存项目文件。

以下为应用柱面插补指令加工工件柱面螺旋线的另一加工实例。

实例零件基本结构如图9-129所示。

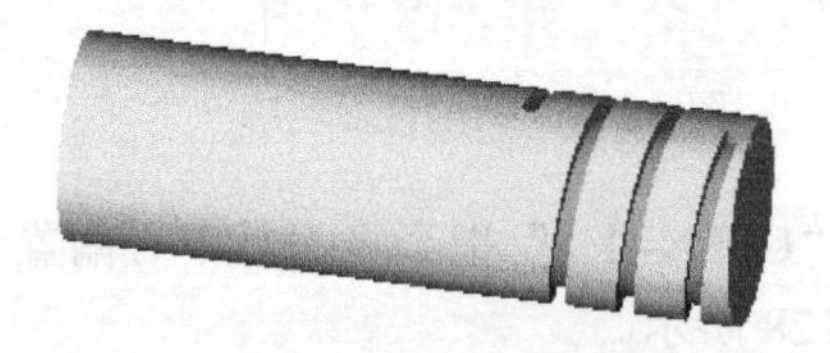

图9-129　加工实例零件

零件主要加工过程见表9-12。

表9-12　零件加工过程　　mm

序号	工作内容	结果	切削刀具	程序编制	机床控制程序
0	准备毛坯	圆柱毛坯直径60，长度200，材料45钢			
1	铣削柱面轮廓	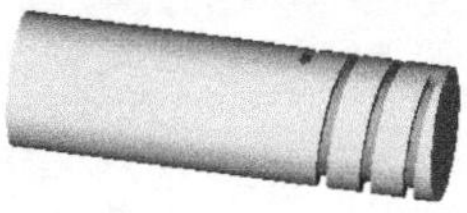	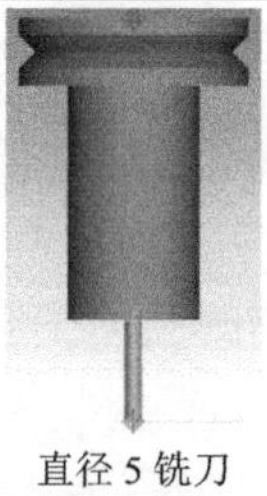 直径5铣刀	手工编程 TRACYL	T99M6

实例零件虚拟加工过程仿真如下。

（1）启动VERICUT

（2）设置当前工作目录

主菜单，选择“**文件**”→“**工作目录**”命令，弹出“**工作目录**”对话框，“**捷径**”处选“**\program\multiaxis_sin840d\sin840D_Bshaft**”，选择“**确定**”按钮。

（3）打开模板项目文件

主菜单，选择“**文件**”→“**打开**”命令，弹出“**打开项目**”对话框，选择文件“turnmill_sin840d_template.vcproject”，选择“**打开**”按钮，进入该项目的加工仿真界面。主菜单，选择“**项目**”→“**项目树**”命令，打开项目树结构，模板项目已经将机床、控制系统、刀具配置完成。

（4）设置加工所需毛坯

设置加工所需圆柱体毛坯，右击项目树“Stock(0,0,0)”→“**增加模型**”→“**圆柱**”，设置高度为200，半径为30。设置“**位置**”=“0 0 0”。

（5）加入数控加工程序

右击项目树“数控程序”→“添加数控程序文件…”，弹出“**打开数控程序文件**”对话

框，“**捷径**”处选“**工作目录**”，选择文件“4axis_tracyl_5.txt”，选择“**OK**”按钮。项目树设置结果如图 9-130 所示。

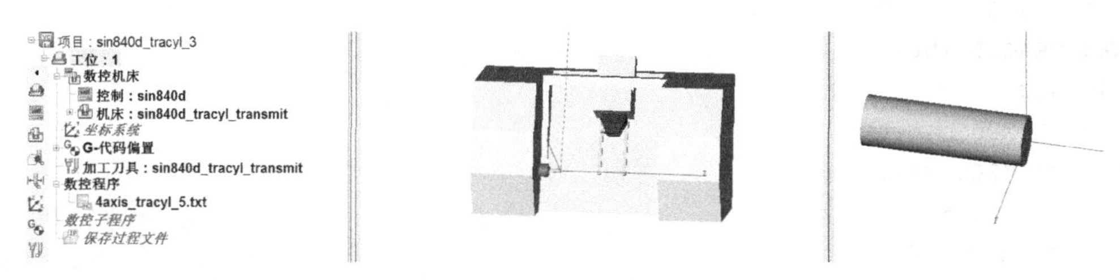

图 9-130　项目树设置结果

（6）执行仿真

适当设置断点，点击“**仿真到末端**”按钮，首先进行对刀，结果如图 9-131 所示。

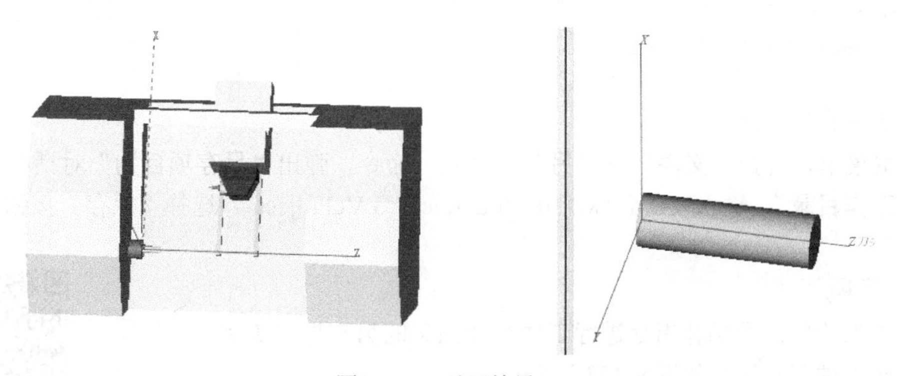

图 9-131　对刀结果

然后应用 TRACYL 指令铣削柱面螺旋线轮廓，结果如图 9-132 所示。

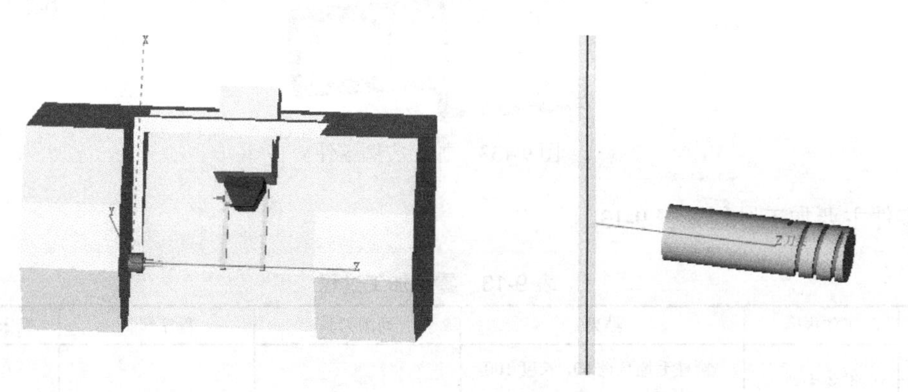

图 9-132　铣削柱面轮廓

应用到的数控程序如下。

```
%_N_SAMPLE_MPF
;USING TRACYL AND TRANSMIT TRANSFORMATIONS
N05 SETMS(2)
N10 T99 D1 M6 M2=3
;VERICUT-CUTCOLOR 1
N20 G54 G90 S2=5000 F1000 G94
```

```
N30 C0
N40 TRAORI
N50 G54 G0 X40 Y0 Z205 B90
N60 TRACYL (50)
N70 G19
N80 G1 X25
N90 G1 Z200 G42
N100 G1 Z195
    Z135 C1080
N360 G1 X30
N370 TRAFOOF
N380 G0 X50 Y0 Z250
N385 M2=5
N390 C0 B0 D0
N400 SUPA X700 Y0 Z800
M30
```

（7）保存仿真结果

在主菜单，选择“**文件**”→“**另存项目为**”命令，弹出“**另存项目为**”对话框，“**捷径**”处选“**工作目录**”，输入项目名称“sin840d_tracyl_3.VcProject”，选择“**保存**”按钮，保存项目文件。

2）实例二

24．零件柱面插补加工实例二

以下为应用柱面插补指令进行工件柱面加工的另一加工实例。

实例零件基本结构如图9-133所示。

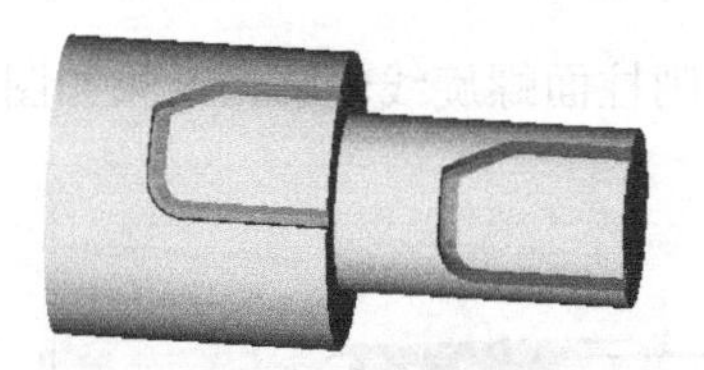

图9-133　加工实例零件

零件主要加工过程见表9-13。

表9-13　零件加工过程　　mm

序号	工作内容	结果	切削刀具	程序编制	机床控制程序
0	准备毛坯	圆柱毛坯直径60，长度100，材料45钢			
1	铣削柱面轮廓		直径5铣刀	手工编程 TRACYL	T99M6

续表

序号	工作内容	结果	切削刀具	程序编制	机床控制程序
2	铣削柱面轮廓		直径5铣刀	手工编程 TRACYL	T99M6
3	铣削柱面轮廓		直径5铣刀	手工编程 TRACYL	T99M6
4	铣削柱面轮廓		直径5铣刀	手工编程 TRACYL	T99M6

实例零件虚拟加工过程仿真如下。

（1）启动VERICUT

（2）设置当前工作目录

主菜单，选择“**文件**”→“**工作目录**”命令，弹出“**工作目录**”对话框，“**捷径**”处选“**\program\multiaxis_sin840d\sin840D_Bshaft**”，选择“**确定**”按钮。

（3）打开模板项目文件

主菜单，选择“**文件**”→“**打开**”命令，弹出“**打开项目**”对话框，选择文件“turnmill_sin840d_template.vcproject”，选择“**打开**”按钮，进入该项目的加工仿真界面。主菜单，选择“**项目**”→“**项目树**”命令，打开项目树结构，模板项目已经将机床、控制系统、刀具配置完成。

（4）设置加工所需毛坯

设置加工所需圆柱体毛坯，右击项目树“Stock(0,0,0)”→“**增加模型**”→“**圆柱**”，设置高度为100，半径为30。设置“**位置**”=“0 0 100”。继续添加毛坯，右击项目树“Stock(0,0,0)”→“**增加模型**”→“**圆柱**”，设置高度为100，半径为50。设置“**位置**”=“0 0 0”。

（5）加入数控加工程序

右击项目树“数控程序”→“添加数控程序文件…”，弹出“**打开数控程序文件**”对话框，“**捷径**”处选“**工作目录**”，选择文件“4axis_tracyl_44.txt”，选择“**OK**”按钮。项目树设置结果如图9-134所示。

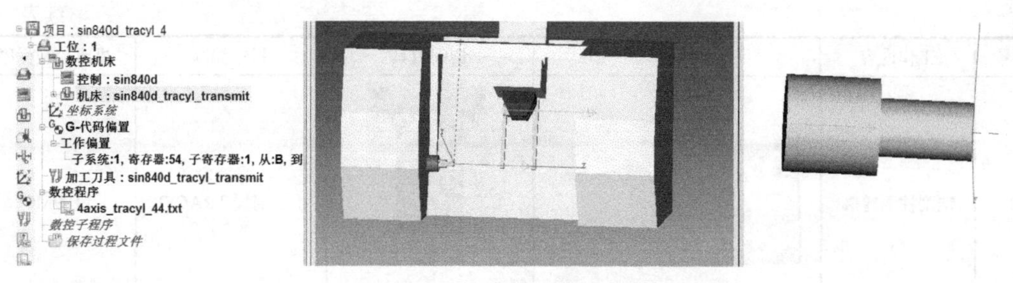

图 9-134　项目树设置结果

（6）执行仿真

适当设置断点，点击“**仿真到末端**”按钮，首先进行对刀，结果如图 9-135 所示。

```
N05 SETMS(2)
N10 T99 D1 M6 M2=3
;VERICUT-CUTCOLOR 1
N20 G54 G90 S2=5000 F1000 G94
N30 C0
N40 TRAORI
N50 G54 G0 X40 Y0 Z205 B90
```

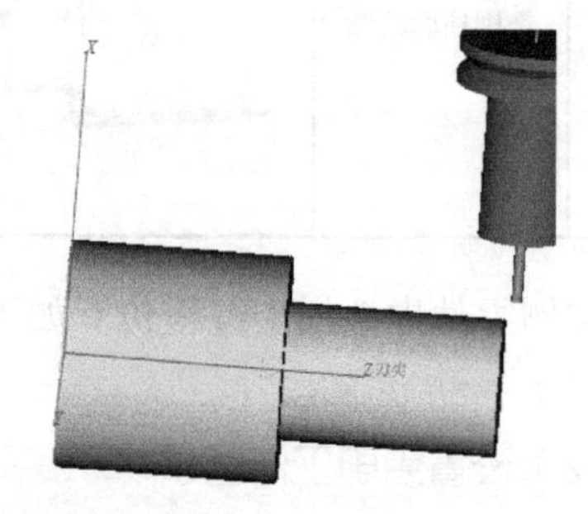

图 9-135　对刀结果

执行如下程序，应用 TRACYL 指令铣削柱面轮廓，结果如图 9-136 所示。

```
N60 TRACYL (50)
N70 G19
N80 G1 X25
N90 G1 Z200 G42
N100 G1 Z160
N110 G1 Y10 Z140
    G1 Y30 Z140
    G3 Y40 Z150 CR=10
    G1 Y40 Z200
N150 G1 Z205 G40
N160 G1 X30
N170 TRAFOOF
N180 G54 C0
```

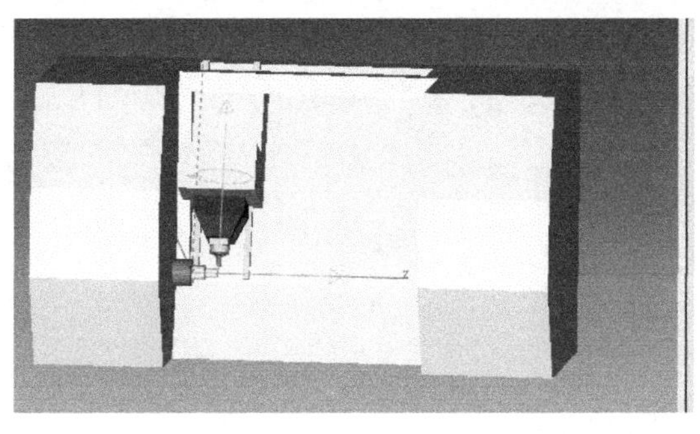
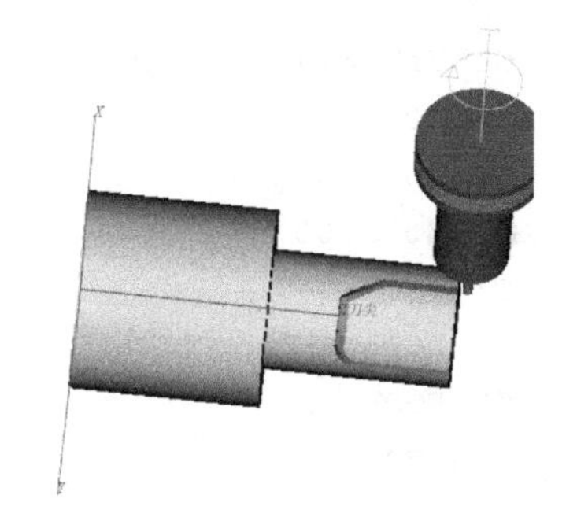

图 9-136 铣削柱面轮廓（一）

继续应用 TRACYL 指令铣削柱面轮廓，结果如图 9-137 所示。

```
;VERICUT-CUTCOLOR 3
N220 G0 X30 Y0 Z205
N230 TRACYL (50)
N240 G1 X25
N250 OFFN=1.5
N250 G1 Z200 G42
N260 G1 Z160
N270 G1 Y10 Z140
    G1 Y30 Z140
    G3 Y40 Z150 CR=10
    G1 Y40 Z200
N350 G1 Z205 G40
N360 G1 X30
N370 TRAFOOF
N380 G54 C0
```

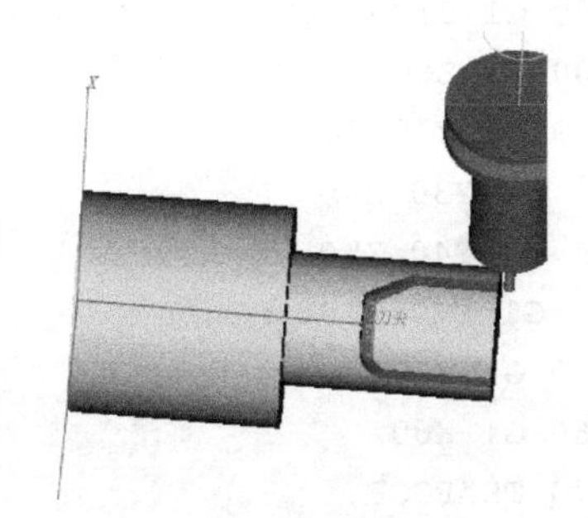

图 9-137 铣削柱面轮廓（二）

继续应用 TRACYL 指令铣削柱面轮廓，结果如图 9-138 所示。

```
;VERICUT-CUTCOLOR 4
N450 G54 G0 X110 Y0 Z105 B90
N460 TRACYL (90)
N470 G19
N480 G1 X45
N490 OFFN=0
N495 G1 Z100 G42
N500 G1 Z60
```

```
N510 G1 Y10 Z40
    G1 Y30 Z40
    G3 Y40 Z50 CR=10
    G1 Y40 Z100
N550 G1 Z105 G40
N560 G1 X60
N570 TRAFOOF
N580 G54 C0
```

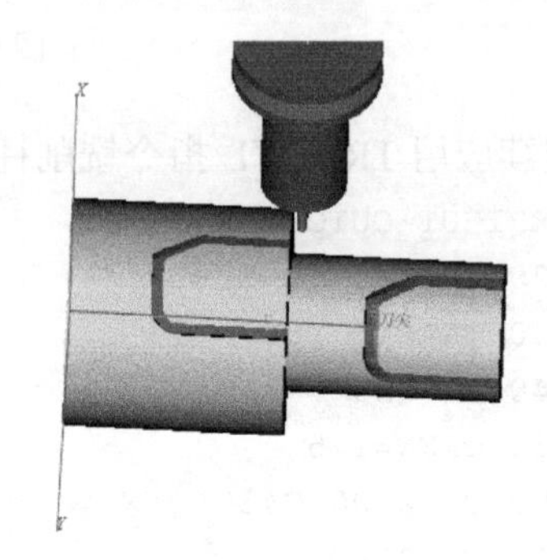

图 9-138 铣削柱面轮廓（三）

执行如下程序，继续应用 TRACYL 指令铣削柱面轮廓，结果如图 9-139 所示。

```
;VERICUT-CUTCOLOR 6
N620 G0 X30 Y0 Z205
N630 TRACYL (90)
N640 G1 X45
N650 OFFN=1.5
N690 G1 Z100 G42
N700 G1 Z60
N710 G1 Y10 Z40
    G1 Y30 Z40
    G3 Y40 Z50 CR=10
    G1 Y40 Z100
N750 G1 Z205 G40
N760 G1 X60
N770 TRAFOOF
N780 G54 C0
N790 G0 X50 Y0 Z250
N792 M2=5
N795 C0 B0 D0
N800 SUPA X700 Y0 Z800
M30
```

（7）保存仿真结果

在主菜单，选择“**文件**”→“**另存项目为**”命令，弹出“**另存项目为**”对话框，“**捷径**”处选“**工作目录**”，输入项目名称“sin840d_tracyl_4.VcProject”，选择“**保存**”按钮，保存项目文件。

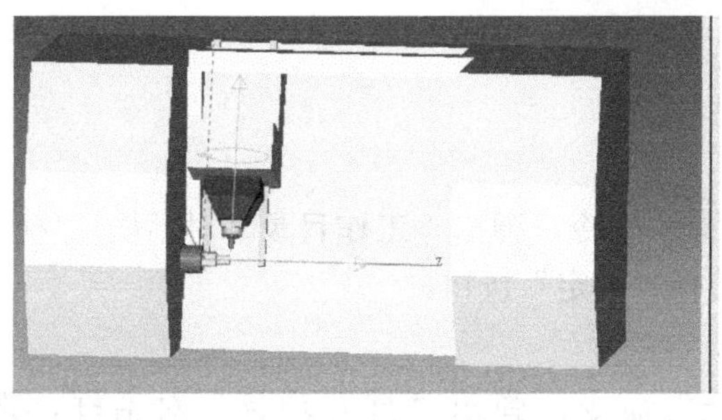
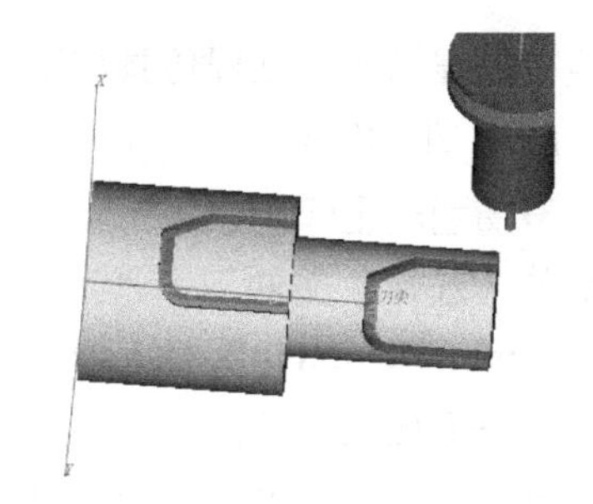

图 9-139 TRACYL 命令执行结果

9.7 车铣复合加工中心五轴定向加工

25. 车铣复合加工中心五轴定向加工

本节的加工过程应用指令 TRANS 和 ROT 来完成。零点偏移指令 TRANS 和 ATRANS，用于产生新的当前工作坐标系，新输入的位置数值均为当前工件坐标系中的值。命令格式如下：

```
TRANS X… Y… Z… (在独立程序段中编程)
ATRANS X… Y… Z… (在独立程序段中编程)
```

坐标轴旋转指令 ROT 和 AROT 用于旋转坐标系，命令格式如下：

```
ROT X… Y… Z…
ROT RPL=…
AROT X… Y… Z…
AROT RPL=…
```

实例零件基本结构如图 9-140 所示。

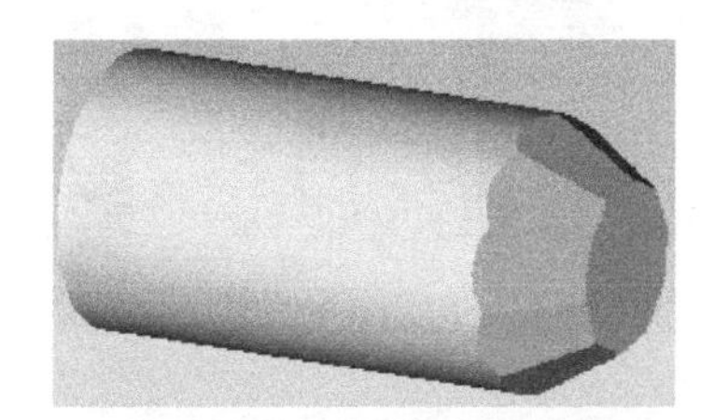

图 9-140 加工实例零件

零件主要加工过程见表 9-14。

表 9-14 零件加工过程 mm

序号	工作内容	结果	切削刀具	程序编制	机床控制程序
0	准备毛坯	圆柱毛坯直径 100，长度 200，材料 45 钢			
1	铣削倾斜面		直径 40 铣刀	手工编程 TRANS 和 ROT	T99M6

实例零件虚拟加工过程仿真如下。

（1）启动VERICUT

（2）设置当前工作目录

主菜单，选择“**文件**”→“**工作目录**”命令，弹出“**工作目录**”对话框，“**捷径**”处选“**\Vericut_turnmill\sin840D_Bshaft**”，选择“**确定**”按钮。

（3）打开模板项目文件

主菜单，选择“**文件**”→“**打开**”命令，弹出“**打开项目**”对话框，选择文件“turnmill_sin840d_template.vcproject”，选择“**打开**”按钮，进入该项目的加工仿真界面。主菜单，选择“**项目**”→“**项目树**”命令，打开项目树结构，模板项目已经将机床、控制系统、刀具配置完成。

（4）设置加工所需毛坯

设置加工所需圆柱体毛坯，右击项目树“Stock(0,0,0)”→“**增加模型**”→“**圆柱**”，设置长度为200，直径为100。

（5）加入数控加工程序

右击项目树“数控程序”→“添加数控程序文件…”，弹出“**打开数控程序文件**”对话框，“**捷径**”处选“**工作目录**”，选择文件“5axis_transrot_2.txt”，选择“**OK**”按钮。

（6）设置程序零点

点击选择项目树“Program_Zero”，在“**位置**”处，输入“0 0 200”，为工件右侧端面中心点。

点击“**重置模型**”，使项目树设置生效。设置结果如图9-141所示。

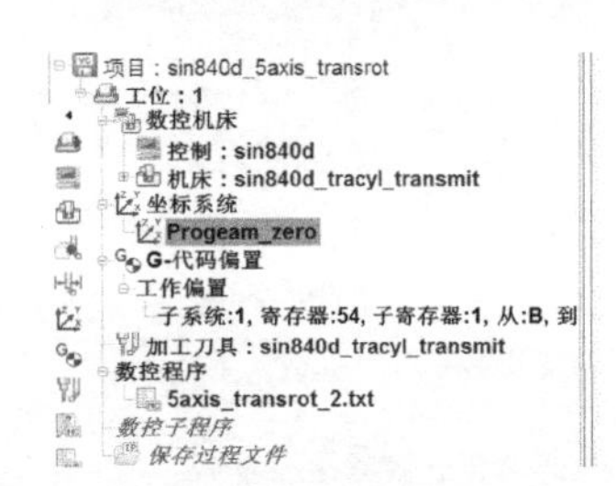

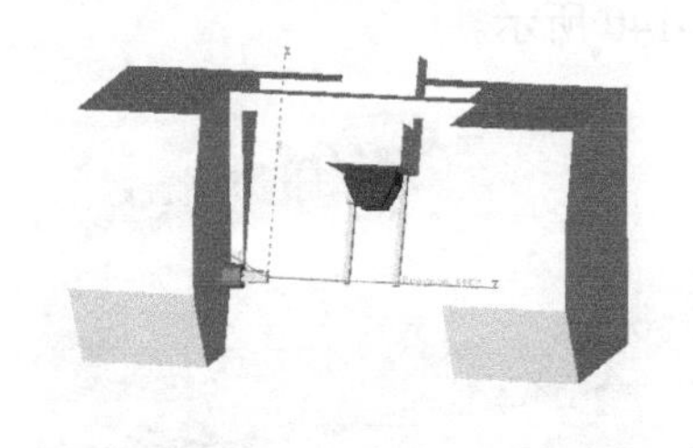
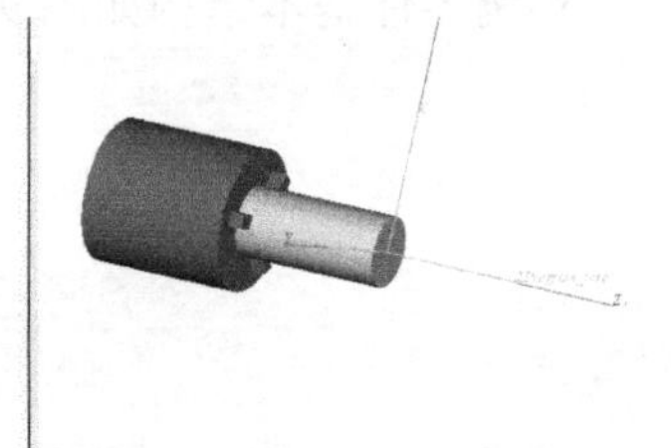

图9-141 项目树设置结果

（7）执行仿真

点击“**仿真到末端**”，执行如下程序，加工结果如图9-142所示。

```
%_N_5axis_tiltface_mpf
N05 SETMS(2)
N010 T1 M6
N020 D1
N030 TRAORI
N040 B60
N050 TRAFOOF
N070 G54
N080 S5000 M2=3 M8 F1000 G94
N090 G90 G00 X60 Y0. Z50. A0. C0.
N100 G54
N110 TRANS X+47,Y+0,Z-30
```

```
N120 AROT Y60.
N130 R10=0
N140 R20=10
AAA:
N150 C(R10)
N160 mysub
N170 R10=R10+(360/R20)
N180 if R10<=360 GOTOB AAA
N190 C0
N200 G0 X120 Y0 Z250
N205 M2=5
N210 C0 B0 D0
N220 SUPA X700 Y0 Z800
N230 M30
%_N_mysub_spf
N300 X60. Y0. Z30.
N305 G01 Z5.
N310 G01 X-60.
N320 Z30.
N330 X60. Y0. Z30.
N340 G01 Z0.
N350 G01 X-60.
N360 Z30.
```

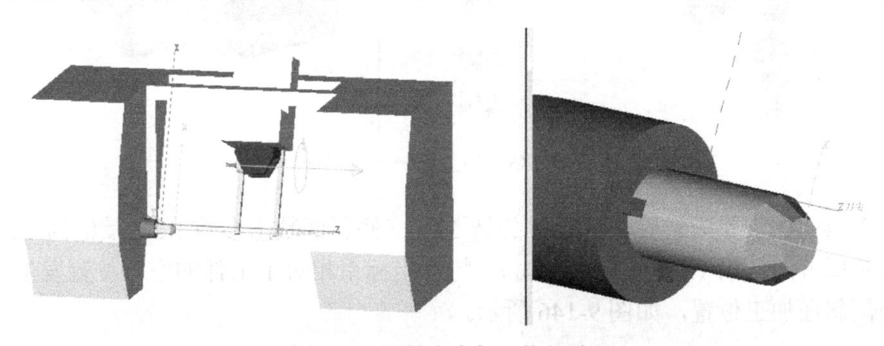

图 9-142　五轴定向加工执行结果

分析以上加工过程，核心工作为各倾斜斜面局部加工坐标系的确定，具体分析如下。

程序首先调用加工刀具，设置设备进入铣削加工模式并旋转刀具主轴，准备加工如图 9-143 所示。

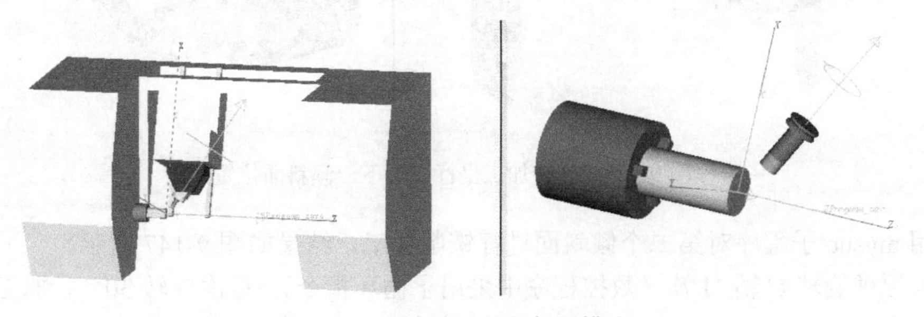

图 9-143　设备进入铣削加工模式

然后继续执行如下指令，将加工坐标系平移及旋转至第一个倾斜面的特征坐标系位置，如图 9-144 所示。

```
TRANS X+47,Y+0,Z-30
AROT Y60.
```

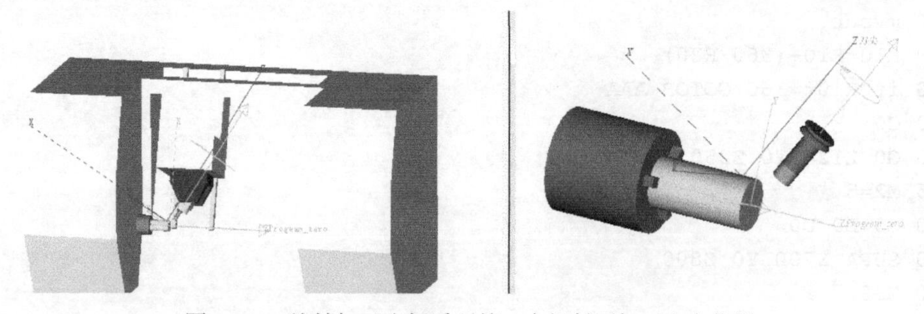

图 9-144 旋转加工坐标系至第一个倾斜面加工定向位置

调用 mysub 子程序对第一个倾斜面进行铣削加工，结果如图 9-145 所示。

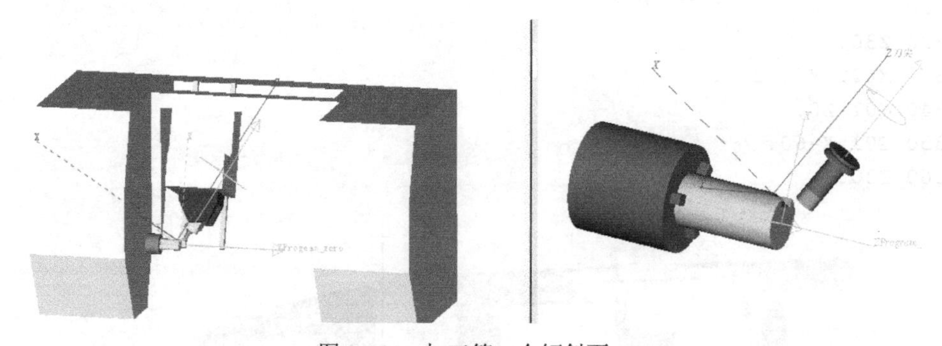

图 9-145 加工第一个倾斜面

第一个斜面加工完毕之后，将 *C* 轴旋转 30°（倾斜面数量参数 R20 赋值为 12，该零件为在工件圆周方向铣削 12 个等分倾斜面），特征坐标系相对于工件的空间位置发生改变，进入第二个倾斜面加工位置，如图 9-146 所示。

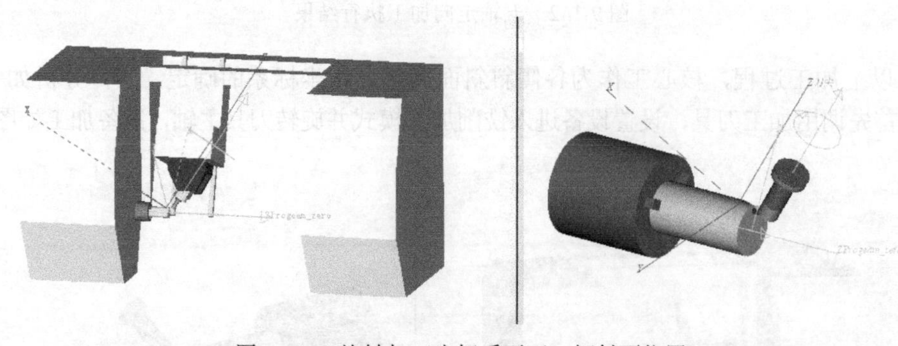

图 9-146 旋转加工坐标系至下一倾斜面位置

调用 mysub 子程序对第二个倾斜面进行铣削加工，结果如图 9-147 所示。

同样原理旋转 *C* 轴 11 次（数控程序中采用了循环指令），每次旋转 30°，加工出所有倾斜面，结果如图 9-142 所示。

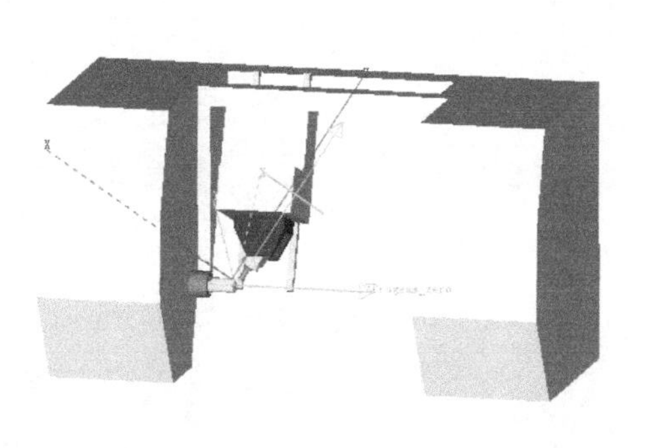
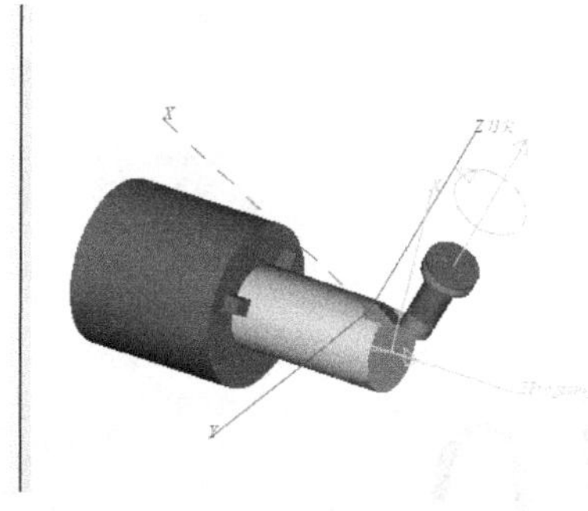

图 9-147　加工第二个倾斜面

程序由于采用了参数编程，倾斜面数量参数 R20 赋值为 16 时的加工结果如图 9-148 所示。

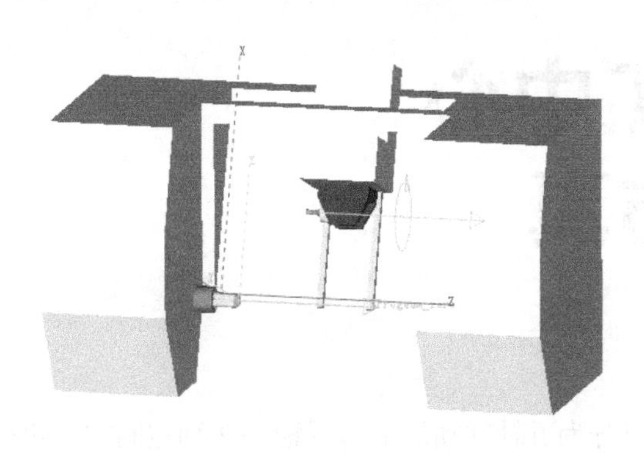
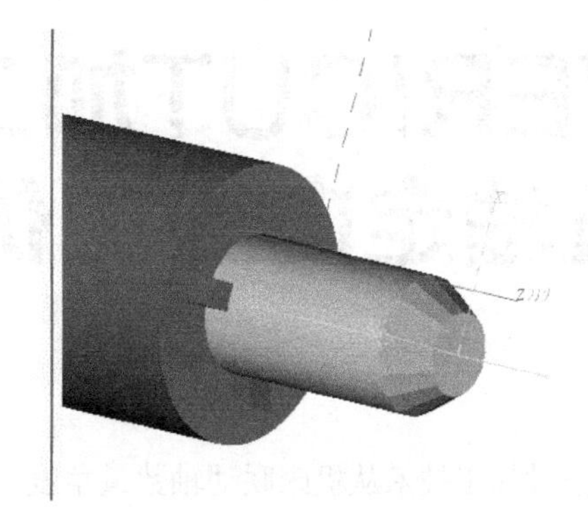

图 9-148　16 面多面体轴加工结果

（8）保存仿真结果

在主菜单，选择“**文件**”→“**另存项目为**”命令，弹出“**另存项目为**”对话框，“**捷径**”处选“**工作目录**”，输入项目名称“sin840d_5axis_transrot.VcProject”，选择“**保存**”按钮，保存项目文件。

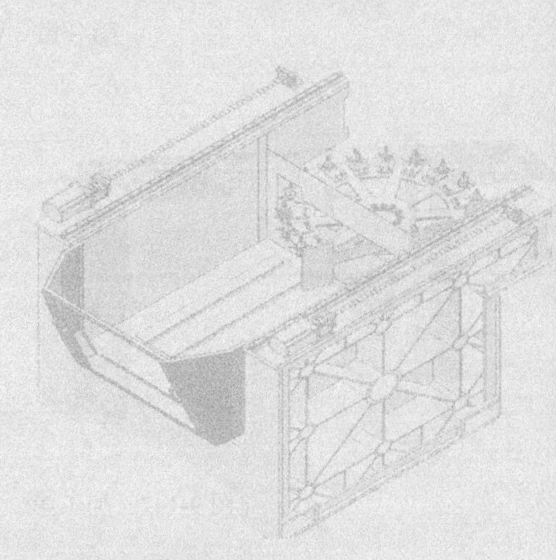

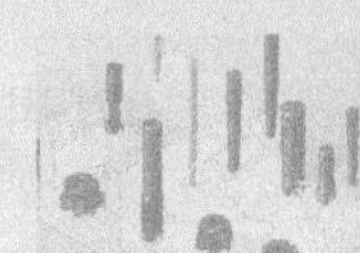

第10章 VERICUT加工中心五轴定向加工仿真

五轴加工技术从机床联动轴数量角度，可分为五轴联动加工与五轴 3+2 轴定向加工两种，其中 3+2 轴定向加工以其加工成本相对较低及应用面广的特点在零件加工领域占据了较大比重。3+2 定向加工技术是指使用五轴机床的两个旋转轴将切削刀具固定在某个确定的倾斜位置，然后执行三轴铣削过程的加工技术。在 3+2 定向加工过程中，第四轴和第五轴用于确定固定方位上刀具的方向，加工过程中刀具方位保持不变，而不是在加工过程中连续不断地操控刀具。3+2 定向加工技术也称为倾斜面加工，技术优点是切削稳定，基本跟三轴一样控制，加工速度比较快。

10.1 FANUC30im控制系统加工中心五轴3+2定位加工

10.1.1 G68.2 与 G53.1 命令

G68.2 与 G53.1 命令是 FANUC 控制系统用于倾斜面加工的指令，综合应用这两个命令，可以对相对于工件基准面具有一定角度的倾斜面中的孔、型腔、槽等形状特征进行加工。G68.2 与 G53.1 命令能够设定固定于该面的坐标系（称为“特征坐标系”）并对其编程，从而将倾斜面加工特征转化为三维加工特征。

命令的执行步骤包括：

① 先应用坐标系旋转指令 G68.2，在倾斜面上建立“特征坐标系”；

② 再应用指令 G53.1，指定刀具轴为 Z 轴，将其垂直于旋转后的坐标平面。

G68.2 命令的内容格式为：

```
G68.2 X x0 Y y0 Z z0 IαJβKγ;        特征坐标系设定
G69 ;                               取消特征坐标系设定
```

其中　X, Y, Z——特征坐标系的原点；

　　I, J, K——决定特征坐标系方向的欧拉角。

X、Y、Z 以原工件坐标系的绝对值进行指令。如果省略了 X、Y、Z，原坐标系的原点将成为特征坐标系的原点。如果省略了 I、J、K，被省略的地址被视为指令为 0。

G53.1 为刀具轴向控制指令，命令的内容格式为：

```
G53.1 Pp
```

其中　P——选择旋转轴的解。

G53.1 需在 G68.2 模式中进行指令且必须单独指令。指令 G53.1 时刀具的移动速度将依存于该时的模态。当省略了地址 P 时被视为指令为 0。

G68.2 命令的图示说明如图 10-1 所示。

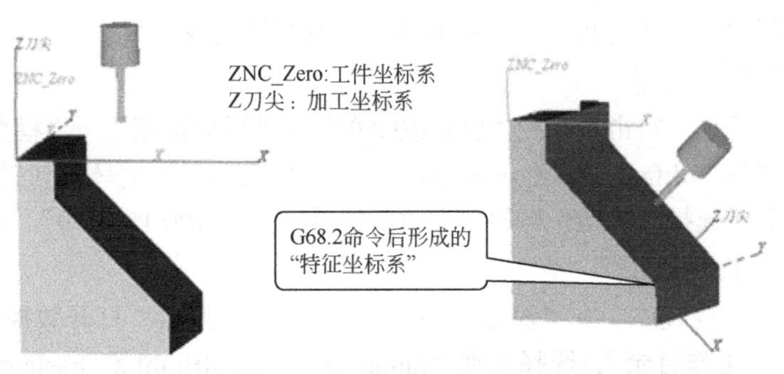

图 10-1　倾斜面加工命令 G68.2

坐标轴的旋转变化采用欧拉角方式进行变换，具体步骤如图 10-2 所示。

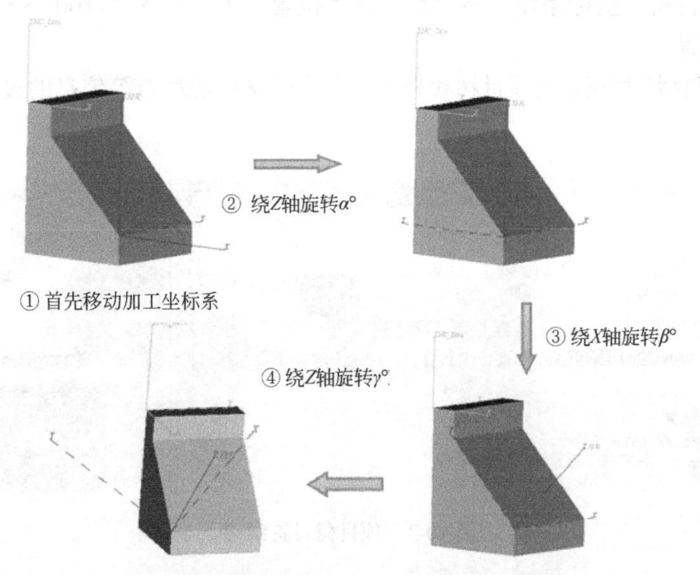

图 10-2　欧拉角方式的坐标轴倾斜旋转变化

10.1.2　G68.2 指令基本参数仿真

26. 五轴 G68.2 基本参数仿真

本节内容将 G68.2 指令进行分解，应用 *B* 摆头 *C* 转台结构的五轴加工中心，通过对 G68.2 指令中的参数逐步赋值，来逐步实现加工坐标系的平移、旋转等基本过程，用以说明该指令的基本功能和各具体组成参数的作用与使用方法。

命令仿真如下。

（1）启动 VERICUT

（2）设置当前工作目录

主菜单，选择“**文件**”→“**工作目录**”命令，弹出“**工作目录**”对话框，“**捷径**”处选“**\program\multiaxis_fan30im\fanuc_5axis_genemach_headBTableC**”，选择“**确定**”按钮。

（3）打开模板项目文件

主菜单，选择“**文件**”→“**打开**”命令，弹出“**打开项目**”对话框，选择文件“fanuc_g68.2_g53.1_basic.vcproject”，选择“**打开**”按钮，进入该项目的加工仿真界面。打开项目树结构，模板项目已经将机床、控制系统、刀具配置完成。

（4）设置加工所需毛坯

配置加工所用毛坯。右击项目树“Stock(0,0,0)”→“**添加模型**”→“**模型文件**”，打开当前目录中的毛坯文件“tiltface_basic_stock.swp”。项目树上选择该毛坯几何模型节点，在项目树下部的配置界面，选择“**移动**”标签，修改其位置值为“-100 150 190”，角度为“90 0 0”。

（5）加入数控加工程序

右击项目树“数控程序”→“添加数控程序文件…”，弹出“**打开数控程序文件**”对话框，“**捷径**”处选“**工作目录**”，选择文件“fanuc_g68.2_headBtableC_basic.txt”，选择“**OK**”按钮。

（6）设置程序零点

点击选择项目树“**坐标系统**”→“**1**”，在“**位置**”处，输入“-100 -50 340”，为工件上顶面左侧顶点位置。

点击“**重置模型**”按钮，使项目树设置生效。毛坯安装及对刀等信息的设置结果如图 10-3 所示。

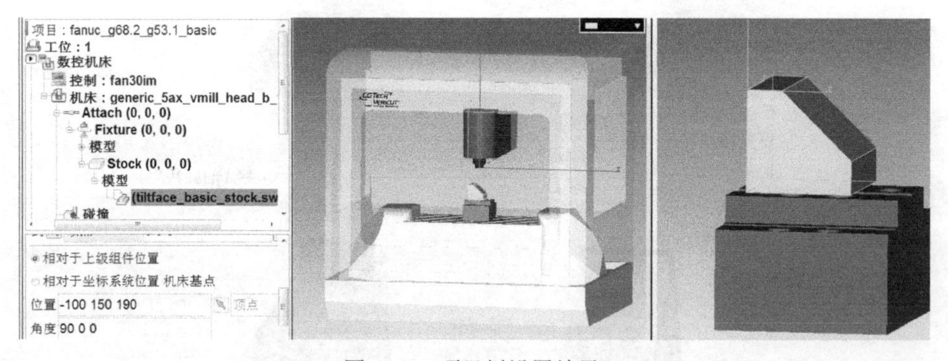

图 10-3 项目树设置结果

（7）执行仿真

应用 G68.2 指令倾斜坐标系的主要过程说明如下。

首先进行对刀，使加工坐标系“Z 刀尖”与工件原点坐标系“Z1”重合，如图 10-4 所示。

程序执行“G68.2 X150 Y0 Z-100 I0 J0 K0”命令，将加工坐标系“Z 刀尖”平移到“X150 Y0 Z-100”位置，该位置为倾斜平面的角点位置，如图 10-5 所示。

程序执行“G68.2 X150 Y0 Z-100 I90 J0 K0”命令，将加工坐标系“Z 刀尖”沿着 Z 轴旋转 90°，如图 10-6 所示。

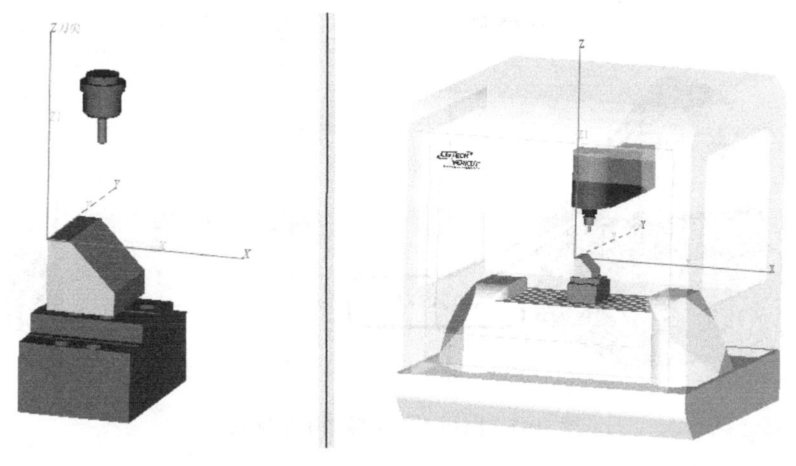

图 10-4　对刀

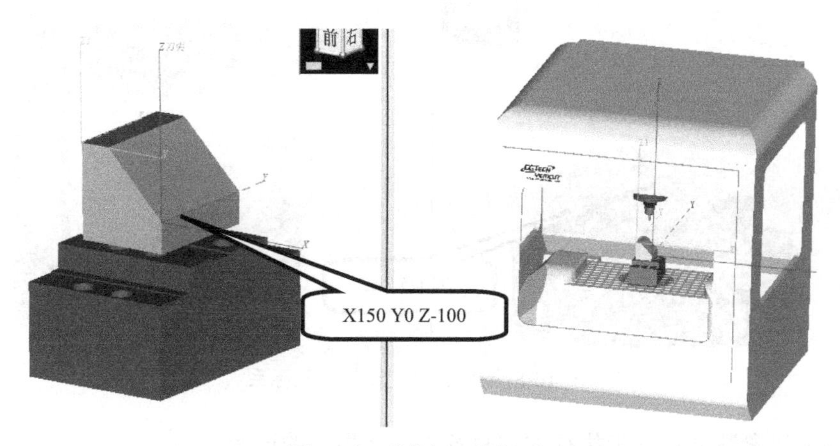

图 10-5　平移加工坐标系

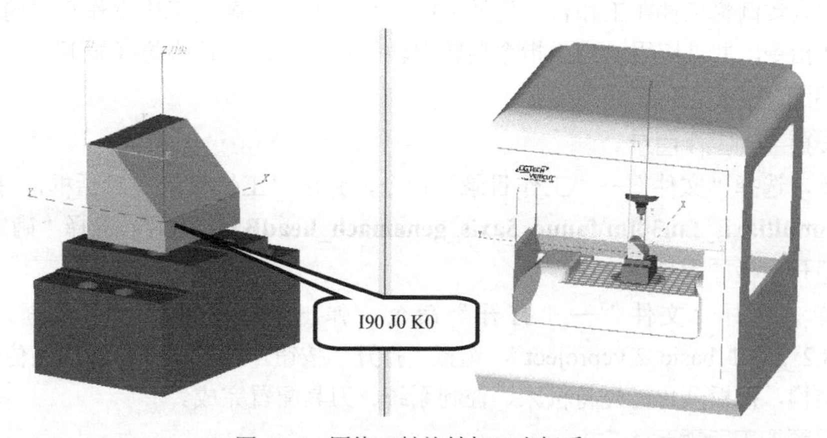

图 10-6　围绕 *Z* 轴旋转加工坐标系

程序执行“G68.2 X150 Y0 Z-100 I90 J45 K0”命令，将加工坐标系“Z 刀尖”沿着 *X* 轴旋转 45°，此时加工坐标系的 *Z* 轴与工件倾斜面处于垂直位置，如图 10-7 所示。

程序执行“G68.2 X150 Y0 Z-100 I90 J45 K45”命令，将加工坐标系“Z 刀尖”沿着 *Z* 轴旋转 45°，如图 10-8 所示。

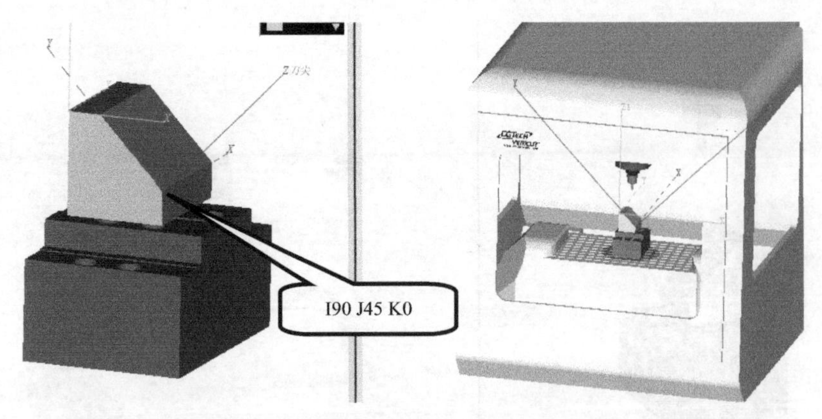

图 10-7 围绕 X 轴旋转加工坐标系

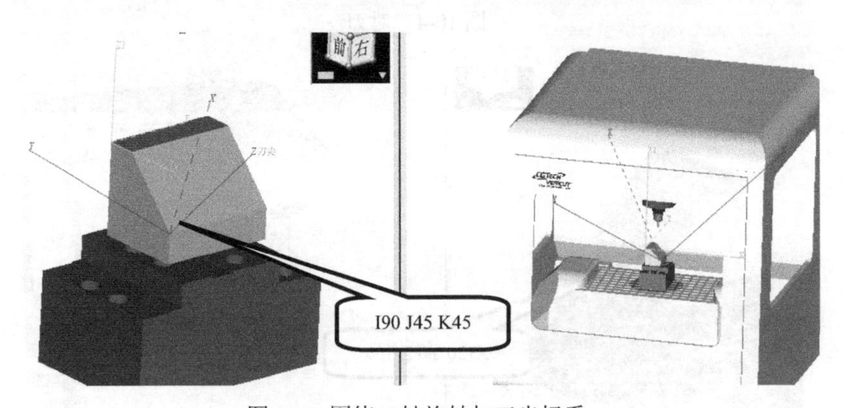

图 10-8 围绕 Z 轴旋转加工坐标系

以上即为以参数分解分步执行方式执行 G68.2 指令的过程。

以下仿真实例将工件在工作台上旋转 90°，使其倾斜面朝向机床操作正方向，然后分解执行 G68.2 指令，并且应用 G53.1 指令旋转刀轴的仿真结果。具体仿真如下。

（1）启动 VERICUT

（2）设置当前工作目录

主菜单，选择“**文件**”→“**工作目录**”命令，弹出“**工作目录**”对话框，“**捷径**”处选“**\program\multiaxis_fan30im\fanuc_5axis_genemach_headBTableC**”，选择“**确定**”按钮。

（3）打开模板项目文件

主菜单，选择“**文件**”→“**打开**”命令，弹出“**打开项目**”对话框，选择文件“fanuc_g68.2_g53.1_basic_2.vcproject”，选择“**打开**”按钮，进入该项目的加工仿真界面。打开项目树结构，模板项目已经将机床、控制系统、刀具配置完成。

（4）设置加工所需毛坯

配置加工所用毛坯。右击项目树“Stock(0,0,0)”→“**添加模型**”→“**模型文件**”，打开当前目录中的毛坯文件“tiltface_basic_stock.swp”。项目树上选择该毛坯几何模型节点，在项目树下部的配置界面，选择“**移动**”标签，修改其位置值为“100 150 190”，角度为“90 0 -90”。

（5）加入数控加工程序

右击项目树“数控程序”→“添加数控程序文件…”，弹出“**打开数控程序文件**”对话

框，“**捷径**”处选“**工作目录**”，选择文件“fanuc_g68.2_headBtableC_basic_2.txt”，选择“**OK**”按钮。

（6）设置程序零点

点击选择项目树“**坐标系统**”→“**1**”，在“**位置**”处，输入“-100 100 340”，为工件上顶面左侧前顶点位置。

点击“**重置模型**”按钮，使项目树设置生效。毛坯安装及对刀等信息的设置结果如图 10-9 所示。

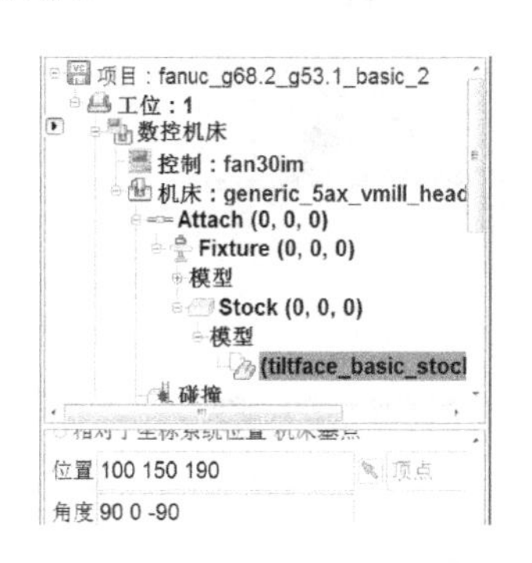

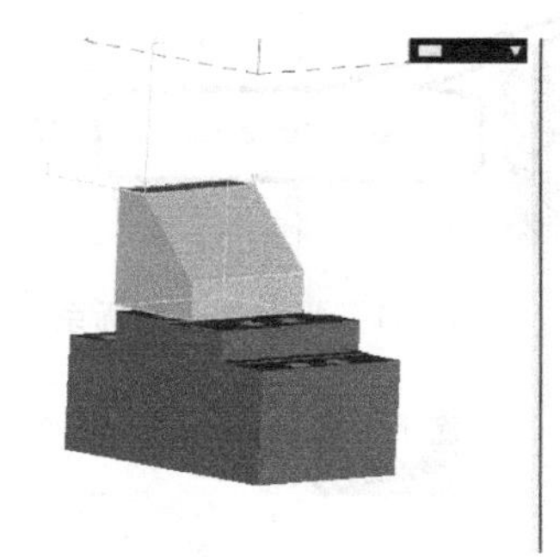
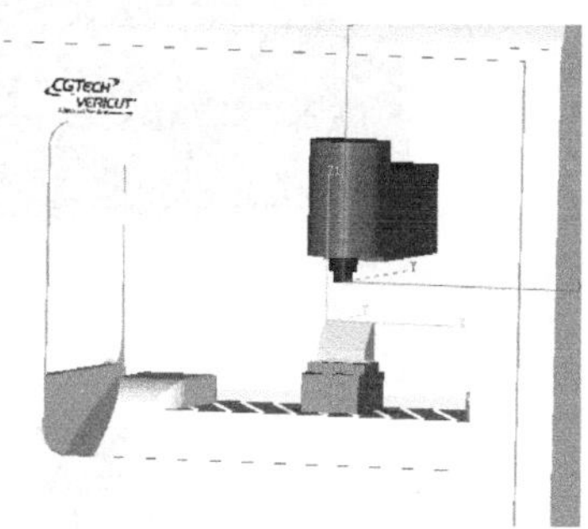

图 10-9　项目树设置结果

（7）执行仿真

应用 G68.2 指令倾斜坐标系的主要过程说明如下。

首先进行对刀，使加工坐标系“Z 刀尖”与工件原点坐标系“Z1”重合，如图 10-10 所示。

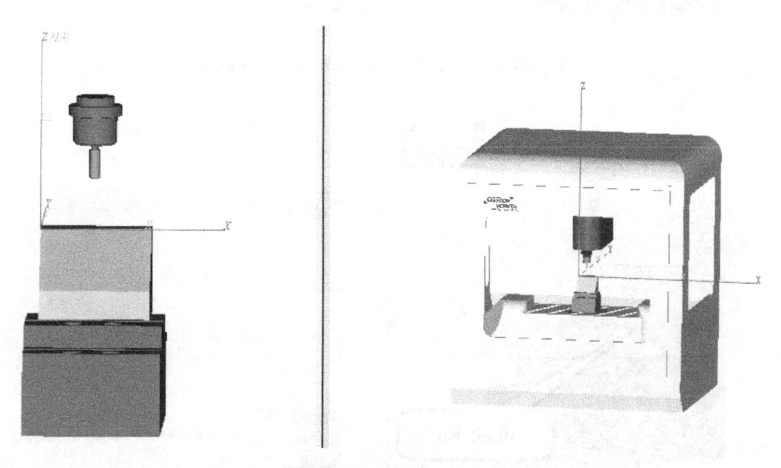

图 10-10　程序对刀

程序执行“G68.2 X0 Y-100 Z-100 I0 J0 K0”命令，将加工坐标系“Z 刀尖”平移到“X0 Y-100 Z-100”位置，该位置为倾斜平面的角点位置，如图 10-11 所示。

程序执行“G68.2 X0 Y-100 Z-100 I0 J0 K0”命令，将加工坐标系“Z 刀尖”沿着 *Z* 轴旋转 0°，如图 10-12 所示。

程序执行“G68.2 X0 Y-100 Z-100 I0 J45 K0”命令，将加工坐标系“Z 刀尖”沿着 *X* 轴旋转 45°，此时加工坐标系的 *Z* 轴与工件倾斜面处于垂直位置，如图 10-13 所示。

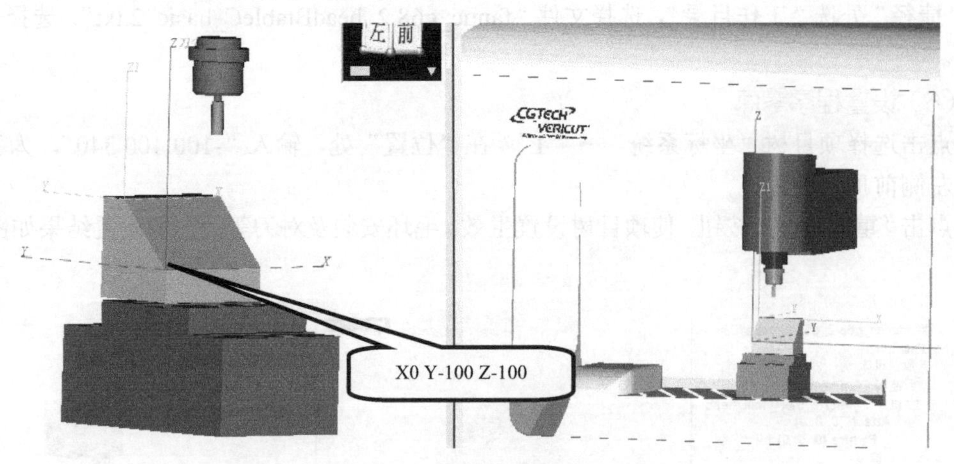

图 10-11 平移加工坐标系

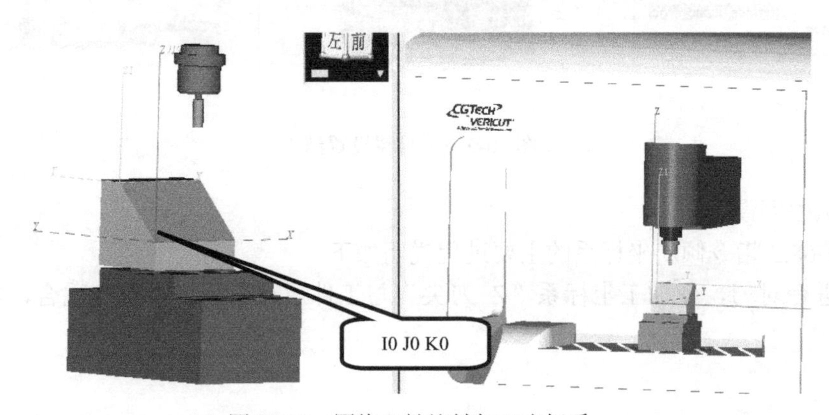

图 10-12 围绕 *Z* 轴旋转加工坐标系

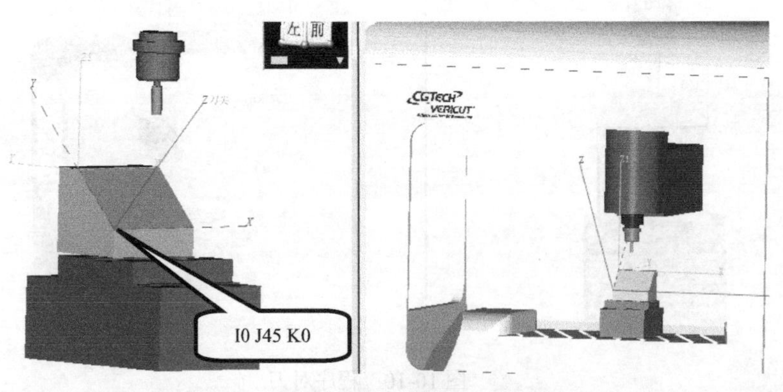

图 10-13 围绕 *X* 轴旋转加工坐标系

程序执行“G68.2 X0 Y-100 Z-100 I0 J45 K45”命令，将加工坐标系“Z 刀尖”沿着 *Z* 轴旋转 45°，如图 10-14 所示。

以上即为以参数分解的形式执行 G68.2 指令的过程。

继续执行 G53.1 指令，旋转刀轴使之与倾斜面垂直，如图 10-15 所示。机床 *B* 轴与 *C* 轴的实际旋转方向如图 10-15 所示。

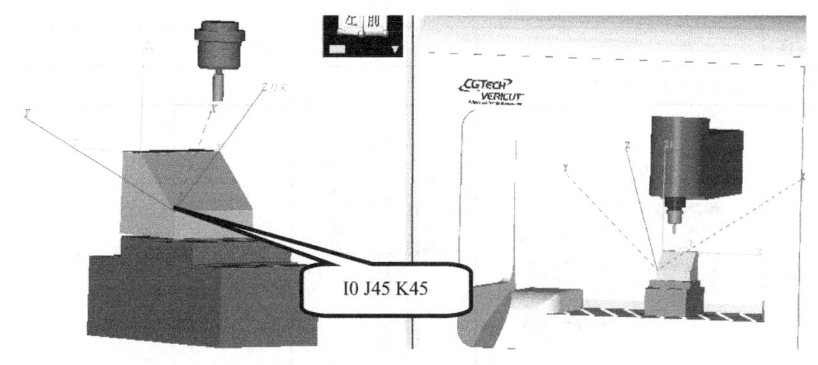

图 10-14　围绕 Z 轴旋转加工坐标系

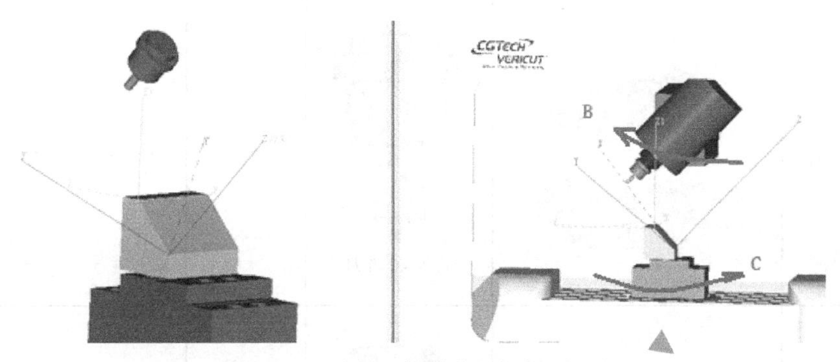

图 10-15　旋转刀轴使其与倾斜面垂直

10.1.3　G68.2 指令坐标旋转参数设置规律仿真

27．五轴 G68.2 参数设置规律仿真

本节实例对长方体毛坯工件进行倾斜面加工，加工结果如图 10-16 所示。工件程序零点的位置设为长方体毛坯的上顶面中心，该坐标系这里也作为各加工倾斜面的定位坐标系。通过加工与工件坐标系 XOY 平面成 90° 倾角的四个长方体侧倾斜面，以及分别与工件坐标系 XOY 平面偏转 45°、XOZ 平面偏转 45° 倾角的长方体上面四个顶点处的侧倾斜面，总结出应用 G68.2 指令在 B 摆头 C 转台结构的五轴加工中心的旋转参数设置规律，并在此基础上进行拓展，为处于其他倾角与位置的倾斜面设置 G68.2 指令的具体参数。

零件最终加工结果如图 10-16 所示。

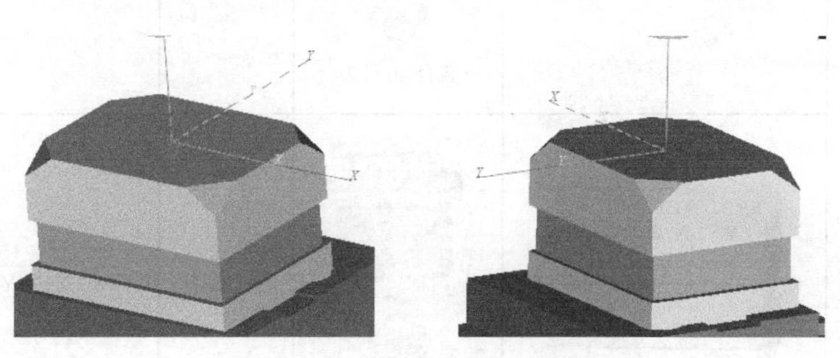

图 10-16　长方体工件加工结果

零件具体加工过程见表 10-1。

表 10-1 零件加工过程 mm

序号	工作内容	结果	切削刀具	程序编制	G68.2 指令主要参数
0	准备毛坯	方块毛坯长 200，宽 150，高 130			
1	铣削 90°前侧面		直径 40 铣刀	手工编程	G68.2 X0 Y-75. Z0 I0 J90 K0
2	铣削 90°右侧面		直径 40 铣刀	手工编程	G68.2 X100 Y0. Z0 I90 J90 K0
3	铣削 90°后侧面		直径 40 铣刀	手工编程	G68.2 X0 Y75. Z0 I180 J90 K0
4	铣削 90°左侧面		直径 40 铣刀	手工编程	G68.2 X-100 Y0. Z0 I270 J90 K0
5	铣削 45°侧面		直径 40 铣刀	手工编程	G68.2 X100 Y-75. Z0 I45 J45 K0

续表

序号	工作内容	结果	切削刀具	程序编制	G68.2 指令主要参数
6	铣削 45°侧面		直径 40 铣刀	手工编程	G68.2 X100 Y75. Z0 I135 J45 K0
7	铣削 45°侧面		直径 40 铣刀	手工编程	G68.2 X-100 Y75. Z0 I225 J45 K0
8	铣削 45°侧面		直径 40 铣刀	手工编程	G68.2 X-100 Y-75. Z0 I315 J45 K0

命令仿真如下。

（1）启动 VERICUT

（2）设置当前工作目录

主菜单，选择“**文件**”→“**工作目录**”命令，弹出“**工作目录**”对话框，“**捷径**”处选“**\program\multiaxis_fan30im\fanuc_5axis_genemach_headBTableC**”，选择“**确定**”按钮。

（3）打开模板项目文件

主菜单，选择“**文件**”→“**打开**”命令，弹出“**打开项目**”对话框，选择文件“fanuc_g68.2_g53.1_box_demo.vcproject”，选择“**打开**”按钮，进入该项目的加工仿真界面。打开项目树结构，模板项目已经将机床、控制系统、刀具配置完成。

（4）设置加工所需毛坯

配置加工所用毛坯。右击项目树“Stock(0,0,0)”→“**添加模型**”→“**方块**”，设置长度为 200，宽度为 150，高度为 130。选择“**移动**”标签，修改其位置值为“-100 -75 180”，角度为“0 0 0”。

（5）加入数控加工程序

右击项目树“数控程序”→“添加数控程序文件…”，弹出“**打开数控程序文件**”对话框，“**捷径**”处选“**工作目录**”，选择文件“fanuc_g68.2_headBtableC_box_demo.txt”，选择“**OK**”按钮。

（6）设置程序零点

点击选择项目树“**坐标系统**”→“**1**”，在“**位置**”处，输入“0 0 310”，为工件上顶面中心点位置。

点击“**重置模型**”按钮，使项目树设置生效。毛坯安装及对刀等信息的设置结果如图 10-17 所示。

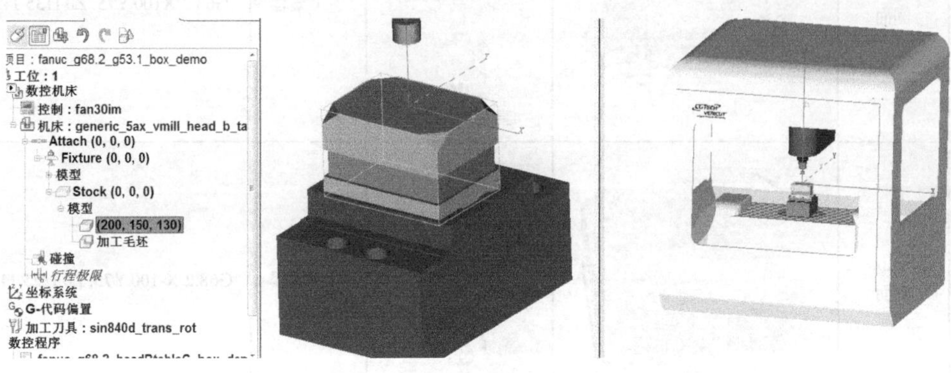

图 10-17 项目树设置结果

（7）执行仿真

程序首先进行对刀，使加工坐标系“Z 刀尖”与工件原点坐标系“Z1”重合，如图 10-18 所示。

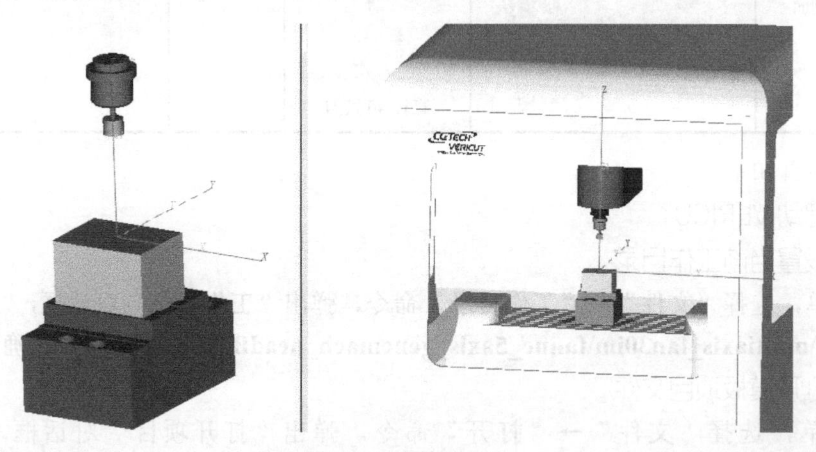

图 10-18 程序对刀

程序调用“O7001”子程序，该子程序主要用于设置与工件坐标系 *XOY* 平面成 90° 倾角的四个长方体侧倾斜面上的特征坐标系。“O7001”子程序的具体内容如下：

```
O7001
G68.2 X0 Y-75. Z0 I0 J90 K0
G53.1
M98 P#1
G68.2 X100 Y0. Z0 I90 J90 K0
M98 P#1
G68.2 X0 Y75. Z0 I180 J90 K0
M98 P#1
```

```
G68.2 X-100 Y0. Z0 I270 J90 K0
M98 P#1
M5
M99
```

在“O7001”子程序的内部，又调用了参数#1（此时赋值为 8001）指定的“O8001”子程序，其内容为四个 90° 侧面的具体加工程序。倾斜坐标系的设置位置与具体加工过程参见图 10-19～图 10-22。

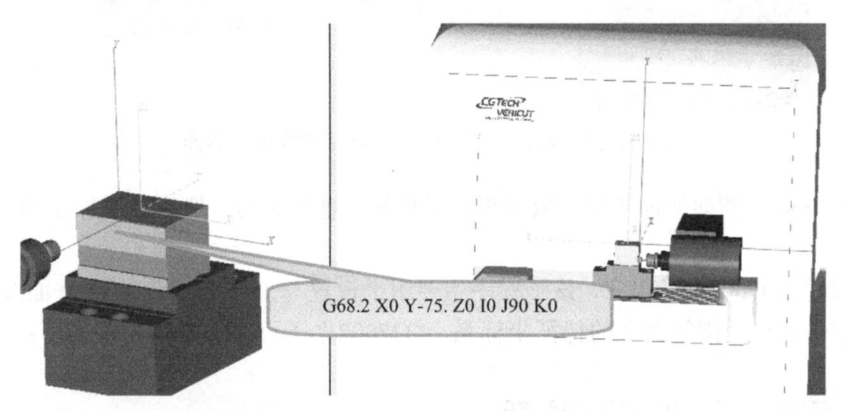

图 10-19　加工“I0J90”参数设置的 90° 斜面

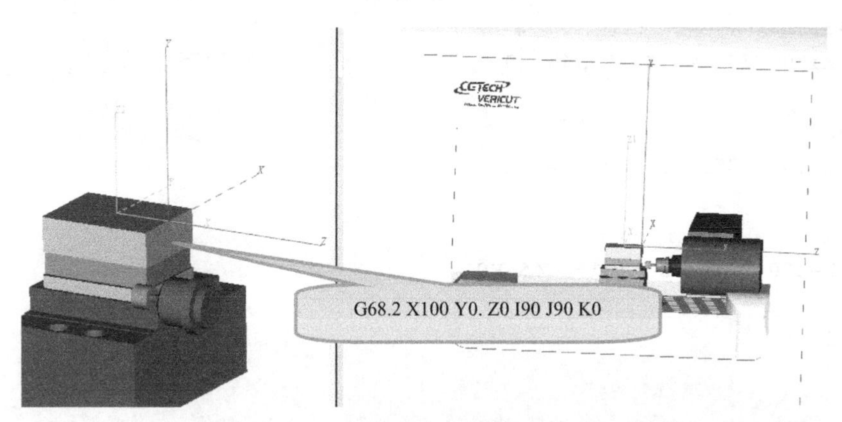

图 10-20　加工“I90J90”参数设置的 90° 斜面

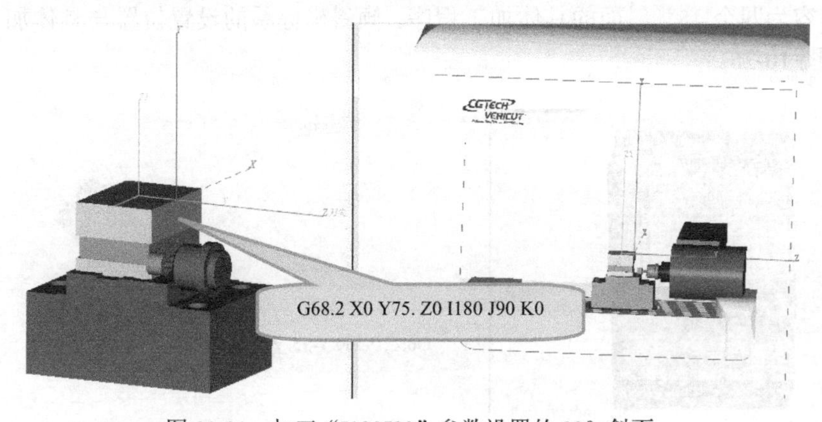

图 10-21　加工“I180J90”参数设置的 90° 斜面

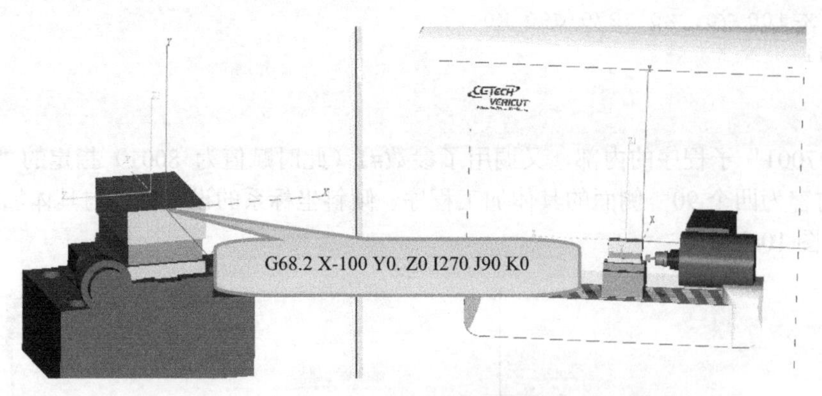

图 10-22 加工“I270J90”参数设置的 90°斜面

完成四个 90°侧面的加工后，取消坐标系旋转，重新对刀。然后继续加工四个顶点处的 45°倾斜面。

程序调用“O7002”子程序，该子程序主要用于设置与工件坐标系 *XOY* 平面成 45°倾角的四个长方体顶点处倾斜面上的特征坐标系。“O7002”子程序的具体内容如下：

```
O7002
G68.2 X100 Y-75. Z0 I45 J45 K0
G53.1
M98 P#1
G68.2 X100 Y75. Z0 I135 J45 K0
G53.1
M98 P#1
G68.2 X-100 Y75. Z0 I225 J45 K0
G53.1
M98 P#1
G68.2 X-100 Y-75. Z0 I315 J45 K0
G53.1
M98 P#1
M5
M99
```

在“O7002”子程序的内部，又调用了参数#1（此时赋值为 8002）制定的“O8002”子程序，其内容为四个 45°斜面的具体加工程序。倾斜坐标系的设置位置与具体加工过程参见图 10-23～图 10-26。

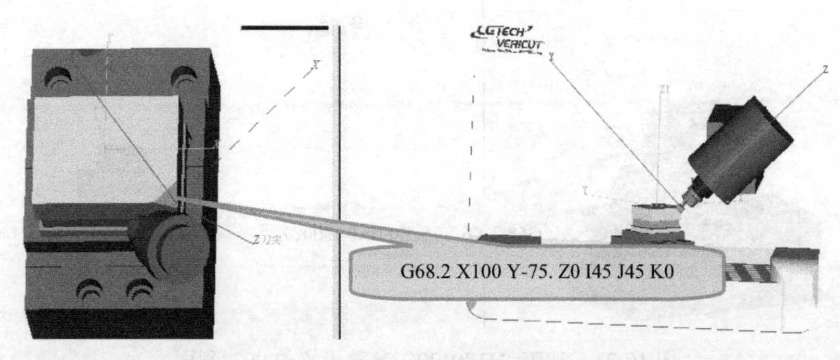

图 10-23 加工“I45J45”参数设置的 45°斜面

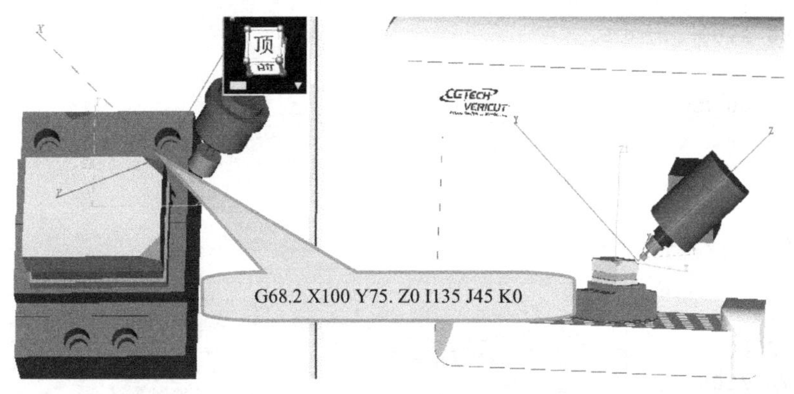

图 10-24　加工“I135J45”参数设置的 45° 斜面

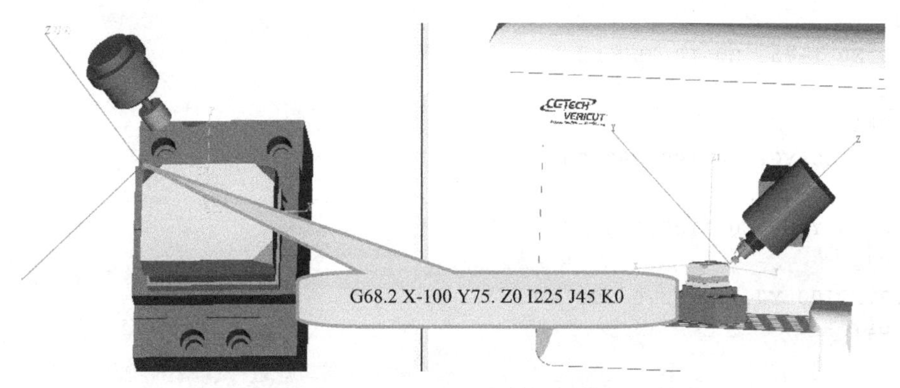

图 10-25　加工“I225J45”参数设置的 45° 斜面

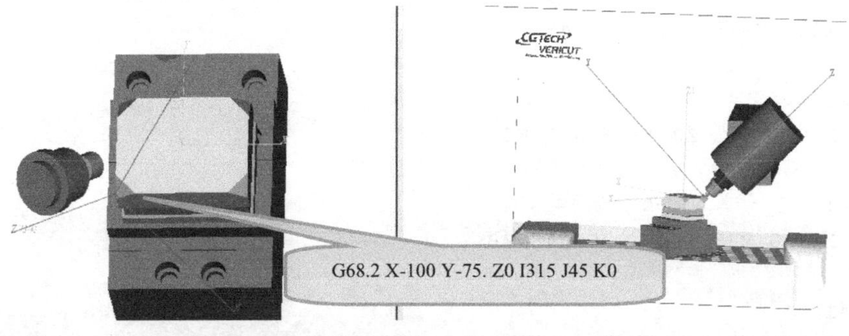

图 10-26　加工“I315J45”参数设置的 45° 斜面

（8）结束仿真

完整程序内容如下：

```
T7 M6
S1559 F1000 M3
G17 G54.2 P1
G43 H7 Z200
#1=8001
M98 P7001
G0 B0 C0
G17 G54.2 P1
G43 H1 Z200
```

```
G0 X0 Y0 Z100
T7 M6
S1559 F1000 M3
G17 G54.2 P1
G43 H1 Z200
#1=8002
M98 P7002
G0 B0 C0
G17 G54.2 P1
G43 H1 Z200
G0 X0 Y0 Z100
M30
O7001
G68.2 X0 Y-75. Z0 I0 J90 K0
G53.1
M98 P#1
G68.2 X100 Y0. Z0 I90 J90 K0
M98 P#1
G68.2 X0 Y75. Z0 I180 J90 K0
M98 P#1
G68.2 X-100 Y0. Z0 I270 J90 K0
M98 P#1
M5
M99
O7002
G68.2 X100 Y-75. Z0 I45 J45 K0
G53.1
M98 P#1
G68.2 X100 Y75. Z0 I135 J45 K0
G53.1
M98 P#1
G68.2 X-100 Y75. Z0 I225 J45 K0
G53.1
M98 P#1
G68.2 X-100 Y-75. Z0 I315 J45 K0
G53.1
M98 P#1
M5
M99
O8001
G53.1
G0 Z20
X160 Y-80
G1 G90 Z-5 M8
X-160
G1 Z30
G0 Y-60
```

```
G69
M99
O8002
G53.1
G0 Z20
X60 Y0
G1 G90 Z-15 M8
X-60
G1 Z30
G0 Y0
G69
M99
```

总结以上仿真过程中的倾斜面设置规律，可以得出如图 10-27 所示的 *B* 摆头 *C* 转台结构的五轴加工中心应用 G68.2 指令，进行倾斜面加工时的倾斜参数设置规律。

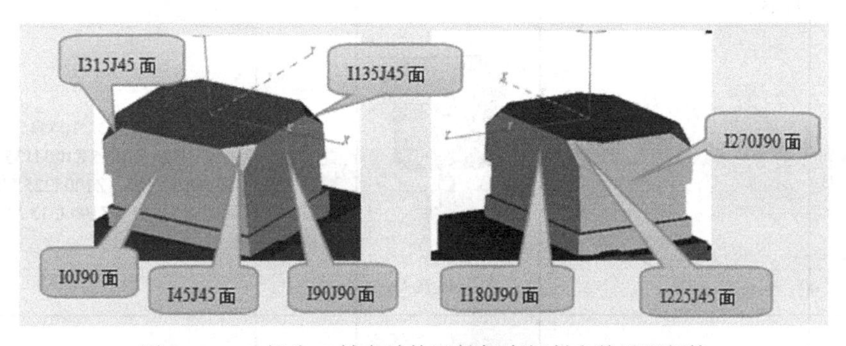

图 10-27　*B* 摆头 C 转台结构五轴机床倾斜参数设置规律

拓展至处于其他角度与定位位置的倾斜面，可得出如下规律，即：

① I 参数与工件坐标系 *XOZ* 平面为参照，根据倾斜面与工件坐标系 *XOZ* 平面的旋转角度，由 0° 以逆时针方向逐渐变大，最大为 360° 。其 0° 、90° 、180° 及 270° 位置如图 10-28 所示。

② J 参数与工件坐标系 *XOY* 平面为参照，根据倾斜面与工件坐标系 *XOZ* 平面的旋转角度，由 0° 以顺时针方向逐渐变大，最大为 90° 。其 0° 、90° 位置如图 10-28 所示。

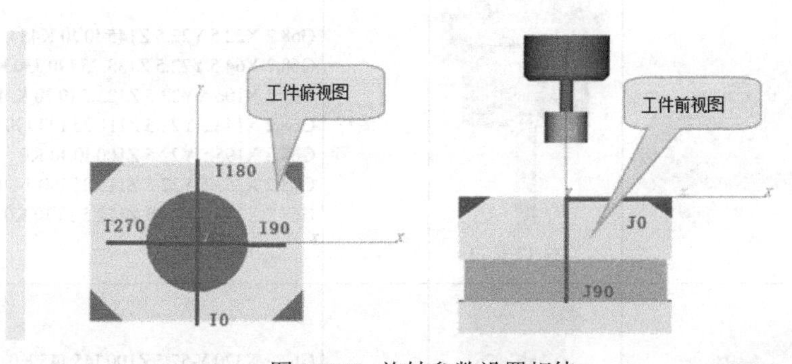

图 10-28　旋转参数设置规律

28．五轴 G68.2 指令加工实例

10.1.4　G68.2 指令加工实例

实例零件最终加工结果如图 10-29 所示。

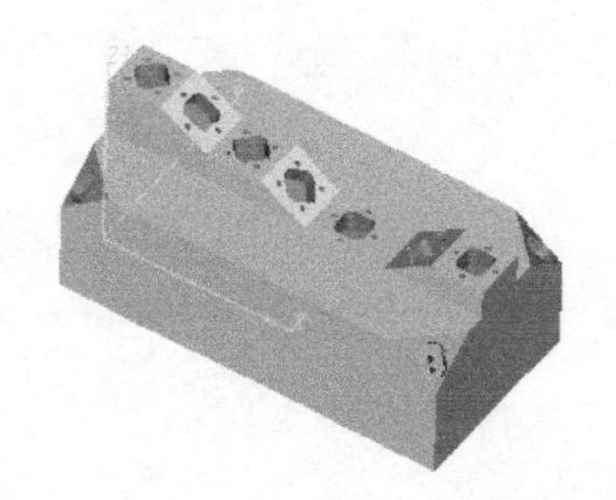

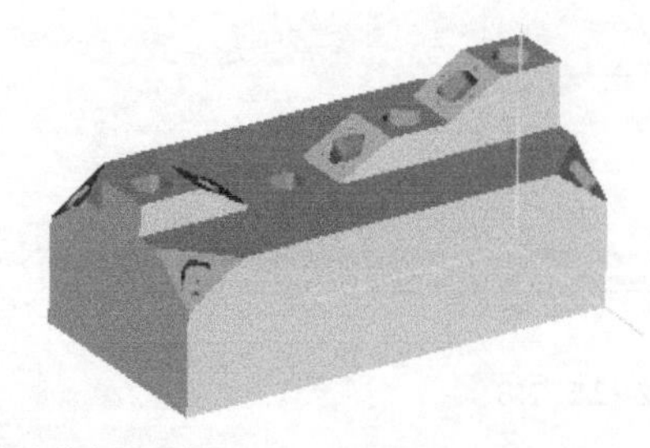

图 10-29　实例零件加工结果

零件主要加工过程见表 10-2。

表 10-2　零件加工过程　　mm

序号	工作内容	结果	切削刀具	程序编制	G68.2 指令主要参数
0	准备毛坯	组合毛坯，具体见设置，材料 45 钢			
1	铣削四个 45° 侧面		直径 40 铣刀	手工编程	G68.2 X320 Y-57.5 Z100 I45 J45 K0 G68.2 X320 Y102.5 Z100 I135 J45 K0 G68.2 X0 Y102.5 Z100 I225 J45 K0 G68.2 X0 Y-57.5 Z100 I315 J45 K0
2	铣削四个 45° 侧面上型腔		直径 12 铣刀	手工编程	G68.2 X320 Y-57.5 Z100 I45 J45 K0 G68.2 X320 Y102.5 Z100 I135 J45 K0 G68.2 X0 Y102.5 Z100 I225 J45 K0 G68.2 X0 Y-57.5 Z100 I315 J45 K0
3	铣削顶面各型腔		直径 12 铣刀	手工编程	G68.2 X22.5 Y22.5 Z145 I0 J0 K45 G68.2 X64.5 Y22.5 Z133.75 I90 J30 K0 G68.2 X106.5 Y22.5 Z122.5 I0 J0 K-45 G68.2 X148.5 Y22.5 Z111.25 I90 J30 K-45 G68.2 X195.5 Y22.5 Z100 I0 J0 K0 G68.2 X255.5 Y22.5 Z111.25 I90 J-30 K0 G68.2 X298.5 Y22.5 Z122.5 I0 J0 K0
4	四个 45° 侧面上钻孔		直径 5 钻头	手工编程	G68.2 X320 Y-57.5 Z100 I45 J45 K0 G68.2 X320 Y102.5 Z100 I135 J45 K0 G68.2 X0 Y102.5 Z100 I225 J45 K0 G68.2 X0 Y-57.5 Z100 I315 J45 K0

续表

序号	工作内容	结果	切削刀具	程序编制	G68.2 指令主要参数
5	顶面各倾斜面钻孔		直径 5 钻头	手工编程	G68.2 X22.5 Y22.5 Z145 I0 J0 K45 G68.2 X64.5 Y22.5 Z133.75 I90 J30 K0 G68.2 X106.5 Y22.5 Z122.5 I0 J0 K-45 G68.2 X148.5 Y22.5 Z111.25 I90 J30 K-45 G68.2 X195.5 Y22.5 Z100 I0 J0 K0 G68.2 X255.5 Y22.5 Z111.25 I90 J-30 K0 G68.2 X298.5 Y22.5 Z122.5 I0 J0 K0
6	顶面各倾斜面钻孔		直径 3.5 钻头	手工编程	G68.2 X22.5 Y22.5 Z145 I0 J0 K45 G68.2 X64.5 Y22.5 Z133.75 I90 J30 K0 G68.2 X106.5 Y22.5 Z122.5 I0 J0 K-45 G68.2 X148.5 Y22.5 Z111.25 I90 J30 K-45 G68.2 X195.5 Y22.5 Z100 I0 J0 K0 G68.2 X255.5 Y22.5 Z111.25 I90 J-30 K0 G68.2 X298.5 Y22.5 Z122.5 I0 J0 K0
7	顶面各倾斜面扩孔		直径 4 铣刀	手工编程	G68.2 X22.5 Y22.5 Z145 I0 J0 K45 G68.2 X64.5 Y22.5 Z133.75 I90 J30 K0 G68.2 X106.5 Y22.5 Z122.5 I0 J0 K-45 G68.2 X148.5 Y22.5 Z111.25 I90 J30 K-45 G68.2 X195.5 Y22.5 Z100 I0 J0 K0 G68.2 X255.5 Y22.5 Z111.25 I90 J-30 K0 G68.2 X298.5 Y22.5 Z122.5 I0 J0 K0

仿真过程如下。

（1）启动 VERICUT

（2）设置当前工作目录

主菜单，选择 **“文件”** → **“工作目录”** 命令，弹出 **“工作目录”** 对话框，**“捷径”** 处选 **“\program\multiaxis_fan30im\fanuc_5axis_genemach_headBTableC”**，选择 **“确定”** 按钮。

（3）打开模板项目文件

主菜单，选择 **“文件”** → **“打开”** 命令，弹出 **“打开项目”** 对话框，选择文件 “fanuc_g68.2_g53.1_exampart.vcproject”，选择 **“打开”** 按钮，进入该项目的加工仿真界面。主菜单，选择 **“项目”** → **“项目树”** 命令，打开项目树结构，模板项目已经将机床、控制系统、刀具配置完成。

（4）设置加工所需毛坯

设置加工所需毛坯，右击项目树 “Stock(0,0,0)” → **“增加模型”** → **“方块”**，设置长度为 320，宽度为 160，高度为 100。设置 **“位置”** = “-160 -80 183”。继续右击项目树 “Stock(0,0,0)” → **“增加模型”** → **“方块”**，设置长度为 90，宽度为 45，高度为 60。设置 **“位置”** = “-160 -22.5 245.5”。继续右击项目树 “Stock(0,0,0)” → **“增加模型”** → **“模型文件”**，**“捷径”** 处选 **“工作目录”**，选择文件 “sin840d_frames_sample.swp”，设置 **“位置”** = “-160 22.5 305.5”，“角度” = “90 0 0”。同样方法重复两次，装入文件 “sin840d_frames_sample.swp”，分别设置 **“位置”** = “-76.03 22.5 283”，“角度” = “90 0 0” 和设置 **“位置”** = “160 -22.5 283”，“角度” = “90 0 180”。最终毛坯设置结果见图 10-30。

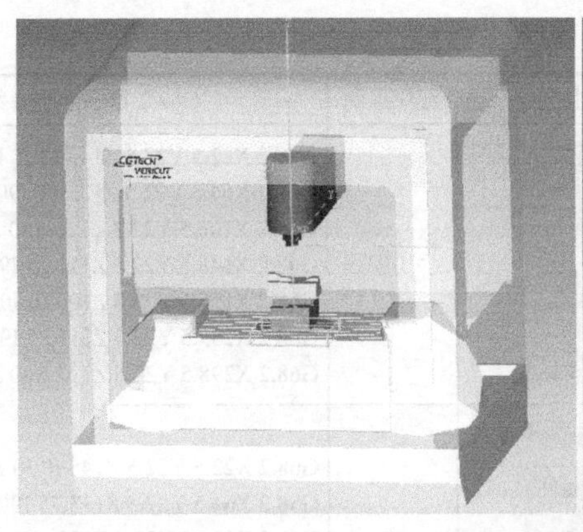
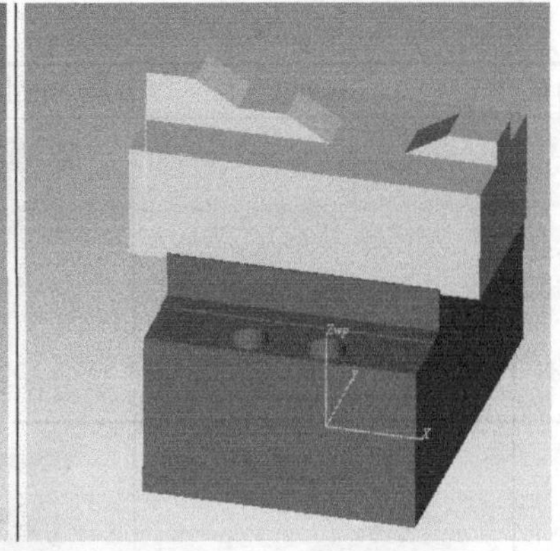

图 10-30　毛坯设置结果

（5）加入数控加工程序

右击项目树“数控程序”→“添加数控程序文件…”，弹出“**打开数控程序文件**”对话框，“**捷径**”处选“**工作目录**”，选择文件“fanuc_g68.2_g53.1_5.txt”，选择“**OK**”按钮。

（6）设置程序零点

点击选择项目树“**坐标系统**”的坐标“**1**”，在“**位置**”处输入“-160 -22.5 183”。

点击“**重置**”，使项目树设置生效。设置结果如图 10-31 所示。

项目：fanuc_g68.2_g53.1_exampart
工位：1
数控机床
坐标系统
G-代码偏置
加工刀具：sin840d_trans_rot
数控程序
fanuc_g68.2_headBtableC_5.txt
数控子程序
保存过程文件

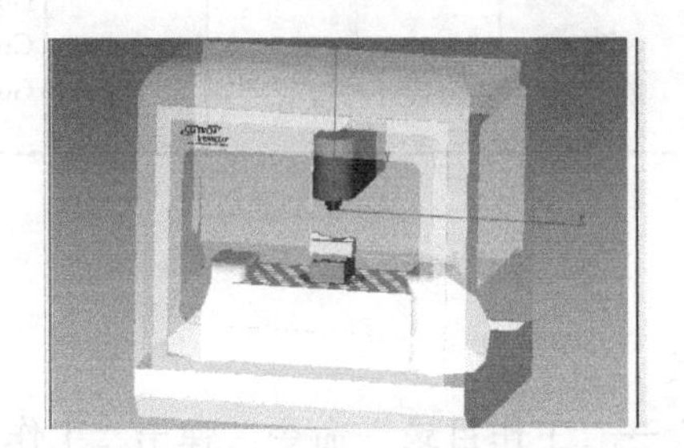

图 10-31　项目树设置结果

（7）仿真加工

首先进行对刀，对刀后加工坐标系“Z 刀尖”与工件坐标系“Z1”重合，结果如图 10-32 所示。

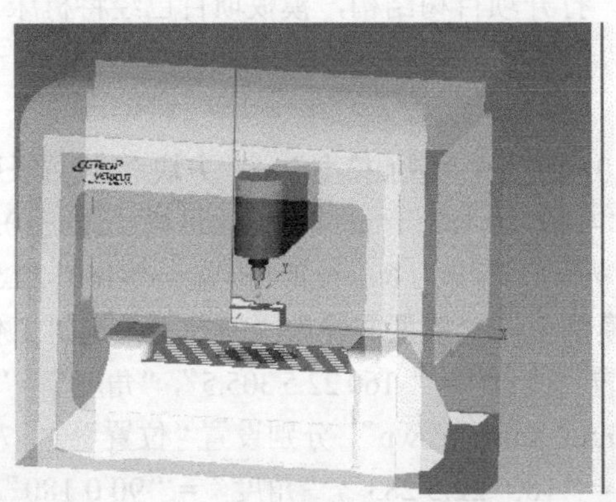

图 10-32　对刀结果

加工四个顶点 45° 倾斜面，调用“O7000”子程序，应用 G68.2 指令旋转与倾斜坐标系，该子程序内部所调用的“O7001”子程序（由参数#100 进行赋值），用于平面铣削。加工坐标系设置与各倾斜面的加工结果如图 10-33～图 10-36 所示。

“O7000”子程序具体内容如下：

```
O7000
G68.2 X320 Y-57.5 Z100 I45 J45 K0
M98 P#1
G68.2 X320 Y102.5 Z100 I135 J45 K0
M98 P#1
G68.2 X0 Y102.5 Z100 I225 J45 K0
M98 P#1
G68.2 X0 Y-57.5 Z100 I315 J45 K0
M98 P#1
M99
```

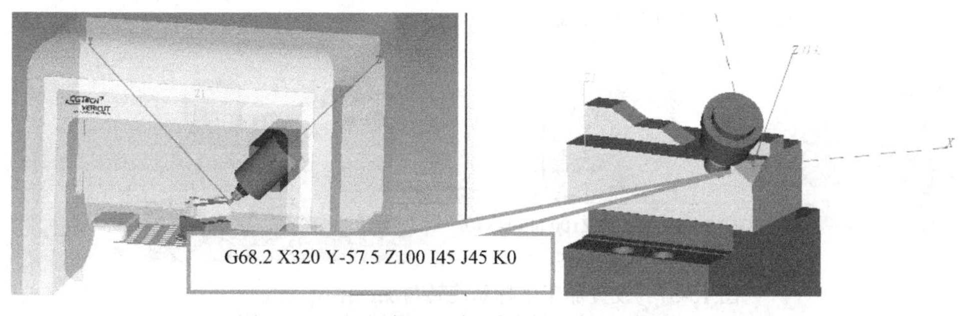

图 10-33　设置加工坐标系旋转与加工结果（一）

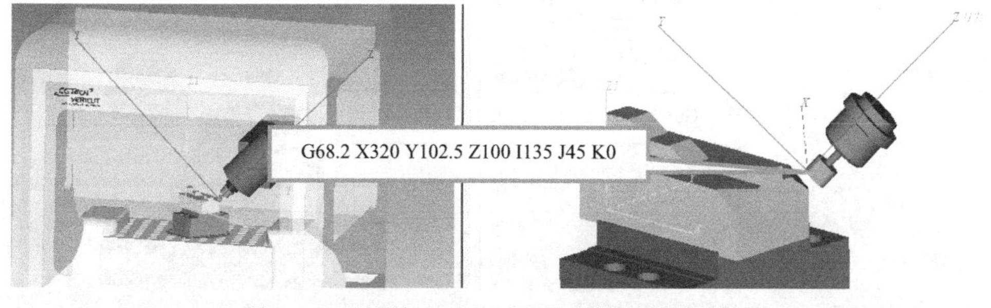

图 10-34　设置加工坐标系旋转与加工结果（二）

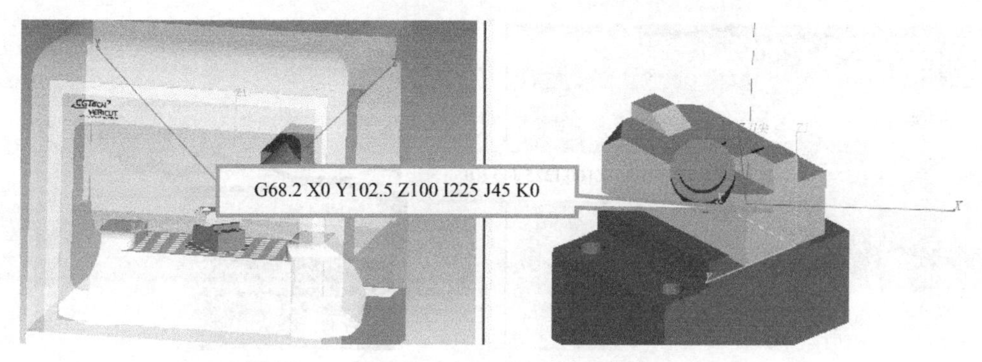

图 10-35　设置加工坐标系旋转与加工结果（三）

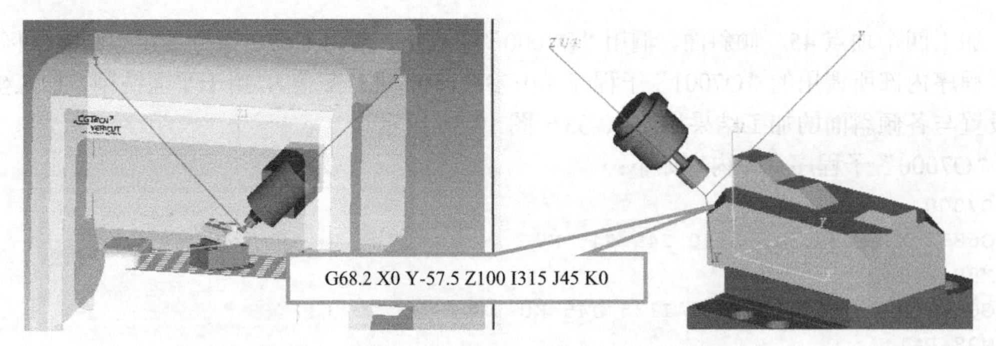

图 10-36 设置加工坐标系旋转与加工结果（四）

更换刀具，继续在这四个 45° 倾斜面加工型腔，调用“O7000”子程序，应用 G68.2 指令旋转与倾斜坐标系，调用“O7002”子程序（由参数#100 进行赋值），用于型腔铣削，加工坐标系设置与各倾斜面的加工结果如图 10-37～图 10-40 所示。

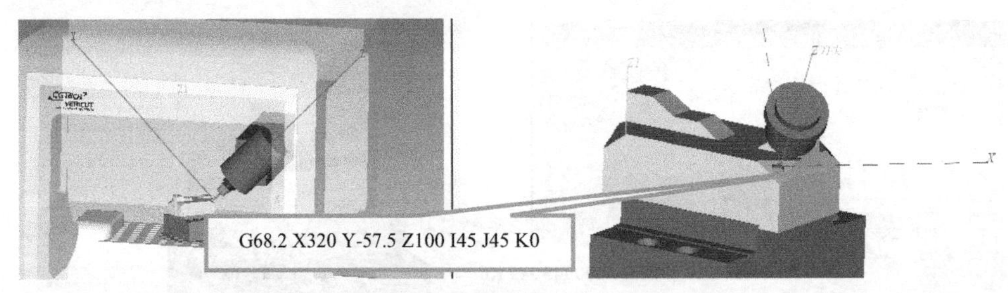

图 10-37 设置加工坐标系旋转与加工结果（五）

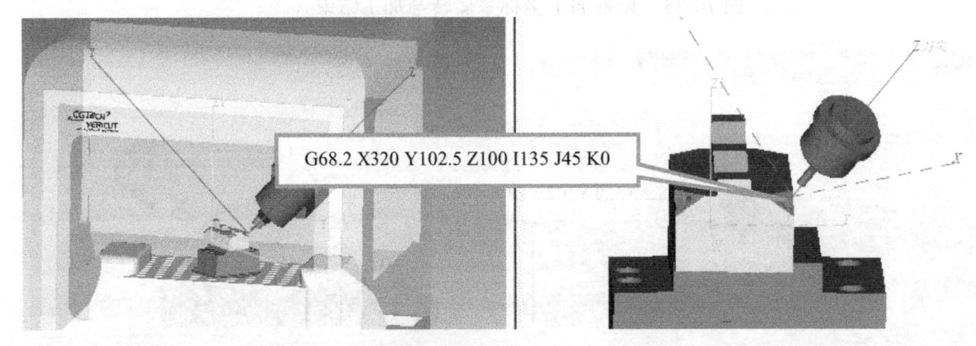

图 10-38 设置加工坐标系旋转与加工结果（六）

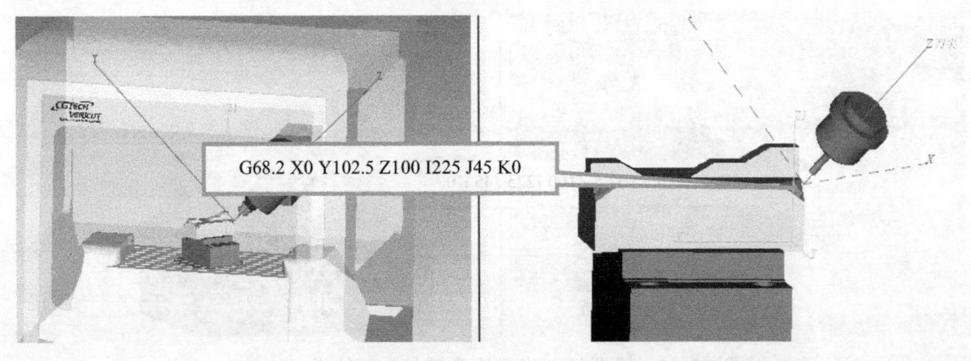

图 10-39 设置加工坐标系旋转与加工结果（七）

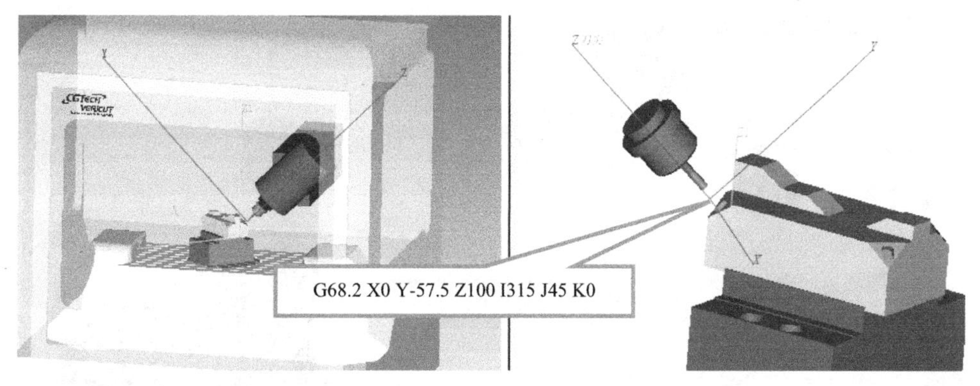

图 10-40　设置加工坐标系旋转与加工结果（八）

继续使用现有刀具，加工毛坯顶部各倾斜面型腔，调用“O8000”子程序，应用 G68.2 指令旋转与倾斜坐标系，调用“O8001”子程序（由参数#100 进行赋值），用于型腔铣削，加工坐标系设置与各倾斜面的加工结果如图 10-41～图 10-47 所示。“O8000”子程序具体内容如下：

```
O8000
G0 Z200
G68.2 X22.5 Y22.5 Z145 I0 J0 K45
M98 P#1
G0 Z250
G69
G68.2 X64.5 Y22.5 Z133.75 I90 J30 K0
M98 P#1
G0 Z250
G69
G68.2 X106.5 Y22.5 Z122.5 I0 J0 K-45
M98 P#1
G0 Z250
G69
G68.2 X148.5 Y22.5 Z111.25 I90 J30 K-45
M98 P#1
G0 Z250
G69
G68.2 X195.5 Y22.5 Z100 I0 J0 K0
M98 P#1
G0 Z250
G69
G68.2 X255.5 Y22.5 Z111.25 I90 J-30 K0
M98 P#1
G0 Z250
G69
G68.2 X298.5 Y22.5 Z122.5 I0 J0 K0
M98 P#1
G0 Z250
G69
M5
M99
```

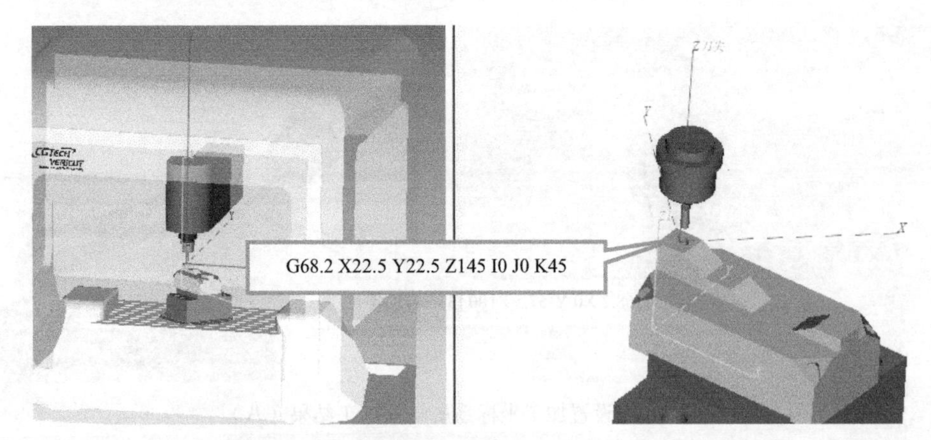

图 10-41　设置加工坐标系旋转与加工结果（九）

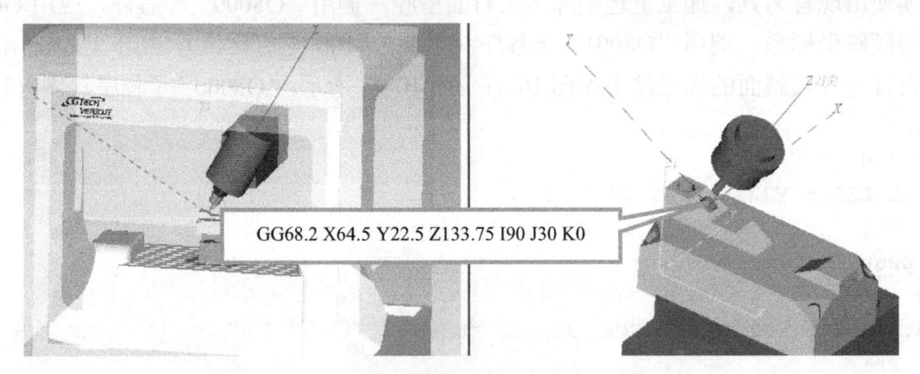

图 10-42　设置加工坐标系旋转与加工结果（十）

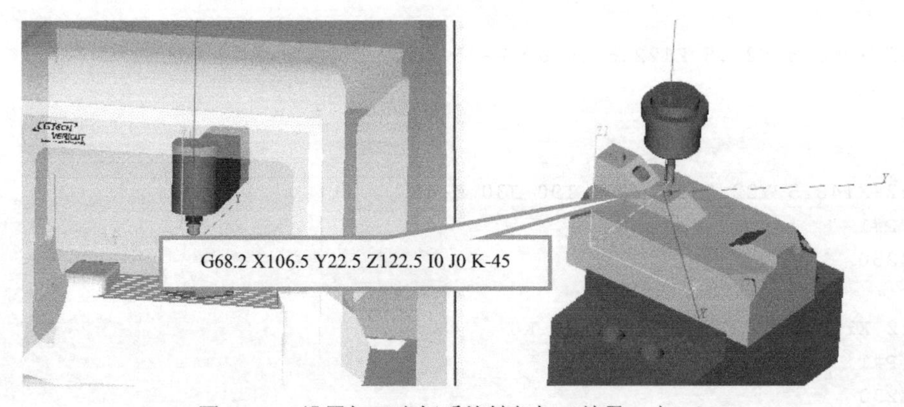

图 10-43　设置加工坐标系旋转与加工结果（十一）

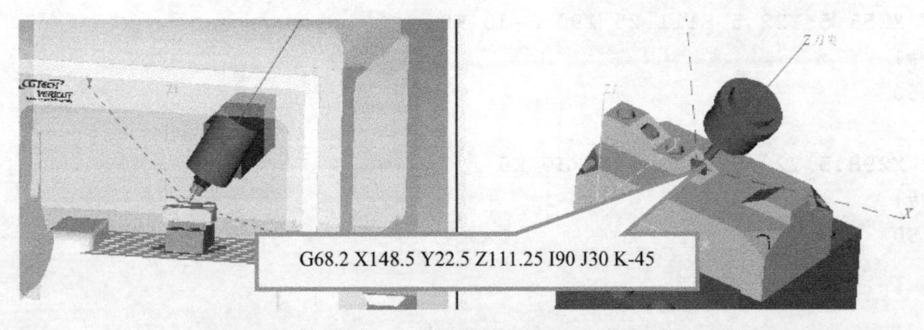

图 10-44　设置加工坐标系旋转与加工结果（十二）

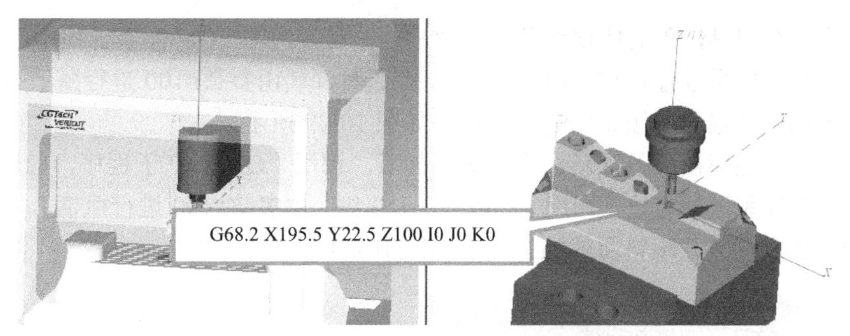

图 10-45　设置加工坐标系旋转与加工结果（十三）

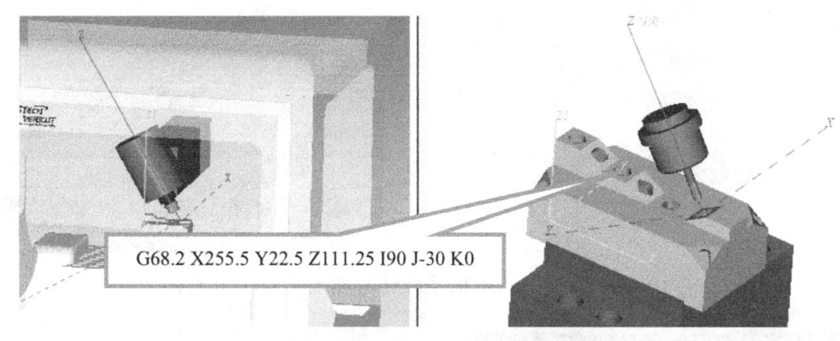

图 10-46　设置加工坐标系旋转与加工结果（十四）

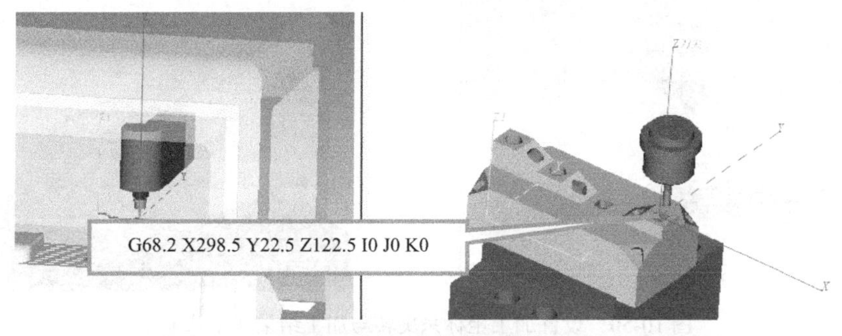

图 10-47　设置加工坐标系旋转与加工结果（十五）

更换刀具，继续在这四个 45° 倾斜面型腔内部进行钻孔，仍然调用“O7000”子程序，应用 G68.2 指令旋转与倾斜坐标系来定位，调用“O7003”子程序（由参数#100 进行赋值），用于钻孔加工，加工坐标系设置与加工结果如图 10-48 所示。

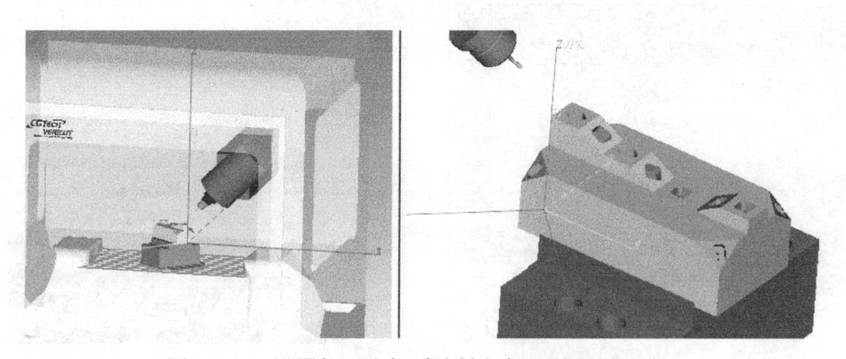

图 10-48　设置加工坐标系旋转与加工结果（十六）

继续使用现有刀具，在毛坯顶部各倾斜面进行钻孔，调用“O8000”子程序，应用 G68.2 指令旋转与倾斜坐标系进行定位，调用“O8002”子程序（由参数#100 进行赋值），用于钻孔加工，加工坐标系设置与各倾斜面的加工结果如图 10-49 所示。

更换刀具，在毛坯顶部各倾斜面进行深孔加工，调用“O8000”子程序，应用 G68.2 指令旋转与倾斜坐标系进行定位，调用“O8003”子程序（由参数#100 进行赋值），用于深孔加工，加工坐标系设置与各倾斜面的加工结果如图 10-50 所示。

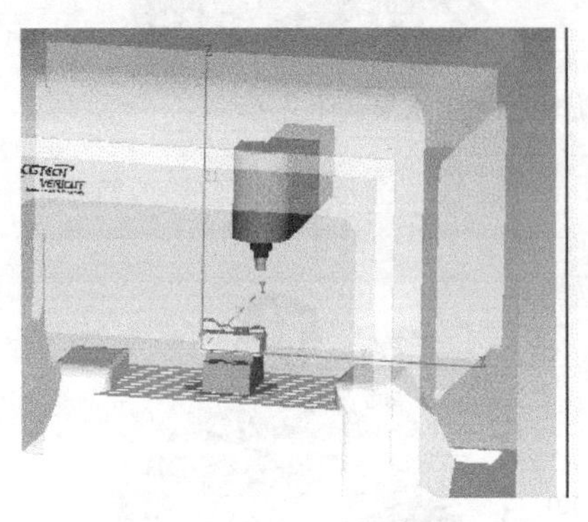
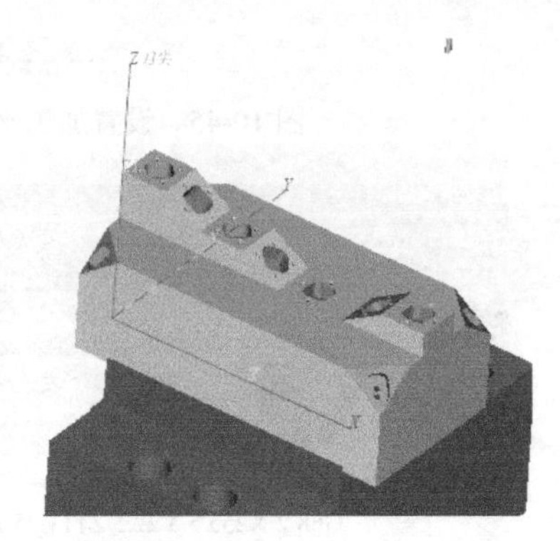

图 10-49 设置加工坐标系旋转与加工结果（十七）

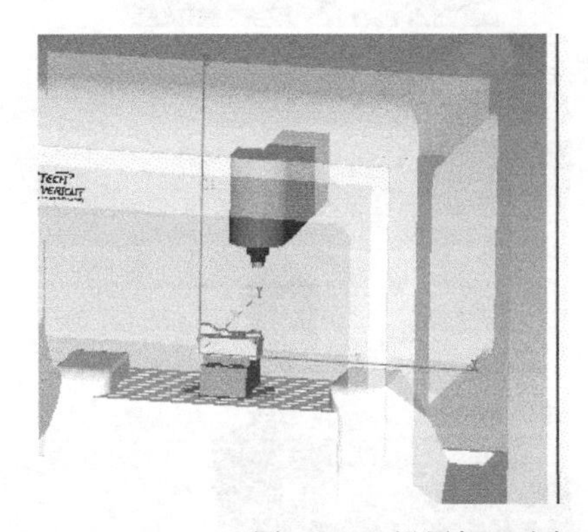
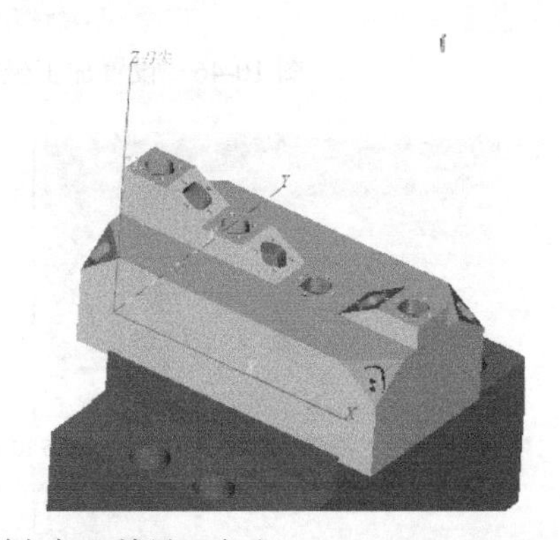

图 10-50 设置加工坐标系旋转与加工结果（十八）

更换刀具，在毛坯顶部各倾斜面进行扩孔加工，调用“O8000”子程序，应用 G68.2 指令旋转与倾斜坐标系进行定位，调用“O8004”子程序（由参数#100 进行赋值），用于扩孔加工，加工坐标系设置与各倾斜面的加工结果如图 10-51 所示。

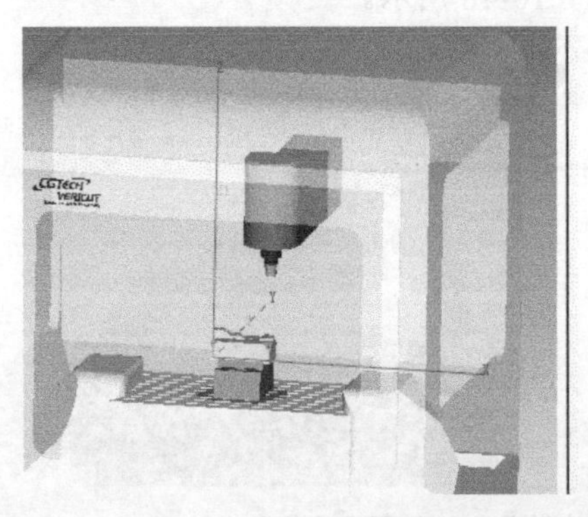
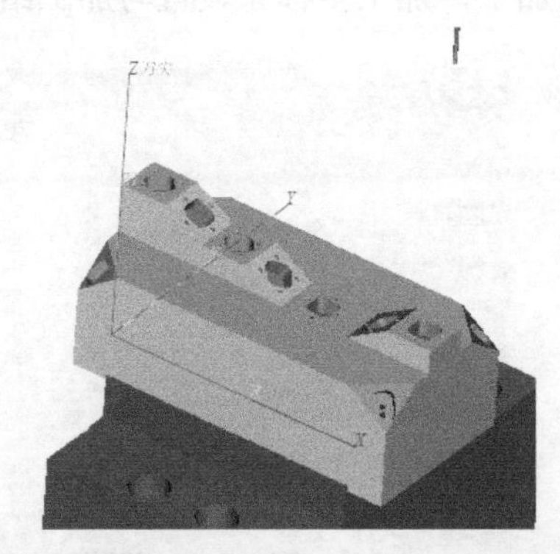

图 10-51 设置加工坐标系旋转与加工结果（十九）

完整的程序内容如下：

```
T7 M6
S1559 F1000 M3
G17 G54.2 P1
G43 H7 Z200
#1=7001
M98 P7000
G0 B0 C0
T1 M6
S1559 F1000 M3
G17 G54.2 P1
G43 H1 Z200
#1=7002
M98 P7000
G0 B0 C0
T1 M6
S1559 F1000 M3
G17 G54.2 P1
G43 H1 Z200
#1=8001
M98 P8000
T2 M6
S3000 F2500 M3
G17 G54.2 P1
G43 H2 Z200
#1=7003
M98 P7000
G0 B0 C0
T2 M6
S3000 F2500 M3
G17 G54.2 P1
G43 H2 Z200
#1=8002
M98 P8000
T4 M6
S4000 F1500 M3
G17 G54.2 P1
G43 H4 Z200
#1=8003
M98 P8000
T5 M6
S4000 F2000 M3
G17 G54.2 P1
G43 H5 Z200
#1=8004
M98 P8000
M30
O7000
```

```
G68.2 X320 Y-57.5 Z100 I45 J45 K0
M98 P#1
G68.2 X320 Y102.5 Z100 I135 J45 K0
M98 P#1
G68.2 X0 Y102.5 Z100 I225 J45 K0
M98 P#1
G68.2 X0 Y-57.5 Z100 I315 J45 K0
M98 P#1
G0 B0 C0
M99
O7001
G53.1
G0 Z20
X60 Y0
G1 G90 Z-20 M8
X-60
G1 Z10
G69
Z250
M99
O7002
G53.1
G01 X0 Y9
Z-30
X3.25
X-3.25
Y-3.25
X3.25
Y4.25
Z20
G69
Z250
M99
O7003
G53.1
G01 X0 Y-3 Z100
G81 Z-50 F100
X0 Y4
G80
Z20
G69
Z250
M99
O8000
G0 Z200
G68.2 X22.5 Y22.5 Z145 I0 J0 K45
M98 P#1
G0 Z250
G69
```

```
G68.2 X64.5 Y22.5 Z133.75 I90 J30 K0
M98 P#1
G0 Z250
G69
G68.2 X106.5 Y22.5 Z122.5 I0 J0 K-45
M98 P#1
G0 Z250
G69
G68.2 X148.5 Y22.5 Z111.25 I90 J30 K-45
M98 P#1
G0 Z250
G69
G68.2 X195.5 Y22.5 Z100 I0 J0 K0
M98 P#1
G0 Z250
G69
G68.2 X255.5 Y22.5 Z111.25 I90 J-30 K0
M98 P#1
G0 Z250
G69
G68.2 X298.5 Y22.5 Z122.5 I0 J0 K0
M98 P#1
G0 Z250
G69
M5
M99
O8001
G53.1
G01 X0 Y0 Z50
Z-15
X6.
Y6.
X-6.
Y-6.
X6.
Y6.
Z20
M99
O8002
G53.1
X-17. Y0 Z50
G81 Z-1.5 F100
X-17. Y0
X0 Y-17.
X17.5 Y0
X0 Y17.
G80
M99
O8003
```

```
G53.1
X-17. Y0 Z50
G83 Z-20 Q4 F100
X-17. Y0
X0 Y-17.
X17.5 Y0
X0 Y17.
G80
M99
O8004
G53.1
X-17. Y0 Z50
G81 Z-17 F100
X0 Y-17.
X17. Y0
X0 Y17.
G80
M99
```

（8）结束仿真

10.2 Sinumerik840D控制系统加工中心五轴3+2定位加工

10.2.1 CYCLE800指令

CYCLE800指令包含的参数如下：

CYCLE800(_FR,_TC,_ST,_MODE,_X0,_Y0,_Z0,_A,_B,_C,_X1,_Y1,_Z1,_DIR,_FR_I,_DMODE)

各参数的具体说明如表10-3所示。

表10-3　CYCLE800指令参数说明

参数	参数含义	数据类型	参数属性或取值	备注
_FR	空转模式	INT	0—无空运行；1—机床轴回退Z；2—机床轴Z轴回退，然后是X轴和Y轴回退；3—保留；4—刀具方向上回退，最大；5—刀具方向上回退，增量	
_TC	回转数组	STRING[32]	“”—无名称，当仅有一个回转数组时；“0”—撤销回转数组，删除回转框架	
_ST	转换状态	INT	个位 0—删除回转平面 1—添加回转平面 十位　是/否跟踪刀尖 0—不跟踪 1—跟踪（TRAORI） 百位 调整/对齐刀具 0—不调整刀具 1—调整刀具 3—对齐车刀 4—对齐铣刀 千位　JOG中回转的内部参数	

续表

参数	参数含义	数据类型	参数属性或取值	备注
_ST	转换状态	INT	万位　参见_DIR 参数 0—回转“是” 1—回转“否”，方向“负” 2—回转“否”，方向“正” 十万位　参见_DIR 参数 0—兼容性 1—优化“负”，方向选择 2—优化“正”，方向选择	
_MODE	回转模式	INT	位 7 6 0 0—轴的回转角 0 1—立体空间角 1 0—投影角 1 1—回转轴　直接 位 5 4 3 2 1 0（立体空间角方式无意义） × × × × 0 1—*A* 绕 *X* 轴第一次旋转 × × × × 1 0—*A* 绕 *Y* 轴第一次旋转 × × × × 1 1—*A* 绕 *Z* 轴第一次旋转 × × 0 1 × ×—*B* 绕 *X* 轴第二次旋转 × × 1 0 × ×—*B* 绕 *Y* 轴第二次旋转 × × 1 1 × ×—*B* 绕 *Z* 轴第二次旋转 0 1 × × × ×—*C* 绕 *X* 轴第三次旋转 1 0 × × × ×—*C* 绕 *Y* 轴第三次旋转 1 1 × × × ×—*C* 绕 *Z* 轴第三次旋转	
_X0		REAL	回转之前参考点的 *X* 坐标	
_Y0		REAL	回转之前参考点的 *Y* 坐标	
_Z0		REAL	回转之前参考点的 *Z* 坐标	
_A		REAL	根据_MODE 参数第一次旋转	
_B		REAL	根据_MODE 参数第二次旋转	
_C		REAL	根据_MODE 参数第三次旋转	
_X1		REAL	回转之后参考点的 *X* 坐标	
_Y1		REAL	回转之后参考点的 *Y* 坐标	
Z1		REAL	回转之后参考点的 *Z* 坐标	
_DIR	回转轴方向	INT	−1—回转轴定位到更小位置值 +1—回转轴定位到更大位置值 0—无回转	
_FR_I		REAL	刀具方向上的回转增量	
_DMODE	显示模式	INT	个位　加工平面/G18/G19 0—兼容性 1—G17 2—G18 3—G19 十位　显示对齐刀具时的 β 值	

10.2.2　CYCLE800 指令基本参数仿真

29．五轴 cycle800 基本参数仿真

本节内容将 CYCLE800 指令进行分解执行，应用 *B* 转台 *C* 转台结构的五轴加工中心，通过 CYCLE800 指令中关键参数的逐步赋值，分步骤逐步实现加工坐标系的平移、旋转等基本过程，用以说明该指令的基本功能与各具体参数的使用方法。

命令仿真如下。

（1）启动VERICUT

（2）设置当前工作目录

主菜单，选择“**文件**”→“**工作目录**”命令，弹出“**工作目录**”对话框，“**捷径**”处选“**\program\multiaxis_sin840d\hermle_c42_srt_440**”，选择“**确定**”按钮。

（3）打开模板项目文件

主菜单，选择“**文件**”→“**打开**”命令，弹出“**打开项目**”对话框，选择文件“sin840d_cycle800_basic.vcproject”，选择“**打开**”按钮，进入该项目的加工仿真界面。打开项目树结构，模板项目已经将机床、控制系统、刀具配置完成。

（4）设置加工所需毛坯

配置加工所用毛坯。右击项目树“Stock(0,0,0)”→“**添加模型**”→“**模型文件**”，打开当前目录中的毛坯文件“tiltplane_basic.swp”。项目树上选择该毛坯几何模型节点，在项目树下部的配置界面，选择“**移动**”标签，修改其位置值为“-80 60 100”，角度为“90 0 0”。

（5）加入数控加工程序

右击项目树“数控程序”→“添加数控程序文件…”，弹出“**打开数控程序文件**”对话框，“**捷径**”处选“**工作目录**”，选择文件“cycle800_box_basic.txt”，选择“**OK**”按钮。

（6）设置程序零点

点击选择项目树“**坐标系统**”→“G54”，在“**位置**”处输入“-80 -60 260”，为工件上顶面左侧后顶点位置。

点击“**重置模型**”按钮，使项目树设置生效。毛坯安装及对刀等信息的设置结果如图10-52所示。

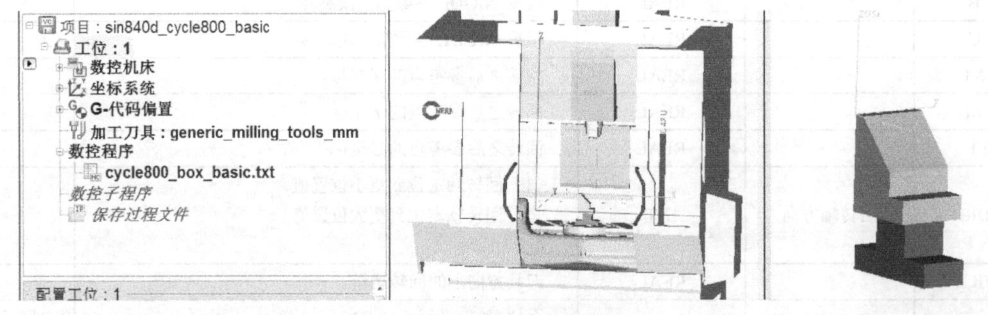

图10-52 项目树设置结果

（7）执行仿真

应用CYCLE800指令倾斜坐标系的主要过程说明如下。

首先进行对刀，使加工坐标系“Z刀尖”与工件原点坐标系“ZG54”重合，如图10-53所示。

程序执行CYCLE800如下指令，逐步实现加工坐标系的平移、旋转等动作。

```
CYCLE800(1,“HERMLE”,200000,27,100,0,-80,0,0,0,0,0,0,1,100,0)
CYCLE800(1,“HERMLE”,200001,27,0,0,0,90,0,0,0,0,0,1,100,1)
CYCLE800(1,“HERMLE”,200001,27,0,0,0,0,0,45,0,0,0,1,100,1)
CYCLE800(1,“HERMLE”,200001,27,0,0,0,0,0,0,60,60,0,1,100,1)
```

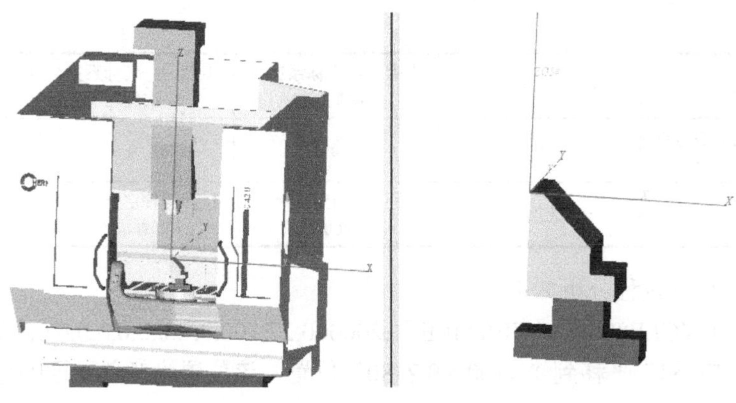

图 10-53 程序对刀

此时回转模式参数值为“27”，具体含义如图 10-54 所示。而 CYCLE800 指令各具体参数的变化步骤与说明见表 10-4。

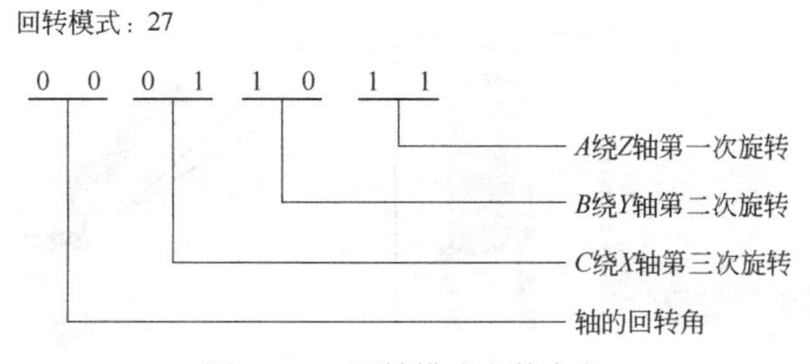

图 10-54 回转模式参数含义

表 10-4 CYCLE800 指令参数的变化过程与说明

参数	参数含义	步骤一：平移坐标系	步骤二：坐标系第一次旋转	步骤三：坐标系第二次旋转	步骤四：旋转后平移坐标系
_FR	空转模式	1（机床轴回退 Z）	1（机床轴回退 Z）	1（机床轴回退 Z）	1（机床轴回退 Z）
_TC	回转数组	HERMLE	HERMLE	HERMLE	HERMLE
_ST	转换状态	0（新建回转平面）	1（添加回转平面）	1（添加回转平面）	1（添加回转平面）
_MODE	回转模式	27	27	27	27
_X0	回转之前参考点的 X 坐标	100	0	0	0
_Y0	回转之前参考点的 Y 坐标	−0	0	0	0
_Z0	回转之前参考点的 Z 坐标	−80	0	0	0
_A	A 绕 Z 轴第一次旋转	0	90	0	0
_B	B 绕 Y 轴第二次旋转	0	0	0	0
_C	C 绕 X 轴第三次旋转	0	0	45	0
_X1	回转之后参考点的 X 坐标	0	0	0	60
_Y1	回转之后参考点的 Y 坐标	0	0	0	60

续表

参数	参数含义	步骤一：平移坐标系	步骤二：坐标系第一次旋转	步骤三：坐标系第二次旋转	步骤四：旋转后平移坐标系
_Z1	回转之后参考点的Z坐标	0	0	0	0
_DIR	回转轴方向	0（无回转）	1(回转轴定位到更大位置值）	1(回转轴定位到更大位置值）	1(回转轴定位到更大位置值）

程序的逐步执行过程分析如下。

程序执行“CYCLE800(1,“HERMLE”,200000,27,100,0,-80,0,0,0,0,0,0,1,100,0)”命令，将加工坐标系“ZG54”平移到“X100 Y0 Z-80”位置，该位置为倾斜平面的角点位置，如图10-55所示。

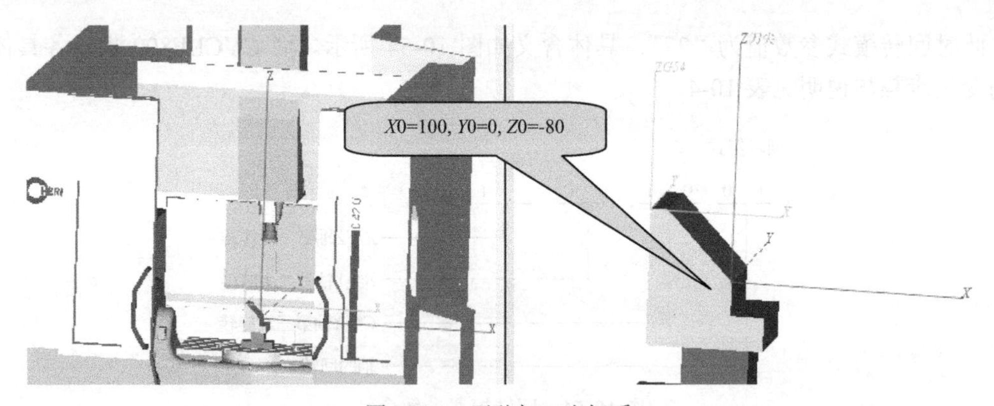

图 10-55　平移加工坐标系

程序执行“CYCLE800(1,“HERMLE”,200001,27,0,0,0,90,0,0,0,0,0,1,100,1)”命令，将加工坐标系“ZG54”*A* 轴绕 *Z* 轴旋转 90°，使倾斜面向加工位置第一次旋转，结果如图10-56所示。此时参数“_ST=1”，为添加回转平面，参数“_DIR=1”，回转轴即此时 *C* 轴正向旋转。

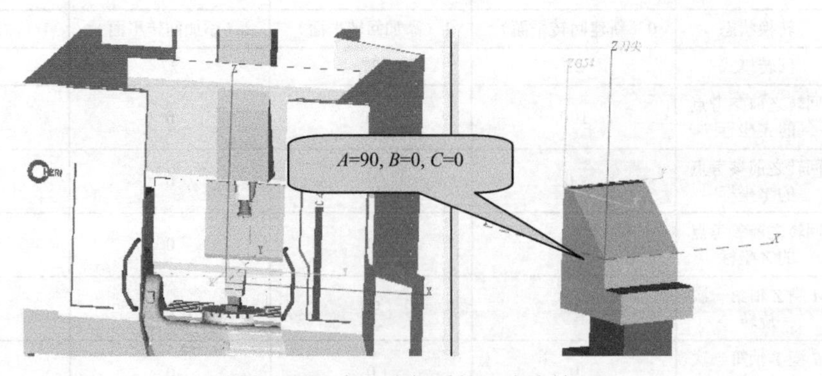

图 10-56　加工坐标系第一次旋转

程序执行“CYCLE800(1,“HERMLE”,200001,27,0,0,0,0,0,45,0,0,0,1,100,1)”命令，将加工坐标系“ZG54”*C* 轴绕 *X* 轴旋转 45°，使倾斜面向加工位置第二次旋转，结果如图10-57所示。此时参数“_ST=1”，为添加回转平面，参数“_DIR=1”，回转轴即此时机床 *A* 轴与 *C* 轴同时正向旋转，使倾斜面进入加工位置。

图 10-57　加工坐标系第二次旋转

程序执行“CYCLE800(1,“HERMLE”,200001,27,0,0,0,0,0,0,60,60,0,1,100,1)”命令，将加工坐标系“ZG54”在旋转之后再平移，结果如图 10-58 所示。此时参数“_ST=1”，为添加回转平面。

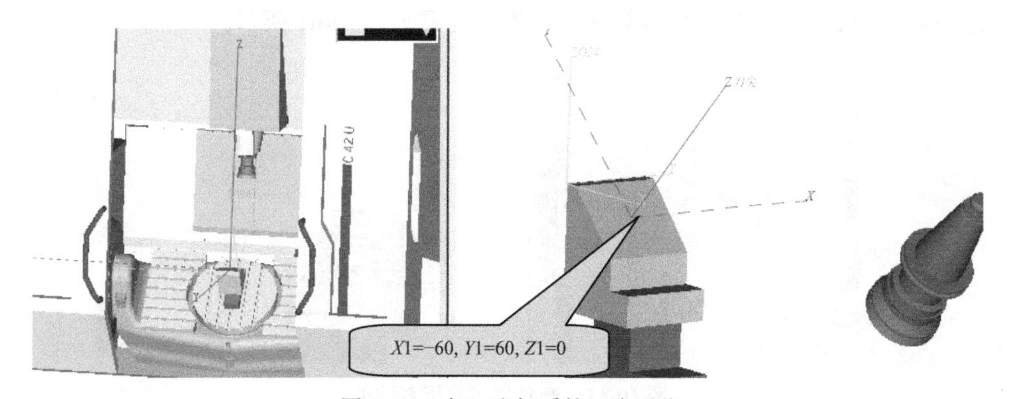

图 10-58　加工坐标系第二次平移

程序执行“ROT Z45”命令，加工坐标系“ZG54”在倾斜面上绕 Z 轴旋转 45°，结果如图 10-59 所示。

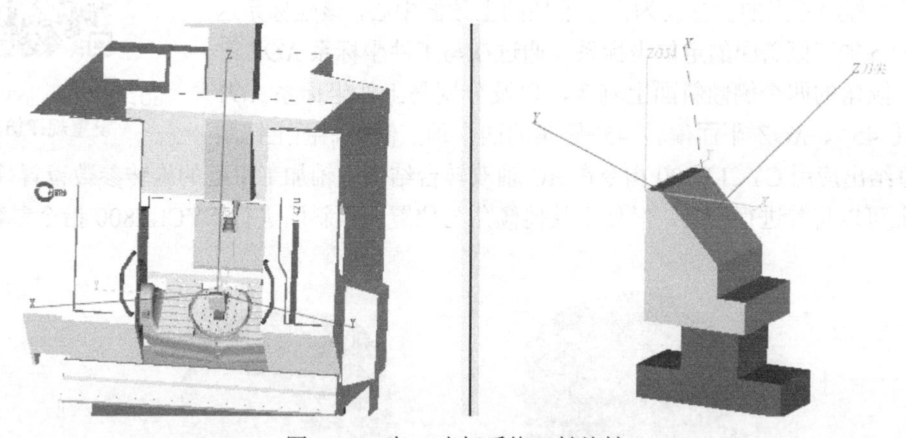

图 10-59　加工坐标系绕 Z 轴旋转

程序执行“CYCLE800()”命令，取消回转，并将 A 轴和 C 轴回归 0° 位置。结果如图 10-60 所示。

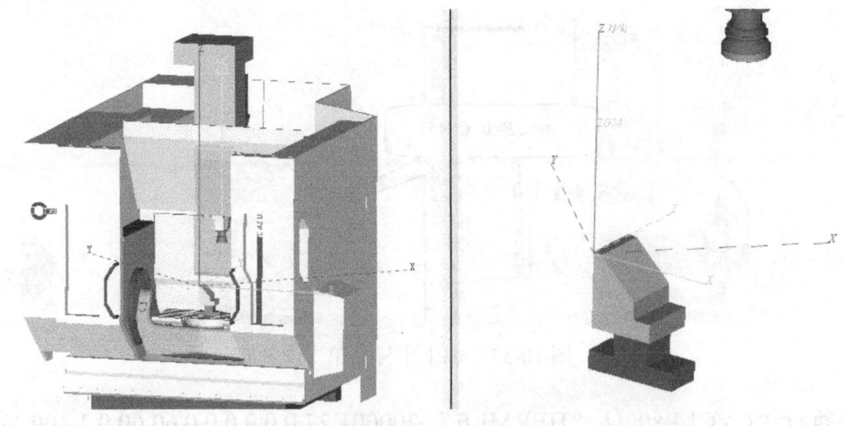

图 10-60　取消加工坐标系旋转

程序执行“CYCLE800(1,“HERMLE”,200000,27,100,0,-80,90,0,45,60,60,0,1,100,1)”命令，将加工坐标系“ZG54”一次定位到倾斜面位置，结果如图 10-61 所示。

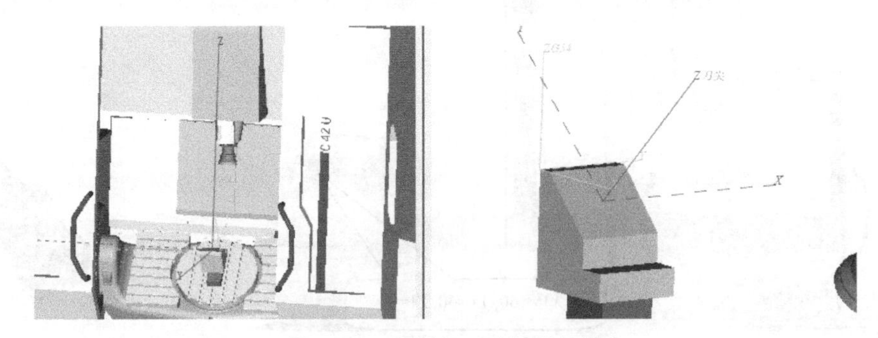

图 10-61　倾斜加工坐标系结果

10.2.3　CYCLE800 指令坐标旋转参数设置规律仿真

30．五轴 cycle800 参数设置规律仿真

本节实例对方形毛坯工件进行倾斜面加工，加工结果如图 10-62 所示。工件程序零点的位置设为方形毛坯的上顶面中心，该坐标系这里也作为各加工倾斜面的定位坐标系。通过在与工件坐标系 *XOY* 平面成 90° 倾角的四个侧倾斜面上刻字，以及分别与工件坐标系 *XOY* 平面偏转 45°、*XOZ* 平面偏转 45° 倾角的四个顶点侧倾斜面上铣削平面，总结出应用 CYCLE800 指令在 *AC* 轴双转台结构五轴加工中心的旋转参数设置规律，在此基础上可以将其进行拓展，对处于其他倾角与位置的倾斜面进行 CYCLE800 指令参数设置。

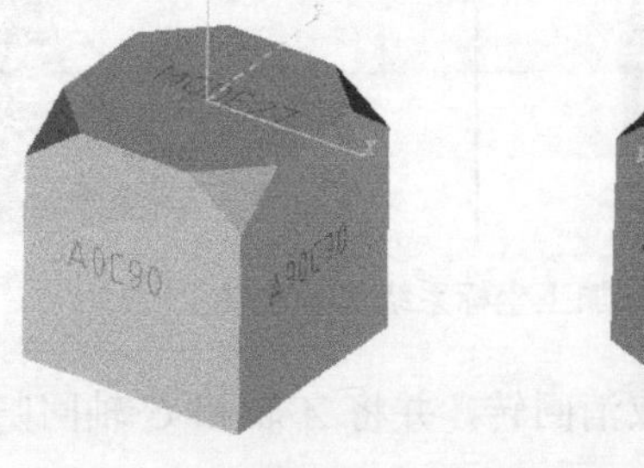

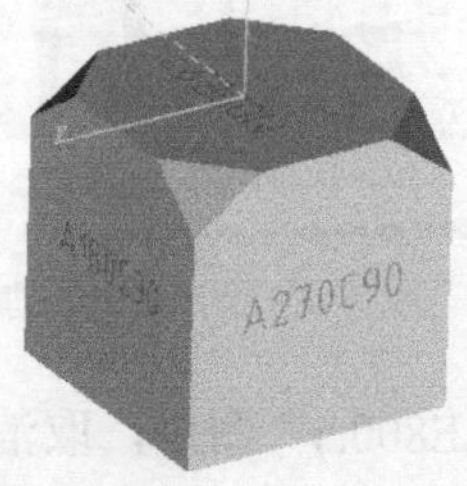

图 10-62　长方体工件加工结果

零件主要加工过程见表 10-5。

表 10-5　零件加工过程　mm

序号	加工内容	加工结果	切削刀具	程序编制	CYCLE800 指令主要参数
0	准备毛坯	方块毛坯长 80，宽 80，高 80			
1	铣削 45° 侧面	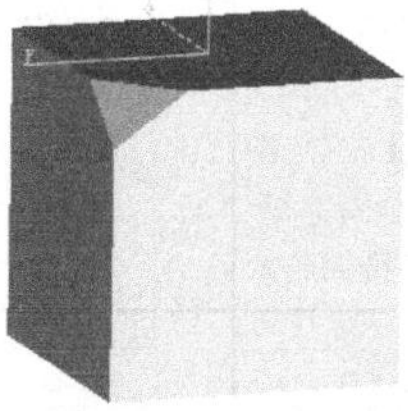	 端铣刀	手工编程	CYCLE800(1,“HERMLE”, 200000,27,-40,40,0,225,0,45, 0,0,0,1,100,1)
2	铣削 45° 侧面	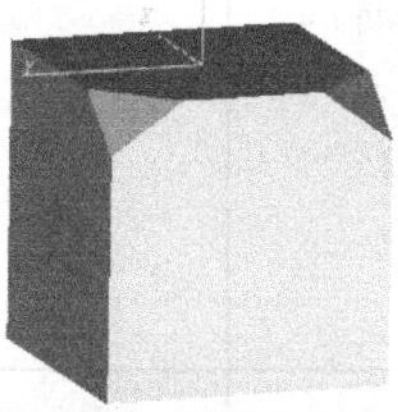	 端铣刀	手工编程	CYCLE800(1,“HERMLE”, 200000,27,-40,-40,0,315,0,45, 0,0,0,1,100,1)
3	铣削 45° 侧面	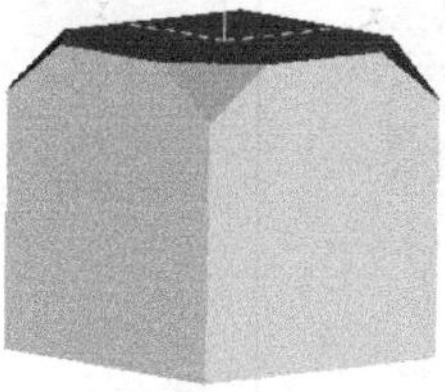	 端铣刀	手工编程	CYCLE800(1,“HERMLE”, 200000,27,40,-40,0,45,0,45,0, 0,0,1,100,1)
4	铣削 45° 侧面	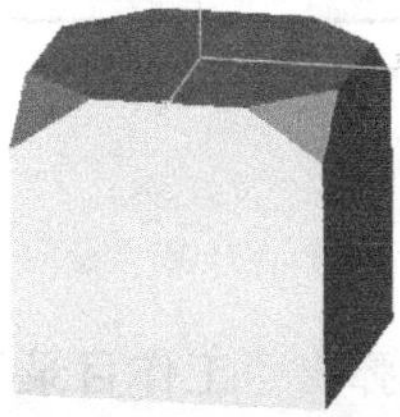	 端铣刀	手工编程	CYCLE800(1,“HERMLE”, 200000,27,40,40,0,135,0,45,0, 0,0,1,100,1)
5	90° 侧面刻字	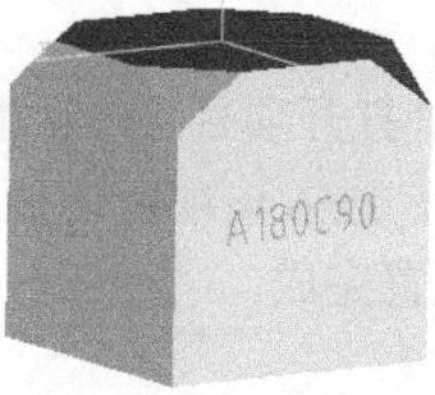 A180C90	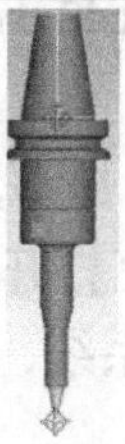 刻字铣刀	手工编程	CYCLE800(1,“HERMLE”, 200000,27,25,40,-45,180,0,90, 0,0,0,1,100,1)
6	90° 侧面刻字	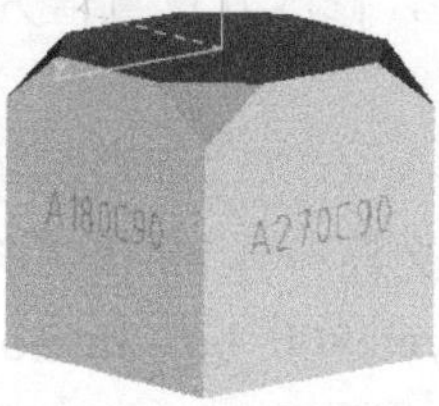 A180C90　A270C90	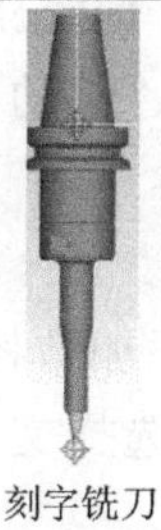 刻字铣刀	手工编程	CYCLE800(1,“HERMLE”, 200000,27,-40,25,-45,270,0, 90,0,0,0,1,100,1)

续表

序号	加工内容	加工结果	切削刀具	程序编制	CYCLE800 指令主要参数
7	90° 侧面刻字		刻字铣刀	手工编程	CYCLE800(1,"HERMLE",200000,27,-25,-40,-45,0,0,90,0,0,0,1,100,1)
8	90° 侧面刻字		刻字铣刀	手工编程	CYCLE800(1,"HERMLE",200000,27,40,-25,-45,90,0,90,0,0,0,1,100,1)
9	顶面刻字		刻字铣刀	手工编程	

命令仿真如下。

（1）启动 VERICUT

（2）设置当前工作目录

主菜单，选择“**文件**”→“**工作目录**”命令，弹出“**工作目录**”对话框，“**捷径**”处选“**\program\multiaxis_sin840d\hermle_c42_srt_440**”，选择“**确定**”按钮。

（3）打开模板项目文件

主菜单，选择“**文件**”→“**打开**”命令，弹出“**打开项目**”对话框，选择文件“sin840d_cycle800_box_demo.vcproject”，选择“**打开**”按钮，进入该项目的加工仿真界面。打开项目树结构，模板项目已经将机床、控制系统、刀具配置完成。

（4）设置加工所需毛坯

配置加工所用毛坯。右击项目树“Stock(0,0,0)”→“**添加模型**”→“**方块**”，设置长度为 80，宽度为 80，高度为 80。选择“**移动**”标签，修改其位置值为“-40 -40 100”，角度为“0 0 0”。

（5）加入数控加工程序

右击项目树“数控程序”→“添加数控程序文件…”，弹出“**打开数控程序文件**”对话框，“**捷径**”处选“**工作目录**”，选择文件“cycle800_box_demo_3.txt”，选择“**OK**”按钮。

（6）设置程序零点

点击选择项目树“**坐标系统**”→“G54”，在“**位置**”处输入“0 0 180”，为工件上顶面中心点位置。

点击“**重置模型**”按钮，使项目树设置生效。毛坯安装及对刀等信息的设置结果如图 10-63 所示。

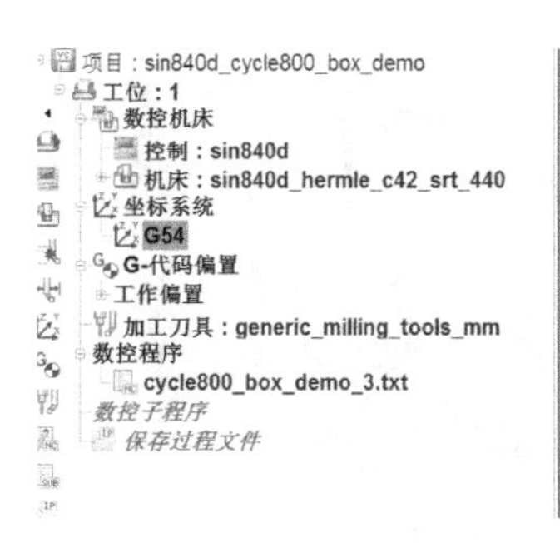

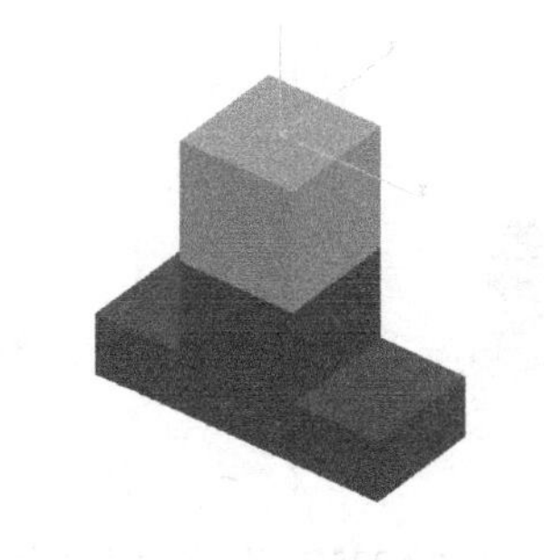
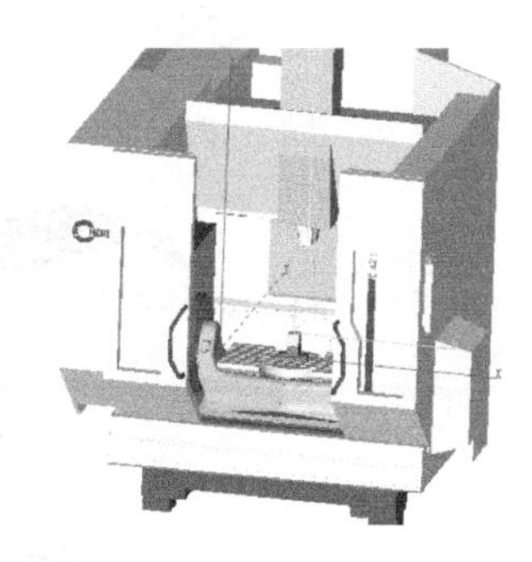

图 10-63　项目树设置结果

（7）执行仿真

程序首先进行对刀，使加工坐标系“Z 刀尖”与工件原点坐标系“ZG54”重合，如图 10-64 所示。

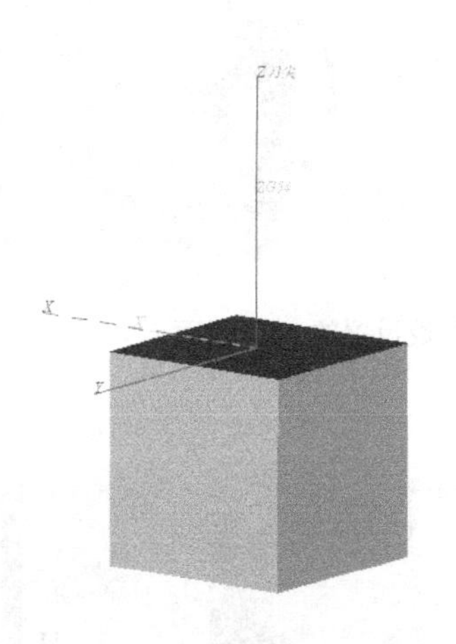
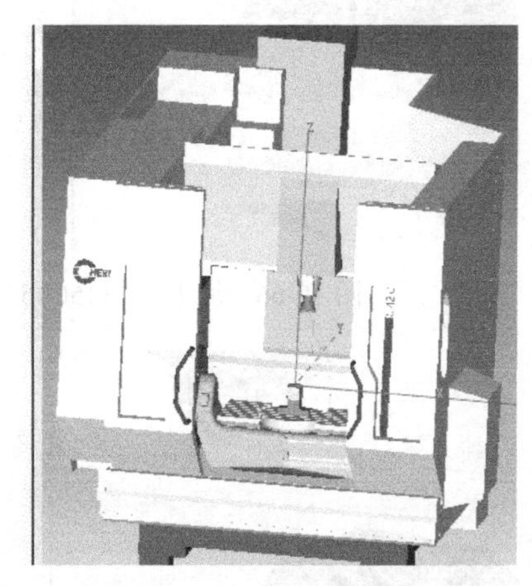

图 10-64　程序对刀

执行如下程序，程序中设置了与工件坐标系 *XOY* 平面成 45° 倾角的四个长方体侧倾斜面上的特征坐标系。“START_REPEAT”与“END_REPEAT”之间程序进行 45° 倾斜面的平面铣削加工。具体结果如图 10-65～图 10-68 所示。

```
N100 CYCLE800(1,“HERMLE”,200000,27,-40,40,0,225,0,45,0,0,0,1,100,1)
   G00 X0 Y0 Z10
N110 REPEAT START_REPEAT END_REPEAT
N120 CYCLE800(1,“HERMLE”,200000,27,-40,-40,0,315,0,45,0,0,0,1,100,1)
N125 G00 X0 Y0 Z10
N130 REPEAT START_REPEAT END_REPEAT
N140 CYCLE800(1,“HERMLE”,200000,27,40,-40,0,45,0,45,0,0,0,1,100,1)
N150 G00 X0 Y0 Z10
```

```
N160 REPEAT START_REPEAT END_REPEAT
N170 CYCLE800(1,“HERMLE”,200000,27,40,40,0,135,0,45,0,0,0,1,100,1)
N175 G00 X0 Y0 Z10
N180 REPEAT START_REPEAT END_REPEAT
```

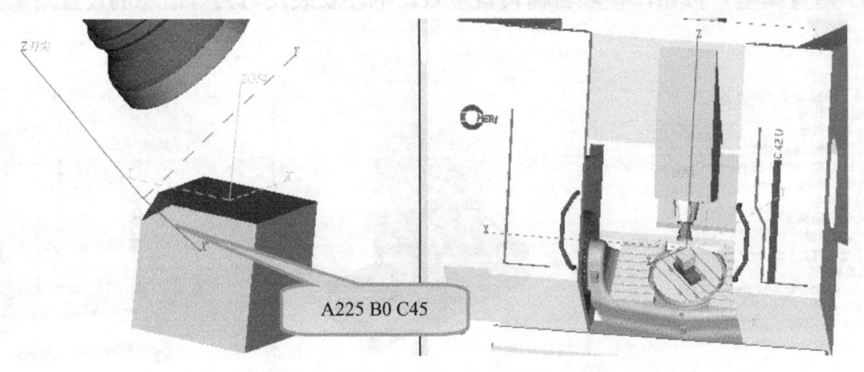

图 10-65 加工“A225C45”参数设置的 45° 斜面

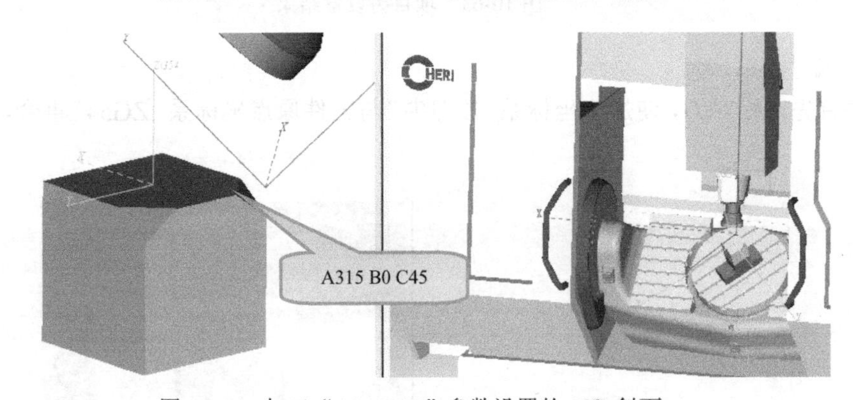

图 10-66 加工“A315C45”参数设置的 45° 斜面

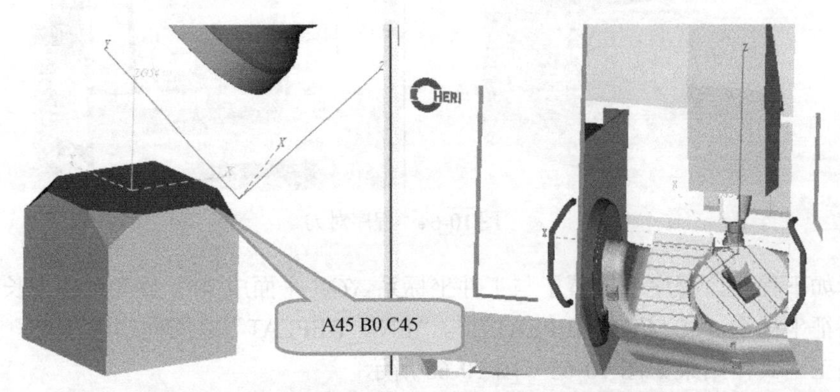

图 10-67 加工“A45C45”参数设置的 45° 斜面

完成四个 45° 侧面的加工后，取消坐标系旋转，重新对刀。然后继续加工四个 90° 侧面倾斜面，在上面进行刻字。

执行如下程序，程序中设置了与工件坐标系 *XOY* 平面成 90° 倾角的四个长方体侧倾斜面上的特征坐标系。“ENGRAVE”指令进行 90° 倾斜面的平面刻字加工。具体结果如图 10-69～图 10-72 所示。

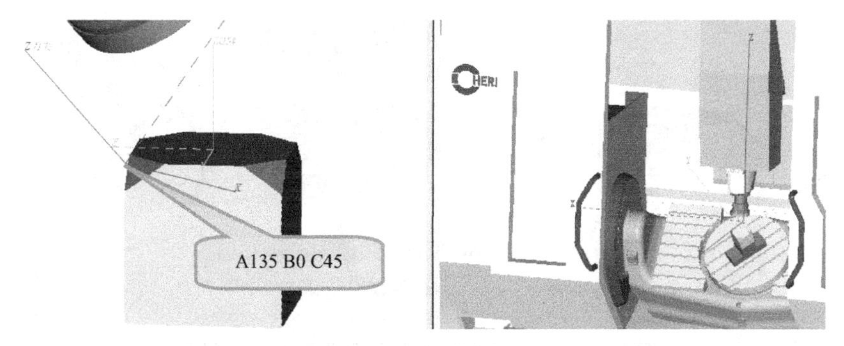

图 10-68　加工“A135C45”参数设置的 45°斜面

```
N620 CYCLE800(1,“HERMLE”,200000,27,25,40,-45,180,0,90,0,0,0,1,100,1)
N630 G0 G54 X0 Y0 Z100
N640 ENGRAVE(“A180C90”,5,0,2,10,0.5,1,10,50)
N645 CYCLE800(1,“HERMLE”,200000,27,-40,25,-45,270,0,90,0,0,0,1,100,1)
N650 G0 G54 X0 Y0 Z100
N655 ENGRAVE(“A270C90”,5,0,2,10,0.5,0,10,50)
N660 CYCLE800(1,“HERMLE”,200000,27,-25,-40,-45,0,0,90,0,0,0,1,100,1)
N665 G0 G54 X0 Y0 Z100
N670 ENGRAVE(“A0C90”,5,0,2,10,1.5,1,10,50)
N675 CYCLE800(1,“HERMLE”,200000,27,40,-25,-45,90,0,90,0,0,0,1,100,1)
N680 G0 G54 X0 Y0 Z100
N685 ENGRAVE(“A90C90”,5,0,2,10,0.10,0,10,50)
N690 CYCLE800(1,“HERMLE”,200000,27,0,0,0,0,0,0,0,0,0,1,100,1)CYCLE800()
```

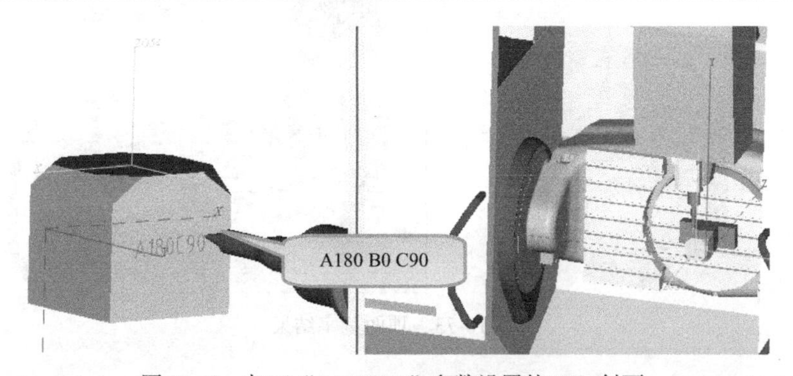

图 10-69　加工“A180C90”参数设置的 90°斜面

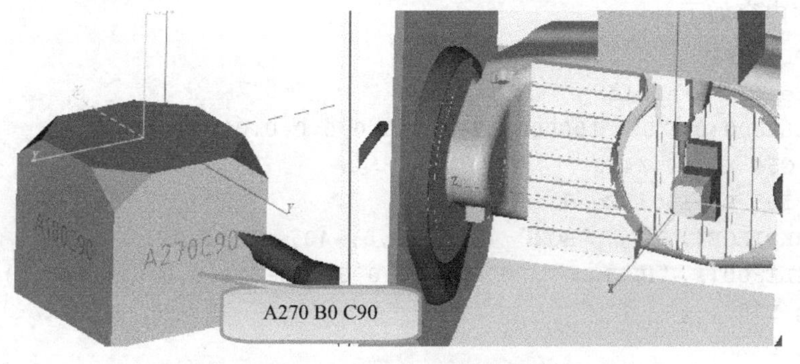

图 10-70　加工“A270C90”参数设置的 90°斜面

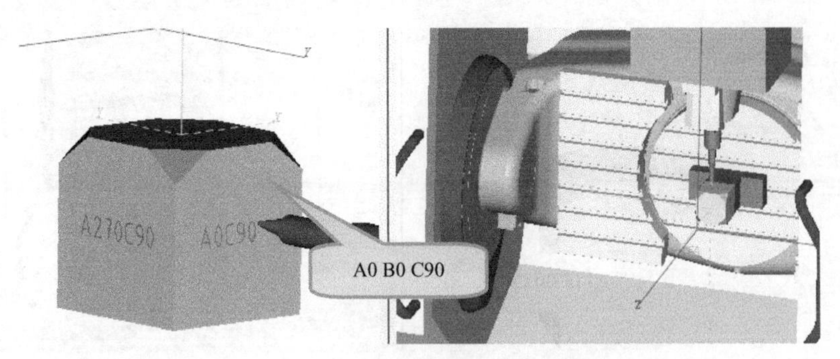

图 10-71 加工“A0C90”参数设置的 90° 斜面

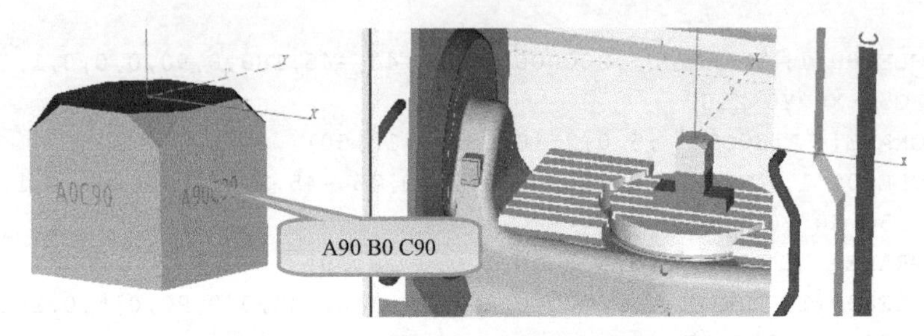

图 10-72 加工“A90C90”参数设置的 90° 斜面

最后应用 CYCLE800( )指令取消坐标系旋转，在毛坯顶面刻字，注明采用的旋转模式值为“27”，结果如图 10-73 所示。

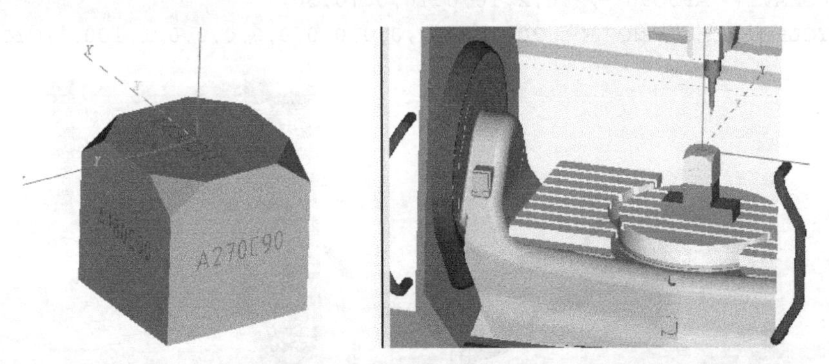

图 10-73 顶面刻字结果

（8）结束仿真

完整程序内容如下：

```
%_N_SAMPLE_MPF
N010 ;Siemens example
N020 CYCLE800(0, “0” ,100000,57,0,0,0,0,0,0,0,0,0,-1,100,1)
N030 G0 G54 X0 Y0 Z400
N040 R5=500 R6=100; Feed
N050 WORKPIECE(, “” ,, “BOX” ,0,0,-40,0,-40,-40,80,80)
N060 CYCLE800(1, “HERMLE” ,200000,27,0,0,0,0,0,0,0,0,0,1,100,1)
;Milling D20
N070 T21 D1
N080 M6
```

```
N090 S1500 M3
N100 CYCLE800(1,“HERMLE”,200000,27,-40,40,0,225,0,45,0,0,0,1,100,1)
  G00 X0 Y0 Z10
N110 REPEAT START_REPEAT END_REPEAT
N120 CYCLE800(1,“HERMLE”,200000,27,-40,-40,0,315,0,45,0,0,0,1,100,1)
N125 G00 X0 Y0 Z10
N130 REPEAT START_REPEAT END_REPEAT
N140 CYCLE800(1,“HERMLE”,200000,27,40,-40,0,45,0,45,0,0,0,1,100,1)
N150 G00 X0 Y0 Z10
N160 REPEAT START_REPEAT END_REPEAT
N170 CYCLE800(1,“HERMLE”,200000,27,40,40,0,135,0,45,0,0,0,1,100,1)
N175 G00 X0 Y0 Z10
N180 REPEAT START_REPEAT END_REPEAT
N190 CYCLE800()
N195 G00 Z150
N200 M5
;Engraving tool
N590 T50 D1
N600 M6
N610 S1500 M3
N620 CYCLE800(1,“HERMLE”,200000,27,25,40,-45,180,0,90,0,0,0,1,100,1)
N630 G0 G54 X0 Y0 Z100
N640 ENGRAVE(“A180C90”,5,0,2,10,0.5,1,10,50)
N645 CYCLE800(1,“HERMLE”,200000,27,-40,25,-45,270,0,90,0,0,0,1,100,1)
N650 G0 G54 X0 Y0 Z100
N655 ENGRAVE(“A270C90”,5,0,2,10,0.5,0,10,50)
N660 CYCLE800(1,“HERMLE”,200000,27,-25,-40,-45,0,0,90,0,0,0,1,100,1)
N665 G0 G54 X0 Y0 Z100
N670 ENGRAVE(“A0C90”,5,0,2,10,1.5,1,10,50)
N675 CYCLE800(1,“HERMLE”,200000,27,40,-25,-45,90,0,90,0,0,0,1,100,1)
N680 G0 G54 X0 Y0 Z100
N685 ENGRAVE(“A90C90”,5,0,2,10,0.10,0,10,50)
N690 CYCLE800(1,“HERMLE”,200000,27,0,0,0,0,0,0,0,0,0,1,100,1)CYCLE800()
N695 G00 Z50
N698 CYCLE60(“MODE27”,100,0,1,-1,0,-20,0,0,,,10,3,2500,2000,0,1252)
N699 M30
N700 START_REPEAT:
N710 G0 X0 Y80 Z50
N720 Z-5
N730 G1 Y-80 F1000
N740 Z-10
N750 Y80
N800 Z0
N810 Y80
N820 G0 Z50
N830 END_REPEAT:
```

总结以上仿真过程中的CYCLE800指令倾斜面参数设置规律，可以得出如图10-74所示的*AC*轴双转台结构五轴加工中心CYCLE800指令倾斜参数设置规律。

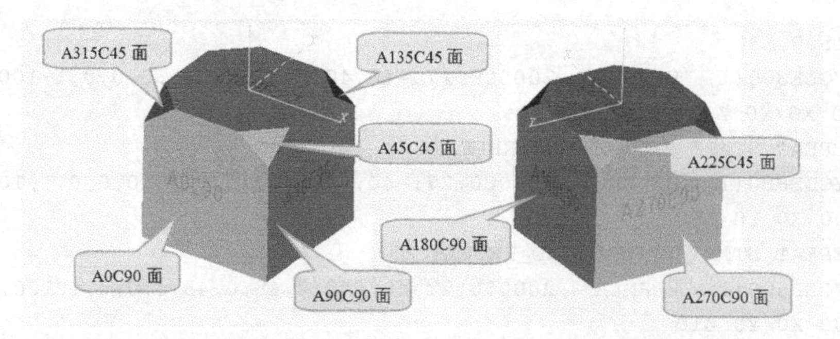

图 10-74 *AC* 轴双转台结构五轴加工中心倾斜参数设置规律

拓展至其他位置，当CYCLE800指令采用的旋转模式值为“27”时，有如下规律，即：

① A参数与工件坐标系“ZG54”的*XOZ*平面为参照，由0°以逆时针方向逐渐变大，最大为360°。其0°、90°、180°及270°位置如图10-75所示。

② C参数与工件坐标系“ZG54”的*XOY*平面为参照，根据倾斜面与工件坐标系*XOZ*平面的旋转角度，由0°以顺时针方向逐渐变大，最大为90°。其0°、90°位置如图10-75所示。

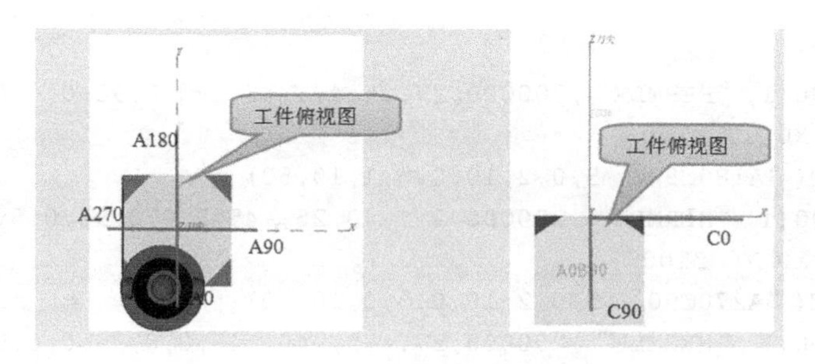

图 10-75 旋转参数设置规律

另外，这里分析工件坐标系“ZG54”的位置与机床*C*轴工作台回转中心不重合的情况。

首先修改毛坯的安装位置，点击项目树毛坯节点“Stock(0,0,0)”→“**80 80 80**”，选择“**移动**”标签，修改其位置值为“-60 -60 100”，角度为“0 0 0”。

修改工件坐标系“ZG54”的位置，点击选择项目树“**坐标系统**”→“G54”，在“**位置**”处输入“-20 -20 180”，为工件上顶面中心点位置。

点击“**重置模型**”按钮，使项目树设置生效，并另存项目名称为“sin840d_cycle800_box_demo_offset.vcproject”于当前工作目录。毛坯安装及对刀等信息的重新设置结果如图10-76所示，可以看到工件坐标系“ZG54”的位置已经与*C*轴工作台回转中心不重合。

图 10-76 更改工件安装位置后的项目配置

重置模型，仿真程序，加工结果如图 10-77 所示。仿真结果说明 CYCLE800 指令可以补偿由于工件安装位置与机床 *C* 轴工作台回转中心不重合所带来的偏差，正确完成加工。

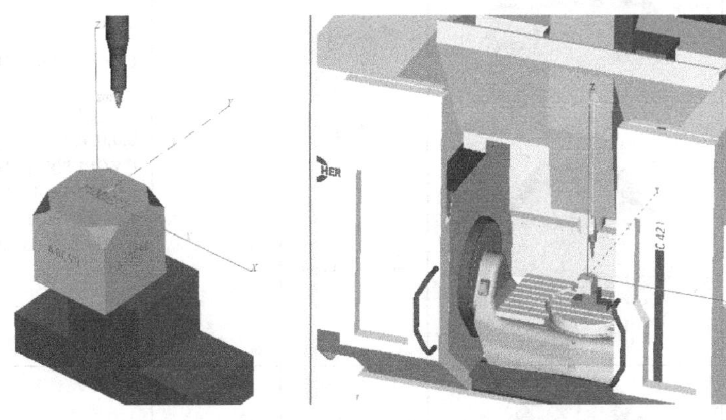

图 10-77　更改工件安装位置后的加工结果

10.2.4　CYCLE800 指令加工实例

31．五轴 cycle800 加工实例

实例零件最终加工结果如图 10-78 所示。

图 10-78　实例零件加工结果

零件主要加工过程见表 10-6。

表 10-6　零件加工过程　mm

序号	内容	结果	切削刀具	程序编制	CYCLE800 指令主要参数
0	准备毛坯	方块毛坯长 80，宽 80，高 90，材料 45 钢			
1	四个 90°侧面刻字		刻字铣刀	手工编程	CYCLE800(1,"HERMLE",200000,27,-20,-40,-40,0,0,90,0,0,0,1,100,1) CYCLE800(1,"HERMLE",200000,27,40,-20,-40,90,0,90,0,0,0,1,100,1) CYCLE800(1,"HERMLE",200000,27,20,40,-40,180,0,90,0,0,0,1,100,1) CYCLE800(1,"HERMLE",200000,27,-40,20,-40,270,0,90,0,0,0,1,100,1)

续表

序号	内容	结果	切削刀具	程序编制	CYCLE800指令主要参数
2	铣削四个45°侧面	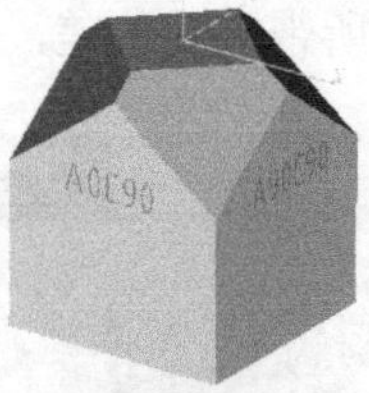 	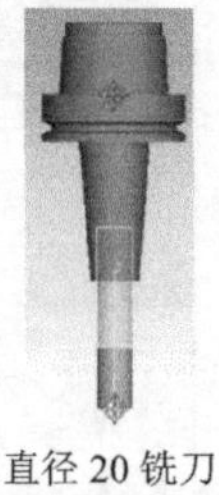 直径20铣刀	手工编程	CYCLE800(1,"HERMLE",200000,27,0,0,0,315,0,45,0,0,0,1,100,1) CYCLE800(1,"HERMLE",200000,27,0,0,0,45,0,45,0,0,0,1,100,1) CYCLE800(1,"HERMLE",200000,27,0,0,0,135,0,45,0,0,0,1,100,1) CYCLE800(1,"HERMLE",200000,27,0,0,0,225,0,45,0,0,0,1,100,1)
3	铣削四个70°侧面	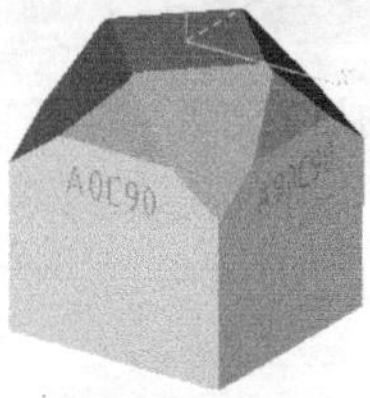 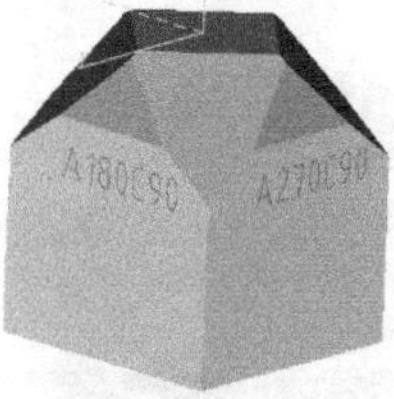	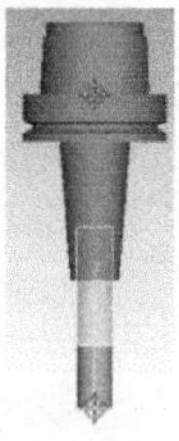 直径20铣刀	手工编程	CYCLE800(1,"HERMLE",200000,27,0,0,0,270,0,70,0,0,0,1,100,1) CYCLE800(1,"HERMLE",200000,27,0,0,0,0,0,70,0,0,0,1,100,1) CYCLE800(1,"HERMLE",200000,27,0,0,0,90,0,70,0,0,0,1,100,1) CYCLE800(1,"HERMLE",200000,27,0,0,0,180,0,70,0,0,0,1,100,1)
4	顶面铣削型腔		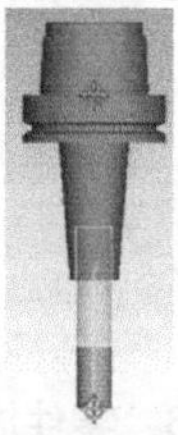 直径20铣刀	手工编程	CYCLE800(1,"HERMLE",200000,27,0,0,0,0,0,0,0,0,0,1,100,1)
5	四个45°侧面铣孔	 	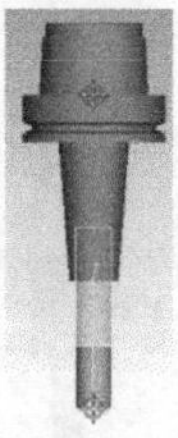 直径20铣刀	手工编程	CYCLE800(1,"HERMLE",200000,27,0,0,0,315,0,45,0,0,0,1,100,1) CYCLE800(1,"HERMLE",200000,27,0,0,0,45,0,45,0,0,0,1,100,1) CYCLE800(1,"HERMLE",200000,27,0,0,0,135,0,45,0,0,0,1,100,1) CYCLE800(1,"HERMLE",200000,27,0,0,0,225,0,45,0,0,0,1,100,1)

续表

序号	内容	结果	切削刀具	程序编制	CYCLE800 指令主要参数
6	四个 70° 侧面铣孔			手工编程	CYCLE800(1,"HERMLE",200000,27, 0,0,0,270,0,70,0,0,0,1,100,1) CYCLE800(1,"HERMLE",200000,27, 0,0,0,0,0,70,0,0,0,1,100,1) CYCLE800(1,"HERMLE",200000,27, 0,0,0,90,0,70,0,0,0,1,100,1) CYCLE800(1,"HERMLE",200000,27, 0,0,0,180,0,70,0,0,0,1,100,1)
7	四个 90° 侧面铣长 圆槽		直径 4 铣刀	手工编程	CYCLE800(1,"HERMLE",200000,27, 0,0,0,0,0,90,0,0,0,1,100,1) CYCLE800(1,"HERMLE",200000,27, 0,0,0,90,0,90,0,0,0,1,100,1) CYCLE800(1,"HERMLE",200000,27, 0,0,0,180,0,90,0,0,0,1,100,1) CYCLE800(1,"HERMLE",200000,27, 0,0,0,270,0,90,0,0,0,1,100,1)
8	前侧面刻 字		刻字铣刀	手工编程	CYCLE800(1,"HERMLE",200000,27, -25,-40,-80, 0,0,90,0,0,0,1,100,1)

具体实现过程如下：

（1）启动 VERICUT

（2）设置当前工作目录

主菜单，选择“**文件**”→“**工作目录**”命令，弹出“**工作目录**”对话框，“**捷径**”处选“**\program\multiaxis_sin840d\hermle_c42_srt_440**”，选择“**确定**”按钮。

（3）打开模板项目文件

主菜单，选择“**文件**”→“**打开**”命令，弹出“**打开项目**”对话框，选择文件“sin840d_cycle800_examplepart_01.vcproject”，选择“**打开**”按钮，进入该项目的加工仿真界面。主菜单，选择“**项目**”→“**项目树**”命令，打开项目树结构，模板项目已经将机床、控制系统、刀具配置完成。

（4）设置加工所需毛坯

设置加工所需圆柱体毛坯，右击项目树“Stock(0,0,0)”→“**增加模型**”→“**方块**”，设置长度为 80，宽度为 80，高度为 90。设置“**位置**”=“-40 -40 100”。

（5）加入数控加工程序

右击项目树“数控程序”→“添加数控程序文件…”，弹出“**打开数控程序文件**”对话框，“**捷径**”处选“**工作目录**”，选择文件“cycle800_examplepart_used.txt”，选择“**OK**”按钮。

（6）设置程序零点

点击选择项目树“G54”，在“**位置**”处输入“0 0 190”，为工件上顶面中心点。

点击“**重置**”，使项目树设置生效。设置结果如图 10-79 所示。

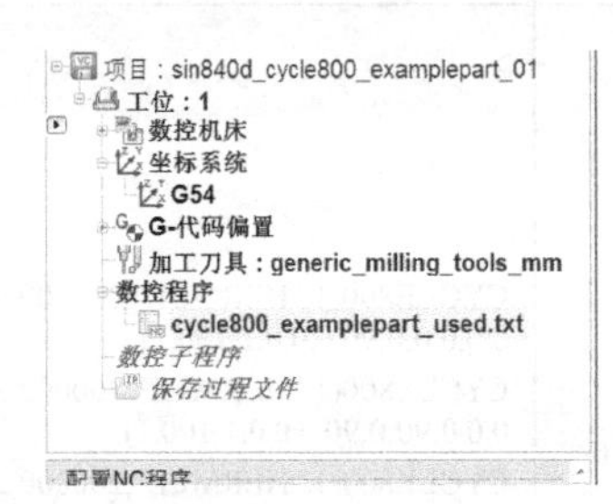

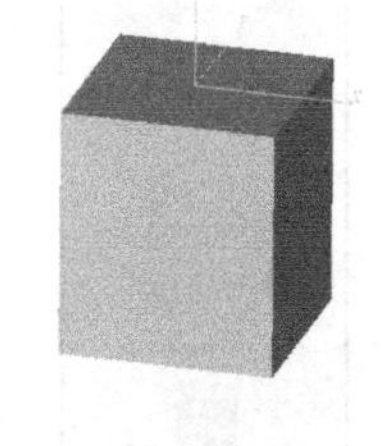

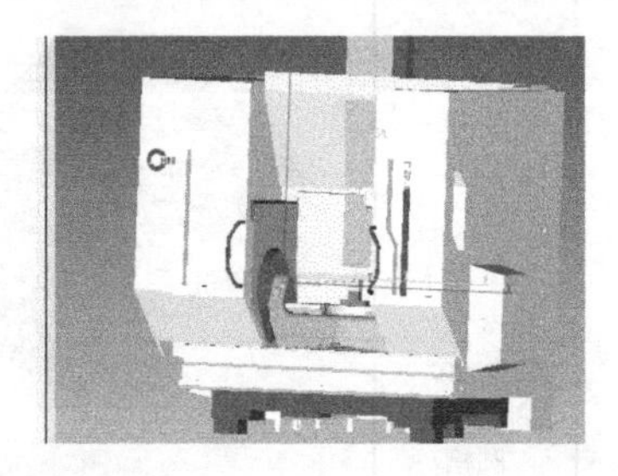

图 10-79　项目树设置结果

（7）仿真加工

程序首先进行对刀，使加工坐标系“Z 刀尖”与工件原点坐标系“ZG54”重合，如图 10-80 所示。

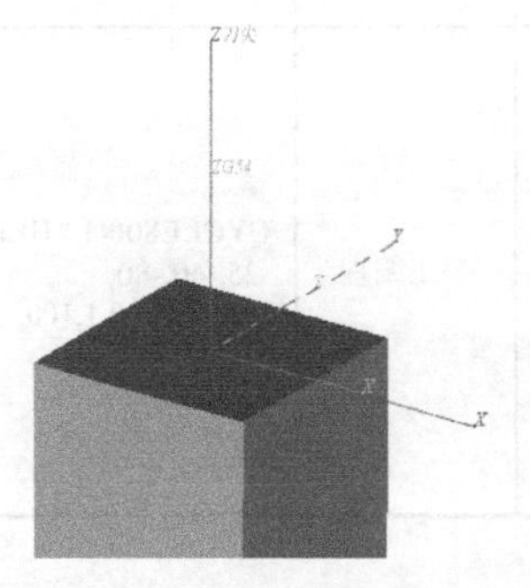

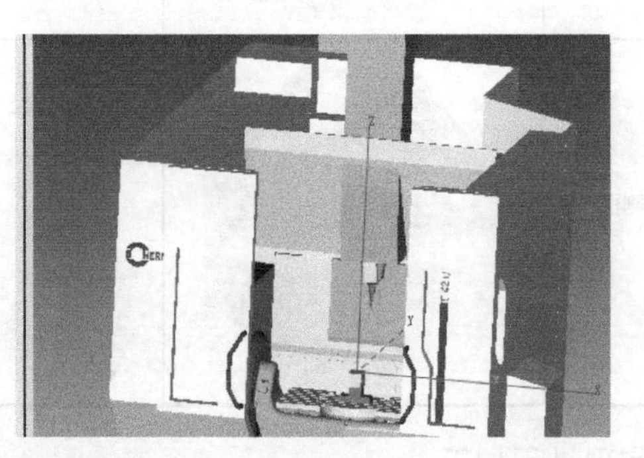

图 10-80　程序对刀

在四个 90° 侧面刻字，应用 CYCLE80 指令旋转与倾斜坐标系，程序如下。加工坐标系设置与各侧面的刻字结果如图 10-81～图 10-88 所示。

```
;Engraving tool
N100 T50 D1
N110 M6
N120 S1500 M3
N130 CYCLE800(1,“HERMLE”,200000,27,-20,-40,-40,0,0,90,0,0,0,1,100,1)
```

```
N140 G0 G54 X0 Y0 Z100
N150 ENGRAVE("A0C90",5,0,2,10,0.5,0,10,50)
N160 CYCLE800(1,"HERMLE",200000,27,40,-20,-40,90,0,90,0,0,0,1,100,1)
N170 G0 G54 X0 Y0 Z100
N180 ENGRAVE("A90C90",5,0,2,10,0.5,0,10,50)
N190 CYCLE800(1,"HERMLE",200000,27,20,40,-40,180,0,90,0,0,0,1,100,1)
N200 G0 G54 X0 Y0 Z100
N210 ENGRAVE("A180C90",5,0,2,10,0.5,0,10,50)
N220 CYCLE800(1,"HERMLE",200000,27,-40,20,-40,270,0,90,0,0,0,1,100,1)
N230 G0 G54 X0 Y0 Z100
N240 ENGRAVE("A270C90",5,0,2,10,0.5,0,10,50)
```

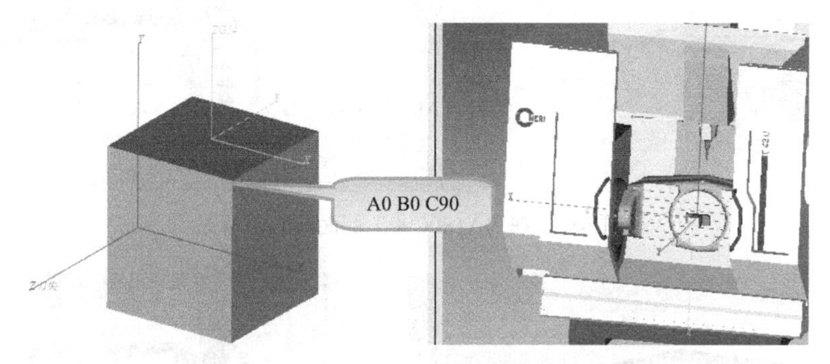

图10-81 在"A0C90"侧面倾斜坐标系

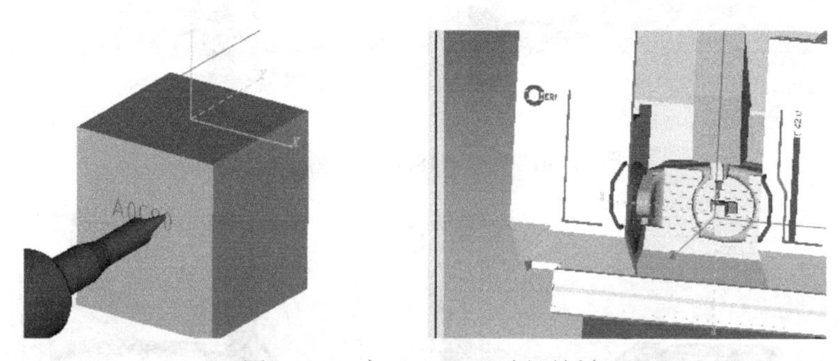

图10-82 在"A0C90"侧面刻字

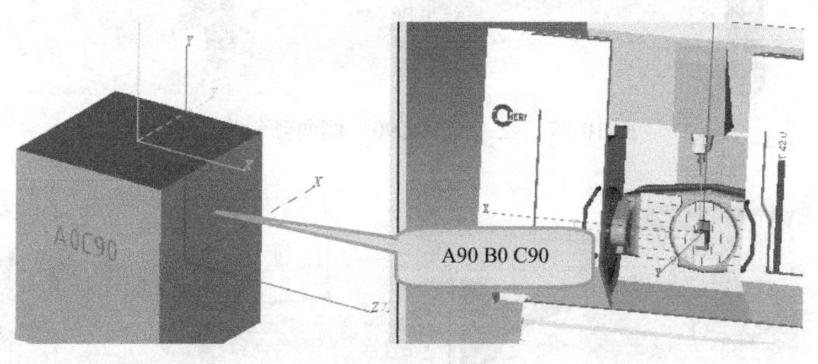

图10-83 在"A90C90"侧面倾斜坐标系

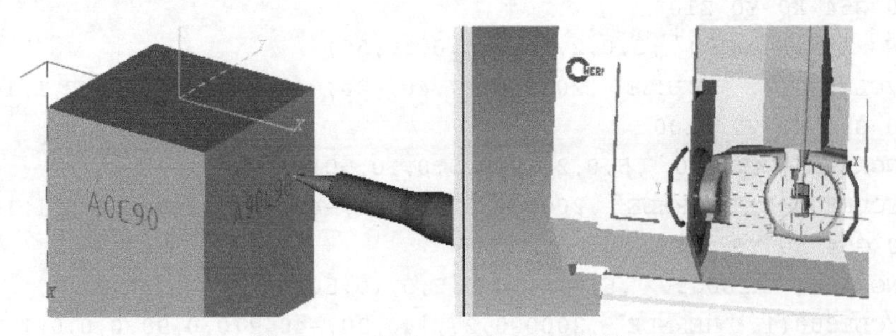

图 10-84 在“A90C90”侧面刻字

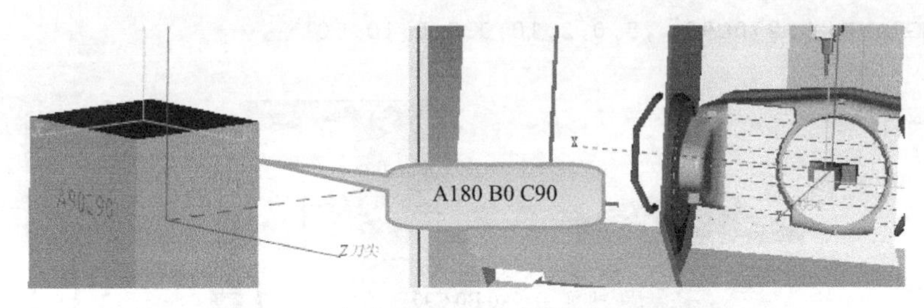

图 10-85 在“A180C90”侧面倾斜坐标系

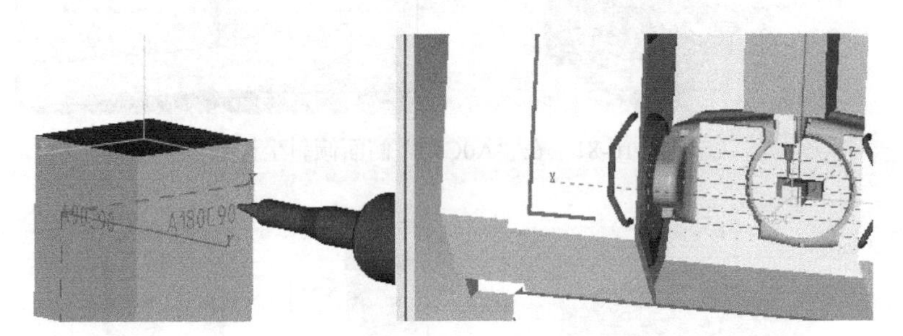

图 10-86 在“A180C90”侧面刻字

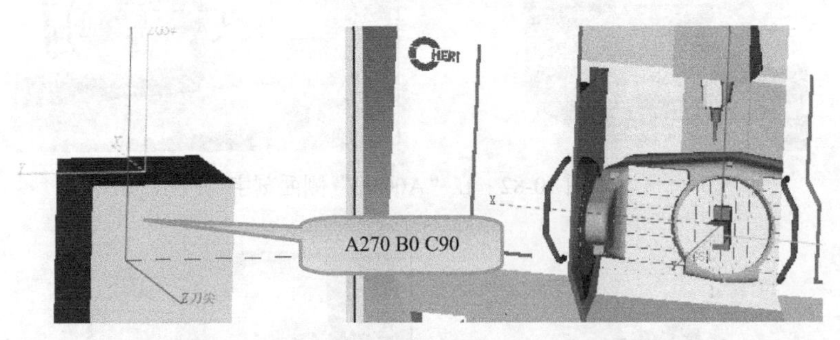

图 10-87 在“A270C90”侧面倾斜坐标系

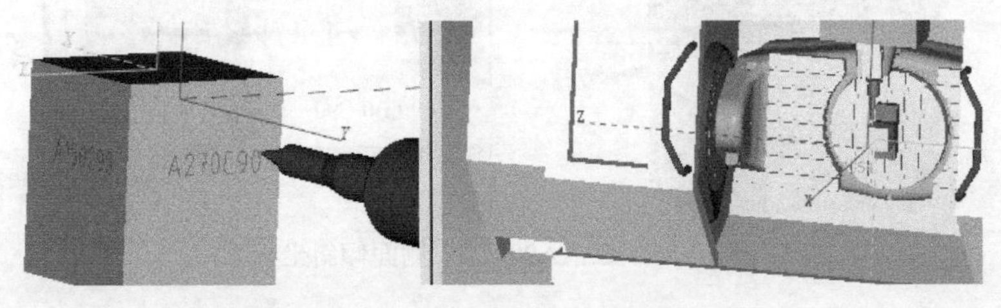

图 10-88 在“A270C90”侧面刻字

更换刀具，铣削毛坯四个顶点处的 45° 倾斜面，应用 CYCLE800 指令旋转与倾斜坐标系，程序如下。加工坐标系设置与各侧面的平面铣削结果如图 10-89～图 10-92 所示。

```
N320 CYCLE800(1,“HERMLE”,200000,27,0,0,0,315,0,45,0,0,0,1,100,1)
N330 CYCLE61(100,25,1,10,-25,-65,50,80,5,66,0,R5,31,0,1,11)
N340 CYCLE800(1,“HERMLE”,200000,27,0,0,0,45,0,45,0,0,0,1,100,1)
N350 CYCLE61(100,25,1,10,-25,-65,50,80,5,66,0,R5,31,0,1,11)
N360 CYCLE800(1,“HERMLE”,200000,27,0,0,0,135,0,45,0,0,0,1,100,1)
N370 CYCLE61(100,25,1,10,-25,-65,50,80,5,66,0,R5,31,0,1,11)
N380 CYCLE800(1,“HERMLE”,200000,27,0,0,0,225,0,45,0,0,0,1,100,1)
N390 CYCLE61(100,25,1,10,-25,-65,50,80,5,66,0,R5,31,0,1,11)
```

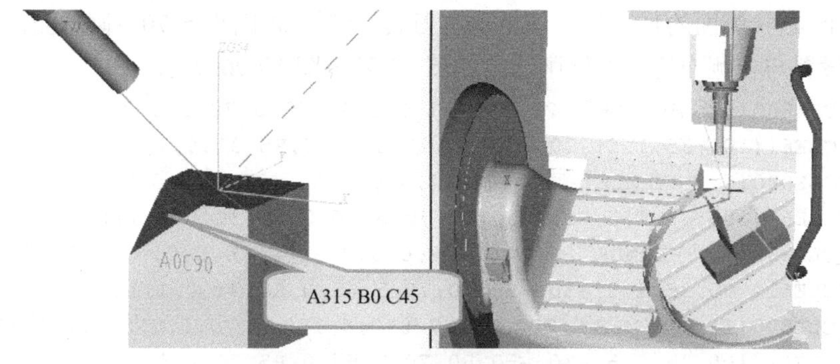

图 10-89　加工“A315C45”参数设置的 45° 斜面

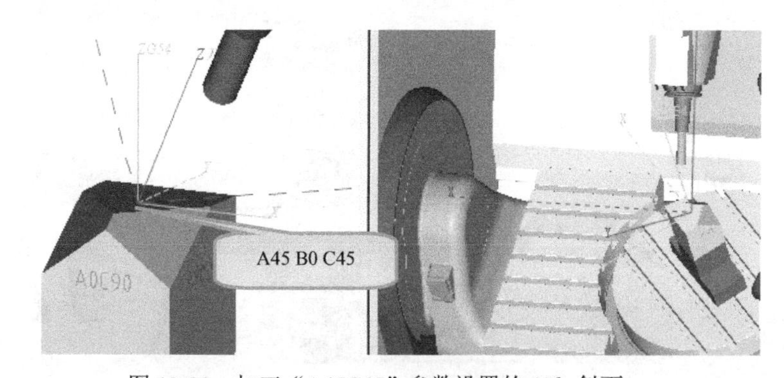

图 10-90　加工“A45C45”参数设置的 45° 斜面

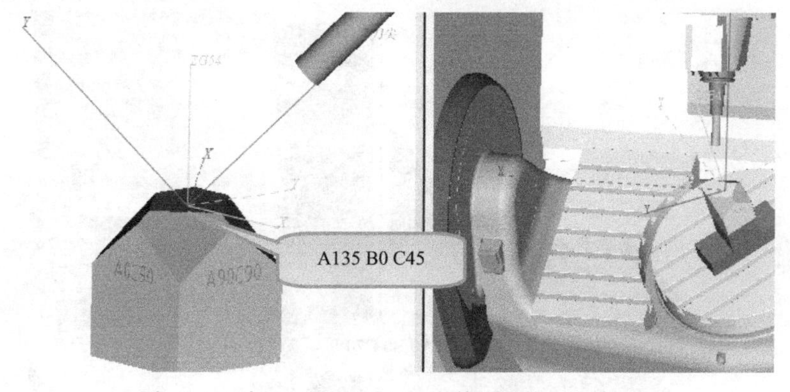

图 10-91　加工“A135C45”参数设置的 45° 斜面

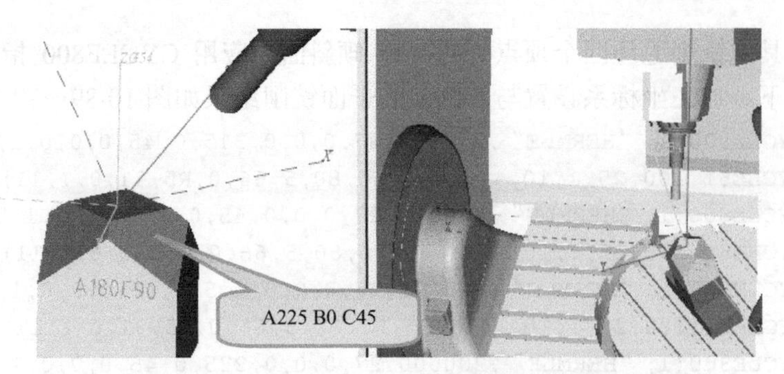

图 10-92 加工“A225C45”参数设置的 45° 斜面

完成四个 45° 侧面的加工后，使用现有刀具，继续加工四个 70° 倾斜面，程序如下。加工坐标系设置与各侧面的平面铣削结果如图 10-93～图 10-96 所示。

```
N400 CYCLE800(1,“HERMLE”,200000,27,0,0,0,270,0,70,0,0,0,1,100,1)
N410 CYCLE61(100,35,1,5,-30,-50,50,70,5,66,0,R5,31,0,1,11)
N420 CYCLE800(1,“HERMLE”,200000,27,0,0,0,0,0,70,0,0,0,1,100,1)
N430 CYCLE61(100,35,1,5,-30,-50,50,70,5,66,0,R5,31,0,1,11)
N440 CYCLE800(1,“HERMLE”,200000,27,0,0,0,90,0,70,0,0,0,1,100,1)
N450 CYCLE61(100,35,1,5,-30,-50,50,70,5,66,0,R5,31,0,1,11)
N460 CYCLE800(1,“HERMLE”,200000,27,0,0,0,180,0,70,0,0,0,1,100,1)
N470 CYCLE61(100,35,1,5,-30,-50,50,70,5,66,0,R5,31,0,1,11)
```

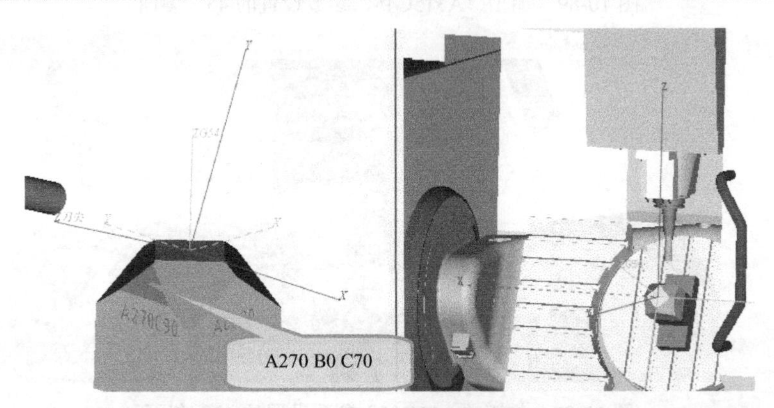

图 10-93 加工“A270C70”参数设置的 70° 斜面

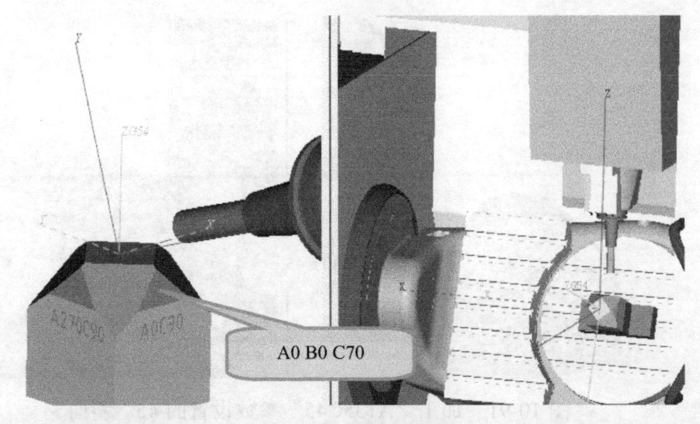

图 10-94 加工“A0C70”参数设置的 70° 斜面

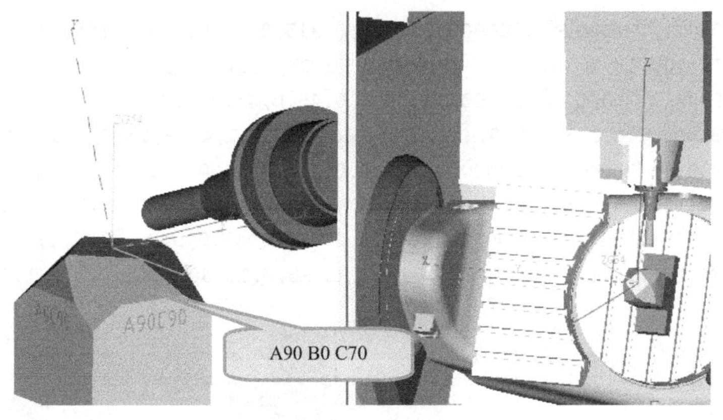

图 10-95　加工“A90C70”参数设置的 70°斜面

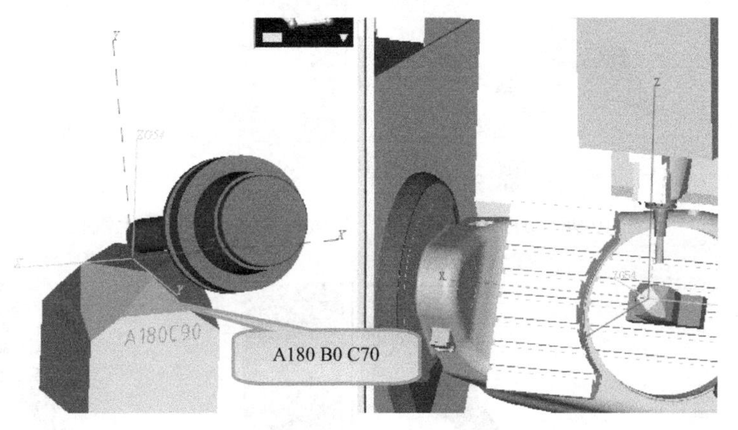

图 10-96　加工“A180C70”参数设置的 70°斜面（一）

完成四个 70°侧面的加工后，使用现有刀具，继续加工顶面型腔，程序如下。加工坐标系设置与型腔铣削结果如图 10-97 所示。

```
N480 CYCLE800(1,“HERMLE”,200000,27,0,0,0,0,0,0,0,0,0,1,100,1)
N490 POCKET3(100,0,1,41,32,32,4,0,0,45,5,0.2,0,R5,R5,0,11,4,8,3,15,0,2,0,1,
2,11100,11,101)
```

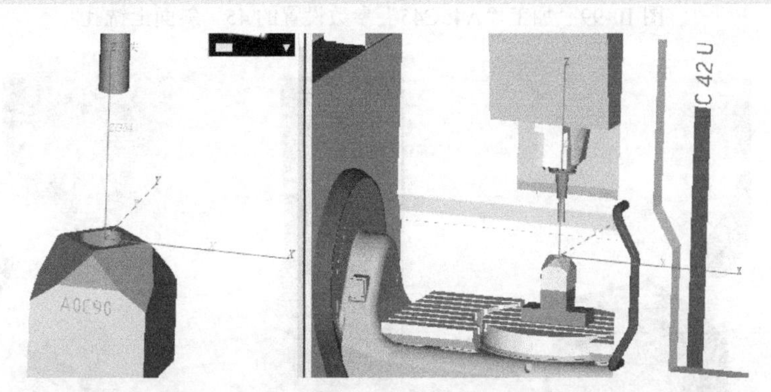

图 10-97　加工“A180C70”参数设置的 70°斜面（二）

完成顶面型腔的加工后，使用现有刀具，继续在四个 45°倾斜面上铣孔，程序如下。加工坐标系设置与各侧面的平面铣削结果如图 10-98～图 10-101 所示。

```
N500 CYCLE800(1,“HERMLE”,200000,27,0,0,0,315,0,45,0,0,0,1,100,1)
N510 POCKET4(100,15,1,35,25,0,-33,5,0,0,R5,R5,0,11,40,9,15,0,2,0,1,2,10100,111,111)
N520 CYCLE800(1,“HERMLE”,200000,27,0,0,0,45,0,45,0,0,0,1,100,1)
N530 POCKET4(100,15,1,35,25,0,-33,5,0,0,R5,R5,0,11,40,9,15,0,2,0,1,2,10100,111,111)
N540 CYCLE800(1,“HERMLE”,200000,27,0,0,0,135,0,45,0,0,0,1,100,1)
N550 POCKET4(100,15,1,35,25,0,-33,5,0,0,R5,R5,0,11,40,9,15,0,2,0,1,2,10100,111,111)
N560 CYCLE800(1,“HERMLE”,200000,27,0,0,0,225,0,45,0,0,0,1,100,1)
N570 POCKET4(100,15,1,35,25,0,-33,5,0,0,R5,R5,0,11,40,9,15,0,2,0,1,2,10100,111,111)
```

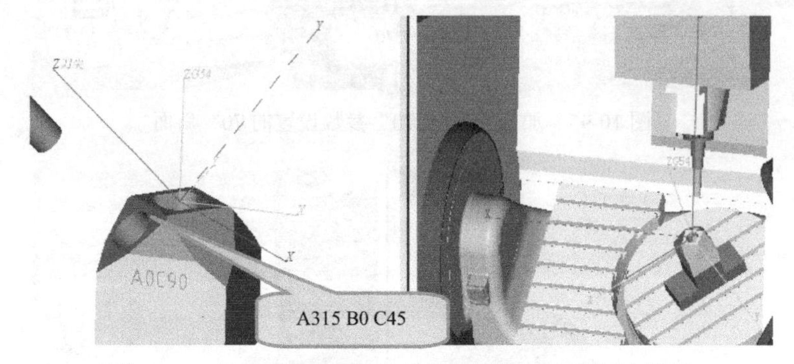

图 10-98　加工“A315C45”参数设置的45°斜面上铣孔

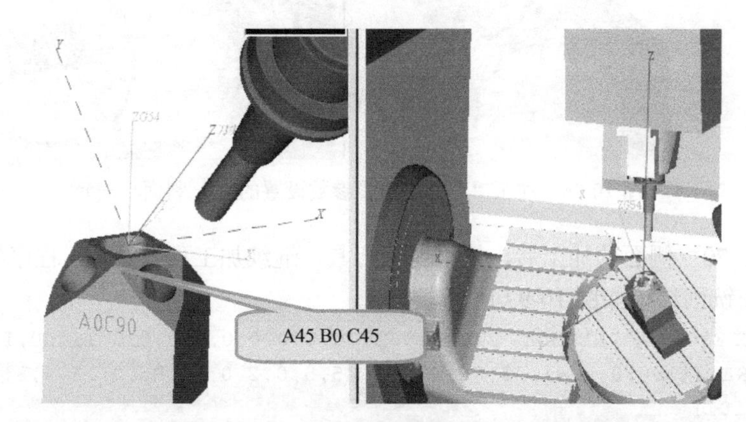

图 10-99　加工“A45C45”参数设置的45°斜面上铣孔

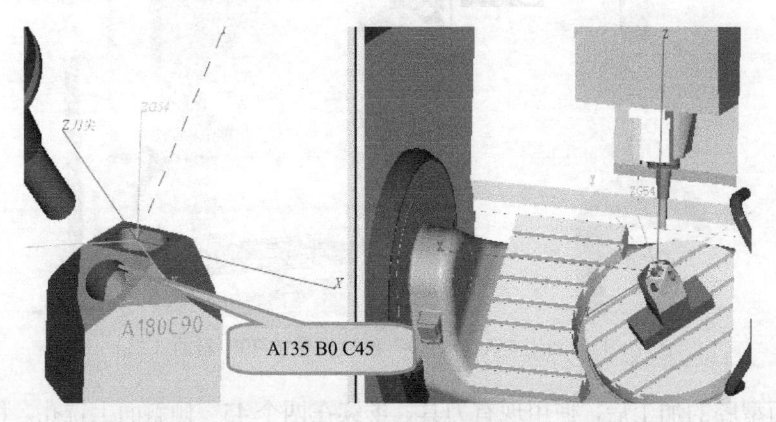

图 10-100　加工“A135C45”参数设置的45°斜面上铣孔

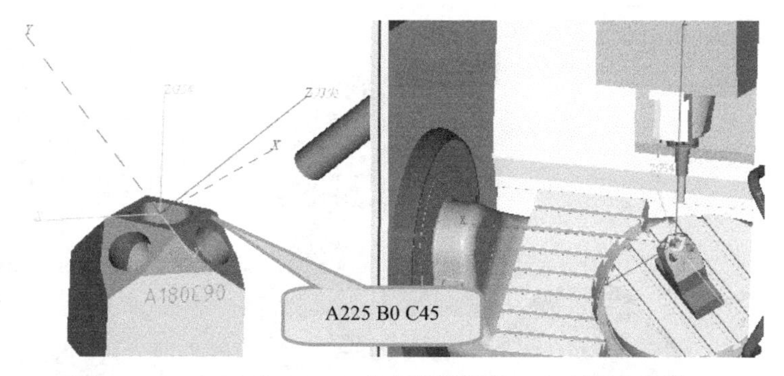

图 10-101　加工“A225C45”参数设置的 45° 斜面上铣孔

完成四个 45° 侧面的铣孔加工后，更换刀具，继续在四个 70° 倾斜面上铣孔，程序如下。加工坐标系设置与各侧面的平面铣削结果如图 10-102～图 10-105 所示。

```
N630 CYCLE800(1,“HERMLE”,200000,27,0,0,0,270,0,70,0,0,0,1,100,1)
N640 POCKET4(100,30,1,15,15,0,-26,5,0,0,R5,R5,0,11,40,9,15,0,2,0,1,2,10100,111,111)
N650 CYCLE800(1,“HERMLE”,200000,27,0,0,0,0,0,70,0,0,0,1,100,1)
N660 POCKET4(100,30,1,15,15,0,-26,5,0,0,R5,R5,0,11,40,9,15,0,2,0,1,2,10100,111,111)
N670 CYCLE800(1,“HERMLE”,200000,27,0,0,0,90,0,70,0,0,0,1,100,1)
N680 POCKET4(100,30,1,15,15,0,-26,5,0,0,R5,R5,0,11,40,9,15,0,2,0,1,2,10100,111,111)
N690 CYCLE800(1,“HERMLE”,200000,27,0,0,0,180,0,70,0,0,0,1,100,1)
N700 POCKET4(100,30,1,15,15,0,-26,5,0,0,R5,R5,0,11,40,9,15,0,2,0,1,2,10100,111,111)
```

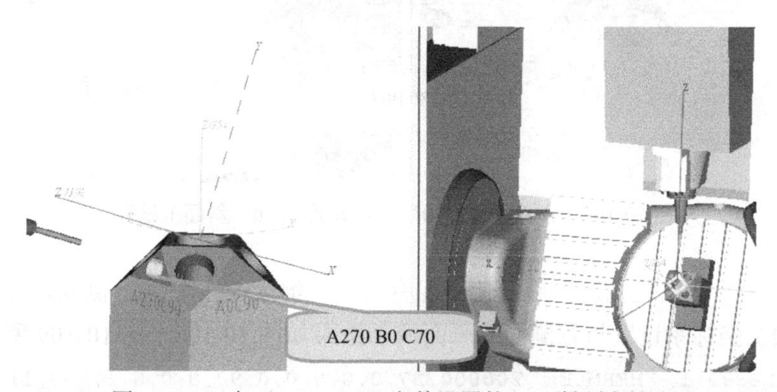

图 10-102　在“A270C70”参数设置的 70° 斜面上铣孔

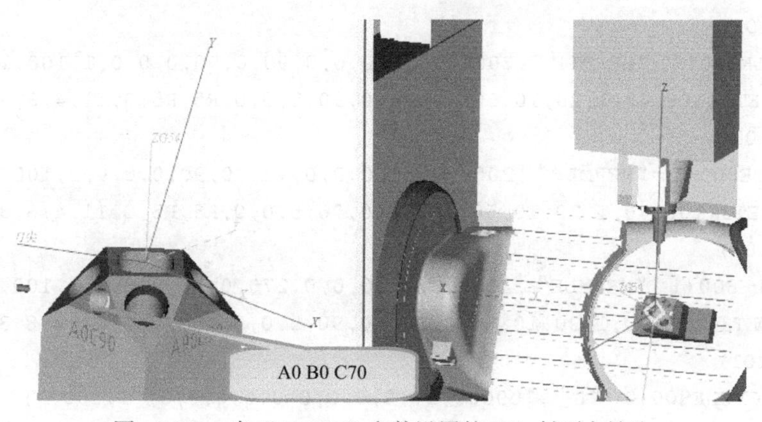

图 10-103　在“A0C70”参数设置的 70° 斜面上铣孔

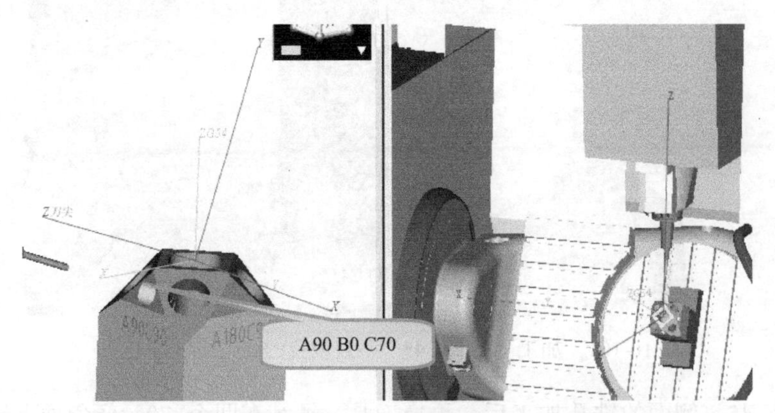

图 10-104 在"A90C70"参数设置的 70° 斜面上铣孔

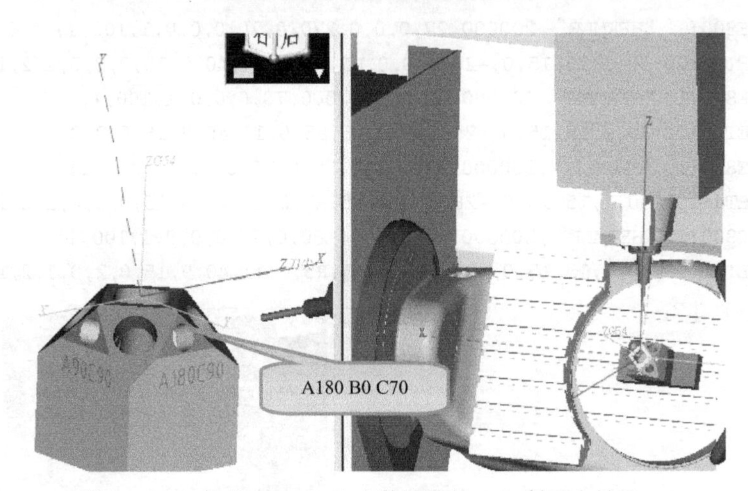

图 10-105 在"A180C70"参数设置的 70° 斜面上铣孔

完成四个 70° 侧面铣孔加工后，使用现有刀具，继续在四个 90° 侧倾斜面上铣长圆槽，程序如下。加工坐标系设置与各侧面的平面铣削结果如图 10-106～图 10-109 所示。

```
N710 CYCLE800(1,"HERMLE",200000,27,0,0,0,0,0,90,0,0,0,1,100,1)
N720 POCKET3(100,40,1,20,10,50,4,0,-60,90,5,0,0,R5,R5,0,11,4,8,3,15,0,2,0,1,2,11100,11,101)
N730 CYCLE800(1,"HERMLE",200000,27,0,0,0,90,0,90,0,0,0,1,100,1)
N740 POCKET3(100,40,1,20,10,50,4,0,-60,90,5,0,0,R5,R5,0,11,4,8,3,15,0,2,0,1,2,11100,11,101)
N750 CYCLE800(1,"HERMLE",200000,27,0,0,0,180,0,90,0,0,0,1,100,1)
N760 POCKET3(100,40,1,20,10,50,4,0,-60,90,5,0,0,R5,R5,0,11,4,8,3,15,0,2,0,1,2,11100,11,101)
N770 CYCLE800(1,"HERMLE",200000,27,0,0,0,270,0,90,0,0,0,1,100,1)
N780 POCKET3(100,40,1,20,10,50,4,0,-60,90,5,0,0,R5,R5,0,11,4,8,3,15,0,2,0,1,2,11100,11,101)
N790 CYCLE800(0,"0",100000,57,0,0,0,0,0,0,0,0,0,-1,100,1)
```

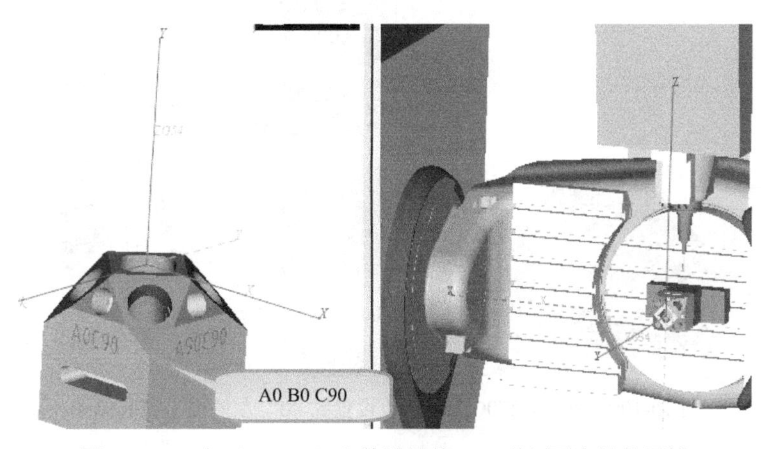

图 10-106 在“A0C90”参数设置的 90° 前侧面上铣长圆槽

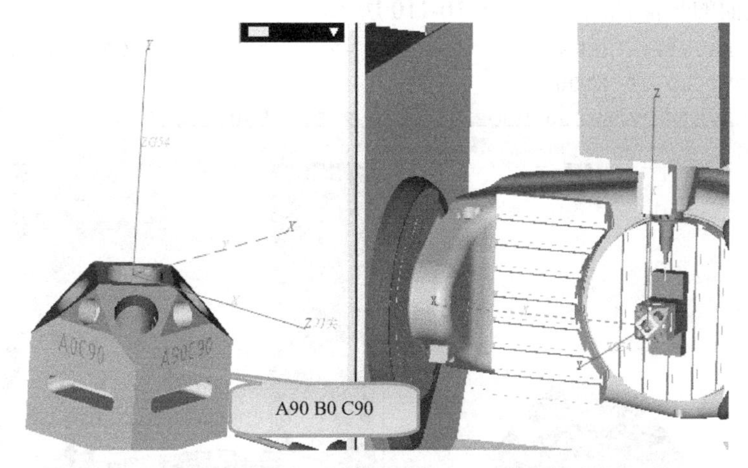

图 10-107 在“A90C90”参数设置的 90° 右侧面上铣长圆槽

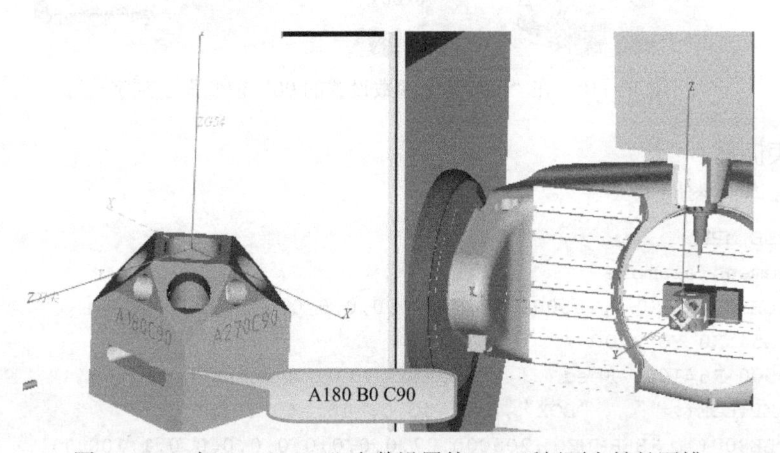

图 10-108 在“A180C90”参数设置的 90° 后侧面上铣长圆槽

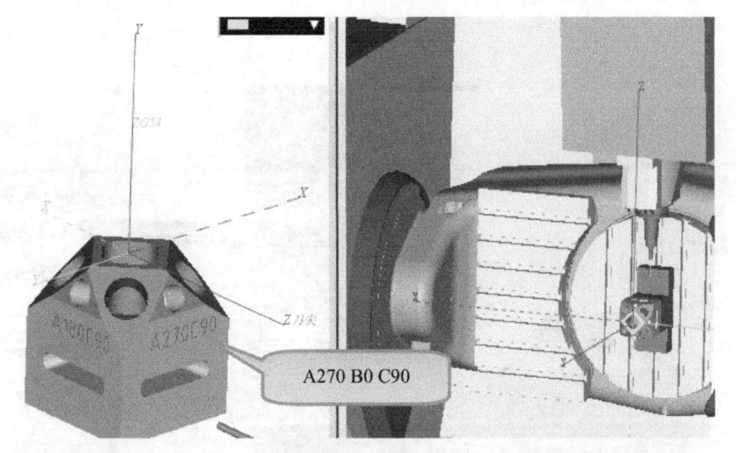

图 10-109 在“A270C90”参数设置的 90° 左侧面上铣长圆槽

完成四个 90° 侧面铣长圆槽加工后，更换刀具，在前侧面上刻字，程序如下。加工坐标系设置与各侧面的平面铣削结果如图 10-110 所示。

```
N830 CYCLE800(1,“HERMLE”,200000,27,-25,-40,-80,0,0,90,0,0,0,1,100,1)
N840 G0 G54 X0 Y0 Z100
N850 ENGRAVE(“CYCLE800 MODE27”,5,0,2,5,0.5,0,10,50)
```

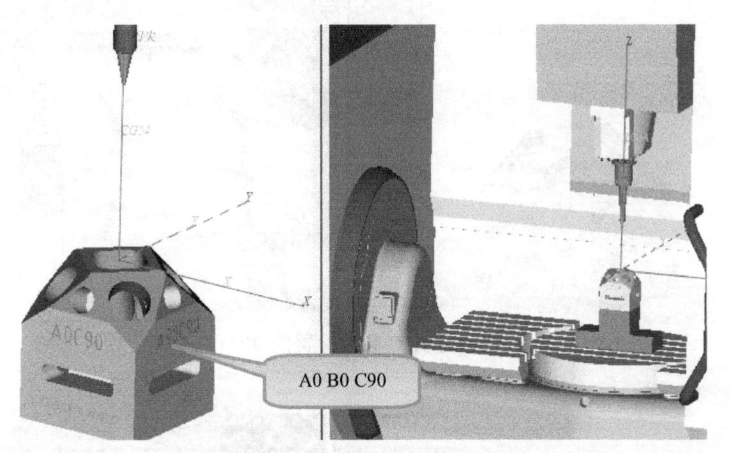

图 10-110 在“A0C90”参数设置的 90° 前侧面上刻字

(8) 结束仿真

完整的程序内容如下。

```
%_N_SAMPLE_MPF
N010 ;Siemens example
N020 CYCLE800(0,“0”,100000,57,0,0,0,0,0,0,0,0,0,-1,100,1)
N030 G0 G54 X0 Y0 Z400
N040 R5=500 R6=100; Feed
N050 WORKPIECE(,“”,,“BOX”,0,0,-40,0,-40,-40,80,80)
N060 CYCLE800(1,“HERMLE”,200000,27,0,0,0,0,0,0,0,0,0,1,100,1)
;Engraving tool
N100 T50 D1
N110 M6
```

```
N120 S1500 M3
N130 CYCLE800(1,“HERMLE”,200000,27,-20,-40,-40,0,0,90,0,0,0,1,100,1)
N140 G0 G54 X0 Y0 Z100
N150 ENGRAVE(“A0C90”,5,0,2,10,0.5,0,10,50)
N160 CYCLE800(1,“HERMLE”,200000,27,40,-20,-40,90,0,90,0,0,0,1,100,1)
N170 G0 G54 X0 Y0 Z100
N180 ENGRAVE(“A90C90”,5,0,2,10,0.5,0,10,50)
N190 CYCLE800(1,“HERMLE”,200000,27,20,40,-40,180,0,90,0,0,0,1,100,1)
N200 G0 G54 X0 Y0 Z100
N210 ENGRAVE(“A180C90”,5,0,2,10,0.5,0,10,50)
N220 CYCLE800(1,“HERMLE”,200000,27,-40,20,-40,270,0,90,0,0,0,1,100,1)
N230 G0 G54 X0 Y0 Z100
N240 ENGRAVE(“A270C90”,5,0,2,10,0.5,0,10,50)
;Milling D20
N290 T10 D1
N300 M6
N310 S1500 M3
N320 CYCLE800(1,“HERMLE”,200000,27,0,0,0,315,0,45,0,0,0,1,100,1)
N330 CYCLE61(100,25,1,10,-25,-65,50,80,5,66,0,R5,31,0,1,11)
N340 CYCLE800(1,“HERMLE”,200000,27,0,0,0,45,0,45,0,0,0,1,100,1)
N350 CYCLE61(100,25,1,10,-25,-65,50,80,5,66,0,R5,31,0,1,11)
N360 CYCLE800(1,“HERMLE”,200000,27,0,0,0,135,0,45,0,0,0,1,100,1)
N370 CYCLE61(100,25,1,10,-25,-65,50,80,5,66,0,R5,31,0,1,11)
N380 CYCLE800(1,“HERMLE”,200000,27,0,0,0,225,0,45,0,0,0,1,100,1)
N390 CYCLE61(100,25,1,10,-25,-65,50,80,5,66,0,R5,31,0,1,11)
N400 CYCLE800(1,“HERMLE”,200000,27,0,0,0,270,0,70,0,0,0,1,100,1)
N410 CYCLE61(100,35,1,5,-30,-50,50,70,5,66,0,R5,31,0,1,11)
N420 CYCLE800(1,“HERMLE”,200000,27,0,0,0,0,0,70,0,0,0,1,100,1)
N430 CYCLE61(100,35,1,5,-30,-50,50,70,5,66,0,R5,31,0,1,11)
N440 CYCLE800(1,“HERMLE”,200000,27,0,0,0,90,0,70,0,0,0,1,100,1)
N450 CYCLE61(100,35,1,5,-30,-50,50,70,5,66,0,R5,31,0,1,11)
N460 CYCLE800(1,“HERMLE”,200000,27,0,0,0,180,0,70,0,0,0,1,100,1)
N470 CYCLE61(100,35,1,5,-30,-50,50,70,5,66,0,R5,31,0,1,11)
N480 CYCLE800(1,“HERMLE”,200000,27,0,0,0,0,0,0,0,0,0,1,100,1)
N490 POCKET3(100,0,1,41,32,32,4,0,0,45,5,0.2,0,R5,R5,0,11,4,8,3,15,0,2,0,1,2,11100,
11,101)
N500 CYCLE800(1,“HERMLE”,200000,27,0,0,0,315,0,45,0,0,0,1,100,1)
N510 POCKET4(100,15,1,35,25,0,-33,5,0,0,R5,R5,0,11,40,9,15,0,2,0,1,2,10100,111,111)
N520 CYCLE800(1,“HERMLE”,200000,27,0,0,0,45,0,45,0,0,0,1,100,1)
N530 POCKET4(100,15,1,35,25,0,-33,5,0,0,R5,R5,0,11,40,9,15,0,2,0,1,2,10100,111,111)
N540 CYCLE800(1,“HERMLE”,200000,27,0,0,0,135,0,45,0,0,0,1,100,1)
N550 POCKET4(100,15,1,35,25,0,-33,5,0,0,R5,R5,0,11,40,9,15,0,2,0,1,2,10100,111,111)
N560 CYCLE800(1,“HERMLE”,200000,27,0,0,0,225,0,45,0,0,0,1,100,1)
N570 POCKET4(100,15,1,35,25,0,-33,5,0,0,R5,R5,0,11,40,9,15,0,2,0,1,2,10100,111,111)
;Milling D4
N600 T51 D1
N610 M6
```

```
N620 S1500 M3
N630 CYCLE800(1,“HERMLE”,200000,27,0,0,0,270,0,70,0,0,0,1,100,1)
N640 POCKET4(100,30,1,15,15,0,-26,5,0,0,R5,R5,0,11,40,9,15,0,2,0,1,2,10100,111,111)
N650 CYCLE800(1,“HERMLE”,200000,27,0,0,0,0,0,70,0,0,0,1,100,1)
N660 POCKET4(100,30,1,15,15,0,-26,5,0,0,R5,R5,0,11,40,9,15,0,2,0,1,2,10100,111,111)
N670 CYCLE800(1,“HERMLE”,200000,27,0,0,0,90,0,70,0,0,0,1,100,1)
N680 POCKET4(100,30,1,15,15,0,-26,5,0,0,R5,R5,0,11,40,9,15,0,2,0,1,2,10100,111,111)
N690 CYCLE800(1,“HERMLE”,200000,27,0,0,0,180,0,70,0,0,0,1,100,1)
N700 POCKET4(100,30,1,15,15,0,-26,5,0,0,R5,R5,0,11,40,9,15,0,2,0,1,2,10100,111,111)
N710 CYCLE800(1,“HERMLE”,200000,27,0,0,0,0,0,90,0,0,0,1,100,1)
N720 POCKET3(100,40,1,20,10,50,4,0,-60,90,5,0,0,R5,R5,0,11,4,8,3,15,0,2,0,1,2,11100,
11,101)
N730 CYCLE800(1,“HERMLE”,200000,27,0,0,0,90,0,90,0,0,0,1,100,1)
N740 POCKET3(100,40,1,20,10,50,4,0,-60,90,5,0,0,R5,R5,0,11,4,8,3,15,0,2,0,1,2,11100,
11,101)
N750 CYCLE800(1,“HERMLE”,200000,27,0,0,0,180,0,90,0,0,0,1,100,1)
N760 POCKET3(100,40,1,20,10,50,4,0,-60,90,5,0,0,R5,R5,0,11,4,8,3,15,0,2,0,1,2,
11100,11,101)
N770 CYCLE800(1,“HERMLE”,200000,27,0,0,0,270,0,90,0,0,0,1,100,1)
N780 POCKET3(100,40,1,20,10,50,4,0,-60,90,5,0,0,R5,R5,0,11,4,8,3,15,0,2,0,1,2,11100,
11,101)
N790 CYCLE800(0,"0",100000,57,0,0,0,0,0,0,0,0,0,-1,100,1)
;Engraving tool
N800 T50 D1
N810 M6
N820 S1500 M3
N830 CYCLE800(1,“HERMLE”,200000,27,-25,-40,-80,0,0,90,0,0,0,1,100,1)
N840 G0 G54 X0 Y0 Z100
N850 ENGRAVE("CYCLE800 MODE27",5,0,2,5,0.5,0,10,50)
N860 CYCLE800(1,“HERMLE”,200000,27,0,0,0,0,0,0,0,0,0,1,100,1)
N870 G0 X0 Y0
N880 Z100
N890 M30
```

进一步分析如上程序，定位四个45°倾斜面时加工坐标系的空间定位位置，如图10-111所示，从中可以看出四个坐标系空间方位一致，因此执行的平面铣削循环程序CYCLE61中的参数一致，即共同执行相同的如下程序：

```
CYCLE61(100,25,1,10,-25,-65,50,80,5,66,0,R5,31,0,1,11)
```

这里更改旋转参数设置方法，执行如下程序：

```
N100 CYCLE800(1,“HERMLE”,200000,27,0,0,0,45,-45,0,0,0,0,1,100,1)
N110 CYCLE61(100,25,1,10,-65,-35,50,80,5,66,0,R5,31,0,1,11)
N120 CYCLE800(1,“HERMLE”,200000,27,0,0,0,45,0,-45,0,0,0,1,100,1)
N130 CYCLE61(100,25,1,10,-35,15,80,50,5,66,0,R5,31,0,1,11)
N140 CYCLE800(1,“HERMLE”,200000,27,0,0,0,45,0,45,0,0,0,1,100,1)
N150 CYCLE61(100,25,1,10,-35,-65,80,50,5,66,0,R5,31,0,1,11)
N160 CYCLE800(1,“HERMLE”,200000,27,0,0,0,45,45,0,0,0,0,1,100,1)
N170 CYCLE61(100,25,1,10,15,-35,50,80,5,66,0,R5,31,0,1,11)
```

加工结果如图10-112～图10-115所示。

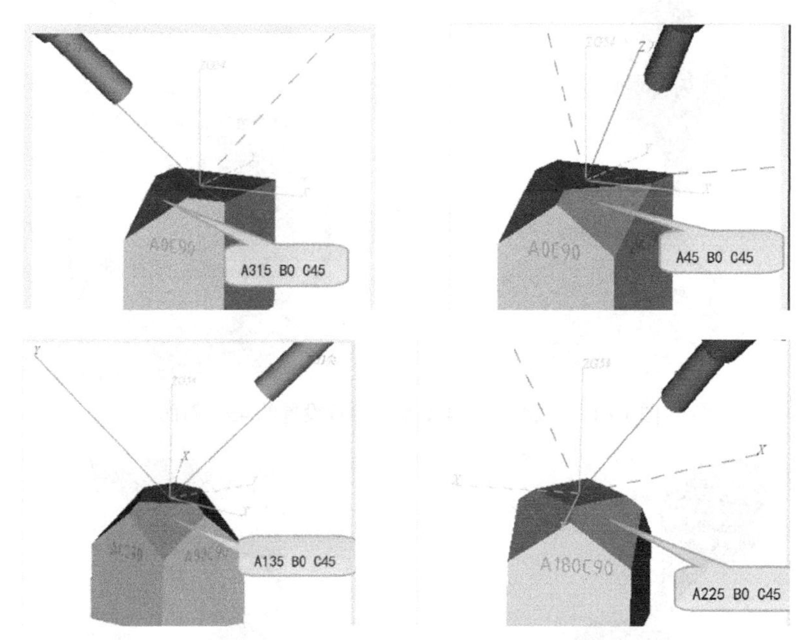

图 10-111　四个 45°斜面加工坐标系定位位置

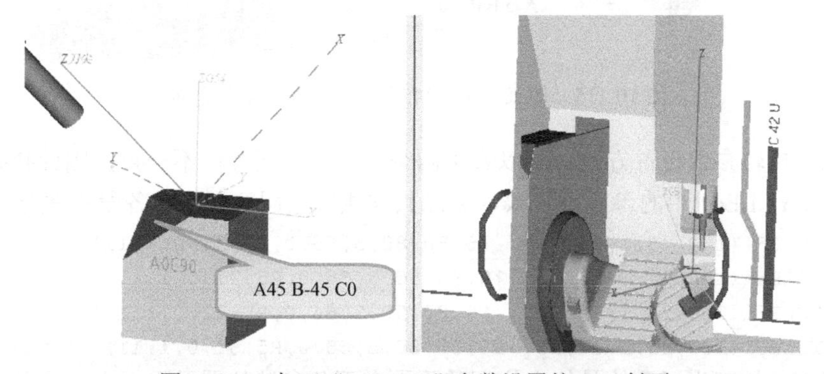

图 10-112　加工“A45B-45”参数设置的 45°斜面

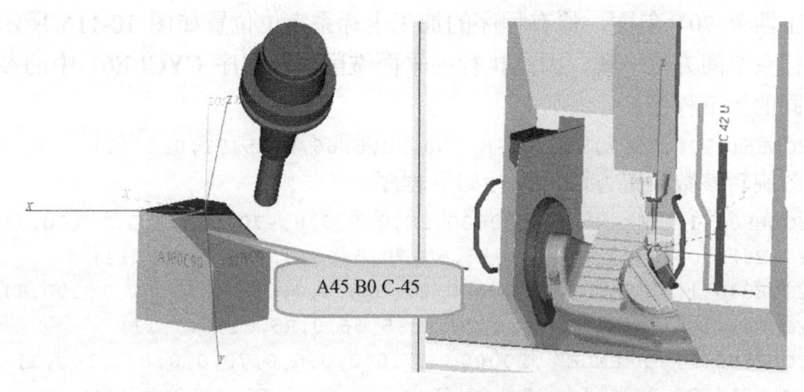

图 10-113　加工“A45C-45”参数设置的 45°斜面

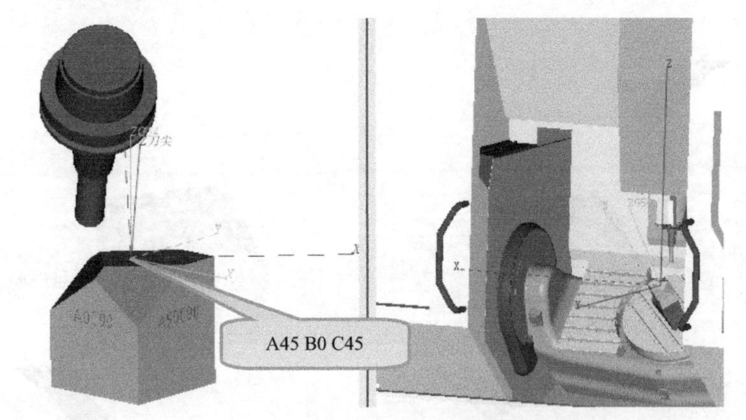

图 10-114 加工“A45C45”参数设置的 45° 斜面

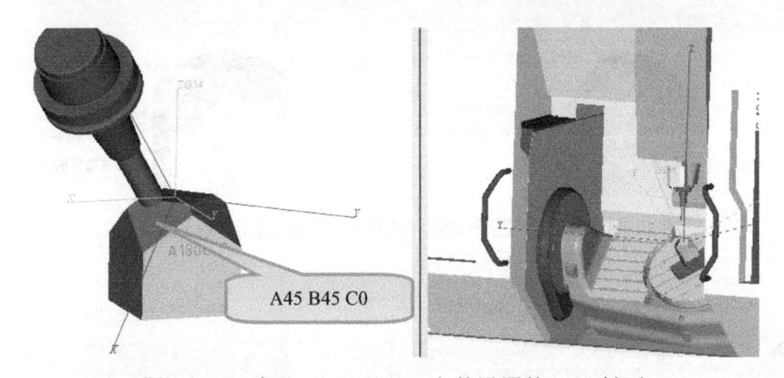

图 10-115 加工“A45B45”参数设置的 45° 斜面

应用以上旋转参数设置方法，可以看出四个坐标系空间方位不一致，因此执行的平面铣削循环程序 CYCLE61 中的参数不一致，无法共同执行相同的程序，各段程序分别如下：

```
N110 CYCLE61(100,25,1,10,-65,-35,50,80,5,66,0,R5,31,0,1,11)
N130 CYCLE61(100,25,1,10,-35,15,80,50,5,66,0,R5,31,0,1,11)
N150 CYCLE61(100,25,1,10,-35,-65,80,50,5,66,0,R5,31,0,1,11)
N170 CYCLE61(100,25,1,10,15,-35,50,80,5,66,0,R5,31,0,1,11)
```

需要根据各加工坐标系的具体方位调整平面左下角参数位置及平面尺寸参数，增加了编程工作量。

同样加工四个 70° 斜面，原有程序的加工坐标系定位位置如图 10-116 所示。从中可以看出四个坐标系空间方位一致，因此执行的平面铣削循环程序 CYCLE61 中的参数一致，即共同执行相同的如下程序：

```
N190 CYCLE61(100,35,1,5,-30,-50,50,70,5,66,0,R5,31,0,1,11)
```

这里更改旋转参数设置方法，执行如下程序：

```
N180 CYCLE800(1,“HERMLE”,200000,27,0,0,0,0,-70,0,0,0,0,1,100,1)
N190 CYCLE61(100,35,1,5,-50,-35,50,70,5,66,0,R5,31,0,1,11)
N200 CYCLE800(1,“HERMLE”,200000,27,0,0,0,0,0,-70,0,0,0,1,100,1)
N210 CYCLE61(100,35,1,5,-35,0,70,50,5,66,0,R5,31,0,1,11)
N220 CYCLE800(1,“HERMLE”,200000,27,0,0,0,0,0,70,0,0,0,1,100,1)
N230 CYCLE61(100,35,1,5,-35,-50,70,50,5,66,0,R5,31,0,1,11)
N240 CYCLE800(1,“HERMLE”,200000,27,0,0,0,0,70,0,0,0,0,1,100,1)
N250 CYCLE61(100,35,1,5,0,-35,50,70,5,66,0,R5,31,0,1,11)
```

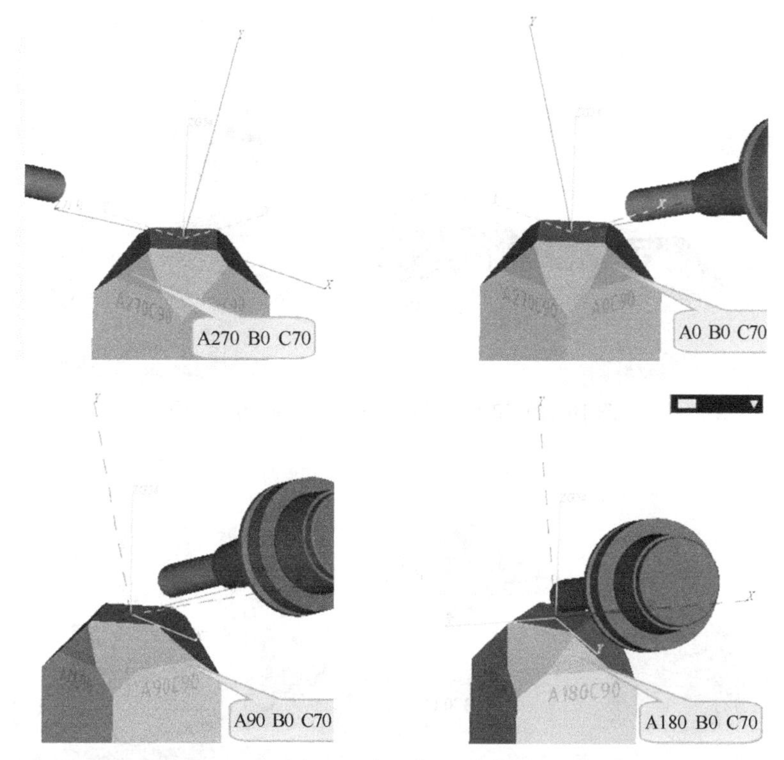

图 10-116　四个 70° 斜面加工坐标系定位位置

加工结果如图 10-117～图 10-120 所示。

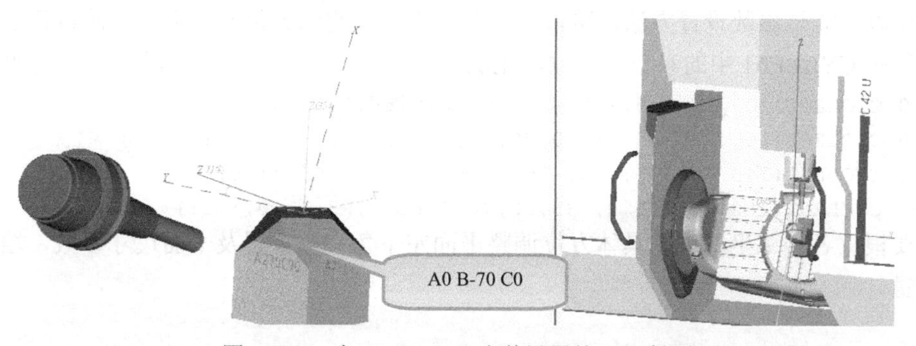

图 10-117　加工“B-70”参数设置的 70° 斜面

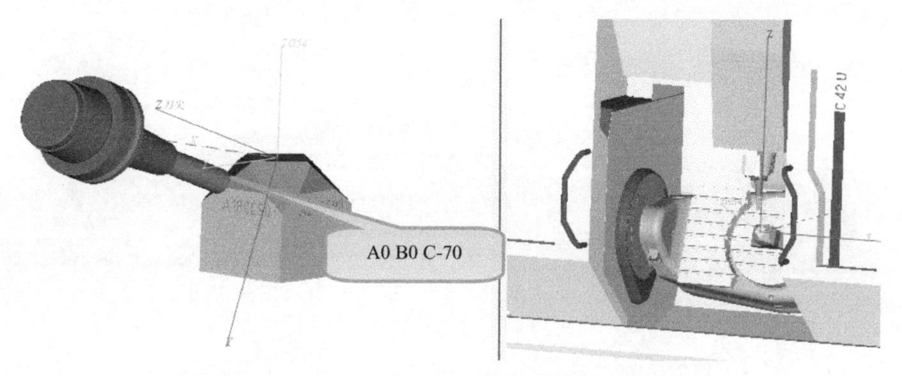

图 10-118　加工“C-70”参数设置的 70° 斜面

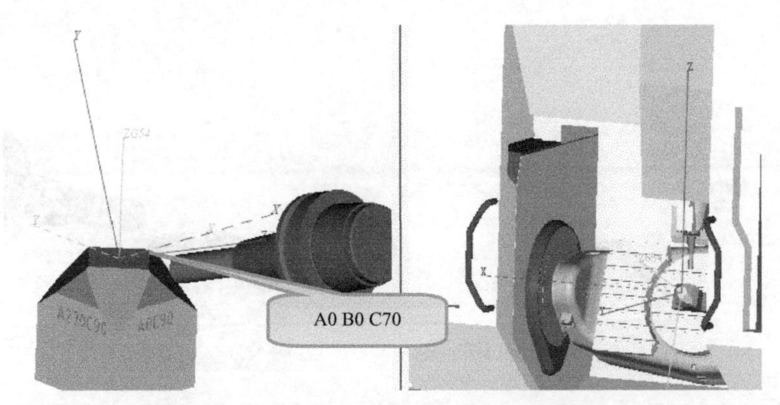

图 10-119 加工“C70”参数设置的 70° 斜面

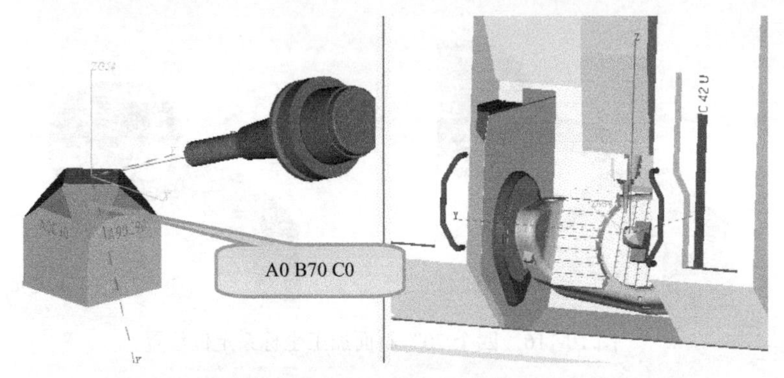

图 10-120 加工“B70”参数设置的 70° 斜面

应用以上旋转参数设置方法，可以看出四个坐标系空间方位不一致，因此执行的平面铣削循环程序 CYCLE61 中的参数不一致，无法共同执行相同的程序，各段程序分别如下：

```
N190 CYCLE61(100,35,1,5,-50,-35,50,70,5,66,0,R5,31,0,1,11)
N210 CYCLE61(100,35,1,5,-35,0,70,50,5,66,0,R5,31,0,1,11)
N230 CYCLE61(100,35,1,5,-35,-50,70,50,5,66,0,R5,31,0,1,11)
N250 CYCLE61(100,35,1,5,0,-35,50,70,5,66,0,R5,31,0,1,11)
```

需要根据各加工坐标系的具体方位调整平面左下角参数位置及平面尺寸参数，增加了编程工作量。

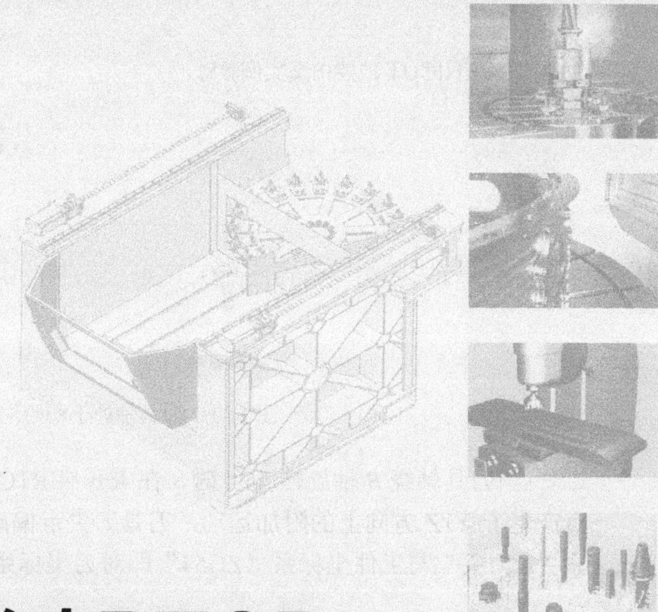

第11章

加工中心五轴联动RTCP和RPCP仿真

11.1 刀尖点跟踪控制 RTCP 与 RPCP 技术说明

在五轴加工中，当刀具旋转或机床工作转台转动以实现所需的坐标轴旋转功能时，由于枢轴中心距（Pivot）即刀具中心和多轴机床旋转主轴中心存在一定的距离，会使刀具刀尖点产生 *XYZ* 的附加运动。为了能够正确完成五轴加工工作，必须对 *XYZ* 的附加运动即转动和摆动产生的工件与刀尖点间的位移进行补偿，称为 RTCP（Rotational around Tool Center Point，围绕刀尖点旋转）和 RPCP（Rotational around Part Center Point，围绕工件旋转）控制功能。使用该功能，五轴机床可以适时加入改变刀具与工件间姿态的旋转指令，而不需要考虑这些旋转指令带来的附加运动。RTCP 用于补偿刀具旋转所造成的平动坐标的变化，主要应用于双摆头结构形式的机床。RPCP 用于补偿工件旋转所造成的平动坐标的变化，主要应用于双转台形式的机床。而一摆头、一转台形式的混合结构机床是上述两种情况的综合应用。RTCP 是五轴数控技术的关键技术之一，RTCP 功能可以使数控系统自动对旋转轴的运动进行实时线性补偿，工件安装位置改变或刀具长度更改时无须重新编程，只需要将编程坐标与名义坐标原点的偏置值(双转台型) 或刀具旋转中心与刀尖点距离(双摆头型) 输入到数控系统，就能确保刀具中心点始终位于编程轨迹上。高水平的数控系统一般都提供 RTCP 功能，例如西门子 840D 使用 TRAORI 开启 RTCP 功能，海德汉 TNC530 数控系统使用 M128 开启 RTCP 功能。具备 RTCP 功能的数控系统，功能更加完善，数控程序具有较强的适应性，编程效率大大提高。

在 VERICUT 软件中，可以清晰仿真由于刀具或工件坐标轴的旋转导致的 *XYZ* 三个直线运动轴的附加运动，在软件中表现为加工坐标系的偏移，具体仿真过程如图 11-1～图 11-3 所示。在图 11-1 中，具有 *B*、*C* 轴结构的双摆头五轴加工中心，此时刀具处于初始位置，刀轴方向即 *B* 轴为 0°，加工坐标系“*Z* 刀尖”与工件坐标系“ZG54”即对刀坐标系重合。

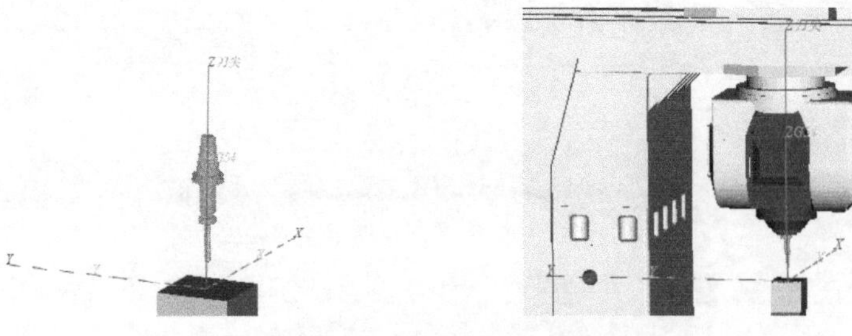

图 11-1　刀具轴处于初始位置（*B* 轴为 0°）

当刀具轴绕 *B* 轴旋转 45°时，在未开启 RTCP 状态下，结果如图 11-2 所示。刀具刀尖点产生了 *XYZ* 方向上的附加运动，刀具刀尖点偏离了原有位置，图 11-2 中显示为加工坐标系“Z 刀尖”与工件坐标系“ZG54”即对刀坐标系不重合。

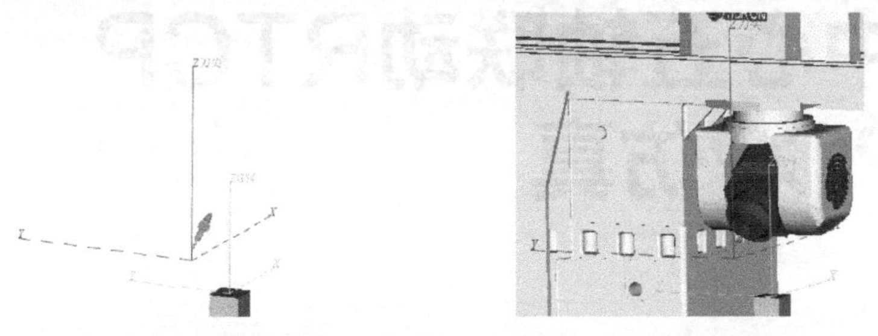

图 11-2　刀具轴旋转导致的坐标系偏移（未开启 RTCP）

而在开启 RTCP 状态下，当刀具轴绕 *B* 轴旋转 45°时，结果如图 11-3 所示。刀具刀尖点产生 *XYZ* 方向上的附加运动被数控系统实时进行了补偿，刀具刀尖点仍然保持在原有位置，图 11-3 中显示为加工坐标系“Z 刀尖”与工件坐标系“ZG54”即对刀坐标系保持重合。

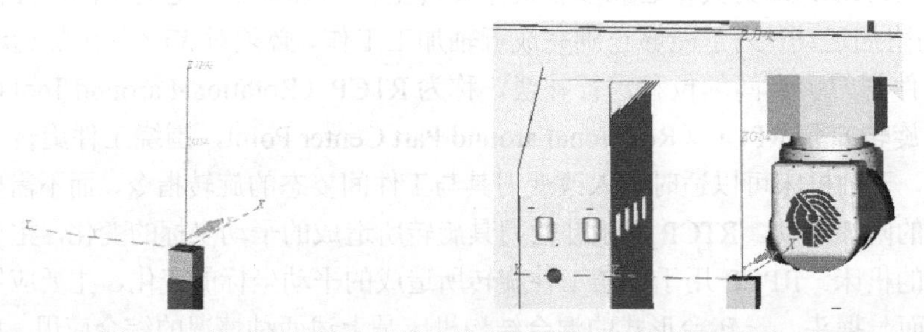

图 11-3　补偿刀具轴旋转导致的坐标系偏移（开启 RTCP）

11.2 基于 G43.4 指令的刀尖点跟随控制仿真

32. G43.4 指令仿真

本节内容为应用 G43.4 指令，在双摆头结构的五轴加工中心上仿真刀轴在围绕 *B* 轴和 *C* 轴转动时刀具刀尖点的跟随情况。命令仿真如下。

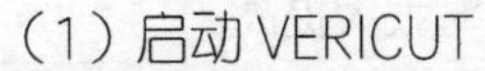

（1）启动 VERICUT

（2）设置当前工作目录

主菜单，选择“**文件**”→“**工作目录**”命令，弹出“**工作目录**”对话框，“**捷径**”处选“**\program\multiaxis_fan30im\fan30im_5axis_headBheadC_huron_kx100**”，选择“**确定**”按钮。

（3）打开模板项目文件

主菜单，选择“**文件**”→“**打开**”命令，弹出“**打开项目**”对话框，选择文件“fanuc30im_hutonkx100_RTCP.vcproject”，选择“**打开**”按钮，进入该项目的加工仿真界面。打开项目树结构，模板项目已经将机床、控制系统、刀具配置完成。

（4）设置加工所需毛坯

配置加工所用毛坯。右击项目树“Stock(0,0,0)”→“**添加模型**”→“**方块**”，设置长度为 150，宽度为 150，高度为 150。选择“**移动**”标签，修改其位置值为“76 76 280”，角度为“0 0 0”。

（5）加入数控加工程序

右击项目树“数控程序”→“添加数控程序文件…”，弹出“**打开数控程序文件**”对话框，“**捷径**”处选“**工作目录**”，选择文件“huronkx100_RTCP_01.txt”，选择“**OK**”按钮。

（6）设置程序零点

点击选择项目树“**坐标系统**”→“G54”，在“**位置**”处输入“151 151 430”，为工件上顶面左侧顶点位置。

点击“**重置模型**”按钮，使项目树设置生效。毛坯安装及对刀等信息的设置结果如图 11-4 所示。

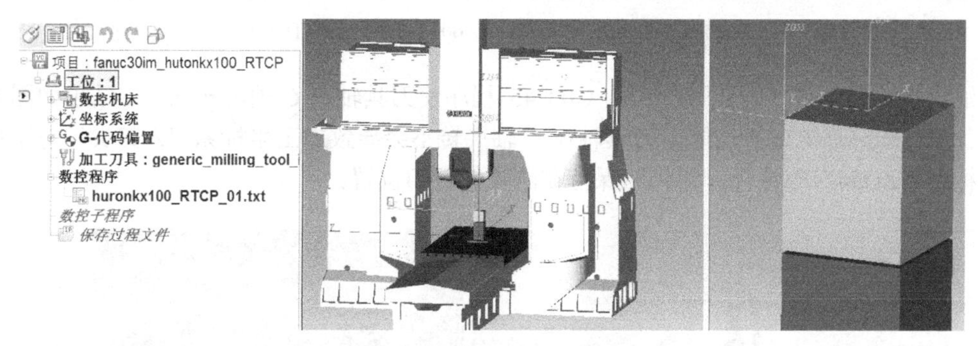

图 11-4　项目树设置结果

（7）执行仿真

执行以下程序：

```
G43 H1
G00 X0 Y0 Z50
G00 B60.
G00 B0.
G00 C45.
G00 C90.
```

首先应用 G43 进行对刀，使加工坐标系“Z 刀尖”与工件原点坐标系“ZG54”重合，如图 11-5 所示。

“G0 B60”程序使刀具轴在 *B* 轴旋转 60°，结果如图 11-6 所示。由于未开启 RTCP 功能，刀具轴在 *B* 轴旋转导致加工坐标系“Z 刀尖”与工件原点坐标系“ZG54”不重合，即偏离了刚才的对刀位置。

图 11-5 程序对刀

图 11-6 刀具轴在 *B* 轴旋转 60° （未开启 RTCP）

继续执行程序，*B* 轴返回 0° 后，“G0 C45”程序使刀具轴在 *C* 轴旋转 45° ，结果如图 11-7 所示。虽然未开启 RTCP 功能，刀具轴在 *C* 轴旋转不会导致加工坐标系“Z 刀尖”与工件原点坐标系“ZG54”不重合，即仍然保持在刚才的对刀位置。

图 11-7 刀具轴在 *C* 轴旋转 45° （未开启 RTCP）

继续执行以下程序：

```
G43.4 H1
G00 X0 Y0 Z50
 G00 B60.
 G00 B0.
 G00 C45.
 G00 C90.
```

首先应用 G43.4 指令进行对刀，此时开启 RTCP 功能，使加工坐标系“Z 刀尖”与工件原点坐标系“ZG54”重合，如图 11-8 所示。

图 11-8　程序对刀

“G0 B60”程序使刀具轴在 *B* 轴旋转 60°，结果如图 11-9 所示。由于开启了 RTCP 功能，刀具轴在 *B* 轴旋转产生的加工坐标系“Z 刀尖”与工件原点坐标系“ZG54”的偏置量由数控系统自动补偿，即加工坐标系“Z 刀尖”仍然保持在刚才的对刀位置。

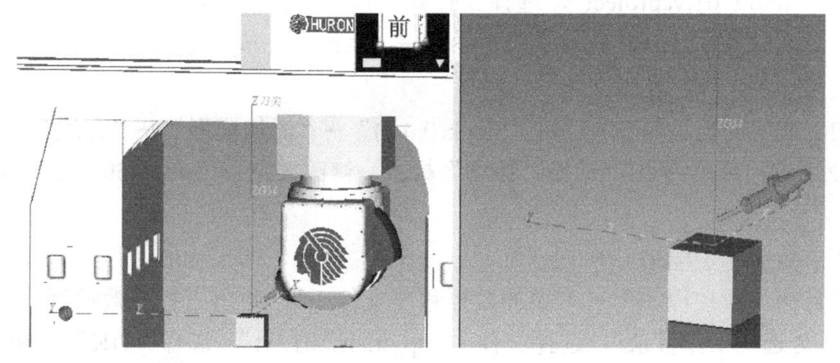

图 11-9　刀具轴在 *B* 轴旋转 60°（开启 RTCP）

继续执行程序，*B* 轴返回 0° 后，“G0 C45”程序使刀具轴在 *C* 轴旋转 45°，结果如图 11-10 所示。由于开启 RTCP 功能，刀具轴在 *C* 轴旋转不会导致加工坐标系“Z 刀尖”与工件原点坐标系“ZG54”不重合，即仍然保持在刚才的对刀位置。

（8）结束仿真

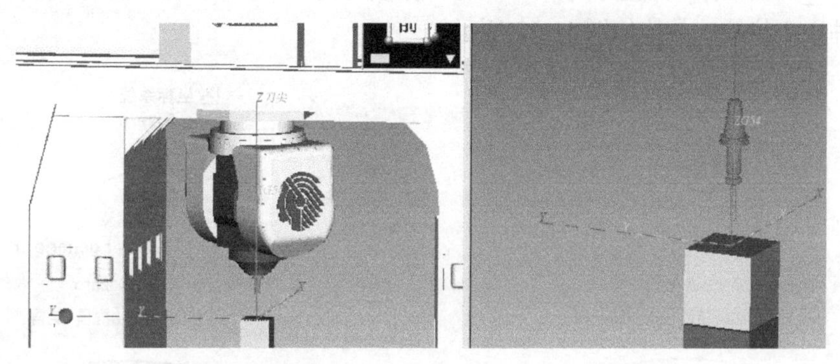

图 11-10　刀具轴在 *C* 轴旋转 45°（开启 RTCP）

11.3 基于TRAORI指令的刀尖点跟随控制仿真

33. *AC*轴双转台加工中心刀尖点跟随仿真

11.3.1 *AC*轴双转台加工中心刀尖点跟随仿真

本节内容为应用TRAORI指令，在双转台结构的五轴加工中心上仿真机床工作台在围绕*A*轴和*C*轴转动时刀具刀尖点的跟随状态。

命令仿真如下。

（1）启动VERICUT

（2）设置当前工作目录

主菜单，选择“**文件**”→“**工作目录**”命令，弹出“**工作目录**”对话框，“**捷径**”处选“**program\multiaxis_sin840d\tableAtableC_general**”，选择“**确定**”按钮。

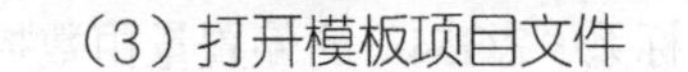

（3）打开模板项目文件

主菜单，选择“**文件**”→“**打开**”命令，弹出“**打开项目**”对话框，选择文件“sin840d_rpcp_traori_01.vcproject”，选择“**打开**”按钮，进入该项目的加工仿真界面。打开项目树结构，模板项目已经将机床、控制系统、刀具配置完成。

（4）设置加工所需毛坯

配置加工所用毛坯。右击项目树“Stock(0,0,0)”→“**添加模型**”→“**方块**”，设置长度为100，宽度为100，高度为50。选择“**移动**”标签，修改其位置值为“-50 -72 184”，角度为“0 0 0”。

（5）加入数控加工程序

右击项目树“数控程序”→“添加数控程序文件…”，弹出“**打开数控程序文件**”对话框，“**捷径**”处选“**工作目录**”，选择文件“rptp_traori_01.txt”，选择“**OK**”按钮。

（6）设置所需工作偏置

点击选择项目树“**坐标系统**”→“**添加新的坐标系**”，连续添加四个名为“A_zero”“C_zero”“G55”**和**“G56”的坐标系。

其中“A_zero”的“**位置**”为“0 0 0”，“**角度**”为“0 0 0”，附上坐标系到“A”，为机床*A*轴组件中心位置。具体如图11-11所示。

其中“C_zero”的“**位置**”为“0 0 0”，“**角度**”为“0 0 0”，附上坐标系到“C”，为机床*C*轴组件中心位置。具体如图11-12所示。

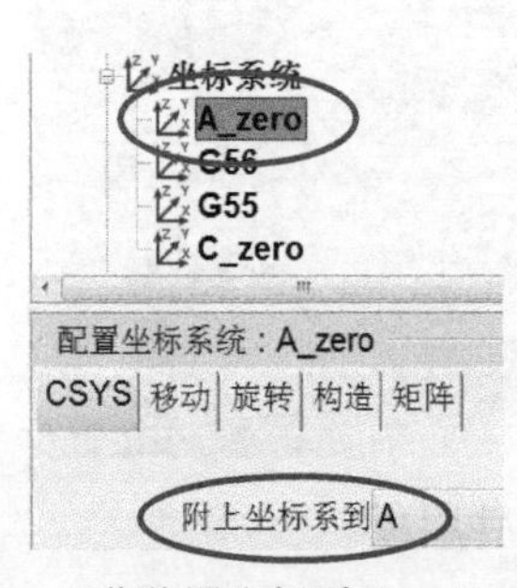

图11-11 工作偏置坐标系“A_Zero”设置

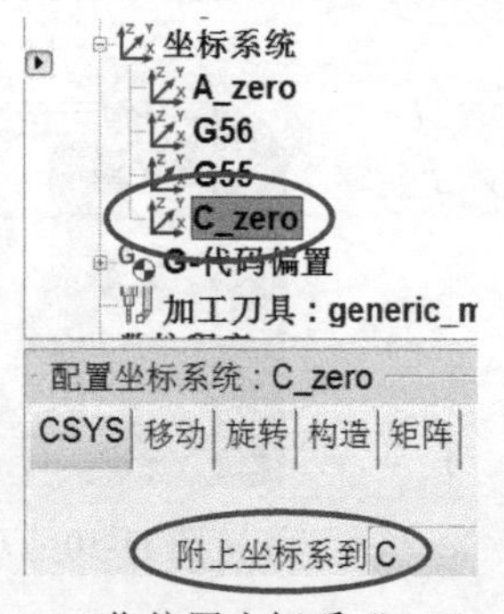

图11-12 工作偏置坐标系“C_Zero”设置

坐标系“G55”的“**位置**”为“0 -22 234”，“**角度**”为“0 0 0”，附上坐标系到“Stock”，为工件上顶面中心点位置。具体如图 11-13 所示。

坐标系“G56”的“**位置**”为“-50 -72 234”，“**角度**”为“0 0 0”，附上坐标系到“Stock”，为工件上顶面左侧前顶点位置。具体如图 11-14 所示。

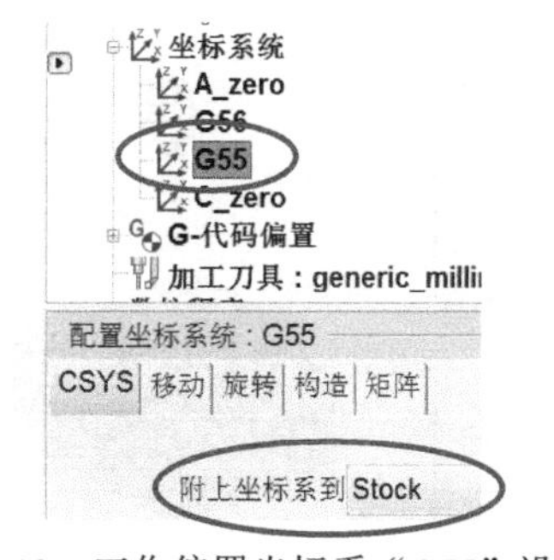

图 11-13　工作偏置坐标系“G55”设置

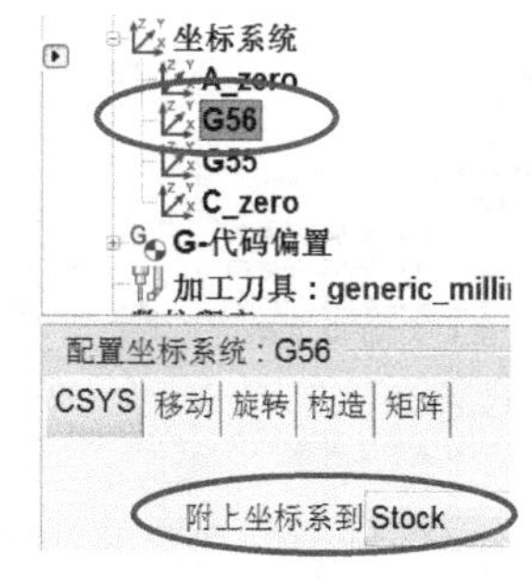

图 11-14　工作偏置坐标系“G56”设置

具体的工作偏置设置具体如图 11-15 所示。

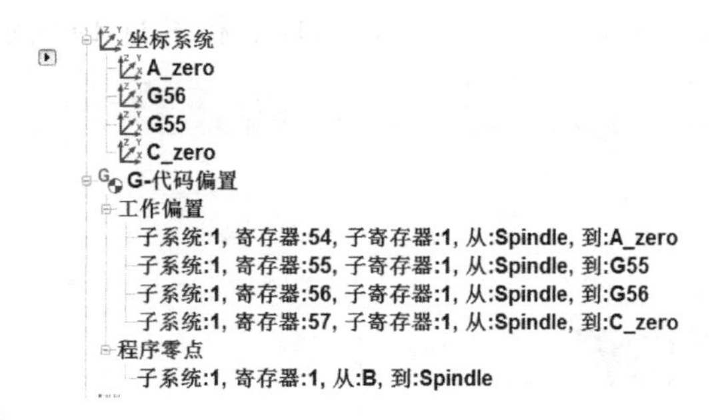

图 11-15　工作偏置设置

点击“**重置模型**”按钮，使项目树设置生效。毛坯安装及对刀等信息的设置结果如图 11-16 所示。

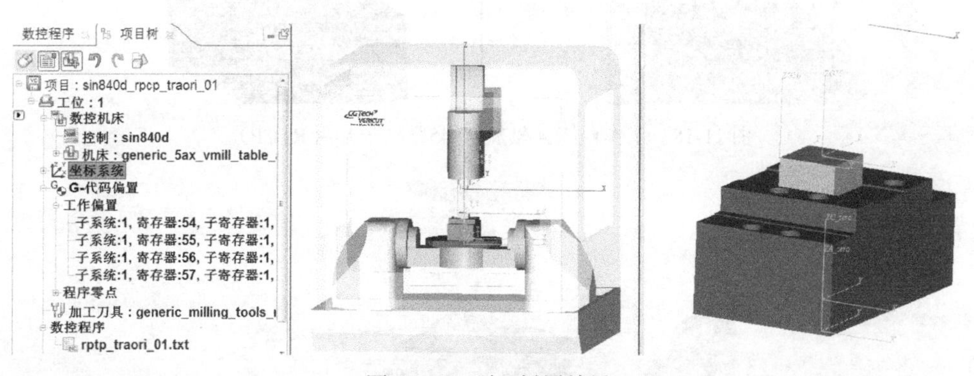

图 11-16　项目树置结果

（7）执行仿真

首先分析程序零点设置在工件上时，机床旋转轴转动时刀尖点跟随的情况。这时程序零点设置分为两种情况：一种是程序零点设置与机床 *C* 轴工作台的中心重合，这里采用 G55

对刀；另一种是程序零点设置与机床 C 轴工作台的中心不重合，具有一定的偏置，这里采用 G56 对刀。

首先分析应用 G55 进行对刀的情况。程序首先进行对刀，使加工坐标系“Z 刀尖”与工件原点标系“ZG55”重合，如图 11-17 所示。

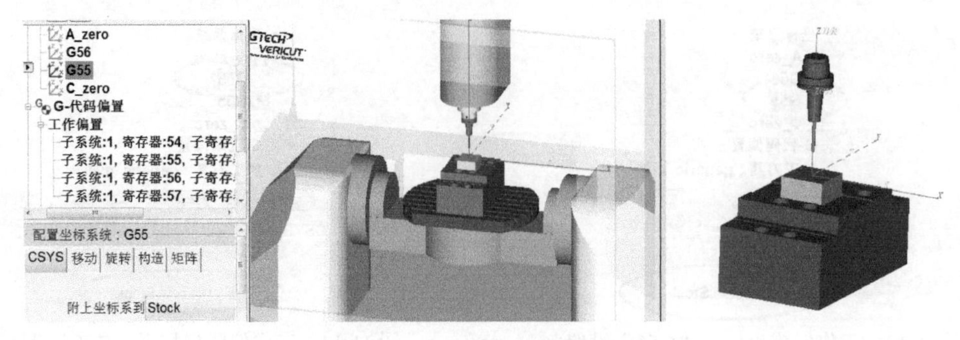

图 11-17 程序应用 G55 对刀

执行如下程序，在未开启 RTCP 状态下，将机床转台围绕 A 轴与 C 轴分别进行旋转，刀具刀尖点无法跟随对刀点，出现偏移。具体如图 11-18 和图 11-19 所示。

```
X0. Y0. Z50.
A-45
A0
C-45
C0
```

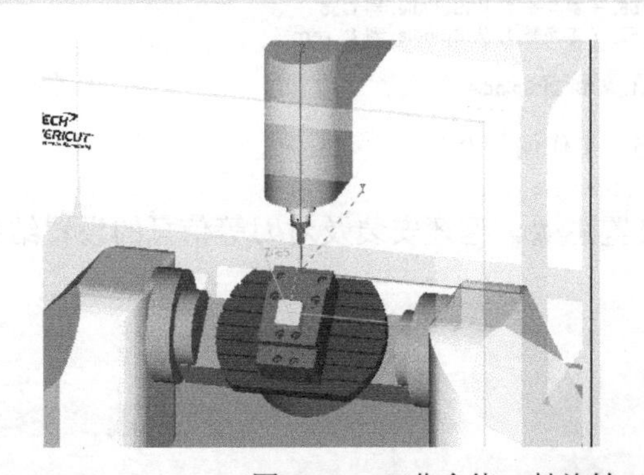
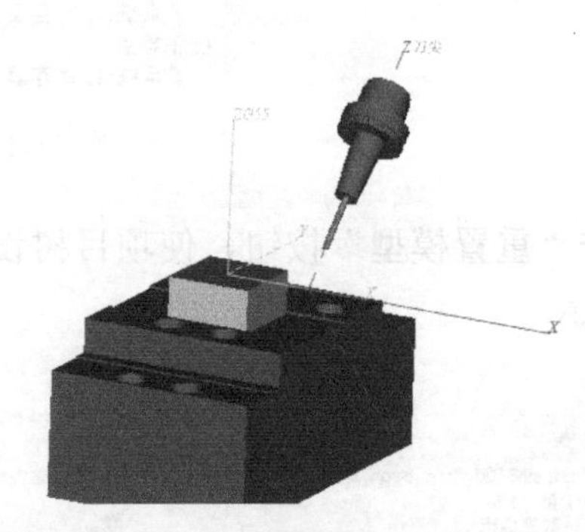

图 11-18 工作台绕 A 轴旋转-45° （未开启 RTCP）

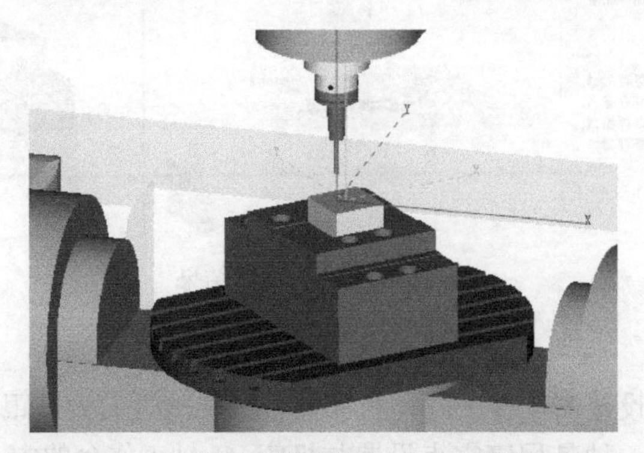

图 11-19 工作台绕 C 轴旋转-45° （未开启 RTCP）

开启 RTCP 功能，执行 TRAORI 指令，两个旋转轴即 *A* 轴和 *C* 轴旋转时刀尖点跟踪执行，即机床旋转过程中加工坐标系“Z 刀尖”与工件原点标系“ZG55”保持重合位置，结果如图 11-20 和图 11-21 所示。

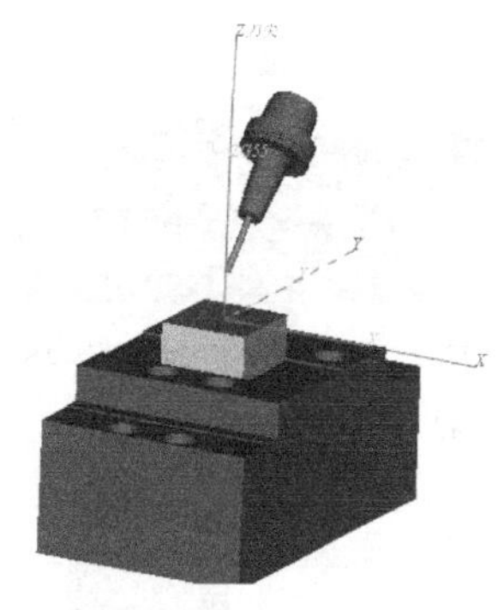

图 11-20　工作台绕 *A* 轴旋转-45°（开启 RTCP）

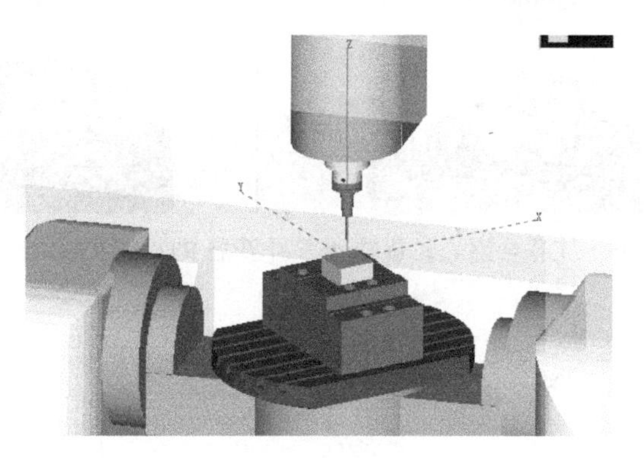

图 11-21　工作台绕 *C* 轴旋转-45°（开启 RTCP）

开启 RTCP 功能，执行 TRAORI（1）指令，使第一旋转轴即 *A* 轴旋转时刀尖点跟踪执行，此时第二旋转轴即 *C* 轴旋转时刀尖点跟踪未执行，结果如图 11-22 和图 11-23 所示。

图 11-22　工作台绕 *A* 轴旋转-45°［开启 RTCP TRAORI（1）］

开启 RTCP 功能，执行 TRAORI（2）指令，第二旋转轴即 *C* 轴旋转执行刀尖点跟踪，此时第一旋转轴即 *A* 轴旋转而刀尖点跟踪未执行，结果如图 11-24 和图 11-25 所示。

更改对刀点位置，应用 G56 对刀，使加工坐标系“Z 刀尖”与工件原点坐标系“ZG56”重合，如图 11-26 所示。

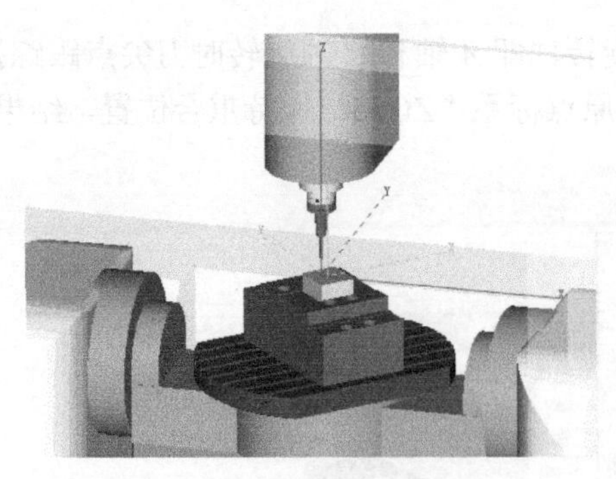

图 11-23　工作台绕 *C* 轴旋转-45°
［开启 RTCP TRAORI（1）］

图 11-24　工作台绕 *A* 轴旋转-45°
［开启 RTCP TRAORI（2）］

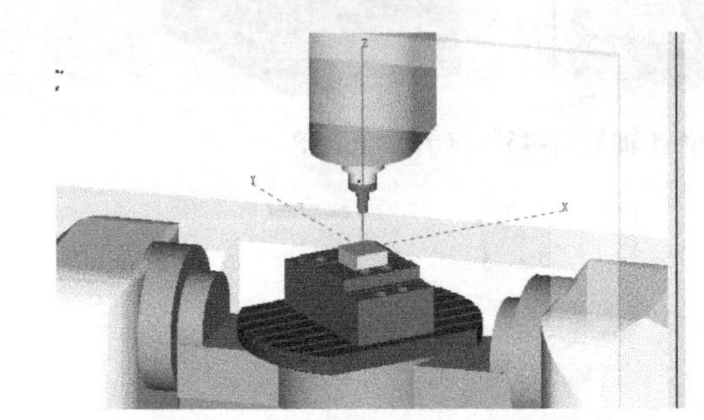

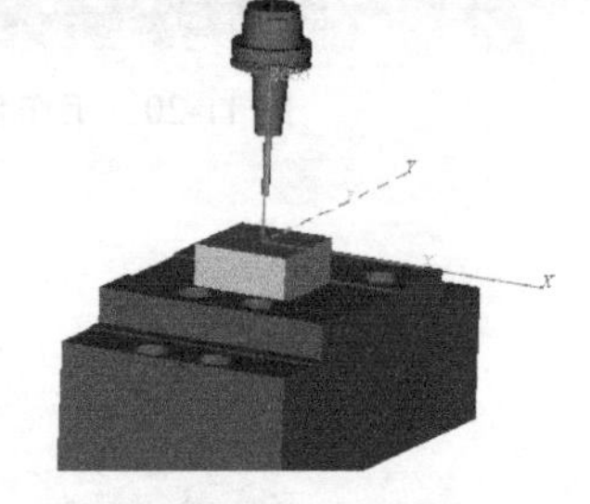

图 11-25　工作台绕 *C* 轴旋转-45°［开启 RTCP TRAORI（2）］

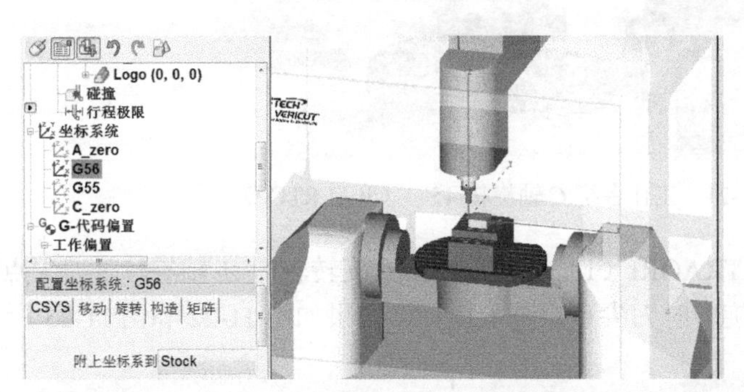

图 11-26　程序应用 G56 对刀

执行程序，在开启 RTCP 状态下，执行 TRAORI 指令，两个旋转轴即 *A* 轴和 *C* 轴旋转刀尖点跟踪执行，具体如图 11-27 和图 11-28 所示。

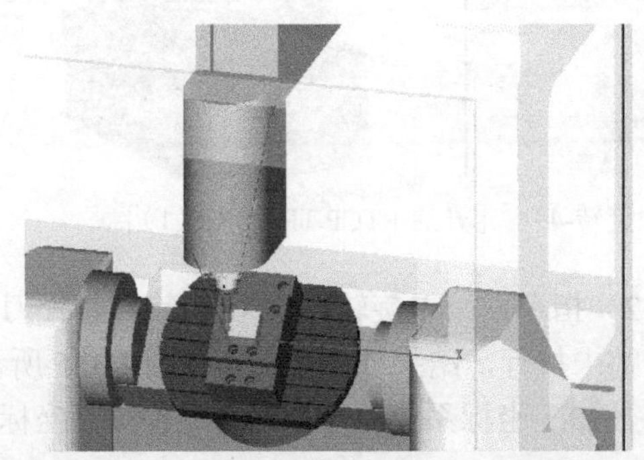

图 11-27　工作台绕 *A* 轴旋转-45°（开启 RTCP）

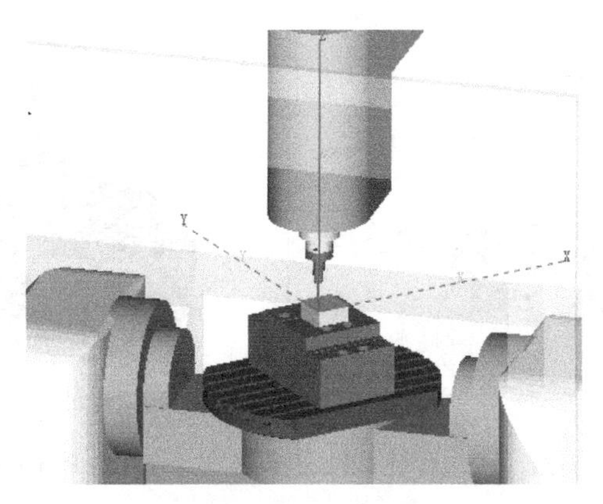

图 11-28　工作台绕 *C* 轴旋转-45°（开启 RTCP）

更改对刀点位置，应用坐标系 A_zero 对刀，使加工坐标系“Z 刀尖”与工件原点坐标系“ZA_zero”重合，此时对刀位置为 *A* 轴组件的零点位置，如图 11-29 所示。

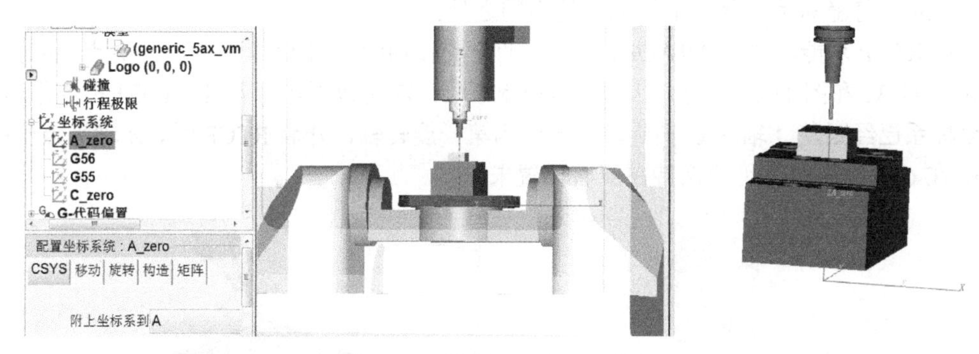

图 11-29　程序对刀在 *A* 轴零点

执行如下程序，在未开启 RCTP 状态下，机床 *A* 轴与 *C* 轴进行旋转，刀具刀尖点无法跟随对刀点，出现偏移。具体如图 11-30 和图 11-31 所示。

```
X0. Y0. Z300.
A-45
A0
C-45
C0
```

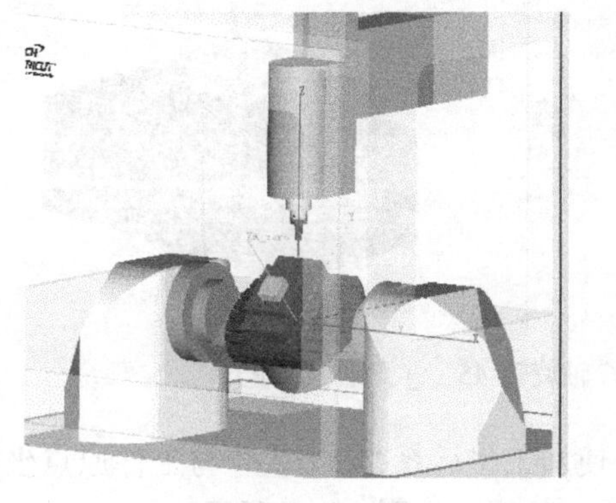 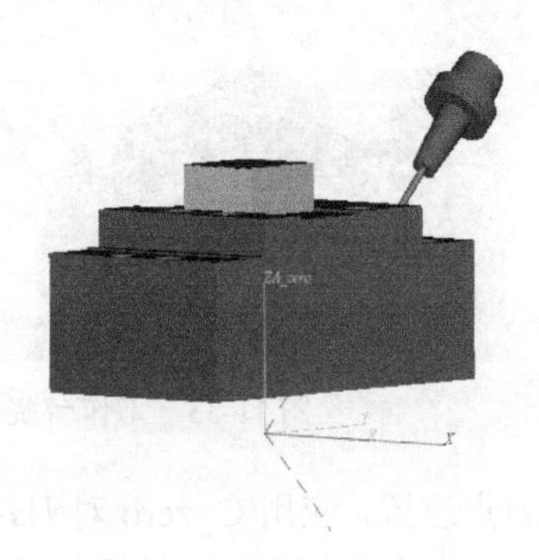

图 11-30　工作台绕 *A* 轴旋转-45°（未开启 RTCP）

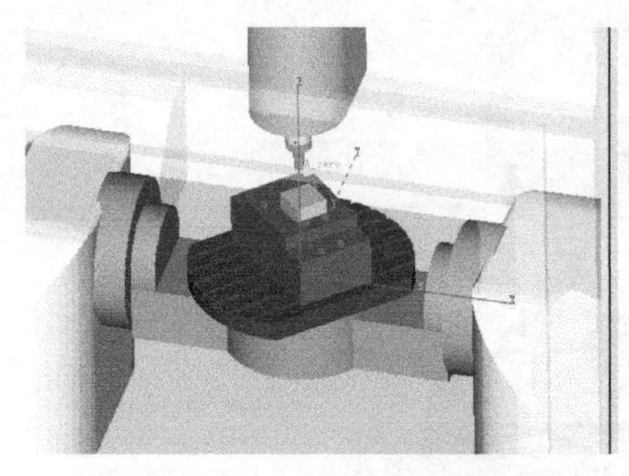
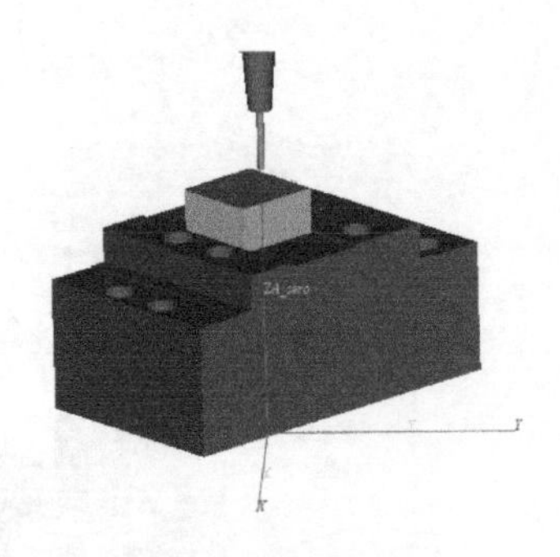

图 11-31 工作台绕 *C* 轴旋转-45°（未开启 RTCP）

此时需要说明的是，坐标系 A_zero 为机床 *A* 轴零点即 *A* 轴旋转中心位置，当机床工作台围绕 *A* 轴旋转时，坐标系 A_zero 跟随转动。当机床 *C* 轴旋转时，坐标系 A_zero 并没有跟随转动，原因是 *A* 轴为第一旋转轴，第二旋转轴 *C* 轴旋转对其位置无影响。这也是与坐标系 G55 和 G56（将坐标系设置于工件上）的不同之处。

开启 RTCP 功能，执行 TRAORI 指令，两个旋转轴即 *A* 轴和 *C* 轴旋转刀尖点跟踪执行，结果如图 11-32 和图 11-33 所示。从图 11-32 和图 11-33 可以看出，在 TRAORI 指令作用下，刀尖坐标系已经跟随 *A* 轴和 *C* 轴旋转。但作为第一旋转轴，开启 RTCP 时，*A* 轴零点坐标系 A_zero 在 *C* 轴旋转时，仍然保持在原有位置未运动。

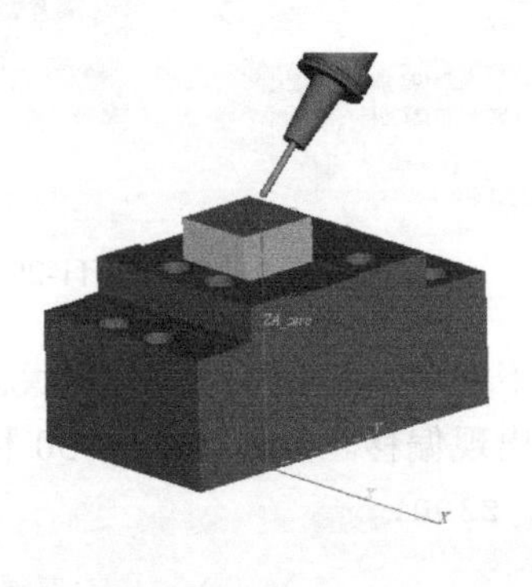

图 11-32 工作台绕 *A* 轴旋转-45°（开启 RTCP）

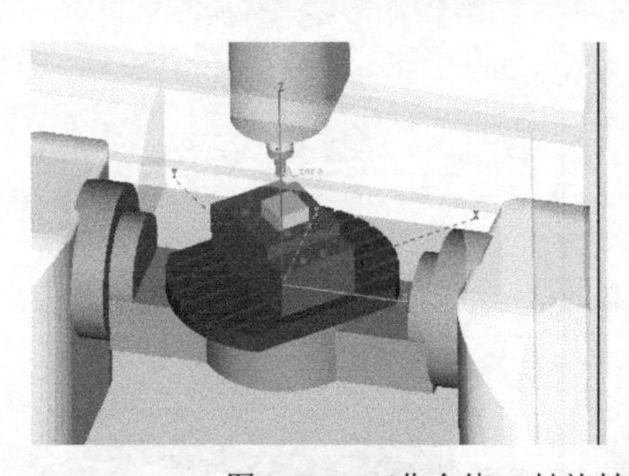
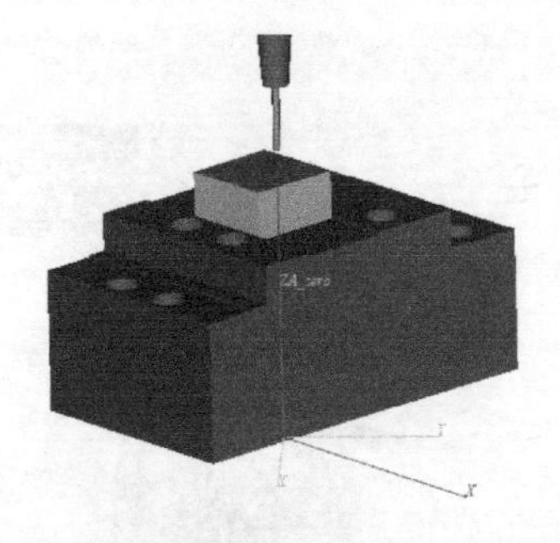

图 11-33 工作台绕 *C* 轴旋转-45°（开启 RTCP）

更改对刀点位置，应用 C_zero 对刀，使加工坐标系“Z 刀尖”与工件原点坐标系“ZC_zero”重合，此时对刀位置为 *C* 轴组件的零点位置，如图 11-34 所示。

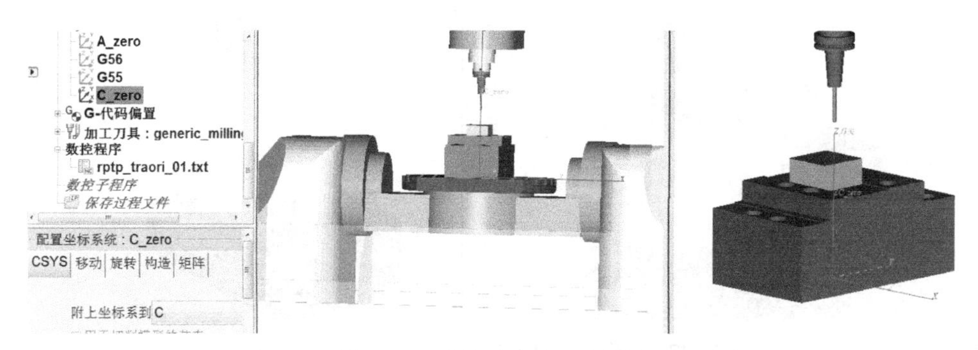

图 11-34　程序对刀在 *C* 轴零点

执行如下程序，在未开启 RCTP 状态下，机床 *A* 轴与 *C* 轴进行旋转，刀具刀尖点无法跟随对刀点，出现偏移。具体如图 11-35 和图 11-36 所示。

```
X0. Y0. Z300.
A-45
A0
C-45
C0
```

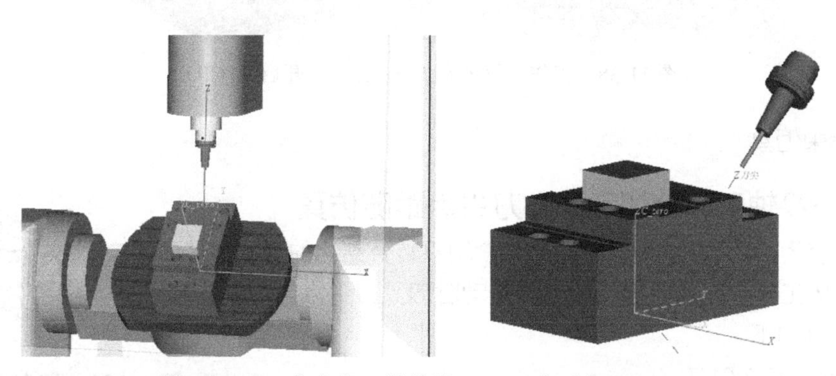

图 11-35　工作台绕 *A* 轴旋转-45°（未开启 RTCP）

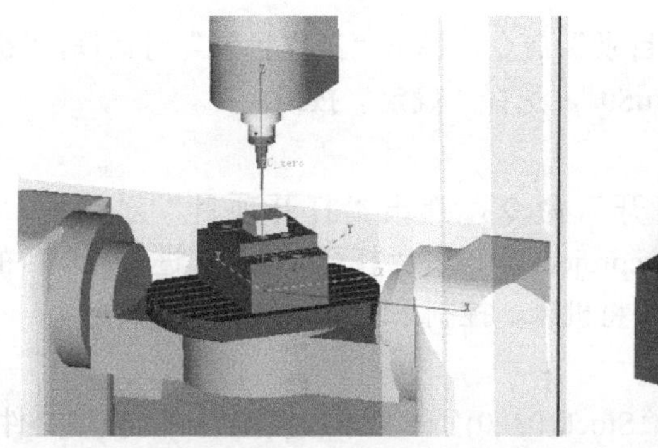

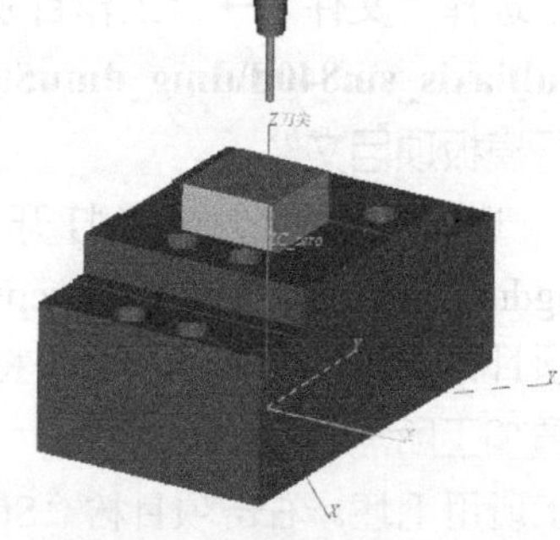

图 11-36　工作台绕 *C* 轴旋转-45°（未开启 RTCP）

开启 RTCP 功能，执行 TRAORI 指令，两个旋转轴即 *A* 轴和 *C* 轴旋转刀尖点跟踪执行，结果如图 11-37 和图 11-38 所示。

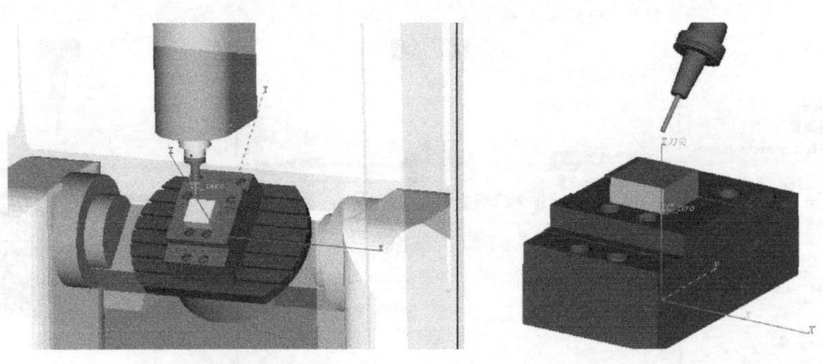

图 11-37　工作台绕 *A* 轴旋转-45°（开启 RTCP）

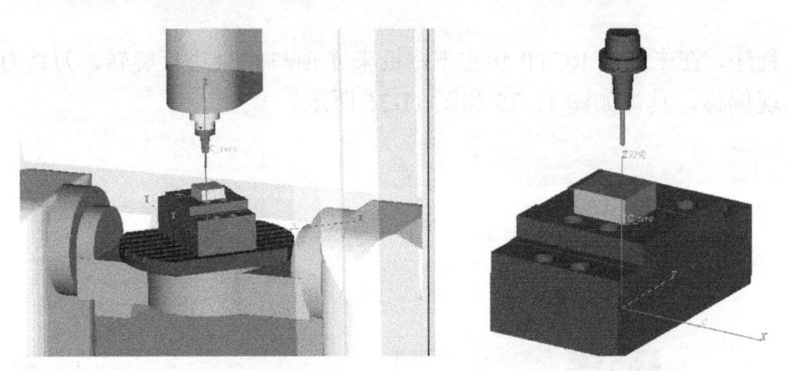

图 11-38　工作台绕 *C* 轴旋转-45°（开启 RTCP）

（8）结束仿真

11.3.2　*BC* 轴双转台加工中心刀尖点跟随仿真

本节内容为应用 TRAORI 指令，在 *BC* 轴双转台结构的五轴加工中心上仿真机床工作台在围绕 *B* 轴和 *C* 轴转动时刀具刀尖点的跟随状态。

34．*BC* 轴双转台加工中心刀尖点跟随仿真

命令仿真如下。

（1）启动 VERICUT

（2）设置当前工作目录

主菜单，选择“**文件**”→“**工作目录**”命令，弹出“**工作目录**”对话框，“**捷径**”处选“**program\multiaxis_sin840d\dmg_dmu50**”，选择“**确定**”按钮。

（3）打开模板项目文件

主菜单，选择“**文件**”→“**打开**”命令，弹出“**打开项目**”对话框，选择文件“sin840d_dmgdmu50_RPCP_TRAORI.vcproject”，选择“**打开**”按钮，进入该项目的加工仿真界面。打开项目树结构，模板项目已经将机床、控制系统、刀具配置完成。

（4）设置加工所需毛坯

配置加工所用毛坯。右击项目树“Stock(0,0,0)”→“**添加模型**”→“**模型文件**”，打开当前目录中的毛坯文件“vericutm_1.stk”。项目树上选择该毛坯几何模型节点，在项目树下部的配置界面，选择“**移动**”标签，修改其位置值为“-50 -40 140”，角度为“0 0 0”。

（5）加入数控加工程序

右击项目树“数控程序”→“添加数控程序文件…”，弹出“**打开数控程序文件**”对话

框，“**捷径**”处选“**工作目录**”，选择文件“sin840d_dgmdmu30_RPCP_TRAORI.txt”，选择“**OK**”按钮。

（6）设置所需工作偏置

点击选择项目树“**坐标系统**”→“**添加新的坐标系**”，连续添加三个名为“Program_zero”“Mach_zero”和“Offset_zero”的坐标系。

其中“Program_zero”的“**位置**”为“0 35 187”，“**角度**”为“0 0 0”，附上坐标系到“Stock”，为工件上顶面中心点位置。具体如图 11-39 所示。

“Offset_zero”的**位置**”为“-53 -43 187”，“**角度**”为“0 0 0”，附上坐标系到“Stock”，为工件上顶面左侧前顶点位置。具体如图 11-40 所示。

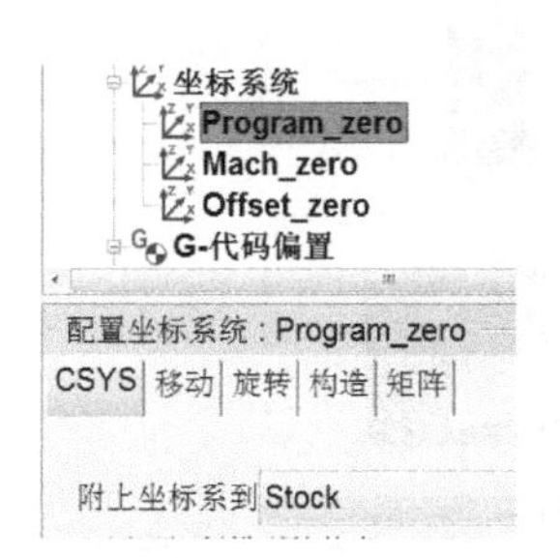

图 11-39 工作偏置坐标系“Program_zero”设置

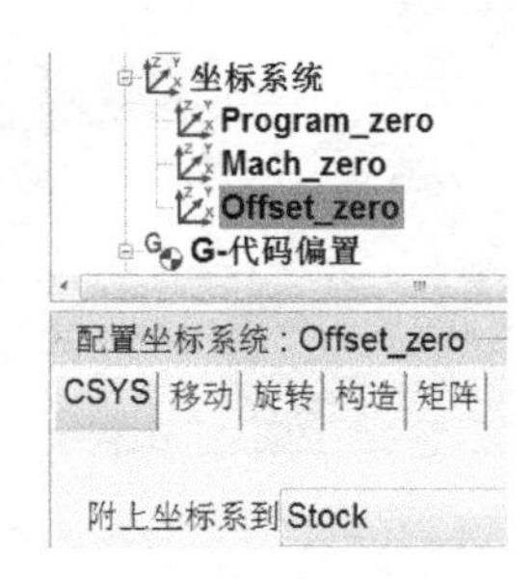

图 11-40 工作偏置坐标系“Offset_zero”设置

“Mach_zero”的“**位置**”为“0 0 0”，“**角度**”为“0 0 0”，附上坐标系到“机床基点”。具体如图 11-41 所示。

三个坐标系具体的工作偏置设置如图 11-42 所示。

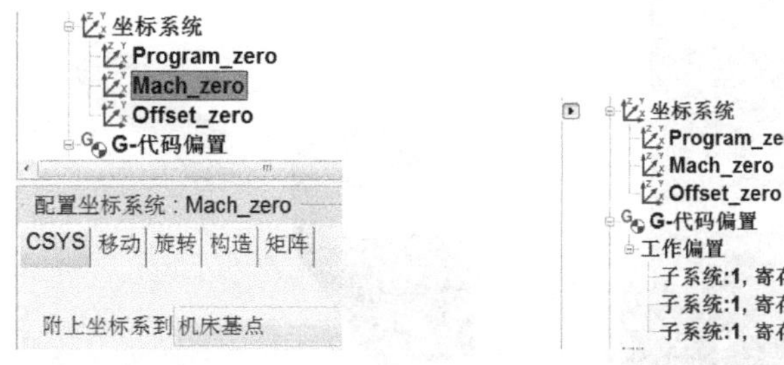

图 11-41 工作偏置坐标系“Mach_zero”设置　　图 11-42 工作偏置设置

点击“**重置模型**”按钮，使项目树设置生效。毛坯安装及对刀等信息的设置结果如图 11-43 所示。

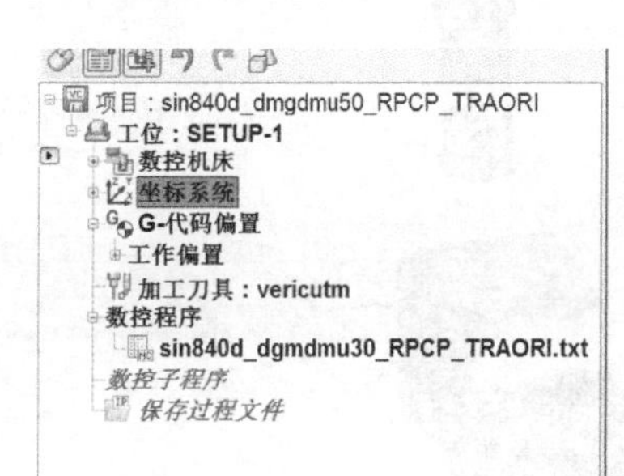

图 11-43 项目树设置结果

（7）执行仿真

首先分析程序零点设置在工件上时，机床旋转轴转动时刀尖点跟随的情况。这时程序零点设置划分为两种情况：一种是程序零点设置与机床 *C* 轴工作台的中心重合，这里采用 G54 对刀；另一种是程序零点设置与机床 *C* 轴工作台的中心不重合，具有一定的偏置，这里采用 G56 对刀。

首先分析应用 G54 进行对刀的情况。程序首先进行对刀，使加工坐标系“Z 刀尖”与工件原点坐标系“ZProgram_zero”重合，如图 11-44 所示。

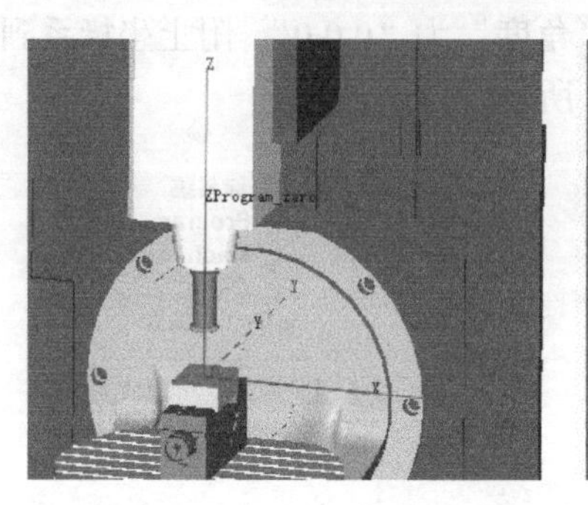

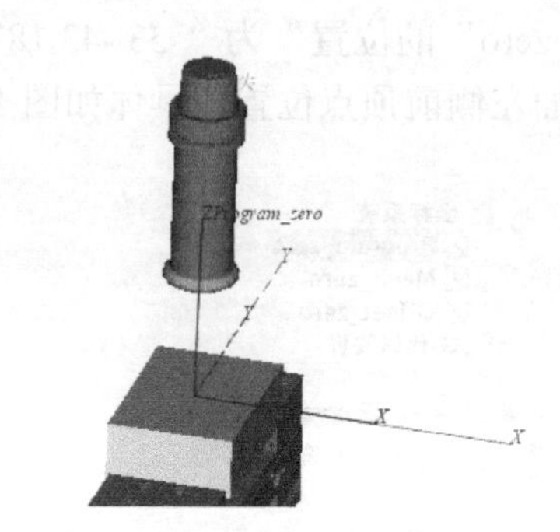

图 11-44　程序应用 G54 对刀

执行如下程序，在未开启 RTCP 状态下，将机床围绕 *B* 轴与 *C* 轴进行旋转，程序如下。此时刀具刀尖点无法跟随对刀点，出现偏移。具体如图 11-45 和图 11-46 所示。

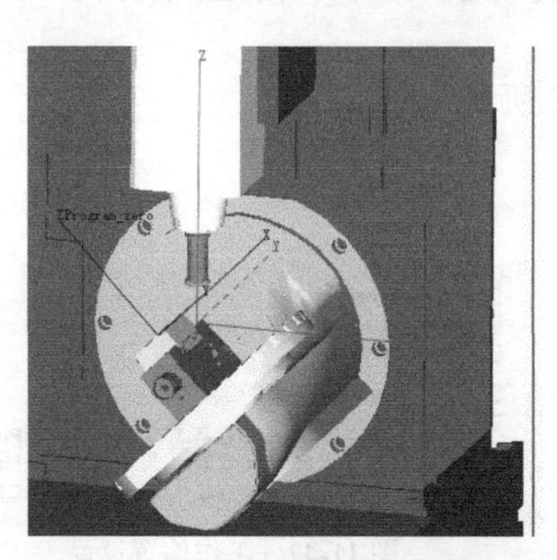

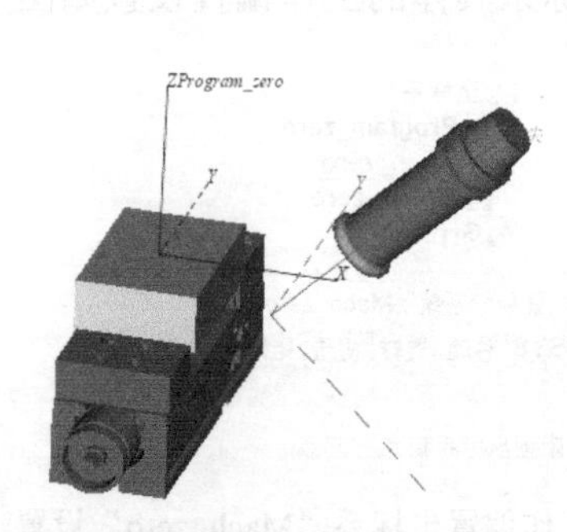

图 11-45　工作台绕 *B* 轴旋转 45°（未开启 RTCP）

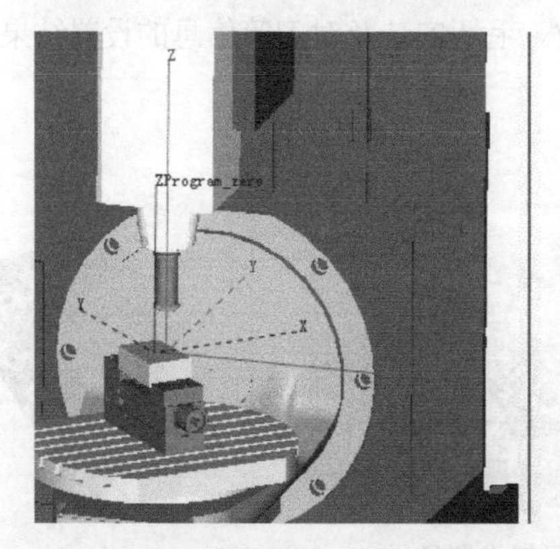

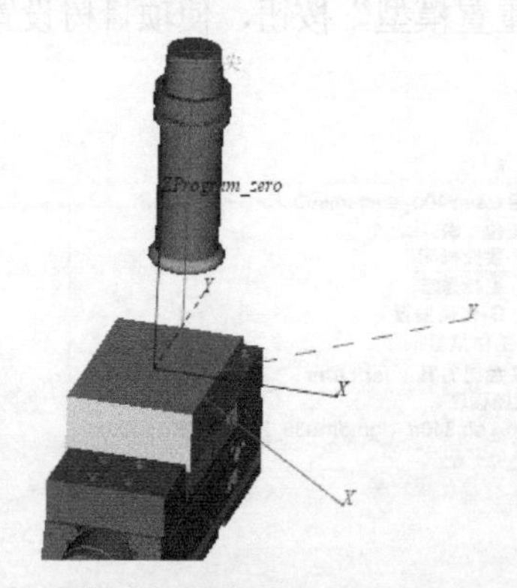

图 11-46　工作台绕 *C* 轴旋转-45°（未开启 RTCP）

```
X0. Y0. Z100.
B45
B0
C-45
C0
```

然后开启 RTCP 功能，执行 TRAORI 指令，机床围绕两个旋转轴即 *B* 轴和 *C* 轴旋转，刀尖点跟踪执行，即机床旋转过程中加工坐标系“Z 刀尖”与工件原点坐标系“ZProgram_zero”保持重合位置，结果如图 11-47 和图 11-48 所示。

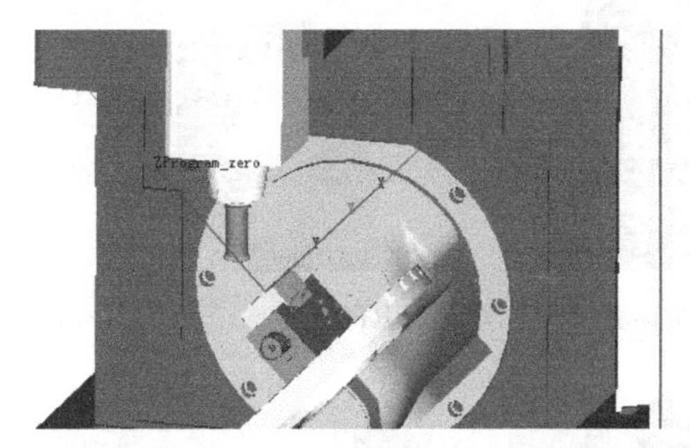

图 11-47 工作台绕 *B* 轴旋转 45°（开启 RTCP）

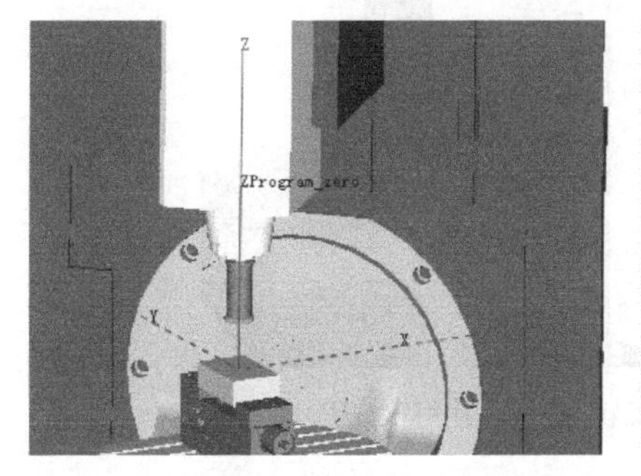

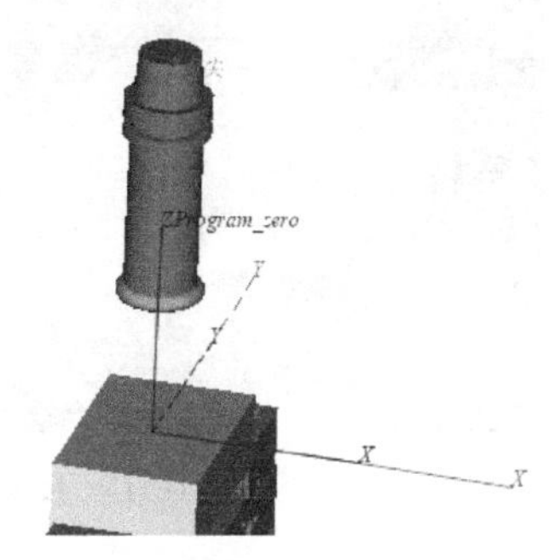

图 11-48 工作台绕 *C* 轴旋转-45°（开启 RTCP）

更改对刀点位置，应用 G56 对刀，使加工坐标系“Z 刀尖”与工件原点坐标系“ZOffset_zero”重合，如图 11-49 所示。

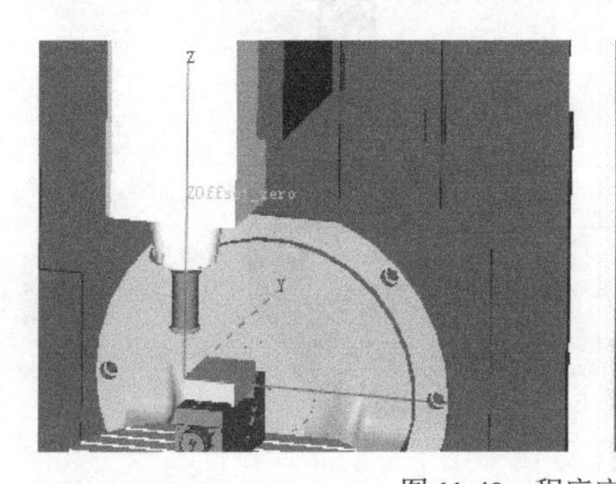

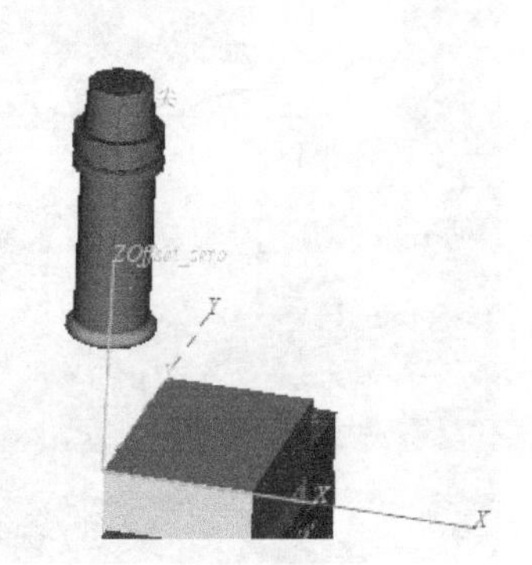

图 11-49 程序应用 G56 对刀

执行程序，在开启 RTCP 状态下，执行 TRAORI 指令，机床围绕两个旋转轴即 *B* 轴和 *C* 轴旋转，刀尖点跟踪执行，即机床旋转过程中加工坐标系“Z 刀尖”与工件原点坐标系“ZOffset_zero”保持重合位置，具体如图 11-50 和图 11-51 所示。

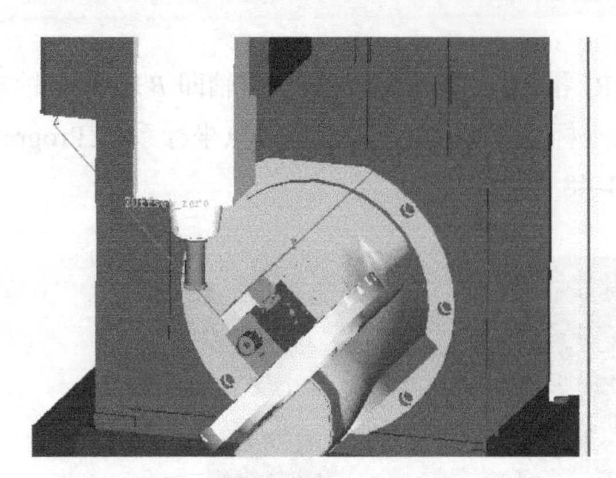

图 11-50 工作台绕 *B* 轴旋转 45°（开启 RTCP）

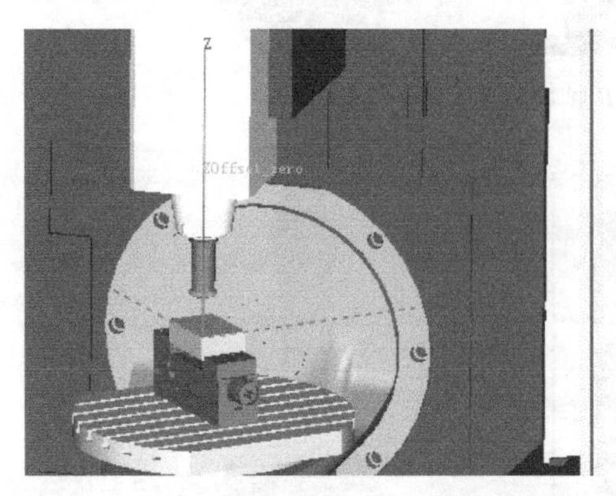

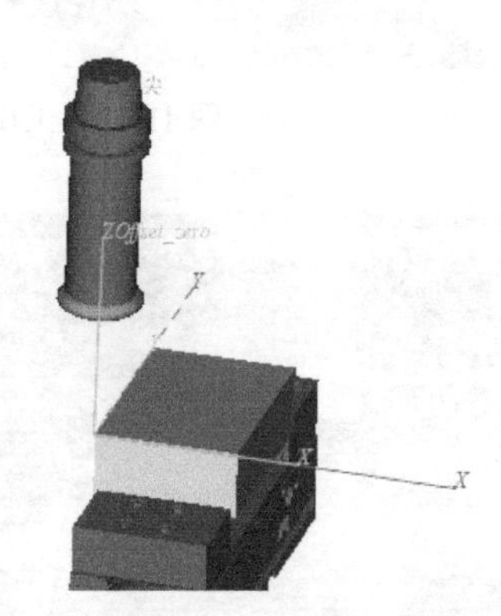

图 11-51 工作台绕 *C* 轴旋转-45°（开启 RTCP）

更改对刀点位置，应用坐标系 Mach_zero 对刀，使加工坐标系“Z 刀尖”与工件原点坐标系“ZMach_zero”重合，此时对刀位置为机床的基点位置，如图 11-52 所示。

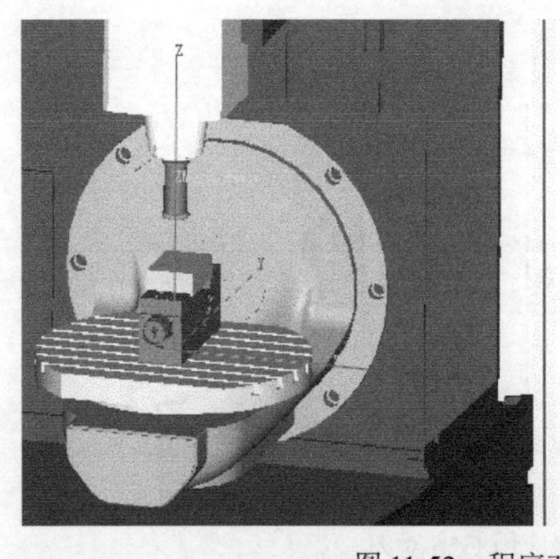

图 11-52 程序对刀在机床基点

执行程序，在未开启 RCTP 状态下，机床围绕 *B* 轴与 *C* 轴进行旋转，刀具刀尖点跟随情况具体如图 11-53 和图 11-54 所示。从图中可以看出，此时加工坐标系“Z 刀尖”与工件原点坐标系“ZMach_zero”保持重合位置。原因在于坐标系 Mach_zero 为机床的基点位置，*B* 轴与 *C* 轴旋转不会使机床基点产生位置变化，因此加工坐标系“Z 刀尖”与工件原点坐标系“ZMach_zero”保持重合位置。

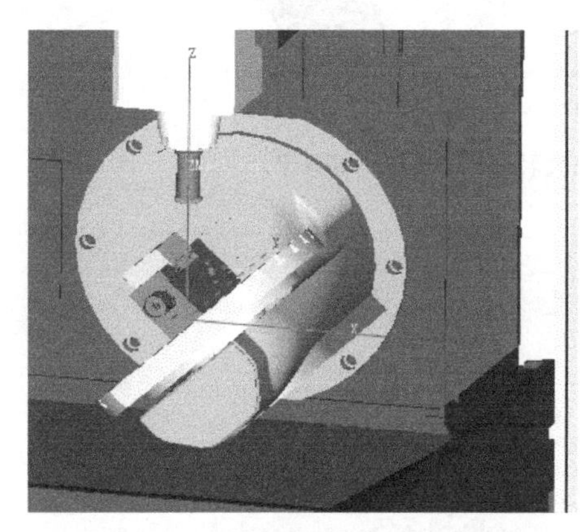

图 11-53　工作台绕 *B* 轴旋转 45°（未开启 RTCP）

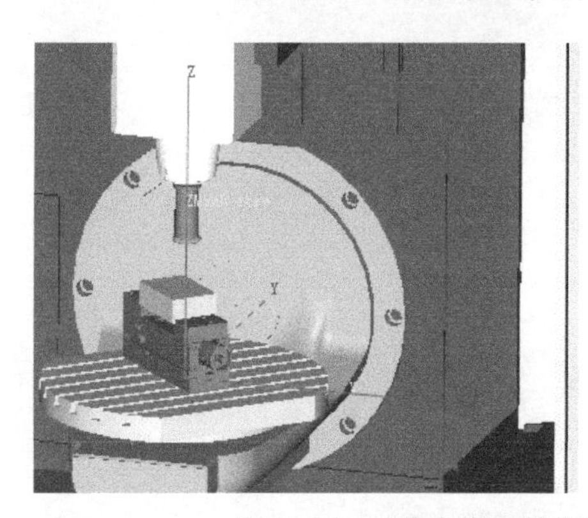
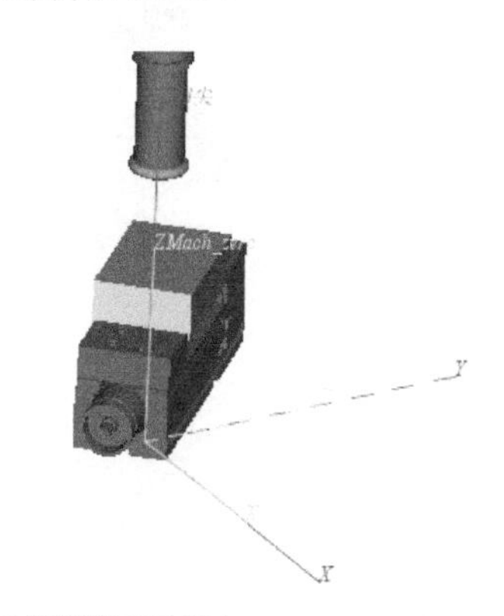

图 11-54　工作台绕 *C* 轴旋转-45°（未开启 RTCP）

开启 RTCP 功能，执行 TRAORI 指令，刀具刀尖点跟随情况具体如图 11-55 和图 11-56 所示。从图中可以看出，在 TRAORI 指令作用下，刀尖坐标系已经跟随 *B* 轴和 *C* 轴旋转。但坐标系 Mach_zero 为机床的基点坐标，开启 RTCP 时，仍然保持在原有位置未运动。

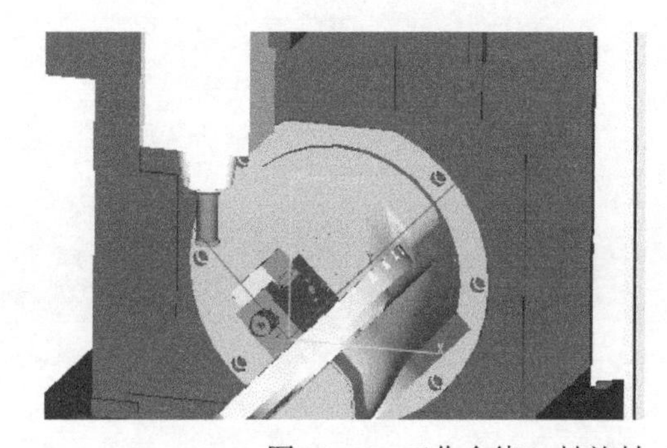
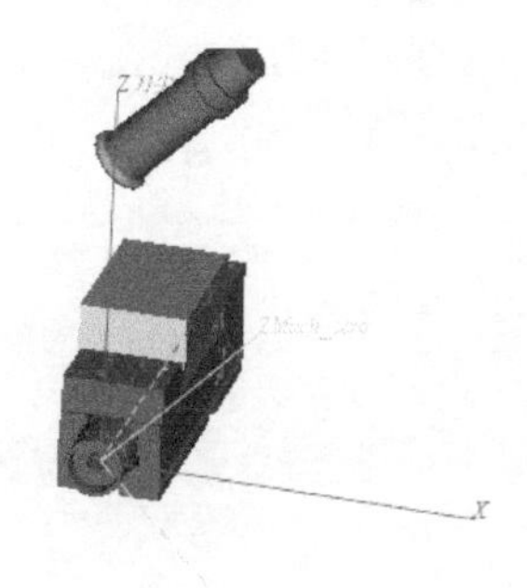

图 11-55　工作台绕 *B* 轴旋转 45°（开启 RTCP）

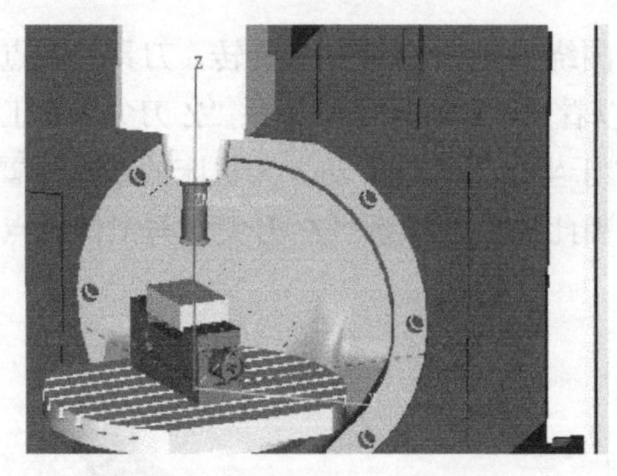

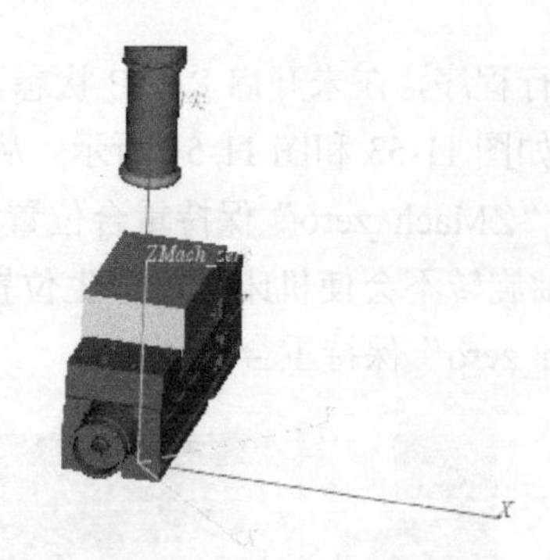

图 11-56 工作台绕 C 轴旋转-45°（开启 RTCP）

（8）结束仿真

参考文献

[1] 杨胜群, 等. VERICUT 数控加工仿真技术. 第 2 版. 北京: 清华大学出版社, 2013.
[2] 杨胜群, 等. VERICUT7.0 中文版数控加工仿真技术. 北京: 清华大学出版社, 2010.
[3] 李海霞, 等. VERICUT 数控加工仿真技术培训教程. 北京: 清华大学出版社, 2013.
[4] 寇文化, 等. 工厂数控仿真技术实力特训（VERICUT7. 3 版）. 北京: 清华大学出版社, 2016.
[5] 李锋. VERICUT 数控仿真培训教程. 北京: 化学工业出版社, 2013.
[6] 贺琼义. CAD/CAM 软件多轴数控编程. 北京: 国防工业出版社, 2012.
[7] 李体仁, 等. 数控加工工艺及实例详解. 北京: 化学工业出版社, 2014.
[8] 熊隽, 等. 数控编程与加工技术. 北京: 国防工业出版社. 2014.
[9] 陈为国, 等. 数控加工编程技巧与禁忌. 北京: 机械工业出版社, 2014.
[10] 赵战峰, 战祥乐. 数控编程高级应用教程: 基于德国标准. 北京: 化学工业出版社, 2015.
[11] 张喜江. 多轴数控加工中心编程与加工技术. 北京: 化学工业出版社, 2014.
[12] 昝华, 杨轶峰. 五轴数控系统加工编程与操作维护基础篇. 北京: 机械工业出版社, 2018.
[13] 高长银, 等. UG NX 8. 5 多轴数控加工典型实例详解. 北京: 机械工业出版社, 2014.
[14] 褚辉生. UG NX 8. 0 五轴编程实例教程. 北京: 机械工业出版社, 2015.
[15] 陈小红, 凌旭峰. 数控多轴加工编程与仿真. 北京: 机械工业出版社, 2016 .
[16] 杨顺田. 教你精通数控编程 100 例. 北京: 机械工业出版社, 2015.
[17] 浦艳敏, 等. FANUC 数控系统典型零件加工 100 例. 北京: 化学工业出版社, 2013.
[18] 汤胜常. 数控加工工艺学: 数控加工工艺与操作方法. 上海: 上海交通大学出版社, 2016.
[19] 哈尔滨理工大学. 数控刀具选用指南. 北京: 机械工业出版社, 2015.
[20] 易良培, 张浩. UG NX 10. 0 多轴数控编程与加工案例教程. 北京: 机械工业出版社, 2016.
[21] 张喜江. CAXA 制造工程师技能训练实例及要点分析. 北京: 化学工业出版社, 2016.
[22] FANUC 公司. FANUC Series 30i/31i/32i-MODEL A 车床系统/加工中心系统通用用户手册.
[23] 西门子公司. SINUMERIK 840D/810D/FM-NC 简短编程指南. 2006.
[24] 西门子公司. SINUMERIK 840D sl/840D/840Di sl/840Di/810D 循环编程手册. 2010.
[25] 山特维克金属切削技术在线学习. http: //www. metalcuttingknowledge. com.
[26] FANUC 公司. FANUC Series 0i Mate-TC 操作说明书.
[27] CGTECH 公司. VERICUT Training Sessions_Machine and Control Building VERICUT V8.0.
[28] CGTECH 公司. VERICUT Training Sessions_VERICUT Veritication VRICUT V8.0.